The Medieval Paradigm

Religious Thought and Philosophy

Papers of the International Congress
(Rome, 29 october - 1 november 2005)

ed. by Giulio d'Onofrio

BREPOLS

TABLE OF CONTENTS

VOLUME ONE

Volume two

THE MEDIEVAL PARADIGM

RELIGIOUS THOUGHT AND PHILOSOPHY

VOLUME TWO

MASSIMILIANO LENZI

ANIMA EST NOMEN OFFICII

AVICENNA, GIOVANNI FILOPONO, AGOSTINO E LO STATUTO PARONIMICO DEL NOME 'ANIMA' NEL DIBATTITO ANTROPOLOGICO DEL SECOLO XIII

1. Come è noto, nel suo trattato *Sull'anima* (Περὶ ψυχῆς), Aristotele spiega la natura e l'essenza dell'anima identificandola con la forma del corpo animato[1]. Nella struttura di un oggetto la forma gioca un ruolo cruciale, manifestando ciò che la cosa è in senso proprio[2]. Per questo motivo, alcuni studiosi ritengono che ci sia un modo di considerare l'oggetto, in cui alla forma, pur senza farne un'entità distinta dal corpo, può essere attribuito un carattere 'sostrativo' di sostanzialità, perché garantendo alla cosa il persistere, in tempi diversi, della sua identità, essa si costituisce come l'autentico fondamento delle sue proprietà e, di conseguenza, come il 'soggetto' a cui riferire «tutte le verità» che si predicano dell'oggetto[3].

Aristotele, tuttavia, annovera la forma tra i predicati di un oggetto, e un predicato non è evidentemente una cosa allo stesso titolo di ciò di cui è predicato, ma una realtà tipologicamente diversa, che deve la propria esistenza al fatto di essere esemplificata dalla cosa che ne costituisce il soggetto[4]. L'identità dell'ogget-

[1] Cfr. Aristoteles, *De anima*, II (B), 1, 412a$^{19-22}$ e 412b$^{25-27}$, con le considerazioni di J. Whiting, *Living Bodies*, in *Essays on Aristotle's* De anima, ed. by M. C. Nussbaum – A. Oksenberg Rorty, Oxford 1997, pp. 75-91.

[2] Cfr. Aristoteles, *Metaphysica*, VII (Z), 17, 1041b$^{7-9}$.

[3] M. Frede, *Substance in Aristotle's* Metaphysics, in *Aristotle on Nature and Living Things*, ed. by A. Gotthelf, Pittsburgh 1985, pp. 17-26; repr. in Id., *Essays in Ancient Philosophy*, Minneapolis 1987, [pp. 72-80], p. 77.

[4] Cfr. J. Brunschwig, *La forme prédicat de la matière?*, in *Études sur la Métaphysique d'Aristote*, Actes du VIe Symposium aristotelicum publiés par P. Aubenque, Paris 1979, pp. 131-166.

10.1484/M.NUTRIX-EB.1.101249

to – il suo fondamento – sembra quindi assicurata, in realtà, dal primato di alcune delle sue proprietà. E poiché Aristotele pensa che le cose siano definite principalmente dalla loro funzione (πάντα δὲ τῷ ἔργῳ ὥρισται καὶ τῇ δυνάμει), tra le proprietà che si manifestano nell'oggetto una volta costituito sono senz'altro le sue capacità (δυνάμεις) a essere ritenute indicative dell'essenza, al punto che un oggetto che abbia perduto la propria abilità è ritenuto tale solo per «omonimia»[5]. Facendo allora dell'anima la forma e la perfezione (ἐντελέχεια) del corpo, Aristotele, almeno in linea di principio, non introduce qualcosa come una misteriosa entità attiva e causale, una cosa situata in un'altra cosa e titolare di funzioni proprie ed esclusive, ma si limita a classificarne la natura tra le proprietà del corpo, identificandola con il *set* delle sue capacità[6].

Ora, si può presumere che sia in base a una prospettiva come questa, che sviluppa coerentemente l'interpretazione aristotelica e antiplatonica della forma immanente, che vada intesa l'affermazione, altrimenti criptica, di Burkhard Mojsisch, Udo Reinhold Jeck e Olaf Pluta, circa l'influenza esercitata nell'Occidente latino dalla critica di Avicenna alla 'sostanzialità' dell'anima. Avicenna – pare di capire – avrebbe favorito il superamento della dominante concezione platonica dell'anima come realtà a sé stante, contribuendo in maniera pionieristica alla diffusione del nuovo punto di vista aristotelico e 'non sostanzialista' dell'anima come proprietà e attributo del corpo[7]. Anche riformulata in questi termini, tuttavia, una simile affermazione resta discutibile. Avicenna – come ha obiettato Dag Nikolaus Hasse – non critica la sostanzialità dell'anima; ritiene, invece, che l'anima sia

[5] ARISTOTELES, *Politica*, I (A), 3, 1253a^{23} e, per il 'principio di omonimia', *De anima* II (B), 1, 412b$^{13-15}$.

[6] Cfr. ID., *De anima*, I (A), 4, 408b$^{11-15}$; II (B), 1, 412a$^{17-19}$ e 413a^{1}; *ibid.*, 2, 414a$^{19-22}$. Illuminante M. FREDE, *On Aristotle's Conception of Soul*, in *Essays on Aristotle's* De anima cit. (alla nota 1), pp. 93-107.

[7] Si veda B. MOJSISCH – U. R. JECK – O. PLUTA, *Seele*, in *Historisches Wörterbuch der Philosophie*, edd. J. Ritter – K. Gründer, 13 voll., IX, Basel 1995, [pp. 1-21], p. 14, che rovesciano, nelle motivazioni, la celebre tesi di É. GILSON, *Les sources gréco-arabes de l'augustinisme avicennisant*, in «Archives d'histoire doctrinale et littéraire du Moyen Âge», 4 (1929-30), [pp. 5-149], p. 39, secondo la quale è proprio facendo dell'anima una «sostanza spirituale» che Avicenna avrebbe esercitato una «profonda influenza» sulla latinità.

in assoluto una *sostanza*, e solo se considerata in relazione al corpo una *perfezione*[8].

L'obiezione è pertinente. Non c'è dubbio che dal punto di vista dell'essenza, Avicenna consideri l'anima una sostanza nel senso più fondamentale della sostanzialità, vale a dire la separabilità e la sussistenza, e che sotto questo profilo l'idea che egli possa aver influenzato l'Occidente in base a una prospettiva di segno diametralmente opposto è senz'altro da respingere. Hasse va però oltre, a mio avviso, quando afferma contestualmente che anche questa tesi dell'anima «perfezione e sostanza» sarebbe rimasta in Occidente «relativamente ininfluente»[9]. Sembra infatti difficile, anche solo dal punto di vista statistico, far quadrare questo rilievo col fatto – ben documentato[10] – che una tesi analoga, nella varietà delle sue formulazioni – *perfectio et substantia / forma et substantia / forma et hoc aliquid* –, domina in realtà l'intero dibattito antropologico del secolo XIII, costituendone un tratto comune e distintivo.

In breve, rispetto alla conclusione di Hasse, il ruolo giocato da Avicenna appare diverso e più rilevante. In questo studio vorrei allora tentarne una riconsiderazione, e vorrei farlo restituendo la dovuta complessità all'idea – che della tesi avicenniana costituisce l'aspetto per così dire esegetico e normativo – del nome 'anima' come *nomen officii*, nome che non determina la sostanza della cosa, ma la funzione – l'*officium* – che a vario titolo le compete. La mia convinzione è che il filo che ne avvolge l'elaborazione, se dipanato, oltre a costituire una traccia attraverso la quale ribadire l'assoluta centralità nel dibattito latino della tesi avicenniana della doppia considerazione dell'anima, contribuisca anche a illuminare, di questa centralità, le ragioni storicamente e culturalmente profonde, sulla scia di una delle intuizioni più feconde della sto-

[8] Cfr. D. N. HASSE, *Avicenna's* De anima *in the Latin West. The Formation of a Peripatetic Philosophy of the Soul 1160-1300*, London – Torino 2000, p. 92.

[9] Cfr. *ibidem*, dove il fondamento di questo giudizio è ricondotto all'esiguo numero dei riferimenti latini alla specifica autorità avicenniana (*ibid.*, p. 235, sono citati Gundisalvi, Blund, Pietro Ispano e Alberto Magno), su cui *infra*. Ma si veda adesso ID., *The Early Albertus Magnus and his Arabic Sources on the Theory of the Soul*, in «Vivarium», 46 (2008), [pp. 232-252], p. 234.

[10] Se pure non sempre condivisibile, si veda la lucida messa a punto di B. C. BAZÁN, *The Human Soul: Form and Substance? Thomas Aquinas' Critique of Eclectic Aristotelianism*, in «Archives d'histoire doctrinale et littéraire du Moyen Âge», 64 (1997), [pp. 95-126], pp. 106-112.

riografia gilsoniana: l'idea di Avicenna, l'Avicenna latino, come grande mallevadore scolastico di Aristotele e della decisiva compatibilità teologica e cristiana della sua 'psicologia'[11].

2. La tesi che l'anima umana, benché perfezione (ἐντελέχεια) del corpo, sia in assoluto una sostanza separata e sussistente, si colloca nel solco di una tradizione filosofica, quella della tarda antichità, caratterizzata dall'eredità congiunta di temi platonici e aristotelici. In questo peculiare contesto, Avicenna assume la nozione di 'perfezione' (*perfectio/kamāl*) come direttrice di uno sviluppo interpretativo fondamentalmente 'non aristotelico', che, respingendone l'equivalenza con quella di forma, si affranca dall'esigenza di classificare la natura dell'anima tra gli attributi del corpo. Se Aristotele ritiene che l'anima sia sostanza proprio *in quanto* (ὡς) forma e perfezione, e dunque una sostanza che per esistere deve senz'altro appartenere a un corpo, Avicenna, negando che ogni perfezione sia una forma, contesta la legittimità di dedurre dal suo *ruolo* di perfezione lo *statuto* predicativo della forma. Mentre definire qualcosa come perfezione – spiega Avicenna – equivale a caratterizzarla logicamente in rapporto al 'genere' di cui costituisce la 'differenza', definire qualcosa come forma significa qualificarla ontologicamente in rapporto alla materia in cui sussiste[12].

L'idea è che, descrivendo l'anima come perfezione, ci si limiti a fissarne un ruolo di ordine logico-funzionale – la 'perfezione' come complemento di un certo genere di realtà –, che è cosa ben diversa dall'attribuirle una condizione ontologica di inerenza. Se infatti non c'è dubbio che la forma, in qualità di parte costitutiva, sia una perfezione, non per questo ogni perfezione è una forma (*non omnis perfectio forma*), perché non ogni perfezione è costitutiva di un oggetto al modo di un principio intrinseco e immanente:

[11] Cfr. É. GILSON, *Pourquoi saint Thomas a critiqué saint Augustin*, in «Archives d'histoire doctrinale et litteraire du Moyen Âge», 1 (1926-27), [pp. 5-127], pp. 7-8; ID., *Avicenne en Occident*, ibid., 36 (1969), pp. 89-121, repr. in ID., *Études médiévales*, Paris 1986, [pp. 193-225], pp. 198-202 e 222-225; e ID., *Les sources gréco-arabes* cit. (alla nota 7), p. 75.

[12] Cfr. AVICENNA (IBN SINA), *Liber de anima*, I, 1, ed. S. Van Riet, 2 voll., Louvain – Leiden 1968-1972 (*Avicenna Latinus*), (in seguito: AVICENNA, *Liber de anima*), I, pp. 18,14 - 19,26, su cui M. SEBTI, *Avicenne. L'âme humaine*, Paris 2000, pp. 16-17.

> Deinde dicimus quod *omnis forma est perfectio, sed non omnis perfectio forma*: magister enim fabricandi perfectio est civitatis et carpentarius lignorum [R: *rubbān* (rector)] perfectio est *navis* nec tamen sunt formae civitatis vel navis. Et cuiuscumque perfectionis est *essentia per se separata*, ipsa certe non est forma materiae nec in materia: forma etenim quae est in materia, est forma impressa in illa et existens per illam[13].

Benché la traduzione latina non sia particolarmente perspicua – nella fattispecie là dove il traduttore sembra confondere l'immagine estremamente evocativa del 'nocchiero' («rector navis») con quella più banale del 'carpentiere' («carpentarius lignorum») –, resta comunque chiaro a che cosa Avicenna intenda fare riferimento e quale sia la logica complessiva della sua argomentazione. Si tratta del celebre ed enigmatico inciso aristotelico del 'pilota' perfezione della 'nave'[14]. Avicenna, conformemente a una lunga e consolidata tradizione esegetica[15], se ne serve positivamente per argomentare la tesi della separabilità dell'anima umana, assumendo contestualmente la preminenza della nozione di perfezione –

[13] AVICENNA, *Liber de anima*, I, 1, ed. Van Riet, I, pp. 19,27 - 20,33 (i corsivi sono sempre miei). Tra parentesi quadre riporto la correzione suggerita in apparato da Van Riet, dove 'R' equivale al testo arabo nell'edizione F. Rahman, Oxford 1959; *rubbān* all'originale arabo reso qui impropriamente con «carpentarius lignorum», e *rector* alla sua traduzione adeguata, come per altro testimonia lo stesso testo latino a p. 34,19-21 (cfr. anche R. WISNOVSKY, *Avicenna's Metaphysics in Context*, Ithaca 2003, p. 118).

[14] Cfr. ARISTOTELES, *De anima*, II (B), 1, 413a$^{8-9}$.

[15] Ad eccezione dell'attitudine critica e respingente di ALEXANDER APHRODISIENSIS, *De anima*, ed. I. Bruns, Berlin 1887 (Supplementum Aristotelicum, II/1), pp. 15,9-26 e 20,26 - 21,21, e PLOTINUS, *Enneades*, IV, 3 [27], 21, cfr. PORPHYRIUS, *Ad Gaurum*, X, 4-6, hrsg. von K. Kalbfleisch, Berlin 1895, pp. 47,5 - 48,8; IAMBLICHUS, *De anima*, III, 16, ed. J. F. Finamore – J. M. Dillon, Leiden – Boston – Köln 2002, p. 42,12-21, e VI, 33, p. 60,15-16; THEMISTIUS, *In libros Aristotelis De anima paraphrasis*, III (Γ), ed. R. Heinze, Berlin 1899 (Commentaria in Aristotelem Graeca, V/3), p. 43,28-30; SIMPLICIUS (?), *In Aristotelis De anima libros commentaria*, prooem., ed. M. Hayduck, Berlin 1882 (Commentaria in Aristotelem Graeca, XI), p. 4,19-20 e 30-32; I (A), 1, pp. 16,15-19 e 17,35-18,3; *ibid.*, 4, pp. 59,36-39 e 60,32-35; II (B), 1, pp. 87,18-20, 94,8-12 e 96,1-10; *ibid.*, 2, p. 105,6-9; *ibid.*, 11, p. 168,13-14; III (Γ), 4, p. 227,13-15; e IOHANNES PHILOPONUS, *In Aristotelis De anima libros commentaria*, I (A), 1, ed. M. Hayduck, Berlin 1897 (Commentaria in Aristotelem Graeca, XV), pp. 47,28 - 48,27; II (B), 1, pp. 224,12 - 225,7 e *ibid.*, 2, pp. 246,27 - 247,7, da cui sembra in parte dipendere (cfr. *infra*) un anonimo compendio alessandrino, che costituisce parte integrante della tradizione araba del *De anima*: *Aristoteles' De anima. Eine verlorene spätantike Paraphrase in arabischer und persischer Überlieferung*, hrsg. von R. Arnzen, Leiden – New York – Köln 1998, pp. 216-220.

nozione che meglio si adatta al concetto generico di anima, perché capace di denotarne la funzione comune (il fatto di determinare la realtà del vivente) senza pregiudicarne la varietà delle specie[16]. Dal semplice fatto di sapere l'anima una perfezione – spiega Avicenna – noi non possiamo dedurne la natura, perché la nozione di perfezione non è indicativa dell'essenza, ma della funzione, limitandosi a definire genericamente l'anima in quanto tale («*qua* anima»), che significa certificarne la realtà a partire dal ruolo e dalla capacità dell'animazione. È come, prosegue Avicenna, verificare l'esistenza di un 'motore' in base all'esperienza di ciò che è mosso; una verifica che non ci dice nulla dell'identità della cosa, se non dal punto di vista estrinseco della sua attitudine motrice[17]. Definire quindi l'anima come perfezione non pregiudica la sostanzialità e la separabilità della sua natura, più di quanto definire qualcosa come causa ne pregiudica la capacità di essere indipendentemente dalla propria relazione causale:

> Dicemus igitur quod, cum nos scierimus animam esse perfectionem (...), non dicemus nos tamen adhuc propter hoc scire animam quid sit, sed sciemus eam *secundum hoc quod est anima. Hoc enim nomen anima non est inditum ei ex sua substantia sed ex hoc quod regit corpora et refertur ad illa*, et idcirco *recipitur corpus in sui definitione*, exempli gratia, *sicut opus accipitur in definitione opificis*, quamvis non accipiatur in definitione eius *secundum hoc quod est homo*[18].

Le implicazioni teoriche di questo schema argomentativo appaiono decisive. Concepita secondo il modello di un'entità di-

[16] Cfr. AVICENNA, *Liber de anima*, I, 1, ed. Van Riet, I, pp. 20,44 - 21,50.

[17] Cfr. *ibid.*, pp. 15,78 - 16,86: «Hoc nomen [*scil.* anima] est nomen huius rei *non ex eius essentia*, nec ex praedicamento ‹. . .› [R: sed *ex relatione quam habet*, scilicet secundum quod est principium illarum actionum; nos autem inquiremus substantiam eius et predicamentum] in quo continebitur postea; nunc autem non affirmamus nisi *esse rei* quae est principium eius quod praediximus, et affirmamus *esse rei* ex hoc quod habet *aliquod accidens* (...). Fortassis enim iam didicimus quod id quod movetur motorem habet, *nec tamen propter hoc scimus essentiam huius motoris quid sit*». Le parentesi uncinate indicano una lacuna del testo, che nessun testimone latino permette di colmare, ma che viene restituita dall'originale arabo. Tra parentesi quadre ne riporto la versione latina proposta in apparato da Van Riet.

[18] *Ibid.*, pp. 26,24 - 27,32, su cui É. GILSON, *L'âme raissonable chez Albert le Grand*, in «Archives d'histoire doctrinale et littéraire du Moyen Âge», 14 (1945), [pp. 5-72], pp. 13-22; e SEBTI, *Avicenne* cit. (alla nota 12), pp. 14-15 e 17-18.

stinta e funzionalmente qualificata come il 'pilota' o un 'motore', l'anima si configura a pari titolo come una realtà concreta, un soggetto a sé stante di attributi e funzioni, passibile di considerazioni diverse secondo le diverse caratteristiche che la contraddistinguono in quanto natura di una certa specie e in quanto termine di una certa relazione. Ne è indice l'esempio dell'«opifex», che è «homo» e «opifex» e che come 'uomo' può essere definito indipendentemente dalla nozione di 'opera', ma non come 'operaio', nome che ne significa la realtà proprio in quanto titolare della funzione. Allo stesso modo, il nome 'anima' nomina la cosa – che nel caso dell'uomo Avicenna dimostrerà essere una natura incorporea e separata[19] –, ma la significa in maniera obliqua e periferica, a partire dalla funzione animatrice che ne contraddistingue l'esistenza corporea. La nozione di corpo rientra quindi nella sua definizione non perché essa ne costituisca una proprietà, ma perché tale nozione è analiticamente contenuta in quella *concreta* di 'anima'[20].

Avicenna colloca questa prospettiva nell'orizzonte di un progetto peripatetico di sapere, modellando sull'equivocità del nome 'anima' la comprensione della nozione tecnica di perfezione. La sua tesi è che 'anima' e 'perfezione' sono nozioni funzionalmente equivalenti – «anima est nomen perfectionis» diranno con una certa ambiguità i latini –, il cui compito è di esprimere l'effettività dell'anima solo in quanto di essa si predica una proprietà 'estrinseca' («aliquod accidens») che la qualifica in relazione al corpo[21]. La

[19] Cfr. AVICENNA, *Liber de anima*, V, 1, ed. Van Riet, II, p. 80,59-60; V, 7, p. 172,6-7; ID., *Liber de philosophia prima*, III 1, ed. S. Van Riet, 3 voll., Louvain – Leiden 1977-1983, I, p. 104,11.

[20] Cfr. AVICENNA, *Liber de anima*, I, 1, ed. Van Riet, I, p. 35,41-42: «(...) Haec res quae vocatur *anima, ex relatione quam habet*»; V, 5, ed. Van Riet, II, p. 132,17-18: «(...) *Secundum quod est anima*, scilicet *secundum quod est iuncta huic materia*»; e ID., *Épître sur les états de l'âme (Risāla fī Aḥwāl al-Nafs)*, tr. fr. in J. R. MICHOT, *Avicenne.* La Définition de l'âme. *Section I de l'*Épître des états de l'âme. *Traduction critique et lexique*, in *Langages et philosophie. Hommage à Jean Jolivet*, éd. par A. de Libera – A. Elamrani-Jamal – A. Galonnier, Paris 1997, [pp. 239-256], p. 247: «L'âme (*nafs*), nous ne la nommons donc *âme* que du point de vue où elle existe en un corps parmi d'autres en accomplissant une action parmi d'autres. [Par contre,] en fonction de sa substance, qui lui est propre et de par laquelle elle est séparée, nous ne la nommons *âme* que par homonymie et métaphore. Le plus vraisemblable est qu'à ce moment son nom, qui lui est propre, soit *intellect* (*'aql*) non point *âme*» (cfr. altresì J. R. MICHOT, *La destinée de l'homme selon Avicenne*, Leuven 1986, p. 114, nota 40).

stessa tesi che John Blund – il primo dei maestri delle Arti a noi noti a redigere un trattato sull'anima – oppone a quanti obiettano che l'anima non possa definirsi con Aristotele 'perfezione', senza ridursi rovinosamente a forma inseparabile dal corpo:

> Hoc nomen anima designat rem suam in concretione. Significat enim *substantiam sub quodam accidente in relatione ad corpus organicum in quantum ipsum animatur et vivificatur per ipsam*, et *gratia illius accidentis dicitur esse perfectio ipsius*, eo scilicet quod ipsa ipsum animat[22].

Attraverso un'implicita distinzione semantica tra il nominare e il significare, distinzione che inserisce il punto di vista affine di Avicenna nel quadro rassicurante di una tradizionale prospettiva logico-linguistica e grammaticale, Blund ribadisce una teoria della relazione in cui una *res* altrimenti caratterizzata e indipendente è contraddistinta a titolo secondario da una determinazione ulteriore che la colloca in riferimento ad altro. Come 'Socrate' che, secondo un classico esempio boeziano, è *homo* e *pater*, appartenendo come 'uomo' alla categoria della sostanza e come 'padre' a quella della relazione[23], così l'anima è concepita dall'avicenniano Blund come *substantia* e *perfectio*: 'sostanza' quanto alla propria natura a sé stante, 'perfezione' quanto alla propria relazione corporea e funzionale. È questo il modello onto-logico in base al quale il nome 'anima' viene grammaticalmente definito come 'concreto' (*nomen concretum*). Esso, spiega infatti Blund, designa un'entità composta, un aggregato di sostanza e accidente, significato in base all'accidente che inerisce alla sostanza e che la qualifica in riferimento al corpo[24] – che, per dirla con Domenico Gundisalvi, significa che

[21] Cfr. AVICENNA, *Liber de anima*, I, 1, ed. Van Riet, I, p. 16,82, cit. per esteso *supra*, nota 17.

[22] IOHANNES BLUND, *Tractatus de anima*, II, 1, 16, ed. D.A. Callus – R.W. Hunt, London 1970 (Auctores Britannici Medii Aevi, 2), pp. 5,23 - 6,3.

[23] Cfr. ANICIUS MANLIUS SEVERINUS BOETHIUS, *In Categorias Aristotelis* II, PL 64, 220D (dipendente da PORPHYRIUS, *In Aristotelis Categorias commentarium*, ed. A. Busse, Berolini 1887 [Commentaria in Aristotelem Graeca, IV/1], p. 132,7-8). E cfr. *infra*, alla nota 60.

[24] Cfr. IOHANNES BLUND, *ibid.*, II, 2, 21, ed. Callus – Hunt cit. (alla nota 22), p. 7,1-3: «Dicemus quod *hoc nomen 'anima' est nomen concretum* in concretione dans intelligere *substantiam sub accidentem* quod copulatur per hoc verbum 'animo', 'animas'».

c'è nel nome 'anima' una «vis relationis» che ne fonda e ne giustifica l'imposizione. L'anima è infatti 'anima' non in assoluto, ma in relazione al corpo *che anima*, per cui trae il nome non dalla cosa, da ciò che 'è', ma dall'azione, da ciò che 'fa'[25].

La tesi di Blund, tesi testualmente riconducibile ad Avicenna, è che la medesima significazione è presupposta anche dalla nozione peripatetica di 'perfezione', la cui attribuzione di conseguenza non pregiudica la separabilità dell'anima – come invece obiettano quanti ne ritengono implicita la riduzione a 'forma' –, perché delinea un'implicazione che appartiene al piano esclusivo della funzione, limitandosi a specificare la condizione equivoca e concreta significata dal nome 'anima'. Una condizione, prosegue Blund, di ordine eminentemente 'fisico', che permette di classificare il contributo della teoria aristotelica secondo un considerevole criterio epistemologico e professionale:

> *Quantum* autem *ad illud accidens*, dicimus quod dicit Aristoteles, *animam esse perfectionem* corporis organici habentis etc., et *in hac comparatione* anime ad corpus *est anima perfectio* ipsius, *scilicet in quantum ipsa vivificat corpus*. Et *sub hac comparatione* subiacet anima *physici* speculationi; *preter* autem *illud accidens* considerata, subiacet speculationi *metaphysici*. Ita hoc ipsum anima secundum suum esse concretum *partim est de physica et partim est de metaphysica*[26].

[25] Cfr. DOMINICUS GUNDISSALINUS, *Tractatus de anima*, 1, ed. in J. T. MUCKLE, *The Treatise* De anima *of Dominicus Gundissalinus*, in «Medieval Studies», 2 (1940), [pp. 23-103], p. 33,24-29: «Sed quoniam aliqua *vis relationis* est in hoc quod dicitur anima – anima enim animati anima, et omne animatum anima animatum est – tunc rationabilius videtur ut id quo corpora animantur anima vocetur. Hoc enim nomen anima non est ei inditum a sua essentia, sed ex hoc quod regit corpora et refertur ad illa». In questo passaggio Gundisalvi illustra e cita AVICENNA, *Liber de anima*, I, 1, ed. Van Riet, I, pp. 26,27 - 27,29 (cit. *supra*, all'altezza della nota 18), come già segnalava GILSON, *Les sources gréco-arabes* cit. (alla nota 7), p. 81.

[26] IOHANNES BLUND, *Tractatus de anima*, II, 2, 21, ed. Callus – Hunt cit. (alla nota 22), p. 7,3-10, da mettere in relazione con AVICENNA, *Liber de anima*, I, 1, ed. Van Riet, I, p. 27,32-36: «Et ideo tractatus de anima fuit de scientia naturali, quia tractare de anima *secundum hoc quod est anima*, est tractare de ea secundum quod habet *comparationem* ad materiam et ad motum. Unde oportet ad sciendum essentiam animae facere alium tractatum per se solum». Che spetti al 'fisico' (φυσικός) considerare la 'parte' dell'anima che non esiste senza la materia, è tesi genuinamente aristotelica. Essa, però, rimanda alla controversa distinzione di 'anima' e 'intelletto' e non a una diversa considerazione – *per se* e *per aliud* – della medesima 'sostanza intellettuale' dell'anima: cfr. ARISTOTELES, *De anima*, I (A), 1, 403a$^{27-28}$; *Metaphysica*, VI (E), 1, 1026a$^{5-6}$ e *De partibus animalium*, I (A), 1, 641a^{17}-b^{10}.

Secondo questa prospettiva, definire l'anima perfezione del corpo spetta al 'filosofo naturale' (*physicus*) non perché l'anima si classifichi tra le proprietà del corpo, ma perché – come precisa Alfredo di Sareshel – spetta al filosofo naturale considerare l'anima in quanto di essa si predica un riferimento estrinseco alla corporeità[27]. Considerarla invece a prescindere da una simile affezione è compito del 'metafisico'. Ma come tale essa non è più 'perfezione', bensì 'sostanza', secondo una dissociazione che recepisce la dottrina aristotelica neutralizzandone le specifiche implicazioni ilemorfiche. La teoria dell'anima ἐντελέχεια (*perfectio*) viene infatti accolta non per chiarire la natura dell'anima, ma per illustrarne la caratteristica – aggiuntiva e parziale – di 'relativo', secondo una preliminare e strategica ridefinizione del suo oggetto. Una prospettiva non aristotelica, in base alla quale l'anima è sostanza non *in quanto* perfezione, ma in quanto titolare spirituale e sussistente della funzione di perfezione[28].

3. Nonostante la parziale revisione dettata dal confronto col 'nuovo' Aristotele, questa prospettiva conserva nel corso del secolo XIII una sua complessiva e persistente validità, nel senso che il punto di vista aristotelico continua a rappresentare il punto di vista relativo e parziale del 'filosofo naturale', chiamato a indagare l'anima non in quanto 'natura' di un certo genere (*substantia*), ma in quanto 'principio' di una certa 'relazione' (*forma sive perfectio*): la relazione causale – come scrive intorno al 1260 un anonimo commentatore di Aristotele – sottesa al nome 'anima' e alla funzione animatrice che quel nome significa:

> *Nomen animae* cum *non nominat aliquid ut est res alicuius predicamenti existens per se in genere*, sed magis ut est *anima causa alterius et hoc tanquam forma eius substancialis* (...), *accipitur* non ra-

[27] Cfr. ALFREDUS ANGLICUS (vel DE SARESHEL), *De motu cordis*, prol., ed. Cl. Baeumker, Münster 1923 (BGPMA 23/1-2), p. 2,5-7: «Non *ex eo quod est*, sed *ex eo quod ad corpus* qualiter se habet, anima et *diffinitionem* et *nuncupationem* a *phisicis* accepit».

[28] Cfr. *ibidem*, pp. 2,7 - 3,2: «*In se* enim considerata *substantia est incorporea intellectiva* (...). *Relata* vero anima *perfectio est corporis* phisici organici». Sulla sostanzialità dell'anima, si veda inoltre IOHANNES BLUND, *Tractatus de anima*, III, 31, ed. Callus – Hunt cit. (alla nota 22), p. 9,10-11; *ibid.*, 32, p. 9,19; *ibid.*, IV, 41, p. 12,10; e DOMINICUS GUNDISSALINUS, *Tractatus de anima*, 2, ed. Muckle cit. (alla nota 25), p. 42,15.

cione qua habet esse *res alicuius generis*, sed magis ut est *informativum alterius* (...). Cum *tale esse non habet nisi per respectum ad illud cuius est informativum*, diffinicio anime hic investigata [*scil.*: la definizione aristotelica di 'atto primo'] non debet exprimere eius *quidditatem absolute* (...), sed magis ‹*eius causalitatem*›, inquantum est *informativa* alterius[29].

Ad essere però progressivamente emendata è l'idea – ribadita ancora, nella sua ambiguità, tra la fine degli anni '20 e la metà degli anni '30 – che l'animazione rappresenti una funzione puramente 'accessoria' – «ipsa enim anima ab accidente habet quod animat»[30] – e che non sia quindi *per se*, ma solo a titolo secondario – in particolare attraverso la mediazione delle sue facoltà[31] – che l'anima si costituisca perfezione del corpo. A questa prospettiva, che insiste sul carattere estrinseco della relazione, si sostituisce progressivamente l'idea di un'intrinseca 'unibilità' (*unibilitas*), attitudine dell'anima che interpreta ed esemplifica in un'ottica teologica e agostinizzante il tratto fondamentale della nuova e ormai acquisita nozione aristotelica di 'forma'.

[29] ANONYMUS MAGISTER ARTIUM, *Quaestiones in tres libros De anima*, II, q. 29, ed. in J. VENNEBUSCH, *Ein anonymer Aristoteleskommentar des* XIII. *Jahrhunderts*, Paderborn 1963, p. 163,51-59 (che allude ad AVICENNA, *Liber de anima*, I, 1, ed. Van Riet, I, p. 15,78 seqq., cit. per esteso *supra*, nota 17). Cfr. anche *ibid.*, I, q. 3 [2], p. 99,69-70: «Et sic non consideratur hic *secundum suum esse absolutum*, sed *per relacionem ad corpus*». Sulla duplicità della 'scientia de anima', sempre con riferimento ad AVICENNA, *Liber de anima*, I, 1, p. 27,32-36 (cit. per esteso *supra*, nota 26), cfr. ANONYMUS MAGISTER ARTIUM, *Quaestiones super librum De anima*, I, q. 3, ed. P. Bernardini, Firenze 2009 (Corpus Philosophorum Medii Aevi. Testi e Studi, XXIII), p. 22,27-33; *Philosophica disciplina*, ed. in C. LAFLEUR, *Quatre introductions à la philosophie au* XIIIe *siècle*, Montréal – Paris 1988, pp. 263,127 - 264,141; ANONYMUS MAGISTER ARTIUM, *Lectura in librum De anima*, I, 1, q. 4, ed. R. A. Gauthier, Grottaferrata 1985 (Spicilegium Bonaventurianum, 24), p. 9,250-251 (da mettere in relazione con AVICENNA, *Liber de anima*, V, 5, ed. Van Riet, II, p. 132,17-18, cit. per esteso *supra*, nota 20), I, 3, q. 2, p. 52,541-544; e PETRUS HISPANUS, *Commentarium in libros De anima*, quaestiones praeambulae, ed. M. Alonso, Madrid 1944 (Obras filosóficas, 2), p. 78,5-15.

[30] *Summa Duacensis*, V, 1, ed. P. Glorieux, Paris 1955 (Textes Philosophiques du Moyen Âge, 2), p. 40.

[31] È la tesi, fra gli altri, di PHILIPPUS CANCELLARIUS PARISIENSIS, *Summa de bono, De bono naturae*, IV, q. 8, ed. N. Wicki, 2 voll., Bern 1985 (Corpus Philosophorum Medii Aevi, 1-2), I, p. 284,105-112, che rinnova una tipica istanza del platonismo del secolo XII: cfr. G. SPINOSA, *Vista,* spiritus *e immaginazione intermediari tra l'anima e il corpo nel platonismo medievale dei secoli* XII *e* XIII, in *Anima e corpo nella cultura medievale*, Atti del V Convegno di studi della Società Italiana per lo Studio del Pensiero Medievale, a c. di C. Casagrande – S. Vecchio, Firenze 1999, pp. 207-230.

Quest'idea non contesta il fatto che l'anima, secondo un impianto complessivamente avicenniano, si unisca al corpo vivificandolo, né tanto meno discute lo statuto attivo e causale di tale funzione animatrice. Ne ripensa invece la fondazione, radicandola nell'essenza[32], facendo della disposizione dell'anima ad animare il corpo non più, come Avicenna, un'aggiunta alla sua natura, ma un tratto costitutivo della sostanza; quasi la traccia di una connaturata 'mancanza', che, nell'illusione di un recupero delle istanze più autentiche dell'ilemorfismo, restituisce dell'anima la rappresentazione eminentemente cristiana di natura incompleta, priva della dignità angelica e umana della persona, perché strutturalmente protesa e destinata alla corporeità[33].

Nel complesso, una prospettiva in base alla quale l'anima dona e produce la vita perché essenzialmente causa di vita, forza e principio vitale che vivifica – si dice – come la luce illumina, attraverso una manifestazione attiva e spontanea della propria qualità interiore. In breve, attraverso un «atto essenziale», che trascende i limiti estrinseci dell'operazione temporanea per costituirsi come riflesso stabile della 'natura'[34]. Un atto, quindi, intenzionalmente diverso da quello 'contingente' apparentemente presuppo-

[32] Cfr. ad es. HUGO DE SANCTO CARO, *Quaestio de anima*, ed. in M. BIENIAK, *Una questione disputata di Ugo di St.-Cher sull'anima. Edizione e studio dottrinale*, in «Studia Antyczne i Mediewistyczne», 37 (2004), [pp. 127-184], p. 169,38-46; e IOHANNES DE RUPELLA, *Summa de anima*, I, 6, 37, ed. J. Bougerol, Paris 1995 (Textes Philosophiques du Moyen Âge, 19), p. 115,4-5. Si veda anche T. M. OSBORNE JR., Unibilitas*: The Key to Bonaventure's Understanding of Human Nature*, in «Journal of the History of Philosophy», 37 (1999), pp. 227-250.

[33] Illuminante ALBERTUS MAGNUS, *Super Dionysium De divinis nominibus*, IV, 29, ed. P. Simon, in ID., *Opera Omnia* (editio Coloniensis), XXXVII/1, Münster (Westf.) 1972, pp. 136,26 - 137,11, su cui cfr. E. H. WÉBER, *La personne humaine au XIIIe siècle*, Paris 1991 (Bibliothèque Thomiste, 46), pp. 125 e 144-146, e M. LENZI, *Alberto e Tommaso sullo statuto dell'anima umana*, in «Archives d'histoire doctrinale et littéraire du Moyen Âge», 74 (2007), [pp. 27-58], pp. 30-42. Si veda anche BONAVENTURA DE BALNEOREGIO, *In II Sententiarum*, d. 1, pars. 2, a. 3, q. 2, in ID., *Opera Omnia*, ed. studio et cura PP. Collegii S. Bonaventurae, II, Quaracchi 1885, pp. 49-50.

[34] Cfr. PETRUS HISPANUS, *Commentarium in libros De anima*, II, 2, ed. Alonso cit. (alla nota 29), p. 553,16-29; ALBERTUS MAGNUS, *De anima*, II, 1, 6, ed. C. Stroick, in ID., *Opera Omnia* (ed. Col.), VII/1, Münster (Westf.) 1968, p. 74,1-35; e ID., *De morte et vita*, I, 2, ed. A. Borgnet, in ID., *Opera Omnia* (ed. Parisiensis), IX, Paris 1890, pp. 346-347, su cui L.-B. GEIGER, *La vie acte essentiel de l'âme – l'esse acte de l'essence d'après Albert le Grand*, in *Études d'histoire littéraire et doctrinale*, Montréal – Paris 1962, pp. 49-116.

sto dal testo avicenniano. Ma pur sempre un 'atto', un'azione, e come tale distinto dal principio che l'ha generato, secondo una tenace e persistente dissociazione tra natura e funzione, tra ciò che l'anima è in sé indipendentemente dal corpo e ciò che offre di sé agendo sul corpo[35].

Questa distinzione spiega allora perché il nome 'anima', seguitando a significare l'attività – l'*animazione* – da cui è tratta la sua forma linguistica, continui a determinare la realtà della cosa secondo un aspetto relativo e parziale – quello appunto di *forma* e *perfezione* – che, per quanto riconducibile all'essenza, non ne esaurisce la profondità di *sostanza*.

Con un evidente avicennismo – che testimonia come questa idea di un'anima «non meno essenzialmente forma che sostanza» costituisca una trasformazione teologico-filosofica dell'omologo paradigma avicenniano[36] –, i medievali indicano questo valore definendo il nome 'anima' nome della 'perfezione' (*nomen perfectionis / nomen actus*) o della 'funzione' (*nomen officii*). Una decisione che domina, sia pure con sfumature interpretative diverse, la ricezione della psicologia aristotelica, e in cui si ribadisce la convinzione che la definizione peripatetica non verta sulla natura dell'anima nella sua integralità, ma sul tratto propriamente causale che la qualifica in quanto tale («*qua* anima»).

In base a questa prospettiva, ad esempio, si giustifica la celebre tesi che – sull'apparente traccia di Aristotele[37] – vuole l'anima tratta in parte dalla potenza della materia e in parte creata e infusa direttamente da Dio. L'obiezione che ciò equivalga a introdurre una molteplicità – eretica – di principi vitali viene infatti neutralizzata evidenziando come il nome 'anima' non si imponga in ragione della natura e dell'essenza della cosa, ma della funzione («pro eo quod anima nomen est officii»); e che, nella misura in cui le diverse sostanze che strutturano la natura dell'anima sono tra

[35] Cfr. ALBERTUS MAGNUS, *Super Ethica*, VI, 2, 478, ed. W. Kübel, in ID., *Opera Omnia* (ed. Col.), XIV/2, Münster (Westf.) 1987, p. 408,63-66 e 78-79.

[36] Cfr. T. CROWLEY, *Roger Bacon. The Problem of the Soul in his Philosophical Commentaries*, Louvain – Dublin 1950, p. 122 e BAZÁN, *The Human Soul* cit. (alla nota 10), p. 113, che però ne sottolineano piuttosto l'eclettismo.

[37] Cfr. ARISTOTELES, *De generatione animalium*, II (B), 3, 736a^{36}-b^{2}; su cui si veda E. BERTI, *L'origine dell'anima intellettiva secondo Aristotele*, in Anthropine Sophia. *Studi di filologia e storiografia filosofica in memoria di Gabriele Giannantoni*, a c. di F. Alesse *et alii*, Napoli 2008, pp. 295-328.

loro ordinate alla perfezione di un unico corpo, unica sarà anche l''anima' «in perficiendo et animando»[38], sebbene per alcuni rappresentata dalla funzione 'completiva' del solo principio intellettivo – «eo quod *anima nomen est perfectionis*»[39] –, e per altri dalla funzione animatrice dell'intero aggregato – «cum anima non sit *nomen substantiae* ut per se stans, sed magis *nomen actus* animantis et informantis»[40].

Ma secondo la medesima prospettiva, si continua anche a giustificare, nel nuovo contesto 'aristotelico', la tesi cruciale della spiritualità dell'anima umana. A partire da Filippo il Cancelliere diventa banale, di fronte alla ricorrente e ormai codificata obiezione dell'inseparabilità della forma, rilevare come l'anima razionale non sia soltanto *perfezione* del corpo, ma anche *sostanza*

[38] Cfr. le testimonianze di BONAVENTURA DE BALNEOREGIO, *In II Sent.*, d. 31, a. 1, q. 1, resp., ed. Quaracchi cit. (alla nota 33), p. 741; di ALBERTUS MAGNUS, *De anima*, I, 2, 15, ed. Stroick cit. (alla nota 34), p. 58,57-58; ID., *De natura et origine animae*, I, 4, ed. B. Geyer, in ID., *Opera Omnia* (ed. Col.), XII, Münster (Westf.) 1955, p. 10,92-93, e ID., *De animalibus*, XVI, 1, 11, ed. H. Stadler, Münster 1916-1920 (BGPMA, 15-16), p. 1093,33-34, oltre alle anonime *Quaestiones in tres libros De anima*, ed. in J. VENNEBUSCH, *Die Einheit der Seele nach einem anonymen Aristoteleskommentar aus der Zeit des Thomas von Aquin und des Siger von Brabant*, in «Recherches de théologie ancienne et médiévale», 33 (1966), [pp. 39-80], q. 25, p. 72,25-28, e q. 26², p. 78,270-271. Sulla matrice avicenniana di questa prospettiva, cfr. ancora ALBERTUS MAGNUS, *De homine*, *De natura animae rationalis*, 2, ed. H. Anzulewicz et J. R. Söder, in ID., *Opera Omnia* (ed. Col.), XXXVII/2, Münster (Westf.) 2008, p. 472,20-25: «Et haec ratio videtur esse de intellectu Avicennae in principio libri sexti de naturalibus, ubi dicit, quod hoc nomen anima, non est nomen illius rei quam nominat ex essentia eius vel ex praedicamento in quo continetur, sed accidente quod accidit ei: et ideo dicitur quod *anima dicitur ab animando*».

[39] Si vedano le testimonianze di PHILIPPUS CANCELLARIUS, *Summa de bono*, *De bono naturae*, IV, q. 3, ed. Wicki cit. (alla nota 31), I, pp. 233,79 - 234,86; *Summa Duacensis*, VII, 2, ed. Glorieux cit. (alla nota 30), p. 61; PS. ROBERTUS GROSSETESTE, *Tractatus de anima*, ed. L. Baur, Münster 1912 (BGPMA, 9), p. 271,9-10; HUGO DE SANCTO CARO, *Quaestio de anima*, ed. M. Bieniak cit. (alla nota 32), p. 174,227-228; IOHANNES DE RUPELLA, *Summa de anima*, ed. Bougerol cit. (alla nota 32), I, 4, 26, p. 87,39-40; [ALEXANDER HALENSIS], *Summa fratris Alexandri* [sive *Summa Halensis*], II, ed. a c. dei PP. del Collegio S. Bonaventura, 4 voll., Quaracchi 1924-1948, II, p. 682; e RICHARDUS RUFUS, *In II Sententiarum*, d. 17, c. 169, ed. in D. A. CALLUS, *Two Early Oxford Masters on the Problem of Plurality of Forms*, in «Revue néoscolastique de philosophie», 42 (1939), [pp. 411-445], p. 441,100.

[40] ANONYMUS MAGISTER ARTIUM, *Quaestiones in tres libros De anima*, II, 31, ed. J. Vennebusch cit. (alla nota 29), p. 176,131-132, oltre alle ll. 126-128. Cfr. ancora ALBERTUS MAGNUS, *De anima*, III, 5, 4, ed. Stroick cit. (alla nota 34), p. 248,86-90: «Sunt autem nonnulli tres substantias in homine esse dicentes, qui dicunt tres substantias esse unam animam, eo quod *in uno actu animandi* uniuntur, tamquam *anima non sit nomen substantiae et formae, sed operationis*».

per sé sussistente, secondo una duplicità che sulla falsariga di Avicenna appare distintiva di un diverso ordine di realtà. Nulla impedisce – questo il filo dell'argomentazione – che, forma e perfezione in quanto titolare di un certo *officium*, l'anima sia altresì separabile e sussistente in virtù della sostanzialità della sua natura. Non solo anima o forma, quindi, ma *forma e sostanza* o, secondo una significativa variante 'non aristotelica', *anima e spirito* – «*animam* (...) *ab eo quod animat*, hoc est vivificat, administrat et regit corpus; *spiritum* vero eam nominamus *ad se ipsam* absque comparationem ipsius ad corpus»[41]. La medesima variante che un anonimo maestro delle Arti articola attraverso un'evocativa similitudine con la condizione della natura angelica, di cui l'anima sembra condividere, oltre alla 'spiritualità' della sostanza, la 'funzionalità' del nome:

> Ipsa [*scil.*: anima rationalis] tamen separata, *anima* non est, set *substancia spiritualis*: est enim *anima nomen officii* sicut *angelus*[42].

[41] Guillelmus Alvernus, *De anima*, II, 6, in Id., *Opera Omnia*, 2 voll., Paris – Orléans 1674 (rist. an. Frankfurt a. Main 1963), II, p. 78, da mettere in relazione con Avicenna, *Liber de anima*, I, 1, vol. I, pp. 26,28 - 27,36 (cit. *supra*, all'altezza della nota 18 e nota 26) e Iohannes Blund, *Tractatus de anima*, II, 2, 21, ed. Callus – Hunt cit. (alla nota 22), p. 7,5 (cit. *supra*, all'altezza della nota 26). Per un'analoga duplicità, cfr. Alexander Halensis, *Quaestiones disputatae 'antequam esset frater'*, q. 18, ed. V. Doucet, 3 voll., Quaracchi 1960 (Bibliotheca Franciscana Scholastica Medii Aevi, 19-21), I, p. 297,18-21; *Summa fratris Alexandri* cit. (alla nota prec.), II, p. 149; Ps. Robertus Grosseteste, *Tractatus de anima*, ed. Baur cit. (alla nota 39), p. 253,32-43; Iohannes de Rupella, *Tractatus de divisione multiplici potentiarum animae*, I, 1, ed. P. Michaud-Quantin, Paris 1964 (Textes pilosophiques du Moyen Âges, 11), p. 56,110-118; Id., *Summa de anima*, I, 2, 2, ed. Bougerol cit. (alla nota 32), p. 52,4-13; Rolandus de Cremona, *Summa Theologiae*, ms. Paris, Bibliothèque Mazarine 795, f. 87ra, cit. in C. R. Hess, *Roland of Cremona's Place in the Current of Thought*, in «Angelicum», 45 (1968), [pp. 429-477], p. 438, e ancora Thomas Aquinas, *Summa Theologiae*, I, q. 97, a. 3, resp., ed. P. Caramello, Torino 1952, p. 475.

[42] Anonymus Magister Artium, *Lectura in librum De anima*, II, 1, q. 2, ed. R. A. Gauthier cit. (alla nota 29), p. 146,333-334. Cfr. Philippus Cancellarius, *Summa de bono*, *De bono naturae*, IV, 6, ed. Wicki cit. (alla nota 31), I, p. 266,86-87: «Unde iam [*scil.*: corpore corrupto] non est *anima ab animando*, sed est *substantia*»; Petrus Hispanus, *Scientia de anima*, I, 1, ed. M. Alonso, Madrid 1941, p. 55: «Substantia *officii nomine* anima nuncupatur»; Bonaventura de Balneoregio, *In II Sententiarum*, d. 31, a. 1, q. 1, resp., ed. Quaracchi cit. (alla nota 33), p. 741: «(...) pro eo quod anima *nomen est officii*»; Rogerius Bacon, *Quaestiones supra libros octo physicorum Aristotelis*, ed. F. M. Delorme collab. R. Steele, Oxford 1935 (Opera hactenus inedita Rogeri Bacon, 13), p. 363,15-18: «Anima est enim *nomen actus*, unde dicitur *anima* prout est *actus et perfectio*; non autem sic nominatur *secundum se* prout est *substantia intellectiva*».

Ora, che con un simile adagio (*anima est nomen officii*) intessuto nella trama di un commento universitario ad Aristotele il nostro maestro intendesse compendiare l'affine punto di vista filosofico di Avicenna – per il quale, si ricorderà, il nome 'anima' non è imposto a partire dalla sostanza («non est inditum ei ex sua substantia»), ma dalla funzione («sed ex hoc quod regit corpora et refertur ad illa») –, è un'eventualità resa plausibile da un richiamo coevo, esplicito e congruente, all'autorità del filosofo islamico: «Dicit enim Ysidorus et Avicenna, quod *anima nomen est officii et non essentiae*»[43]. Tuttavia, la rapida proiezione sulla natura angelica, in un quadro qualificato dal vocabolario dello 'spiritualismo' cristiano, sembra suggerire una disposizione più complessa, in cui il piano del peripatetismo avicenniano si interseca e si combina con quello della tradizione teologica agostiniana, sovradeterminandone la prospettiva.

In breve, tra la tesi di quanti – Mojsisch, Jeck e Pluta – attribuiscono al successo di Avicenna un implicito carattere di 'rottura', ipotizzando una 'psicologia' non sostanzialista capace di favorire il superamento della tradizionale concezione dell'anima come realtà spirituale e a sé stante, e la tesi di chi – Hasse – nega invece particolare successo al suo peculiare ma persistente spiritualismo, è qui l'intuizione di Étienne Gilson a prendere corpo, individuando nella disponibilità teologica e agostiniana di questo spiritualismo la ragione di un'influenza decisiva e profonda.

4. L'accenno del nostro anonimo maestro alla condizione della natura angelica costituisce una trasparente allusione a un omologo e celeberrimo adagio angelologico – «angelus est nomen officii» – la cui storia va prevalentemente inquadrata nel contesto scritturistico del *Salmo* 103,4 – «Qui facis angelos tuos spiritus»[44] –, secondo una direzione esegetica che trova in Agostino una so-

[43] PETRUS HISPANUS, *Commentarium in libros De anima*, II, 1, ed. Alonso cit. (alla nota 29), p. 505,4-6; si veda parimenti ECKHARDUS DE HOHEIM, *Expositio sancti Evangelii secundum Iohannes*, n. 528, ed. K. Christ *et alii*, Stuttgart 1994 (Die lateinische Werke, 3), p. 459. Per il riferimento a Isidoro, cfr. *infra*. Pietro attribuisce il medesimo adagio anche a Dionigi: «Dicit Dyonisius et Avicenna, quod *anima non est nomen substantiae sed officii*» (*ibid.*, I, 10, p. 381,5-6).

[44] Ripreso in *Heb* 1,7, nella variante «Qui facit angelos etc.»: cfr. B. FAES DE MOTTONI, *Discussioni sul corpo dell'angelo nel secolo XII*, in Parva Mediaevalia. *Studi per Maria Elena Reina*, Trieste 1993, [pp. 2-42], pp. 4-5.

lida e significativa attestazione. Quel che qui mi preme è evidenziare, in un clima culturale e intellettuale ben diverso da quello del secolo XIII, la straordinaria affinità delle strutture teoriche e argomentative:

> Spiritus autem angeli sunt; et cum spiritus sunt, non sunt angeli; cum mittuntur, fiunt angeli. *Angelus* enim *officii nomen est, non naturae.* Quaeris *nomen huius naturae, spiritus* est; quaeris *officium, angelus* est: *ex eo quod est, spiritus* est; *ex eo quod agit, angelus* est[45].

Dunque, attraverso una lettura di carattere linguistico e grammaticale, Agostino sottolinea come Dio renda suoi 'angeli' (*facis angelos tuos*) – vale a dire 'messaggeri' – quelle che per natura sono delle realtà spirituali (*spiritus*), attribuendo loro – come viene specificato altrove[46] – la funzione (*officium*) di 'annunciare'. Occorre allora distinguere tra il nome 'angelo' – nome si badi bene dell'azione (*nomen actionis*) o della funzione (*nomen officii*) – e il nome 'spirito', nome della natura (*nomen naturae*) o della sostanza (*nomen substantiae*), dove l'angelo è un'entità spirituale il cui 'titolo' non significa ciò che esso è (*quod est*), ma ciò che esso fa (*quod agit*)[47]. È la stessa prospettiva, mediata da una più matura tradizione teorica, di Giovanni di Salisbury, il quale riconduce il caso del nome 'angelo' a quello più generale dei 'paronimi', nomi 'concreti' che *nominano* la cosa, il *subiectum*, ma la *significano* solo in quanto affetta da una determinata qualità[48].

[45] AUGUSTINUS HIPPONENSIS, *Enarrationes in Psalmos*, CIII, 1, 15, PL 37, 1348-1349, ed. E. Dekkers – J. Fraipont, Turnhout 1956 (CCSL, 40), p. 1488,7-11, da mettere in relazione con ALFREDUS ANGLICUS, *De motu cordis*, prol., p. 2,5-7 cit. *supra*, nota 27.

[46] Cfr. AUGUSTINUS HIPPONENSIS, *De civitate Dei*, XV, 23, 1, PL 41, 468, ed. B. Dombart – A. Kalb, Turnhout 1955 (CCSL, 48), p. 488,4-8.

[47] Cfr. ID., *Enarrationes in Psalmos*, CXXXV, 3, PL 37, 1757, p. 1959,41-44; e *Sermones*, VII, 3, PL 38, 64, ed. C. Lambot, Tunhout 1961 (CCSL, 41), p. 72, 54-56: «Nuntius ergo *actionis nomen* est: *agendo*, id est, aliquid nuntiando, nuntius appellatur» (secondo quello che Alain de Libera definisce il principio della denominazione del soggetto in base all'azione: cfr. A. DE LIBERA, *Archéologie du sujet. I. Naissance du sujet*, Paris 2007, p. 51).

[48] Cfr. IOHANNES SARESBERIENSIS, *Metalogicon*, III 2, PL 199, 894BC, ed. J. B. Hall – K.S.B. Keats-Rohan, Turnhout 1991 (CCCM, 98), p. 108,77-84. Sulla dottrina dei 'paronimi' e sulla distinzione tra 'appellatio' e 'significatio', cfr. A. MAIERÙ, *Terminologia logica della tarda scolastica*, Roma 1972, pp. 54-68.

Di diversa natura invece il nome 'spirito', nome deputato non solo a *nominare*, ma anche a *significare* in maniera immediata ciò che nomina, cioè la natura e la sostanza spirituale della cosa. Questo, spiega Agostino, vale nel caso della natura angelica, ma vale anche in quello della natura divina e, in generale, nel caso di qualsivoglia creatura razionale:

> *Nam hoc nomen, quod spiritus dicitur, non secundum id, quod refertur ad aliquid, sed secundum id, quod aliquam naturam significat,* omnis incorporea natura spiritus in Scripturis appellatur; unde non tantum Patri et Filio et Spiritui Sancto sed omni rationali creaturae et *animae* hoc vocabulum congruit[49].

Ora, benché Agostino riconosca al termine 'spirito' un ampio spettro di significati, secondo un'estensione che va dal soffio d'aria fino alla natura spirituale della divinità, questo testo mostra come sia comunque possibile cogliere nella sua considerazione un ambito di pertinenza e di applicazione privilegiato, da individuare nella dimensione dell'incorporeità. 'Spirito' diventa allora principalmente, anche se certo non esclusivamente, tutto ciò che, pur essendo qualcosa, non è tuttavia corpo[50]. Dalla facoltà dell'immaginazione alla sostanza divina, passando per la natura intelligibile dell'anima umana, significativamente distinta dalla sua 'funzione':

> Remotis omnibus dubitationis ambagibus, *generale animae nomen esse* intellegimus *spiritum* (...). *Ergo nomen animae spiritus* est *ab eo, quod spiritalis est; animae nomen* est *ab eo, quod corpus animet, hoc est vivificet*[51].

[49] AUGUSTINUS HIPPONENSIS, *Epistolae*, 238, 2, 15, PL 33, 1043, ed. A. Goldbacher, 5 voll., IV, Wien – Leipzig 1911, (CSEL, 57), p. 544,2-7 (si noti la suggestiva assonanza con AVICENNA, *Liber de anima*, I, 1, ed. Van Riet, I, pp. 26,27 - 27,29 cit. *supra*, all'altezza della nota 18).

[50] Cfr. AUGUSTINUS HIPPONENSIS, *De Genesi ad litteram*, XII, 7, 16, PL 34, 459, ed. J. Zycha, Praha – Wien – Leipzig 1894 (CSEL, 28/1), p. 388,7-8: «Quidquid enim corpus non est et tamen aliquid est, iam recte *spiritus* dicit».

[51] ID., *De natura et origine animae*, IV, 23, 37, PL 44, 546, ed. C. F. Urba – J. Zycha, Wien – Leipzig 1913 (CSEL, 60), p. 417,1-11. La formula «ab eo quod corpus animet, hoc est vivificet», echeggiata da BLUND, *Tractatus de anima*, II, 1,16 (cit. *supra*, all'altezza della nota 22), è riprodotta da GUILLELMUS ALVERNUS, *De anima*, II, 6, p. 78 cit. per esteso *supra*, all'altezza della nota 41.

Fatta salva l'ovvia differenza che l'*officium* qui evocato è quello 'connaturato' dell'animazione, e che di conseguenza 'anima' anziché 'angelo' è il *nomen actionis* adeguato, è chiaro che la distinzione tra 'anima' e 'spirito' suggerita da Agostino – e prolungata tra gli altri proprio da quell'Isidoro di Siviglia a cui presumibilmente allude Pietro Ispano[52] – è perfettamente omologa a quella riferita altrove alla natura angelica. È l'animazione, infatti, a configurarsi come la debita funzione dell'anima e a costituire quell'attività *ad extra* della sua natura mediante la quale essa si unisce al corpo – «commixta sit vivificando corpori»[53] – restandone distinta e separata quanto all'essenza: che è prospettiva per la quale gli studi di Ernest Fortin e Jean Pépin hanno mostrato il ruolo cruciale giocato da Porfirio e dai suoi *Symmikta Zetemata*[54].

L'anima si rivela pertanto 'spirito' quanto alla considerazione della sua natura («ab eo quod spiritalis est») e 'anima' quanto a quella della sua funzione («ab eo quod corpus animet»). *Anima et spiritus*, quindi, secondo una variante tematica della stessa norma teorica che regola la duplicità della natura angelica e per la quale Marie-Dominique Chenu ha segnalato, a suo tempo, il ruolo

[52] Cfr. ISIDORUS HISPALENSIS, *Etymologiae*, XI, 1, 10-11, PL 82, 398C, ed. W. Lindsay, 2 voll., Oxford 1987[7], II (senza numeraz. delle pag.), su cui *supra*, all'altezza della nota 43. Cfr. altresì GENNADIUS MASSILIENSIS, *De ecclesiasticis dogmatibus*, 20, PL 42, 1216; CASSIODORUS SENATOR, *De anima*, 3, PL 70, 1282B, ed. J. W. Halporn, Turnhout 1973 (CCSL, 96), p. 536,6; HRABANUS MAURUS, *Tractatus de anima*, 1, PL 110, 1110B; *De spiritu et anima*, 9, PL 40, 784. Su questo tema, in generale, si veda J. HAMESSE, *Spiritus chez les auteurs philosophiques des 12e et 13e siècles*, in *Spiritus*, IV Colloquio Internazionale del Lessico Intellettuale Europeo, Atti a c. di M. Fattori – M. Bianchi, Roma 1984, [pp. 157-190], pp. 158-177.

[53] AUGUSTINUS HIPPONENSIS, *De Genesi ad litteram*, VIII, 21, PL 34, 389, p. 261,9-10. Cfr. IOHANNES DE RUPELLA, *Summa de anima*, ed. Bougerol cit. (alla nota 32), I, 2, 2, p. 52,9-10, e ID., *Tractatus de divisione multiplici potentiarum animae*, I, 1, éd. P. Michaud-Quantin cit. (alla nota 41), p. 56,115-117: «Anima vero [*scil.*: l'anima è o si dice 'anima'] per naturam unibilitatis cum corpore per quam corpus *animando vivificat*».

[54] Cfr. E. L. FORTIN, *Christianisme et culture philosophique au cinquième siècle. La querelle de l'âme humaine en Occident*, Paris 1959, pp. 111-123; J. PÉPIN, *Une nouvelle source de Saint Augustin: le ζήτημα de Porphyre sur l'union de l'âme et du corps*, in «Revue des études anciennes», 66 (1964), pp. 53-107, repr. in ID., 'Ex platonicorum persona'. *Études sur les lectures phlosophiques de Saint Augustin*, Amsterdam 1977, pp. 213-267; e ID., *La hiérarchie par le degré de mutabilité (Nouveaux schèmes porphyriens chez saint Augustin, I)*, in «Documenti e studi sulla tradizione filosofica medievale», 10 (1999), pp. 89-107. Si veda anche G. O'DALY, *Augustine's Philosophy of Mind*, London 1987, pp. 7-79 (tr. it., Palermo 1988, pp. 25-1054).

cruciale giocato dall'*auctoritas* del Cantico di Maria: «Magnificat *anima* mea Dominum / et exultavit *spiritus* meus» (*Lc* 1, 46-47)[55]. Qui si può forse sottolineare la sua significativa convergenza col *Salmo* 103, di cui sembra riprodurre – alla luce, naturalmente, di una precomprensione teologica e agostiniana – l'occasione per introdurre un'analoga prospettiva teorica ed esegetica, di cui si fa interprete, tra gli altri, Ugo di San Vittore, per il quale, che l'*anima* magnifichi il Signore e lo *spirito* esulti in Dio si spiega col fatto che *anima* e *spirito*, pur nominando la medesima cosa, ne significano aspetti differenti, essendo 'spirito' il nome deputato alla sostanza e 'anima' quello proprio della funzione e della relazione corporea:

> Nam *spiritus ad substantiam* dicitur, *anima ad vivificationem* (...), unus et idem spiritus, *ad seipsum* spiritus (...), et *ad corpus anima*. Unde et illi spiritus, qui primum conditi sunt, ut in sua puritate persisterent, neque miscerentur corporibus, spiritus dici possunt, animae non possunt; quia naturam spiritualem habent, animationem corporalem non habent. Brutorum autem animalium spiritus, quia essentialiter corpus sunt, et extra vivificationem corpoream esse non habent magis propriae animae dicuntur quam spiritus. Anima autem humana, quia et in corpore esse habet et extra corpus, *proprie et anima vocatur, et spiritus*. Sed *anima dicitur in quantum est vita corporis*; *spiritus* autem *in quantum est* ratione praedita *substantia spiritualis*[56].

[55] Cfr. M.-D. CHENU, Spiritus*, le vocabulaire de l'âme au XIIe siècle*, in «Revue des sciences philosophiques et théologiques», 41 (1957), pp. 209-232, repr. in ID., *Studi di lessicografia filosofica medievale*, a c. di G. Spinosa, Firenze 2001, [pp. 171-194], in partic. p. 177.

[56] HUGO DE SANCTO VICTORE, *Explanatio in canticum Mariae*, PL 177, 418C-420A. Cfr. altresì *Expositio cantici Magnificat*, PL 40, 1138; *De spiritu et anima*, 9, PL 40, 784, e il cosiddetto Anonimo di Erfurt (XII sec.), in *Saeculi noni auctoris in Boetii Consolationem philosophiae commentarius*, ed. E. T. Silk, Roma 1935, pp. 186,25 - 187,1: «Idem vocatur anima et spiritus, sed anima in quantum animat corpus, spiritus vero quando non animat»; cfr. inoltre i testi cit. *supra*, nota 41. Il testo di Ugo – e, analogamente, PS.-BEDA, *De mundi constitutione*, II, 116, PL 90, 903D-904A, ed. Ch. Burnett, London 1985 (Warburg Institute Survey and Textes, 10), p. 66 –, è esemplato sulla classificazione creaturale di GREGORIUS MAGNUS, *Dialogi*, IV, 3, 1, PL 77, 321AB, ed. A. de Vogüé, Paris 1979, pp. 22,1 - 24,8. Se ne veda la sistematica riformulazione nei termini omologhi della 'perfezione' e della 'sostanza' in PHILIPPUS CANCELLARIUS, *Summa de bono*, *De bono naturae*, IV, q. 5, ed. Wicki cit. (alla nota 31), I, p. 260,70-74; *Summa Duacensis*, IV, 1, ed. Glorieux cit. (alla nota 30), p. 31; e PS.-ROBERTUS GROSSETESTE, *Tractatus de anima*, ed. Baur cit. (alla nota 39), p. 245,24-8; e in quelli della 'forma' e della 'sostanza' in ALESSANDRO GHI-

Appare allora evidente, alla luce di questo quadro testuale, come l'iniziativa retorica di rappresentare la funzionalità del nome 'anima' sul modello di un tradizionale adagio angelologico risponda, in realtà, a un coerente criterio tematico. Al di là di Avicenna e in un quadro di riferimenti prettamente latini e 'agostiniani', la formula *anima est nomen officii* si costituisce come variante del tutto legittima e coerente, perché concepita in base a identici presupposti teorici e dottrinali.

Lo conferma, esplicitandolo, una celebre e suggestiva pagina di Abelardo dedicata alla dottrina platonica dell'*anima mundi* e alla sua raffinata esegesi teologica. Com'è noto, Abelardo commenta Platone nella convinzione che la sua filosofia abbia in qualche modo goduto della rivelazione trinitaria; e un caso particolare è rappresentato dalla dottrina dell'anima del mondo nel suo complesso rapporto simbolico con lo Spirito Santo[57]. Come scrive Tullio Gregory, la maggiore difficoltà di questa esegesi 'tipologica' consiste nella «posizione subordinata» che nella metafisica platonica l'anima assume rispetto alle ipostasi 'divina' e intellettuale. Per superarla, Abelardo riconduce la prospettiva platonica all'attività *ad extra* dello Spirito, in modo che l''anima' possa rappresentarne il «tipo» e la figura dell'«azione carismatica»[58]. Benché infatti Platone abbia chiamato lo Spirito Santo 'anima' anziché 'Spirito', come se intendesse trarne la denominazione dalla funzione – «quasi ab animando, hoc est vivificando nos donis suae gratiae» –, esso non sempre è stato 'anima', perché quando ancora non c'erano creature a cui distribuire i doni della grazia, esso non esercitava alcuna funzione[59]. È dunque possibile distinguere, rispetto allo Spirito,

SALBERTI, *L'assimilazione dell'aristotelismo in un'inedita silloge di questioni teologiche degli inizi del sec. XIII*, in *Filosofia e cultura. Per Eugenio Garin*, a c. di M. Ciliberto – C. Vasoli, 2 voll., Roma 1991, I, [pp. 61-100], p. 88.

[57] Per un quadro generale, cfr. I. CAIAZZO, *La discussione sull'*anima mundi *nel secolo XII*, in «Studi filosofici», 16 (1993), pp. 27-62.

[58] Cfr. T. GREGORY, *Abélard et Platon*, in *Peter Abelard*. Proceedings of the International Conference (Louvain, May 10-12, 1971), ed. by E. M. Buytaert, Leuven – The Hague 1974, pp. 38-64, repr. in T. GREGORY, Mundana sapientia. *Forme di conoscenza nella cultura medievale*, Roma 1992, [pp. 175-99], pp. 191-192. Ma si veda già ID., Anima mundi. *La filosofia di Guglielmo di Conches e la scuola di Chartres*, Firenze 1955, pp. 136-137 e 146-147.

[59] Cfr. PETRUS ABAELARDUS, *Theologia Summi Boni*, III, 94, ed. E.M. Buytaert – C. J. Mews, Turnhout 1987 (CCCM, 13), p. 198,1269-1275; ID., *Theologia Scholarium*, II, 174, PL 178, 1082AB, p. 492,2522-2527; ID., *Theologia Christiana*, IV,

una 'natura' che corrisponde a una considerazione della cosa 'in sé', ipostatizzazione della processione eterna che lo caratterizza come terza persona della Trinità, e un'attività *ad extra* che corrisponde invece a una considerazione relativa e funzionale, secondo la quale il nome più appropriato, in analogia con il caso dell''angelo', è quello di 'anima', dal momento che 'anima' nomina la cosa, cioè lo Spirito, significandone tuttavia la funzione – l'*officium* – carismatica di 'animazione', secondo una compiuta tematizzazione di quanto si è venuto fin qui delineando:

> *'Spiritus' quippe nomen est naturae, 'anima' vero officii, ab 'animando' scilicet.* Sicut ergo ipsos caelestes spiritus semper quidem spiritus sed non semper angelos esse profitemur, *eo quod 'angelus' nomen sit officii, non naturae*[60].

Benché il nostro adagio prefiguri qui l'azione di vivificazione dello Spirito Santo, anziché quella creaturale dello spirito umano, ad essere trasposta su un piano teologico e trinitario è pur sempre la distinzione tematica tra la natura spirituale dell'anima (*spi-*

145, PL 178, 1308D, ed. E. M. Buytaert, Turnhout 1969 (CCCM, 12), pp. 337,2289 - 338,2294. Per la formula «animando, hoc est vivificando», cfr. ancora AUGUSTINUS HIPPONENSIS, *De natura et origine animae*, IV, 23, 37 cit. *supra*, all'altezza della nota 51.

[60] PETRUS ABAELARDUS, *Theologia Christiana*, IV, 145-146, PL 178, 1309A, p. 338,2300-2304. Cfr. anche ID., *Theologia Scholarium*, II, 174-175, PL 178, 1082B, p. 492,2532-2536, e *Theologia Summi Boni*, III, 94, p. 198,1280-1281. Si vedano altresì le glosse a *Timeo* 34b-36d, conservate nel ms. Paris, Bibliothèque Nationale, lat. 8624, ff. 17r-22v, autore HISDOSUS («ego [...] appellor Hisdosus de patre meo» [f. 22r]: cfr. l'Appendice I, in GUILLELMUS DE CONCHIS, *Glosae super Platonem*, ed. É. Jeauneau, Turnhout 2006 [CCCM, 203], pp. 331-337), in cui si legge: «Nos vero hoc argumentum falsum esse dicimus: si anima mundi vel spiritus sanctus est ab eterno quicquid est vel anima mundi vel spiritus sanctus, ergo vel spiritus sanctus vel anima mundi ab eterno est anima mundi / (f. 17v). Quomodo non sequitur si *hic pater* est quicquid ipse est antequam habuisset filium, ergo hic pater est antequam habuisset filium, sic non sequitur argumentacio: quemadmodum enim pater est *nomen habitudinis*, sic hoc vocabulum datum *ex officio* (...), sic fateor quod spiritus sanctus ‹est› ab eterno quicquid ipse est, non tamen ille spiritus est ab eterno mundi anima (...), ita spiritus sanctus idest divina bonitas dicitur mundi anima ea ratione quod conditoris bonitas cuncta que in mundo vivunt animat. Denique hoc vocabulum quicquid essentiam denotat, sed *hoc nomen* (...) *anima officium quomodo pater habitudinem* (...) / f. 18r (...). *Anima namque et angelus nomina sunt officiorum non naturaliter*, quia ex quo mundus vegetari cepit et ille spiritus anima mundi [anima] fuit, sua bonitate mundum animatum subiecit». La trascrizione è tratta da T. GREGORY, *Platonismo medievale. Studi e ricerche*, Roma 1958, pp. 130-131.

ritus) e la sua funzione di animazione (*anima*). E indipendentemente dal fatto che quella abelardiana sia un'iniziativa integralmente creativa o piuttosto la trasposizione originale di una variante già codificata dell'adagio angelologico, quel che mi preme sottolineare è la sua complessiva coerenza teorica in un contesto storicamente estraneo al peripatetismo avicenniano.

Del resto non occorre aspettare Avicenna perché il medesimo adagio si (ri)appropri di un'immediata valenza antropologica. A testimoniarlo, il *De septem septenis* attribuito a Giovanni di Salisbury[61], il cosiddetto *Liber Alcidi*[62] e, soprattutto, un commento a Marziano attribuito a Bernardo Silvestre, in cui si argomenta la separabilità dell'anima proprio osservando come 'anima' non sia che il titolo della funzione (*nomen officii*). Venuto meno il corpo a cui l'anima appartiene – spiega l'autore –, essa verrà meno quanto al nome e all'attività – l'*animatio* – che quel nome impone, ma non quanto alla sostanza (*substantia*) da cui dipende la sua indefettibile sussistenza:

> Huic proportioni [*scil.* il temperamento che le stelle conferiscono al corpo con il loro effetto] compar est anima. Ex quo enim adest corpori horum concordia [*scil.* l'armonia degli elementi], incipit anima esse; soluta autem eadem, desinit anima esse, non quia substantia illa immortalis desinit esse, set quia *ulterius ipsa substantia*, licet semper vivat anima, *non est anima. Anima enim nomen est officii*. Ideoque completo spatio *animationis* ipsius, non est ulterius anima[63].

[61] Iohannes Saresberiensis (?), *De septem septenis*, IV, PL 199, col. 952B: «Anima ab officio animandi, id est vivificandi, dicitur», per cui cfr. *supra*, nota 59.

[62] *Liber Alcidi de immortalitate animae*, II, 5, ed. P. Lucentini, Napoli 1984, p. 31: «Est enim anima, in propria designatione recepta, inferior quedam huius spiritualis substantie portio, que, corporali vincta custodia, *proprium, a quo et denominatione accepit, explet officium*». Cfr. anche le *Glosae colonienses super Macrobium*, I, 12, ed. in I. Caiazzo, *Lectures médiévales de Macrobe*, Paris 2002, p. 214,21-23: «Fuitque hec [*scil.*: il 'sacrificio' di Bacco] figura animae, quae, si attendatur *in simplicitate naturae*, est individua, si vero *pro officio animationis* – secundum quod videtur spargi per membra – tunc est dividua» (cfr. altresì *ibid.*, I, 13, p. 218,7-8).

[63] *Commentum in Martianum*, 6, ed. in H. J. Westra, *The Commentary on Martianus Capella's* De Nuptiis Philologiae et Mercurii *Attributed to Bernardus Silvestris*, Toronto 1986, p. 147,537-542, da mettere in stretta relazione con la testimonianza anonima cit. *supra*, all'altezza della nota 42; con l'Anonimo di Erfurt cit. *supra*, alla nota 56; nonché con i testi di Agostino e Abelardo cit. *supra*, rispettivamente, all'altezza della nota 45 e delle note 59-60. Il commento è databile tra il 1127 e il 1150. L'autore difende qui un'interpretazione 'causale' della celebre te-

5. Il quadro appena tracciato, per quanto rapsodico e sommario, evidenzia bene come lo specifico contributo di Avicenna si configuri nel segno della continuità piuttosto che in quello della rottura. La sovrapposizione e la contaminazione del lessico filosofico del peripatetismo avicenniano – l'anima *perfectio et substantia* – e della sua evoluzione 'universitaria' – l'anima *forma et substantia* o *forma et hoc aliquid* – con quello teologico dello spiritualismo cristiano – l'anima *anima et spiritus* –, che si prolunga con estrema sistematicità nel corso del secolo XIII, anziché costituire l'espressione di un indebito e intemperante eclettismo, rivela la sorprendente capacità del modello avicenniano di farsi interprete di una prospettiva altrimenti teologica e cristiana.

In breve, la 'psicologia' di Avicenna è recepita in un quadro preesistente che, avendone largamente anticipato l'istanza teorica, è incline a comandarne l'assimilazione. Uno sguardo retrospettivo alle testimonianze scolastiche fin qui classificate come 'avicenniane' rivela la traccia di questo sistematico fenomeno di confluenza. A partire dall'adagio *anima est nomen officii* – codificato, come si è visto, in un contesto estraneo al peripatetismo avicenniano –, alcuni dei passaggi più significativi su citati attestano incontrovertibilmente la «pratica generalizzata dell'intertestualità»[64].

Ora, non c'è dubbio che la spiegazione di questo fenomeno sia da ricondurre alla peculiare collocazione storica delle filosofie di Agostino e Avicenna, e in particolare alle «affinità elettive» dei loro platonismi, indirizzi contraddistinti – come scriveva Étienne Gilson – da una «naturale tendenza» a riconoscersi e integrarsi[65].

si timaica delle anime «vehiculis astris superpositas», esplicitamente conforme al creazionismo cattolico; cfr. *Commentum in Martianum*, *ibid.*, p. 146,524-528: «Set in his verbis non habetur omnes animas simul creatas nec aliquid quod Catholicorum sententie sit obvium». Si veda anche l'anonima e più tarda *Glosa Martiani*, I, ed. in H. J. WESTRA – C. H. VESTER, *The Berlin Commentary on Martianus Capella's* De nuptiis Philologiae et Mercurii, *Book I*, Leiden – New York, 1994, pp. 88-89: «Huic proportioni proxima est anima quia, quam cito corpus incipit hec habere, incipit habere animam; quam cito desinit esse, aliquid desinit esse anima, quia *nomen est officii anima*, non, dico, quod ideo desinat esse».

[64] A. DE LIBERA, *Introduction à la mystique rhenane d'Albert le Grand à Maître Eckhart*, Paris 1984, p. 29.

[65] Cfr. É. GILSON, *La philosophie au moyen âge. Des origines patristiques à la fin du XIVe siècle*, Paris 1962^{2}, p. 381; e DE LIBERA, *Introduction à la mystique rhenane* cit. (alla nota prec.), pp. 29-30 (ma si veda già B. NARDI, *Sigieri di Brabante nella Divina Commedia e le fonti della filosofia di Dante*, Spianate 1912, pp. 13-14).

A tal proposito, si è accennato sopra alla matrice almeno in parte porfiriana dell'antropologia cristiana di Agostino e della tradizione medievale che alla sua autorità si ispira. Non è chiaro, invece, quale platonismo filtri la peculiare 'psicologia' peripatetica di Avicenna. Certamente la sua posizione affonda le radici nella cosiddetta tradizione 'araba' del *De anima* che, con riferimento al ruolo giocato dalla celeberrima *Teologia di Aristotele* e, in particolare, dalla traduzione adattamento di *Enneades*, IV, 7 [2], 8^5 (*Teologia*, III, 67-76), sembra legittimo definire «plotiniana»[66]. Di questa tradizione, Avicenna, oltre all'appartenenza linguistica e culturale, condivide l'idea pivotale di un'anima 'sostanza' non al modo di una 'forma', ma di una perfezione separata e sussistente[67]. Tuttavia, la peculiarità della sua interpretazione sfugge almeno in parte alle mediazioni che sono state suggerite – la stessa *Teologia* e il compendio alessandrino edito da Rüdiger Arnzen –, trovando invece complementare giustificazione – è l'ipotesi che qui propongo – nel commento al *De anima* di Giovanni Filopono, un'opera che secondo un analogo criterio classificatorio andrebbe piuttosto ascritta a una linea 'porfiriana' del *De anima*[68].

In realtà, non si tratta di tradizioni alternative. L'idea dell'anima come 'perfezione separata' (ἐντελέχεια χωριστή) costituisce una prospettiva comune all''Aristotele' della tarda antichità, nella quale si può senz'altro riconoscere l'intenzione di salvare un aspetto reale della filosofia di Plotino, benché secondo una direzione e un'attitudine armonizzanti tipicamente post-plotiniane[69].

66 Così A. DE LIBERA, *L'Unité de l'intellect de Thomas d'Aquin*, Paris 2004, p. 104, nota 69.

67 Cfr. *Theologia Aristotelis*, III, 76, tr. ingl. di G. Lewis, in PLOTINUS, *Opera*, edd. P. Henry – H.-R. Schwyzer, Plotiniana arabica ad codd. fidem anglice vertit G. Lewis, II, Paris – Bruxelles 1959, p. 211; e l'anonimo compendio del *De anima* edito in ARNZEN, *Aristoteles' De anima* cit. (alla nota 15), p. 216, su cui P. ADAMSON, *Aristotelianism and the Soul in the Arabic Plotinus*, in «Journal of the History of Ideas», 62 (2001), pp. 211-232.

68 Cfr. U. M. LANG, *John Philoponus and the Controversies over Chalcedon in the Sixth Century. A Study and Translation of the* Arbiter, Leuven 2001, p. 143. Salvo naturalmente errori da parte mia, ciò che qualifica la relazione tra Filopono e Avicenna non trova riscontro nel compendio edito da Arnzen, benché, com'è noto, si basi anch'esso in larga misura sul commento di Filopono. Per un indice analitico dei paralleli testuali, cfr. ARNZEN, *ibid.*, pp. 107-108.

69 Sulla nozione di 'perfezione separata', cfr. ad es. THEMISTIUS, *In libros Aristotelis De anima paraphrasis*, III (Γ), ed. Heinze cit. (alla nota 15), p. 43,28-30; IOHANNES PHILOPONUS, *In De anima*, I (A), 1, ed. Hayduck cit. (alla nota 15), p. 48,25-

In questo senso lo stesso autore della *Teologia*, adattando Plotino a una lettura aristotelica, dimostra una profonda sintonia con tale attitudine[70]. Sembra allora legittimo, almeno su un piano teorico, inquadrare la posizione di Avicenna in un contesto semplicemente più ampio, integrandone le possibili influenze della tarda antichità anziché contrapporle.

Nel secondo libro del *De anima*, poco prima di ribadire che l'anima non può essere identificata col corpo di cui costituisce piuttosto una proprietà (σώματος δέ τι), Aristotele afferma che proprio perché forma e perfezione (ἐντελέχεια) della sua natura, si ha ragione di ritenere che essa non esista senza il corpo[71]. Il passaggio è cruciale. Aristotele sembra dare preciso fondamento all'obiezione di quanti pretendono di dedurre l'inseparabilità dell'anima dalla sua definizione di forma e perfezione[72]. A questa lettura, tuttavia, Giovanni Filopono ribatte che considerare l'anima in quanto perfezione – καθό ἐστιν ἐντελέχεια[73] – è in realtà un modo di guardare alla sua natura solo come 'logicamente' inseparabile, indipendentemente dal fatto che questa inseparabilità sia assoluta o relativa. Di per sé, l'anima razionale è sicuramente una forma separabile, giacché il perfezionamento del vivente ne costituisce la funzione anziché la sostanza (οὐ τῇ οὐσίᾳ ἀλλὰ τῇ ἐνεργείᾳ μόνῃ τελειοῖ τὸ ζῷον)[74], tuttavia, in quanto perfezione, essa si può considerare inseparabile. Le specifiche attività (ἐνέργειαι) che ne qualificano il ruolo appaiono infatti inscindibili dal corpo, non potendosi manifestare se non *in relazione* alla sua natura (ἴσχει γὰρ αὐτὰς ἐκ τῆς πρὸς τὸ σῶμα), esattamente come le

27 (che mi sembra contraddire quanto sostenuto da ARNZEN, *ibid.*, p. 378), e SIMPLICIUS, *In Aristotelis De caelo commentaria*, I (A), 9, ed. I. L. Heiberg, Berolini 1894 (Commentaria in Aristotelem Graeca, VII), p. 279,16-17, e II (B), 1, p. 380,17-19. Benché Plotino respinga con forza la tesi aristotelica dell'anima ἐντελέχεια (cfr. *Enneades*, IV, 7 [2], 8^5), un certo ruolo nella sua posteriore rielaborazione 'concordista' potrebbero averlo giocato testi come *Enneades*, IV, 7[2], 8^5.16-18; IV 2[4], 1.3-4; e IV 3[27], 20.36-41.

70 Cfr. C. D'ANCONA, *Per un profilo dell'autore della 'Teologia di Aristotele'*, in «Medioevo», 17 (1991), [pp. 83-134], pp. 116-118.

71 Cfr. ARISTOTELES, *De anima*, II (B), 2, $414a^{19-20}$.

72 Su tutti, ALEXANDER APHRODISIENSIS, *De anima*, ed. Bruns cit. (alla nota 15), p. 21,22-24 (tr. it. a c. di P. Accattino – P. Donini, Roma – Bari 1996, p. 22).

73 IOHANNES PHILOPONUS, *In De anima*, II (B), 1, ed. Hayduck cit. (alla nota 15), p. 224,30.

74 *Ibid.*, p. 206,26-27.

attività del 'pilota' in quanto pilota (καθὸ κυβερνήτης) non possono prescindere da quello strumento, la 'nave', a cui concretamente si applicano e a cui fanno analiticamente riferimento, benché in quanto uomo (ὡς δὲ ἄνθρωπος) il pilota ne sia naturalmente indipendente[75].

Ora, l'idea che l'anima intesa come un'entità attiva e causale possieda delle funzioni che è in grado di esercitare solo in occasione della sua 'relazione' corporea, evoca il celebre motivo plotiniano del 'potere nascosto' dell'anima, per cui è soltanto in concomitanza col corpo che all'anima accade di 'dividersi', articolando una 'forza' e una 'potenza' animatrice altrimenti inespressa[76]. Filopono vi allude, tuttavia, secondo quella che a me pare la peculiare interpretazione di Porfirio, il quale, mentre rinnova l'istanza fondamentale del 'dualismo plotiniano' – l'anima come natura ontologicamente separata (ὑποστάσει μὲν καὶ οὐσίᾳ οὐ πάρεστιν) e funzionalmente immanente (λέγομεν ἐκεῖ αὐτὸ εἶναι διὰ τὴν ἐνέργειαν αὐτοῦ τὴν ἐκεῖ)[77] –, ne propone una versione emendata e particolarmente creativa, in cui la sostanza del corpo è portata ad unirsi alla sostanza dell'anima – ἕν τε σὺν ἄλλῳ γενομένην – come ciò che è incompiuto e imperfetto si unisce naturalmente a ciò da cui viene perfezionato e portato a compimento (εἰς συμπλήρωσιν)[78].

Si tratta di una prospettiva che, attraverso l'impiego ulteriore dell'immagine del 'pilota', sistematizza e deforma la dottrina plotiniana, orientandola verso una celebre e spregiudicata caratterizzazione (pseudo-)aristotelica: l'anima come 'perfezione' del cor-

[75] Cfr. *ibid.*, p. 224,28-37, da mettere in relazione con AVICENNA, *Liber de anima*, I, 1, vol. I, p. 27,31-32: «secundum hoc quod est homo», cit. *supra*, all'altezza della nota 18. Questa stessa prospettiva è condivisa da SIMPLICIUS (?), *In Aristotelis De anima*, I (A), 1, ed. M. Hayduck, pp. 17,35 - 18,3.

[76] Cfr. PLOTINUS, *Enneades*, IV, 8 [6], 5, e IV, 2 [4], 1. Sulla vita come prerogativa dell'anima che il corpo manifesta nella misura in cui è 'attivato' dalla sua forza, cfr. E. K. EMILSSON, *Plotinus on Sense Perception: A Philosophical Study*, Cambridge 1988, p. 34.

[77] PORPHYRIUS, *Sententiae* 4, 5-6, ed. E. Lamberz, Leipzig 1975, e ID., *Symmikta Zetemata*, II, fr. 261, 59-60, in ID., *Fragmenta*, ed. A. Smith, Stuttgart – Leipzig 1993, da mettere in relazione con IOHANNES PHILOPONUS, *In De anima*, II (B), 1, ed. Hayduck cit. (alla nota 15), p. 206,26-27, cit. *supra*, all'altezza della nota 74.

[78] PORPHYRIUS, *Symmikta Zetemata*, II, fr. 260 Smith (cfr. anche ID., *Ad Gaurum*, VI, 2-3, ed. Kalbfleisch [alla nota 15], pp. 42,18 - 43,1).

po al modo – separato – in cui il pilota lo è della nave[79]. Una simile concezione tende a ipostatizzare le nature di anima e corpo, costituendole come entità contrapposte secondo un diverso e complementare grado di realtà.

In breve, a un processo di costituzione – dove il sensibile è integralmente precontenuto nell'intelligibile e realizzato dalla sua 'potenza' –, si sostituisce un fenomeno di integrazione, in cui l'anima non risolve la struttura del corpo, ma ne completa – come il pilota la nave – la specifica realtà di vivente, secondo un tema che esemplifica con coerenza la sistematica introduzione della categoria logica di 'relazione' (σχέσις): quello di un 'sostrato' a sé stante di attributi e funzioni considerato secondo una specifica proprietà che lo lega e collega – su un piano onto-logico – 'in relazione' (κατὰ σχέσιν) a una sostanza ulteriore[80].

La tesi della duplice considerazione dell'anima – tesi non a caso inaugurata proprio da Porfirio attraverso la distinzione tra la 'vita' che compete all'anima *per sé* (καθ'αὑτήν), in quanto 'sostanza intelligibile' (νοητὴ οὐσία), e la 'vita' che le compete *in relazione* al corpo (κατὰ σχέσιν), dove è legittimo ritenere implicito il parziale recupero della sua condizione aristotelica di 'perfezione' e il tentativo di coordinarlo alla condizione platonica di 'sostanza'[81] – si spiega con questo peculiare processo di reificazione e categorizzazione della natura intelligibile e della sua funzione causale, nozioni recepite in un quadro aristotelizzante e fatte oggetto di una considerazione eminentemente logica e discorsiva. D'altra

[79] Cfr. Id., *Ad Gaurum*, X, 4, pp. 47,5 seqq.

[80] Cfr. Id., *Symmikta Zetemata*, II, fr. 261, 43-48 e 55-62 Smith, e Id., *Sententiae* 3, 3-4 e 29, 9-10, ed. Lamberz cit. (alla nota 77). Sulla peculiare reificazione dell'intelligibile promossa dall'attitudine concordista del platonismo postplotiniano, si veda R. Chiaradonna, *Sostanza movimento analogia. Plotino critico di Aristotele*, Napoli 2002, in particolare pp. 227-305.

[81] Cfr. Porphyrius, Περὶ τῶν τῆς ψυχῆς δυνάμεων (*Sulle facoltà dell'anima*), fr. 253,114-122 Smith, su cui già H. Dörrie, *Porphyrios' 'Symmikta Zetemata'. Ihre Stellung in System und Geschichte des Neuplatonismus nebst einem Kommentar zu den Fragmenten*, München 1959, pp. 14 e 106, che cita Proclus, *In Platonis Timaeum commentaria*, ed. E. Diehl, 3 voll., Leipzig, 1903-1906, II, p. 103,29-31: «ἀλλὰ διττός, οἶμαι, καὶ ὁ περὶ τῆς ψυχῆς λόγος, ὁ μὲν τὴν οὐσίαν αὐτῆς παραδιδούς, ὁ δὲ τὴν πρὸς τὸ σῶμα κοινονίαν». Ma si veda anche Iamblichus, *De anima*, II, 10, p. 34,13-16: «ἡ ψυχὴ διττὴν ζωὴν ζῇ, καθ'αὑτήν τε καὶ μετὰ σώματος», che attribuisce questa prospettiva allo stesso Aristotele (cfr. anche *ibid.*, III, 16, p. 42,7-8), oltre a Simplicius (?), *In De anima*, A 4, ed. Hayduck cit. (alla nota 15), pp. 56,38 - 57,3, e B 1, p. 90,13-15.

parte, proprio questa possibilità di interpretare la natura intelligibile dell'anima come una realtà a sé stante, secondo un ordine di considerazioni prettamente categoriale, è fondamentale nella prospettiva peripatetica di Giovanni Filopono, che vede in una *res* come un 'pilota' un'immagine efficace non solo per mettere in risalto l'autonomia dell'anima, ma anche – come si è visto – per evidenziarne una forma di 'separazione' in grado di coesistere logicamente con l'immanenza del suo ruolo causale di 'perfezione'. È il modello plotiniano della causalità intelligibile, trasposto e adattato a un contesto epistemologico di matrice peripatetica.

Ipotizzando, allora, che l'anima manifesti determinate facoltà solo in funzione della sua relazione corporea (ἐκ τῆς σχέσεως τῆς πρὸς τὸ σῶμα), Filopono si trova di fatto a prolungare la tesi porfiriana dell'anima κατὰ σχέσιν, esplicitandone il tentativo di farsi interprete della condizione aristotelica di 'perfezione'[82]. Questo lo porta – al pari di Avicenna – a suggerire l'idea che la stessa nozione di 'perfezione' sia, in realtà, una nozione 'relativa', un *nomen habitudinis* o *relationis* caratterizzato da un intrinseco riferimento ad altro[83]. Dire che l'anima è 'perfezione' non significa stabilirne la 'natura' o l''essenza', manifestare ciò che l'anima è 'in sé', ma solo ciò che è πρὸς σχέσιν. È quindi il fatto logico di implicare un riferimento a ciò di cui costituisce la perfezione, a rendere la 'perfezione' – *qua* 'perfezione' – inseparabile[84].

L'idea è semplice ma efficace, e nelle indiscutibili affinità 'avicenniane' della sua ulteriore articolazione, estremamente suggestiva. Secondo Filopono, infatti, è in realtà la stessa nozione di 'anima', vale a dire l'oggetto stesso della definizione aristotelica, a implicare *qua anima* (ὡς μὲν ψυχή)[85] un costitutivo riferimento al

[82] Cfr. IOHANNES PHILOPONUS, *In De anima*, II (B), 1, ed. Hayduck cit. (alla nota 15), p. 224,33-4: «(...) ὥστε ταύτῃ καθὸ ἐντελέχειά ἐστι, λέγω δὴ κατὰ τάσδε τὰς ἐνεργείας». Sull'uso di σχέσις, cfr. *ibid.*, I (A), 1, pp. 48,31 e 49,3-4; *ibid.*, 4, p. 155,11-12; 27 e 32; *ibid.*, II (B), 1, pp. 224,33; 225,2-3 e 5-6; *ibid.*, 2, pp. 246,27 - 247,7. Che la psicologia aristotelica, descrivendo l'anima come 'perfezione', si occupi dell'anima solo in quanto 'relata' – κατὰ σχέσιν / ἐν σχέσει –, è tesi, come si è visto (*supra*, note 28-29), recepita dalla latinità attraverso Avicenna.

[83] Cfr. *ibid.*, p. 223,25-26: «(...) ταῦτα γὰρ τῶν πρός τι, τὸ εἶδος καὶ ἡ τελειότης».

[84] Cfr. *ibid.*, p. 219,9-10: «(...) ἀχώριστος γὰρ ἡ τελειότες, τουτέστι καθὸ τελειότης».

[85] *Ibid.*, 2, p. 247,2, da mettere in relazione con AVICENNA, *Liber de anima*, I, 1, ed. Van Riet, I, pp. 26,27 e 27,33 («anima secundum hoc quod est anima») cit. *su-*

corpo che la rende come tale inseparabile. Di conseguenza, che la nozione tecnica di 'perfezione' assuma qui il medesimo valore sta semplicemente a testimoniare come, predicandosi dell''anima', essa sia chiamata a specificarne quella condizione equivoca e concreta significata dal 'nome':

> Parimenti [*scil.* al pari del 'pilota'], anche l'anima razionale (ἡ λογικὴ ψυχή) in quanto possiede una sostanza separabile non è perfezione del corpo, in quanto invece assume tale relazione corporea (ὡς μέντοι τοιάνδε σχέσιν ἀναλαμβάνουσα πρὸς τὸ σῶμα), relazione in base alla quale ha il fatto di dirsi 'anima' (καθὸ καὶ τὸ ψυχὴ λέγεσθαι ἔχει) – l'anima si dice infatti anima rispetto al corpo (ἡ γὰρ ψυχὴ πρὸς τὸ σῶμα λέγεται) –, è perfezione del corpo e da questo inseparabile (ἐντελέχειά τ'ἐστὶ τοῦ σώματος καὶ ἀχώριστος αὐτοῦ)[86].

Ora, che la nozione di 'corpo' rientri nella definizione aristotelica dell'anima, rappresentandola come inseparabile non perché l'anima ne sia una proprietà, ma perché tale nozione è analiticamente contenuta in quella 'concreta' di anima, è tesi di Avicenna sviluppata, come si è visto, sulla base di una strategica distinzione tra la nozione di 'perfezione' e quella di 'forma'. E benché secondo Filopono questa non sia una distinzione rilevante, perché 'forma' e 'perfezione' sono entrambe nozioni da intendere sulla base di un criterio verticale e gradualistico di 'analogia'[87], è difficile sfuggire alla suggestione che anche in questo caso sussista tra i due pensatori una relazione non accidentale.

Testimone di una peculiare e condivisa opzione esegetica attribuita ad Alessandro di Afrodisia, Filopono spiega che Aristotele, nella celeberrima distinzione tra ἐντελέχεια prima e seconda, avrebbe sostituito la nozione di 'forma' (εἶδος) con quella di 'per-

pra, all'altezza della nota 18, e *ibid.*, V, 5, ed. Van Riet, II, p. 132,17-18: «noster sermo hic non est de anima nisi secundum quod est anima», cit. *supra*, nota 20.

[86] IOHANNES PHILOPONUS, *In De anima*, II (B), 1, ed. Hayduck, p. 225,1-4, da mettere in relazione con AVICENNA, *Liber de anima*, I, 1, vol. I, pp. 26,27 - 27,29: «Nomen anima (...) est inditum ei (...) ex hoc quod refertur ad illa [*scil.* corpora]» (cit. *supra*, all'altezza della nota 18), e *ibid.*, p. 35,41-42: «(...) vocatur anima ex relatione quam habet» (cit. *supra*, nota 20). Cfr. adesso anche HASSE, *The Early Albertus Magnus* cit. (alla nota 9), p. 242.

[87] Cfr. IOHANNES PHILOPONUS, *In De anima*, I (A), 1, ed. Hayduck, p. 37,8-11; *ibid.*, 4, p. 159,18-29; e II (B), 1, pp. 206,18-33 e 209,38 - 210,6.

fezione' (ἐντελέχεια), per poterne correttamente esprimere la duplicità di 'principio' e 'funzione', dal momento che l'esercizio dell'attività – quello che la tradizione esegetica definirà atto 'secondo' per distinguerlo dall'atto 'primo' (ἐντελέχεια ἡ πρώτη) costituito dall'essenza[88] – è senz'altro una 'perfezione', ma non propriamente una 'forma'. Tra 'forma' e 'perfezione' c'è, del resto, una differenza (διαφορά):

> (...) *che ogni forma è perfezione, ma non ogni perfezione è forma* (πᾶν μὲν εἶδος ἐντελέχεια, οὐ πᾶσα δὲ ἐντελέχεια εἶδος). Infatti, l'attività che scaturisce dalla disposizione (ἀπο τῆς ἕξεως) è una perfezione, ma non è una forma. Sicché la nozione di perfezione è più generale di quella di forma (ὥστε ἐπὶ πλέον ἡ ἐντελέχεια τοῦ εἴδους)[89].

Il fatto che Filopono non applichi questa distinzione a significare, come Avicenna, il tema della specifica separabilità dell'anima razionale – anima 'perfezione' ma non 'forma' –, non compromette un quadro di affinità sistematico e coerente, capace di evocare sia il peculiare sviluppo interpretativo dell'Aristotele di Avicenna, che l'istanza fondamentale dello spiritualismo agostiniano. La tesi di Filopono è che il nome 'anima' non indica la natura della cosa, ma la sua implicazione corporea, che dipende da quella funzione animatrice da cui l'anima trae la propria denominazione[90]. Lo stesso valore assume, come si è visto, la nozione tecni-

[88] Cfr. ARISTOTELES, *De anima*, II (B), 1, 412a$^{10-11}$ e 412a$^{22-28}$.

[89] IOHANNES PHILOPONUS, *In De anima*, II (B), 1, ed. Hayduck, p. 216,18-21, citato in SOPHONIAS, *In libros Aristotelis De anima paraphrasis* A 1, edidit M. Hayduck, Berolini 1883 (Commentaria in Aristotelem Graeca, XXIII/1): «πᾶν μὲν γὰρ εἶδος ἐντελέχεια, οὐχ ἔμπαλιν δέ». Cfr. AVICENNA, *Liber de anima*, I, 1, ed. Van Riet, I, p. 19,27-8: «Omnis forma est perfectio, sed non omnis perfectio forma» (cit. *supra*, all'altezza della nota 13) e *ibid.*, pp. 20,45 - 21,47: «(...) perfectio, hoc *plus* significat [*scil.* rispetto alla nozione di 'forma'] eius intellectum et etiam hoc *plus* comprehendit omnes species animae». Il riferimento ad Alessandro è presumibilmente al commento perduto.

[90] Cfr. IOHANNES PHILOPONUS, *De aeternitate mundi contra Proclum*, VI, 24, ed. H. Rabe, Leipzig 1899, p. 195,17-20: «(...) L'essere e il dirsi anima (τὸ δὲ εἶναι καὶ λέγεσθαι ψυχῇ) spettano invece alla sua natura solo in base alla sua relazione col corpo (ἐκ τῆς σχέσεως αὐτῇ τῆς πρὸς τὸ σῶμα προσγίνεται) – essa è infatti chiamata anima per il fatto di animare e vivificare il corpo (παρὰ γὰρ τὸ ψυχοῦν τε καὶ ζωοποιεῖν τὸ σῶμα ψυχὴ κέκλεται)»; il passo è segnalato da Dorothée Werner in JOHN BLUND, *Traktat über die Seele*, übersetzt und eingeleitet von D. Werner, Freiburg – Basel – Wien 2005, p. 35. Cfr. AVICENNA, *Liber de anima*, I, 1, ed. van Riet,

ca di 'perfezione', senza che questo pregiudichi la separabilità dell'anima, che si decide, invece, su altre basi, e che come tale viene qui semplicemente presupposta. In particolare, che l'anima sia separabile dipende dalla sostanzialità della sua natura, indicata dal possesso di facoltà il cui esercizio sia indipendente dalla relazione fisica e corporea. È infatti impossibile, scrive Filopono, che il principio di un'attività separata sia inseparabile – e la capacità di indagare l'intelligibile, esaminare le cose divine o prendere in considerazione la propria natura sono tutte funzioni che comprovano questa separabilità[91]. Solo che, una volta separata, essa non è più propriamente 'anima' (ψυχή), ma 'spirito' o 'intelletto' (νοῦς):

> Parimenti [*scil.* al pari del 'pilota'], è chiaro che anche la nostra anima (...), poiché possiede alcune funzioni separate dal corpo (...), sarà altrettanto separabile quanto all'essenza (τὴν οὐσίαν ἕξει χωριστήν), circostanza nella quale sarà e verrà detta *intelletto* (νοῦς τότε οὖσα καὶ λεγομένη), non essendo più *anima* se non in potenza (οὐκέτι μέντοι ψυχή εἰ μὴ δυνάμει)[92].

6. Ora, quali che siano i rapporti filologici realmente istituibili tra l'alessandrino Filopono e il persiano Avicenna, a me sembra evidente che il confronto sia tutt'altro che astratto e fantasioso, e

I, pp. 26,27 - 27,29: «Hoc enim nomen anima non est inditum ei ex sua substantia, sed ex hoc quod regit corpora et refertur ad illa».

[91] Si tratta – con disinvolto riferimento ad ARISTOTELES, *De anima*, I (A), 1, 403a$^{3-12}$ – di una cosiddetta 'regola' (κανών) di Aristotele (cfr. IOHANNES PHILOPONUS, *In De anima* prol., p. 15,15-35), alla base di tutte le dimostrazioni medievali dell'immortalità dell'anima: cfr. su tutti DOMINICUS GUNDISSALINUS, *De immortalitate animae*, ed. G. Bülow, Münster 1897 (BGPMA, 2/3), p. 5,3-11.

[92] IOHANNES PHILOPONUS, *In De anima*, II (B), 1, ed. Hayduck, p. 247,5-6. Cfr. altresì ID., *De aeternitate mundi*, VI, 24, ed. Rabe cit. (alla nota prec.), p. 195,13-25: «È noto a tutti, che all'anima compete una sostanza intelligibile (τῆς νοετῆς οὐσίας) e che per questa ragione essa possiede una natura separata da ogni corpo. Nel momento in cui accoglie la relazione corporea (ὁπηνίκα μὲν τῆς πρὸς τὸ σῶμα ἀναδέχεται σχῆσιν), essa è intelletto in potenza (δυνάμει μὲν ἐστιν νοῦς) (...), quando invece è separata dal corpo (...), in quella circostanza essa è ed è detta intelletto in atto (νοῦς ἤδη κατ'ἐνέργειαν τὸ τηνικαῦτα καὶ ἔστιν καὶ λέγεται)». Da mettere in relazione con AVICENNA, *Épître sur les états de l'âme (Risāla fī Aḥwāl al-Nafs)*, tr. Michot cit. (alla nota 20). Si noti la straordinaria affinità con il *Commentum in Martianum*, 6, p. 147,537-541, attribuito a Bernardo Silvestre (cit. *supra*, all'altezza della nota 63), con l'Anonimo di Erfurt cit. *supra*, nota 56 e con l'anonima *Lectura in librum De anima*, II, 1, q. 2, ed. Gauthier cit., p. 146,333-4334 cit. *supra*, all'altezza della nota 42.

vada ricondotto, da un punto di vista epistemico, a una comune matrice porfiriana[93].

L'affinità che sussiste tra Agostino e Avicenna – affinità di cui i latini sono stati evidentemente i primi ad accorgersi – avrà allora nell'origine comune tratta dal platonismo postplotiniano e aristotelizzante di Porfirio una spiegazione forse semplice, ma suggestiva. Di fatto, facendo del nome 'anima' la nota distintiva non di ciò che l'anima è per sé (*substantia*), ma della sua condizione relativa e contingentemente corporea (*perfectio*), Avicenna dispiega una prospettiva non aristotelica, che si colloca su un asse ideale che da Giovanni Filopono giunge fino a John Blund, da Alessandria fino a Oxford e Parigi, dove converge e si sovrappone a una preesistente tradizione teologica e agostiniana, sollecitandone le straordinarie affinità porfiriane. Ed è qui che naturalmente si determina la chiave del suo successo. Nel fatto, cioè, di poter soddisfare i «nuovi standard intellettuali» imposti dall'aristotelismo, filtrandone e adattandone i contenuti a un affine e pregresso contesto culturale dominato dall'esperienza teologica e cristiana[94].

È un dato generale e condiviso quello di una certa resistenza iniziale, negli ambienti intellettuali latini, ad accettare l'idea che l'anima potesse definirsi come una 'forma' e, in particolare, come una 'forma del corpo'. Se si prescinde dalla stessa specificità del peripatetismo avicenniano, le ragioni di questa riluttanza sembrano essere sostanzialmente due e convergere nella manifestazione di un comune punto di vista platonizzante. Da una parte, l'espli-

[93] Sulla tradizione araba del *De aeternitate*, cfr. G. ENDRESS, Proclus arabus. *Zwanzig Abschnitte aus der* Institutio theologica *in arabischer Übersetzung*, Beirut 1973, pp. 17-18; e A. HASNAWI, *Alexandr d'Aphrodise* vs *Jean Philopon: notes sur quelques traités d'Alexandre «perdus» en grec, conservés en arabe*, in «Arabic Sciences and Philosophy», 4 (1994), pp. 53-109. Del commento al *De anima* di Giovanni Filopono non è invece attestata alcuna traduzione: cfr. A. ELAMRANI-JAMAL, s.v. *Aristote de Stagire.* De anima. *Tradition arabe*, in *Dictionnaire des philosophes antiques*, Supplément, éd. par R. Goulet – J.-M. Flamand – M. Aouad, Paris 2003, [pp. 346-358], pp. 353-354, e C. D'ANCONA, *Al Kindī e la sua eredità*, in *Storia della filosofia nell'Islam medievale*, a c. di C. D'Ancona, 2 voll., Torino 2005, I, [pp. 282-351], p. 311, nota 123. Cfr. tuttavia J. JOLIVET, *L'intellect selon Kindī*, Leiden 1971, pp. 70-73; e soprattutto D. GUTAS, *Philoponos and Avicenna on the Separability of the Intellect: A Case of Orthodox Christian-Muslin Agreement*, in «Greek Orthodox Theological Review», 31 (1986), [pp. 121-129], p. 129, nota 22, per il quale, la questione non è se il commento di Filopono fosse disponibile in arabo, ma in quale forma lo fosse.

[94] Cfr. L. BIANCHI – E. RANDI, *Le verità dissonanti*, Roma – Bari 1990, p. 9.

cita e tradizionale istanza antiaristotelica di autori come Calcidio e Nemesio, nella quale si rinnova una precisa e consolidata prospettiva critica, che vede nella pretesa aristotelica di risolvere l'anima nella 'forma' del corpo lo scandalo di una riduzione della sua natura a proprietà corruttibile e accidentale[95]; dall'altra, un più ampio sfondo teorico comune e condiviso, in cui prevale un'ontologia della forma di matrice essenzialmente timaica e boeziana, fondata sulla distinzione e la coordinazione dell'idea intelligibile e della sua proiezione sensibile, e in base alla quale la forma corporea non si rivela altro che un'immagine di carattere derivato e immanente dell'idea trascendente; una *forma nativa*, che proprio perché tale, appare tendenzialmente corruttibile e inseparabile dalla materia[96].

In generale, non è che la teoria aristotelica della forma immanente venga respinta in quanto tale, ma è adattata e integrata nel contesto di una metafisica platonica della partecipazione, conformemente all'attitudine concordista dell'ontologia di Boezio. Quello che invece sembra escluso sulla falsariga di Calcidio, è la pretesa di ricondurvi anche le peculiari prerogative sostanziali – la sussistenza e la separabilità – dell'anima razionale[97]. Lo comprova il fatto che ancora intorno ai primi anni del secolo XIII, un autore come Alexander Nequam († 1217) – per altro non estra-

[95] Cfr. CALCIDIUS, *In Platonis Timaeum commentarius*, 225, ed. J. H. Waszink – P. J. Jensen, London – Leiden 1962 (Plato Latinus IV), pp. 239,16 - 241,5 e NEMESIUS EMESENUS, *Premnon physicon* (*De natura hominis*), 2, tr. di Alfano di Salerno, ed. C. Burkhard, Leipzig 1917, pp. 25,2-5, 36,19-21, 37,16-22 e 39,2-4; e tr. di Burgundio Pisano, ed. G. Verbeke e J. R. Moncho, Leiden 1975, pp. 24,34-36, 35,75-76, 37,97-98 e 38,24-26, con le considerazioni di GILSON, *La philosophie au moyen âge* cit. (alla nota 65), p. 121, e, più recentemente, di WERNER, *Einleitung*, in JOHN BLUND, *Traktat über die Seele* cit. (alla nota 91), pp. 31-39.

[96] Cfr. SEVERINUS BOETHIUS, *De Trinitate*, 2, ed. C. Moreschini, Leipzig 2000, pp. 168,69-71 e 171,115-116.

[97] Cfr. ad es. PSEUDO-BEDA, *De mundi constitutione*, II, 69, 902A, ed. Burnett cit. (alla nota 56), p. 62; *Liber Alcidi*, II, 11, ed. Lucentini cit. (alla nota 52), pp. 39-40; GILBERTUS PICTAVIENSIS (sive PORRETA), *Expositio in Boethii librum Contra Eutichen*, III, 3, ed. in N. M. HÄRING, *The Commentaries of Boethius by Gilbert of Poitiers*, Toronto 1966 (Studies and Texts, 13), p. 271,15-17; SIMON TORNACENSIS, *Institutiones*, III, 2, ed. in M. SCHMAUS, *Die Texte der Trinitätslehre in den* Sententiae *des Simon von Tournai*, in «Recherches de théologie et philosophie médiévales», 4 (1943), [pp. 59-72], p. 60,3-5; e ID., *Expositio Symboli*, IV, 2, ed. in N. M. HÄRING, *Simon of Tournai's Commentary on the So-Called Athanasian Creed*, in «Archives d'histoire doctrinale et littéraire du Moyen Âge», 43 (1976), [pp. 135-199], p. 159.

neo al movimento di promozione del 'nuovo' Aristotele – appaia ben poco disposto a cogliere quelle opportunità che pure, come si è visto, la 'psicologia' aristotelica, se debitamente sollecitata, era in grado di offrire. La delicata questione della natura dell'anima, al centro di considerazioni prettamente religiose, doveva sembrargli semplicemente inadatta per poter eccedere in concessioni dottrinali e 'professionali' al naturalismo filosofico. Concepire l'anima al modo dei 'filosofi' come una perfezione configurava un rischio, quello di comprometterne l'immortalità a causa delle evidenti implicazioni ilemorfiche, che non era disposto a correre. Fedele alla tradizione teologica e agostiniana, Nequam preferisce insistere esclusivamente sulla sostanzialità e sulla spiritualità della sua natura, garanzia evidente e immediata di sopravvivenza dopo la separazione dal corpo[98].

La specifica ricezione latina di Avicenna va inquadrata in questo contesto. È alla luce di questa peculiare e condivisa diffidenza che alcuni autori medievali – da Domenico Gundisalvi a John Blund e Alfredo di Sareshel – hanno dimostrato piena e pionieristica consapevolezza del fatto che la prospettiva avicenniana offriva – nelle sue affinità platoniche – una soluzione alternativa, destinata a costituire la linea teorica storicamente vincente. Quella che, in una profonda continuità di pensiero tra la filosofia della tarda antichità greco-araba e la tradizione cristiana, avrebbe mostrato la via alla latinità e reso disponibile, attraverso trasformazioni e adattamenti successivi, una complessa e ormai irrinunciabile visione scientifica dell'uomo, disinnescandone fin da subito, al di là di tensioni e resistenze pure fisiologiche, le micce dell'incompatibilità teologica e cristiana.

[98] Cfr. ALEXANDER NEQUAM, *Speculum Speculationum*, III, 89, 1, ed. by R. M. Thomson, Oxford 1988 (Auctores Britannici Medii Aevi, 11), p. 359. Sulla critica medievale della teoria dell'anima forma, con particolare riferimento alla 'psicologia' di Nequam, posso adesso rinviare a M. LENZI, *Anima, forma e sostanza: filosofia e teologia nel dibattito antropologico del XIII secolo*, Spoleto 2011 (Uomini e mondi medievali, 28), pp. 1-59.

GRAZIANO PERILLO

ESEGESI E FILOSOFIA: I COMMENTI BIBLICI DI TOMMASO D'AQUINO

In un articolo del 1894 Denifle si chiedeva quale fosse il libro base per l'insegnamento dei maestri di teologia nell'università di Parigi nel secolo XIII e rispondeva senza esitazioni: la Bibbia[1]. In effetti, come lo stesso Denifle puntualizza, il testo biblico era commentato in profondità solo dal maestro, mentre le altre opere di commento o erano frutto del lavoro del baccelliere, come i commenti alle sentenze di Pietro Lombardo, oppure rientravano nell'attività di approfondimento personale del maestro[2]. In seguito, l'invito di Denifle a prestare maggiore attenzione ai commenti biblici dei maestri fu accolto da studiosi come Synave e Spicq e, più di recente, da Bataillon e Torrell, i quali hanno messo in particolare rilievo l'importanza del lavoro esegetico, dal momento che la comprensione del testo biblico era il fine di ogni insegnamento dei maestri di teologia nell'università del secolo XIII[3].

[1] Cfr. H. DENIFLE, *Quel livre servait de base à l'enseignement des maîtres en théologie dans l'Université de Paris*, in «Revue Thomiste», 2 (1894), pp. 149-161.

[2] Cfr. *ibid.*, p. 151.

[3] Cfr. J.-P. TORRELL, *Tommaso d'Aquino. Maestro spirituale*, Roma 1998, p. 11: «(...) Durante tutta la sua vita Tommaso è stato un commentatore della Scrittura – anzi era proprio questa la prima forma del suo insegnamento – e non ha mai cessato di documentarsi sui Padri della Chiesa e la storia dei Concili. Questo orientamento è stato troppo poco coltivato dai suoi discepoli; vi fu addirittura un'epoca in cui lo si è completamente perso di vista a vantaggio di una esaltazione indebita dell'apparato filosofico da lui messo in opera. È stato necessario attendere il nostro tempo per riscoprire le ricchezze dei commenti scritturistici e rendersi conto che Tommaso doveva molto anche a sant'Agostino». E cfr. L.-J. BATAILLON, *Les conditions de travail des maîtres de l'Université de Paris au XIIIe siècle*, in «Revue des Sciences Philosophiques et Théologiques», 67 (1983), [pp. 417-

10.1484/M.NUTRIX-EB.1.101250

Il Torrell, anzi, in uno studio apparso di recente, riconosce, nello slancio di attività avuto dalla Commissione Leonina dopo il 1952, sotto l'impulso del Capitolo generale dell'ordine domenicano di Washington del 1949 e del maestro dell'ordine Emmanuel Suarez, la scelta di mettere in evidenza la qualità di *Magister in sacra pagina* di Tommaso d'Aquino, con la ripresa delle pubblicazioni delle opere di Tommaso a partire dal *Super Iob ad litteram* (1965), seguito a distanza di circa un decennio dal *Super Isaiam* (1974)[4]. Inoltre, secondo Torrell, tra gli indirizzi di studio su Tommaso che si stanno affermando negli ultimi anni, un rilievo particolare assume l'orientamento a riconoscere in Tommaso anzitutto un teologo[5]. A questo riconoscimento ne consegue un altro fondamentale: quello di Tommaso esegeta della sacra Scrittura.

Testimonianza di quest'interesse verso la produzione esegetica di Tommaso sono le pubblicazioni di lavori recenti, soprattutto sul *Super Iob* e sul *Super Evangelium Sancti Ioannis* (o *In Ioannem*), ma non mancano lavori anche su altre sue opere esegetiche[6]. Tuttavia, nonostante la qualità di questi lavori e il tentativo di mettere in evidenza, in alcuni di essi, i riflessi teologici e speculativi dei lavori esegetici di Tommaso, e di conseguenza alcune implicazioni filosofiche, si deve riconoscere, con Gilbert Dahan, l'esigenza di più profonde indagini sulle caratte-

433], p. 421; tr. it., *Le condizioni di lavoro dei maestri dell'Università di Parigi nel secolo* XIII, in *Filosofi e teologi. La ricerca e l'insegnamento nell'università medievale*, a c. di L. Bianchi – E. Randi, Bergamo 1989, [pp. 209-227], p. 213.

[4] Cfr. J.-P. TORRELL, *Situation actuelle des études thomistes*, in «Recherches de Science Religieuse», 91.3 (2003) [pp. 343-371], p. 345.

[5] Cfr. *ibid.*, p. 358.

[6] Senza indicare gli articoli, che sempre più numerosi appaiono sui commenti biblici di Tommaso d'Aquino e sull'esegesi in generale, segnaliamo qui di seguito alcuni volumi sui commenti a Giobbe, a Giovanni e a Romani. Sul commento a Giobbe: D. CHARDONNENS, *L'homme sous le regard de la Providence. Providence de Dieu et condition humaine selon l'Exposition littérale sur le Livre de Job de Thomas d'Aquin*, Paris 1997 (Bibliothèque Thomiste, 50). Su Giovanni: P.-Y. MAILLARD, *La vision de Dieu chez Thomas d'Aquin. Une lecture de l'*In Ioannem *à la lumière de sources augustiniennes*, Paris 2001; G. PERILLO, *Teologia del* Verbum. *La* Lectura super Ioannis Evangelium *di Tommaso d'Aquino*, Napoli 2003; *Reading John with St. Thomas Aquinas: Theological Exegesis and Speculative Theology*, by M. Dauphinais – M. Levering, Washington (D. C.) 2005. Sul commento alla lettera ai Romani segnaliamo: M. M. ROSSI, *Teoria e metodo esegetici in S. Tommaso d'Aquino. Analisi del* Super Epistolas Sancti Pauli Lectura. Ad Romanos*, c. I, l. 6*, Roma 1992.

ristiche filosofiche dei commenti biblici del secolo XIII, tra i quali quelli di Tommaso d'Aquino[7].

Forse fin troppo ristretta nei margini di una discussione determinata dall'opposizione tra senso letterale e senso spirituale, la comprensione dell'esegesi biblica di Tommaso d'Aquino richiede una particolare attenzione a questo aspetto più propriamente filosofico, non perché lo studio dei commenti biblici possa offrire il quadro generale di una filosofia tommasiana, ma perché offre la possibilità di cogliere l'unità di sapere, e di orientamento didattico, che animava l'attività di *magister* Tommaso. Se il fine ultimo dell'insegnamento era la comprensione della sacra Scrittura, tutta l'attività del maestro, sia di produzione scritta sia didattica, era in un certo qual modo orientata ad essa. Nei commenti biblici, infatti, si possono notare una serie di impliciti riferimenti, di spessore e portata diversa, che non trovano adeguata comprensione se si cerca una loro piena giustificazione con riferimenti alla sola lettera del testo biblico. Questo aspetto fu già notato, in senso molto critico, da Lorenzo Valla, il quale rimproverava a Tommaso di aver introdotto nel commento ad un passo della lettera ai Romani termini assenti dallo scritto biblico[8]. Il rimprovero di Valla, se da una parte evidenzia i limiti del senso letterale dell'esegesi medievale, dall'altra mette in risalto, in controluce, il carattere speculativo dell'esegesi biblica di Tommaso d'Aquino e, di conseguenza, l'implicita riflessione filosofica richiesta nella fase di elaborazione dottrinale. Se, dunque, si è portati a riconoscere i riflessi di un'attività esegetica maturata non solo, ma anche con gli strumenti della filosofia, è lecito ipotizzare, in linea di principio, la possibilità di alcuni sviluppi teoretici del pensiero di Tommaso

[7] Cfr. G. DAHAN, *L'exégèse chrétienne de la Bible en Occident médiéval. XIIe-XIIIe siècle*, Paris 1999, p. 115.

[8] Su questo punto, cfr. nel presente volume il contributo di Marco Laffranchi. Cfr. LAURENTIUS VALLA, *Retractatio totius dialecticae cum fondamentis verae philosophie*, I, 4, 8, in ID., *Repastinatio dialectice et philosophie*, edidit G. Zippel, 2 voll., Padova 1982, I, p. 32: «Ubi tu, Thoma, alibi apud Paulum 'deitatem' legisti, cum dicas nunc usum vocabulum 'divinitatem'? Taceo quam sit absurda super locum illum: 'Sempiterna eius virtus et divinitas' (*Rm* 1, 20), ista expositio. Quis te auctor, quis liber, que ratio te istam differentiam docuit?». Per il riferimento di Valla, cfr. THOMAS AQUINAS, *Super Epistolam ad Romanos lectura* (in seguito: *Ad Romanos*), cap. 1, lect. 5, in *Super Epistolas S. Pauli lectura*, ed. a c. di R. Cai, 2 voll., Torino – Roma 1953, I, p. 22, n. 117.

nei commenti alla sacra Scrittura. Il caso più evidente è, forse, quello dell'*In Ioannem*, in cui si presenta una dinamica della nozione di *Verbum* che rappresenterebbe l'esito più maturo della speculazione dell'Aquinate su questo tema[9].

Le opere esegetiche di Tommaso si differenziano secondo diversi gradi di profondità speculativa. Il *Super Isaiam* e il *Super Ieremiam et Threnos*, probabilmente risultati dell'attività di baccelliere biblico di Tommaso, presentano i tratti della *lectura cursorie*. Il commento alle lettere di Paolo è caratterizzato da un certa disomogeneità, dovuta forse ad un lavoro di revisione da parte di Tommaso di alcune parti, soprattutto della Lettera ai Romani. Di tenore diverso sono il *Super Iob*, l'*In Mattheum* e l'*In Ioannem*: il primo è un commento letterale al libro di Giobbe, forse la più alta testimonianza di esegesi letterale di tutto il secolo XIII, scritto presumibilmente nel periodo italiano; gli altri due commenti sono, con ogni probabilità, i corsi tenuti da Tommaso nel secondo soggiorno parigino ed esprimono quindi il più maturo insegnamento di Tommaso. Infine, altre opere specificamente bibliche di Tommaso sono: un commento ai Salmi, fatto probabilmente a Napoli; i *Principia*; una *Glossa continua* sui quattro vangeli, nota come la *Catena aurea*.

In queste pagine rivolgeremo una particolare attenzione a tre commenti: al *Super epistolam ad Romanos lectura*; all'*Expositio super Iob ad litteram*; alla *Super Ioannis Evangelium lectura*. Si cercherà, così, di porre in evidenza alcuni tratti del rapporto tra esegesi e filosofia in opere che presentano una certa profondità di riflessione, frutto del magistero e dell'attività di Tommaso, in modo da tentare di delineare una linea interpretativa del processo di assimilazione della filosofia nell'esegesi biblica e valutare, nei limiti

[9] Cfr. A. F. von Gunten, «*In principio erat Verbum*». *Une évolution de saint Thomas en théologie trinitaire*, in Ordo sapientiae et amoris. *Image et message de saint Thomas d'Aquin à travers les récentes études historiques, herméneutiques et doctrinales*, Hommage au Professeur Jean-Pierre Torrell O. P. à l'occasion de son 65e anniversaire, ed. C. J. Pinto de Oliveira, Fribourg (Suisse) 1993, pp. 191-141. Alcune osservazioni critiche su questa posizione si possono trovare in: Perillo, *Teologia del Verbum* cit. (alla nota 6), pp.104-105. Anche Emery sostiene un certo sviluppo della concezione trinitaria di Tommaso che, più o meno immutata dalla *Summa contra Gentiles*, ha la sua fase più compiuta nell'*In Ioannem*; cfr. G. Emery, *La théologie trinitaire de saint Thomas d'Aquin*, Paris 2004, pp. 217-223.

possibili, il ruolo svolto dalla filosofia nel lavoro di comprensione dei libri biblici da parte dell'Aquinate.

L'evidente constatazione dei vari livelli, nei quali si presenta la filosofia nei commenti scritturistici dell'Aquinate, costituisce un invito a trovare uno schema che possa sostenerne l'analisi. Ad un primo livello, la filosofia interviene, nel lavoro esegetico di Tommaso, come in quello dei suoi contemporanei, secondo modalità spiccatamente tecniche, in linea con lo sviluppo delle metodologie didattiche universitarie, che si affiancano alle 'microstrutture testuali', felice espressione di Gilbert Dahan per indicare alcune forme di commento biblico che sono eredità e sviluppo di aspetti e tecniche già presenti nell'esegesi dei Padri[10]. Secondo la linea tracciata da Ugo di San Vittore nel *Didascalicon*, per cui l'esegesi letterale deve essere articolata in *littera*, *sensus* e *sententia*, la filosofia interviene, in ognuno di questi tre piani interpretativi, con precise modalità esplicative, fra le quali alcune costituiscono un'eredità delle scuole del secolo XII, altre invece sono proprie del XIII. La *littera*, in senso stretto, è il livello dell'analisi testuale, la cui esplicazione mette in azione le arti del trivio, principalmente la grammatica, finalizzate alla comprensione del testo nelle varie dimensioni linguistiche. Tommaso, in questo senso, è erede di una ampia tradizione: dalla tradizione, infatti, Tommaso può ricavare il significato di *apud* e delle sue proprietà transitive, e fondare in questo modo la distinzione delle persone nel commento al versetto giovanneo *Et Verbum erat apud Deum*[11]. Analoga spiegazione si ritrova in altri esegeti come Bonaventura e Alberto Magno[12].

[10] Cfr. DAHAN, *L'exégèse chrétienne de la Bible* cit. (alla nota 7), pp. 122-141.

[11] Cfr. THOMAS AQUINAS, *Super Evangelium Sancti Ioannis lectura*, cap. 1, lect. 1, ed. R. Cai, Torino – Roma 1952 (in seguito: *Super Ev. S. Ioannis*), p. 11, n. 45: «Sciendum est autem circa hoc quod haec praepositio 'apud' quamdam coniunctionem rei significatae per rectum, ad rem significatam per obliquum importat, sicut haec praepositio 'in'. Sed differenter, quia haec praepositio 'in' significat quamdam coniunctionem intrinsecam; haec vero praepositio 'apud' quodammodo extrinsecam coniunctionem importat. Et utrumque dicimus in divinis: scilicet Filium esse 'in' Patre, et esse 'apud' Patrem; et intrinsecum quidem ad consubstantialitatem pertinet, extrinsecum vero (ut sic loqui liceat, cum improprie in divinis dicatur extrinsecum) non nisi ad distinctionem personalem refertur, cum Filius a Patre solum per originem distinguatur».

[12] Cfr. BONAVENTURA DE BALNEOREGIO, *Commentarius in Evangelium Ioannis*, cap. 1, ed. studio et cura PP. Collegii a S. Bonaventura, in ID., *Opera Omnia*, VI, Quaracchi 1893, pp. 246-247: «(...) Quia sicut dicit Grammaticus, et etiam Vic-

Per cogliere il piano di sviluppo dell'esegesi è, tuttavia, utile aver presente la posizione assunta da Tommaso nel *De veritate*, in cui il ricorso alla spiegazione grammaticale della proposizione *apud* non è ritenuta valida per fondare la distinzione delle persone divine[13]. Tanto più questa differenza interpretativa risulta significativa, perché lascia emergere la consapevolezza di un piano di argomentazione diverso, in cui alcune analisi trovano legittima spiegazione solo nel contesto esegetico del commento, dove la trama narrativa offre la possibilità di collegare argomentazioni che si sostengono reciprocamente[14].

Nell'esame della *littera*, inoltre, Tommaso può valersi del perfezionamento degli strumenti di indagine testuale, come i vari *correctoria* e concordanze. La tendenza ad annotare a margine di un testo i significati di alcune parole secondo uno schema ben preciso, come emerge dall'analisi dei manoscritti del *Super Isaiam*, lascia supporre una riflessione orientata verso la predicazione[15], ma rappresenta ugualmente l'attitudine a spiegare il testo seguen-

tor, praepositiones sunt transitivae; ideo haec praepositio 'apud' importat 'distinctionem' secundum quod praepositio, ratione vero specialis significationis dicit 'auctoritatem' in Patre et 'subauctoritatem' in Filio, quia dicitur minor esse apud maiorem et non e converso, secundum communem modum loquendi». ALBERTUS MAGNUS, *Enarrationes in Ioannem*, cap. 1, in ID., *Opera Omnia*, ed. A. Borgnet, XIV, Paris 1899, p. 27: «Et ideo in hac propositione distinctio personarum Patris et Filii designatur: hoc autem fit per praepositionem notionalem interpositam quae est 'apud'. In hac enim tria consideranda occurrunt, scilicet, quia praepositio est, et quia haec praepositio est, et quia (ut dicit Priscianus) vim habet adverbii localis. Quia ergo praepositio est, transitiva est: et alietatem et diversitatem notat inter ea quibus apponitur, sicut inter Verbum et Deum: et cum alietas in Deo non esse potest, nisi personarum secundum relationes originis distinctarum, oportet quod talis alietas sit inter Verbum et Deum».

[13] Cfr. THOMAS AQUINAS, *Quaestiones disputatae De veritate*, q. 4, a. 2, ad 2 *contra*, in ID., *Opera Omnia iussu Leonis XIII P. M. edita* (in seguito: ed. Leonina), XXII/1, Roma 1975, p. 125,256-262: «Ad secundum posset dici quod, etsi haec praepositio apud importet distinctionem, haec tamen distinctio non importatur in nomine verbi: unde ex hoc quod Verbum dicitur esse apud Patrem non potest concludi quod verbum personaliter dicatur, quia etiam dicitur Deus de Deo et Deus apud Deum».

[14] Cfr. PERILLO, *Teologia del Verbum* cit. (alla nota 6), pp. 103-105.

[15] Cfr. P.-M. GILS, *Les «Collationes» marginales dans l'autographe du commentaire de S. Thomas sur Isaïe*, in «Revue des Sciences Philosophiques et Théologiques», 42 (1958), [pp. 253-264], p. 255. E cfr. J.-P. TORRELL, *Quand saint Thomas méditait sur le prophète Isaïe*, in «Revue Thomiste», 96 (1996), pp. 179-208 (ora in ID., *Recherches thomasiennes. Études revues et augmentées*, Paris 2000 [Bibliothèque Thomiste, 52], pp. 242-281).

do una linea di ricerca lessicografica[16]. Questa attenzione lessicografica di Tommaso, come avviene in altri autori, secondo Dahan si percepisce in particolare con l'uso che si fa dell'*Elementarium* di Papia, la cui dovizia di notizie e l'organizzazione alfabetica ne hanno fatto un grande strumento di ricerca per gli esegeti del secolo XIII[17].

Tommaso, però, mostra attenzione anche alla retorica: l'individuazione di figure retoriche è essenziale per la sua ermeneutica letterale, di cui esempio particolarmente significativo è il riconoscimento della figura retorica dell'*antropospatos* nel *Super Isaiam*[18]. D'altra parte, Tommaso ha mostrato in diverse occasioni, in cui ha teorizzato il metodo di ermeneutica biblica, la necessità di riconoscere l'uso fatto nella sacra Scrittura delle figure retoriche, che devono essere interpretate secondo il senso letterale[19]. Gli esegeti, compreso Tommaso, si sono impegnati a individuare il maggior numero di figure retoriche per collocare il più possibile l'esegesi al livello dell'analisi letterale e, in questo modo, ridurre notevolmente il ricorso al senso spirituale per spiegare espressioni poco appropriate alla realtà divina, oppure poco chiare[20].

Un ulteriore aspetto di rilievo, che manifesta la tendenza a comprendere il testo biblico con il ricorso a strumenti filosofici, è la determinazione dello scopo, della materia, dell'autore e dello stile del testo, con le quattro cause aristoteliche[21]. All'inizio del se-

[16] Cfr. DAHAN, *L'exégèse chrétienne de la Bible* cit. (alla nota 7), p. 248.

[17] Cfr. *ibid.*, pp. 250-251.

[18] Cfr. THOMAS AQUINAS, *Expositio super Isaiam ad litteram*, cap. 2, lect. 3, ed. Leonina, XXVIII, Roma 1974, p. 24,365-366: «Vel aliter: loquitur de Deo ad similitudinem hominis per figuram antropospatos: 'ab homine', id est Deo, 'cuius spiritus in naribus'; loquitur ad similitudinem irati, qui propter multiplicationem spirituum exsufflat per nares». Cfr. DAHAN, *ibid.*, p. 258.

[19] Cfr. THOMAS AQUINAS, *Lectura super Epistolam ad Galatas*, cap. 4, lect. 7, in *Super Epistolas S. Pauli lectura*, ed. Cai cit., I, p. 620, n. 254: «Per litteralem autem sensum potest aliquid significari dupliciter, scilicet secundum proprietatem locutionis, sicut cum dico 'homo ridet'; vel secundum similitudinem seu metaphoram, sicut cum dico 'pratum ridet'. Et utroque modo utimur in sacra Scriptura, sicut cum dicimus, quantum ad primum, quod Iesus ascendit, et cum dicimus quod sedet a dextris Dei, quantum ad secundum. Et ideo sub sensu litterali includitur parabolicus seu mataphoricus». Cfr. ID., *Quaestiones de quodlibet*, *Quodlibet* VII, q. 6, a. 3, ad 2, ed. Leonina, XXV/1, Roma – Paris 1996, p. 32,49-52; *Summa theologiae*, I^{a}, q. 1, a. 10, ad 3, ed, Leonina, IV, Roma 1888, p. 26.

[20] Cfr. DAHAN, *ibid.*, p. 262.

[21] Cfr. *ibid.*, p. 266; A. GHISALBERTI, *L'esegesi della scuola domenicana del secolo*

colo XIII, infatti, un nuovo schema di prologo, proveniente dall'insegnamento profano, è applicato ai commenti biblici. Esso non è altro che un adattamento dell'*accessus*, uno schema già diffuso nel secolo XI, con il quale ha uno stretto rapporto di corrispondenza: la causa efficiente corrisponde all'*auctor*, la causa materiale alla *materia*, la causa formale al *modus agendi*, la causa finale all'*intentio*. L'affermarsi dello schema aristotelico, la cui origine filosofica induce l'esegeta ad analisi più dense, guida, per esempio, in Tommaso l'*In Psalmos*, mentre nell'*In Ioannem* come nel *Super Isaiam* l'uso del vocabolario tecnico delle quattro cause risulta più asciutto[22]. Nella definizione dello stile di ogni libro biblico, inoltre, appare quanto mai significativa l'osservazione su alcuni di essi, come il libro di Giobbe e il *corpus* paolino, caratterizzati da Tommaso per lo stile disputativo, chiaro riflesso di un crescente ricorso agli strumenti didattici e filosofici per comprendere la qualità dei libri della sacra Scrittura[23].

Più profonda dell'analisi letterale è la ricerca del *sensus*. A questo livello si potrebbe collocare la *divisio textus*, certamente si pongono i riferimenti storici e archeologici, ma soprattutto le analisi scientifiche. Quest'ultimo aspetto rappresenta una novità dell'esegesi del secolo XIII, in particolare di Tommaso. L'analisi scientifica dei brani scritturistici, anche se era già stata auspicata dal *De doctrina christiana* di Agostino e promossa dal programma pedagogico di Ugo di San Vittore, trova nuova linfa con la riscoperta di Aristotele. L'esegesi, in questo modo, si specifica e attinge a fonti di conoscenza estranee al patrimonio esegetico della tradizione. Accanto alle

XIII, in *La Bibbia nel Medioevo*, a c. di G. Cremascoli – C. Leonardi, Bologna 1996, [pp. 291-304], pp. 291-293.

[22] Cfr. THOMAS AQUINAS, *In Psalmos Davidis Expositio*, Prooem., in ID., *Opera Omnia*, XIV (*Expositio in aliquot libros veteris testamenti et in Psalmos*), Parma 1863, p. 148: «Verba haec dicuntur de David ad litteram; et satis convenienter assumuntur ad ostendendum causam hujus operis. In quibus ostenditur quadruplex causa hujus: scilicet materia, modus, seu forma; finis et agens». Nel *Super Isaiam*, invece, Tommaso ricorre a queste espressioni: *auctor, modus, materia*: cfr. ID., *Expositio super Isaiam ad litteram*, Prooem., ed. Leonina cit., p. 3,6. Nello sviluppo del prologo introduce poi anche il fine: cfr. *ibid.*, p. 4,83-84. Nell'*In Ioannem*, Tommaso adotta le seguenti espressioni: *materia, ordo, finis, auctor*, cfr. ID., *Super Ev. S. Ioannis*, Prooem., ed. Cai cit., p. 3, nn. 10-11.

[23] Cfr. ID., *In Psalmos Davidis Expositio*, Prooem., ed. Vivès cit., p. 228; *De commendatione et partitione sacrae Scripturae*, in ID., *Opuscula theologica*, t. I, ed. A. Verardo, Torino – Roma 1954 (1975^2), p. 438, n. 1207.

autorità indiscusse dell'esegesi, Agostino in particolare, trova così ampio spazio l'autorità di Aristotele. Testimonianza di questo uso è l'*Expositio super Iob ad litteram*, un'opera particolarmente significativa, perché uscita tutta dalla penna di Tommaso. In essa Tommaso, per garantire la veridicità dell'interpretazione, cita Aristotele, insieme ad altre fonti che avevano un particolare valore 'scientifico' per quel periodo storico, come Alberto Magno, Bartolomeo Anglico, Plinio, Tommaso di Cantimpré[24]. I moti dei cieli, la formazione dei metalli, l'accoppiamento dell'elefante[25], rinviano a testi che per la cultura del tempo erano sinonimi di indagine razionale, quindi utili per realizzare il piano di interpretazione letterale. L'uso delle opere di carattere scientifico, però, non può essere collocato solo sul piano del *sensus*. Su questo livello, infatti, si pongono i riferimenti scientifici quando vengono utilizzati per chiarire particolari passaggi testuali, come avviene per alcune spiegazioni dell'*Expositio super Iob*, ma devono essere collocati sul piano della *sententia*, quando il ricorso all'autorità dei filosofi, in particolare di Aristotele, è portata a sostegno di una tesi dottrinale, come nel caso della citazione del *Peri hermeneias* di Aristotele nel commento al *Prologo di Giovanni*, sul quale avremo modo di ritornare.

È opportuno ricordare la prassi esegetica del secolo XIII che consiste nell'individuare la divisione della materia trattata da alcuni autori biblici seguendo una qualche ripartizione della filosofia. Questa prassi, che risulta una spiccata caratteristica dell'interpretazione letterale del tempo[26], emerge con evidenza nell'*In*

[24] Tommaso cita di Aristotele esplicitamente: l'*Ethica*, il *De anima*, il *De coelo*, la *Politica*, la *Physica*. Particolarmente significative sono però le citazioni tratte dal *De animalibus*, fatte sette volte con questa denominazione, mentre una sola volta come *De historiis animalium* secondo la denominazione greca seguita da Guglielmo di Moerbeke. Cfr. THOMAS AQUINAS, *Expositio super Iob ad litteram* (in seguito: *Super Iob*), cap. 27, ed. Leonina, XXVI, Roma 1965, p. 147,34-36. Gli altri sette riferimenti sono: *ibid.*, cap. 14, p. 240,360-310; cap. 40, p. 217,330-332 e 342-345; p. 218,425-427.452 e p. 219, 496-499; cap. 41, p. 224,203-204. Sono citazioni quasi tutte concentrate nel capitolo 40, in cui Tommaso tratta di Beemoth, da lui individuato nell'elefante.

[25] Cfr. C. STEEL, *Animaux de la Bible et animaux d'Aristote. Thomas d'Aquin sur Béhémoth l'éléphant*, in *Aristotle's Animals in the Middle Ages and Renaissance*, edd. C. Steel – G. Guldentops – P. Beullens, Leuven 1999 (Mediaevalia Lovaniensia, Series 1 / Studia, 27), pp. 11-30.

[26] Cfr. DAHAN, *L'exégèse chrétienne de la Bible en Occident médiéval* cit. (alla nota 7), pp. 281-284.

Ioannem di Tommaso, in cui l'Aquinate fa corrispondere alle caratteristiche del Vangelo un ben preciso settore della filosofia. Anche su questo punto avremo modo di ritornare in seguito.

L'aspetto più specifico dell'esegesi del secolo XIII in generale e di Tommaso in particolare, rispetto alla tradizione precedente, è l'analisi filosofica e teologica del testo biblico, che si pone al terzo livello dell'esegesi letterale, quello della *sententia*[27]. A questo livello, i commenti biblici risultano essere un momento di sintesi, in cui le acquisizioni dottrinali intervengono a supporto della comprensione del testo. Ne costituisce un'esemplificazione l'analisi della nozione di *ira Dei* della lettera di Paolo ai Romani, sulla quale molta teologia ha discusso. Tommaso orienta la comprensione della nozione di ira divina secondo la sua teoria generale dell'esegesi, per la quale espressioni di questo tipo devono essere interpretate sul piano dell'interpretazione letterale e intese come metafore volute dall'autore sacro. Ma, riconosciuto il piano interpretativo, rimane ancora da scoprire quale sia il significato dell'ira divina. È qui che viene in soccorso la riflessione filosofica e teologica. Tommaso non sviluppa, nelle pagine di commento al versetto paolino, un'analisi dell'ira divina, ma propone una concezione di questa nozione apparentemente sconcertante, perché nulla sembra giustificare, a una lettura immediata del commento tommasiano, il significato di ira divina che viene fornito[28]. In realtà, Tommaso interpreta la nozione di ira divina, riassumendo in poche righe quanto ha elaborato detta-

[27] Senz'altro, le nozioni di filosofia e teologia in questo caso sono del tutto vaghe e richiederebbero una più ampia discussione, ma qui sono prese nella loro accezione più comune: la prima come esercizio della sola *ratio*; la seconda come riflessione sui dati della Rivelazione.

[28] Cfr. THOMAS AQUINAS, *Ad Romanos*, cap. 1, lect. 6, p. 21, n. 110: «Recte dico quod in eo iustitia Dei revelatur, 'revelatur enim' in eo 'ira Dei' (*Rm* 1, 18), id est vindicta ipsius, quae dicitur ira Dei secundum similitudinem hominum irascentium, qui vindictam quaerunt extra. Tamen Deus vindictam infert ex animi tranquillitate». *Ibid.*, cap. 9, lect. 4, pp. 144-145, n. 793: «Finis autem reprobationis vel obdurationis malorum est manifestatio divinae iustitiae et virtutis. Et quantum ad hoc dicit 'quod ', id est *sed*, 'si Deus volens ostendere iram suam' (*Rm* 9, 22), id est iustitiam vindicativam. Non enim dicitur ira in Deo secundum affectus commotionem, sed secundum effectus vindictae. (...) Usus autem malorum ad quem utitur eis Deus est ira, id est poena. Et ideo vocat eos vasa irae, id est, iustitiae instrumenta, quibus Deus utitur ad ostendendam iram, id est iustitiam vindicativam».

gliatamente in altri luoghi della sua produzione. In particolare, la comprensione della nozione di ira di Dio si sviluppa sullo sfondo della dottrina delle passioni e della predicazione dei nomi divini contenuta nella *Summa theologiae*[29]. L'analogo procedimento

[29] Cfr. ID., *Summa theologiae*, Iª, q. 3, a. 2, ad 2, ed. Leonina, IV, p. 38: «Ira et huiusmodi attribuuntur Deo secundum similitudinem effectus: quia enim proprium est irati punire, ira eius punitio metaphorice vocatur». Se l'ira è attribuita a Dio secondo la similitudine dell'effetto, che è la punizione, e in senso metaforico, il problema sarà comprendere sia perché l'effetto dell'ira è la punizione, sia perché nel caso di Dio deve essere considerata come una metafora. Qui subentra l'analisi delle passioni umane sviluppata da Tommaso dalla questione 22 alla questione 48 della *prima secundae* della *Summa theologiae*, in cui l'ira occupa le questioni 46-48. L'ira è compresa da Tommaso come un moto sorto a causa di una tristezza e accompagnato dal desiderio e dalla speranza di vendetta. Cfr. *ibid.*, Iª IIªᵉ, q. 46, a. 1 c., ed. Leonina, VI, Roma 1891, p. 292: «Non enim insurgit motus irae nisi propter aliquam tristitiam illatam, et nisi adsit desiderium et spes ulciscendi». Se, poi, si chiede in quale rapporto stia l'ira con la giustizia, dato che l'ira tende alla vendetta per un torto ricevuto, Tommaso risponde, *ibid.* a. 7 c., p. 298: «Ira appetit malum, inquantum habet rationem iusti vindicativi. Et ideo ad eosdem est ira, ad quos est iustitia et iniustitia. Nam inferre vindictam ad iustitiam pertinet : laedere autem aliquem pertinet ad iniustitiam. Unde tam ex parte causae, quae est laesio illata ab altero; quam etiam ex parte vindictae, quam appetit iratus; manifestum est quod ad eosdem pertinet ira, ad quos iustitia et iniustitia». L'ira, dunque, sembra caratterizzata sia da un aspetto di giustizia, sia da uno di ingiustizia. Si tratta così di capire quando l'ira possa trovare piena soddisfazione senza commettere un'ingiustizia. La risposta è data da Tommaso nella *secunda secundae* della *Summa*, quando tratta dell'iracondia nella *quaestio* 158: può esserci male nell'ira se c'è un eccesso che allontana dall'uso della retta ragione, ma se l'ira sorge secondo una retta ragione, allora adirarsi è lodevole; cfr. *ibid.*, IIª IIªᵉ, q. 158, a. 1 c., ed. Leonina, X, Roma 1899, p. 272: «Si autem aliquis irascatur secundum rationem rectam, tunc irasci est laudabile». Il motivo di questa lode nasce dalla considerazione di cercare un bene, ossia la vendetta, che è la soddisfazione del torto ricevuto, e di cercarlo secondo ragione. Sempre nella stessa *quaestio* Tommaso chiarisce che cercare il male di colui verso il quale si è irati non è un bene, ma cercare la vendetta a causa della correzione dei vizii e per la conservazione del bene della giustizia è lodevole; cfr. *ibid.*, ad 3, p. 273: «Appetire vindictam, propter malum eius qui puniendus est, illicitum est. Sed appetere vindictam propter vitiorum correctionem et bonum iustitiae conservandum, laudabile est. Et in hoc potest tendere appetitus sensitivus inquantum movetur a ratione». Questi aspetti dell'analisi dell'ira risultano rilevanti per comprendere la nozione di ira divina. Tuttavia essi non sono ancora sufficienti, in quanto si deve comprendere perché l'ira debba essere considerata un metafora quando è attribuita a Dio. La spiegazione viene dall'analisi della nota questione 13 della *prima pars* della *Summa theologiae*, in cui Tommaso propone la distinzione tra ciò che i nomi significano e i il loro modo di significare; cfr. *ibid.*, Iª, q. 13, a. 3 c., p. 143: «In nominibus igitur quae Deo attribuimus, est duo considerare, scilicet, perfectiones ipsas significatas, ut bonitatem, vitam, et huiusmodi; et modum significandi. Quantum igitur ad id quod significant huiusmodi nomina, proprie competunt Deo, et magis proprie quam ipsis creaturis, et per prius di-

di sintetizzare, in opere esegetiche, i risultati di riflessioni svolte in chiave problematica nei testi più speculativi, può essere constatato per la discussione sui sensi dell'interpretazione della Scrittura. Infatti, nel commento alla lettera ai Galati, Tommaso non esita a discutere la distinzione tra interpretazione spirituale e let-

cuntur de eo. Quantum vero ad modum significandi, non proprie dicuntur de Deo; habent enim modum significandi qui creaturis competit». Sulla base della distinzione tra *significatum* e *modus significandi* Tommaso chiarisce la predicazione metaforica di alcuni nomi a Dio; cfr. *ibid.*, ad 3, p. 143: «Ista nomina quae proprie dicuntur de Deo, important conditiones corporales, non in ipso significato nominis, sed quantum ad modum significandi. Et vero quae metaphorice de Deo dicuntur, important conditionem corporalem in ipso suo significato». Dunque, i nomi che comportano una condizione corporale non solo nel *modus significandi*, ma anche nel *significatum* devono essere detti di Dio in senso metaforico. Questo è il caso proprio dell'ira, perché essa comporta un dimensione passionale, legata alla corporeità, che non può essere attribuita alle realtà spirituali. Tommaso può così sostenere che l'espressione 'ira di Dio' indica la punizione secondo la similitudine dell'effetto; cfr. *ibid.*, q. 19, a. 11 c., p. 249: «In Deo quaedam dicuntur proprie, et quaedam secundum metaphoram, ut ex supradictis patet. Cum autem aliquae passiones humanae in divinam praedicationem metaphorice assumuntur, hoc fit secundum similitudinem effectus: unde illud quod est signum talis passionis in nobis, in Deo nomine illius passionis metaphorice significatur. Sicut, apud nos, irati punire consueverunt, unde ipsa punitio est signum irae: et propter hoc ipsa punitio nomine irae significatur, cum Deo attribuitur». Sulla nozione di ira di Dio in Tommaso, mi permetto di rinviare a: G. PERILLO, *L'«ira di Dio» nella riflessione di Tommaso d'Aquino*, in *Ira e sacrificio. Negazione del divino e dell'umano?*, a c. di M. Marin – M. Mantovani, Roma 2004, pp. 329-346. Sulla passione dell'ira, cfr. C. CASAGRANDE – S. VECCHIO, *I sette vizi capitali. Storia dei peccati nel Medioevo*, Torino 2000, pp. 54-77; in particolare le pagine dedicate a Tommaso: *ibid.*, pp. 66-70. Cfr. TOMMASO D'AQUINO, *Le passioni dell'anima. [dalla* Somma di Teologia *I, II, questioni 22-48]*, trad. e introd. di S. Vecchio, Firenze 2002, in cui Silvana Vecchio, dopo aver messo in evidenza l'apporto derivato nel secolo XIII dalla conoscenza delle nuove fonti, ha modo di puntualizzare come la separazione tra il discorso più strettamente psicologico e quello etico operata da Tommaso, abbia determinato l'autonomia della riflessione sulle passioni e favorito il carattere 'scientifico' delle analisi tommasiane; cfr. *ibid.*, p. 13: «L'ampiezza che il discorso psicologico ha assunto grazie all'apporto delle nuove fonti impone di ridefinire i confini tra psicologia e morale, riconoscendo la centralità dell'analisi dei moti dell'anima ai fini del discorso etico, ma, al tempo stesso, la sua autonomia ed il suo carattere in qualche modo premorale. L'impianto solidamente aristotelico del discorso tomista fornisce così il fondamento per una concezione effettivamente neutra delle passioni, che consente di isolare il discorso sui moti dell'anima in uno spazio sottratto ad ogni valutazione morale. In questo spazio, all'interno di una sofisticata anatomia dell'anima, l'analisi delle passioni si configura come un discorso 'scientifico', che, in linea con quanto Alberto aveva sostenuto, affonda le sue radici nella struttura stessa dell'essere umano, ed è spiegabile secondo le leggi della biologia e della fisica». Questo discorso scientifico si ritrova, di riflesso, nell'esegesi di *Ad Romanos*, certo non nel suo atto di elaborazione, ma nei suoi risultati.

terale, ed esprime concetti presenti sia nel *Quodlibet* VII, sia nella *Summa theologiae*[30].

Questi casi esemplificativi lasciano emergere un significativo dato: per il maestro in *sacra pagina*, per lo meno nel caso di Tommaso, il compito di comprensione della dottrina e del dato di fede matura e si esprime in un dinamismo unitario di riflessione. Infatti, anche se l'esegesi biblica nella produzione più propriamente speculativa e filosofica sembra avere un ruolo marginale,

[30] Cfr. THOMAS AQUINAS, *Lectura super Epistolam ad Galatas*, cap. 4, lect. 7, ed. Cai cit. (alla nota 19), p. 620, n. 254: «Est enim duplex significatio. Una est per voces; alia est per res quas voces significant. Et hoc specialiter est in sacra Scriptura et non in aliis. Cum enim eius auctor sit Deus, in cuius potestate est, quod non solum voces ad designandum accommodet (quod etiam homo facere potest), sed etiam res ipsas. Et ideo in aliis scientiis ab hominibus traditis, quae non possunt accommodari ad significandum, nisi tantum verba et voces solum significant. Sed hoc est proprium in ista scientia, ut voces et ipsae res significatae per eas aliquid significent, et ideo haec scientia potest habere plures sensus. Nam illa significatio qua voces significant aliquid, pertinet ad sensum litteralem seu historicum; illa vero significatio qua res significatae per voces iterum res alias significant, pertinet ad sensum mysticum». *Quaestiones de quodlibet*, *Quodlibet* VII, q. 6, a. 1 c., ed. Leonina cit. (alla nota 19), p. 28,58-69: «Auctor autem sacre Scripture, scilicet Spiritus sanctus, non solum est auctor verborum, sed etiam est auctor rerum, unde non solum verba potest accommodare ad aliquid significandum, sed etiam res potest disponere in figuram alterius; et secundum hoc in sacra Scriptura manifestatur veritas dupliciter: uno modo secundum quod res significantur per verba, et in hoc consistit sensus litteralis; alio modo secundum quod res sunt figurae aliarum rerum: et in hoc consistit sensus spiritualis». *Ibid.*, a. 3 c., p. 32,25-44: «Dicendum, quod spiritualis sensus sacrae Scripturae accipitur ex hoc quod res cursum suum peragentes aliquid aliud significant, quod per spiritualem accipitur sensum. Sic autem ordinare res in cursu suo ut ex eis talis significatio accipi possit, est eius solius qui sua providencia res gubernat, qui solus Deus est. Sicuti enim homo potest adhibere ad aliquid significandum aliquas voces vel aliquas similitudines fictas, ita Deus adhibet ad significationem aliquorum ipsum cursum rerum suae providenciae subiectarum. Significare autem aliquid per verba vel per similitudines fictas ad significandum tantum ordinatas, non facit nisi sensum litteralem, ut ex dictis patet. Unde in nulla sciencia humana industria inventa, proprie loquendo potest inveniri nisi litteralis sensus, sed solum in illa Scriptura cuius Spiritus sanctus est auctor, homo vero instrumentum tantum, secundum illud Psalmistae: 'lingua mea calamus scribae' (*Ps* 44, 2)». *Summa theologiae*, I[a], q. 1, a. 10 c., ed. Leonina, IV, p. 25: «Auctor sacrae Scripturae est Deus, in cuius potestate est ut non solum voces ad significandum accommodet (quod etiam homo facere potest), sed etiam res ipsas. Et ideo, cum in omnibus scientiis voces significent, hoc habet proprium ista scientia, quod ipsae res significatae per voces, etiam significant aliquid. Illa ergo prima significatio, qua voces significant res, pertinet ad primum sensum, qui est sensus historicus vel litteralis. Illa vero significatio qua res significatae per voces, iterum res alias significant, dicitur sensus spiritualis; qui super litteralem fundatur, et eum supponit».

tuttavia si deve riconoscere l'orientamento di questa produzione, impiegata, oltre che per decifrare e determinare il dato teologico e dogmatico, anche per comprendere la sacra Scrittura, in modo che i risultati speculativi condotti a sostegno dell'interpretazione letterale, ne garantiscano il valore scientifico. Si fa strada, in questo senso, la necessità di allargare la portata dell'esegesi letterale fino ad includere interpretazioni soteriologiche, cristologiche, ecclesiologiche, in una parola, teologiche, e quanto, più o meno esplicitamente, queste interpretazioni portano di filosofico con sé. A vari livelli di profondità di analisi, queste osservazioni valgono per ogni passaggio esegetico di Tommaso: alcune esegesi registrano il dato biblico e lo ripetono senza aggiungere alcunché; altre presentano in maniera sintetica i risultati teorici acquisiti in opere diverse; altre ancora offrono l'occasione per un approfondimento dottrinale più inteso. In questo processo di assimilazione dei dati speculativi nell'interpretazione biblica possono emergere conferme dottrinali, ma anche sviluppi, che lasciano intravedere i ripensamenti, le oscillazioni, le tensioni che animano il lavoro di Tommaso. Se si aggiunge che nei commenti biblici si trovano spunti e collegamenti che rinviano alla prassi della predicazione; che nei commenti, soprattutto nelle *reportationes* dell'insegnamento, si incontrano problematiche discusse nella vita quotidiana, universitaria e politica, ma anche specifici elementi di spiritualità e di devozione, si ha la chiara percezione di essere dinanzi a testi che riflettono e sintetizzano le tensioni e le consapevolezze di un periodo storico.

Da quanto finora si è detto, si può sostenere questa affermazione: il rapporto esegesi e filosofia riflette la problematica del più profondo rapporto tra teologia e filosofia. Il riconoscimento dei filosofi come *auctoritates*, in particolare di Aristotele, cui già si era fatto ricorso negli scritti esegetici del secolo XII, quando a sostegno dell'esegesi si citava solo la *logica vetus*, risulta essere un dato significativo: è il segno di una tensione speculativa orientata a comprendere l'economia della rivelazione, in cui al manifestarsi di Dio nella storia biblica si affianca la crescita della filosofia dal meno perfetto al più perfetto. Ne deriva una comprensione di una storia, non intesa solo come storia sacra, ma come storia orientata ad essa, nutrita anche da un'altra razionalità oltre quella cristiana, il cui soggetto è il *Logos*.

Nel secolo XIII, la scoperta di una nuova razionalità, invita gli esegeti a un più diretto confronto con una spiegazione del mondo pagano, sia nel senso di una prospettiva antecedente all'avvento del cristianesimo, sia nel senso di una prospettiva di pensiero autonoma dalla fede nella rivelazione cristiana. Il binomio eterodossia-ortodossia, che potrebbe essere assunto come elemento qualificante l'esegesi biblica medievale, da Cassiodoro in poi, riproduce un binomio specifico della tarda antichità, quello tra paganesimo-cristianesimo[31]. Nei trattati di esegesi di Agostino, compreso lo scritto su Giovanni, è chiara la necessità di interagire non solo con le correnti eretiche, ma anche con le correnti filosofiche di un mondo ormai destinato al tramonto, ma che si ponevano ancora come alternativa alla razionalità cristiana. In questo senso, il secolo XIII rappresenta una ripresa, già anticipata da alcuni esponenti dell'esegesi del secolo precedente, di una tensione smarrita per secoli, non nel senso di un confronto con un paganesimo che non c'era più, ma nel senso di un confronto di una razionalità avvertita come altra rispetto a quella cristiana. La sacra Scrittura, così, non risulta essere, per lo meno in Tommaso, unicamente il luogo di comprensione delle verità cristiane, ma rappresenta anche quella pienezza di verità che invera e in un certo senso comprende le verità contenute in altre forme di espressione della razionalità. I riferimenti ai filosofi in generale, ad Aristotele e ad altre autorità filosofiche, risultano essere espressione di una ben precisa consapevolezza ermeneutica: individuare la verità e giudicare la falsità di ogni dottrina a partire dalla rivelazione, il cui centro è anzitutto Cristo. Anche qui, in Tommaso, alcuni aspetti propri di Agostino ritornano con prepotenza, perché l'esegesi agostiniana, benché possa essere considerata trinitaria, trova il suo punto di frattura rispetto ad ogni forma di sapere pagano nel Cristo, il *Logos* incarnato, tavola della salvezza. La distanza tra Tommaso e Agostino, come si avrà modo di vedere, oltre alle evidenti distanze storiche, si gioca sull'interpretazione trinitaria dei testi, in cui gli elementi di continuità tra i due auto-

[31] Cfr. C. LEONARDI, *L'esegesi altomedievale: da Cassiodoro ad Autperto (secoli VI-VIII)*, in *La Bibbia nel Medioevo* cit. (alla nota 21), [pp. 149-165], pp. 149-151.

ri si inseriscono in quadri epistemologici diversi che conducono a tracciare due opposte, ma non conflittuali dinamiche di comprensione della razionalità pagana.

La prospettiva cristocentrica polarizza alcuni aspetti della vita di Cristo e ne fa norma critica di ogni forma di sapere, tra cui anche quello filosofico: se il Cristo ha pianto per la morte di Lazzaro, allora vuol dire che le posizioni degli stoici sono da respingere come disumane[32]. Ma lo sfondo cristocentrico appare ancor più evidente nel commento a Giobbe, in cui il probabile confronto con Maimonide, sicuramente con posizioni filosofiche che negavano la retribuzione per il giusto nella vita dopo la morte, offre a Tommaso la possibilità di affermare che la retribuzione del giusto avverrà grazie alla resurrezione del Cristo. Rispetto alla posizione tradizionale, dominata dalla figura di Gregorio Magno, il quale aveva individuato in Giobbe l'immagine profetica di Cristo[33], l'interpretazione di Tommaso è straordinariamente innovativa, non solo perché vede nelle parole di Giobbe una professione di fede nella venuta del Cristo il Redentore, ma anche perché Tommaso individua in Giobbe l'artefice di un piano di discussione, organizzato secondo una vera *quaestio disputata*, in cui Giobbe è teso a condurre i suoi interlocutori ad ammettere, con argomenti di ragione, l'unica possibile salvezza nella resurrezione di Cristo. Questo aspetto risulta quanto mai innovativo, soprattutto se si considera che alcune posizioni discusse in Giobbe sono espressione di una *ratio* non cristiana, da ricondurre, secondo i casi, a Maimonide, oppure a filosofi averroisti[34].

[32] Cfr. THOMAS AQUINAS, *Super Ev. S. Ioannis*, cap. 11, lect. 5, ed. Cai cit., p. 286, n. 1535 : «Secundo ut dum tristatur et cohibet seipsum, doceat modum servandum esse in tristitiis. Stoici enim dixerunt quod nullus sapiens tristatur. Sed valde inhumanum esse videtur quod aliquis de morte alicuius non tristetur. Aliqui autem sunt qui in tristitiis de malo amicorum, nimis excedunt. Sed Dominus tristari voluit, ut significet tibi quod aliquando debeas contristari, quod est contra Stoicos: et modum in tristitia tenuit, quod est contra secundos».

[33] Cfr. GREGORIUS MAGNUS, *Moralia in Iob*, Praef., 7, 16, PL 75, 525D-526A, ed. M. Adriaen, 3 voll., I, Turnhout 1979 (CCSL, 143), pp. 20,1 - 21,4: «Nam quia beatus Iob venturi Redemptoris speciem teneat, etiam nomine demonstrat. Iob quippe interpretatur dolens. Quo nimirum dolore vel Mediatoris passio vel sanctae Ecclesiae labor exprimitur (...)».

[34] Cfr. CHARDONNENS, *L'homme sous le regard de la Providence* cit. (alla nota 6), pp. 35-46, 107-117 e 205-230; G. PERILLO, *Tommaso d'Aquino commentatore del libro di Giobbe. L'«Expositio super Iob ad litteram»*, in Liber Viator. *Grandi Commentari del pensiero cristiano*, a c. di T. Rossi, Roma 2005, pp. 299-331.

L'aspetto, tra i più affascinanti dell'esegesi di Tommaso, costituito dalla presentazione di una storia delle idee che dal paganesimo matura progressivamente fino a trovare compimento e pienezza nella rivelazione cristiana, può essere rintracciato nell'*Ad Romanos* e nei prologhi dell'*Expositio super Iob* e dell'*In Ioannem*. In questi due ultimi testi, la problematica affrontata nei rispettivi scritti biblici risulta essere, per Tommaso, il punto di arrivo di una razionalità filosofica già in cammino, ma incerta a trovare la pienezza della verità, perché questa si dischiude soltanto con la rivelazione affidata alla sacra Scrittura.

Nel prologo dell'*Expositio super Iob ad litteram*, Tommaso esordisce riconoscendo il graduale processo di conoscenza dall'imperfetto al perfetto, che caratterizza il naturale percorso dell'uomo verso la verità[35]. Questo processo dall'imperfetto al perfetto si è avuto anche per la comprensione della provvidenza divina: all'inizio i pensatori sostennero che l'origine del mondo dipendesse dal caso, come sostennero, secondo Tommaso, gli antichi naturalisti, ma anche Democrito ed Empedocle, i quali ammettevano solo la causa materiale; successivamente i filosofi compresero che la natura è governata dalla provvidenza, ma restarono in dubbio circa le azioni umane[36]. La constatazione, però, del successo dei malvagi e della sofferenza dei giusti ha spinto molti filosofi a sostenere che le azioni umane non siano governate dalla provvidenza[37]. Per evitare questa posizione, occasione per Tommaso di gravi danni morali perché non distoglie l'uomo dall'azione cattiva, nella Bibbia, dopo la *Legge* e i *Profeti*, tra i libri agiografici, cioè tra i libri ispirati dalla sapienza dello Spirito di Dio, si trova al primo posto il libro di Giobbe, che è rivolto a mostrare con argomenti probabili (*per probabiles rationes*) che le vicende umane sono rette dalla provvidenza[38].

[35] Cfr. THOMAS AQUINAS, *Super Iob*, Prol., ed. Leonina, p. 3,1-8: «Sicut in rebus quae naturaliter generantur paulatim ex imperfecto ad perfectum pervenitur, sic accidit hominibus circa cognitionem veritatis; nam a principio parvum quid de veritate attingerunt, posterius autem quasi pedetentim ad quandam pleniorem mensuram veritatis pevenerunt: ex quo contigit multos a principio propter imperfectam cognitionem circa veritatem errasse».

[36] Cfr. *ibid.*, p. 3,8-23.

[37] Cfr. *ibid.*, p. 3,24-40.

[38] Cfr. *ibid.*, p. 3,41-57: «Haec autem opinio maxime humano generi nociva invenitur; divina enim providentia sublata, nulla apud homines Dei reverentia aut

C'è, dunque, per Tommaso un cammino della sapienza che trova compimento nella sacra Scrittura, la quale se è stata scritta *ad eruditionem hominum*, deve aver presente gli errori dei filosofi e confrontarsi con essi. Questo confronto attraversa il commento a Giobbe, dove le posizioni di autori, probabilmente arabi[39], che limitavano la provvidenza divina alla sola sfera celeste, sono presentate nascoste dietro la narrazione biblica e confutate nell'interpretazione del testo, come avviene nell'esegesi del ventiduesimo capitolo. In questo capitolo, Elifaz, secondo l'interpretazione di Tommaso, accusa Giobbe di negare l'influenza della provvidenza divina sulle azioni umane. Alcuni, osserva Tommaso, hanno negato che Dio conosca le vicende umane ed eserciti su di esse la sua provvidenza, poiché la sublimità dell'essere divino è proporzionata solo alla conoscenza di se stesso, altrimenti la scienza divina si degraderebbe se mostrasse interesse per le realtà inferiori[40]. Questo non vuol dire la totale negazione della conoscenza divina delle cose, perché la conoscenza di Dio, secondo questa posizione, si limiterebbe alle cause universali[41]. Il testo biblico offre un buon appiglio a Tommaso per presentare questa dottrina: «An cogitas quod Deus excelsior caelo sit, et super stellarum verticem sublimetur? Et dicis: quid enim novit Dominus? Et quasi per caliginem iudicat. Nubes latibulum eius nec nostra considerat, et circa cardines caeli perambulat» (*Jb* 22, 12-14). Le nubi non permettono all'uomo la piena conoscenza di Dio, ma ugualmente

timor cum veritate remanebit, ex quo quanta desidia circa virtutes, quanta pronitas ad vitia subsequatur satis quilibet perpendere potest: nihil enim est quod tantum revocet homines a malis et ad bona inducat quantum Dei timor et amor. Unde eorum qui divino spiritu sapientiam consecuti sunt ad aliorum eruditionem, primum et praecipuum studium fuit hanc opinionem a cordibus hominum amovere; et ideo post Legem datam et Prophetas, in numero hagiographorum, idest librorum per Spiritum Dei sapienter ad eruditionem hominum conscriptorum, primus ponitur liber Iob, cuius tota intentio circa hoc versatur ut per probabiles rationes ostendatur res humanas divina providentia regi».

[39] Cfr. CHARDONNENS, *L'homme sous le regard de la Providence* cit., pp. 107-117.

[40] Cfr. THOMAS AQUINAS, *ibid.*, cap. 22, p. 129,110-116: «Est autem considerandum quod aliqui negant Deum habere cognitionem et providentiam rerum humanarum propter altitudinem suae substantiae, cui proportionari dicunt suam scientiam ut nihil sciat nisi se ipsum, putantes quod scientia eius vilesceret si se ad inferiora extenderet».

[41] Cfr. *ibid.*, p. 129,121-125: «Non tamen huiusmodi homines rerum cognitionem Deo totaliter subtrahunt, sed dicunt quod eas cognoscit in universali, puta cognoscendo naturam entis vel universales causas».

non permettono a Dio di vedere cosa c'è sotto di esse. Questi autori, secondo Tommaso, avrebbero affermato l'assenza di un ordine provvidenziale divino sulle realtà umane, perché gli eventi sulla terra sono soggetti a disordine e confusione, mentre si assiste ad una costante regolarità soltanto nell'ordine degli esseri celesti[42]. La conseguenza sul piano etico di questa concezione è la mancanza di timore di Dio e il più completo arbitrio morale. Non è sufficiente per stabilire il bene e il male il riconoscimento dell'esistenza di Dio, perché per Tommaso: «Sic autem illi qui non credunt divinam providentiam, frequenter et secure et ex proposito iniustitiae opera agunt»[43].

Il confronto con i filosofi emerge anche nel commento ai Romani e in quello a Giovanni. In un famoso passaggio dell'epistola ai Romani, Paolo sostiene la possibilità da parte dei pagani di conoscere qualcosa di Dio a partire dalle creature[44]. Nell'esegesi a questo brano Tommaso individua i modi con i quali la razionalità pagana ha conosciuto qualcosa di Dio: essi sono tre, esplicitamente ricondotti al *De divinis nominibus* di Dionigi.

Paolo, secondo l'interpretazione tommasiana, concede che i saggi pagani conobbero qualche verità su Dio: la loro fu, infatti, una 'vera' conoscenza di Dio, anche se parziale (*quantum ad aliquid*), ottenuta mediante la ragione e la luce interiore (*ex lumine intrinseco*)[45]. Lo sviluppo dell'esegesi si struttura sulla base delle convinzioni epistemologiche di Tommaso in maniera da orientare il lavoro ermeneutico verso una precisa prospettiva filosofica, secondo la quale la conoscenza dell'uomo, consapevole dei propri limiti, comincia dalle cose che gli sono connaturali. Si ignora, infatti, che cosa Dio sia (*quid est Deus*), anche se lo si può conoscere, come hanno fatto gli antichi, nei seguenti modi: della causalità, dell'eccellenza e della negazione. Gli antichi hanno così

[42] Cfr. *ibid.*, p. 129,130-154.

[43] *Ibid.*, p. 130,168-170.

[44] Cfr. *Rm* 1, 19-20a: «Ita quod notum est Dei manifestum est illis; Deus enim illis manifestavit. Invisibilia enim ipsius a creatura mundi, per ea quae facta sunt, intellecta conspiciuntur, sempiterna quoque eius virtus et divinitas».

[45] Cfr. THOMAS AQUINAS, *Ad Romanos*, cap. 1, lect. 6, pp. 21-22, n. 114: «Recte dico quod veritatem Dei detinuerunt, fuit enim in eis, quantum ad aliquid, vera Dei cognitio, quia quod 'notum est Dei', id est quod cognoscibile est de Deo ab homine per rationem, 'manifestum est in illis', id est manifestum est eis ex eo quod in illis est, id est ex lumine intrinseco».

potuto conoscere l'esistenza di Dio (*an est*), hanno potuto capire che Dio è *super omnia* e, in quanto *causa excedens*, che è immobile ed infinito[46]. Questa conoscenza gli antichi l'ebbero grazie al lume interiore della ragione e all'indagine delle realtà create, perché Dio quando vuole manifestare qualcosa di sé all'uomo, lo fa sia interiormente, infondendo il lume interiore attraverso il quale l'uomo conosce, sia esteriormente, ponendo segni esteriori della sua sapienza, ossia le creature sensibili: «sic ergo Deus 'illis manifestavit' (*Rm* 1, 19) vel interius infundendo lumen, vel exterius proponendo visibiles creaturas, in quibus, sicut in quodam libro, Dei cognitio legeretur»[47].

I filosofi, così, per Tommaso, conobbero Dio, la cui essenza però nessuno può vedere, soprattutto considerata nella sua unità, perché trascende ogni nostra possibilità di comprensione. Infatti l'Uno può essere colto solo nella patria celeste, mentre nella sua vita terrena l'intelletto umano considera l'unità dell'essenza divina sotto l'aspetto di bontà, di sapienza, di potenza ed altro, che in Dio sono un'unità. È a questa caratteristica divina, secondo Tommaso, che fa allusione Paolo, quando utilizza il plurale *invisibilia* nel versetto in questione[48]. Inoltre, i filosofi conobbero di Dio la potenza, da cui procedono le creature come dal loro principio, e compresero an-

[46] Cfr. *ibid.*, p. 22, n. 115: «Potest tamen homo, ex huiusmodi creaturis, Deum tripliciter cognoscere, ut Dionysius dicit in libro *De Divinis nominibus*. Uno quidem modo per causalitatem. Quia enim huiusmodi creaturae sunt defectibiles et mutabiles, necesse est eas reducere ad aliquod principium immobile et perfectum. Et secundum hoc cognoscitur de Deo an est. Secundo per viam excellentiae. Non enim reducuntur omnia in primum principium, sicut in propriam causam et univocam, prout homo hominem generat, sed sicut in causam communem et excedentem. Et ex hoc cognoscitur quod est super omnia. Tertio per viam negationis. Quia si est causa excedens, nihil eorum quae sunt in creaturis potest ei competere, sicut etiam neque corpus caeleste proprie dicitur grave vel leve aut calidum aut frigidum. Et secundum hoc dicimus Deum immobilem et infinitum et si quid aliquid huiusmodi dicitur. Huiusmodi autem cognitionem habuerunt per lumen rationis inditum».

[47] *Ibid.*, n. 116.

[48] Cfr. *ibid.*, n. 117: «Primo quidem 'invisibilia ipsius', per quae intelligitur Dei essentia, quae, sicut dictum est a nobis videri non potest (...). Dicit autem pluraliter 'invisibilia' quia Dei essentia non est nobis cognita secundum illud quod est, scilicet prout in se est una. Sic erit nobis in patria cognita (...). Est autem manifesta nobis per quasdam similitudines in creaturis repartas, quae id quod in Deo unum est, multipliciter participant, et secundum hoc intellectus noster considerat unitatem divinae essentiae sub ratione bonitatis, sapientiae, virtutis et huiusmodi, quae in Deo unum sunt».

che che questa potenza è perpetua. Infine, Dio è stato conosciuto dai filosofi come fine ultimo, come fa capire Paolo utilizzando la parola 'divinità'. Infatti, se Paolo avesse voluto indicare l'essenza divina, avrebbe utilizzato la parola 'deità', ma ha preferito quella di 'divinità' perché indica la partecipazione[49]. Questi tre aspetti di Dio furono conosciuti dagli antichi sempre attraverso i modi della negazione, della causalità e dell'eccellenza: «Haec autem tria referuntur ad tres modos cognoscendi supradictos. Nam invisibilia Dei cognoscuntur per viam negationis; sempiterna virtus, per viam causalitatis; divinitas, per viam excellentiae»[50].

Una dinamica analoga si osserva nell'*In Ioannem*, quando Tommaso commenta nel suo prologo un versetto di Isaia[51], scelto a lode dell'evangelista, e presenta su questa base la contemplazione di Giovanni. Per Tommaso, infatti, il Vangelo di Giovanni è opera di una contemplazione caratterizzata dall'altitudine, dall'ampiezza e dalla perfezione. L'altitudine e la sublimità della contemplazione consistono soprattutto nella contemplazione e nella conoscenza di Dio, raggiunta da Giovanni trascendendo ogni realtà creata, i monti, i cieli, gli angeli, fino ad arrivare allo stesso creatore di tutte le cose. Questa contemplazione riguarda il *Verbum incarnatum*, Cristo. L'altitudine della contemplazione è quadruplice: un'altitudine di autorità, di eternità, di dignità, di incomprensibilità della verità. Queste quattro altezze sono, però, anche i quattro modi per mezzo dei quali gli antichi filosofi giunsero alla conoscenza di Dio[52]. La contemplazione di Giovanni risulta essere, rispetto alle conoscenze degli antichi, più alta, ma anche più ampia e perfetta, fino a riassumere in sé la totalità del sapere: perché, come specifi-

[49] Cfr. *ibidem*: «Divinum enim bonum dicitur bonum commune quod ab omnibus participatur; propter hoc potius dixit 'divinitatem', quae participationem significat, quam 'deitatem', quae significat essentiam Dei».

[50] *Ibidem*.

[51] *Is* 6, 1: «Vidi Dominum sedentem super solium excelsum et elevatum, et plena erat omnis terra maiestate eius, et ea quae sub ipso erant, replebant templum».

[52] Cfr. ID., *Super Ev. S. Ioannis*, Prooem., ed. Cai cit., pp. 1-2, nn. 2-6: «Istis enim quatuor modis antiqui philosophi ad Dei cognitionem pervenerunt. Quidam enim per auctoritatem Dei in ipsius cognitionem pervenerunt; et haec est via efficacissima. (...) Alii vero venerunt in cognitionem Dei ex eius aeternitate. (...) Quidam autem venerunt in cognitionem Dei ex dignitate ipsius Dei: et isti fuerunt Platonici. (...) Quidam autem venerunt in cognitionem Dei ex incomprehensibilitate veritatis».

ca Tommaso, la perfezione, posseduta dalla scienza morale che tratta del fine ultimo, la pienezza, posseduta dalla scienza naturale, che considera tutte le cose che provengono da Dio, e l'altezza, posseduta dalla metafisica, si ritrovano in unità nell'unica *contemplatio* di cui ha beneficiato Giovanni[53].

Quando la narrazione biblica lo permette, Tommaso è incline a individuare e a sviluppare tematiche che possono sostenere un confronto tra filosofia e sacra Scrittura. Il confronto, così, non risulta limitato a quello tra ortodossia e eterodossia, ma diventa anche quello tra *ratio* cristiana e sapienza pagana che si traduce poi nel confronto tra *ratio* pagana e sapienza cristiana. Questo confronto, infatti, se per un verso risulta essere di opposizione con le dottrine dominanti, come per esempio quelle degli averroisti, è per un altro verso conciliante nei confronti della sapienza pagana affermatasi prima di Cristo. Tommaso mostra, così, un atteggiamento di accoglienza e di superamento della sapienza pagana, perché quello che gli antichi hanno conosciuto in maniera frammentaria e con un lento processo di riflessione, la sacra Scrittura ha rivelato alla perfezione. In questa prospettiva, la sapienza pagana rappresenta le conquiste della *ratio*, nei cui confronti il testo sacro risulta essere la norma critica delle più inconciliabili posizioni della filosofia da un lato, e il compimento e il perfezionamento di queste posizioni dall'altro. Si può leggere, così, nell'*In Ioannem* che Aristotele ha raggiunto il vertice della conoscenza umana, quando ha sostenuto la nozione più appropriata per Dio, ossia quella di *intellectus*, ma ugualmente che ha commesso il grave errore di aver sostenuto l'eternità del mondo[54]. Oppure si può os-

[53] Cfr. *ibid.*, p. 2, n. 9: «Sed notandum quod diversimode diversae scientiae istos tres modos contemplationis sortiuntur. Perfectionem namque contemplationis habet scientia moralis, quae est de ultimo fine; plenitudinem autem scientia naturalis, quae res a Deo procedentes considerat; altitudinem vero contemplationis inter scientias physicas habet metaphysica. Sed Evangelium Ioannis, quod divisim scientiae praedictae habent, totum simul continet, et ideo est perfectissimum».

[54] *Ibid.*, cap. 1, lect. 1, p. 15, n. 65: «Aristoteles vero posuit in Deo rationes omnium rerum, et quod idem est in Deo intellectus et intelligens et intellectum; tamen posuit mundum coaeternum sibi fuisse. Et contra hoc est quod Evangelista dicit 'Hoc', scilicet Verbum solum, 'erat in principio apud Deum' (*Jo* 1, 2); ita quod ly 'hoc' non excludit aliam personam, sed aliam naturam coaeternam».

servare che Giobbe è una figura di saggio, il quale mostra come la concezione stoica dell'impertubabilità del dolore sia disumana, affermazione già fatta da Agostino nel *De civitate Dei*, ma corretta da Tommaso con il ricorso alla filosofia di Aristotele. Eppure, Giobbe non è un saggio peripatetico, ma cristiano, che agisce animato dalla speranza nel suo redentore[55]. È questo elemento cristologico a segnare la distanza tra la filosofia e la sacra Scrittura: solo Cristo, infatti, è il rivelatore del Padre[56]; solo Cristo è la speranza di Giobbe. Solo Cristo, dunque, porta a compimento e manifesta l'intera totalità della sapienza.

L'esegesi di Tommaso, così, si trova coinvolta in un complesso intreccio ermeneutico: l'esegesi richiede una struttura concettuale e filosofica in grado di chiarire il testo, ma ugualmente questa struttura determina il senso della narrazione. Il conflitto interpretativo, in questo modo, non risiede più nelle arbitrarie interpretazioni spirituali, ma nelle scelte che l'esegeta opera sul piano filosofico e teologico. Questo aspetto emerge con forza dal confronto tra l'esegesi di Tommaso al vangelo di Giovanni e quelle sviluppate da Bonaventura, Alberto Magno e Meister Eckhart. Le interpretazioni dei diversi autori, infatti, lasciano emergere la comune consuetudine a utilizzare la filosofia nell'esegesi biblica sotto l'aspetto più propriamente formale, ma si differenziano rispetto alla considerazione della filosofia intesa come sapienza razionale.

Bonaventura sviluppa un atteggiamento di diffidenza nei confronti della filosofia. Infatti, le realtà divine e sublimi si possono scrutare con triplice spirito: quello diabolico, da rifiutare, che è originato dalla malizia e caratterizza gli eretici; quello umano, da accogliere con cautela, che nasce dalla curiosità e anima i filosofi; quello divino, da abbracciare, che proviene dalla pietà e caratterizza gli apostoli e i profeti. Gli spiriti diabolico e umano conducono spesso in errore, quello divino mai. Bonaventura, dunque, mette in guardia di fronte all'accogliere l'indagine filosofica, perché essa conduce spesso in errore[57]. La distanza che se-

[55] Cfr. M. Bartoli, *L'«Expositio super Iob ad litteram» di Tommaso d'Aquino*, in *I volti di Giobbe*, a c. di G. Marconi – C. Termini, Bologna 2003, pp. 147-160.

[56] Cfr. A. Cirillo, *Cristo Rivelatore del Padre nel Vangelo di S. Giovanni secondo il Commento di San Tommaso d'Aquino*, Roma 1988.

[57] Cfr. Bonaventura de Balneoregio, *Commentarius in Evangelium Ioannis*, Prooem., in Id., *Opera Omnia*, ed. cit., VI, p. 244: «Intelligendum, quod perscruta-

para Bonaventura da Tommaso emerge, però, quando Bonaventura sottolinea con forza l'inefficacia degli argomenti razionali se non sono fondati sulla fede: ogni ragionamento privo del sostegno della fede risulta inutile[58]. La diversa prospettiva di Tommaso è evidente: l'Aquinate ugualmente riconosce gli errori che si insinuano nella conoscenza filosofica, ma concede un'ampia fiducia alle possibilità della ragione, perché gli argomenti di ragione di per sé sono efficaci a farci conoscere qualcosa di Dio.

Il commento di Alberto Magno, in particolare il Prologo premesso a lode dell'evangelista, invece, si muove su una linea tendenzialmente dionisiana, ed evidenzia la profonda distanza che separa il Vangelo e le scienze profane, perché il primo è frutto di un'elevazione dell'intelletto di Giovanni fino all'eternità del Verbo, per cui il volo dell'aquila, ossia di Giovanni, è un *altivolum* fino alla luce incircoscrivibile, mentre le scienze profane sono discorsive, impossibilitate a raggiungere le vette conquistate dall'evangelista[59]. Infatti, se si dovesse considerare in quale parte della filosofia inserire il Vangelo di Giovanni, si dovrebbe anzitutto distinguere il significato di filosofia. Se con questo termine si intende una sapienza umana, allora il Vangelo di Giovanni non è sottomesso a nessuna, ma se si intende la Sapienza divina, allora è

tio maiestatis et sublimium potest esse tripliciter, scilicet in spiritu diabolico, humano et divino. Prima est 'malignitatis', et fuit in haereticis; seconda vero 'curiositatis', et fuit in philosophis; termia vero 'pietatis', et fuit in Apostolis et Prophetis. Prima est omnino reprehendenda, secunda est cavenda, sed tertia amplectenda; quia et prima et secunda frequenter ducunt in errorem, sed tertia non, quia Spiritus 'scrutatur profunda Dei', primae ad Corinthios secundo».

[58] Cfr. *ibid.*, p. 243: «Dicendum, quod quadruplex est certitudo, scilicet demonstrationis, auctoritatis, internae illuminationis et exterioris persuasionis. (...) Quarta est persuasionis, quando homo fidelis rationes assignat congruentiae et efficaciae, ut quod credit intelligat ; et haec certitudo fidem consequitur. Nam rationes huiusmodi fideli sunt optimae et efficaces, infideli vero prorsus inutiles et infirmae».

[59] Cfr. ALBERTUS MAGNUS, *Enarrationes in Joannem*, Prol., ed. Borgnet cit. (alla nota 12), p. 3: «Secunda proprietas est quod alte volat, quod (ut dicit in libro de *Caelesti hierarchia* divinus Dionysius) altivolum signat divinae contemplationis. (...) Sic enim docuit nos a vestigio elevatos, speculum et aenigma transcendere, et in ipso incircumscripto lumine per contemplationem volare». *Ibid.*, p. 4: «In altissimis enim theoriis videt intellectus, ad quae ratio non potest: et solida divinitatis (quae sunt quasi refectiones delectabiles) conspicit: et de longe super tempus ad aeternitatem oculi mentis ejus prospiciunt». *Ibid.*, p. 8: «Et a tali unitate Verbi haec scientia est una, et ut ita dicatur, unica: et non discursa, vel dissuta, sicut scientiae saeculares aliena mendicantes suffragia ad sui propositi declarationem».

sottoposto alla teologia[60]. Un passaggio particolarmente significativo chiarisce, sulla linea agostiniana, che Giovanni eccelle tra gli evangelisti, e tra gli scrittori che hanno scritto del Verbo, perché non solo ha parlato del Verbo eterno, ma ha anche testimoniato che questo Verbo si è fatto carne. Agostino, infatti, ha chiaramente sostenuto di aver letto nei libri dei Filosofi che in principio il Verbo è nell'Intelletto paterno – definito da Alberto dopo poche pagine *intellectus universaliter agens* –, e che tutte le cose sono state fatte per mezzo del Verbo, ma non ha letto in questi stessi libri che il Verbo si è fatto carne[61]. In quali libri, poi, Alberto crede di rinvenire le dottrine alle quali fa allusione Agostino, lo dice subito dopo: in un *De natura deorum*, che attribuisce a Socrate, alla fine della prima parte del *Timeo* di Platone e in un *De Distinctione deorum et causarum* attribuito a Trismegisto[62]. Anche tra Alberto e Tommaso si notano linee di convergenza e di divergenza: convergono nel sostenere l'eccellenza di Giovanni e della sua conoscenza, divergono perché per Tommaso il Vangelo ricapitola la totalità delle scienze filosofiche, tripartite in morale-naturale-metafisica, mentre sembra che per Alberto Magno il Vangelo giovanneo debba essere posto soprattutto in riferimento ad una conoscenza esclusivamente noetica, benché Alberto non neghi l'importanza di altri aspetti dottrinali, come quelli morali e sacramentali pur presenti nel testo.

Ma il confronto più significativo è con Meister Eckhart, il quale non premette un lungo prologo a lode dell'evangelista, ma offre poche e significative parole di commento all'esergo scelto,

[60] Cfr. *ibid.*, p. 10: «Quod autem quaeritur: Cui parti philosophiae supponatur? Dicendum quod si Philosophia humana attenditur, sapientiae nulli supponitur, I ad Corinth. II, 8: 'Quam nemo principium huius saeculi cognovit' hoc est, Philosophorum, ut ibidem dicit Augustinus. Si autem Philosophia est sapientia divina, tunc Theologiae supponitur, quantum ad illam partem quae est de Verbo Dei cum suis sacramentis. Ex superius tamen dictis magis proprie dicitur superponi quam supponi propter eminentiam suae dignitatis».

[61] Cfr. *ibid.*, In Prol. S. Hieronymi, p. 15: «Et hoc est quod dicit Augustinus, quod libris Philosophorum legerat in principio esse Verbum in paterno intellectu, et quod omnia per Verbum facta sunt: sed non legit ibi Verbum carnem factum esse».

[62] Cfr. *ibidem*: «Hoc autem plane patet in libro Socratis *de Natura deorum*, et in fine primae pa[rt]is *Timaei* Platonis, et in libro Trimegisti, quem *de Distinctione deorum et causarum* composuit».

che coincide con quello di Alberto Magno[63]. Eckhart scrive che nel Vangelo converge l'intera filosofia, anzi è sua esplicita intenzione mostrare e spiegare la convergenza del Vangelo di Giovanni con le ragioni naturali dei filosofi[64].

La differenza tra Tommaso e Eckhart è profonda. Per Tommaso il rapporto tra filosofia e Vangelo è quello tra l'imperfetto e il perfetto: la conoscenza che si può ottenere con la filosofia è contenuta perfettamente nel Vangelo, mentre la filosofia, nel suo aspetto strumentale e di sostegno all'esegesi biblica, offre le strutture concettuali e formali dell'interpretazione del testo sacro. Per Eckhart, invece, l'intenzione del lavoro esegetico è quella di offrire una interpretazione filosofica del testo sacro, perché la Scrittura contiene i principi e le conclusioni della filosofia. C'è dunque una perfetta identità tra filosofia e Scrittura, e il rapporto, come è stato sottolineato da Imbach, è quello tra implicito ed esplicito: «la Scrittura contiene implicitamente ciò che la filosofia renderà esplicito»[65]. Per Eckhart, in definitiva, «idem est quod docet Moyses, Christus et philosophus»[66]. Imbach è molto preciso nel definire questa profonda differenza tra Tommaso e Eckhart: «Da questa concezione emerge la funzione che la filosofia svolge, secondo Tommaso, nell'interpretazione della Scrittura. La filosofia è uno strumento che non può cogliere i contenuti profondi della Scrittura. Il riconoscimento di questa lacuna e di questa differenza costituisce il culmine del sapere filosofico, che, in tal modo, si limita da sé. (...) La funzione della filosofia è un'altra per

[63] *Ez* 17, 3: «Aquila grandis magnarum alarum, longo membrorum ductu, plena plumis et varietate, venit ad Libanum, et tulit medullam cedri».

[64] Cfr. ECKHARDUS MAGISTER (ECKHARDUS DE HOHEIM), *Expositio sancti Evangelii secundum Iohannem*, III, 1, in ID., *Die lateinischen Werke*, ed. K. Crist – J. Koch, Stuttgart – Berlin 1936, p. 4, nn. 2-3: «In cuius verbi expositione et aliorum quae sequuntur, intentio est auctoris, sicut et in omnibus suis editionibus, ea quae sacra asserit fides christiana et utriusque testamenti Scriptura, exponere per rationes naturales philosophorum (...). Rursus intentio operis est ostendere, quomodo veritates principiorum et conclusionum et proprietatum naturalium innuuntur luculenter – 'qui habet aures audiendi' (*Mt* 11, 15) – in ipsis verbis sacrae Scripturae, quae per illa naturalia exponuntur».

[65] R. IMBACH, *La filosofia nel prologo di S. Giovanni secondo S. Agostino, S. Tommaso e Meister Eckhart*, in *Studia 1995. Istituto San Tommaso*, Roma 1995, [pp. 161-182], p. 173.

[66] ECKHARDUS MAGISTER, *ibid.*, 2, p. 155, n. 185.

Eckhart. La filosofia rende esplicito il testo biblico, lo spiega nel senso forte del termine»[67].

Un ultimo aspetto merita di essere evidenziato prima di trarre delle conclusioni sul complesso rapporto tra filosofia ed esegesi biblica: l'interpretazione di Tommaso della nozione di *Verbum* nell'*In Ioannem*. Uno degli aspetti più rilevanti che permette di cogliere la frattura operata da Tommaso sul piano esegetico con la tradizione agostiniana è la citazione del *Peri hermeneias* a sostegno dell'articolata comprensione della dinamica del *Verbum*. Tommaso, infatti, riferendosi alla dottrina di Aristotele ricorda che il verbo esteriore è segno di quelle passioni che sono nell'anima, le quali possono essere chiamate giustamente verbo interiore della mente (*interius verbum mentis*). Fin qui Tommaso avrebbe potuto seguire anche Agostino, che di fatto ha presente, ma se ne discosta, quando lascia emergere con forza la conclusione del suo ragionamento: «illud ergo proprie dicitur verbum interius, quod intelligens intelligendo format». Questo aspetto conduce a interessanti prospettive interpretative sulla concezione trinitaria di Dio, in particolare permette di definire meglio, rispetto alla dottrina agostiniana, la dinamica del *Verbum* divino. Infatti, in Agostino il *Verbum* divino si definisce sempre in relazione all'analisi del linguaggio umano, in cui è determinante il riconoscimento di un *verbum interius*. Per Tommaso, invece, l'analisi del *verbum* si fonda sull'articolata comprensione della dinamica dell'*intellectus*, per cui egli può stabilire che un *verbum* è sempre *ratio et similitudo rei intellectae*. Sulla base di questa acquisizione riconosce che è neces-

[67] IMBACH, *ibid.*, p. 181. Senza entrare in questioni particolari legate al rapporto tra filosofia e sacra Scrittura, e esegesi, in Meister Eckhart, è opportuno considerare possibili divergenze rispetto all'interpretazione di Imbach, come quella proposta da Haas. Cfr. A. M. HAAS, *Introduzione a Meister Eckhart*, Fiesole 1997, pp. 123-124: «(...) Nell'Introduzione al suo *Commento al vangelo di Giovanni*, [*scil.* Eckhart] dice: 'Come in tutte le sue opere, l'autore ha in questa esposizione (...) l'intenzione di spiegare le dottrine della santa fede cristiana e della Scrittura, di entrambi i Testamenti, con l'aiuto delle ragioni naturali dei filosofi'. Anche se in tali dichiarazioni di intenti la vicinanza tra filosofia e teologia viene elevata fino a una concordanza metodologicamente vistosa, difficilmente si può sostenere che la 'possibilità di concordanza' presupponga 'l'identità di teologia come scienza del vangelo e filosofia come metafisica'. Eckhart sostiene infatti – anche quando difende una concordanza dei campi di verità del sapere umano – una gerarchia delle diverse autorità di verità, che si eleva dal *credibile* dell'Antico Testamento al *probabile vel verisimile* della filosofia, fino alla piena *veritas* di Cristo».

sario porre un *verbum* in una natura intellettuale: appartiene, infatti, all'intendere (*intelligere*) che l'intelletto formi qualcosa quando intende[68]. Le nature intellettuali, però, sono tre – umana, angelica, divina –, quindi è necessario capire di quale natura parla l'evangelista. L'analisi di Tommaso, a questo punto, segue molto da vicino le riflessioni agostiniane: chiarisce che il *verbum* di cui parla l'evangelista è quello divino; poi evidenzia le differenze tra il *verbum* umano e quello divino per concludere che «in Deo autem idem est intelligere et esse; et ideo Verbum intellectus divini non est aliquid accidens, sed pertinens ad naturam eius: quia quicquid est in natura Dei, est Deus»[69]. Da quanto detto, secondo Tommaso, dovrebbe essere chiaro che il *Verbum*, propriamente parlando, è accolto in Dio in senso personale. Il motivo per cui il *Verbum* debba essere preso in senso personale non è ben chiaro nell'*In Ioannem*, ma lo si comprende se si presta attenzione alla *Summa theologiae*, in cui Tommaso chiarisce che il termine *verbum* è accolto in Dio in senso personale, perché indica qualcosa che procede da altro, dunque da un'origine, e, poiché le persone divine si distinguono per la loro origine, esso è proprio della ragione dei nomi personali[70].

[68] Cfr. THOMAS AQUINAS, *Super Ev. S. Ioannis*, cap. 1, lect. 1, ed. Cai cit., p. 8, n. 25: «Patet ergo quod in qualibet natura intellectuali necesse est ponere verbum: quia de ratione intelligendi est quod intellectus intelligendo aliquid formet; huius autem formatio dicitur verbum; et ideo in omni intelligente oportet ponere verbum».

[69] *Ibid.*, p. 9, n. 28.

[70] Cfr. *ibid.*, p. 9, n. 29: «Ex praemissis etiam patet quod Verbum, proprie loquendo, semper personaliter accipitur in divinis, cum non importet nisi quid expressum ab intelligente». *Summa theologiae*, I^{a}, q. 34, a. 1 c., ed. Leonina, IV, pp. 365-366: «Nomen Verbi in divinis, si proprie sumatur, est nomen personale, et nullo modo essentiale (...). Dicitur autem proprie verbum in Deo, secundum quod verbum significat conceptum intellectus (...). Ipse autem conceptus cordis de ratione sua habet quod ab alio procedat, scilicet a notitia concipientis. Unde verbum, secundum quod proprie dicitur in divinis, significat aliquid ab alio procedens: quod pertinet ab rationem nominum personalium in divinis, eo quod personae divinae distinguuntur secundum origenem, ut dictum est. Unde oportet quod nomen Verbi, secundum quod proprie in divinis accipitur, non sumatur essentialiter, sed personaliter tantum». *Ibid.*, q. 32, a. 3 c., p. 355: «Notio dicitur id quod est propria ratio cognoscendi divinam personam. Divinae autem personae multiplicantur secundum originem. Ad originem autem pertinet *a quo alius* et *qui ab alio* (...)». Cfr. EMERY, *La théologie trinitaire de saint Thomas d'Aquin* cit. (alla nota 9), pp. 223-231.

Dal ragionamento fin qui svolto si potrebbe sviluppare una linea interpretativa orientata a riconoscere la necessità di porre un *verbum* in Dio e di conseguenza a riconoscere che la conoscenza della persona del *Verbum* non dipenda dalla rivelazione, ma da un ragionamento filosofico. Se, infatti, si pone in una natura intellettuale l'esistenza di un *verbum*, allora si potrebbe sostenere che anche in Dio debba necessariamente esserci un *verbum*. A questa conclusione potrebbe condurre l'osservazione di Tommaso sulla triplice natura intellettuale e il conseguente riconoscimento di un triplice *verbum*. Ne deriverebbe, in questo modo, una teologia 'razionalistica', in cui l'unico dovere dell'esegeta è capire di quale *verbum* stia parlando l'evangelista. In realtà, Tommaso ha chiaro che il riconoscimento dell'esistenza di un *verbum* in Dio può avvenire solo sulla base della rivelazione. Infatti, l'esegesi di «In principio erat Verbum» (*Jo* 1, 1), non può trovare un'adeguata comprensione se decontestualizzata dal quadro complessivo del commento tommasiano, per il quale il Vangelo è frutto di una particolare grazia concessa a Giovanni. Sul piano speculativo Tommaso comprende l'*intelligere* umano sempre accompagnato al *dicere*, ma questo legame identificativo tra l'*intelligere* e il *dicere* non lo ritiene valido per Dio. Nella nozione di Dio, Tommaso, grazie all'epistemologia aristotelica, distingue l'*intelligere* e il *dicere*, momenti che si colgono in modo diverso: il primo può essere raggiunto anche dai filosofi, mentre il secondo è un dato della rivelazione, trasmesso in particolare dall'evangelista Giovanni[71]. Per l'autoconoscenza divina, infatti, è sufficiente riconosce l'esistenza in Dio di una *species intelligibilis*: «(...) Sed ipsa species intelligibilis est ipse intellectus divinus. Et sic seipsum per seipsum intelligit»[72]. Nell'*In Ioannem*, la domanda di quale *verbum* Giovanni stia parlando, se umano, angelico o divino, non ha alcuna valenza retorica, né risulta essere una semplice constatazione, ma indica il carattere della natura alla quale si possa attribuire un *verbum* e, quindi, indica la possibilità che si possa dare un *Verbum Dei*. La possibilità, però, risulta certezza solo nella fede nella rivelazione.

[71] Su questi temi, cfr. PERILLO, *Teologia del Verbum* cit. (alla nota 6), pp. 83-100.
[72] THOMAS AQUINAS, *ibid.*, I^a, q. 14, a. 2 c., ed. Leonina, p. 168.

In conclusione, il rapporto tra esegesi biblica e filosofia si presenta, nei commenti biblici presi in considerazione, secondo delle linee ben precise, che qui, senza alcuna pretesa di completezza, si possono raggruppare in maniera schematica attorno a quegli aspetti che sembrano più significativi. Ad un primo livello, la filosofia svolge una funzione strumentale per l'interpretazione dei testi biblici. Essa rappresenta, in questa prospettiva, una scienza che fornisce conoscenze adatte a garantire una migliore comprensione letterale del testo. È il ruolo della filosofia incontrato nell'analisi della *littera* e del *sensus*, secondo lo schema di Ugo di San Vittore.

Oltre questi livelli, c'è quello della *sententia*, che chiama in causa una ben precisa concezione della filosofia e del suo uso. Essa è intesa, anzitutto, come espressione di una concezione pagana completamente razionale del sapere, storicamente determinata perché si pone prima della pienezza della rivelazione avuta con Cristo e, in questo senso, essa è un sapere imperfetto. Nei lavori esegetici di Tommaso, questo ultimo aspetto è molto sentito. Ne costituisce una prova il riferimento ai vari percorsi storici del pensiero, che manifestano il progresso conoscitivo dall'imperfetto al perfetto di alcune realtà fondamentali, come Dio o la provvidenza.

La filosofia è intesa, poi, come una specifica riflessione in grado di cogliere la verità, senza però afferrarla totalmente. In questo senso, essa è segno di una conoscenza razionale, cristiana e non cristiana, nei cui confronti non mancano decise prese di distanza quando sembra negare alcuni aspetti del cristianesimo.

Il più delle volte, la filosofia nei commenti biblici è rappresentata dalla comunicazione sintetica dei risultati elaborati da Tommaso in un lavoro autonomo rispetto a quello più specifico di commento al testo sacro. Le esegesi, che presentano in maniera a volte estremamente essenziale concetti filosofici per spiegare alcuni passaggi biblici, risulterebbero difficilmente comprensibili e quasi arbitrarie se non si avessero presenti i dati speculativi che Tommaso fornisce in altre opere e che sintetizza soprattutto in quei commenti biblici che appartengono alla fase più matura del suo pensiero. Sotto questo aspetto, il rapporto tra filosofia e esegesi risulta tanto problematico quanto quello tra filosofia e teologia, nel quale, in definitiva, rientra. Se si riconosce in Tommaso soprattutto il teologo, che adotta strumenti ermeneutici filosofici, allora non sorgono particolari difficoltà a riconoscere un profondo legame tra l'esegesi biblica di Tommaso e la filosofia. Se, invece, si tenta di isolare gli aspetti più propriamente filosofici dall'ampia produzione dell'Aquinate per individuare le scelte fondamentali compiute sul piano teoretico da Tommaso, allora, probabilmente, i commenti biblici possono offrire poco materiale di indagine.

Con Tommaso l'esegesi medievale esprime uno dei suoi più alti vertici: la tensione orientata a comprendere scientificamente la Rivelazione trova nella forma del commento biblico un frutto maturo e l'interpretazione della Scrittura si pone come un compito percepito ancora vitale. Senz'altro il commento non sembra costituire il luogo privilegiato per la riflessione filosofica e scientifica, ma rappresenta comunque un momento di sintesi, di compimento del lavoro di riflessione. Da parte nostra siamo convinti che per Tommaso il Libro, insieme al libro della natura, era la completa espressione della Sapienza[73]. Indagare con ogni strumento i due libri significava addentrarsi sempre più verso quella felicità che poteva essere raggiunta con l'esercizio della ragione per poter conquistare ogni riflesso della Sapienza, ma che si completava con la promessa dischiusa dall'opera di redenzione compiuta dal Cristo.

[73] Cfr. Id., *Super Iob*, cap. 28, p. 154,292-294: «Ipsa universitas creaturarum est quasi quidam secundarius sapientiae locus». E cfr. il passaggo dall'*Ad Romanos* cit. *supra*, in corrispondenza della nota 47.

GUIDO ALLINEY

UN ITINERARIO NELL'ETICA DI TOMMASO D'AQUINO

DALLA ΠΡΟΑΙΡΕΣΙΣ ARISTOTELICA ALLA *VOLUNTAS* AGOSTINIANA

Obiettivo di questo studio è tracciare un percorso all'interno del vasto campo dell'etica di Tommaso d'Aquino al fine di indicare come il teologo domenicano, allontanandosi progressivamente da un modello dell'azione moralmente significativa ritagliato sulla trattazione intellettualista dell'*Etica Nicomachea* e, di conseguenza, centrato sulla preminenza della valutazione razionale, modifichi la propria dottrina per avvicinarsi sempre più ad una visione della responsabilità umana agostinianamente basata sull'imputabilità dell'autonoma scelta volontaria. Questo slittamento dottrinale ha luogo nel passaggio dalla prospettiva fondamentalmente filosofica nella quale viene descritta la psicologia dell'atto volontario alla visione marcatamente teologica che impronta la trattazione del cammino salvifico con cui la grazia divina conduce l'uomo dal peccato alla salvezza.

1. *La psicologia dell'atto volontario*

Nell'esposizione della dottrina di Tommaso d'Aquino farò riferimento alle questioni di *Summa Theologiae* I^{a} II^{ae} per poter disporre di un complesso testuale coeso, senza dover seguire le fluttuazioni terminologiche e gli sviluppi dottrinali presenti nelle opere ascrivibili a distinti periodi della produzione del domenicano. Un secondo testo di riferimento, cronologicamente coerente con il primo, sarà quello delle questioni *De malo*, che saranno interrogate in casi particolari a chiarimento degli snodi più problematici del pensiero tommasiano.

10.1484/M.NUTRIX-EB.1.101251

Tommaso analizza l'azione umana responsabile in una serie di momenti distinti, ricalcata sul modello offerto da Aristotele nell'*Etica Nicomachea*. In un primo momento il fine è presentato alla volontà da parte dell'intelletto. La volontà di conseguenza tende al raggiungimento di esso, muovendo a tale scopo tutte le facoltà dell'anima. Il momento successivo riguarda la deliberazione sui possibili mezzi per conseguire il fine, a cui segue il consenso della volontà. Ultimo passo prima del corso fattuale degli eventi è il giudizio, o decisione, conclusione del sillogismo pratico operato dalla ragione. A esso segue la scelta della volontà. La realizzazione pratica della scelta, che qui ci interessa in maniera minore, presuppone un ulteriore intervento della ragione, il comando, e il successivo atto della volontà, l'uso, che applica il principio operativo precedentemente stabilito all'operazione stessa[1].

Come si vede, lo schema è semplice e apparentemente esaustivo, scandito dall'alternarsi di un atto dell'intelletto e di un atto della volontà. È facile notare che l'atto dell'intelletto ha una funzione direttiva, mentre l'atto della volontà ha una funzione meramente esecutiva. Questo aspetto è chiarito da Tommaso stesso quando spiega i ruoli ricoperti dalle due facoltà dell'anima nella scelta, intesa in questa caso come il complesso di giudizio e scelta propriamente detta. La volontà tende al proprio oggetto secondo l'ordine della ragione, per cui è quest'ultima ad essere la causa formale dell'atto, mentre la volontà è la causa che materialmente dà corso all'azione. Tommaso si riferisce a questo rapporto fra la causa intellettuale e la causa volontaria in modi diversi nelle sue opere, ma senza mai modificare la sostanza del suo pensiero: sia che l'intelletto sia la causa finale e la volontà la causa efficiente, come nelle questioni *De veritate*[2], o che l'intelletto sia la causa formale e la volontà la causa finale, come nel *De*

[1] THOMAS AQUINAS, *Summa Theologiae*, I^{a} II^{ae}, qq. 12-17, in ID., *Opera Omnia* iussu Leonis XIII P. M. edita (in seguito: ed. Leonina), VI, Roma 1891, pp. 94-126. Nelle note seguenti le opere di Tommaso sono citate senza indicazione del nome dell'autore.

[2] Cfr. *Quaestiones disputatae de veritate*, q. 22, a. 12, co., ed. Leonina, XXII, Roma 1970, p. 642a: «Intellectus movet voluntatem per modum quo finis movere dicitur, in quantum scilicet praeconcipit rationem finis, et eam voluntati proponit. Sed movere per modum causae agentis est voluntatis, et non intellectus: eo quod voluntas comparatur ad res secundum quod in seipsis sunt; intellectus autem comparatur ad res secundum quod sunt per modum spiritualem in anima».

malo[3], o materiale, come nella *Summa* I[a] II[ae] [4], resta il fatto che l'ordine e il significato morale dell'azione spettano alla ragione. La volontà ha la funzione, come si è già detto, di rendere operativo il giudizio razionale, ricoprendo il ruolo di potenza esecutrice degli ordini della ragione stessa. Non stupisce perciò che Tommaso affermi che «il moto della volontà segue per natura il giudizio della ragione»[5]. L'incapacità della volontà di assumere qualunque decisione autonoma è certificata anche dalla notazione di Tommaso per cui, quando sono proposti alla volontà due oggetti uguali da un certo punto di vista, una loro diversa considerazione ad opera della ragione li renderà invece diversi, e solo allora la volontà potrà scegliere quello giudicato migliore[6]: l'asino di Buridano, in accordo con Tommaso, riflette sui due fasci di fieno fino a coglierne un aspetto che li differenzi così da renderne uno preferibile.

Nondimeno, Tommaso ritiene che la volontà sia libera: cosa intende, in questo contesto, con tale affermazione? Tommaso si oppone qui ad ogni pretesa di necessitarismo nella costruzione sillogistica dell'etica, e afferma che, dato che la ragione pratica, diversamente da quella scientifica, può giudicare opportuno sia volere una cosa, sia non volerla, tanto più che ogni bene parziale si presenta da un lato sotto l'aspetto di bene, ma dall'altro anche come deficiente di bene, la scelta non è necessaria, e quindi, conclude Tommaso, è libera[7]. Come si vede, la libertà della scelta si

[3] Cfr. *Quaestiones disputatae de malo*, q. 6, co., ed. Leonina, XXIII, Roma 1982, p. 148b: «(...) Obiectum intellectus est primum et praecipuum in genere causae formalis, est enim eius obiectum ens et verum; sed obiectum voluntatis est primum et praecipuum in genere causae finalis, nam eius obiectum est bonum (...)».

[4] Cfr. *Summa Theologiae*, I[a] II[ae], q. 13, a. 1, co., p. 98b: «Sic igitur ille actus quo voluntas tendit in aliquid quod proponitur ut bonum, ex eo quod per rationem est ordinatum ad finem, materialiter quidem est voluntatis, formaliter autem rationis».

[5] *Ibid.*, q. 77, a. 1, co., ed. Leonina, VII, Roma 1892, p. 61b: «(...) motus voluntatis (...) natus est sequi iudicium rationis».

[6] Cfr. *ibid.*, q. 13, a. 6, ad 3, p. 103b: «Nihil prohibet, si aliqua duo aequalia proponantur secundum unam considerationem, quin circa alterum consideretur aliqua conditio per quam emineat, et magis flectatur voluntas in ipsum quam in aliud».

[7] Cfr. *ibid.*, a. 6, co., p. 103b: «Potest autem ratio apprehendere ut bonum non solum hoc quod est velle aut agere; sed hoc etiam quod est non velle et non agere. Et rursum in omnibus particularibus bonis potest considerare rationem boni alicuius, et defectum alicuius boni, quod habet rationem mali, et secundum hoc, potest unumquodque huiusmodi bonorum apprehendere ut eligibile, vel fugibi-

fonda direttamente sulla libertà del giudizio: per questo, l'Aquinate conclude che la causa della libertà è la ragione, mentre la volontà ne è il soggetto. Dire che «la volontà può indirizzarsi a cose diverse per la capacità dell'intelletto di concepire beni diversi»[8], in definitiva, non è altro che un modo diverso di ripetere che la causa formale dell'azione volontaria è l'intelletto.

Valutiamo questo primo risultato. L'impiego di materiali aristotelici, se pur disposti in modo differente, è evidente. La libertà invocata da Tommaso, infatti, è vicina a quell'autonomia della ragione sostenuta da Aristotele per sottrarre l'azione umana al determinismo della catena causale[9]: la mancanza di necessità dell'azione libera, in definitiva, è fondata sull'incertezza dell'applicazione dei principi universali alla situazione particolare (cioè del sillogismo pratico), come Tommaso ripeterà ancora nella *Contra Gentiles*[10]. Si tratta dunque della libertà della ragion pratica, e non della volontà per se stessa. La volontà, di conseguenza, sembra per ora potersi identificare come la προαίρεσις aristotelica, strumento esecutivo delle deliberazioni della ragione, del tutto priva di autonomia per il determinismo psicologico, per citare Roland Hissette, che contraddistingue tanto l'etica aristotelica quanto questo primo schematico sommario dell'etica tommasiana. L'*electio* volontaria, come del resto la προαίρεσις, non implica affatto una scelta fra alternative, ma fornisce solo la causalità efficiente per produrre l'azione decisa formalmente dall'intelletto. La differenza fra Tommaso e Aristotele sarebbe da cogliere allora soltan-

le. (...) Electio autem, cum non sit de fine, sed de his quae sunt ad finem, ut iam dictum est; non est perfecti boni, quod est beatitudo, sed aliorum particularium bonorum. Et ideo homo non ex necessitate, sed libere eligit».

[8] Cfr. *ibid.*, q. 17, a. 1, ad 2, ed. Leonina, VI, p. 118b: «(...) Radix libertatis est voluntas sicut subiectum, sed sicut causa, est ratio. Ex hoc enim voluntas libere potest ad diversa ferri, quia ratio potest habere diversas conceptiones boni. Et ideo philosophi definiunt liberum arbitrium quod est liberum de ratione iudicium, quasi ratio sit causa libertatis».

[9] ARISTOTELES, *Ethica Nicomachea*, III, 5, 1113b$^{19\text{-}21}$.

[10] Cfr. *Summa Contra Gentiles*, II, 48, ed. Leonina, XIII, Roma 1918, p. 379b: «Ad hoc igitur quod ex apprehensione intellectus sequatur motus aut quaecumque actio, oportet quod universalis intellectus conceptio applicetur ad particularia. Sed universale continet in potentia multa particularia. Potest igitur applicatio conceptionis intellectualis fieri ad plura et diversa. Iudicium igitur intellectus de agibilibus non est determinatum ad unum tantum. Habent igitur omnia intellectualia liberum arbitrium».

to nella fluttuazione semantica per cui ciò che è volontario per Aristotele (tutto quello che è compiuto spontaneamente e senza costrizione), in accordo con Tommaso si ridurrebbe a ciò che è tale a seguito di una deliberazione razionale; e in una notevole ambiguità concettuale che grava sul termine 'volontà', dato che essa non è, per Aristotele, una distinta potenza dell'anima capace di dare corso alla scelta pratica, come invece ritiene Tommaso il quale, sulla base della ormai decurtata triade agostiniana di intelletto, memoria e volontà, la considera appunto una facoltà dell'anima distinta dalla ragione.

2. *I peccati per passione*

Naturalmente, le cose non stanno così, perché sia l'etica aristotelica sia quella tommasiana necessitano di opportuni approfondimenti per poter trattare in modo convincente gli atti abitualmente viziosi o occasionalmente disordinati del soggetto. Tommaso affronta la questione mantenendosi all'interno delle linee generali stabilite da Aristotele, ma con alcune novità di rilievo. Tommaso identifica nella volontà, in quanto principio degli atti umani, la sede del peccato[11], tuttavia chiarisce poco oltre che è la ragione a esserne causa mancando la conoscenza della verità (e questo può essere un peccato se l'ignoranza è colpevole), oppure provocando o non reprimendo gli atti disordinati delle potenze inferiori[12], fra le quali è da collocare la volontà stessa. Prendendo spunto con una certa disinvoltura ermeneutica dal passo dove Aristotele definisce la scelta ragione che desidera e desiderio che ragiona, Tommaso afferma dunque che i peccati possono risiedere nella

[11] Cfr. *Summa Theologiae*, I^{a} II^{ae}, q. 74, a. 1, co., ed. Leonina, VII, p. 35b: «(...) Sequitur quod voluntas, quae est principium actuum voluntariorum, sive bonorum sive malorum, quae sunt peccata, sit principium peccatorum. Et ideo sequitur quod peccatum sit in voluntate sicut in subiecto».

[12] Cfr. *ibid.*, a. 5, co., p. 40a: «Peccatum cuiuslibet potentiae consistit in actu ipsius, sicut ex dictis patet. Habet autem ratio duplicem actum, unum quidem secundum se, in comparatione ad proprium obiectum, quod est cognoscere aliquod verum; alius autem actus rationis est inquantum est directiva aliarum virium. Utroque igitur modo contingit esse peccatum in ratione. Et primo quidem, inquantum errat in cognitione veri, quod quidem tunc imputatur ei ad peccatum, quando habet ignorantiam vel errorem circa id quod potest et debet scire. Secundo, quando inordinatos actus inferiorum virium vel imperat, vel etiam post deliberationem non coercet».

ragione sia perché i suoi difetti sono volontari, sia perché i suoi atti sono principi di atti volontari[13]. In realtà, Tommaso allude ancora alla doppia causalità dell'atto morale (formale da parte della ragione, efficiente da parte della volontà) per attribuire a quest'ultima la responsabilità dell'atto eticamente biasimevole. Sia la ragione sia la volontà, infatti, sono cause immediate del peccato[14], la prima perché fornisce una corrotta regola morale, la seconda perché dà esecuzione all'atto che tale regola comporta. La colpa della volontà risiede, allora, nell'essere la causa efficiente, e quindi *per se*, del peccato dettato dalla tensione verso un bene inadeguato. Tommaso giudica invece il disordine intenzionale di tale azione, conseguenza della manchevole giuda della ragione, una causa privativa dell'atto, e dunque solo indiretta, o *per accidens*[15]. Qui Tommaso si discosta in maniera profonda dalla trattazione dell'*Etica Nicomachea*, perché per Aristotele non tutti gli atti disordinati conseguono da una scelta, e perciò la προαίρεσις non è sempre implicata in tali atti. Il motivo di questa diversità, come sarà chiarito poi, è da cogliersi nell'impiego dell'Aquinate di una concezione ipostatizzata di volontà che rimanda ad Agostino, e che si rivela indispensabile all'interno di una morale eteronoma basata sul peccato e sul giudizio.

In ogni caso, l'impressione che per ora si può avere è, forse, che la volontà abbia un ruolo particolarmente ingrato nella morale tommasiana: da una parte esegue per sua natura gli ordini della ragione, dall'altra ne risulta poi la principale responsabile. Questa impressione può essere rinforzata considerando che, qualora la ragione non sia retta, la volontà si trova a peccare qualunque scelta

[13] Cfr. *ibid.*, a. 5, ad 2, p. 40b: «Voluntas quodammodo movet et praecedit rationem, et ratio quodammodo voluntatem, unde et motus voluntatis dici potest rationalis, et actus rationis potest dici voluntarius. Et secundum hoc in ratione invenitur peccatum, vel prout est defectus eius voluntarius, vel prout actus rationis est principium actus voluntatis».

[14] Cfr. *ibid.*, a. 2, co., p. 48b: «Immediata quidem causa humani actus est ratio et voluntas, secundum quam homo est liber arbitrio».

[15] Cfr. *ibid.*, a. 1, co., p. 47b: «Cum igitur peccatum ex parte inordinationis habeat causam agentem per accidens, ex parte autem actus habeat causam agentem per se; sequitur quod inordinatio peccati consequatur ex ipsa causa actus. Sic igitur voluntas carens directione regulae rationis et legis divinae, intendens aliquod bonum commutabile, causat actum quidem peccati per se, sed inordinationem actus per accidens et praeter intentionem, provenit enim defectus ordinis in actu, ex defectu directionis in voluntate».

faccia: se seguisse il comando della ragione, produrrebbe un atto oggettivamente biasimevole, e si ricadrebbe nel caso precedente[16]; se, invece, la volontà non eseguisse l'ordine della ragione, sarebbe colpevole perché si volgerebbe ad un oggetto giudicato malvagio, se pur erroneamente, dalla ragione[17]. Si può però osservare qui un aspetto filosoficamente più interessante: come è possibile che la volontà possa ribellarsi al *dictamen rationis*? Forse che essa assume ora una sua autonomia decisionale? Il rimando di Tommaso all'affermazione di Aristotele per cui «è incontinente anche colui che non segue la ragione falsa»[18] ci può guidare nella giusta direzione: Tommaso sta pensando alla circostanza in cui la volontà manca il controllo sulle passioni, e solo per caso, accidentalmente, sceglie l'alternativa corretta, e dunque senza merito.

Questo ci porta al centro della questione: la dinamica psicologica che conduce al peccato non abituale imputabile al disordine delle passioni. Di nuovo, per Tommaso lo schema teorico di riferimento è la trattazione dell'incontinenza offerta da Aristotele, ma ancora una volta con significativi mutamenti del senso complessivo della dottrina. Può essere opportuno ricordare in estrema sintesi le conclusioni per noi più importanti guadagnate da Aristotele nell'*Etica Nicomachea* nel tentativo di spiegare il comportamento di colui che agisce occasionalmente contro il retto giudizio della ragione, ovvero l'acratico.

Aristotele ritiene che l'acrasia consista nell'agire temporaneamente contro il proprio retto giudizio, così da pentirsene poi successivamente: la differenza fra l'incontinente e l'intemperante consiste proprio nella soddisfazione del secondo per le proprie

[16] Cfr. *ibid.*, q. 19, a. 6, co., ed. Leonina, VI, p. 146b: «Si igitur ratio vel conscientia erret errore (...) circa id quod quis scire tenetur; tunc talis error rationis vel conscientiae non excusat quin voluntas concordans rationi vel conscientiae sic erranti, sit mala».

[17] Cfr. *ibid.*, a. 5, co., p. 145b: «Voluntas discordans a ratione vel conscientia errante, est mala aliquo modo propter obiectum (...) quia obiectum voluntatis est id quod proponitur a ratione (...) ex quo aliquid proponitur a ratione ut malum, voluntas, dum in illud fertur, accipit rationem mali». Dunque, conclude Tommaso, dall'errore della ragione deriva in ogni caso un peccato della volontà; cfr. *ibid.*, a. 6, ad 3, ed. Leonina, VI, p. 147b: «Supposito errore rationis vel conscientiae qui procedit ex ignorantia non excusante, necesse est quod sequatur malum in voluntate».

[18] Aristoteles, *Ethica Nicomachea*, VII, 9, 1151b$^{1\text{-}3}$, citato in *Summa Theologiae*, *ibid.*, a. 5, co., p. 145b.

scelte malvagie, e nell'implicita sua incapacità di cambiare. Aristotele rifiuta la posizione socratica per cui, dato che chi conosce il bene lo pratica, l'azione malvagia possa derivare unicamente da un errore della ragione. Lo Stagirita presenta a sua volta due soluzioni distinte per spiegare l'atto acratico: la prima, non diversa da quella di Socrate, intende che le passioni non controllate inducono un errore di valutazione riguardo alla premessa minore del sillogismo pratico, per cui la conclusione di tale sillogismo, che coincide di fatto con l'azione stessa, risulta errata allo stesso soggetto quando riprende il controllo di sé. Questa soluzione, se facilmente comprensibile, non spiega però perché l'acratico operi contro il proprio giudizio, a meno di intendere per 'giudizio' esclusivamente il retto giudizio abituale, e non l'errato giudizio accidentale. La soluzione alternativa, invece, suppone che la ragione raggiunga effettivamente la conclusione corretta, ma che poi il soggetto non la metta in opera. Se apparentemente più convincente, questa spiegazione è in realtà irta di difficoltà: se, infatti, la scelta segue automaticamente al giudizio razionale, e ne è in definitiva la sua stessa conclusione, cosa può intervenire a inceppare tale meccanismo? Aristotele non è del tutto chiaro su questo punto; probabilmente la spiegazione consiste nel fatto che l'acratico conosce la conclusione del sillogismo pratico come un ubriaco può declamare una poesia, tramite cioè una ripetizione puramente meccanica che non ne coglie il significato. Infatti, dice Aristotele, la saggezza morale non si può imparare da giovani come la scienza, perché è necessario porla ripetutamente in pratica fino a trasformarla in un abito acquisito[19].

Se si tralascia la questione dell'effettiva comprensione dell'Aquinate della dottrina esposta nell'*Etica Nicomachea*, e quindi della sua eventuale convinzione di aderire alle autentiche posizioni del Filosofo, un buon accesso alla posizione di Tommaso può es-

[19] Questa breve esposizione segue la ricostruzione della posizione aristotelica fornita da R. SAARINEN, *Weakness of the Will in Medieval Thought. From Augustine to Buridan*, Leiden – New York – Köln 1994, pp. 8-17. La letteratura sull'argomento è enorme; si possono vedere R. A. GAUTHIER – J. Y. JOLIF, *L'Ethique à Nicomaque*, Paris – Louvain 1970², il chiaro testo di W. F. R. HARDIE, *Aristotle's Ethical Theory*, Oxford 1980², in particolare il capitolo XII («Note on the Practical Syllogism») e il capitolo XIII («Moral Weakness»), e i molti studi citati da Saarinen.

sere quello di segnalare le sue conclusioni sulle questioni decisive ora esposte. Per Tommaso l'incontinente agisce sempre volontariamente e per scelta, come dovrebbe essere chiaro in base al significato di questi termini già stabilito in precedenza; la volontà, tuttavia, non è trascinata direttamente dalle passioni, ma solo a seguito di un disordine della ragione per cui chi è soggetto alla passione non riesce a giudicare un caso particolare alla luce dei principi generali[20]. Più precisamente, il giudizio razionale viene ostacolato nella corretta apprensione della premessa minore del sillogismo pratico; l'errata premessa minore viene poi posta sotto un'errata proposizione universale, e in tal modo la passione spinge quindi a concludere dalle premesse false un giudizio errato[21]. Stando così le cose, l'incontinente, nel momento in cui agisce, è convinto di compiere il bene, dato che mette in atto le proprie deliberazioni razionali.

[20] Cfr. *Summa Theologiae*, Iª IIªᵉ, q. 77, a. 2, co., p. 63ab: «(...) Ille qui est in passione constitutus, non considerat in particulari id quod scit in universali, inquantum passio impedit talem considerationem. (...) passio trahit rationem ad iudicandum in particulari contra scientiam quam habet in universali».

[21] Cfr. *ibid.*, a. 2, ad 4, p. 63b: «Ille qui habet scientiam in universali, propter passionem impeditur ne possit sub illa universali sumere, et ad conclusionem pervenire, sed assumit sub alia universali, quam suggerit inclinatio passionis, et sub ea concludit. Unde philosophus dicit, in VII *Ethic.*, quod syllogismus incontinentis habet quatuor propositiones, duas universales, quarum una est rationis, puta nullam fornicationem esse committendam; alia est passionis, puta delectationem esse sectandam. Passio igitur ligat rationem ne assumat et concludat sub prima, unde, ea durante, assumit et concludit sub secunda». Cfr. ARISTOTELES, *Ethica Nicomachea*, VII, 1146b^{29}-1146a^{9}. Sull'argomento si veda anche *Quaestiones disputatae de malo*, q. 3, a. 9, tutto, ma in particolare ad 7, ed. Leonina cit. (alla nota 3), pp. 87b-88a: «(...) Cum actus peccati et virtutis sit secundum electionem, electio autem est appetitus praeconsiliati, consilium vero est quaedam inquisitio; necesse est quod in quolibet actu virtutis vel peccati sit quaedam deductio quasi syllogistica; sed tamen aliter syllogizat temperatus, aliter intemperatus; aliter continens, aliter incontinens. (...) Continens enim sic syllogizat: nullum peccatum est faciendum; et hoc proponit secundum iudicium rationis; secundum vero motum concupiscentiae versatur in corde eius quod omne delectabile est prosequendum; sed quia iudicium rationis in eo vincit, assumit et concludit sub primo: hoc est peccatum; ergo non est faciendum. Incontinens vero, in quo vincit motus concupiscentiae, assumit et concludit sub secundo: hoc est delectabile; ergo est prosequendum; et talis proprie est qui peccat ex infirmitate. Et ideo patet quod licet sciat in universali, non tamen scit in particulari; quia non assumit secundum rationem, sed secundum concupiscentiam». Si vedano, inoltre, i saggi di SAARINEN, *Weakness of the Will in Medieval Thought* cit., pp. 118-129, e di B. KENT, *Transitory Vice: Thomas Aquinas on Incontinence*, in «Journal of the History of Philosophy», 27 (1989), pp. 199-223.

Ma perché l'acratico è allora responsabile del peccato, e in che senso lo si può definire libero? Anche se la mancanza di un completo controllo dell'atto eseguito per passione lo rende in parte scusabile[22], la responsabilità consiste nell'incapacità del soggetto di tenere a freno le facoltà dell'irascibile e del concupiscibile, che sono perciò dominate dalle passioni e impediscono così il corretto ordine della ragione[23]. Vi sono però responsabilità distinte: ad un ubriaco che pecca perché obnubilato dall'alcool gli si imputa la sua stessa ubriachezza, ovvero la causa della passione, e non la passione in sé[24]. Un uomo sano e cosciente che si fa travolgere dalla passione, invece, nel caso che questa non sia troppo intensa avrebbe potuto resisterle, e perciò ne è responsabile[25]. Ecco allora un secondo interrogativo: in che modo l'incontinente potrebbe, resistendo alla passione, agire in modo diverso? La domanda non avrebbe neppure senso per Aristotele, perché se l'acratico potesse non essere tale, non lo sarebbe; per Tommaso, invece, la questione è decisiva per poter o meno rubricare l'atto nella categoria delle azioni responsabili, cioè dei peccati. Secondo Tommaso, la ragione in molti casi potrebbe eliminare la passione concentrandosi su un pensiero diverso, o negando il consenso all'esecuzione dell'atto[26].

[22] Cfr. *Summa Theologiae*, I^{a} II^{ae}, q. 77, a. 6, co., p. 67b: «Si igitur accipiatur passio secundum quod praecedit actum peccati, sic necesse est quod diminuat peccatum. Actus enim intantum est peccatum, inquantum est voluntarium et in nobis existens. In nobis autem aliquid esse dicitur per rationem et voluntatem. Unde quanto ratio et voluntas ex se aliquid agunt, non ex impulsu passionis, magis est voluntarium et in nobis existens. Et secundum hoc passio minuit peccatum, inquantum minuit voluntarium».

[23] Cfr. *ibid.*, a. 3, co., p. 65b: «Quando extra ordinem rationis vis concupiscibilis aut irascibilis aliqua passione afficitur, et per hoc impedimentum praestatur modo praedicto debitae actioni hominis, dicitur peccatum esse ex infirmitate».

[24] Cfr. *ibid.*, a. 7, co., p. 68ab: «Aliquid potest esse voluntarium vel secundum se, sicut quando voluntas directe in ipsum fertur, vel secundum suam causam, quando voluntas fertur in causam et non in effectum, ut patet in eo qui voluntarie inebriatur; ex hoc enim quasi voluntarium ei imputatur quod per ebrietatem committit».

[25] Cfr. *ibid.*, p. 68b: «Quandoque vero passio non est tanta quod totaliter intercipiat usum rationis».

[26] Cfr. *ibidem*: «Ratio potest passionem excludere, divertendo ad alias cogitationes; vel impedire ne suum consequatur effectum, quia membra non applicantur operi nisi per consensum rationis (...)».

Altre volte, tuttavia, la passione non è controllabile con eguale facilità: nella *quaestio* 3 del *De malo* Tommaso rileva che vi sono casi in cui la passione è tanto forte da indurre una sorta di follia passeggera. In queste occasioni la passione 'lega' completamente la ragione, cosicché questa non riesce più a considerare liberamente la situazione, e non può di conseguenza esercitare il proprio libero giudizio riguardo alle azioni da intraprendere[27]. E tuttavia, secondo Tommaso, in molte di queste situazioni (quelle escluse ricadono nel caso già visto dell'ubriaco, ovvero implicano la responsabilità morale di essersi ridotti nell'attuale stato di impotenza) la volontà può soccorrere la ragione 'legata' distogliendola dalla considerazione della particolare situazione che, a causa della passione, in quel momento non viene giudicata in base alle norme generali abitualmente conosciute[28]. In tal modo viene eliminata la paralisi della ragione, che può riprendere il controllo di sé e impedire quindi che segua l'altrimenti inevitabile scelta malvagia.

Il punto richiede attenzione. Tommaso opera uno slittamento dall'azione preventiva della ragione che si concentra su altro, ipotizzata nella I^{a} II^{ae} nel caso di passioni non irresistibili, all'azione riparatrice della volontà che distoglie la ragione dall'errata valutazione della particolare situazione sostenuta nelle questioni *De malo*, e questo ci può portare a ritenere che Tommaso sia qui in un certo imbarazzo per l'esigenza da un lato di imputare alla responsabilità umana l'atto acratico, e dall'altro di rispettare la dinamica psicologica dell'atto volontario precedentemente tratteg-

[27] Cfr. *Quaestiones disputatae de malo*, q. 3, a. 9, co., p. 87a: «Ex aliqua corporali transmutatione ligatur usus rationis, ut vel totaliter nihil consideretur, vel quod non libere considerari possit (...). Et ideo quando huiusmodi passiones sunt fortes, per ipsam transmutationem corporalem ligant quodammodo rationem, ut liberum iudicium de particularibus agendis non habeat. Et sic nihil prohibet aliquem scientem secundum habitum et in universali, per infirmitatem peccare».

[28] Cfr. *ibid.*, a. 10, co., p. 89a-b: «Ratio ligatur ex hoc quod intentio animae applicatur vehementer ad actum appetitus sensitivi; unde avertitur a considerando in particulari id quod habitualiter in universali cognoscit. Applicare autem intentionem ad aliquid vel non applicare, in potestate voluntatis existit. Unde in potestate voluntatis est quod ligamen rationis excludat. Actus ergo commissus, qui ex tali ligamine procedit est voluntarius, unde non excusatur a culpa etiam mortali». Si veda anche *ibid.*, ad 2, p. 89b: «Voluntas non solum movetur ab apprehensione rationis ligatae ex passione, sed etiam habet in potestate ligamen rationis excludere, ut dictum est; et pro tanto imputatur ei ad culpam quod facit».

giata. Bisogna notare, infatti, che nel *De malo* Tommaso assegna alla volontà compiti che non le sono propri. Infatti, in accordo con quanto sostenuto nelle qq. 12-17 della I^{a} II^{ae} (ma anche nella questione 6 del *De malo*), la volontà è la potenza esecutrice dei giudizi della ragion pratica, tanto che la libertà compete formalmente a quest'ultima; ma se, come Tommaso espressamente afferma, la passione priva la ragione della sua libertà, non si vede in base a quale intima risorsa la volontà possa orientare la ragione a considerare altro. In più, non pare possibile imputare merito o colpa a una tale eventuale azione della volontà, dato che Tommaso esplicitamente precisa che «è necessario che in qualsiasi atto di virtù o di peccato ci sia una deduzione quasi sillogistica»[29]. Non si tratta, tuttavia, tanto di una tensione all'interno del pensiero tommasiano, quanto di un primo segnale del mutamento del concetto di 'volontà' che, come vedremo, si compirà nella parte finale della trattazione del peccato.

Il concetto di 'volontà' introdotto all'inizio della I^{a} II^{ae}, come si è detto, ricalca la nozione aristotelica di προαίρεσις, e proprio per questa sua ascendenza non è sufficiente a garantire una morale centrata sulla nozione di peccato invece che su quella di autorealizzazione: per Aristotele non ha importanza la questione dell'imputabilità morale dell'atto se non per quel che riguarda la perseguibilità penale, in accordo alla distinzione fra intenzionale e colposo; per Tommaso, al contrario, le azioni malvagie non sono solo un ostacolo al processo di perfezionamento individuale possibile a ogni individuo indipendentemente dalla Rivelazione e dalla grazia, ma sono anche peccati che si vanno ad aggiungere al peccato di Adamo, e per i quali dovrà essere scontata una pena in questa o nell'altra vita. In altre parole, la prospettiva teologica non può più essere distinta da quella filosofica, e di conseguenza la volontà assume coloriture agostiniane, ovvero tende a diventare una facoltà dell'anima capace di una relativa autonomia in base alla propria costitutiva tendenza al bene. Dunque l'incontinente, se pur incapace di ragionare correttamente, sembra potersi affidare a questa naturale disposizione della volontà al bene, a

[29] *Ibid.*, q. 3, a. 9, ad 7, p. 87b: «Cum actus peccati et virtutis sit secundum electionem, electio autem est appetitus praeconsiliati, consilium vero est quaedam inquisitio; necesse est quod in quolibet actu virtutis vel peccati sit quaedam deductio quasi syllogistica».

quell'amore che per Agostino è la forza di gravità della volontà, per rettificare l'intenzione altrimenti colpevole verso beni inferiori e relativi.

3. *I peccati per malizia*

Ma per comprendere meglio questa progressiva trasformazione conviene procedere oltre nell'analisi dell'atto morale studiando il secondo, e più grave, tipo di peccato ammesso da Tommaso: il peccato operato per malizia. Ancora una volta la trattazione della questione prende avvio da un impianto tipicamente aristotelico, che viene però radicalmente trasformato in senso cristiano. Chi pecca per malizia, spiega Tommaso, lo fa per una deliberata e cosciente scelta del male, e ciò accade quando agisce seguendo l'inclinazione del proprio abito malvagio[30]. Costui è l'intemperante, aristotelicamente paragonato ad un malato cronico, quando l'incontinente è invece solamente un malato occasionale. Tommaso si distingue da Aristotele ancora per la preoccupazione di poter imputare moralmente ogni singolo atto malvagio al suo autore, lasciando al contempo aperto uno spiraglio nell'uscio della salvezza. Aristotele dice espressamente che l'intemperante non è capace di pentimento[31], dato che il ripetersi di scelte errate ha consolidato il suo abito nella falsa convinzione di perseguire il giusto fine. Questo implica che vi può essere un malvagio felice: ad esempio un ubriacone che gode della propria ebbrezza invece di voler contemplare le intelligenze separate. La questione, per Aristotele, è che costui si accontenta di un bene infimo, e perde l'occasione di realizzare compiutamente la propria essenza di animale razionale.

Questa prospettiva è inaccettabile per l'Aquinate, che ritiene al contrario che neppure l'intemperante abbia la ragione del tut-

[30] Cfr. *Summa Theologiae*, Iª IIªᵉ, q. 78, a. 1, ad 3, ed. Leonina, VII, pp. 71b-72b: «Malitia ex qua aliquis dicitur peccare, potest intelligi malitia habitualis, (...) et secundum hoc aliquis dicitur ex malitia peccare, quia peccat ex inclinatione habitus. Potest etiam intelligi malitia actualis. Sive ipsa mali electio malitia nominetur, et sic dicitur aliquis ex malitia peccare, inquantum ex mali electione peccat. Sive etiam malitia dicatur aliqua praecedens culpa, ex qua oritur subsequens culpa (...)».

[31] Cfr. ARISTOTELES, *Ethica Nicomachea*, VII, 8, 1150b[29].

to corrotta, ma che al contrario possa occasionalmente compiere un'azione buona. Dunque l'abito è inteso da Tommaso come una disposizione non permanente, e perciò neppure vincolante, ma ogni volta imputabile come una nuova deliberata scelta contro la retta ragione. Per questo, appoggiandosi ad un passo dove Aristotele parla del pentimento del malvagio alludendo verisimilmente ad un vizioso non ancora del tutto abituale[32], Tommaso afferma che l'intemperante non gode sempre delle proprie azioni, ma solamente nel mentre fa uso dell'abito malvagio; altrimenti può persino rattristarsi per il male compiuto, anche se più per il danno che ne subisce che per un sincero pentimento[33].

In questa occasione Tommaso non parla della volontà, lasciando intendere che sia responsabilità della ragione mantenersi retta o seguire l'ormai connaturata tensione verso un fine errato. Ma l'analisi del teologo domenicano non è ancora conclusa: abbandonata la guida di Aristotele, egli suppone un ulteriore tipo di peccati, quelli compiuti non abitualmente in ordine ad un fine perverso. Si tratta, come è evidente, del più grave peccato imputabile all'uomo, perché non gode di alcuna attenuante, né l'impeto delle passioni, né la forza dell'abitudine, ma è invece una cosciente e deliberata scelta del male. Ma come è possibile prendere una simile aberrante decisione? A questo interrogativo non è facile rispondere, neppure con l'aiuto dei passi che Tommaso dedica alla questione. L'Aquinate concede molto più spazio all'indagine sul peccato abituale, dove ha la scorta sicura del testo aristotelico, e solo brevemente fornisce una descrizione del peccato per malizia. Tommaso esordisce affermando che a tendere direttamente al male, e a essere perciò responsabile dell'azione malvagia, è la volontà, che qui assume un ruolo decisivo nella scelta morale che sembrava invece esserle precluso[34].

[32] *Ibid.*, IX, 4, 1166b[20].

[33] Cfr. *Summa Theologiae*, *ibid.*, a. 2, ad 3, p. 73b: «Ille qui peccat ex habitu, semper gaudet de hoc quod ex habitu operatur, quandiu habitu utitur. Sed quia potest habitu non uti, sed per rationem, quae non est totaliter corrupta, aliquid aliud meditari; potest contingere quod, non utens habitu, doleat de hoc quod per habitum commisit. Plerumque tamen tales poenitent de peccato, non quia eis peccatum secundum se displiceat; sed propter aliquod incommodum quod ex peccato incurrunt».

[34] Cfr. *ibid.*, a. 3, co., p. 73b: «Solum ex certa malitia aliquis peccat, quando ipsa voluntas ex seipsa movetur ad malum».

Si tratta però di capire perché la volontà, per sua natura disposta al bene (e proprio per questo capace di correggere persino il peccatore abituale, come si è appena visto), possa invece spontaneamente volgersi al male. Per Tommaso è sempre necessaria una causa esterna per indurre la volontà a una scelta disordinata, e soprattutto contro natura. Questa causa nel caso dell'incontinente è l'ignoranza o la passione, nel caso dell'intemperante è una disposizione corrotta che rende il male conveniente e affine alla volontà, mentre nel caso del peccatore occasionale per malizia la causa è la rimozione di un ostacolo. Tommaso contestualmente chiarisce cosa intenda per rimozione di un ostacolo con l'esempio di chi evita il peccato per la speranza della vita eterna o per timore dell'inferno. Se costui per disperazione abbandona la speranza, o per presunzione perde il timore, allora cede al peccato senza alcun freno, cioè, conclude Tommaso, pecca per malizia[35].

Ora, in base a questa descrizione non parrebbe però necessario, né giustificato, imputare il peccato per malizia alla sola volontà: alla decisione malvagia, infatti, contribuiscono certamente le passioni, dato che la disperazione è la passione contraria alla speranza[36]; ma anche la ragione, poiché il peccato per malizia è per definizione un peccato compiuto per calcolo[37], ovvero in base ad un giudizio razionale. Non sembra dunque che l'esempio fornito da Tommaso indichi una distinta tipologia di peccato, ma che al contrario rientri nei peccati di incontinenza – o almeno così la penserebbe Aristotele. Ma soprattutto, la rimozione di una

[35] Cfr. *ibid.*, a. 3, co., p. 74a: «Contingit quod voluntas per se tendit in aliquod malum, per remotionem alicuius prohibentis. Puta si aliquis prohibeatur peccare non quia peccatum ei secundum se displiceat, sed propter spem vitae aeternae vel propter timorem Gehennae; remota spe per desperationem, vel timore per praesumptionem, sequitur quod ex certa malitia, quasi absque freno, peccet. Sic igitur patet quod peccatum quod est ex certa malitia, semper praesupponit in homine aliquam inordinationem, quae tamen non semper est habitus. Unde non est necessarium quod quicumque peccat ex certa malitia, peccet ex habitu».

[36] Cfr. *ibid.*, q. 40, a. 4, co., ed. Leonina, VI, p. 269ab: «Obiectum autem spei, quod est bonum arduum, habet quidem rationem attractivi, prout consideratur cum possibilitate adipiscendi, et sic tendit in ipsum spes, quae importat quendam accessum. Sed secundum quod consideratur cum impossibilitate obtinendi, habet rationem repulsivi (...). Et sic respicit hoc obiectum desperatio».

[37] Cfr. *ibid.*, q. 78, a. 1, co., p. 71b: «Dicitur ex certa malitia, vel ex industria peccare, quasi scienter malum eligens».

causa privativa non può spiegare la tendenza al male di una potenza naturalmente disposta al bene.

Il fatto è che Tommaso sta qui affrontando l'impossibile compito di spiegare l'azione di una potenza dell'anima che egli stesso implicitamente suppone autonoma dalle passioni e dalla ragione come se fosse l'atto di una facoltà subalterna, che agisce sempre per una causa precedente ad essa esterna: sta cioè tentando di descrivere il comportamento della *voluntas* agostiniana facendo ricorso alla προαίρεσις aristotelica. Tommaso, come si è visto, nello stesura del testo della I^{a} II^{ae} si è progressivamente avvicinato al crinale che separa la concezione aristotelica della volontà da quella agostiniana, e proprio qui lo raggiunge e, dopo un momento di esitazione, infine lo supera.

La soluzione proposta, infatti, pare insoddisfacente allo stesso Tommaso che, nell'articolo successivo della stessa questione, impegnandosi a chiarire in cosa consista la differenza fra la volontarietà dell'atto incontinente e la volontarietà dell'atto malvagio, prende una direzione diversa. L'Aquinate spiega questa differenza in base al fatto che l'incontinente pecca *eligens*, mentre l'intemperante (anche occasionale) pecca *ex electione*. Anche se le espressioni usate non sono affatto perspicue nel loro preciso significato, il senso generale del passo è invece del tutto chiaro: l'incontinente pecca scegliendo ma non per scelta («eligens, non tamen ex electione») perché il primo principio dell'atto non è la volontà stessa, ma la passione, cioè un principio esterno che spinge la volontà a scegliere ciò che altrimenti non sceglierebbe. Il malvagio, invece, pecca non solo scegliendo, ma per propria scelta («ex electione») perché in questo caso il primo principio dell'atto è del tutto interno alla volontà, che quindi sceglie autonomamente il male («secundum se eligit malum»)[38].

Tommaso accentua così in maniera notevole l'autonomia della volontà, che diviene un principio spirituale capace di scelte

[38] Cfr. *ibid.*, a. 4, ad 3, p. 75b: «Aliud est peccare eligentem, et aliud peccare ex electione. Ille enim qui peccat ex passione, peccat quidem eligens, non tamen ex electione, quia electio non est in eo primum peccati principium, sed inducitur ex passione ad eligendum id quod extra passionem existens non eligeret. Sed ille qui peccat ex certa malitia, secundum se eligit malum, eo modo quo dictum est. Et ideo electio in ipso est principium peccati; et propter hoc dicitur ex electione peccare». Su questo punto si veda KENT, *Transitory Vice* cit. (alla nota 21), pp. 211-212.

autonome: al paradigma aristotelico che concede alla προαίρεσις il solo ruolo di causa efficiente dell'azione e di luogo di confronto fra appetiti e giudizi pratici sostituisce ora un paradigma di ascendenza agostiniana per cui la *voluntas* è dotata di un'intrinseca capacità di scelta autonoma. È questa concezione di volontà che fonda, ora, la responsabilità umana, a compimento del progressivo slittamento semantico del significato del termine 'volontà' già avviato nella trattazione dell'incontinenza. Infatti, il passo prima esaminato, là dove Tommaso attribuisce la responsabilità dell'atto acratico alla volontà perché capace di resistere alla forza delle passioni, fa implicito riferimento alla trattazione agostiniana dell'«invitus facere», cioè dell'azione compiuta responsabilmente ma in maniera riluttante, senza una piena adesione della volontà che non è ancora del tutto unificata nel soggetto, ma resta scissa fra pulsioni opposte[39].

4. *Conclusione: da Aristotele ad Agostino*

Resta nondimeno inevasa la questione, dalla quale siamo partiti in questa ultima sezione, del motivo per cui la volontà, ordinata per natura al bene, possa volgersi spontaneamente al male. La risposta manca perché non può essere trovata nella trattazione filosofica della psicologia dell'atto deliberato, costruita da Tommaso sulle fondamenta dell'ottimistica etica aristotelica. Va invece cercata altrove, nella trattazione teologica del peccato originale, dove è descritta l'irrimediabile corruzione della natura umana a seguito della caduta adamitica: in particolare l'offuscamento della ragione e, soprattutto, la perdita dell'ordine della volontà per il bene[40]. Questo affievolimento della inclinazione naturale alla

[39] Cfr. AUGUSTINUS HIPPONENSIS, *De spiritu et littera*, 31, 53, PL 44, 234: «Quanquam, si subtilius advertamus, etiam quodquisque invitus facere cogitur, si facit, voluntate facit: sed quia mallet aliud, ideo invitus, hoc est, nolens facere dicitur. Malo quippe aliquo facere compellitur, quod volens evitare vel a se removere, facit quod cogitur. Nam si tanta voluntas sit, ut malit hoc non facere quam illud non pati; cogenti procul dubio resistit, nec facit. Ac per hoc, si facit; non quidem plena et libera voluntate; quam voluntatem quia effectus consequitur, non possumus dicere potestatem defuisse facienti». Si veda anche SAARINEN, *Weakness of the Will in Medieval Thought* cit. (alla nota 19), pp. 31-37.

[40] Cfr. *Summa Theologiae*, I^{a} II^{ae}, q. 85, a. 3, co., ed. Leonina, VII, p. 113a: «Inquantum ergo ratio destituitur suo ordine ad verum, est vulnus ignorantiae; in-

virtù[41] ha avuto origine dalla superbia, che è il desiderio della propria eccellenza anziché della gloria di Dio[42], ed è responsabilità della sola volontà di Adamo[43], e per questo motivo bisogna supporre la volontà umana, quantomeno nello stato edenico, dotata di una libertà di indifferenza, poi perduta. Ogni peccato attuale, pur derivando indirettamente dalla colpa adamitica, è tuttavia imputabile al libero arbitrio individuale[44], che però ora non può adempiere compiutamente alla legge divina[45] né, di conseguenza, meritare la vita eterna senza la grazia[46].

Il principio agostiniano per cui la grazia non opera dall'esterno sulla volontà umana, imponendo a essa una rettitudine altrimenti estranea, bensì dall'interno della volontà stessa, suscitando in essa gli opportuni e ordinati desideri attualmente impossibili per la caduta adamitica, trova piena applicazione, se pur tradotto nei termini aristotelici di motore e mosso, nell'esposizione tommasiana. Seguendo infatti la lezione di Agostino, di cui cita ampiamente anche le ultime opere anti-pelagiane, come il *De coruptione et gratia*, dove più recise sono le affermazioni sull'inefficacia delle azioni umane al fine della salvezza, Tommaso ritiene che la grazia sia operata da Dio come causa movente[47], e dipenda dal li-

quantum vero voluntas destituitur ordine ad bonum, est vulnus malitiae. (...) per peccatum et ratio hebetatur, praecipue in agendis; et voluntas induratur ad bonum; et maior difficultas bene agendi accrescit; et concupiscentia magis exardescit».

[41] Cfr. *ibid.*, a. 1, co., p. 110b: «(...) Ipsa naturalis inclinatio ad virtutem, diminuitur per peccatum».

[42] Cfr. *ibid.*, q. 84, a. 2, co., ed. Leonina, VII, pp. 106b-107a: «Cupiditas dicitur radix, sed superbia respicit peccatum ex parte aversionis a Deo, cuius praecepto homo subdi recusat; et ideo vocatur initium, quia ex parte aversionis incipit ratio mali. Et (...) [superbia] est inordinatus appetitus propriae excellentiae (...)».

[43] Cfr. *ibid.*, q. 81, a. 1, co., ed. Leonina, VII, p. 88a: «Inordinatio quae est in isto homine, ex Adam generato, non est voluntaria voluntate ipsius sed voluntate primi parentis (...)».

[44] Cfr. *ibid.*, q. 79, a. 2, co., ed. Leonina, VII, p. 77b: «Peccatum nominat ens et actionem cum quodam defectu. Defectus autem ille est ex causa creata, scilicet libero arbitrio, inquantum deficit ab ordine primi agentis, scilicet Dei».

[45] Cfr. *ibid.*, q. 109, a. 4, co., ed. Leonina, VII, p. 297b: «In statu naturae corruptae non potest homo implere omnia mandata divina (...)».

[46] Cfr. *ibid.*, a. 5, co., p. 298b: «Homo per sua naturalia non potest producere opera meritoria proportionata vitae aeternae, sed ad hoc exigitur altior virtus, quae est virtus gratiae. Et ideo sine gratia homo non potest mereri vitam aeternam».

[47] Cfr. *ibid.*, a. 6, ad 3, p. 300b: «(...) Obiectio illa (si homo indiget gratia ad

bero arbitrio solo in quanto soggetto di tale moto[48]. Anche la giustificazione, che è l'ordinamento dell'uomo al bene, richiede un moto di adesione della volontà, e Dio per questo non infonde tale grazia giustificante senza al tempo stesso muovere efficacemente il libero arbitrio ad accettarla[49]. L'azione divina opera così dall'interno della volontà: non è un atto imposto dall'esterno, ma piuttosto un perfezionamento interiore causato da Dio ma voluto dall'uomo, che infine agisce nuovamente secondo la propria natura incorrotta.

Non è questo il momento di porsi la questione se tale azione gratuita di Dio restauri con il proprio soccorso la primigenia libertà umana o al contrario la annichilisca con la propria inarrestabile onnipotenza. Quello che mette conto evidenziare, invece, è che l'itinerario dalla caduta alla salvezza tramite la grazia presuppone, in Tommaso come in qualunque altro teologo medievale, l'assunzione di una concezione «giudeo-cristiana» della volontà, per citare William Charlton, ovvero di una facoltà che, concepita sul modello dell'attività creatrice *ex nihilo* di Dio, è un principio primo che opera senza motivazioni ulteriori, come Agostino sottolinea efficacemente nel libro III del *De libero arbitrio*.

Si può allora concludere che lo sforzo di Tommaso di tenere separati gli ambiti filosofici e teologici, altrove premiato dal suc-

hoc quod praeparet se ad gratiam, pari ratione indigebit gratia ad hoc quod praeparet se ad illam gratiam, et sic procederetur in infinitum, quod est inconveniens. Ergo videtur standum in primo, ut scilicet homo sine gratia possit se ad gratiam praeparare) procedit de gratia habituali, ad quam requiritur aliqua praeparatio, quia omnis forma requirit susceptibile dispositum. Sed hoc quod homo moveatur a Deo non praeexigit aliquam aliam motionem, cum Deus sit primum movens».

[48] Cfr. *ibid.*, ad 4, p. 300b: «Hominis est praeparare animum, quia hoc facit per liberum arbitrium, sed tamen hoc non facit sine auxilio Dei moventis et ad se attrahentis (...)».

[49] Cfr. *ibid.*, q. 113, a. 3, ad 2, ed. Leonina, VII, p. 332b: «Donum gratiae iustificantis praecipue ordinat hominem ad bonum, quod est obiectum voluntatis, et ideo ad ipsum movetur homo per motum voluntatis, qui est motus liberi arbitrii». Si veda anche *ibid.*, co., p. 332a: «Deus autem movet omnia secundum modum uniuscuiusque (...). Unde et homines ad iustitiam movet secundum conditionem naturae humanae. Homo autem secundum propriam naturam habet quod sit liberi arbitrii. Et ideo in eo qui habet usum liberi arbitrii, non fit motio a Deo ad iustitiam absque motu liberi arbitrii; sed ita infundit donum gratiae iustificantis, quod etiam simul cum hoc movet liberum arbitrium ad donum gratiae acceptandum, in his qui sunt huius motionis capaces».

cesso, come nella distinta trattazione delle virtù naturali e sovrannaturali, non raggiunge qui una conclusione altrettanto convincente. Per Tommaso la bontà filosofica è inoperosa al fine teologico della salvezza, che a sua volta dipende unicamente dall'elezione divina, e in questo modo egli certo rende relativamente autonoma la sfera della ragione naturale da quella della rivelazione. Il risultato, infatti, è un'etica a due piani strutturata in un'etica mondana di impianto aristotelico e in un'etica della salvezza di ascendenza agostiniana. Nondimeno, le due etiche vengono obbligatoriamente in contatto nella trattazione del peccato, al tempo stesso punto di congiunzione e discrimine fra il cammino verso la saggezza terrena e l'itinerario verso la beatitudine oltremondana. Per questo, fra esse va allora posto un collegamento forte che garantisca l'identità del loro soggetto, l'uomo. E proprio per questo, passando dalla trattazione dei vizi e delle virtù a quella dei peccati e dei meriti, la προαίρεσις aristotelica deve progressivamente sfumare nella *voluntas* agostiniana.

ANTONIO PETAGINE

'AVERROISM'
A PARADIGM OF PSYCHOLOGY IN THE THIRTEENTH CENTURY?*

1. *Averroism under discussion*

The historiographic categorisation of 'Averroism' finds its origins amongst the suggestive and classical pages of Renan. The corresponding factors between the Parisian condemnations of 1270 and 1277, together with the arguments by theologians against presumed 'followers of Averroes' had led Renan to develop the idea that there was a group of scholars who, by making their own free intellectual activity their goal and following the doctrines of Averroes, had proposed arguments which were incompatible with the Christian faith. Amongst these arguments, the idea of the unicity of the intellect for all mankind stands out. According to Renan's interpretation, «Averroism» appeared as a real political and university movement[1].

Mandonnet gave to Renan's Averroism a particular identity: that of Siger of Brabant. Mandonnet was therefore able to give life to his fortunate paradigm, according to which the «Averroism» of Siger represented the extreme heterodox of medieval Aristotelianism; Thomas Aquinas' Christian Aristotelianism was found in a central position; the 'conservative' Augustinianism of

* I would like to express my gratitude to my English friend and collegue, Catherine Mary Wilson, for her help in making this text as accurate as possibile, as well as to Andrea Aldo Robiglio for his precious observations.

[1] Cfr. E. Renan, *Averroès et l'averroïsme*, préface de A. de Libera, Paris 2002 (the text is the same as in E. Renan, *Œuvres complètes*, III, éd. H. Psichari, Paris 1949).

10.1484/M.NUTRIX-EB.1.101252

Bonaventure and the so called 'Franciscan School' was at the other extreme[2].

It is a well known fact, that Van Steenberghen showed that there is no confirmation of thirteenth century 'followers of Averroes' having ever really existed, in the sense indicated by Renan and Mandonnet. The intention of these presumed 'Averroists' seemed to be to complete a philosophical investigation which was totally based on the principles made available by the *corpus aristotelicum*, and certainly not to take on – in a rather dogmatic way – the positions of Averroes. Therefore, rather than 'Averroists', scholars such as Siger of Brabant must be considered «radical Aristotelians»[3].

The expression «Radical Aristotelianism», coined by Van Steenberghen, was no less well received than «Averroism». Yet, it is a fact that «Averroism» has not declined. The reason for this vitality may be found in the fact that, as Hödl said, in the thirteenth century the train of thought of Averroes had a real, constant and decisive influence. Hödl thus suggested not to apply a too rigid and narrow meaning to the term «Averroism»[4]. Sturlese asked himself if, by adopting Van Steenberghen's way of looking at Latin Averroism for Medieval Aristotelianism, we should then come to the conclusion that Thomas Aquinas was certainly Christian, but not Aristotelian[5].

[2] Cfr. P. MANDONNET, *Siger de Brabant et l'averroïsme latin au XIIIe siècle*, 2 voll., Louvain 1908-1911².

[3] Cfr. F. VAN STEENBERGHEN, *Siger de Brabant d'après ses œuvres inédites*, II. *Siger dans l'histoire de l'aristotélisme*, Louvain 1942, pp. 491-497, 676-677; ID., *La Philosophie au XIIIe siècle*, Louvain – Paris 1966, pp. 393-400; ID., *Maître Siger de Brabant,* Louvain – Paris 1977, pp. 258-259, 394-399; ID., *La Philosophie au XIIIe siècle*, 2e éd., Louvain 1991, pp. 354-359.

[4] Cfr. L. HÖDL, *Über die averroistische Wende der lateinischen Philosophie des Mittelalters im 13. Jahrhundert*, in «Recherches de théologie ancienne et médiévale», 39 (1972), pp. 171-204, esp. pp. 176-177.

[5] L. STURLESE, *L'averroismo nella cultura filosofica tedesca medievale*, in *Averroismus im Mittelalter und in der Renaissance*, hrsg. von F. Niewöhner – L. Sturlese, Zürich 1994, [pp. 114-131], p. 114: «Non si tratta solo di una questione di termini, perché è evidente che la definizione stessa di Averroismo come e pura e semplice ripetizione di Averroè fa di tutti gli averroisti degli epigoni *per definitionem* ed implica di per ciò stesso un giudizio negativo che mette definitivamente fuori causa l'interpretazione di Renan. C'è da chiedersi se non sarebbe possibile anche definire l'*aristotelismo* in modo altrettanto rigido, e concludere ad esempio con gli stessi argomenti del Van Steenberghen che Tommaso fu sì cristiano, ma non aristotelico».

I believe that, in reality, the principles which inspired the interpretation of Van Steenberghen do not exclude those of Hödl: in fact, Van Steenberghen set himself the aim of not reducing the thoughts of authors such as Siger of Brabant to the 'heretic' thesis of Averrores; scholars like Hödl and Sturlese suggested, on the other hand, that the influence of Averroes on the Latin World should not be reduced to the thesis of Siger of Brabant or, anyway, to a 'radical' or 'heterodox' group of thinkers. Consequently, it is due to Van Steenberghen that today in the common opinion of scholars, very few consider Latin Averroism to exist as Renan and Mandonnet intended it to. However, it is also true that Hödl and Sturlese allowed us to look at a certain question which, neither Mandonnet's concept of Averroism, nor Van Steenberghen's proposal for its elimination, permit us to focus on adequately. Apart from the adoption of the thesis of the unicity of the intellect by some Latin authors, it should be explained that, around the middle of the thirteenth century and precisely with the writings of Albert the Great, a theoretical statement, shared by both Thomas and Siger, came into being. With this, facing Averroes became a fundamental and intrinsic moment for the elaboration of a closely defined philosophical image of the world.

Within this line of thinking, as de Libera rightly noted in reference to Albert the Great, psychological and noetic problems are a decisive element[6], which are also ready to surprise contemporary scholars: according to Gauthier, until 1250, Latin scholars had not attributed to Averroes that which was to become the main thesis of «Latin Averrosim». It was Albert and Bonaventure, followed by Kilwardby and Thomas, who were the first to see in Averroes the defender of the thesis of the unicity of the material intellect for all mankind. In the Latin World, there was a «first» and a «second» Averroism: the latter corresponds to the image of

[6] Cfr. A. de Libera, *Albert le Grand et la philosophie*, Paris 1990, p. 215: «La noétique d'Albert est le cœur vivant de sa pensée, le foyer de son système, le principal terrain de son engagement philosophique». Cfr. also Id., *Métaphysique et noétique. Albert le Grand*, Paris 2005, p. 265; had already underlined this aspect B. Mojsisch, *Grundlinien der Philosophie Alberts des Großen*, in *Albert der Große und die deutsche Dominikanerschule. Philosophische Perspektiven*, hrsg. von R. Imbach – C. Flüeler, Freiburg 1985, [pp. 27-44], p. 29.

Averroes as a defender of a doctrine which is incompatible with experience and faith[7].

This interpretation seems to correspond to the conclusions of some present day scholars of Averroes, such as Gómez Nogales. According to him, it is not at all evident that in the *Long Commentary on the De Anima* Averroes really did sustain the doctrine of the unicity of the intellect; he certainly did not sustain this in the other psychological works that we possess. Gómez Nogales concluded a famous article with the well-known formula «Averroes is not an Averroist»[8]. Borrowing these words, Gauthier wrote that everything leads to the idea that the «heresy» attributed to Averroes was in reality an «invention» by theologians: making a «lecture tendancieuse» of the *Long Commentary* of Averroes, Latin scholars awkwardly and paradoxically invented the doctrine they then later found themselves fighting against[9]. According to such an analysis, the «second Averroism» would originate from a fundamental misunderstanding, for which theologians have seen – for substantially imponderable reasons – something which in Averroes' text *does not exist*. The historian, at this point, can only accept, as Gauthier says, the «twist of fate», that vindicates the awkward

[7] R. A. GAUTHIER, *Préface* a S. THOMAE DE AQUINO *Sentencia libri de anima*, in *Opera omnia*, XLV/1, cura et studio Fratrum Praedicatorum, Roma – Paris 1984, pp. 221*-222*: «En 1250, en effet, dans le cours qu'il donne à Cologne sur le livre *Des noms divins* de Denys, saint Albert dénonce une erreur que peu après, dans ses cours sur l'*Étique à Nicomaque*, il attribuera expressément à Averroès (...). Au livre II de son Commentaire sur les *Sentences*, enseigné à Oxford, Robert Kilwardby durcit déjà l'erreur d'Averroès (...). Également au livre II de son Commentaire sur les *Sentences*, enseigné en 1252 à Paris, saint Bonaventure est plus net encore (...). Tout invite donc à croire que l' 'averroïsme latin' est invention de théologiens».

[8] S. GOMEZ NOGALES, *Saint Thomas, Averroès et l'averroïsme*, in *Aquinas and Problems of his Time*, ed. by G. Verbeke – D. Verhelst, Leuven – The Hague 1976 (Mediaevalia Lovaniensia, Ser. 1, 5), [pp. 161-177], p. 177: «Averroès n'est pas averroïste. S'il est vrai qu'il y a eu des averroïstes qui ont admis l'unité de l'intellect humain, ce n'est pas le cas pour Averroès qui admet l'immortalité individuelle de l'âme humaine, même dans l'intellect matériel». See also ID., *La inmortalidad del alma a la luz de la noética de Averroes*, in «Pensamento», 15 (1959), pp. 155-176; and ID., *Problemas alrededor del «Compendio sobre el alma» de Averroes*, in «Al-Andalus», 32 (1967), pp. 1-36.

[9] Cfr. GAUTHIER, *Préface* cit., p. 222*: «Il [*scil.* the second Averroism] représente une lecture originale et nouvelle (...) et une lecture tendancieuse, qui met en vedette des expressions d'Averroès que les maîtres des arts avaient laissées dans l'ombre, mais néglige celles sur lesquelles ils avaient insisté».

and forced interpretation of Averroes produced by theologians of the thirteenth century: these theologians were the cause of one of their own most controversial doctrinal battles[10].

That the reading of the *Long Commentary*, the only psychological work by Averroes known to Latin scholars in the thirteenth century, could produce a somewhat surprising thesis, is not so strange, for two reasons. The first one may be traced back to an intrinsic element of the *Long Commentary* itself: as de Libera in particular has shown, it comes over as a problematic text, as well as being difficult to read; the Latin translation by Michael Scot may have made it even less comprehensible[11]. The second reason could be found in the fact that the introduction into the Latin world of the *corpus aristotelicum* – and Islamic and Hebrew traditions connected to it – did not arouse only a favourable welcome, as can be seen by masters of the Arts and theologians like Albert the Great. This introduction also gave rise to suspicions and worries: there was the possibility that some doctrines which were incompatible with the Revelation could be adopted by Christian scholars. As well as this, it was feared that a system of knowledge, completely independent from the Christian faith, could spread[12]. In such a climate, it would not be surprising to find that some statements were «forced» by theologians and ecclesiastical authorities in an heterodox sense. As de Libera underlined, in a censorship like that of 1277, an «euristic function» would be operating, which would have a somewhat greater impact than that which could be found effectively in the text or in the teachings of an author who was actually present[13].

[10] Cfr. *ibid.*, p. 222*: «Ironie du sort! Cette 'hérésie', qui n'existait pas avant eux, a existé grâce à eux».

[11] See the wealth of material resulting from the investigation by A. DE LIBERA, in AVERROÈS, *L'intelligence et la pensée. Gran Commentaire du* De anima, *livre III* (429 a 10 - 435 b 25), tr., intr. et notes par A. de Libera, 2e ed. corrigé, Paris 1998.

[12] Cfr. L. BIANCHI – E. RANDI, *Le verità dissonanti. Aristotele alla fine del Medioevo*, Roma – Bari 1990, pp. 37-41; L. BIANCHI, *Il vescovo e i filosofi. La condanna parigina del 1277 e l'evoluzione dell'aristotelismo scolastico*, Bergamo 1990, pp. 31-35 and 107-122; ID., *Censure et liberté intellectuelle à l'Université de Paris: XIIIe-XIVe siècles*, Paris 1999, esp. pp. 53-67.

[13] Cfr. A. DE LIBERA, *Penser au Moyen Age*, Paris 1991, pp. 122-126 and 193-194; ID., *Philosophie et censure. Remarques sur la crise universitaire parisienne de 1270-1277*, in *Was is Philosophie im Mittelater? Akten des X. Internationalen Kongressen für mittelalterliche Philosophie der S.I.E.P.M., 25. bis 30. August 1997 in Erfurt*, hrsg.

From such contributions, an interpretation which tends to make a clear-cut separation between the psychological theses and lectures by the 'Averroists' in the Latin world, and what Averroes himself could have said within his own cultural context, appears authoritative and widely accepted even today. Consequently, to speak of 'Averroism' referring to the speculative choices of the Latin scholars means that a paradox is expressed: on the one hand, this brings us to the conclusion that we must recognise that, for Latin scholars, Averroes was a fundamental point of reference for the elaboration of their own noetic conceptions; on the other hand, it has not yet been demonstrated that the Averroes of the Latin scholars has anything to do with Averroes himself and with what can be found in the ambiguous Latin translation of the *Long Commentary on the* De Anima[14].

To be able to adopt an adequate position on this interpretation, it appears necessary to distinguish between the following two points. The first is to underline the theoretical choices and the psychological and noetic approach from which the question of the unicity of possible intellect for all mankind derives amongst Latin scholars. This is what I tried to achieve in a previous study: temporarily putting aside the problematic textual references of the Latin translation of the *Long Commentary*, as well as the question of the true intentions of Averroes himself, it can be seen that there was a theoretical setting in which the question of the unicity of the human intellect was posed, starting from the statement elaborated by Albert the Great just before 1250. Albert had already felt in the *De homine*, a work in which Averroes has not yet been identified as the main defender of the unicity of the possible intellect thesis, the need to show that the subject of the

von J. A. Aertsen – A. Speer, Berlin – New York 1998 (Miscellanea Mediaevalia, 26), pp. 71-89; among other recent contributions, see also L. BIANCHI, *1277: A Turning Point in Medieval Philosophy?*, *ibid.*, pp. 90-110; ID., *New Perspectives on the Condemnation of 1277 and its Aftermath*, in «Récherches de Théologie et Philosophie Médiévales», 70 (2003), pp. 206-229; A. A. ROBIGLIO, *Breaking on the Great Chain of Being. A Note on the Paris Condemnations of 1277, Thomas Aquinas and the Proper Subject of Metaphysics*, in «Verbum. Analecta Latina», 6 (2004), pp. 51-59; S. PIRON, *Olivi et les «averroistes»*, in «Freiburger Zeitschrift für Philosophie und Theologie», 53 (2006), pp. 251-309.

[14] Cfr. O. LEAMAN, *Is Averroes an Averroist?*, in *Averroismus im Mittelalter und in der Renaissance* cit. (above, note 5), [pp. 9-22], pp. 9-11.

intelligibles is not unique. Albert agreed above all with Averroes in believing that human intellect is absolutely immaterial: those who sustain this thesis, as Albert himself did, must indicate how it is possible that more intellects of the same kind exist[15]. The second point to be discussed is, if at all, and to what extent, the cultural mediations, of which the *Long Commentary* has been a protagonist, have taken Averroes himself away from the Averroes which is found amongst the pages of authors such as Albert the Great, Thomas Aquinas and Siger of Brabant. To be able to adopt a significant position on this topic, it is not simply enough to acknowledge the categorisations and interpretations of the thirteenth century Latin thinkers. It is necessary to individualise the elements which characterise the debate amongst scholars of the History of Medieval Islamic Philosophy on the possibility of reconstructing Averroes' own noetic thought; after having done this, it becomes necessary to discuss the opinions of those who have considered misleading the interpretation of Averroes by Latin scholars.

What I would like to propose with this contribution is to try to gain some answers to the following question: can we consider Averroism, which originated in the thirteenth century, a *paradigm* of medieval psychology? Posing such a question, I will trace, above all, the elements which have characterised the origins of the question of the unicity of the human intellect amongst Latin scholars; after this, I will concentrate on certain aspects concerning the relationship between the *Long Commentary* and its Latin readers. In particular, I would like to analyse the historiographic interpretation of Gauthier, according to which Latin theologians had made a 'tendentious reading' of the *Long Commentary*. It is commonly known, that this 'tendentious reading' had, according to Gauthier, a decisive role in reaching the psychological positions of Siger of Brabant.

[15] Cfr. A. PETAGINE, *Aristotelismo difficile. L'intelletto umano nella prospettiva di Alberto Magno, Tommaso d'Aquino e Sigieri di Brabante*, Milano 2004, esp. pp. 27-33.

2. *The origins of the Latin dispute on the unicity of human intellect*

One of the particular points of Albert the Great's production, starting from his teaching in Paris, is the close rapport which can be found with the texts and doctrines of the *philosophi*: his *Summa de Creaturis* and his *Commentary on Sentences*, despite being theological writings, already show the attention to the philosophical categories and solutions that, as Sturlese underlined, will clearly constitute the intellectual programme of Albert, after 1250[16].

From these writings, Albert already transmits the idea that the elaboration of the 'scientific' and rational, therefore 'philosophical' model of the world, is an irrevocable task, a need which can not be evaded: the investigation of the philosopher, who interprets the experience and looks for the truth through reasoning, becomes epistemologically distinguished from that of the theologian, occupied with the understanding of Revelation and its mysteries. Amongst the pages of Albert, a conviction becomes more and more evident: there are merely philosophical questions that must be solved without taking into consideration the elements which come from the divine Inspiration and the Revelation[17]. This conviction takes Albert to face, with thorough dedication, the principles and doctrines made available in the *De anima* by Aristotle, right from the *De homine*. Within this operation, Albert determinedly adopts the thesis that human thought is a completely immaterial activity. Consequently, the intellect which carries out such an activity, must therefore be absolutely

[16] Cfr. L. STURLESE, *Storia della Filosofia Tedesca nel Medioevo. Il secolo XIII*, Firenze 1996, pp. 69-125.

[17] In reference to the specific aspect of the intellectual operation of Albert the Great, as well as the work quoted from Sturlese, cfr. G. WIELAND, *Albert der Grosse und die Entwicklung der Mittelalterlichen Philosophie*, in «Zeitschrift für philosophische Forschung», 34 (1980), pp. 590-607; E. H. WÉBER, *La relation de la philosophie et de la théologie selon Albert le Grand*, in «Archives de Philosophie», 43 (1980), pp. 559-588, esp. p. 561; A. ZIMMERMANN, *Albert le Grand et l'étude scientifique de la nature*, *ibid.*, [pp. 696-711], pp. 708-711; MOJSISCH, *Grundlinien* cit. (above, note 6), esp. pp. 27-28. Studying the concept of matter in the work of Albert the Great, Anna Rodolfi also constantly underlines the fact that, even from the writings of the Parisian period, an unusually pure philosophical approach is found: cfr. A. RODOLFI, *Il concetto di materia nell'opera di Alberto Magno*, Firenze 2004.

immaterial[18]. In his *Commentary on the* De Anima, Albert praises Averroes for having been able to focus, like no other, on the characteristics of intellectual nature, providing the necessary arguments in order to understand the possible intellect as the «proper» subject of intelligible forms[19].

Even if Albert appreciates the Aristotelian and Averroistic statement, for the fact that it leads to the absolute immateriality of human intellect, he does not hide the fact that this approach also conducts us to new problems to be resolved, new questions, new doubts. Albert explicitly states that it is necessary to dedicate effort and attention to the investigation of the nature and activity of human intellect, due to the fact that this deals with a delicate topic, with which even the great masters of the past have made mistakes, sometimes huge mistakes. Therefore, neither is it surprising that right from the *Summa de Creaturis* this topic has always been treated with particular attention, nor is it by chance that Albert feels the need to periodically reconsider his own conclusions, writing, for this reason, some noetic and psychological *opuscula*, such as the *De unitate intellectus*, the *De intellectu et intelligibili*, the *De natura et origine animae*, and a significant part of the *De XV problematibus*.

In effect, if the intellect, as intellect, must be considered totally immaterial, what should keep us from concluding that a unique and eternal intellect for the whole of mankind exists? Is it not perhaps the matter that is the principle of multiplication, generation and corruption? Adopting a judgement which is already present in the *Long Commentary* of Averroes, Albert – and Thomas, together with him – has declared that the question of unicity or multiplicity of human intellects is a «very difficult question» to face; it is therefore wise that people who are not used to reasoning on philosophical matters should refrain from doing so[20]. Adopting the Peripatetic categories, Albert therefore

[18] I have presented Albert's statement in a more detailed way in PETAGINE, *Aristotelismo difficile* cit. (above, note 15), pp. 16-36.

[19] Cfr. ALBERTUS MAGNUS, *De anima*, III, tr. 2, c. 7, ed. C. Stroick, in ID., *Opera Omnia*, VII, 1, Münster i. W. 1968, p. 186,3-58.

[20] Cfr. ID., *De unitate intellectus contra Averroistas*, prael., ed. A. Hufnagel, *ibid.*, XVII, 1, Münster i. W. 1975, p. 3,53; THOMAS AQUINAS, *Quaest. disp. De spritualibus creaturis*, a. 2, *responsio*, ed. J. Cos, in *Opera Omnia* iussu Leonis XIII P. M. edi-

feels the necessity to face the problem of reconciling the universality of the concept with the particularity of the intellect which should possess it. The need to provide an efficient solution to such a question leads Albert to the discovery of a new task: to demonstrate that if the concept is universal, the intellect which thinks this is a particular being; if the concept is immaterial, the human intellect, which elaborates it, is part of a soul which informs the body, without itself being in contact with the matter; if the concept is timeless and above being countable, the human intellect, which produces it, has been created and is numerically determined according to the number of individual men.

Therefore, it is the need to respond to this demanding task which, in the writings of Albert, raises the question of whether the human intellect, intended as the subject of the intelligible in act, is one or multiple, according to the number of individual men. As I have previously mentioned, this already happens in the *De homine*[21], when – as Salman had already noted – Averroes had not yet been considered the defender of the thesis of monopsychism[22]. The recognition of this fact, therefore, means we can conclude that within Albert's statement, the idea of the unicity of the human intellect was born *as a problem*, well beyond (and also prior to, from a chronological point of view) being an error found in the text of Averroes. The refutation of the doctrine concerning human intellect unicity, which Albert will find in the text by Averroes after writing the *De homine*, will always be considered a significant and important – though not exclusive – part of the discussion of the question of the unicity or multiplicity of the intellect. Only if we interpret the appearance of the discussion in this way, is it possible to dissolve that «strange impression» which Nardi had

ta, XXIV/2, Roma – Paris 2000, p. 23; AVERROES (AVERROIS CORDUBENSIS), *Commentarium magnum in Aristotelis De anima libros*, III, 5, ed. F. S. Crawford, Cambridge (Mass.) 1953 (The Mediaeval Academy of America), pp. 392,158; 402,430; 404,500.

[21] Cfr. ALBERTUS MAGNUS, *De homine*, q. 57, a. 3, in ID., *Opera omnia*, ed. S. C. A. Borgnet, XXXV, Paris 1896, pp. 492-494.

[22] Cfr. D. SALMAN, *Note sur la première influence d'Averroès*, in «Revue Neoscholastique de Philosophie», 40 (1937), [pp. 203-212], pp. 208-209. De Libera also recognises this in A. DE LIBERA, *Existe-t-il une noétique «averroïste»? Note sur la réception latine d'Averroès au XIIIe siècle*, in *Averroismus im Mittelalter und in der Renaissance* cit. (above, note 5), [pp. 51-80], p. 67.

already felt in the face of the fact that Albert usually neither presented nor discussed the thesis of the unicity of the possible human intellect simply as «the doctrine of Averroes»[23]. Even in a work explicitly dedicated to the topic, that is the *De unitate intellectus*, Albert attributes to Averroes only a minimal part of the thirty arguments presented in favour of unicity[24]. In this work, as with the *De homine*, Aristotle's text and numerous Christian authorities direct Albert's thoughts towards this problem.

The need to discuss the unicity or multiplicity of the possible intellect arises therefore in Albert as an obligatory step to his noetic statement, a question to be resolved within his own psychological reflection, like an objection which he has asked himself. This seems to be the deepest *theoretical* reason for the 'invention' of the question of the unicity of the intellect, which Gauthier found amongst the pages of the master of Thomas Aquinas. In the statement of Albert, a new idea arises which worries Bonaventure: the Domenican theologian insists on the fact that *it is not possible not to consider* the question of the unicity or the multiplicity of human intellect. The question cannot be omitted, simply because, otherwise, the adoption of a psychology which is focused on the incorporeity and the immateriality of the intellect would remain problematic, incomplete and potentially contradictory. To confirm this, in the emblematic criticism which Bonaventure will make of the Averroistic statement on the *Commentary on the Sentences*, the thesis of the immateriality is the principal idea to be refused. With respect to this, the doctrine of the unicity of the intellect is none other than the perverse, but logical consequence[25].

These considerations lead to the following conclusion: it was not the finding of the thesis of unicity in the text of Averroes

[23] Cfr. B. NARDI, *La posizione di Alberto Magno di fronte all'averroismo*, in ID., *Studi di Filosofia Medievale*, Roma 1960, [pp. 119-150], pp. 130-135.

[24] Cfr. D. SALMAN, *Albert le Grand et l'averroïsme latin*, in «Revue des sciences philosophiques et théologiques», 24 (1935), [pp. 38-64], p. 48: «Les objections auxquelles répond Albert dérivent, dans la grande majorité des cas d''autorités' autres qu'Averroès».

[25] Cfr. BONAVENTURA DE BALNEOREGIO, *In secundum librum Sententiarum*, d. 18, a. 2, q. 1, in ID., *Opera Omnia*, II, ed. Quaracchi 1885, pp. 446-448. For an analysis carried out in reference to Bonaventure's approach, see PETAGINE, *Aristotelismo difficile* cit. (above, note 15), pp. 251-265.

which created the need to pose the question. The current day interpretations of this fact have therefore exchanged the cause for the effect. Having arisen as a primarily speculative difficulty connected to the assumption of the immateriality of the intellect, it is rather the need to face the question of the unicity or the multiplicity of the intellect successfully, to have led the Latin theologians to renew their consultation of the *Long Commentary* of Averroes: Albert did so in order to continue his own way of construction of a rational psychology, based on the absolute immateriality of every intellective nature, while Bonaventure did so in order to focus better on a statement, which he intended to totally refuse. It seems to be, therefore, that the thesis of the absolute immateriality of the intellect is the principal 'Averroistic' element, that Albert has adopted and passed on, both to those who will also defend the idea of the unicity of the intellect, like Siger of Brabant, and to those, like Thomas Aquinas together with Albert, who will not follow Averroes to this point.

3. *A tendentious reading?*

I have stated at the beginning of this work that, within the historiographic debate on Averroism in the thirteenth century, the interpretation of Gauthier has a certain weight, according to which a «tendentious» reading of the *Long Commentary* caused the conviction that Averroes was the father of the thesis of the unicity of the human possible intellect for all mankind. The most renowned scholar to have shown his disagreement with this interpretation on various occasions is Bazán: that which is not convincing to Bazán is not only Gauthier's conclusions, but more precisely his reasoning which brings him to speak of a «first» and a «second» Averroism[26]. According to Bazán, the idea of a «tendentious reading» does not appear to be adequately justified. Consequently, as

[26] Cfr. B. C. BAZÁN, *Le commentaire de S. Thomas d'Aquin sur le* Traité de l'âme. *Un événement: l'édition critique de la Commission léonine*, in «Revue des sciences philosophiques et théologiques», 69 (1985), pp. 521-547; ID., *Introduction*, in ANONYMI MAGISTRI ARTIUM (c. 1246-47) *Sententia super II et III De anima*, édition, étude crit. et doct. par B. C. Bazán, Louvain – Paris 1998, pp. *101-*111; ID., *Was There Ever a «First Averroism»?*, in *Geistesleben im 13. Jahrhundert*, hrsg. von J. A. Aersten – A. Speer, Berlin – New York 2000 (Miscellanea Mediaevalia, 27), pp. 31-53.

I, too, hope to demonstrate, Gauthier's interpretation does not allow for the understanding of those aspects which are actually contained in the *Long Commentary* – both problematic and fruitful ones; it is this that really did stimulate the Latin scholars' reflections on the topic. The formula «Averroes is not an Averroist» coined by Gómez Nogales, then taken up again by scholars such as Gauthier and de Libera, has become vastly accepted, but this does not necessarily mean it is true. What I intend to do now is to show that this axiom has perhaps created obstacles rather than helped with the understanding of the relationship between Averroes and his Latin readers.

Gauthier was really impressed, above all, by two elements underlined by Gómez Nogales: firstly, in other psychological works, Averroes did not defend the idea of the unicity of human material intellect; secondly, the presence of this thesis, even in the *Long Commentary*, was not so evident. As well as this, it must not be forgotten that in those very same years Kassem had accused the Latin theologians of having created a sort of historic injustice towards Averroes: after having widely assimilated his doctrinal patrimony, the theologians had repaid Averroes by making him known as the heretic and perverter of the authentic Aristotelian doctrine[27]. Having said this, the fact remains that Gauthier seemed to limit himself to passively accepting the conclusions, judgements and impressions of these scholars. He neither carried out any of his own investigations on the problematic dynamics within the text of the *Long Commentary*, nor the readings which authors such as Albert and Bonaventure had completed. It would have been feasible to expect an investigation of this kind to support such a significant historiographic interpretation. Though omitted by Gauthier, an investigation of this kind was completed by de Libera, thereby bringing elements of assured interest to the attention of scholars[28].

The following remark that Bazán posed to Gauthier appears most relevant: it seems incorrect to confuse the legitimate objective that the experts of Medieval Islamic philosophy set them-

[27] Cfr. M. KASSEM, *La philosophie d'Averroès et ses rapports avec la scolastique latine*, in *Actas del V Congreso Internacional de Filosofia Medieval*, 2 voll., Madrid 1979, I, pp. 207-217.

[28] Cfr. above, note 11.

selves, with the objective that the scholars of the History of thirteenth century Christian thinking seek to achieve. The former try to reconstruct the 'true' Averroes, distinguishing him, if necessary, from later readings, while the latter try to understand the specific way in which the text of Averroes has contributed to the creation of the philosophical and theological debate, within the Latin world of that time. Taking the interpretation of the Latin scholars as illegitimate or tendentious, for the simple fact that the Averroes of the Islamic scholars does not coincide with the image painted by the authors of the thirteenth century, gives rise to a procedure, which is methodically unsatisfactory[29].

As well as in reference to method, a thesis such as that of Gauthier appears, today, difficult to defend in substance. From the studies of Davidson, Black, Ivry and Geoffroy an image of Averroes emerges, which depicts a thinker who has returned various times to psychological and noetic questions connected to the *De anima* of Aristotle, adopting in the text which we possess of the *Long Commentary*, a position which is decidedly against Alexander of Aphrodisias and which has conducted him to consider the intellect called «material» as an immaterial, eternal and unique substance for all mankind[30]. Adopting this position – Leaman and

[29] Cfr. BAZÁN, *Le commentaire de S. Thomas d'Aquin* cit. (above, note 26), pp. 529-530: «L'analyse doit être faite dans une prospective 'latine', c'est-à-dire sans faire appel à des écrits d'Averroès qui n'ont pas été traduits en latin au XIIIe siècle. Nous disons ceci car le fait que l'original arabe du *Grand Commentaire* soit perdu pourrait induire l'historien à chercher dans d'autres textes arabes d'Averroès le sens de certains passages difficiles du texte latin du Commentaire. Cela nous semble légitime pour connaître la pensée autenthique d'Averroès; mais on ne saurait dire la même chose pour ce qui concerne la connaissance de l'Averroès historique et la légitimité de l'interprétation proposée per les théologiens».

[30] See D. BLACK, *Consciousness and Self-Knowledge in Aquinas's Critique of Averroes's Psychology*, in «Journal of the History of Philosophy», 31 (1993), pp. 349-385; ID., *Models of the Mind: Metaphysical Presuppositions of the Averroist and Thomistic Accounts of Intellection*, in «Documenti e studi sulla tradizione filosofica medievale», 15 (2004), pp. 319-352, esp. pp. 319-321; H. A. DAVIDSON, *Alfarabi, Avicenna, and Averroes, on Intellect. Their Cosmologies, Theories of the Active Intellect, and Theories of Human Intellect*, New York – Oxford 1992, pp. 258-314; M. GEOFFROY, *À la recherche de la béatitude*, in AVERROÈS, *La béatitude de l'âme*, éditions, traductions annotées, études doctrinales et historiques d'un traité d'«Averroès» par M. Geoffroy – C. Steel, Paris 2001, [pp. 9-81], pp. 42-81; ID., *Averroé*, in *Storia della filosofia nell'Islam medievale*, a c. di C. D'Ancona Costa, 2 voll., Torino 2005, II, [pp. 723-782], pp. 754-768; C. SIRAT – M. GEOFFROY, *Original arabe du Grand Commentaire d'Averroès au* De Anima *d'Aristote. Prémices de l'édition*, Paris

Taylor noted – means the inevitable impossibility of demonstrating philosophically a genuinely individual immortality[31]. These studies make it difficult to sustain that within the *Long Commentary* the thesis of the unicity of material intellect *is not present.* Paying Gauthier in kind, Bazán can therefore say that everything seems to make us think that the theologians of the generation of Albert, Thomas and Bonaventure had found, in the text of Averroes, what the text was really offering, causing doctrines and problems to emerge that had not yet been individualised by the generation of scholars previous to 1250[32].

These considerations must not therefore also lead us to compare the readings of Albert, Thomas, Bonaventure and Siger with the text of Averroes without considering the significant mediations, the difficulty of the interpretation and the specific context within which their questions have been posed. However, it can be underlined that *in any case*, both the elements of method and the elements of substance, according to which Gauthier has elaborated his thesis on the «tendentious reading», did not result consistent twenty-five years ago, and are even less so today.

2005, in particular pp. 19-68; see also R. C. TAYLOR, Cogitatio, Cogitativus *and* Cogitare*: Remarks on the Cogitative Power in Averroes*, in *L'élaboration du vocabulaire philosophique au Moyen Âge*, éd. par J. Hamesse – C. Steel, Turnhout 2000, pp. 111-146; ID., *Improving on Nature's Exemplar: Averroes' Completion of Aristotle's Psychology of Intellect*, in *Philosophy, Science and Exegesis in Greek, Arabic and Latin Commentaries*, ed. by P. Adamson – H. Baltussen – M. W. F. Stone, London 2004 (= «Bulletin of the Institut of Classical Studies», suppl. 83/2), pp. 107-130; A. HYMAN, *Averroes' Theory of the Intellect and the Ancient Commentators*, in *Averroes and the Aristotelian Tradition: Sources, Constitution and Reception of the Philosophy of Ibn Rushd (1126-1198). Proceedings of the Fourth Symposium Averroicum (Cologne 1996)*, ed. by G. Endress – J. A. Aersten, Leiden – Boston – Köln 1999, pp. 188-198; A. L. IVRY, *Averroes' Three Commentaries on* De Anima, *ibid.*, pp. 199-216; R. C. TAYLOR, *Remarks on Cogitatio in Averroes'* Commentarium Magnum in Aristotelis De Anima Libros, *ibid.*, pp. 217-255.

31 Cfr. O. LEAMAN, *Averroes and his Philosophy*, Oxford 1988, pp. 82-96; R. C. TAYLOR, *Personal Immortality in Averroes' Mature Philosophical Psychology*, in «Documenti e studi sulla tradizione filosofica medievale», 9 (1998), pp. 87-110.

32 Cfr. BAZÁN, *Le Commentaire de S. Thomas d'Aquin* cit. (above, note 26), pp. 528-531; ID., *Radical Aristotelianism in the Faculties of Arts. The Case of Siger of Brabant*, in *Albertus Magnus und die Anfänge der Aristoteles-Rezeption im lateinischen Mittelalter. Von Richardus Rufus bis zu Franciscus de Mayronis*, hrsg. von L. Honnefelder – R. Wood – M. Dreyer – M.-A. Aris, Münster 2005, [pp. 585-629], pp. 606-607, note 53. Van Steenberghen had already criticised the conclusions of Gómez Nogales: cfr. VAN STEENBERGHEN, *Maître Siger* cit. (above, note 3), pp. 409-411.

Even though de Libera explicitly declared his adoption of the expression «Averroes is not an Averroist» by Gauthier, he did not interpret the Latin reception of the *Long Commentary* by Averroes in the same way as Gauthier. Reputing only the 'second Averroism' a tendentious reading, Gauthier evidently considered the 'first Averroism' more adherent to the text and the genuine intentions of Averroes. Within the study of de Libera, the fracture between Averroes himself and the 'Latin' Averroes appeared more radical: with the transmission of the Aristotelian text of the *De anima*, we find profound discrepancies between the original text in Greek and the Arabic translations – which Averroes had used – and in turn, the Latin translation by Michael Scot, on which Latin theologians elaborated their readings. Such differences were thus produced making it feasible to ask the question of whether the texts in the hands of the Arab and Latin scholars were still that which we call the *De anima* by Aristotle, indicating the original text in Greek[33]. If certain lexical factors had made the text by Averroes *difficult to read,* other factors had made it *difficult to understand*: apart from the fact that the text is presented as a 'Commentary', it is not simply a paraphrase. According to de Libera, Averroes was not primarily motivated by the 'philological' desire to recompose the historic profiles by Aristotle and the Peripatetic thinkers: the *Long Commentary* is a 'living work', in which the primary interest is theoretical and polemic[34]. The Aristotle of the *Long Commentary*, read through the Alexander of Aphrodisias, the Theophrastus and the Themistius with whom Averroes had measured his interpretation, is by no means neutral, but is already implicitly the point of agreement and disagreement with the protagonists of Averroes' interpretative tradition. This factor is the main

[33] Simply by comparing the text of the *De anima* that Averroes commented on and the original Greek text we possess, DE LIBERA, *Introduction* to AVERROÈS, *L'intelligence et la pensée* cit. (above, note 11), p. 24, observes: «Ici, l'écart est abyssal – si grand, en tout cas, que l'on en vient à se demander s'il s'agit bien de mêmes 'textes'. Dire que le GC est (peut-être) illisible, c'est donc pointer ces phénomènes linguistiques, où se montre l'incommensurabilité relative des 'textes' commentés».

[34] Cfr. *ibid.*, p. 38: «Le GC n'est pas une œuvre morte, une simple explication de texte: c'est un œuvre polémique, une prise de position philosophique, une critique des discours. Commentant Aristote, Averroès ne se contente pas de 'réciter les opinions des philosophes' antérieurs: il cherche la vérité».

reason for that optical illusion which made the readings of the Latin scholars of the thirteenth century go completely astray[35]. De Libera's conclusion is the following: «Averroes is not an Averroist» because neither the first, nor the second Averroism were able to read the *Long Commentary* by Averroes «in the right way» – *par son vrai côté*. The Latin scholars could not be other than led astray by the Arabic-Latin translation which was not able to give them the idea of the genuine Arabic context in which the work by Averroes had been created. The desire, then, to be able to make use of the authority of Averroes to accept or reject certain doctrines – whether dealing with «the agent intellect as a power of human soul» of the first Averroism or «the possible intellect unique for all mankind» of the second – did the rest[36]. In my opinion, as well as taking into consideration these unquestionable mediations, such a striking distinction between Averroes and Averroism does not help to understand the relationship between the two. In fact, the Latin scholars grasped – and in a pertinent philosophical way – the key factor of the effort, both speculative and exegetic, which is easily recognisable in the text of the *Long Commentary*.

I have previously underlined that in Albert's statement (also followed by Thomas and Siger, even though not passively and not without relevant differences), the fundamental problem of rational psychology is the possibility to *philosophically* justify the fact that the numerous human individuals, endowed with soul and body, possess the intelligible in act, without this 'possession' contradicting the structural immateriality and incorporeity of the intellect. Though accepting all the difficulties in understanding and reading that de Libera unequivocally brought to our attention, should we not perhaps recognise that this is exactly the same problem around which the reflections, within the *Long Commentary* develop, particularly in the well-known comment number 5 on the third Book on the *De anima*?[37] Is it not perhaps the need

[35] Cfr. *ibid.*, p. 33: «La difficulté du GC ne tient pas seulement au fait que la *traduction* du *De anima* utilisée par Averroès serait moins bonne ou différente de nos modernes traductions, mais à ce qu'elle incorpore des éléments de sa tradition interprétative».

[36] Cfr. Id., *Existe-t-il une noétique «averroïste»?* cit. (above, note 22), pp. 53, 58, 66-67; Id., *Introduction* cit. (above, note 33), pp. 8-45.

[37] Cfr. Averroes, *Commentarium magnum in Aristotelis De anima libros*, III, 5,

to find a really efficient solution to this problem which pushes Averroes to refuse not only the statements of Alexander of Aphrodisias and Avempace, but also those of Themistius and Theophrastus? Averroes accuses Alexander and Avempace of jeopardising the absolute incorporeity and immateriality of the material intellect[38]; while Themistius and Theophrastus are accused of seeming to be content, as it were, with the conclusion that the intellect is separate, unique and incorruptible, without being able to explain in what way the material intellect must be considered «numerous» and connected to the *phantasmata* produced by our imaginative faculty[39].

De Libera himself, once he had clarified the factors which had made the text of Averroes difficult both to read and to understand, recognised that, within the work of Averroes, the Latin scholars had found and continued to pose *the question on the subject of thinking*, a decisive problem for philosophical and theological speculation not only in the thirteenth century, but also for the entire successive Western Philosophy[40]. Having accepted this, should we not, in consequence, come to the conclusion that Latin scholars, like Albert, Thomas and Siger, were amongst the first

ed. Crawford cit. (above, note 20), pp. 392-393, ll. 158-176, 187-195: «Et est secunda questio magis difficilis valde. Et est quod, si intellectus materialis est prima perfectio hominis, ut declaratur de diffinitione anime et intellectus speculativus est postrema perfectio, homo autem est generabilis et corruptibilis et unus in numero per suam postremam perfectionem ab intellectu, necesse est ut ita sit per suam primam perfectionem, scilicet quod per primam perfectionem de intellectis sim alius a te, et tu alius a me (et si non, tu esses per esse mei, et ego per esse tui, et universaliter homo esset ens antequam esset et sic homo non esset generabilis et corruptibilis in eo quod homo, sed, si fuerit, erit in eo quod animal). Existimatur enim quod, quemadmodum necesse est quod, si prima perfectio fuerit aliquid hoc et numerabilis per numerationem individuorum, ut postrema perfectio sit huiusmodi, ita etiam necesse est econtrario, scilicet quod si postrema perfectio est numerata per numerationem individuorum hominum, ut prima perfectio sit huiusmodi. Et alia multa contingunt impossibilia huic positioni. (...) Et cum nos fugerimus omnia ista impossibilia, continget nobis ponere quod prima perfectio est hec intentio, scilicet individualis in materia e numerata per numerationem individuorum hominis et generabilis et corruptibilis. Et iam declaratum est ex demonstratione Aristotelis predicta quod non est aliquid hoc, neque corpus neque virtus in corpore. Quomodo igitur possumus evadere ab hoc errore, aut qualis est via dissolutionis istius questionis?».

[38] Cfr. *ibid.*, pp. 405,528 - 406,565.

[39] Cfr. *ibid.*, p. 406,566-574.

[40] Cfr. DE LIBERA, *Introduction* cit. (above, note 33), pp. 39-41.

to recognise the crux of the question posed by the psychology of Averroes, therefore reading his text 'in the right way'?

As it is known, Averroes seems to find a solution to the problem proposing a distinction between two subjects, which corresponds to a specific distinction of two considerations: the intelligible must not be considered «unique» and «multiple» in the same respect. The *ratio* for which the intelligible results to be intelligible, is different from what every human individual, diverse from each other – you or I – recognises the intelligible to be as «true». The intelligible, in fact, inasmuch as it is such, is unique and not divisible, and thus will be the subject which possesses it, as it is intelligible. Unique *secundum se*, the intelligible will be, on the other hand, various as it is received by various individual humans[41]. It is clear, therefore, that the speculative original factor of Averroes' solution, rather than being in the thesis of the unicity of the possible intellect for all mankind, consists of this distinction of considerations, from which follows a «decentralisation», or better still, the «transfers» of subject, to use the efficacious expressions of Jolivet and Brenet[42].

According to Albert the Great, Averroes was absolutely right to speak of a «double subject»: Albert underlines that only the Averroistic solution allows us to individualise the specific kind of intellective reception, distinguishing it clearly from that which characterises prime matter and bodies[43]. As things stand, we

[41] AVERROES, *Commentarium magnum in Aristotelis De anima libros*, p. 412,724-728: «Cum igitur posuerimus rem intelligibilem que est apud me et apud te multam in subiecto secundum quod est vera, scilicet forma ymagionationis, et unam in subiecto per quod est intellectus ens (et est materialis), dissolvuntur iste questiones perfecte».

[42] J. JOLIVET, *Averroès et le décentrement du sujet*, in *Le choc Averroès. Comment les philosophes arabes ont fait l'Europe*, in «Internationale de l'imaginaire», 17-18 (1991), pp. 161-169; J. B. BRENET, *Transferts du sujet. La noétique d'Averroes selon Jean de Jandun*, Paris 2003, esp. pp. 87-111; see also M. GEOFFROY, *À la recherche de la béatitude* cit. (above, note 30), pp. 74-78, ID., *Averroès sur l'intellect comme cause agente et cause formelle, et la question de la «jonction» - I*, in *Averroès et les Averroïsmes juif et latin*, Actes du Colloque International (Paris, 16-18 juin 2005), éd. J.-B. Brenet, Turnhout 2007, pp. 77-110; R. C. TAYLOR, *Intelligibles in Act in Averroes*, in *ibid.*, pp. 111-140, as well as the remarkable study of P. MERLAN, *Monopsychism, Mysticism, Metaconsciousness. Problems of the Soul in the Neoaristotelian and Neoplatonic Tradition*, The Hague 1963.

[43] Cfr. ALBERTUS MAGNUS, *De anima*, III, tr. 2, c. 7, ed. Stroick cit., p. 186,29-

should come to the conclusion that Albert is an 'Averroist' in a rather specific sense of the term: it is this very wish to maintain and defend this precious intuition of Averroes, which pushes Albert to 'save' this intuition from the conclusion that the possible intellect, which possesses the intelligible in act, must be considered unique for all mankind. Consequently, I entirely agree with Sturlese's opinion, according to which Albert's psychology substantially consists of a reform of Averroes' psychology: to dissociate the noetic statement of Averroes from the doctrine of the unicity of the possible intellect becomes, for Albert, the necessary condition for its adoption, purifying this statement from an element which alters its genuine value[44]. If, for Albert, this attempt to dissociate is possible and necessary, for Bonaventure, Thomas and Siger, each for their own reasons, it is pointless. In Bonaventure's opinion, it is the whole statement by Averroes which needs to be refused; according to Thomas and Siger, the doctrine of the double subject is connected, in an indissoluble way, to the thesis of the unicity of the possible intellect for all mankind[45].

At this point, I believe it to be difficult to apply Gauthier's judgement to an attentive and open-minded reader such as Albert the Great[46]. We can, without any doubt, say that Albert took on the basic problem which animates the complex psychological and noetic speculation of Averroes; Albert looked favourably on the

58; c. 12, p. 195,9-40; c. 13, p. 196,22-33; I have dealt with this point in greater detail in PETAGINE, *Aristotelismo difficile* cit. (above, note 15), pp. 44-51 and 92-95.

[44] Cfr. STURLESE, *Storia della filosofia tedesca* cit. (above, note 16), p. 108: «Alberto propone in sostanza una riforma della psicologia di Averroè. Egli ne condivide l'obiettivo primario di fondare l'universalità del concetto in modo non empirico, ma intende farlo senza rinunciare a radicare nel soggetto empirico la funzione intellettiva». Mojsisch and Flash had already recognised a substantial Averroistic background in the psychology of Albert the Great: cfr. MOJSISCH, *Grundlinien* cit. (above, note 6), pp. 29-31; ID., *La psychologie philosophique d'Albert le Grand et la théorie de l'intellect de Dietrich de Freiberg. Essai de comparaison*, in «Archives de Philosophie», 43 (1980), [pp. 675-693], p. 684; K. FLASCH, *Von Dietrich zu Albert*, in *Albert der Grosse und die Dominikanerschule. Philosophische Perspektiven*, hrsg. von R. Imbach – C Flüeler, Freiburg (CH) 1985, [pp. 7-25], esp. pp. 24-25.

[45] Cfr. PETAGINE, *ibid.*, pp. 86-99, 107-108 (on the criticism of the thesis of the «double subject» by Thomas Aquinas); 143-146, 150-154 (in reference to Sigier of Brabant).

[46] In reference to Albert as 'reader' of Averroes, see also E. COCCIA, Intellectus sive intelligentia. *Alberto Magno, Averroè e la noetica degli arabi*, in «Freiburger Zeitschrift für Philosophie und Theologie», 53 (2006), pp. 133-187.

statement and the solutions of the Corduan Philosopher, to the point of attempting to isolate certain mistakenly-judged elements, in order to better adopt a promising approach[47]. A different judgement could result from the consideration of Bonaventure's reaction: refusing the fundamental thesis of the absolute immateriality of the intellect, Bonaventure concentrates, without a doubt, on the refutation of everything which, from that thesis, could follow, therefore primarily on the refutation of the eternity and the unicity of the human intellect. We can certainly say that, in view of such a polemic approach, it appears to be more difficult, if not impossible, to understand the specific elements of the solution by Averroes; this may be achievable only by adopting an 'art of distinction' which perhaps characterises the interpretation of Albert, more than that of Bonaventure. However, caution should be maintained in thinking that a decisively polemic approach, such as Bonaventure's, consequently, produces an incorrect and tendentious reading of the criticised text. It should not be surprising, therefore, that de Libera himself stated that Bonaventure, in his *Commentary on Sentences*, seems to have established the appropriate relationship with the doctrine of Averroes[48].

Consequently, the most reasonable conclusion is the following: despite the difficulties at lexical and philological levels, as well as interpretative, which appeared during the transmission of the text, the *Long Commentary* by Averroes was still able to transmit a decisive element of its own inheritance to the authors of – in Gauthier's own words – the «second Averroism»: I am speaking about that psychological and noetic statement, according to which, starting from the radical incorporeity and immateriality of the intellective act, it is necessary to elaborate a demonstrative process, to clarify in which terms it must be stated the possible human intellect is the 'subject' of the intelligible and, at the same time, is the most noble part of the human entity.

[47] Cfr. DE LIBERA, *Existe-t-il une noétique «averroïste»?* cit. (above, note 22), pp. 68-71.

[48] Cfr. A. DE LIBERA, *Introduction* to THOMAS D'AQUIN, *Contre Averroès. L'unité de l'intellect contre les Averroïstes suivi des textes contre Averroès antérieurs à 1270*, tr., introd., bibl., chronol., notes et index par A. de Libera, Paris 1994, p. 11, note 2: «Dès son *Commentaire des Sentences* (lu en 1250-52), Bonaventure a pris la mesure exacte de la doctrine averroïste de l'intellect».

It is important to note that it is not my main intention to stress the applicability of the labelling 'Averroist' to this or that author of the thirteenth century. It is difficult to deny that the historiographic categorisations, due to their very nature, have that margin of approximation which justifies the distinctions, the precisions and the criticisms which are so important to the debates by scholars. The discussions still present on the Averroism of Latin scholars of the thirteenth century demonstrate that, as a historiografic categorisation, 'Averroism' is no exception[49]. What I intend to focus upon, however, is the following: to deal with the possibility of recognising the existence of theoretical nuclei around which the philosophical engagement of an author, of a generation of scholars and of an epoch, has opened horizons and statements for other authors, generations of scholars and epochs. The question to be answered, therefore, is whether or not the *Long Commentary* of Averroes was able to generate a certain 'paradigm', that is a specific and authoritative statement within the Latin Medieval speculation, from which a well-traceable *tradition of thought* may have arisen.

When Gómez Nogales wrote that «Averroes is not an Averroist», he intended to create the idea that, in order to adequately understand Averroes, it would be necessary to distinguish him from the Latin Averroism, which, in Gómez Nogales' opinion, moves decisively away from the original itinerary of the Corduan author. Bazán correctly observed that this aim, adopted by a History scholar of Islamic Philosophy, is absolutely legitimate. In the case of scholars of the History of 'Latin', 'European' and 'Western' Medieval Philosophy, a formula of this kind assumes a totally different value. Behind the image of Averroism as an invention of Latin scholars, produced by a tendentious reading of a basically illegible text, is there not perhaps the idea that the *Long Commentary* is a speculatively sterile work and, consequently, that Averroism, in itself, did not possess any philosophical value?[50]

[49] For a historiographic report on the categorisation of 'Averroism', see G. FIORAVANTI, *Boezio di Dacia e la storiografia sull'averroismo*, in «Studi Medievali», 7 (1966), pp. 283-322.

[50] The following have recently called attention to these aspects: A. ILLUMINATI, *Ibn Rushd: unità dell'intelletto e competenza comunicativa. I. Tema con variazioni*, in ID., *Averroè e l'intelletto pubblico. Antologia di scritti di Ibn Rushd sull'anima*, Roma 1996,

A consideration by de Libera seems to confirm a question of this kind: a surprising editorial silence surrounds the *Long Commentary* on the *De anima* by Averroes, even though this remains one of the most influential works in European culture; the critical edition of the *Long Commentary* results almost without critical apparatus and has received no translations into modern languages, except during the last few years and only in part. Therefore, it must be asked why such a situation continues to persist with such an important and influential text. De Libera considers this to be further proof of its scarse intelligibility, both for the Latin scholars as well as for us[51].

I, however, believe, that this difficulty, rather than 'as well as for us', is *above all* for us: it is not easy for us to appreciate the value of Averroism, as we are still today conditioned by the interpretation of Renan, according to whom the birth of Averroism should be recorded within the annuals of dementia, rather than those of the History of Philosophy[52]. The history of Latin Averroism would not, consequently, be so much the history of a theoretical statement, as the history of a misunderstanding, that does not possess (nor deserves to possess) a significant position in the Western Philosophy. It is not perhaps by chance, that de Libera, while clarifying the formula «Averroes is not Averroist», draws

pp. 7-10; E. COCCIA, *La trasparenza delle immagini. Averroè e l'Averroismo*, Milano 2005, pp. 20-41; ID., Intellectus sive intelligentia cit. (above, note 46), pp. 133-135. See also S. HARVEY, *Conspicuous by His Absence: Averroes' Place Today as an Interpreter of Aristote*, in *Averroes and the Aristotelian Tradition* cit. (above, note 30), pp. 32-49.

[51] Cfr. DE LIBERA, *Introduction* cit. (above, note 33), pp. 9-10: «Que ce *Gran Commentaire* soit (peut-être) illisibile, cela s'atteste enfin par le silence, par le fait qu'il n'exixte pas *aucune traduction* moderne de l'oeuvre qui est censée avoir ouvert la plus grande crise philosophique que l'Occident ait connue en ces mille ans d'histoire oubliée que l'on nomme le 'Moyen Age'. Pourquoi cette infortune, quand d'autres textes d'Averroés, y compris sur l'âme, ont été traduits?».

[52] Cfr. RENAN, *Averroes et l'averroïsme* cit. (above, note 1), p. 108. Cfr. also COCCIA, *La trasparenza delle immagini* cit. (above, note 50), pp. 30-31: «Con Renan si attua una frattura epocale, tanto che a partire dal suo studio nessuno saprà scorgere nella lettera del *Commentarium magnum in Aristotelis De anima* di Averroè il medesimo problema di cui i teologi medio-latini avevano in essa trovato condizione e conoscibilità in atto; e la rubrica dell'averroismo cesserà di essere d'ora innanzi il naturale luogo, com'era ancora per Leibniz, per definire e ripensare l'enigma del soggetto del pensiero e della natura della coscienza. (...) Con l'opera di Renan, dopo secoli di condanna teologica, inizia l'epoca di un'altra forma più sottile e subdola di *damnatio*, quella storica».

attention to the words of Renan[53], and that Gauthier considered Siger of Brabant to be a mediocre thinker, without his own ideas, exactly when he appeared to be closer to the doctrines contained within the *Long Commentary* of Averroes[54].

What I have stated so far, allows us to give a different interpretation of the relationship between the *Long Commentary* by Averroes and authors such as Albert, Thomas and Siger. In fact, such a reading provided them with an indispensable opportunity to gain precious conceptual elements with which to construct a specifically rational psychology; from the *Long Commentary*, they adopted a convincing noetic-psychological statement, according to which the intellect is absolutely immaterial, because the way in which the intellect is the 'subject' and the 'possessor' of the intelligible *in actu* is totally estranged from the matter. According to this approach, the fact that every human individual has his own single intellect and does not participate, through an intellective act, with a unique intellect for all mankind, is not banal evidence, but the result of a demonstration.

These are the elements which make up the theoretical core of the Averroism, inaugurated in the West by Albert the Great, adopted by Thomas Aquinas and Siger of Brabant, and therefore transmitted to future peripatetic generations, still able to make its echo felt on Modern Philosophy[55].

[53] Cfr. de Libera, *Introduction* cit. (above, note 33), p. 22.

[54] Cfr. R. A. Gauthier, *Notes sur Siger de Brabant, I. Siger en 1265*, in «Revue des sciences philosophiques et théologiques», 67 (1983), [pp. 201-232], pp. 231-232.

[55] In reference to the beginning and the development of the Averroistic tradition, see at least B. Nardi, *Sigieri di Brabante nel pensiero del Rinascimento italiano*, Roma 1945; Id., *Saggi sull'aristotelismo padovano dal secolo XIV al XVI*, Firenze 1958, as well as A. Ghisalberti, *Fine ultimo e conoscenza intellettiva: una questione della scuola averroista bolognese del sec. XIV*, in *Dalla prima alla seconda Scolastica. Paradigmi e percorsi storiografici*, a c. di A. Ghisalberti, Bologna 2000, pp. 120-142; D. N. Hasse, *The Attraction of Averroism in the Renaissance: Vernia, Achillini, Prassicio*, in *Philosophy, Science and Exegesis* cit. (above, note 30), pp. 131-147; *Les* Sectatores Averrois. *Noétique et cosmologie aux XIIIe-XIVe siècles*, éd. par. D. Calma – E. Coccia, Freiburg (CH) 2006 [= «Freiburger Zeitschrift für Philosophie und Theologie», 53-1/2 (2006)].

4. *The Averroism of Siger*

Our considerations to date have created the opportunity to better pose one further question: if, and if so, how is it possible, therefore, to define the influence of Averroes on Siger of Brabant.

After the keen criticism by Van Steenberghen, it is difficult to think that a movement which was philosophically audacious and politically subversive, named «Averroism» by Renan and Mandonnet, ever existed. According to Van Steenberghen, Siger was somewhat influenced by Averroes during the early years of his career, but in the *De anima intellectiva* and in the *Quaestiones super librum de causis*, he demonstrated to have freed himself from this influence. In fact, in those works, Siger no longer sustains the thesis of the unicity of the possible intellect; the Aristotelianism which is found, seems quite similar to that of Thomas Aquinas[56]. As far as the «quality» of Averroes' influence on the *Quaestiones in tertium De anima* by Siger is concerned, Gauthier observed that Siger seemed to have taken Averroes' doctrines principally from the texts of his contemporaries, in particular texts by Thomas Aquinas. Gauthier states that Siger's Averroism is of a «philosopher» and not of a «philologist»: his interpretation of Averroes, in fact, is by no means original; «his» Averroes almost seems to identify simply with that which was found in Thomas' references made in the *Commentary of Sentences.* This remark moved Gauthier to a severe judgement: Siger did not make any effort whatsoever, to consult the original text of the *Long Commentary*; his is a «second-hand Averroism»[57].

Taking into consideration Van Steenberghen's reasoning, it is evident that he assumed a far too restrictive meaning of the term 'Averroist': Van Steenberghen on the whole seemed to identify 'Averroism' with the thesis of the unicity of the possible intellect. However, I feel it has been shown that, through Albert and Thomas, Siger received a more fundamental Averroistic inheritance, which was not limited simply to the phase in which Siger

[56] VAN STEENBERGHEN, *Maître Siger* cit. (above, note 3), p. 379: «La divergence entre Thomas et Siger est ici [*scil.* in the *Quaestiones super librum de causis*] plus verbale que réelle: tous deux s'accordent à dire que l'âme intellective est la forme substantielle de la matière et que l'activité intellectuelle est inorganique».

[57] Cfr. GAUTHIER, *Notes* cit. (above, note 54), pp. 226-232.

supported the doctrine of the unicity of the possible intellect. The influence of Averroes on psychological and noetic subject matter is primarily recognised in the adoption of that approach, transmitted by Albert and Thomas, which gives a central position to the thesis of the absolute immateriality of the intellect, this having never been questioned by Siger. If Albert and Thomas are 'Averroists' in the specific sense that they intend to follow Averroes, where Averroes shows that the intellect is immaterial and that such a conclusion corresponds to Aristotle's real intention, so, it can be said that Siger, in this sense has *always* been an 'Averroist'. It may also be said that if it is true that after the *Quaestiones in tertium de anima*, Siger lost faith in the conclusiveness of the thesis of the unicity of the possible intellect, it is also true that he does not seem to want to give up his basic inspiration. Once again in the *De anima intellectiva*, Siger stated, in fact, that there are no valid reasons *ex natura intellectus* for which, being absolutely immaterial, the intellect need not be considered eternal, unique and separate, within its substance, from the soul which informs the body. De Libera observed that the idea of the intellect *motor intrinsecus operans* with which, according to Van Steenberghen, Siger had begun to abandon the young «radical» and «Averroistic» position, is in reality «a typically Averroistic thesis»[58].

Siger, though, seems to follow an itinerary in which he develops difficulties and solutions, which are primarily intrinsic to his original 'Averroistic' approach, rather than being a development which leads him away from it. In the *Quaestiones super librum de causis* Siger insisted on the principle that it is impossible to create two immaterial substances of the same kind, without producing a contradiction in reality[59]; despite this, starting from the *De ani-*

[58] Cfr. DE LIBERA, in note 193 to AVERROÈS, *L'intelligence et la pensée* cit. (above, note 33), pp. 218-219. We can say, using Steel's words, «that Siger was much more 'Averroistic' than it is generally accepted and that the origins of the 'Averroistic movement' really date back on the seventies in Paris»: C. STEEL, *Siger of Brabant versus Thomas Aquinas on the Possibility of Knowing the Separate Substances*,in *Nach der Verurteilung von 1277. Philosophie und Theologie an der Universität von Paris im letzten Viertel des 13. Jahrhunderts. Studien und Texte*, hrsg. von J. A. Aersten – K. Emery, Jr. – A. Speer, für den Druck besorgt von A. Speer, Berlin – New York 2001 (Miscellanea Mediaevalia, 28), [pp. 211-231], p. 230.

[59] Cfr. SIGERUS DE BRABANTIA, *Quaestiones super librum De causis*, q. 24, ed. A. Marlasca, *Les Quaestiones super librum de causis de Siger de Brabant*, Louvain – Paris 1972, pp. 97-100.

ma intellectiva, Siger, by now, recognised the strength of the reasoning referred to by Thomas in the *De unitate intellectus*, according to which the thesis of the unicity of the possible human intellect went against experience: in effect, the intellective acts appear numerically distinct corresponding to the operator, the object and the time[60].

Considering the idea that the Averroism of Siger is 'second-hand', Imbach e Putallaz observed that the Sigerian strategy should not be interpreted simply as plagiarism. On the contrary, Siger adopts a very efficient method, which allows him to oppose certain conclusions by Albert, and above all Thomas, making use of their own words and their own reasoning[61]. Siger seems therefore to want to make Albert and Thomas face the fact that, intending to adopt and, at the same time, overcome the Averroistic position, it is they themselves who paradoxically force its acceptance. In Sigerian texts, the 'anti-Averroistic' conclusions by Albert and Thomas clearly show their inconsistency in respect to the premisses that they put forward, without any doubt, Averroistic. Siger seems therefore to have done all he can to fulfil the 'prophecy' announced by Bonaventure in the *Commentary on the Sentences*: adopting the thesis of the absolute immateriality of the intellect, it was no longer possible to coherently defend the multiplicity of intellects. Furthermore, it is undeniable that, on certain important occasions, Siger, the author of the *Quaestiones in tertium de anima*, gives the impression of not being directly familiar with the text of Aristotle or Averroes he is referring to. Siger seems to often base his references on the quotations which were made by some of his contemporaries[62]. However, if we accept Gauthier's claim that

[60] Cfr. Id., *De anima intellectiva*, 7, ed. B. C. Bazán (*Quaestiones in tertium De anima, De anima intellectiva, De aeternitate mundi*), Louvain – Paris 1972, p. 108; Id., *Quaestiones super librum De causis*, q. 27, ed. Marlasca, p. 113; Thomas Aquinas, *De unitate intellectus contra Averroistas*, c. 4, in *Opera omnia*, iussu Leonis XIII P. M. edita, XLIII, cura et studio Fratrum Praedicatorum, Roma 1976, [pp. 243-314], p. 308.

[61] Cfr. F. X. Putallaz – R. Imbach, *Profession: Philosophe. Siger de Brabant*, Paris 1997, pp. 38-39 and 137-142; see also D. Calma, *Siger de Brabant et Thomas d'Aquin: note sur l'histoire d'un* plagiat, in «Freiburger Zeitschrift für Philosophie und Theologie», 50 (2003), pp. 118-135.

[62] The most impressive case is that of the quotation of the *De generatione animalium*, used numerous times by Siger, in which Aristotle says that the intellect,

Siger has no knowledge whatsoever of the original text by Averroes, an even further transition is made. Gauthier has not always given evidence to sustain this claim. For example, according to Gauthier, one of the points in which Siger demonstrated his 'second-hand' knowledge of Averroes, is the way in which he assigns to Albert the doctrine that the first principles are «instruments» of agent intellect[63]. Gauthier explains that this thesis is Averroes', in reality, and Albert the Great presents it as such. The fact that Siger does not seem to be able to reconduct such a doctrine to the *Long Commentary* by Averroes is the proof that he is not directly familiar with the text of the Corduan philosopher[64].

In my opinion, this is not necessarily so. In fact, it was Albert, followed by Thomas, who defended the thesis that the first principles are *quasi instrumenta intellectus agentis*: as Gauthier himself admitted, rather than confirming the thesis, Averroes' text seems to pose the question of whether or not the first principles are to be considered the instruments of agent intellect[65]. Consequently, the fact that Siger refused to assign to Averroes the affirmation that the principles are effectively *instrumenta intellectus agentis*, cannot be considered an element that confirms a lack of knowledge of the text of Averroes. Siger was right in specifying that this is Albert's position. Siger even expects to correct Albert's thesis, actually calling on the authority of Averroes: in the 'Averroistic' field, Siger explains, it is the imagined intentions which serve as instruments rather than the first principles[66]. In the face of Siger's explanation,

and only the intellect, is *ab extrinseco*. Cfr. GAUTHIER, *Notes* cit. (above, note 54), pp. 210-211.

[63] Cfr. SIGERUS DE BRABANTIA, *Quaestiones in tertium De anima*, q. 12, ed. Bazán cit. (above, note 60), p. 39: «Alii dicunt, et videtur esse positio Alberti, quod intellectui nostro est innata aliqua cognitio, ut scilicet primorum principiorum, quae neminem latent, ut puta de quolibet affirmatio vel negatio, et similia; non quod ipsa sint intellectus agens, sed sunt instrumenta intellectus agentis, per quae educit intellectum possibilem ad actum».

[64] Cfr. GAUTHIER, *Notes* cit., p. 227; AVERROES, *Commentarium magnum in Aristotelis De anima libros*, III, 36, ed. Crawford cit. (above, note 20), pp. 496,488 - 498,552; ALBERTUS MAGNUS, *De homine*, q. 54, art. un., ed. Borgnet cit. (above, note 21), p. 451.

[65] Cfr. GAUTHIER, *Notes* cit., pp. 227-228.

[66] Cfr. SIGERUS DE BRABANTIA, *Quaestiones in tertium De anima*, q. 12, ed. Bazán cit. (above, note 60), p. 39: «Sed ista positio non valet. Si enim intellectus agens habeat instrumentum, hoc videtur esse intentiones imaginatae magis quam aliud.

Gauthier reproaches Siger for having understood neither the position of Albert and Thomas, nor that of Averroes. In the production of the act of thinking – noted Gauthier – the first principles and the imagined intentions are not situated at the same level, therefore it is pointless to compare them as Siger does here[67].

This further remark seems unacceptable too, because the problem that Siger underlines here is not at all so distant, as Gauthier sustained, from that which emerges in the text of Averroes. Siger does not question the fact that the agent intellect in some way makes use of the first principles; he rather underlines that this indication is not exactly appropriate. This imprecision is noted by Averroes himself: in the 36th comment of the third book of the *De anima*, Averroes explains that the use of these imperfect formulae comes from the need to express, in some way, the fact that the agent intellect has effectively something 'formal' in respect to that of *in habitu*[68]. However, within the approach of Averroes – and this seems to be what Siger intended to say – what the unique and separate intellect really use as 'instruments', allowing the thought to be *within us*, are not so much the principles, as rather, in a final analysis, the imagined intentions. So, Siger, rather than opposing the 18th comment with the 36th comment, as Gauthier said, wants to say that as an instrument, in a strict sense, it is necessary to give the meaning of something external to the agent intellect, capable of connecting the intellect to us. Therefore, it is 'Averroistically' more appropriate to consider the imagined intentions as instruments. The interpretation of Siger is not without confirmation: it is really recalling the already identified imagined intentions as instruments of copulation between us and the

Et licet dicat Aristoteles quod intellectus agens est id quo est 'omnia facere ut ars ad materiam sustinuit', differenter tamen agunt intellectus et ars. Nam ars per se sufficit ad ponendum formam in materia. Non sic intellectus, sed eget intentionibus imaginatis. Hoc dicit Averroes. Quare manifestum quod non valet quod dicunt».

[67] Cfr. GAUTHIER, *Notes* cit., p. 228.

[68] Cfr. AVERROES, *Commentarium magnum in Aristotelis De anima libros*, p. 498,539-546: «Dicamus igitur: sermo autem dicentis quod, si conclusiones acquiruntur a nobis ab intellctu agenti et propositionibus, necesse est ut propositiones sit de intellectu agenti quasi vera materia et verum instrumentum, ille inquam sermo non est necessarius: sed tantum necesse est illic esse respectum secundum quem intellectus qui est in habitu assimiletur materie et intellectus agens assimiletur forme».

intellect that Averroes concludes in the 36th comment on the third Book of the *De anima*[69]. Consequently, also in this case, I believe that the Sigerian observation cannot be considered an indication of lack of knowledge or imprecise knowledge of the text of Averroes[70].

Therefore, I believe to have shown that the 'Averroistic' inspiration cannot be reduced to the simple and 'radical' adoption of the unicity of the intellect for all mankind. Rather, it is a decisive element in the psychological conception of Siger. The question «under what terms should the route of Averroes be followed?» becomes a fundamental factor both in the construction of his doctrine and in the discussion he undertakes with the proposals of Albert and Thomas. Viewed in this sense, rather than as the frail and 'radical' aspect of Sigerian thought, the Averroistic inheritance is a trait of unequivocal interest in Siger's Aristotelianism and perhaps, considering successive authors who look to him as an important reference, it is amongst the most fruitful.

[69] Cfr. *ibid.*, pp. 499-500, ll. 578-579, 591-598: «Iam igitur invenimus modum secundum quem possibile est ut iste intellectus continuetur nobiscum in postremo, et causam quare non copulatur nobiscum in principio. (...) Et nullus modus est secundum quem generetur forma in nobis nisi iste. Quoniam, cum intellecta speculativa copulantur nobiscum per formas ymaginabiles, et intellectus agens copulatur nobiscum cum intellectis speculativis (illud enim quod comprehendit ea est idem, scilicet intellectus materialis), necesse est ut intellectus agens copuletur nobiscum per continuationem intellectorum speculativorum».

[70] A detailed comparison between the text of Averroes and that of Siger lies outside this work. However, please note that as well as the specific references by Bazán in the critical edition to the text by Siger, DE LIBERA proficiently compares the text of Averroes and the reading of Siger in some notes to AVERROÈS, *L'intelligence et la pensée* cit. (above, note 11) pp. 205, 213, 215, 217-219, 221, 223, 291. I have also tried to bring to light the rapport between the Sigerian teaching and the texts and the sources which Siger had avaliable to him: see SIGIERI DI BRABANTE, *Anima dell'uomo. Questioni sul terzo libro del* De anima *di Aristotele. L'anima intellettiva*, introd., tr. e apparati di A. Petagine, Milano 2007 (Testi a fronte, 109), esp. *Note al testo*, pp. 315-348.

ROBERTO LAMBERTINI

IUSTITIA GENERALIS NEL SECOLO XIII

APPORTI ALLA TRADIZIONE ETICA MEDIEVALE

Anche se il titolo del presente volume suggerisce ovviamente, e in maniera più che giustificata, il riferimento a tematiche quali il rapporto tra fede e ragione, tra conoscenza, filosofia e rivelazione, tuttavia, anche l'ambito morale ha svolto un suo ruolo nella costituzione di un *paradigma filosofico medievale*. Tra le questioni etiche, la storiografia si è di recente dedicata con rinnovata attenzione al tema delle virtù[1], portando alla luce con sempre maggiore chiarezza che al di là ed al di sotto della continuità di un «discorso delle virtù» che pare riproporre terminologie e concettualizzazioni sempre identiche, per non dire ripetitive, si possono individuare interessanti mutamenti semantici non privi di implicazioni teoriche. Il presente articolo si occupa di un aspetto limitato e particolare di questo fenomeno, le vicende interpretative del concetto di *iustitia* in uno degli snodi principali della storia del pensiero etico medievale, il periodo della ricezione dell'*Etica Nicomachea*[2]. Un'analisi delle distinzioni tra i possibili significati di *iustitia* in testi precedenti la traduzione a opera di Roberto Grossatesta e in opere di poco successive intende evidenziare l'interazione tra riflessione precedente e assimilazione del V libro dell'*E-*

[1] Ricordo due volumi miscellanei dovuti in particolare all'impegno di I. P. Bejczy: *Virtue and Ethics in the Twelfth Century*, eds. I. P. Bejczy – R. G. Newhauser, Leiden – Boston 2005; *Virtue Ethics in the Middle Ages. Commentaries on Aristotle's Nicomachean Ethics, 1200-1500*, ed. I. P. Bejczy, Leiden – Boston 2008, entrambi con una ricca ed aggiornata bibliografia.

[2] Importanza ribadita anche nella recente sintesi di I. Sciuto, *L'etica nel Medioevo. Protagonisti e percorsi (V-XIV secolo)*, Torino 2007, in partic. pp. 165-170.

10.1484/M.NUTRIX-EB.1.101253

tica Nicomachea, in un gioco di apporti reciproci i cui risultati non possono che essere visti come risultante di una pluralità di influenze.

La pluralità di significati che il termine *iustitia* può assumere, anche quando si limiti il campo semantico a quello di una virtù, è una circostanza ben nota alla riflessione medievale, anche prima della disponibilità nell'Occidente latino della traduzione dell'*Etica Nicomachea*. A fornire diverse caratterizzazioni della *iustitia* convergevano più di una tradizione, quella ciceroniana[3], quella agostiniana, in generale la riflessione sulle virtù cardinali di impronta patristica, per non parlare dell'influsso della concezione paolina[4]. Per illustrare questa situazione possono essere richiamate alcune grandi sintesi della prima metà del secolo XIII, che come ha mostrato Lottin, attingono anche alla tradizione precedente[5].

Molti testi potrebbero essere ricordati per illustrare questa situazione. Basti tuttavia richiamare la *Glossa* di Alessandro di Hales alle *Sentenze*, in quello che diventa ben presto un luogo «classico» della discussione sulle virtù, la *distinctio* 33 del III libro, dove il problema è affrontato per mezzo di una distinzione dei significati di «iustitia» che va da un senso generalissimo, la giustizia della giustificazione, ad altri significati più ristretti, fino a quello di «rendere al prossimo quello che è suo»[6]. Il teologo parigino comprende quindi in una medesima classificazione accezioni della *iustitia* intesa

[3] Recente, sintetica valutazione del ruolo di «mediatore» di Cicerone tra tradizione etica stoica e riflessione medievale in M. B. INGHAM, *La vie de la sagesse. Le stoïcisme au Moyen Age*, Fribourg (Suisse) – Paris 2007, in partic. pp. 7-9.

[4] Cfr. O. LOTTIN, *Psychologie et morale aux XIIe et XIIIe siècles*, I, *Problèmes de morale*, Seconde partie, t. 3, Louvain – Gembloux 1949, pp. 283-299.

[5] Cfr. *ibid.*, p. 287. Per una analisi di alcuni aspetti della concezione della giustizia nel secolo XII si vedano i recenti contributi: R. G. NEWHAUSER, *Justice and Liberality: Opposition to Avarice in the Twelfth Century*, in *Virtue and Ethics* cit., pp. 295-316, I. P. BEJCZY, *Law and Ethics: Twelfth-Century Jurists on the Virtue of Justice*, in «Viator», 36 (2005), pp. 197-216.

[6] Cfr. ALEXANDER HALENSIS, *Glossa in IV libros Sententiarum Petri Lombardi*, III, d. 33, ed. studio et cura PP. Collegii S. Bonaventurae, III, Quaracchi 1954, pp. 390-391: «Nota quod hoc nomen 'iustitia', accipitur pluribus modis. Et generalissimus modus est quando dicitur iustitia in iustificato, et cum de impio fit pius; et sic comprehendit omnes virtutes. Specialius dicitur iustitia cum consistit in dilectione Dei et proximi. Adhuc magis specialiter, prout est una cardinalium virtutum, et sic est 'reddere unicuique quod suum est'; et sic comprehendit fidem, spem et caritatem sub se (...)».

come abito infuso dalla grazia (la giustizia di chi è giustificato) e accezioni connesse con una dimensione intramondana, come l'amore per il prossimo in ragione del «bonum commune» cui gli uomini tutti partecipano. Non sfugge l'impressione di un accostamento relativamente eterogeneo di significati, anche se nello sfondo si può forse intravedere un modello teorico per il quale la virtù è fondamentalmente una, articolata in una serie di sottovirtù. A questo modello pare ispirata anche la giustificazione delle specie della giustizia di impronta ciceroniana che si trova nella *Summa aurea* di Guglielmo di Auxerre, dove le sei *species* della giustizia elencate dall'Arpinate sono derivate dal diverso oggetto nei confronti del quale si estrinseca l'azione virtuosa[7]. Per Guglielmo, tuttavia, la *iustitia* articolata nelle specie ciceroniane è in un qualche senso del termine ancora *specialis*, in confronto a una giustizia *generalis* che si identifica con tutte le virtù[8]; diversamente che in Alessandro di Hales, tuttavia, questa *iustitia generalis* non è equivalente alla giustizia paolina, che invece è virtù speciale, anche se comprende in sé fede, speranza, carità[9]. Anche Filippo il Cancelliere conosce una distinzione tra *iustitia generalis* e *iustitia specialis*; come Guglielmo di Auxerre, preferisce non identificare la *iustitia generalis* con l'effetto della grazia; piuttosto si tratta di un concetto, appunto, generale, che include la correttezza sia dei rapporti con Dio, sia di quelli con il prossimo[10]. La *iustitia generalis* può essere quindi identificata con le virtù nel loro insieme, ma viste sotto un

[7] Cfr. GUILLELMUS ALTISSIODORENSIS, *Summa Aurea*, III, tr. 28, c. 1, ed. J. Riballier, Paris – Grottaferrata 1986, pp. 551-552.

[8] Cfr. *ibid.*, p. 552: «Dictum est quod iusticia duobus modis accipitur, scilicet stricte et large. Large dicitur iusticia virtus, quia redditur unicuique, quod suum est, sive subiecto proprio sive alieno, et hoc agendo vel paciendo; et secundum hoc communis est ad omnes virtutes. Stricte autem accipitur iusticiam prout est virtus qua redditur unicuique alii a subiecto proprio, quod suum est, redditur, dico, opere».

[9] Cfr. *ibidem*: «Dicimus ergo quod iusticia est in agendo tantum et est specialis virtus, non tamen species specialissima, sed etiam genus subalternum continens sub se predictas virtutes: non tamen nego quin hoc nomen 'iusticia' quandoque ita communiter sumatur, ut sit generalis ad omnes virtutes, quia, sicut dictum est, non oportet quod quicumque reddit alicui, quod suum est quod ipse intendat quod suum est etc. Dicimus etiam quod secundum quod est specialis virtus, non est species specialissima, quia habet sub se fidem, spem et caritatem, unde Apostolus: 'Fide iustificati sumus' (cfr. *Rm* 5, 1), sed hoc secundum theologum, non secundum philosophum, quoniam philosophus non respicit interiores motus sed solum exteriores, theologus autem interiores».

[10] Cfr. PHILIPPUS CANCELLARIUS, *Summa de bono*, *De bono gratie in homine*, II, A,

particolare rispetto, come se essa costituisse una sorta di forma la cui materia è costituita dagli atti delle singole virtù, in analogia a quanto accade per la *prudentia generalis*[11].

Anche se la discussione sulla datazione della sua opera principale non può dirsi conclusa[12], molto probabilmente in un torno di anni non lontano, Rolando da Cremona individua una *iustitia generalis*, che comprende il *servare* a tutti, Dio e prossimo, ciò che loro spetta, mentre la *iustitia specialis* sarebbe una *virtus* politica da intendere come *habitus* del «rendere ciascuno il suo» sul piano dei beni materiali[13]. L'identificazione della giustizia «specifica» come virtù politica – categoria che Rolando assume in tutta evidenza da Macrobio, e di cui coglie la portata concettuale, nonostante la confusione etimologica[14] – la differenzia nettamente dalle accezioni in cui la giustizia è considerata una virtù infusa.

Non sorprende, poi, che Giovanni della Rochelle riproponga una tripartizione assai reminescente della proposta del confratello Alessandro di Hales: in senso generale la *iustitia* è quella grazie alla quale «iustificatur impius», in senso speciale invece è la virtù alla quale la fortunata silloge *Moralium Dogma philosophorum* attri-

q. 4, ed. N. Wicki, 2 voll., Bern 1985, II, p. 558: «Non pertinet ad iustitiam specialem, sed ad generalem que extendit se tam ad Deum quam ad proximum».

[11] Cfr. *ibid.*, p. 556: «(...) Iustitia generalis subiecto sit idem quod virtutes omnes, differens ratione»; p. 948: «Ad predicta respondendum est quod iste due virtutes prudentia et iustitia generalis sunt quodam modo in comparatione ad alias eo quod sunt in ratione et actus aliarum virtutum sunt eis pro materia».

[12] In più di un recente intervento, non ancora pubblicato, Andrea Tabarroni ha rivalutato la datazione proposta da E. Filthaut, *Roland v. Cremona O.P. und die Anfänge der Scholastik im Predigerorden. Ein Beitrag zur Geistesgeschichte der älteren Dominikanerschule*, Vechta 1936.

[13] Cfr. Rolandus Cremonensis, *Summa*, III, ccxli, ed. A. Cortesi (*Summae magistri Rolandi Cremonensis O. P. liber tercius*), Bergamo 1962, p. 685: «Iustitie autem, secundum Macrobium, est servare unicuique quod suum est, scilicet Deo quod suum est, scilicet ut colamus eum tamquam creatorem omnium et dominum omnium, et proximo quod suum est, et nobis quod nostrum est. Sed talis iustitia est generalis; illa autem que est specialis, scilicet politica, consistit in reddendo proximo quod suum est in corporalibus tantum».

[14] Cfr. *ibidem*: «Polis enim nomen grecum est, et tantum valet in nostro sermone quantum pluralitas. Ergo iste quatuor virtutes dicuntur politice quoniam consistunt in pluralitate. Sed quero in qua pluralitate (...). Ad hoc dicimus quod iste quattuor virtutes dicuntur politice primo hac ratione: quoniam maxime sunt utiles in regimine civitatum, sive in regimine pluralitatis, secundum quod dicit Macrobius. Et iterum dicuntur politice quia in pluribus sunt quam theologice, quoniam quicumque habent theologicas habent illas, sed non convertitur».

buiva la funzione di conservare la vita sociale, in senso poi specialissimo è quell'attitudine che si oppone alla misericordia[15].

Come si vede, non appena si focalizza l'attenzione sui specifici testi riguardanti le virtù, la pur giustificata impressione di uniformità si dissolve in una pluralità di soluzioni specifiche non riconducibili ad un unico denominatore, per quanto non sia facile coglierne sempre il valore teorico. In questa sede può essere rilevante notare come il tentativo di ordinare la polisemicità del termine «iustitia» prendesse per lo più la forma di una distinzione tra sensi del termine da ordinare secondo una scala di maggiore o minore generalità. Come si è potuto vedere dagli esempi sopra riportati, la giustizia nella sua eccezione più ampia viene intesa come una sorta di sinonimo di virtuosità in generale, di conformità complessiva con l'ordine voluto da Dio. Le interpretazioni sono tuttavia divergenti, nel senso che in alcuni casi questa *iustitia generalis* viene assunta nel suo significato teologico, e quindi annoverata nell'ambito delle virtù infuse, mentre in altri casi include in sé sia la virtù infusa sia quella che in autori come Rolando, sulla scia della classificazione di Macrobio, è detta «politica».

La traduzione del V libro dell'*Etica Nicomachea* si inseriva quindi in un contesto in cui già si stava svolgendo un dibattito sulla virtù della *iustitia* e sulle sue accezioni. Già da tempo Alessandra Tarabochia Canavero ha evidenziato che all'interno stesso di un testo come il *De bono* di Alberto Magno si colgono gli effetti di una lettura del V libro in un certo senso durante la stesura stessa dell'opera. In effetti, la trattazione che lo Stagirita dedica a questa virtù non si presentava né del tutto eterogenea alle riflessioni condotte in ambito medievale già prima della sua traduzione, né immediatamente sovrapponibile.

Al quinto libro dell'*Etica Nicomachea* il lettore medievale si incontrava infatti con una distinzione preliminare che difficilmente poteva mancare di ricordare questa contrapposizione tra «generale» e «speciale». Aristotele distingueva infatti preliminarmente tra

[15] Cfr. IOHANNES DE RUPELLA, *Tractatus de divisione multiplici potentiarum anime*, III pars, c. 17, ed. P. Michaud-Quantin, Paris 1964, p. 174: «Hec est iustitia generalis, qua iustificatur impius, cuius sunt due partes, declinare a malo et facere bonum. Huius autem iustitiae generalis partes sunt latria, dulia, et obedientia. (...) Specialiter sumitur iustitia, cum in Dogmate philosophorum diffinitur sic: Iustitia est virtus conseruatrix humane societatis et vite communitatis. (...) Specialissime sumitur iustitia, cum dicitur obviare misericordie».

iustum legale e *iustum aequale*, a partire dalle accezioni comuni di *iniustum*[16]. Anche se il primo membro della distinzione coincide, seppure solo per un aspetto, con la totalità della virtù, lo Stagirita dedica maggiore attenzione alla seconda accezione che, invece di individuare una sorta di aspetto comune alle virtù tutte, stabilisce un'identità per la giustizia che le consente di essere inserita nel suo sistema[17]. Come si è detto, Aristotele distingue tra *iustum legale* e *iustum aequale*, una opposizione non immediatamente riducibile a quella tra generale e speciale; tuttavia, la caratterizzazione di *iustum legale* come «tota virtus», così come risulta dalla traduzione di Grossatesta[18], poteva ben invitare a una operazione ermeneutica di tal segno.

In verità, anche altri elementi sembrano spingere nella identificazione di «generale» e «legale»; in particolare sono i commentatori greci a usare espressioni come *universalis iustitia* per caratterizzare lo «iustum legale»[19]. Neppure la traduzione del commento medio di Averroè, pur non volendone sopravvalutare l'influenza, che ancora deve essere indagata appieno, è aliena da questa tendenza, e utilizza l'espressione «iustitia communis»[20].

[16] Cfr. ARISTOTELES, *Ethica Nicomachea*, Translatio Roberti Grosseteste Lincolniensis sive «Liber Ethicorum» B. Recensio recognita, V, 2 (1030b8-10), ed. R.-A. Gauthier, Leiden – Bruxelles 1973 (Aristoteles latinus, XXVI/1-3, fasc. IV), p. 456: «Determinatum est utique iniustum et illegale et inequale. Iustum, autem, et legale et equale». Sul concetto di giustizia in Aristotele la bibliografia è ovviamente vastissima: mi limito a rimandare a G. ZANETTI, *La nozione di giustizia in Aristotele. Un percorso interpretativo*, Bologna 1993, con ampi riferimenti al dibattito storiografico. In connessione con i recenti dibattiti sulle «teorie dei diritti», si veda F. D. MILLER, *Nature, Justice and Rights in Aristotle*, Oxford 1997.

[17] Cfr. ARISTOTELES, *ibid.*, V, 2 (1130b5-7), p. 456: «Quoniam quidem igitur sunt iusticie plures et quoniam est quaedam et altera preter totam virtutem, manifestum. Que autem et qualis quaedam sumendum».

[18] *Ibid.*, V, 1, (1030a9-10), p. 455: «Hic quidem igitur iusticia non pars virtutis, sed tota virtus est».

[19] In particolare è la traduzione di Michele da Efeso, voluta e diffusa da Roberto Grossatesta insieme con il testo di Aristotele, ad usare, in riferimento allo *iustum legale*, il termine «universalis iustitia»; cfr. MICHAEL EPHESIUS, *Enarracio in quintum moralium*, c. 3, ms. Città del Vaticano, Biblioteca Apostolica Vaticana, Vat. lat. 2171, f. 80ra: «Quare manifestum factum est quoniam universalis virtus et universalis iustitia subiecto et substancia eedem sunt; differunt autem secundum quid, ut dictum est». Utilizzo una mia trascrizione da manoscritto in quanto il progetto di P. Mercken non ha purtroppo potuto includere il V ed il VI libro. L'impegno di continuare l'opera meritoria dello studioso è stato per fortuna ora assunto da Michele Trizio.

[20] Cfr. AVERROES, *In Moralia Nichomachia Expositio*, V, 1, Venetiis 1562 (*Aristo-*

Quella che i commentatori chiameranno presto *iustitia legalis* (rendendo in questo modo lo *iustum legale* del testo dell'*Aristoteles latinus*), viene così spinta con una certa facilità verso la caratterizzazione di virtù generale, anche se il testo di Aristotele – nonostante alcune oscillazioni – parrebbe suggerire che la giustizia, intesa in senso universale, non sia una virtù in senso proprio, ma piuttosto tutte le virtù in senso eminente, e non designa quindi una specie del genere virtù, quanto piuttosto il medesimo genere sotto una particolare prospettiva, e cioè quella della relazione ad altro[21]. Il primo commento di Alberto Magno all'*Etica*[22], come vedremo, è già testimone dell'esistenza di proposte di identificare la *iustitia legalis* di Aristotele con le accezioni più «larghe» di *iustitia* reperibili nelle opere di coloro che egli stesso definisce i «theologi». Alberto Magno è tuttavia importante anche perché, come si è detto, nelle sue opere si colgono diversi stadi di un processo di ricezione della dottrina aristotelica.

Nella *Quaestio* III del trattato *de iustitia*, scritta prima di avere conoscenza del V libro dell'*Etica Nicomachea*, Alberto si chiede cosa sia la *iustitia generalis*, la caratterizza come *rectitudo animae* rispetto al *debitum generale* che l'uomo ha nei confronti degli altri, di se stesso, di Dio[23]. Nel secondo articolo nega che si tratti di una virtù speciale, in quanto è piuttosto un effetto della virtù in genere. Specificando, propone tre interpretazioni possibili della *iustitia generalis*. In un primo senso, si tratta dell'effetto che la grazia esercita sulla virtù; in un secondo senso, in verità di non facile

telis Opera Omnia latine cum Averrois commentariis), apud Iunctas, f. 67A: «Iam enim descripta fuit in eo quod precessit, iustitia communis per descriptionem virtutis et connumeratae fuerunt species eius per per ipsius enumerationem; cum non sit iustitia communis aliquid plus quam usus virtutis in relatione ad alterum».

[21] Questa, per esempio, l'interpretazione suggerita da Averroè (cfr. nota prec.), che non pare però avere incontrato molta fortuna tra gli autori latini del secolo XIII.

[22] Tra i più rilevanti recenti studi sul pensiero etico di Alberto, rimando a J. Müller, *Natürliche Moral und philosophische Ethik bei Albertus Magnus*, Münster 2001, ed ai riferimenti ivi contenuti.

[23] Cfr. Albertus Magnus, *De bono*, V, q. 3, art. 1, edd. H. Kühle *et alii*, in Id., *Opera Omnia... instruenda curavit Institutum Alberti Magni Coloniense*, t. 28, Münster 1951, in partic. p. 292: «Ex hoc patet, quod rectitudo animae, quae est iustitia generalis, consistit in debito ordine virium omnium ad actum et ad superiorem et ad inferiorem secundum rectitudinem status primi, in quo creatus est homo (...) rectitudo iustitiae generalis consistit in toto statu vitae secundum interiora et exteriora, secundum fidem et mores et ad deum et ad se et ad proximum».

comprensione, si tratta di quello che Alberto denomina «habitus consuetudinis» rispetto a tutte le azioni. È chiaro, tuttavia, che in questo caso la giustizia coincide con tutte le virtù e non si distingue da esse se non in base a una «ratio». Il terzo senso si fonda sul concetto di *debitum*: rispetto alla natura e al dovere dell'uomo in quanto uomo. Anche questo non differisce dalla totalità delle virtù se non sulla base di una *ratio*, in questo caso, specificamente, la *ratio debiti*[24]. Come è stato ben descritto da Alessandra Tarabochia Canavero, la *quaestio* IV, posteriore alla lettura del V libro dell'*Etica Nicomachea*, evidenzia significativi cambiamenti[25]. In effetti, mentre la q. III è dedicata alla *iustitia generalis*, la IV pare occuparsi prevalentemente della *iustitia specialis*; in realtà, i punti di contatto non sono pochi, e consentono di misurare l'entità del mutamento di prospettiva. La novità non consiste nella riproposizione dell'esistenza di entrambi i tipi di giustizia, generale e speciale, già peraltro prevista nella q. III, che anzi ne concepisce il rapporto in termini non di equivocità, né di omonimia, ma di analogia[26]. Piuttosto, a mutare sono i sensi attribuibili al termine *iustitia* che Alberto ritiene importante comparare e differenziare: comincia infatti col dire che sono tre: in primo luogo la si intende in modo speciale, negli altri due in modo generale. L'elenco, tuttavia, espone prima i due possibili sensi di *iustitia generalis*. Il primo ripropone la definizione già proposta nella *quaestio* precedente: si tratta di una *rectitudo universalis*, identificata con la *iustitia*

[24] Cfr. *ibid.*, art. 2, in partic. p. 295: «Dicendum sine praeiudicio melius dicentium, quod generalis iustitia accipitur tribus modis et nullo illorum modorum dicit specialem virtutem, sed potius effectum virtutis in genere. (...) Et meo iudicio iste effectus gratiae in virtute est iustitia generalis, quae de iniusto facit iustum et de impio pium. (...) Iustitia autem generalis duobus aliis modis praeter praedictum accipitur, scilicet pro habitu totius consuetudinis in se, non distincte ad consuetudinem huius operis vel illius. Et haec iustitia est omnes virtutes et non nisi ratione differt ab illis. (...) Tertius autem modus iustitiae generalis est debitum decentiae naturae et officii hominis, inquantum est homo. Hoc enim etiam omnem virtutem respicit, eo quod actus congruus hominis naturae et officii est actus secundum quamlibet virtutem, et ista iterum iustitia non differt a virtutibus in genere consideratis, nisi in ratione debiti (...)».

[25] Cfr. A. Tarabochia Canavero, *Alberto Magno: la giustizia dopo la lettura del V libro dell'Etica nicomachea*, in «Medioevo», 12 (1986), pp. 111-129.

[26] Cfr. Albertus Magnus, *ibid.*, in partic. p. 297: «Hinc patet solutio cuiusdam quaestionis, quae posset fieri, scilicet utrum iustitia aequivoce vel univoce dicatur de iustitia generali et de iustitia speciali. Constat enim, quod nec aequivoce nec univoce, sed secundum analogiam et rationem debiti, quae in iustitia speciali est per prius, in generali autem per posterius».

in senso paolino. Come già detto, non è in verità un abito virtuoso, quanto piuttosto una *habitudo*[27]. Il secondo senso di *iustitia generalis*, invece, è decisamente nuovo: si tratta di quella cui tende il legislatore nella città. Di questa si può affermare che sia il «genere» delle virtù, e che non differisca dalla virtù se non *ratione*[28]. Si riconosce qui lo schema concettuale già sperimentato nella *quaestio* III, dove la *iustitia generalis*, in due delle accezioni considerate da Alberto, si differenzia dalla totalità delle virtù per una *ratio* specifica; la *ratio* decisiva, tuttavia, qui, è quella degli atti virtuosi che si compiono in quanto adempimenti della legge. Con la *quaestio addita*, quindi, emerge un concetto di *iustitia generalis* ancorato in modo esplicito alla vita politica. Al mondo della «città dell'uomo» fa riferimento peraltro anche la definizione della *iustitia specialis*, che è l'*habitus* dello *iudex*, il quale mira a raggiungere l'uguaglianza[29]. L'atto specifico di questa virtù, pur caratterizzata secondo la formulazione già tradizionale, di ascendenza ciceroniana, ma presente anche in Agostino e nella tradizione giuridica[30] «reddere unicuique quod sibi debetur», è ora in tutta evidenza proiettato sullo scenario della vita civile.

Nella *quaestio addita* del *De bono*, il riferimento dello Stagirita alla legge, probabilmente insieme con il richiamo di Michele da Efeso, secondo il quale la *iustitia universalis* è funzionale «ad salvandum urbanitatem»[31], ha contribuito ad indicare ad Alberto

[27] Cfr. *ibid.*, q. 4, art. 2, p. 301: «Dicitur enim uno modo iustitia generalis, secundum quod est quaedam rectitudo universalis, qua aliquis ordinatur in statu debito, secundum quam aliquis de impio fit pius. Et sic sumitur Rom. VIII 'quos vocavit et iustificavit', et ita iustitia non est habitus ordinatus ad actum unum vel ad plures, sed est quaedam habitudo recti ordinis virium ad invicem et ad deum et ad propria obiecta».

[28] Cfr. *ibidem*: «Dicitur alio modo iustitia generalis, quae est genus virtutum, et haec est iustitia quam intendit legislator in civitate. Non enim intendit perficere cives secundum unam virtutem tantum, sed secundum omnes. Et sic sumitur a commentatore super Ethicam, qui dicit, quod iustitia est collectio omnium virtutum. Et sic iustitia non differt a virtute, licet ratione».

[29] Cfr. *ibidem*: «Iustitia vero specialis dicitur rectitudo quaedam, secundum quam iudex intendit aequalitatem. (...) Et talis actus iustitiae specialis est reddere unicuique quod sibi debetur, sicut determinat iudex dirigens, secundum quod intendit aequalitatem constituere inter superfluum unius et diminutum alterius».

[30] Cfr. I. P. Bejczy, *The Problem of Natural Virtue*, in *Virtue and Ethics in the Twelfth Century* cit. (alla nota 1), [pp. 133-154], in partic. pp. 151-153.

[31] Michael Ephesius, *Enarracio in quintum moralium*, c. 3, ms. cit. (alla nota 19), f. 80ra.

Magno la possibilità di individuare un nuovo significato possibile di *iustitia generalis* accanto a quello più tradizionale. Rimaneva tuttavia aperto il problema della caratterizzazione del rapporto della *iustitia generalis*, intesa in questo modo, con la virtù: ci si chiede se si tratti di una virtù come le altre oppure si ponga su di un piano diverso. Se la risposta è pienamente positiva per la *iustitia specialis*, e negativa per la *iustitia generalis* intesa in senso teologico, la situazione del secondo significato è più complessa, in quanto Alberto ha affermato che essa non si differenzia dalla virtù, se non per una *ratio*.

Avendo presente questa costellazione di problemi, diventa più comprensibile che il primo commento dello stesso Alberto all'*Etica Nicomachea* contenga una *quaestio* dalla formulazione che a una prima lettura può sembrare singolare, se la *iustitia legalis* sia *specialis*[32]. A ben vedere, tuttavia, qui emerge chiaramente l'incontro tra la categorizzazione precedente alla ricezione del libro V, che come si è visto contrapponeva generale/speciale, e la terminologia suggerita dal testo aristotelico, in cui si parla di «iustum legale». Dal punto di vista della teoria delle virtù, si tratta di una riformulazione del quesito che abbiamo già visto impostato nella *quaestio addita*: la *iustitia legalis* ha una sua identità come virtù? La risposta di Alberto, in parte sorprendente, è che la *iustitia legalis* può essere considerata anche una virtù speciale, quanto alla forma, infatti, che è costituita dal riferimento degli atti virtuosi alla comunità ad alla legge. È invece *generalis* (in questo brano si afferma l'identificazione tra *iustitia generalis* e *legalis*) in quanto riguarda una materia comune a tutte le virtù[33]. Alberto non intende quindi lasciar 'dissolvere' la *iustitia generalis* in una identità con tutte le altre virtù, ma ne vuole mantenere una specificità. Da questa operazione rimane tuttavia esclusa la possibilità di identificare questa *iustitia generalis* con quella di cui parlano i *theologi*, come si esprime Alberto stesso. Qui il maestro domenicano richiama perfino una distinzione tra le opinioni degli *anti-*

[32] Cfr. ALBERTUS MAGNUS, *Super Ethica commentum et quaestiones*, V, 3, ed. W. Kübel, in ID., *Opera omnia* cit. (alla nota 23), t. 14/1, Münster 1987, p. 318.

[33] Cfr. *ibid.*, p. 319: «Et sic erit iustitia legalis per conformitatem ad legem, specialis quaedam virtus propter formam iustitiae specialem, sed erit iustitia generalis propter materiam generalem».

qui e dei *moderni* (espressione sotto la quale, secondo l'editore critico, si nasconderebbe lo stesso Alberto[34]), per aderire a quella di questi ultimi, e negare la virtù infusa della *iustitia* sia identificabile con la *iustitia generalis*, soprattutto sulla base del fatto che la *gratia* interviene in primo luogo nel contesto delle relazioni dell'uomo con se stesso e con Dio; la giustizia in senso proprio, invece, riguarda il rapporto con gli altri[35]. Riprendendo una distinzione già proposta nel *De bono*, la giustizia in senso teologico viene assimilata ad una *habitudo*. La trattazione che Alberto dedica al tema nel suo secondo commento all'*Etica Nicomachea* differisce per non pochi dettagli, nei quali non mette conto addentrarsi e per una più esplicita sottolineatura del ruolo della legge; non va trascurato tuttavia il fatto che, pur parafrasando un testo in cui l'espressione non compare, in questo contesto Alberto usi *iustitia generalis* come sinonimo di *legalis*, anzi possa scrivere: «iustitia generalis non considerat nisi debitum legis»[36].

L'influsso di Alberto su Tommaso è assai evidente, e non solo nelle prime opere. Nel libro III del Commento alle *Sentenze*, l'Aquinate segue la soluzione proposta nella *quaestio addita* del *De bono*: i significati di *iustitia* sono sostanzialmente tre: secondo il primo si tratta di una virtù speciale, con un suo oggetto determinato, e in quanto tale è considerata una delle quattro virtù cardinali; negli altri due, invece, è generale: o si tratta della giustizia connessa alla teologia della giustificazione, o della giustizia che Aristotele, nel V libro dell'*Etica*, fa coincidere con ogni virtù[37]. Tommaso, che

[34] Cfr. W. KÜBEL, in ALBERTUS MAGNUS, *Super Ethica commentum et quaestiones*, ed. Kübel cit., p. 320, nota 4.

[35] Cfr. ALBERTUS MAGNUS, *ibid.*, p. 320: «Moderni autem subtilius dixerunt, quibus consentiendum est, quod non sit eadem, sed haec ponit rectitudinem in actibus hominis, qui sunt secundum quamlibet virtutem, secundum quod ordinantur ad alterum secundum dictas proportiones. (...) Illa autem ponit rectitudinem in statu hominis, secundum quam inferiores potentiae subiciuntur rationi et ratio Deo. Hic est enim primus effectus gratiae, in quo ponit. (...) Unde haec iustitia magis est habitudo quaedam quam habitus, quia non ordinat ad actum; unde non proprie potest dici virtus».

[36] ID., *Ethica*, l. V, tr. I, c. 3, in ID., *Opera omnia*, ed. P. Jammy (faccio riferimento a questa edizione in quanto l'edizione standard di Borgnet non mi è facilmente accessibile), 21 voll., Lyon 1651, IV, p. 190.

[37] Cfr. THOMAS AQUINAS, *Scriptum super Sententias*, III, d. 33, q. 1, art. 1, 3, ed. M. F. Moos, Paris 1933, p. 1023: «Ad tertium dicendum quod iustitia quaedam est

più avanti osserva che di l'uso del termine *iustitia* per quanto non riguarda i rapporti con gli altri è metaforico, sottolinea invece che la finalizzazione degli atti delle virtù al bene comune, in forza dell'indicazione della legge, caratterizza la seconda accezione di «iustitia generalis»[38]. Tale orientamento di Tommaso si conferma e specifica nella *Sententia libri Ethicorum*[39]. Rivelativo il modo in cui Tommaso commenta il brano in cui Aristotele sostiene che la giustizia legale e la virtù si identificano quanto alla sostanza, ma non quanto all'*esse* (che viene opportunamente reso dai commentatori come *ratio*)[40]. Tommaso osserva che questo è vero solamente quanto all'atto, ma non quanto all'oggetto, che è determinato. Quindi la giustizia *legalis* possiede anche una sua identità: si tratta di una *virtus determinata* che trae la sua specificità dall'orien-

generalis, quaedam autem specialis. Specialis quidem est secundum quod habet materiam determinatam in communicationibus quae ad alterum sunt secundum rationem debiti; et sic ponitur hic una de quatuor cardinalibus virtutibus. Alio modo dicitur generalis, et hoc dupliciter. Uno modo secundum quod est quaedam habitudo recta ipsius animae, prout homo debito modo ordinatur et in seipso et ad alia; et sic dicitur iustificari impius. Alio modo, prout est idem quod omnis virtus, ratione differens, prout actum virtutis quis ordinat ad bonum commune, secundum imperium legis: quod contingit in actibus omnium virtutum, ut Philosophus dicit V Eth. Et hoc infra melius patebit».

[38] Questa impostazione è confermata anche nelle *Quaestiones disputatae de veritate*; cfr. THOMAS AQUINAS, *Quaestiones disputatae de veritate*, q. 28, art. 1, in *Opera omnia* iussu Leonis XIII edita, t. 22, 3/1, Roma 1973, pp. 818-819: «Dicitur autem iustitia tripliciter: uno modo secundum quod est quaedam specialis virtus contra alias cardinales divisam prout dicitur iustitia qua homo dirigitur in his que veniunt in communicationem vitae, sicut sunt contractus diversi. (...) Alio modo dicitur iustitia legalis, quae secundum Philosophum est omnis virtus, sola ratione a virtute differens».

[39] Improponibile sarebbe anche solo tentare una bibliografia relativa alla virtù della giustizia nel pensiero di Tommaso d'Aquino; rimando piuttosto al recentissimo M. PERKAMS, *Aquinas's Interpretation of the Aristotelian Virtue of Justice and his Doctrine of Natural Law*, in *Virtue Ethics* cit. (alla nota 1), pp. 131-150, assai ricco anche di indicazioni bibliografiche.

[40] Cfr. ARISTOTELES, *Ethica Nicomachea*, Translatio Roberti Grosseteste, V, 2 (1130a 10-145-7), ed. Gauthier cit. (alla nota 16), p. 455: «Quid autem differt virtus et iusticia hec, manifestum ex hiis que dicta sunt; est quidem enim eadem, esse autem non idem, set secundum quod ad alterum quidem iusticia, secundum autem quod talis habitus simpliciter virtus»; cfr. THOMAS AQUINAS, *Sententia libri Ethicorum*, l. V, c. 2, in *Opera omnia* iussu Leonis XIII edita, t. 47, 2, Roma 1969, p. 270: «Deinde cum dicit *Quid autem differt virtus* etc., manifestat quiddam quod possit esse dubium circa praemissa. Et dicit quod ex dictis manifestum est in quo differant virtus et iustitia legalis, quia secundum substantiam est eadem, sed secundum rationem non est idem, sed per comparationem ad alterum dicitur iustitia».

tamento al bene comune[41]. Opportunamente Gauthier rimanda, a questo proposito, all'opera di Alberto[42]: è evidente che entrambi gli autori, assimilata una visione secondo la quale una virtù in senso proprio ha una sua dimensione specifica e non può essere meramente il nome generico di altre virtù, devono specificarne la dimensione individuante. Si nota, inoltre, che, mentre in Alberto l'accento cadeva in particolare sulla legge, Tommaso preferisce sottolineare il bene comune, il che non è in contrasto con il maestro, in quanto il bene comune è a sua volta il fine della legge, ma assume una diversa rilevanza.

È nella *Summa Theologiae* che la teoria tommasiana della virtù mostra più chiaramente la diversità degli apporti che si affiancano alla lettura di Aristotele. Nella q. 58 della *Secunda secundae* Tommaso affronta la questione se sia possibile parlare di giustizia al di fuori di una relazione tra persone (è questo il modo, come abbiamo visto, interpretata l'espressione *ad alterum* della traduzione di Grossatesta), e risponde negativamente; nel contesto dell'argomentazione l'Aquinate esplicita inoltre che nella dinamica della giustificazione per la grazia il termine «iustitia» è usato in modo metaforico, non proprio[43]. Eliminata dall'esame l'accezione «metaforica» di *iustitia*, e affrontati alcuni problemi non immediatamente pertinenti a questa analisi, Tommaso non si può sottrarre al quesito, divenuto ormai d'obbligo, se la *iustitia* sia una virtù generale. La sua risposta è positiva in quanto la *iustitia*, assunta nella prospettiva del rapporto con gli altri come comunità, indirizza tutti gli atti virtuosi al bene comune, per mezzo della legge[44]. Qui

[41] Cfr. THOMAS AQUINAS, *ibid.*, p. 270: «Verum, quia ubi est specialis ratio obiecti etiam in materia generali oportet esse specialem habitum, inde est quod ipsa iustitia legalis est determinata virtus habens speciem ex hoc quod intendit ad bonum commune».

[42] Cfr. *ibidem*, in apparatu.

[43] Cfr. THOMAS AQUINAS, *Summa Theologiae*, IIa-IIae, q. 58, art. 2, in ID., *Opera omnia iussu Leonis XIII edita*, t. 9, Roma 1898, p. 10: «Et ideo metaphorice in uno et eodem homine dicitur esse iustitia, secundum quod ratio imperat irascibili et concupiscibili, et secundum quod hae obediunt rationi, et universaliter secundum quod unicuique parti hominis attribuitur quod ei convenit. Unde philosophus, in V Ethic., hanc iustitiam appellat secundum metaphoram dictam».

[44] Cfr, *ibid.*, a. 5, p. 13: «(...) Bonum cuiuslibet virtutis, sive ordinantis aliquem hominem ad seipsum sive ordinantis ipsum ad aliquas alias personas singulares, est referibile ad bonum commune, ad quod ordinat iustitia. Et secundum hoc actus omnium virtutum possunt ad iustitiam pertinere, secundum quod ordinat homi-

Tommaso, inoltre, identifica *iustitia legalis* e *generalis*. Muovendosi quindi nella scia dei dibattiti precedenti, Tommaso non può non dare la propria risposta al quesito sul rapporto di identità/differenza tra questa *iustitia generalis* e le altre virtù. La sottile risposta di Tommaso parte dalla specificazione che qui «*generalis*» non si intende nel senso proprio del rapporto tra generi e specie, il che richiederebbe una identità essenziale, ma in quello, meno rigoroso, in questo contesto, di causa, o principio[45]. La giustizia, in questo contesto, è detta generale in quanto indirizza gli atti di tutte le virtù al bene comune. Questa puntualizzazione gli consente di sostenere che, in realtà, la *iustitia generalis* ha un suo oggetto proprio, il bene comune, e quindi possiede una sua specificità. Ciò equivale a dire che non si identifica con la totalità delle altre virtù, è anch'essa una *virtus specialis*. Per quanto ciò possa suonare paradossale, quindi, la *iustitia* in questione è sia *generalis*, sia *specialis*: non solo, Tommaso specifica che essa è speciale quanto all'essenza, ma generale *secundum virtutem*[46]. La *iustitia aequalis* sarà detta quindi non speciale, ma particolare[47]. In tutta evidenza, Tommaso rivede così

nem ad bonum commune. Et quantum ad hoc iustitia dicitur virtus generalis. Et quia ad legem pertinet ordinare in bonum commune, ut supra habitum est, inde est quod talis iustitia, praedicto modo generali, dicitur iustitia legalis: quia scilicet per eam homo concordat legi ordinanti actus omnium virtutum in bonum commune».

[45] Cfr. *ibid.*, a. 6, p. 14: «Respondeo dicendum quod generale dicitur aliquid dupliciter. Uno modo, per praedicationem, sicut animal est generale ad hominem et equum et ad alia huiusmodi. Et hoc modo generale oportet quod sit idem essentialiter cum his ad quae est generale, quia genus pertinet ad essentiam speciei et cadit in definitione eius. Alio modo dicitur aliquid generale secundum virtutem, sicut causa universalis est generalis ad omnes effectus, ut sol ad omnia corpora, quae illuminantur vel immutantur per virtutem ipsius. Et hoc modo generale non oportet quod sit idem in essentia cum his ad quae est generale, quia non est eadem essentia causae et effectus. Hoc autem modo, secundum praedicta, iustitia legalis dicitur esse virtus generalis, inquantum scilicet ordinat actus aliarum virtutum ad suum finem, quod est movere per imperium omnes alias virtutes. Sicut enim caritas potest dici virtus generalis inquantum ordinat actus omnium virtutum ad bonum divinum, ita etiam iustitia legalis inquantum ordinat actus omnium virtutum ad bonum commune».

[46] Cfr. *ibid.*: «Sicut ergo caritas, quae respicit bonum divinum ut proprium obiectum, est quaedam specialis virtus secundum suam essentiam; ita etiam iustitia legalis est specialis virtus secundum suam essentiam, secundum quod respicit commune bonum ut proprium obiectum».

[47] Cfr. *ibid.*, a. 7, p. 15: «Sicut ergo praeter iustitiam legalem oportet esse aliquas virtutes particulares quae ordinant hominem in seipso, puta temperantiam et fortitudinem; ita etiam praeter iustitiam legalem oportet esse particularem

alcune affermazioni contenute nelle opere precedenti[48]; è anche consapevole di entrare in attrito con il testo di Aristotele: propone quindi una interpretazione secondo la quale lo Stagirita avrebbe voluto semplicemente adottare un modo di esprimersi, secondo il quale si può affermare che ogni virtù, in quanto è indirizzata al bene comune, si identifica con la *iustitia legalis*, pur rimanendone distinta *secundum rationem*[49].

Nel Tommaso della *Summa*, quindi, in un complesso gioco di influssi, la giustizia *generalis* assume i tratti sostanziali della *iustitia legalis*, ma d'altra parte le conferisce i tratti di una virtù che ha una sua specificità e che la differenzia dalle altre virtù, anche se assunte nella loro totalità: questa sua peculiarità è sottolineata dall'Aquinate anche con l'osservazione per la quale essa si ritrova in forma eminente nel principe[50].

Già in altra sede, ormai qualche anno fa, ho mostrato che la concezione proposta da Tommaso, di una virtù generale della giustizia distinta da tutte le altre virtù, viene assunta da Egidio Romano nel suo *De regimine principum* e ulteriormente politicizzata forse proprio a partire da questi sintetici spunti di Tommaso. Senza dubbio, incorporata in un'opera tanto fortunata, e usata come è stato dimostrato, anche come strumento per lo studio dell'*Etica* aristotelica[51], questa concezione della *iustitia generalis* ha diffuso nel Medioevo occidentale una interpretazione della dottrina di Aristotele, di cui ho tentato qui ricostruire alcuni momenti salienti. Per il dettaglio, rimando a quello studio[52]. Tuttavia,

quandam iustitiam, quae ordinet hominem circa ea quae sunt ad alteram singularem personam».

[48] Si veda *supra*, alle note 36-37 e 40.

[49] Cfr. THOMAS AQUINAS, *ibid.*, a. 6, p. 14: «Potest tamen quaelibet virtus, secundum quod a praedicta virtute, speciali quidem in essentia, generali autem secundum virtutem, ordinatur ad bonum commune, dici iustitia legalis. Et hoc modo loquendi iustitia legalis est idem in essentia cum omni virtute, differt autem ratione. Et hoc modo loquitur Philosophus».

[50] Cfr. *ibidem*: «Et sic est in principe principaliter, et quasi architectonice, in subditis autem secundum quid et quasi ministrative».

[51] Cfr. CH. F. BRIGGS, *Giles of Rome's De Regimine Principum: Reading and Writing Politics at Court and University, c. 1275 – c. 1525*, Cambridge 1999; ma anche le considerazioni introduttive di C. LUNA a Aegidii Romani *Opera omnia*, I.1/11, *Catalogo dei manoscritti, De regimine principum (Città del Vaticano – Italia)*, a c. di F. Del Punta – C. Luna, Firenze 1993.

[52] R. LAMBERTINI, *Von der* iustitia generalis *zur* iustitia legalis. *Die Politisierung*

non soltanto nell'ambito degli *specula principis*, che potremmo definire un po' anacronisticamente di «alta divulgazione», questo modello interpretativo ha continuato ad esercitare una notevole influenza, ma anche in quello della tradizione dei commenti universitari all'*Etica Nicomachea*[53]. In questo contesto, nella prospettiva di un futuro studio complessivo, basti ricordare che nei commenti legati alla facoltà delle arti parigina spesso affiora il problema della natura della *iustitia legalis*. Nel commento recentemente rivendicato da Iacopo Costa a Radulfo Brito[54] incontriamo, per esempio, la quaestio *utrum iustitia legalis sit eadem essentialiter cum aliis virtutibus moralibus*, che riceve una risposta negativa[55], come abbiamo visto accadere in Tommaso. La situazione è analoga nell'anonimo commento di Erfurt, nel quale la formulazione del quesito è quasi identica[56]. Gli esempi si potrebbero agilmente moltiplicare: è così nel commento per questioni attribuito a Egidio d'Orléans[57], ma anche nell'anonimo commento conservato nel codice latino 16110 della Bibliothèque Nationale di Parigi[58]. Spostandoci nell'ambiente degli *studia* mendicanti, anche l'agostiniano Enrico di Frimaria, nel suo commento letterale e per questioni[59], dedica notevole spazio al pro-

des Gerechtigkeitsbegriffes im 13. Jahrhundert am Beispiel des Aegidius Romanus, in *Geistesleben im 13. Jahrhundert* (Miscellanea Mediaevalia, 27), hrsg. von J. A. Aertsen – A. Speer, Berlin – New York 2000, pp. 131-145.

[53] Per uno sguardo sintetico sulla tradizione dei commenti, si veda ora D. A. LINES, *Aristotle's Ethics in the Italian Renaissance (ca. 1300-1650). The Universities and the Problem of Moral Education*, Leiden – Boston – Köln, 2002, in partic. pp. 459-482. Tra i numerosi studi dedicati da I. COSTA ai «commenti scolastici»: *Il problema dell'omonimia del bene in alcuni commenti scolastici all'Etica Nicomachea*, in «Documenti e studi sulla tradizione filosofica medievale», 17 (2006), pp. 157-230.

[54] In particolare nella tesi dottorale *Il commento all'Etica Nicomachea di Radulfo Brito: Edizione critica del testo con uno studio storico, critico e dottrinale* (Ph. D. Diss. Università degli studi di Salerno / Université de Paris IV – Sorbonne, 2007), ora rielaborata nel bel libro: I. COSTA, *Le* quaestiones *di Radulphus Brito sull'«Etica nicomachea», Introduzione e testo critico*, Turnhout 2008 (Studia Artistarum, 17).

[55] RADULPHUS BRITO, *Quaestiones super libros Ethicorum Aristotelis*, V, q. 114, ed. Costa cit. (alla nota precedente), pp. 432-435.

[56] Cfr. ms. Erfurt, Stadtbibliothek, Ampl. F 13, f. 104^{rb-va}.

[57] Cfr. ms. Paris, Bibliothèque Nationale, lat. 16089, f. 214^{va-vb}.

[58] Cfr. ms. Paris, Bibliothèque Nationale, lat. 16110, f. 260vb.

[59] Su questo autore, la cui *Sententia libri Ethicorum*, in assenza di edizione, leggo nel ms. Bologna, Biblioteca Universitaria, 1572, è ancora fondamentale il rimando a C. STROICK, *Heinrich von Friemar, Leben, Werke, philosophisch-theologische*

blema, riprendendo molti temi e posizioni del dibattito precedente: anch'egli ritiene che la *iustitia legalis* non sia identica alle altre virtù, non però per le ragioni indicate da Tommaso[60], quanto perché una totalità si differenzia in modo formale dalle sue parti assunte separatamente. Per la presente indagine è interessante, inoltre, che il dottore agostiniano spieghi perché la medesima virtù possa essere detta, oltre che *legalis*, *generalis*: l'aggettivo «legalis» deriva dal fatto che la legge indirizza al bene comune politico che costituisce il suo oggetto: l'aggettivo «generalis», invece, si riferisce appunto al fatto che l'oggetto è il *bonum commune*[61].

In questo modo, in un commento come quello di Enrico, che funge quasi da «collettore» dei dibattiti precedenti, si trova come sanzionata l'identificazione tra giustizia generale e giustizia legale che è stata oggetto di discussione fin dalla prima ricezione del V libro dell'*Etica Nicomachea*. D'altra parte, come si è visto, questa vicenda ermeneutica non è avvenuta senza una complessa interazione, in forza della quale l'aristotelica giustizia legale ha acquisito il ruolo di giustizia generale non senza assorbire alcuni tratti della forma, anche se non dei contenuti, secondo i quali era pensata la giustizia generale. D'altra parte, nel corso del processo di ricezione si sono poste le condizioni per nuovi dibattiti. Buridano, la cui posizione non viene analizzata in questo contributo perché troppo addentrata nel secolo XIV, può comunque fungere da testimone di alcuni esiti di questo dibattito, quando scrive, nella quarta questione del suo commento al libro V dell'*Etica Nicomachea*, che tutti i *doctores* paiono concordare con il fatto che sia necessario presupporre l'esistenza di una virtù che orienti l'uomo verso il bene comune, e che questa virtù sia la *iustitia legalis*. L'ac-

Stellung in der Scholastik, Freiburg im Breisgau 1954, in particolare pp. 53-59 per la tradizione del commento all'*Etica*.

[60] Cfr. HENRICUS DE FRIMARIA, *Sententia libri Ethicorum*, V, f. 114ra: «Sic differt ab illa realiter, non per se sed per accidens, inquantum ipsa iustitia legalis et simul cum temperancia comprehendit fortitudinem a qua per se differt temperancia sicut quodlibet totum differt a suis partibus per accidens divisim sumptis. Propter hoc dicendum quod iustitia legalis formaliter et specifice et quantum ad hoc essentialiter distinguitur a qualibet virtute, presupponit tamen alias virtutes».

[61] Cfr. *ibid.*, f. 113va: «Sed iustitia legalis est ad alterum quemcumque ut habet ordinem ad bonum commune politicum quod est eius obiectum et quia legis est aliqua ordinare ad bonum commune. Ideo iustitia ratione dicte ordinationis recte dicitur legalis sed ratione boni communis in quantum ordinat recte dicitur generalis».

cordo finisce qui, tuttavia, perché c'è dissenso su quale sia l'effettivo rapporto esistente tra questa virtù e le altre:

> Hac autem conclusione concessa, diversificantur opiniones de differentia huius virtutis communis, scilicet iustitia legalis, ad alias virtutes[62].

[62] JOHANNES BURIDANUS, *Questiones super libros Ethicorum*, V, q. 4, Paris 1513, Poncet (Poncetus) Le Preux (rist. an. Frankfurt a. M. 1968), p. 92vb. Una importante monografia sul pensiero etico di Buridano: G. KRIEGER, *Der Begriff der praktischen Vernunft nach Johannes Buridanus*, Münster i. W. 1986; interessanti approcci alla fortuna del commento di Buridano in C. FLÜELER, *Teaching Ethics at the University of Vienna: The Making of a Commentary at the Faculty of Arts (a Case Study)*, in *Virtue Ethics* cit. (alla nota 1), pp. 277-346.

JOSEPH ZIEGLER

THE SCIENCES OF THE BODY AROUND 1300 AS A LOCUS OF THEOLOGICAL AND SPIRITUAL THOUGHT*

Medieval culture considered the body's materiality and concreteness to be fundamental components of a human being, and physical pain to be a locus of identity and meaning. In a significant contribution to this by now widely accepted historiographic notion, Manuele Gragnolati has studied a variety of poetic texts written mainly in the vernacular[1]. Fixing the fate of the separated soul in the afterlife well before the Last Judgment these texts attest to pervasive positive sense of the body as a crucial, beloved and beautiful component of the person. Being so central for the definition of the self, the body became an absolute necessity in order to express the fullness of the separated soul's experience in the afterlife as well. Souls were somatized (in different ways) in hell, in purgatory and in Paradise.

But while Gragnolati based his analysis mainly on vernacular prose and poetry dealing with eschatology, I would like to dedicate this paper to a different kind of texts and setting: my sources are learned texts which emerged around 1300 in an academic setting and which allow us to draw the nature of the interaction

* An earlier version of this paper tremendously benefited from comments by participants at the February 2005 Colloquium of Department II at the Max Planck Institute for the History of Science in Berlin. It is partly incorporated into *Faith and the Intellectuals I*, in *Christianity in Western Europe c. 1100 - c. 1500*, ed. M. Rubin – W. Simons, Cambridge 2009 (The Cambridge History of Christianity, 4), pp. 372-393.

[1] Cfr. M. Gragnolati, *Experiencing the Afterlife: Soul and Body in Dante and Medieval Culture*, Notre Dame (IN) 2005.

10.1484/M.NUTRIX-EB.1.101254

between the sciences of the body (medicine, medical alchemy and physiognomy) and spiritual and theological thought at that particular moment. My purpose is to show how the sciences of the body (medicine in particular) were increasingly employed by those who were not their practitioners as a source of spiritual and theological speculation. At the same time, the practitioners of these sciences occasionally slid into the theological or spiritual domain. This general survey (based on varied work published over the last fifteen years) will not only show the centrality of the body in theological discourse at its various levels (from metaphors used in sermons to *Sentences* commentaries); it will also allow us to elaborate on some aspects of the nature of disciplinary boundaries so typical of the *medieval paradigm* around 1300. This will hint at changing intellectual sensibilities when it comes to explaining Christian doctrine around 1300.

The opening statement from Étienne Tempier's introductory letter to the condemnations of 1277 suggests that among the causes motivating him to act as he did was a deep fear that some members of the arts faculty were transgressing the limits of their own faculty («nonnulli parisius studentes in artibus proprie facultatis limites excedentes»)[2]. A shared questioning technique facilitated the way for theologians to delve into natural philosophy and vice versa and hence turned the disciplinary boundaries permeable. Theologians started sometime in the thirteenth century asking questions which increasingly were drawn directly from natural philosophy. Many of these questions probed the domain of God's powers: what God could do and not do, and what God knows or does not know, and they all reflect the desires of an intellectual class that sought to know as much as they could by reason alone.

Indeed, some people, who were not theologically trained, occasionally dared to delve into the domain of the theologians. They obviously did not produce *Sentences* commentaries, but they did produce varied spiritual and low-level theological treaties which employed sources and analytical techniques normally preserved for the use of those who were specifically trained to do so.

[2] *La condamnation parisienne de 1277: Texte latin, traduction, introduction et commentaire*, ed. D. Piché, Paris 1999, p. 72.

The cases of Arnau de Vilanova and Galvano da Levanto, two academic physicians active around 1300 who smoothly extended their professional preoccupation to making a significant contribution to contemporary spiritual and theological discourse indicate that some academic physicians did see their scientific engagement as a direct extension of their preoccupation with God[3]. Arnau de Vilanova's medicine was generally devoid of religious allusions, but his movement to the theological field was also influenced by his medical background. He saw a medical purpose in contemplating spiritual matters, namely to ensure the spiritual health of his audience, and when he entered the spiritual realm he brought with him a medical frame of mind to bear on it. This frame of mind was founded on the particularly rich medical language he was employing in his spiritual texts (metaphors and specific analogies) – a tendency he shared partly with the clergy. For at the same time, high-level medical language was increasingly used by both Domincan and Franciscan preachers in their sermons.

Arnau was not *sui generis*. For others like Galvano da Levanto the body even became the starting-point and the trigger for spiritual speculation. Galvano describes in detail his transumption (*transumptio*) from the physical to the mystical body as a process in which a physician might drift from medical into clerical domain. Like Arnau he extended his medical knowledge and curative activities from body to soul and both regarded themselves as divine agents with direct access to divine knowledge.

But Edward Grant and others have shown that medieval natural philosophers and physicians largely ignored in their questions themes related to God, the faith, or Church doctrine, and it seems that on the whole God and faith played little role in medieval natural philosophy (and medicine: i. e. the medical texts themselves, apart from the rhetorical proemia and endings were generally religiously neutral)[4]. This happened because the objective to provide natural explanations for natural phenomena ren-

[3] Cfr. J. Ziegler, *Medicine and Religion c. 1300: The Case of Arnau de Vilanova*, Oxford 1998.

[4] Cfr. E. Grant, *God and Reason in the Middle Ages*, Cambridge 2001, pp. 207-282; Id., *A History of Natural Philosophy from the Ancient World to the Nineteenth Century*, Cambridge 2007, pp. 239-273; Id., *The Nature of Natural Philosophy in the Late Middle Ages*, Washington 2010, pp. 91-118 and 225-232.

dered questions regarding faith irrelevant. Even those theologians who wrote treatises on natural philosophy (normally in the shape of a commentary on one of Aristotle's books), usually chose to keep the theologization of natural philosophy to a minimum. Natural philosophy and academic medicine were never significantly infiltrated by theology. Both were, of course, about God's creation, but it was about that creation as a rational construction that could only be understood by reason. Hence the boundary between theology and natural philosophy was rarely blurred beyond recognition when looking from the angle of natural philosophy or medicine.

Things looked quite different from the theological end: theology was increasingly in need of natural philosophy (and I include here the sciences of the body) and became dependent on it. First, the struggle against the Cathars, forced the Church to resort to reason and philosophy to defend faith[5]. But later, from the second third of the thirteenth-century *Sentences* commentaries and *quodlibets* became saturated with questions and arguments taken from the realm of natural philosophy and medicine and applying reason to theology. Commentaries on book I, for example, included dense natural philosophical discussions of the infinite on all its aspects (infinite space, eternity of the world); book II acquired dense natural philosophical discussions of the heavens (including spiritual bodies and angels), celestial bodies and light, digestion and heredity; book III allowed the commentators to boast their detailed knowledge of embryology; and book IV encouraged theologians to use both natural philosophy and medicine to describe the bodies of Adam and Christ.

Let me introduce a short example for this use of medical theory by theologians.

In his *Sentences* commentary from ca. 1325, the Carmelite theologian John Baconthorpe discussed, like many of his colleagues, the mystery of the birth of Christ born of a woman as a result of non-seminal generation. As part of an area of thought which has acquired the name of 'divine embryology'[6], several key

[5] Cfr. R. FRENCH – A. CUNNINGHAM, *Before Science: The Invention of the Friars' Natural Philosophy*, Aldershot 1996, pp. 99-145.

[6] Cfr. M. VAN DER LUGT, *Le ver, le démon et la vierge. Les théories médiévales de la génération extraordinaire*, Paris 2004, pp. 365-473.

questions prompted theologians to long and detailed biological discussions concerning the exact role of Mary in the generation of Christ, her virginity after conception, and the primary material she supplied to the body of Christ. A detailed investigation of the role of the Holy Spirit as a substitute for the active male sperm, of the development and the life of Christ at the fetal stage (that is, whether his body was formed instantaneously or gradually), and of the possible astral influences at the moment of his conception were also part of the same trend to put the mystery of Christ's birth in a scientific context. The answers to these questions were far more important than providing an indication for the increasingly naturalistic tendencies among thirteenth-and fourteenth-century theologians. They had a decisive impact on the fundamental question of what made Christ belong to the human species when no male seed was involved in his generation.

Baconthorpe uniquely discussed another such question: did Christ resemble Mary?[7] The very question suggests that Baconthorpe thought of Christ biologically. The issue of resemblance between mother and her children was one of the most crucial arguments raised in debates among Galenists and Aristotelian philosophers and physicians discussing the role of women in generation[8]. For the Galenists it provided a crucial commonsensical proof for the validity of their theory which allowed the female sperm a certain active role in generation. For the positive answer to the question Baconthorpe uses two categories of similarity: *ad speciem* (which is divided into two kinds: first according to the substantial form, and second, according to the individual characteristics or *signa personalia*) and accidental (*secundum aliquod accidens* – skin colour, gender, physical faults). According to Baconthorpe, the substantial form of a mixture of two animals will always be determined by the father, hence the similarity with the mother (in this case Mary) who nourishes the fetus with her blood applies only to the *signa personalia*. Here Baconthorpe in-

[7] Cfr. *ibid.*, pp. 447-452 and esp. p. 449 n. 206 which transcribes parts of IOHANNES BACONTHORPE (IOHANNES BACHON ANGLICUS), *In tertium Sententiarum*, d. 4, aa. 1-4, ed. Cremonae 1618, 2 voll. (*Quaestiones in quatuor libros sententiarum et quodlibetales*), apud Marcum Antonium Belpierum, II, pp. 36a-39b.

[8] Cfr. J. CADDEN, *Meanings of Sex Difference in the Middle Ages: Medicine, Science, and Culture*, Cambridge 1993, p. 34.

troduces a zoological example which consequently becomes the foundation for a crucial analogy. The product of copulation between a dog and a fox physically resembles the feminine animal because from the mother the fetus draws its nourishment. The subject of the analogy probably taken from *Generation of Animals* II, 7 (746a) is Jesus who is also the product of a mixture between two different species (Mary and the Holy Spirit) and should be analyzed as a crossbreed between two animals. This similarity is not according to the substantial form which is always introduced by the father, but rather according to the *signa personalia* (in Christ's case Mary's humanity-*humanitas*). This resemblance is particularly strong in the case of Christ and Mary because of the lack of a male seed in the process. In Mary's case the overwhelming influence of the mother's nourishment is not hindered by the non-existent male seed, hence Christ looked very much like Mary. The language and style of Baconthorpe's partly Galenic explanation is purely biological and he makes specific references to Aristotle's *Generation of Animals*. A similarly biological frame of mind applies to Baconthorpe's explanation for Christ's sex: he was born masculine because Mary, not feeling any pleasure normally felt at intercourse, emitted no superfluous humor (*humidum superfluum*) which when mixed in the menses usually is responsible for the birth of girls.

This discussion reveals the basic trends and the subtle rules that characterized the encounter between theology and medicine. While before 1240 theologians stressed the miraculous explanation of the events leading to Christ's birth (Mary received from the Holy Spirit a supernatural generative power that allowed her to generate a child without a man and without harming her virginity), after 1240 more and more theologians (Franciscans in particular, but not conclusively) stressed Mary's natural contribution to the fetus. This led to more detailed comparisons between Mary's role and the role of ordinary women (and other female animals) in the birth of their offspring. Theologians increasingly and systematically came to cite philosophical (in particular books 15 and 16 in Aristotle's *Libri de animalibus*, or the corresponding books 1 and 2 of *Generation of Animals*) and medical sources (in particular Avicenna's *Canon*). The Galenic approach to women's role in the formation of the embryo (active through their seed though not as active as the males) was here particularly helpful and in accordance with the Franciscan adoration of Mary and with Franciscan desire to elevate her prestige and solidify her cult. The more Aristotelian theologians (many of whom were Dominicans) happily used Aristotle's notion of the passive woman whose menstrual blood is the main component of the embryo's flesh nourishing the embryo in its early days, whose vaginal secretion has no seminal significance but only a lubricating function facilitating coitus, who needs not feel pleasure in the sexual act to conceive, and who plays no active role in the formation of the fetus, but rather supplies only matter. They linked all these characteristics to Mary's role in the formation of Christ. In many respects theological discourse underwent a process of naturalization.

The theologians certainly did not abandon the basic mystery of Christ's birth, but they reduced the miraculous scope of the event by supplementing parts of the miraculous story with naturalistic explanations. The question of the gradual (and hence natural) formation of Christ's embryo versus its instantaneity (and hence miraculous character), was overwhelmingly determined in favour of the miraculous approach, *in order* to prevent the natural explanation from entirely taking over the miracle[9]. But by adding a scientific depth to the traditional story of Christ's birth they reflect the intellectual needs of a milieu which was no longer satisfied with simple and supernatural explanations. This mental change allowed adding a third epistemological category to the traditional natural or supernatural things, namely praeter-natural things (marvels which demand natural explanations but are still a cause for wonder and admiration). Why did this change of sensitivities in relation to the miraculous take place among intellectuals in the second third of the thirteenth-century is a question that still demands further study. But the obvious need to render miracles and the mysteries of faith more reasonable most probably had to do with the challenge created by the newly assimilated

[9] See for example ROLANDUS CREMONENSIS, *Summa*, III, 20, in VAN DER LUGT, *Le ver, le démon et la vierge* cit. (above, note 6), pp. 404-405. See J. ZIEGLER, *Medicine and Immortality in Terrestrial Paradise*, in *Religion and Medicine in the Middle Ages*, ed. P. Biller – J. Ziegler, York – Woodbridge 2001 (York Studies in Medieval Theology, 3), [pp. 201-242], pp. 232, 236-237 (for the explanations of immortality in Eden that relied on natural philosophy and medicine, but did not abandon Grace as a major explanatory factor).

scientific knowledge. Its attractiveness in the eyes of the young and the bright scholars meant that if theology was to maintain its position as the queen of all sciences, theologians had to accommodate their discourse accordingly and render it updated and relevant to the current natural philosophical issue[10].

The biological debates concerning the nature of the generation of Christ were not without limits. Thus for example, the Galenic story of generation as the result of the mixture of the male and female seeds (adopted by many Franciscan theologians) inevitably gave rise to the question whether Mary ejaculated seed («seminavit») and whether this ejaculation entailed a feeling of pleasure as is normally the case with ejaculating men and women[11]. Even the hypothetical possibility that Mary could feel some pleasure at the conception of Christ has led Albert the Great to denounce the abominable ideas of Galenic theologians. There were two ways out. The first was to deny the possibility that Mary emitted seed in conception and that instead the Holy Spirit used several drops of her blood to form the body of Christ. What distinguished Mary from other women was that her blood was separated from her body by the Holy Spirit and not naturally following the physical stimulation by a male. Christ's body possessed everything necessary for his humanity through the chaste and pure blood (*ex castis et purissimis sanguinibus*) of his mother. Mary's menses remained wholly pure because no pleasure was involved in conceiving Christ under the influence of the Holy Spirit. The second way out was to define the very question of Mary's sexual excitement by the Holy Spirit and consequent ejaculation as shameful (*turpis*), as an act of curious stupidity, and as an affront to any authoritative source treating the topic. According to Bonaventure one should avoid sliding into this unsafe territory. Instead it is enough simply to say that the Virgin supplied the matter suitable for the generation of the son of God *secundum carnem*[12].

[10] The scientific developments in the seventeenth century presented theologians with a similar challenge. They too developed naturalistic strategies to render miracles more believable. See F. VIDAL, *Extraordinary Bodies and the Physicotheological Imagination*, in *The Faces of Nature in Enlightenment Europe*, ed. L. Daston – G. Pomata, Berlin 2003, [pp. 61-96], pp. 69-74 (on divine embryology).

[11] Cfr. VAN DER LUGT, *Le ver, le démon et la vierge* cit. (above, note 6), pp. 421-423.

[12] Cfr. BONAVENTURA DE BALNEOREGIO, *In tertium Sententiarum*, d. 4, a. 3, q. 1,

But despite these self imposed restrictions the basic inclination to reflect on all biblical stories and orthodox beliefs also through a scientific lens tremendously enriched the theological discourse from the second third of the thirteenth century onwards. This mood did not dramatically change the questions asked, but rather made the answers more subtle, and less simple, well anchored in up-to-date scientific theory.

The generation of Christ was not the only focus of medically oriented speculation among late medieval theologians. Thirteenth-century theologians were far removed from the mood accompanying the papal bull of 1567 issued by Pius V and which vehemently condemned the notion that Adam's immortality was not the result of divine favour but rather the product of his natural condition[13]. They debated a series of questions such as: How should one explain Adam's immortality in *status innocentie*? Was he immortal because of God's grace, or was his body naturally endowed with physical properties which assured his immortality? How exactly can one describe the effect of eating from the Tree of Life on Adam's body? By using key terms borrowed from medical theory (complexion, *complexio equalis*, radical and nutrimental moistures, natural heat) they described Adam's body before sin as a naturally perfect body whose perfectly balanced complexion resisted any form of corruptibility and hence death. They portrayed the effect of the tree of life on the body's health as a substance that prevents the natural and inevitable consumption of the radical moisture (the basic explanation among physicians for the inevitability of death). By doing so they did not deny the role of grace in the explanation, they only pushed it further away and wrapped it with natural explanations. In this case medical theory (directly borrowed from medical texts) played an important auxiliary role in theological exegesis which underwent a process of medicalization[14]. Similarly, when debat-

ad 2, in ID., *Opera Omnia*, Quaracchi 1887, III, p. 112 (cit. in VAN DER LUGT, *ibid.*, p. 422, n. 137).

[13] Cfr. L. COVA, *Morte e immortalità del composto umano nella teologia francescana del XIII secolo*, in *Anima e corpo nella cultura medievale*, Atti del V Convegno di studi della Società Italiana per lo Studio del Pensiero Medievale (Venezia, 25-28 settembre 1995), ed. C. Casagrande – S. Vecchio, Firenze 1999, [pp. 107-122], p. 107, n. 1.

[14] Cfr. ZIEGLER, *Medicine and Immortality* cit. (above, note 9), pp. 201-242; and

ing the biological transmission of original sin from Adam to his offspring, theologians wrapped a key theological concept, *veritas humane nature* (that core substance that will arise in resurrection, unique to every person and determining his/her corporeal identity) in a state-of-the-art scientific envelop using the medical/biological concept of radical moisture (*humidum radicale*)[15]. This happened almost parallel to the assimilation of this key concept into medical theory.

Yet another focus of scientific speculation among theologians was Christ's body during and after the crucifixion[16]. One such peculiar question, which highlights the theologians' tendency to enrich their exegesis through scientific insights, targeted the blood emitted as sweat by the suffering Christ (*Lc* 22, 43): was the sweat of the suffering Christ on the cross natural («Utrum sudor Christi quem sudavit in agonia fuerit naturalis?»)[17]. This *quodlibet* question posed in 1269 by John Pecham in Oxford and then repeated by Roger Marston in 1284, invited a detailed explanation why Christ's perfect complexion did not allow superfluities (such as ordinary sweat) to be formed, and therefore he could only sweat pure blood. Pecham's solution of the problem, that the sweat of blood in Christ was natural and a result of an ideal mechanism of digestion and a fully balanced complexion, includes a scientific description of the physiological effects of Christ's passion. First,

C. CRISCIANI's and G. FERRARI's introduction to Arnau de Vilanova's *Tractatus de humido radicali*, ed. M. McVaugh, in ARNALDUS DE VILANOVA, *Opera Medica Omnia*, V/2, Barcelona 2011.

[15] Cfr. ID., «*Ut dicunt medici*»: *Medical Knowledge and Theological Debates in the Second Half of the Thirteenth Century*, in «Bulletin of the History of Medicine», 73 (1999), pp. 208-237; L. COVA, Originale peccatum *e* concupiscentia *in Riccardo di Mediavilla. Vizio ereditario e sessualità nell'antropologia teologica del* XIII *secolo*, Roma 1984.

[16] Cfr. A. BOUREAU, *Théologie, science et censure au* XIII*e* *siècle: le cas de Jean Peckham*, Paris 1999, pp. 87-136.

[17] JOHANNES PECHAM (PECHHAM), *Quodlibeta quatuor*, Quodlibet III, 4, ed. G. J. Etzkorn – F. Delorme, Grottaferrata 1989 (Bibliotheca Franciscana Scholastica Medii Aevi, 25), pp. 139-140; see also ALBERTUS MAGNUS, *Qaestiones de animalibus*, XIII, 8, ed. E. Filthaut, in ID., *Opera Omnia*, XII, Münster in W. 1955, p. 242. Cfr. ZIEGLER, *Medicine and Immortality* cit. (above, note 9), pp. 237-238; VAN DER LUGT, *Le ver, le démon et la vierge* cit. (above, note 6), pp. 468-469; E. COHEN, *The Modulated Scream: Pain in Late Medieval Culture*, Chicago 2010, *passim* and esp. pp. 203-204 and 208-226.

his agony affected the humoral constitution of his heart and led to the concentration of blood around it. This blood was consequently dispersed to the other organs through the action of the heat and emitted in the form of a sweat mixed with blood. Secondly, Christ imagined the forthcoming bloodshed and according to the physical law that imagination moves the humours, his blood, moved by his imagination, was dispersed outside the body in the form of sweat. And thirdly, his most noble complexion was highly refined and delicate, and consequently was particularly disposed to efficient evaporation of residual humours.

As for alchemy, it seems that the religious dimension of alchemy rendered it acceptable to the ecclesiastical authorities and at the same time filled those engaged in it with a sense of religious vocation. Alchemical discourse was suffused with the language of Christianity. From the earlier alchemical texts images of death and resurrection prefigured the dissolution of the prime matter and its reconstitution into the glorious stones. A religious and holy life was often thought a prerequisite for a successful alchemist whose knowledge was the product of divine revelation. The alchemical priest was expected to be chaste, morally upright, and temperate in his behaviour and habits. Alchemical knowledge was perceived to be the gift of God (*Donum dei*) and alchemical science was depicted as *partim divina*[18]. Alchemy and Christian religion thus penetrated one another as was the case with all other sciences. Nevertheless, I am not suggesting that the alchemists did not primarily aim at changes of a chemical kind but rather used chemical language and terminology only to hide spiritual, moral, or mystical processes in allegorical robe[19]. The alchemist's goals were primarily chemical and material, but the fact that the mysteries of the Christian faith increasingly came to be depicted and explained by means of chemical analogies, legitimized the study of alchemy and its practice despite its dubious scientific status. Alchemy's function as a source of tropes and imagery for rhetorical purposes or didactic

[18] Cfr. C. Crisciani, *Il papa e l'alchimia: Felice V, Guglielmo Fabri e l'elixir*, Roma 2002, pp. 44-45 and 81. See also G. Roberts, *The Mirror of Alchemy: Alchemical Ideas and Images in Manuscripts and Books*, Toronto 1994, pp. 78-82.

[19] Cfr. L. M. Principe – W. R. Newman, *Some Problems with the Historiography of Alchemy*, in *Secrets of Nature: Astrology and Alchemy in Early Modern Europe*, ed. W. R. Newman – A. Grafton, Cambridge 2001, [pp. 385-431], pp. 397-400.

exemplifications contributed to its recognition by theologians as a licit preoccupation.

When thinking about or even producing medicine which could prolong the life of humans, alchemists used the concept of *complexio equalis*, that is, a perfectly balanced complexion where the qualities of the four elements exist in a condition of perfect harmony, to describe the physical state they were seeking. The concept of *complexio equalis*, which they borrowed from medical theory, came in the second third of the thirteenth century to be heavily loaded with religious connotations[20]. Pre-lapsarian Adam and Christ were the only human creatures characterized by this unique complexion that assured their immortality. Such a perfect temperament would also exist in the bodies of the resurrected (both the blessed and the damned) who would be immortal. Bodily immortality was thus a natural characteristic of the human species, and thus all health defects could be repaired by natural means. Medical alchemy (in the form of the *elixir*) supplied an artificial means of acquiring such a body of equal complexion, which though would not become immortal it approached very much the final state of the resurrected body characterized also by immortality.

The fact that alchemy was of little interest among Jewish thinkers is a counterfactual proof for the importance of the Christian dimension in alchemy which came to be linked to the eternal search for salvation. Thus in some pseudo-Arnaldian texts (such as *Tractatus parabolicus*), the eucharist could be matched with the philosopher's stone – the efficient but incomprehensible or even miraculous agent of nature's restructuring and change; like Christ so the stone was created miraculously, both had to undergo physical suffering prior to acquiring curing powers; this inevitably lent a prophetic aura to the ancient authorities of alchemy who in the philosophers' stone predicted every detail of Christ's story. The search for immortality through *elixir* was tightly linked to strong beliefs in the integrity of the body and its importance in the state of glory (thus rendering it at the same time sinful and glorious) could find common grounds with the com-

[20] Cfr. ZIEGLER, *Medicine and Immortality* cit. (above, note 9), pp. 215-224. For alchemy in general and medical alchemy in particular as a vehicle for spiritual and apocalyptic thinking see L. DEVUN, *Prophecy, Alchemy, and the End of Time: John of Rupeseissa in the Late Middle Ages*, New York 2009.

plicated alchemical transformations in which one material could have several specific forms along a period of time. The alchemical possibility for the concomitant existence of opposing qualities helped to explain the possibility of Mary's immaculate conception or the miracle of the eucharist. The salutary effect of Christ's death on the cross was metaphorically compared to theriac, the ultimate and most powerful medicine, alchemically produced and efficient against all diseases. And Christ on the cross is described as a magnet attracting to him the sins of all mankind[21].

The renascent art and science of physiognomy provides the last decisive evidence of the rhetorical and intellectual mechanisms that allowed clerics to tolerate and even cultivate the preoccupation with a body of knowledge related to the body that potentially undermined Christian ethics and the Christian notion of free will[22]. If the external traits of the body teach us all we need to know about one's character and since all these external traits inhere in one from birth or even from conception, then one's behaviour is determined in birth, there is little place for free will or voluntary choice and the consequences for Christian pastoral theology are dire.

There were several strategies adopted by different intellectuals to legitimize physiognomy. I will dwell here on only one of them as it highlights one of the themes I have been stressing in this paper, namely: the constant ability to slide from a religiously neutral scientific text to spiritual speculation. In this particular case, the example I am about to discuss also highlights the peculiar medieval characteristic of the science of physiognomy that has a long history, which is not always continuous. In a recently published book entitled *The Invention of Racism in Classical Antiquity*, Benjamin Isaac linked ancient physiognomy to modern physiog-

[21] Cfr. A. BOUREAU, *Conclusion*, in «Micrologus», 3 (1995), p. 352; B. OBRIST, *Vers une histoire de l'alchimie médiévale*, *ibid.*, [pp. 3-43], pp. 35-36; A. CALVET, *À la recherche de la médecine universelle. Questions sur l'élixir et la thériaque au 14e siècle*, in *Alchimia e medicina nel Medioevo*, a c. di C. Crisciani – A. Paravicini Bagliani, Firenze 2003, [pp. 177-216], pp. 198-203; ZIEGLER, *Medicine and Religion* cit. (above, note 3), pp. 143-148; CRISCIANI, *Il papa e l'alchimia* cit. (above, note 18), pp. 43-45.

[22] For a more detailed discussion of the topic see J. ZIEGLER, *Text and Context: On the Rise of Physiognomic Thought in the Later Middle Ages*, in *De Sion exibit lex et verbum domini de Hierusalem: Essays on Medieval Law, Liturgy, and Literature in Honour of Amnon Linder*, ed. Y. Hen, Turnhout 2001, [pp. 159-182], pp. 161-176.

nomy (late 18th century) which indeed became racial towards the later part of the nineteenth century. He labeled pre-modern physiognomy as 'proto-racial'[23].

But learned medieval physiognomy was devoid of what could be interpreted as 'racial allusions'. It was about individuals whose character and mental constitution were biologically determined (at the foetal stage), but it was about individuals and not about groups. And it was about unique characteristics produced anew for each person. These characteristics were not automatically transferable through parental succession. And here I come back to our topic. According to the physician Michele Savonarola (towards 1450), two of the foremost characteristics of the well tempered person (*homo temperatus*) were a well proportioned mixture of white and red colour, combined with fine, brilliant skin[24]. Savonarola linked the description of the well tempered person who was well proportioned and characterized by *mediocritas* – the kcy physiognomic category for the ideal personality, to the widely disseminated thirteenth-century Latin text describing the face of Christ along what seem to be clearly physiognomic lines[25]. This description, which Savonarola fully transcribed immediately after he identified the bodily signs of the well tempered person, included the assertion that Christ's face was without a wrinkle or any spot and that a moderate touch of red beautified it. The imaginary skin of Christ, his medium sized and erect stature, his moderately straight hair, and his blue, variegated and bright eyes thus became the model for the ideal body which contains the morally perfect personality. All these classical categories belong-

[23] B. ISAAC, *The Invention of Racism in Classical Antiquity*, Princeton – Oxford 2004, pp. 149-163.

[24] Cfr. MICHAEL SAVONAROLA, *Speculum phisionomie*, I, 59, in G. ZUCCOLIN, *Michele Savonarola medico humano. Lo* Speculum phisionomie, PhD thesys, Salerno 2006, II, pp. 222-223.

[25] On the history of this text, which is a thirteenth-century invention reflecting the growing distance between Eastern (Byzantine) and Western representations of the face of Christ, see E. VON DOBSCHÜTZ, *Christusbilder. Untersuchungen zur christlichen Legende*, 2 voll., Leipzig 1899 (Texte und Untersuchungen zur Geschichte der Altchristlichen Literatur, N. F., 3), II, pp. 308-330. On the physiognomic context of this literary portrait see ZIEGLER, *Text and Context* cit. (above, note 22), pp. 170-172, and ID., *Skin and Character in Medieval and Early Renaissance Physiognomy*, in «Micrologus», 13 (2005), [pp. 511-535], pp. 529-530.

ing to the tempered personality, were christianized and re-offered to the Western imagination as keys for deciphering Christ's perfect personality.

By creating a Christian physiognomic ideal type as early as the mid-thirteenth century, the users of physiognomy were led to believe that though it is designed to teach who the humans around us really are, it can get us nearer to grasping the unfathomable, namely what Christ looked like. For the medieval physiognomer the basic unit for physiognomic analysis was the *homo* and the texts are universally humanistic. A chapter like chapter 35 in Polemon's *De physiognomonia liber* entitled 'On the Greeks and their pure race' (*De Graecis et eorum genere puro*)[26] is not found in any physiognomic text up to 1500, even though Polemon's text was known and was used by important physiognomic thinkers such as Pietro d'Abano. The ideal physiognomic type (characterized by a perfectly balanced complexion as attested by a perfectly proportioned body, hence perfect character and behaviour) was not an individual belonging to a specific ethnic group (the Ionian in Greek physiognomy). It was Christ – a super-national second Adam representative of mankind in general.

Despite mechanisms of ecclesiastical control and censorship, despite the overwhelming grip of Aristotelianism on natural philosophers and theologians alike, and despite the sincere reverence towards religious orthodoxy and Scripture, thirteenth and fourteenth century intellectuals from all fields of knowledge were engaged in vibrant dialogues with the ideas of their colleagues from other disciplines. Theologians enthusiastically interwove into their theological debates high-level, sophisticated and up-to-date medical knowledge they borrowed directly from medical and philosophical books. In as far as experimental sciences dealing with the human body are concerned, there is no indication for a systematic repressive approach on behalf of the ecclesiastical authorities: on the contrary. And alchemists and

[26] MARCUS ANTONIUS POLEMON, *De physiognomonia liber*, ed. G. Hoffmann, in *Scriptores physiognomonici graeci et latini*, ed. R. Förster, 2 voll., Stuttgart – Leipzig 1893, I, [pp. 95-294], pp. 242-244. Cfr. J. ZIEGLER, *Physiognomy, Science, and Proto-Racist Thought 1200-1500*, in *The Origins of Racism in the West*, ed. M. Eliav-Feldon – B. Isaac – J. Ziegler, Cambridge 2009, pp. 181-199.

physiognomers adopted a series of rhetorical and doctrinal approaches to accommodate their profession to religious orthodoxy. The boundaries between the different disciplines were fixed and clear, but at no stage were they impenetrable for curious incursions by outsiders.

ALVARO CACCIOTTI

PROBLEMI DI LETTURA DELLA MISTICA CRISTIANA MEDIEVALE

FEDE E VISIONE – NOTTE E GNOSI

1. *Premessa*

Il breve intervento qui proposto si avvale intenzionalmente dell'assunzione di un limite: la rinuncia ad articolate premesse sulla natura e sulla pertinenza disciplinare della tematica mistica. Pur volendo privilegiare il riferimento ad alcuni esempi della produzione testuale cristiana nei secoli XII-XV, la mancanza di un quadro teorico condiviso aggrava i rischi di una classificazione del fenomeno mistico rendendo impraticabile una recensione adeguata anche quando la si volesse trattenere, a buon diritto, entro il campo delle sole scienze teologiche e spirituali. Il lungo lavoro sul *proprium* della mistica è qui, dunque, semplicemente declinato per compito prefissato. Abbiamo scelto la via dell'offerta specifica e parziale di un tema per verificare se si può procedere con qualche frutto nella ricerca e nella discussione. La doppia coppia: *fede* e *visione* – *notte* e *gnosi*, costituisce un banco di prova di notevole interesse. Il chiarimento cercato potrebbe, contemporaneamente, favorire lo sviluppo sulla nozione di mistica e guadagnare una dimensione di *sapere* teologico ben più articolato e ricco delle attuali categorie di stampo classificatorio. Non va dimenticato, infatti, che tale doppia coppia – proprio perché intrinsecamente connessa ai temi della mistica – ben si presta a un pronunciamento prudenziale nel ricavare analisi attente su un campo tematico assai complesso reso ancor più tale, in questa sede, dalla assenza forzata e di un riscontro storiografico e di una indagine appropriata circa i secoli precedenti il nostro ambito temporale. Per di

10.1484/M.NUTRIX-EB.1.101255

più il nostro soggetto rappresenta un problema di lettura che andrebbe esplorato, forse, solo dopo aver trattato le questioni più urgenti sulla essenza della mistica[1].

Fede e *visione* – *notte* e *gnosi*, però, unitamente ad altri punti nodali offrono, a nostro parere, la possibilità di apportare chiarezza sulla questione della natura della mistica a livello disciplinare nel campo più specifico dell'esperienza mistica. È proprio su questo terreno che si concentrano le antinomie di maggior rilievo determinando una mirabile confusione tra campi disciplinari diversi. La conseguenza immediata è l'oblio di un esame critico pertinente la natura della mistica – e ci riferiamo alla mistica cristiana in particolare – la quale pare oscillare, nel vasto panorama della produzione odierna, tra determinazioni teologico-morali e rassegne meramente storico-letterarie. Nell'uno come nell'altro caso mentre si affermano significati si conclude, contemporaneamente, all'impossibilità di una qualche definizione. Sembra più opportuno, allora, procedere con l'aiuto di qualche esempio in modo da illustrare il tema prescelto non dovendo rincorrere infinite chiarificazioni pretenziose di un esame esaustivo di tutti i fattori implicati. Sarà sufficiente ritenere che il *sapere* teologico medievale, come ha ricordato magistralmente Jean Leclercq[2], è

[1] Pur limitando drasticamente il discorso nel rinunciare a pronunciamenti da ritenersi definitivi si precisa che il tentativo offerto è orientato, in ambito storico e teologico, a reagire alla classificazione di natura morale riservata alla mistica proprio dalle scienze teologiche di stampo aristotelico-scolastico. A causa della sua vastità rinunciamo, pure, a una minima rassegna bibliografica di riscontro. Per una proficua definizione e puntualizzazione sulla natura della mistica cristiana non possiamo, però, tacere il debito contratto con la lezione di Albert Deblaere. Lezione ora raccolta nel volume commemorativo: *Albert Deblaere, S. J. (1916-1994), Essays on Mystical Literature, Essais sur la littérature mystique, Saggi sulla letteratura mistica*, ed. R. Faesen, Leuven 2004 (Bibliotheca Ephemeridum Theologicarum Lovaniensium, 177). Per un riferimento più immediato entro il quale inscriviamo il presente contributo si tenga conto di quanto ribadito, circa le premesse, i guadagni e i limiti, nello *status quaestionis* da noi approntato in A. CACCIOTTI, *Aspetti letterario-spirituali del francescanesimo delle origini*, in *Il francescanesimo dalle origini alla metà del secolo XVI, esplorazioni e questioni aperte*, Atti del convegno della Fondazione Michele Pellegrino (Università di Torino, 11 novembre 2004), a c. di F. Bolgiani – G. G. Merlo, Bologna 2005, pp. 31-47 e 219-226. In queste indicazioni si potrà notare che l'esiguo rimando bibliografico non è pari all'assenza di un preciso quadro d'insieme entro il quale cogliere il senso che riserviamo alla natura della mistica cristiana. Le presenti note intendono sviluppare alcuni passaggi annunciati in quello stesso quadro.

[2] Del noto studioso si possono seguire con frutto le varie interviste rilasciate

spesso offerto da personalità che al contempo sono metafisici e mistici, letterati e spirituali. Segno questo che la produzione teologico-spirituale «presuppone sempre l'esperienza di un oggetto che si sottrae di continuo alle nostre misure, che è mistero»[3]; nondimeno essa è in grado di cogliere il rapporto col mistero in una ridda di percorsi storico-culturali di rilevante valore.

2. *Fede e visione*

È istruttivo prendere il via dalla particolare vicenda di Jean-Joseph Surin che, nel febbraio 1661, in una lettera indirizzata a madre Anne Buignon, sottolinea, tra le altre cose, come non fosse gradita ai dottori del suo Ordine religioso la sospirata pubblicazione della sua ultima opera: *Guida spirituale alla perfezione*[4]. La lettura dell'opera giustifica ampiamente come l'avvertita difformità di *sentimenti* dai teologi, sia all'origine del contrasto e causi una reciproca diffidenza. Nel corso dello scritto si può agevolmente cogliere che le puntuali messe a punto dell'autore convergono tutte nell'illustrare come sia diversa, negli scritti dei mistici, la natura delle *cose* spirituali quando vengono assunte dalla trattazione riservata loro dalla sistemazione teologica. È qui la vera origine del contendere e, a ben vedere, non si tratta di una contesa alla pari. Infatti, Surin, nella parte della *Guida* riservata alla *lettura*, si chiede quali siano i libri in grado di rilasciare un vero intendimento circa le *cose* spirituali, e dopo aver enumerato autori e titoli, a proposito di Johann Tauler, Jan van Ruusbroec, Hendrik van Herp e Heinric Suso, osserva acutamente:

> Il n'est pas convenable qu'autres que les personnes versées lisent ces auteurs à cause de leur profondité et abstraction, combien que mal à propos ont-ils été blâmés par quelques docteurs scolastiques qui ont cru, à raion de leur science, avoir droit de juger de semblables auteurs et, comme il est ar-

in tempi diversi e ora raccolte nel volumetto: *Interviste con Dom Jean Leclercq*, a c. di V. Cattana, Seregno 1995 (Orizzonti monastici, 11); qui, in particolare, si vedano le pp. 51 seqq.

[3] *Ibid.*, p. 60.

[4] Cfr. J.-J. Surin, *Guide spirituel pour la perfection*, ed. M. de Certeau, Paris 1963. La lettera di Surin inviata a madre Buignon è citata dal curatore in apertura del volume alla p. 7.

> rivé qu'ils ne les entendaient pas, ils les ont condamnés, ne pouvant pas comprendre qu'il y eût rien portant le nom de théologie qui ne pût être soumis à leur jugement. Se peut-il faire qu'un docteur scolastique, fort entendu et capable en la science qu'il professe, ne puisse pas entendre ce que dit un docteur mystique? Oui, certainement, s'il n'a autre chose que d'être docteur scolastique[5].

In realtà, Surin, reagisce all'errata considerazione che i teologi riservavano, ormai da lungo tempo, all'opinione dei mistici offrendo una rassegna motivata e ricca di opportune distinzioni sul valore di alcuni scritti da leggersi con profitto, per attuare una vita cristiana bene informata ai dettami della fede. La sua posizione – con un certo piglio storiografico presente non solo in questo passaggio – ha il merito di chiarire che l'incomprensione perpetuata dai teologi, riguardo l'opinione dei mistici, è dovuta a una incapacità disciplinare della stessa teologia. Non si tratta, allora, di un mero contrasto su affermazioni pertinenti la spiritualità cristiana e neppure di orientamenti dovuti a scuole diverse, ma, più esattamente, di una certa impossibilità nutrita dalla teologia nel giudicare rettamente cose a lei ignote.

La considerazione sulla insistita lettura deformante i convincimenti dei mistici, da parte di certa scienza teologica, merita ben più del solo cenno qui riportato a fronte della costante pratica operata nei secoli. Lo stesso Jean Gerson, infatti, con due secoli di anticipo, aveva fornito una serie di considerazioni in base alle quali si sarebbero potuti stabilire con frutto i principi della teologia mistica[6]. La ragionata disamina del Gerson rimase sostanzialmente inascoltata proprio quando avvertiva dell'errata configurazione che gli studi teologici rilasciavano circa gli autori mistici. Il motivo, in verità, non è nuovo e spesso si trova documentato con l'impiego di una forte ironia riservata ai teologi e al loro lavoro scientifico. La questione di fondo è sempre la medesima: l'incomprensione che i teologi riservano alle dottrine degli scrittori spirituali e mistici. Tra le illustri prese di posizione basterà ricordare i noti interventi di Meister Eckhart[7] e di Era-

[5] *Ibid.*, p. 178.

[6] Cfr. Iohannes Charlerius Gersonus, *De mystica theologia*, ed. P. Glorieux, *Oeuvres complètes*, III, Paris – Tournai – Rome – New York 1962.

[7] Si veda come alla ripetuta affermazione «Die Meister sagen», Meister

smo da Rotterdam[8], per sottolineare quanto fossero suscettibili sulla questione gli scrittori mistici. Ciò che, in particolare, questi ultimi non possono accettare è la riduzione a sistema meritorio di quel complesso vitale promesso e derivante dalla conoscenza di fede. La promessa neotestamentaria di una evidenza esperienziale della relazione tra Dio e l'uomo credente è sottoposta, nella scienza teologica, a un *processo* ascetico-morale, quasi un *vademecum* che assicuri l'automatica riuscita di una vita di fede data da una osservanza tecnicamente ineccepibile. Quel che più infastidisce gli autori spirituali è il precisarsi, in tali posizioni, di larvate venature di pelagianesimo e gnosticismo, allorché i sistemi o i cammini cristiani, pensati in sede teologica, danno adito alla presunzione che l'esercizio ascetico possa, in qualche modo, dunque, raggiungere Dio. La dinamica della fede cristiana è affidata, così, al solo proposito dell'io dell'uomo: tanto più sarà salvo, quanto più sarà capace di attuare un cammino prefissato. In particolare la riflessione teologica andava sempre più giustificando in modo puntuale tale presunzione col mutuarla a *metodo* sicuro. L'intendimento, certamente mosso dall'insieme dei principi metodici della scienza teologica, si concretizza in una prassi che, a ben guardare, svilisce la stessa dinamica relazionale insita nella nozione di rivelazione cristiana, e tende a sostituirla con una soggettività, una coscienza che afferma se stessa nel proprio ruolo di *conquista*.

Sarebbe opportuno rileggere la storia della teologia per conoscere meglio quanto aiuto sia stato fornito dalla strumentazione teologico-morale per l'elaborazione di nozioni e di pratiche di vita cristiana che differiscono dalle dottrine spirituali. Un guada-

Eckhart contrappone l'incalzante «Ich aber sage wahrheitsgemäß»: cfr. ECKHARDUS DE HOHEIM (MAGISTER ECHARDUS), *Predigt «In hoc apparuit caritas Dei in nobis»*, 6, in ID., *Deutsche Predigten und Traktate*, ed. J. Quint, Darmstadt 1985, pp. 178-181.

[8] Cfr. ERASMUS ROTERODAMUS, *Enchiridion militis christiani*, tr. it. a c. di A. R. De Nardo, L'Aquila 1973, p. 52: «Tra gli interpreti della divina scrittura scegli soprattutto quelli che si allontanano il più possibile dalla lettera. (...) Vedo infatti i teologi moderni rimanere troppo volentieri attaccati alla lettera, e dar opera a certe ingannevoli arguzie più che esplorare i misteri, quasi che Paolo certamente non abbia detto con verità, che la nostra legge è 'spirituale'». Il consiglio ora citato non viene certo da un sentimentalista illetterato. Per ciò che andiamo rilevando non si dimentichino le ulteriori osservazioni dello stesso Erasmo: cfr. *ibid.*, pp. 142 seqq., sulla finta virtù da lui qualificata come «la peste del cristianesimo».

gno ulteriore resterebbe assicurato dalla chiarificazione apportata al lessico dei due 'schieramenti'. La pretesa scientifica dell'uno non si troverebbe più nelle condizioni di etichettare le forme mistiche come devozioni e deviazioni pericolose, confinanti col sentimentalismo ignorante e superstizioso. Contemporaneamente, sarebbe in grado di suggerire una più adeguata riflessione metodica sulle rette modalità di vita cristiana. Di rimando, la produzione mistica muove da una ben avvertita nozione di 'esperienza':

> L'esperienza spirituale non è riconducibile al dato immediato che, quasi spontaneamente, emerge, non ancora elaborato, nella coscienza. (...) La fede non inventa Gesù Cristo come contorno del proprio bisogno religioso e del sentimento religioso, ma si sottomette a una verità che è la verità di Gesù Cristo[9].

Negli scritti mistici la salvezza cristiana o, se si vuole, quel complesso di dinamiche che attuano la vita cristiana, è sempre concepita alla luce della rivelazione di Dio in Gesù Cristo per opera dello Spirito Santo. La fede costituisce esattamente la relazione dell'uomo con Dio; relazione complessa che include le dimensioni di una *dispensatio temporalis*[10], la quale non può non avvalersi di un *sapere* stabilito nelle forme di un rapporto tra persone. Ecco perché, ad esempio, Iacopone da Todi, in compagnia di una schiera innumerevole di autori spirituali, parla di un sapere che è come un non sapere: di fronte al sapere chiaro e distinto si pone l'accento su un *sapere* più complesso nel quale si descrive, al di là dell'esercizio intellettuale e psicologico, una reciprocità conoscitiva di natura sapienziale innescata dalla fede:

> La Voluntà creata 'n enfinetat'è unita, / menata, per la grazia, è 'n sì alta salita; / en quel cel d'egnoranzia trâ a gaudïosa vita / (co' ferro a calamita) nel non-Viduto amato. / Lo 'Ntel-

[9] G. MOIOLI, *L'esperienza spirituale*, Milano 1994², pp. 42-43.

[10] Per spiegare il concetto di 'vera religione' è utile rileggere come si esprime Agostino di Ippona; cfr. AUGUSTINUS HIPPONENSIS, *Retractationes*, I, 13, 1, PL 32, 602, ed. A. Mutzenbecher, Turnhout 1984 (CCSL, 57), p. 36: «Tunc etiam de uera religione librum scripsi, in quo multipliciter et copiosissime disputatur unum uerum deum, id est trinitatem, patrem et filium et spiritum sanctum, religione uera colendum, et quanta misericordia eius, per temporalem dispentationem concessa sit hominibus christiana religio, quae uera religio est, et ad eundem cultum dei quemadmodum sit homo quadam sua uita coaptandus».

> letto egnorante va 'ntorno per sentire, / nel cel caliginoso non se 'l larga transire, / ché fòra grann'eniuria la smesuranza scire / (sirìa maiur sapere ca llo saper ch'è stato). / Lo 'Ntelletto egnorante iura fidelitate, / sotto l'onipotenzia tener credulitate, / de mai rason non petere alla difficultate, / vive‹r› 'n umilitate, 'n tal profondo anegato. / O savia egnoranzia, 'nn alto loco menata, / miraculosa mente sì è' 'n tanto levata, / né lengua né vocabulo entend' en la contrata; / stai como dementata 'n tanto loco ammirato[11].

In realtà tutta la questione gira intorno a un tema classico della teologia cristiana riconducibile alla variegata formulazione sulla beatitudine, non solo finale, dell'uomo. Diversamente dalla sistemazione scolastica, la produzione mistica si avvale di una figurazione assai ricca enucleando le proprie prospettive rilasciate entro forme di una fenomenologia relazionale. Queste, non sembrano rinunciare mai all'esercizio gnoseologico, bensì lo amplificano in forme e strutture di tipo figurativo e narrativo – ma non solo –, capaci di rendere ragione dei passaggi operati. L'acuta lezione di Guglielmo di Saint-Thierry, aveva fornito un quadro riassuntivo di sicuro riferimento quando ne *La Lettera d'oro*, ad esempio, opera una lettura ordinata di tutti gli elementi antropologici e teologici implicati nel raggiungimento della beatitudine[12]. È emblema-

[11] Iacoponus de Tuderto (Iacopone da Todi), *Lauda* 21, vv. 7-22, in Id., *Laude*, ed. F. Mancini, Bari 1974 (Scrittori d'Italia, 257), p. 58. Entro lo stesso laudario di Iacopone per un riscontro circa la complessità del tema rinvenuto si vedano almeno: Id., *Lauda* 82, vv. 52 seqq., *ibid.*, p. 247; *Lauda* 92, vv. 281 seqq., *ibid.*, p. 303. Il motivo di crescita nella comprensione delle cose divine con la conseguente necessità di dover accedere a un diverso modo del conoscere è tratto sempre operato nella catechetica cristiana fin dall'antichità. Per un illustre precedente cfr. Gregorius Nyssenus, *De vita Moysi*, II, 163, PG 44,376D-377A, ed. J. Danielou, Paris 1955^2 (2007^3) (SC, 1-bis), p. 81.

[12] Cfr. Guillelmus a Sancto Theodorico, *Epistola ad fratres de Monte Dei*, PL 184, coll. 307-364, ed. J.-M. Déchanet, Paris 1975 (SC, 223). L'*Epistola* affronta l'intera esposizione del materiale disponendolo nelle tre parti che costituiscono l'uomo: cfr. *ibid.*, 5, 12, 315CD, ed. Déchanet, p. 176: «Hoc autem modo, sicut stella a stella differt in claritate, sic cella a cella in conversatione, incipientium scilicet, proficentium, et perfectorum. Incipientium status dici potest animalis, proficentium rationalis, perfectorum spiritualis. Ignoscendum aliquando in aliquibus est eis qui adhuc sunt animales, in quibus ignosci non debet eis qui jam habentur quasi rationales; rursumque rationalibus in quibusdam ignoscitur, in quibus non ignoscitur spiritualibus, quorum perfecta debent esse omnia, et imitatione et laude potius quam reprehensione digna». In questo contesto non si può non ricordare ciò che lo stesso Guglielmo premette nella lettera dedicatoria indirizza-

tico che l'insieme delle elaborazioni spirituali del tardo Medioevo non rinunceranno mai all'apporto della riflessione affermata nella tripartizione dell'uomo *animale*, *razionale* e *spirituale* o in similari formulazioni. Insomma, gli autori spirituali non saranno mai tentati di tralasciare la questione sul chi si conosce e come lo si conosce e, ulteriormente, chi è il conoscente e con quali modalità questi conosce[13]. In altri termini: il sistema contemplativo tratteggiato dai mistici, quale visione di Dio comporta già sulla faccia della terra? Di quale tipo di contemplazione usufruisce l'uomo? Generi, stili e contenuti diversi, convergono in una trama redazionale con lo scopo di istruire e rendere edotto il lettore sulla possibilità di una esistenza di grazia donata nel rapporto di unione con Dio[14]. Proprio perché si tratta di relazione si spiega anche il massiccio impiego dell'allegoria amorosa nel qualificare, per così dire, sia il contenuto, sia la forma di tale unione. La complessità dell'impiego

ta al priore della Certosa quando indica, per la vita spirituale, l'ordine che lo stesso Signore raccomandò ai discepoli: cfr., *ibid.*, *Ep. praef.*, p. 134: «Nam hoc quoque ordine Dominus ad discipulos dicit: 'Et quo ego vado scitis, et viam scitis' (*Jo* 14, 4). Unde et propheta: 'Divitiae, inquit, salutis, sapientia et scientia' (*Is* 33, 6)».

[13] Il tema rinvenuto è parte delle riflessioni riportate più avanti. Intanto si può guadagnare la puntuale formulazione di Guglielmo riguardo all'uomo *animale*; cfr. *ibid.*, 14, 43, 336A, ed. Déchanet, p. 282: «Admonendus est quanta potest puritate cordis intendere in eum, cui sacrificium orationis suae offert, seipsum attendere qui offert, intelligere quid et quale sit quod offert. Quantum enim videt, vel intelligit, eum cui offert, tantum ei in affectu est, et ei amor ipse intellectus est». Si tenga, inoltre, presente come lo stesso procedimento (supportato dalla citazione di GREGORIUS MAGNUS, *Homiliae in Evangelia*, 27, 4, PL 76, 1207B), riferito all'uomo *animale*, si arricchisce di un articolato ragionamento ormai in grado d'essere compreso dall'uomo *spirituale*: cfr. GUILLELMUS A SANCTO THEODORICO, *ibid.*, 3, 15, 348A seqq., ed. Déchanet, pp. 348 seqq.

[14] Il tema della visione di Dio, di Dio visto dall'anima quando questi risiede in lei, è tema obbligato per gli autori mistici. Non sfugga, poi, che normalmente la cornice entro la quale si inscrive è data dal tema amoroso che ben si presta, con i suoi vari registri, ad allestire i tratti di una conoscenza reciproca. Citiamo, per amore di brevità, un solo testo di riferimento: ANGELA DE FULGINEO, *Liber (Liber de vera fidelium experientia)*, Instruct., II, 94-101, ed. L. Thier – A. Calufetti (*Il libro della Beata Angela da Foligno*), Grottaferrata 1985², p. 420: «Tunc autem ista vera sunt – scilicet quod anima sic fortificata et quietata in isto amore perdit desideria – nec potest operari quando habet dictam visionem Dei in dicta plenitudine; sed quando aufertur ei – nulli enim animae conceditur quod sempre in ea perseveret – datur ei unum novum desiderium infocatum sine poena operandi opera paenitentiae fortius quam prius. Et ratio est quia iste status est perfectior ceteris aliis; et perfectio habet hoc facere quia quanto maior, tanto magis conatur imitari magistrum perfectionis, scilicet istum Deum hominem passionatum».

grammaticale e retorico, pur da vagliare, è, dunque, momento e occasione intrinseca della scrittura spirituale. In essa si persegue una didattica – dal parere autobiografico al saggio anonimo; dalla lettera, al sermone fino all'impiego lirico – capace di educare alla comprensione di una vita felice segnata dal *credere*. L'intricato linguaggio ascetico svolgerà il compito di guidare, non senza un sano e spesso crudo realismo, il credente a non perdere i gaudi dell'incontro personale con Dio.

È su quest'ultima determinazione dello scritto mistico che continua a consumarsi una inadeguata recensione della critica quando si scorge, nella diversità di generi e stili inerenti le varie proposte, una opposizione irriducibile delle *mistiche* più disparate. Sembra impossibile allo 'scienziato' di turno prendere atto o della ricostruzione delle tappe di una trasmissione fiorente, o della rispondenza di sempre dei medesimi nodi spirituali descritti in cangianti moduli culturali. Quasi che un filosofo, un teologo, un artista, o un semplice credente, non possano esprimere nella propria cultura di riferimento la cosciente esperienza di Dio. L'evento espressivo di tale esperienza comporta sempre una visione e non solo di Dio. Il rilievo storico praticato su questo passaggio dalla riflessione spirituale del tardo Medioevo, si avvale di un pronunciamento chiaro intorno alla fede cristiana che autorizza la ricchezza della varietà propositiva. Nel già citato sermone di Meister Eckhart, si può facilmente riscontrare l'impronta del maestro parigino che mette a nudo l'esito insoddisfacente di una *beatitudine* che l'uomo dovrebbe raggiungere mettendo in atto una *modalità* in grado di causarla:

> Ich sage fürwahr: Solange du deine Werke wirkst um des Himmelreiches oder um Gottes oder um deiner ewigen Seligkeit willen, (also) von außer her, so ist wahrlich nicth recht um dich bestellt. (...) Denn wer Gott in einer (bestimmten) *Weise* sucht, der nimmt die Weise und verfehlt Gott, der in der Weise verborgen ist. Wer aber Gott *ohne* Weise sucht, der erfaßt ihn, wie er in sich selbst ist; und ein solcher Mensch lebt mit dem Sohne, und er ist das Leben selbst[15].

[15] ECKHARDUS DE HOHEIM, *Predigt «In hoc apparuit caritas Dei in nobis»*, 10-13, 19-23, ed. Quint cit. (alla nota 7), p. 180.

Jan van Ruusbroec, da parte sua, ha dedicato alcune delle sue pagine più belle all'esaltazione del desiderio umano per descrivere l'incontro col Signore, puntando sulla forza trascinante non della rinuncia, non della abnegazione, ma dell'amore che trasforma[16]. Così, quando il fiammingo parla dello spirito umano, o dell'anima, calibra la sua riflessione sull'essere spirituale che l'uomo è. Tra i risultati conseguenti si può notare il deprezzamento dell'uomo intenzionato ad acquisire, in modo interessato, sembianze spirituali[17]. La fine osservazione psicologica dell'autore, matura una insistita trattazione sulla improduttiva stanchezza provata dallo sforzo ascetico, il quale è pari – per contro – alla passione di saperi e conoscenze nuove che identificano lo stato d'animo di colui che è posto davanti alla proposta di fede. Ecco, in parte, un brano del testo di Ruusbroec:

> Ute innighen dancke ende love comt tweerande wee van herten ende pine inder begherten. Die eerste wee es, dat men ontblivet in dancke, in love in eeren ende in gods dienste. Die ander es, datmen niet toe en neemt na datmens begheert in karutatem, in duechden, in trouwen, in volcomenen seden; opdat men weerdich werde gode te danckene ende te lovene ende te dienen na behoorlijcheit. Dit es dat ander wee. Dit sijn beyde wortelen ende vrucht, beghin ende inde alre inwindgher duechde. Inwindighe smerte ende wee van ontblivene in doechden ende inden love gods, dat es dat hoochste werc in deser eerster wisen inwindigher oefeninghen, ende hier met verste vol‹coe›melijc volbracht[18].

[16] IOHANNES RUSBROCHIUS (JAN VAN RUUSBROEC), *Die geestelike brulocht* (*De ornatu spiritualium nuptiarum*), ed. J. Alaerts, Turnhout 1988 (CCCM, 103), pp. 263 seqq. (tr. it., *L'ornamento delle nozze spirituali*, in *Mistici del XIV secolo*, a c. di S. Simoni, Torino 1973 [pp. 291-463], pp. 342 seqq.).

[17] È la polemica contro i falsi mistici operata dallo stesso Ruusbroec; cfr. *ibid.*, pp. 559 seqq. (tr. it., pp. 441 seqq.).

[18] *Ibid.*, pp. 319-321 (tr. it., pp. 362-363: «La gratitudine e la lode intima generano una doppia sofferenza di cuore e pena affettiva. La prima è il vedere che si è impotenti a ringraziare, lodare, onorare e servire Dio, come si dovrebbe. La seconda è che non si cresce, come si vorrebbe, nella carità, nella virtù, nella fedeltà, nella perfezione della vita, in modo da rendere a Dio degne azioni di grazie, lodi e servizio. Tale è la seconda pena, ed ambedue sono, nel contempo, radice e frutto, principio e termine di ogni virtù interiore. Soffrire così interiormente e sentire con pena la propria impotenza a praticare le virtù e a lodare Dio, è l'opera più alta ed il compimento del primo modo di esercizi interiori»). La dottrina del fallimento, qui rinvenuta, è largamente condivisa ed è già ampia-

L'insegnamento sul *fallimento* della propria azione nel rinvenire Dio, è un tratto dottrinale sempre presente nella letteratura mistica. Esso ha il pregio, tra gli altri, di mostrare, in una scansione temporale, la bontà dell'azione virtuosa che approda alla dimensione perfetta, pur rimanendo incapace di causare la vita dello spirito, anche quando questi è il solo interesse mosso da nobili motivi. Il contesto è spiegato dal largo uso dell'allegoria amorosa che, più di altre, si presterà a descrivere il segreto della vita, che segue l'incontro, come *unione trasformante*. La purezza di tale stato è pari all'esclusione di ogni moto esteriore ed interiore: vige solo la quiete. È il cosiddetto *matrimonio mistico*, dove l'uomo e Dio trovano, per sempre, l'uno il proprio centro nell'altro. Spessissimo, Ruusbroec, si serve del termine *unitas* per indicare il rapporto tra l'anima contemplativa e Dio, ed egli stesso ha modo di precisare, più volte, che il termine non va inteso per significare l'unità di essenza; ma, piuttosto, per qualificare il rapporto d'amore dato in una fenomenologia relazionale di segno affettivo.

In attesa di studi adeguati sul tema notiamo, intanto, che la conoscenza delle vie di contaminazione, di influenza, di interdipendenza o di semplice rispondenza delle dottrine mistiche non è ancora ben illustrata, e ciò comporta imprecisione sul quadro d'insieme della testimonianza mistica del tardo Medioevo. La situazione, ovviamente, grava anche sul tema in oggetto e il rischio, sempre in agguato, è quello di praticare un mero esercizio di lettura di esempi senza un raccordo sintetico ragionato e ben definito. In verità, i tentativi sono numerosi e una più seria conside-

mente presente tra i Padri. Basterebbe, d'altronde, una semplice rassegna biblica per mostrare la bontà cristiana della tematica. Se c'è una particolarità da annotare per tutto il tardo medioevo è il suo impiego misurato su tutti i tipi di operazione, sull'attività fisica, psichica e spirituale possibile all'uomo. Non sfugga, dunque, che la visione di Dio, posseduta e possibile al mistico, è sempre determinata sulla struttura della rivelazione cristiana. Anche l'amore, ove non fosse la pura dimensione della virtù teologale, deve *perdere* le sue determinazioni discorsive e meritorie. Scrive ancora Ruusbroec, *ibid.*, p. 419: «Want god wilt van ons ghemint sijn n asine edelheit, ende hier inne faelgeren alle gheeste, ende aldus wert de minne sonder wise ende zonder maniere. Want si en wetent hoe [hoghe] gheleisten noch toe bringhen, want alre gheeste minne es ghemeten» (tr. it., p. 395: «Dio vuole essere amato da noi proporzionalmente alla sua nobiltà, ed è là che vengono meno tutti gli spiriti; il loro amore perde modo e maniera, perché non sanno né come sdebitarsi, né come riuscirci. Infatti l'amore di ogni spirito è limitato»).

razione delle 'regole' rilasciate da Gerson sul tipo di gnoseologia in uso tra i mistici, è già in grado di stabilire una ordinata griglia di lettura della produzione testuale mistica. Non senza ragione lo stesso Karl Rahner è intervenuto sulla questione in oggetto[19] rilevando, che non si può ammettere, per i mistici e i cristiani, una diversità di grado circa il raggiungimento della felicità finale. I primi coprirebbero un percorso in tre tappe: fede, mistica e gloria; mentre i semplici cristiani, attraverserebbero la stessa distanza, passando per i gradi della luce di fede e della luce di gloria. Il pronunciamento rahneriano ha avuto il merito di riportare, almeno in campo teologico, una più serena valutazione dell'opinione dei mistici quando, questi, precisano concordemente che la più alta contemplazione concessa all'esperienza mistica non è mai la visione dell'essenza divina. Anche quando si volesse restringere il pronunciamento mistico nel campo più specifico dell'esperienza (esperienza, beninteso, in quanto descritta!) e denominarlo complessivamente – seguendo il suggerimento di Gerson – *mistica* e/o *contemplazione*, si indica sempre che l'aspetto essenziale di tale esperienza non è la visione dell'essenza divina; ma il dono di ciò che Dio è, ricevuto in una relazionalità, data nel tempo e nello spazio. L'esperienza di cui parlano i testi non si ferma mai a descrivere un incontro delle essenze o di fusione degli esseri. Molto opportunamente si troverà sempre la precisazione che si parla di *presenza di Dio* e non di *presenza divina*. La felice immersione nell'essere infinito, il perdersi completamente nell'altro, la costante apertura e dilatazione della coscienza, è tratto conosciuto dai mistici cristiani; mai, però, è confessato come l'oggetto raggiunto o da raggiungere, tale da costituire la propria felicità. Si tratta sempre di un Dio velato dai nomi divini; ma, nello stesso tempo, Egli si è fatto conoscere con un solo nome, molto personale, quello delle persone trinitarie. Sono categorici in questi passaggi i mistici presi in considerazione entro il lasso di tempo a noi affi-

[19] In realtà si tratta di un intervento datato al 1962 e se può apparire recente per gli studi teologici è fin troppo tardivo rispetto all'impostazione dottrinale dei mistici. Inoltre, in questo stesso contributo, l'autore opera un coraggioso, ma ancora insufficiente, spostamento disciplinare dello studio dei mistici: dal campo prettamente morale si indica quello teologico come il più adeguato: cfr. K. RAHNER, s. v. *Mystik*, VI, *Theologisch*, in *Lexikon für Theologie und Kirche*, VII, Freiburg i. B. 1962², coll. 743-745.

dato. Dio chiama per nome l'uomo, e se, Egli è già nell'uomo come pienezza dell'Essere, soprannaturalmente ammette l'uomo alla sua intimità personale come Altro. Nei tratti più autobiografici o intimi, come in quelli più dottrinali, si evidenzia un insegnamento che si modella sulla fede[20]. Ciò che costituisce il *fondo* – *Grunt der Sêle*, secondo la nota espressione eckhartiana – dell'esperienza mistica è la messa a tema della presenza personale di Dio, come accadimento nella propria esistenza terrena. Non si riscontrano in alcun modo dottrine dal sapore esoterico in questi testi. In essi è riferita insistentemente che la 'scoperta' fatta, in modo diretto e passivo, dall'uomo spirituale, collima con ciò che hanno tutti i fedeli cristiani: diventati membra di Cristo nel battesimo, partecipando alla vita divina, essi sono dimora della Trinità[21]. Essi scoprono, per esperienza (*operationes interiores*), ciò che tutti credono e ciò che tutti i fedeli in stato di grazia possiedono. È l'opinione di Ruusbroec, il quale scrive a proposito di questa esperienza, che essa consiste in ciò che tutti i cristiani credono e confessano, che è posseduto da tutte le persone buone, ma che resta loro nascosto per tutta la vita[22]. Si tratta, dunque, della scoper-

[20] Non può sfuggire che l'interesse primario di ogni scrittura mistica obbedisca al primato dello spirituale da sempre oggetto della *predicazione* della Chiesa. E se nel tardo Medioevo sempre più ci si avvia alla constatazione della crescita della dimensione interiore, non si può non evidenziare l'impiego *purgativo* che gli autori spirituali riservano alle visioni, alle immagini di Dio che, man mano, un retto cammino spirituale rinviene. A questo proposito basti citare i continui processi di negazione dei concetti e delle immagini con le quali si crede di conoscere o di possedere Dio, così come sono messi in atto da Meister Eckhart nel tema principe del suo pensiero, dato dalla *Gelassenheit* e dalla *Abgeschiedenheit*; cfr. ECKHARDUS DE HOHEIM, *Deutsche Predigten und Traktate*, ed. Quint cit. (alla nota 7), pp. 438-440; e cfr. ANGELA DE FULGINEO, *Liber*, Instruct., XXXVI, 124-131, ed. Thier – Calufetti cit. (alla nota 14), p. 734: «O nihil incognitum! O nihil incognitum! In veritate non potest anima habere meliorem visionem in isto mundo, quam videre suum nihil et stare in suo carcere. Et maior deceptio est in sufficientiis spiritualibus quam in temporalibus, scilicet scire loqui de Deo, facere paenitentiam magnam, intelligere Scripturas et habere cor quasi continue occupatum in rebus spiritualibus, quia isti multotiens in errorem cadunt et difficilius corriguntur et reducuntur, quam illi qui temporales habent sufficientias».

[21] Cfr. GUILLELMUS A SANCTO THEODORICO, *Meditativae Orationes*, VI, 11, 7-8, PL 180, 224AB, ed. J. Hourlier, Paris 1985 (SC, 324), p. 114: «Nostra ergo, ut video, in te, vel tua in nobis habitatio nobis caelum est».

[22] Cfr. IOHANNES RUSBROCHIUS, *Die geestelike brulocht*, ed. Alaerts cit. (alla nota 16), p. 481: «Dit hebben alle goede menschen; maer hoe dat dit es, dat blivet hem verborghen al haer leven».

ta, o se si vuole, della presa di coscienza di fede: i mistici ne sono consapevoli, mentre molti cristiani, magari, non vivono appieno tale consapevole esperienza. Nel seguire, ad esempio, il III libro delle *Nozze spirituali* di Ruusbroec, si rimane davvero sorpresi del perché così puntuali precisazioni dottrinali sulla natura della visione «più nobile e più fruttuosa che si possa raggiungere in questa vita»[23], non abbiano avuto un seguito nell'elaborazione teologico-morale proposta con una certa ufficialità.

Nell'espressione mistica dei mendicanti, e più in specie dei francescani, è ancor più diffusa la constatazione che la dottrina mistica sulla visione di Dio, veicola un insistito e ripetuto programma pastorale destinato a trasmettere, in determinate coordinate, una vita di fede. Non solo trova largo impiego, ad esempio, il genere delle *visioni*, ma intere produzioni vengono proposte come tali[24]. In realtà si tratta di un narrare intessuto, soprattutto, su calco biblico-liturgico, il quale persegue una produzione catechetica secondo i dettami di sempre della Chiesa. Certamente una rassegna ordinata dei tipi di visione religiosa tornerà utile nel fornire materiali indispensabili circa una conoscenza adeguata del fenomeno mistico. Ancor più urgente sembra essere un serio ragguaglio sul diversificato uso biblico che tale produzione sembra conoscere bene, fino al punto di assimilarlo in una parafrasi interpretativa[25]. Ma è fuor di dubbio che la nozione di esperienza rilasciata entro questi testi non equivoca mai il senso da attribuirvi: l'esperienza di fede cristiana crede, accede e conosce verità non sempre verificate dall'esperienza *tout court*. Nella rivelazione cristiana, infatti, si credono verità che mai si potranno

[23] *Ibid.*, p. 593: «Ende dit es dat eedelste ende dat orborlijcste scouwen daermen toe commen mach in desen levene» (tr. it. cit., p. 460).

[24] Anche se lo stato critico del testo è controverso, non manca la conferma di quanto ora rilevato. Cfr. ANGELA DE FULGINEO, *Liber*, Memoriale, II, 24-25, ed. Thier – Calufetti cit. (alla nota 14), p. 160. Per una rapida rassegna entro la stessa produzione della folignate, cfr. *ibid.*, Memoriale, IV, VI, IX; Instruct., XIV, XXXIV.

[25] Ci si dovrà interrogare, ad esempio, perché il largo uso della Scrittura preferisce, ci sembra, certe ampie pagine e del corpo paolino e del corpo giovanneo. Si noti ad esempio l'insistito uso di Paolo nel già ricordato *De mystica theologia* di Jean Gerson. La natura e l'uso della produzione letteraria mistica suggeriscono, inoltre, di scorgere i punti di contatto con la storia culturale contemporanea, in senso lato, con la quale condivide certamente molto più di una semplice contiguità.

sperimentare. Il rilievo è decisivo: esso non rappresenta impedimento, ma è motivo a una azione sempre più aderente e consona alla realtà socio-culturale. È, ad esempio, il caso perseguito in ambiente francescano, quando si intende dar seguito al dettato dello stesso Francesco d'Assisi che intende, l'intera azione pastorale, un *restituire* a Dio di ciò che Egli stesso ha donato. È il caso della predicazione fortemente raccomandata, prima, nella *Regula non bullata* e poi, più in breve, nella stessa *Regula bullata*[26]. In modo conclusivo si può tracciare il rapporto fede-visione con un passaggio sempre di Ruusbroec, il quale commentando alcuni errori in materia di vita spirituale, non presta molta attenzione a coloro che tentano di accreditare visioni terrene della essenza divina, tanto li reputa stupidi. Scrive, infatti, nello *Spieghel der eeuwigher salicheit*:

> Qui sulla terra dobbiamo camminare in tutti i suoi doni (di Cristo) con una fede salda e non con una visione chiara e gloriosa, poiché è per la nostra fede totale che meritiamo la visione eterna. Così sono persone stupide quelle che vogliono far entrare la vita eterna e la gloria di Dio nel tempo, o portare il tempo nell'eternità: poiché l'una è così impossibile come l'altra[27].

[26] Il discorso sul ministero apostolico e la predicazione, presso il santo di Assisi, è ben più ampio e variegato del solo motivo qui ricordato. Si colga, almeno in questo passaggio dato dal riscontro sul capitolo della predicazione nelle due regole, che l'edificazione del popolo è lo scopo da raggiungere osservando il rispetto per la forma e per le istituzioni della Chiesa. Cfr. FRANCISCUS ASSISIENSIS, *Regula bullata*, IX, 3-4, in ID., *Opuscula*, ed. K. Esser, Grottaferrata 1978, p. 234: «Moneo quoque et exhortor eosdem fratres, ut in praedicatione, quam faciunt, sint esaminata et casta eorum eloquia, ad utilitatem et aedificationem populi, annuntiando eis vitia et virtutes, poenam et gloriam cun brevitate sermonis; quia verbum abbreviatum fecit Dominus super terram». Cfr. ID., *Regula non bullata*, XVII, 1-2, *ibid.*, p. 271.

[27] IOHANNES RUSBROCHIUS, *Een spieghel der eeuwigher salicheit* (*Speculum aeternae salutis*), ed. G. de Baere, Turnhout 2001 (CCCM, 108), p. 301: «Alsoe dat wi hier wandelen moeten in allen sinen gaven met vasten ghelooeve ende niet in claren gloriosen scouwene, want met ganssen ghelooeve verdienen wi eewegh scouwen. Ende hier omme sijn dat dooere menschen die eewegh leven ende de glorie gods willen bringhen in tijd, octhe tijd bringhen in eewegheit, want dat es beide onmoghelec». La tr. it. è nostra.

3. *Notte e gnosi*

Si potrà facilmente obiettare che le presenti considerazioni non trattano in modo adeguato la questione sulla visione beatifica, così come viene a delinearsi nella riflessione scolastica e nella trattatistica teologica. Il rilievo ha una sua pertinenza, ma non è difficile comprendere che esso non è autorizzato da una ben delineata produzione spirituale interessata, peraltro, a temi e dinamiche espresse in forme conoscitive diverse. Forse è da accreditare a tali equivoci la frequente accusa di *incultura* riservata alle dottrine mistiche e persistente di fronte a evidenti prese di posizione, sia su un piano più generale[28], sia su quello che ci riguarda più direttamente[29]. Quali sono le vie o, se si vuole, quali modalità gno-

[28] Cfr. HADEWIJK DE ANTWERPIA, *Brieven*, 4, 39-48, ed. J. van Mierlo, Antwerpen – Brussel – Gent – Leuven 1947, pp. 38-39: «Redene kint wel datmen gode vresen moet ende dat god groet es ende de minsche cleyne. Alse dan redene vreset die groetheit gods bi hare cleynheit Ende laet hare onbliuen die groetheit gods ane te uane, Ende te twifelne beghint dat si dat liefste kint gods niet en wert, Ended at hare dunct dat hare soe groet wesen niet en besteet: Hier bi laten vele liede dat si gheen groet wesen ane en vaen. Hier in doelt redene ende in vele saken meer» (cfr. tr. it. a c. di R. Berardi, Cinisello Balsamo 1992, p. 67: «La ragione sa bene che si deve temere Dio, che Dio è grande e l'uomo piccolo. Ma se la ragione ha paura della grandezza divina a causa della sua piccolezza, se essa rinuncia ad afferrare la grandezza di Dio, se comincia a dubitare di essere la figlia prediletta di Dio e le sembra che non possa esistere un Essere così immenso, allora molte persone non tentano più di cogliere un Essere immenso. Sono questi, e numerosi altri ancora, gli errori della ragione»). Ancora, cfr. EAD., *ibid.*, 18, 63-79, pp. 154-155: «Nu verstaet die innicheit van uwer zielen, wat date s: ziele. Ziele e seen wesen dat sienleec es gode Ende god hem weder sienleec. Siele es oec een wesen dat gode ghenoech wilt sijn, Ende gherecht heerscap houdet van wesene daerse niet te uallen en es bi vreemder dinc die mindere es dan der zielen werdicheit. Daert aldus es, daer es de ziele ene grondeloesheit daer god hem seluen ghenoech mete es, Ende sine ghenoechte uan hem seluen altoes te vollen in hare heuet, Ende si weder altoes in heme. Siele e seen wech vanden dore vaerne gods in sine vriheit van sinen diepsten; Ende gode s een wech vanden dore vaerne der zielen in hare vriheit, Dat es in sinen gront die niet gheraect en can werden, sine gherakene met hare diepheit; Ende god en si hare gheheel, hine waer hare niet ghenoech» (tr. it. cit., pp. 137-139: «Comprendi ora l'essenza più profonda della tua anima, proprio ciò che è l'anima. L'anima è un essere che può esser visto da Dio e da cui Dio, a sua volta, può essere visto. L'anima è un essere che vuole contentare Dio. L'anima è un abisso senza fondo in cui Dio stesso è contenuto, trovando la fruizione di sé al massimo, così che l'anima per sua parte trova in lui la sua gioia. L'anima è una via per il passaggio di Dio nella libertà delle sue profondità; e Dio è la via per il passaggio dell'anima nella sua libertà, vale a dire nel suo essere più profondo, che non può essere toccato se non dalle profondità dell'anima. E finché Dio non appartiene all'anima nella sua totalità, egli non la soddisfa»).

[29] Emblematico è il caso dello *Specchio delle anime semplici* di Margherita Po-

seologiche sono impiegate nei testi mistici per descrivere l'incontro tra Dio e l'uomo? Quale è, insomma, il modo di conoscere dei mistici? È insita nella rinvenuta nozione di visione una multiformità assai articolata che depone, ci sembra, a favore di una ricchezza espressiva non sempre sufficientemente considerata in sede di elaborazione di concetti chiari e distinti. L'accesso all'esperienza mistica impone sempre l'esame delle forme scritte perché queste tendono, perfino, al procedimento di rarefazione per accreditare il nesso tra spirito e materia in articolazioni, di volta in volta, mnemoniche, mute, estatiche, sostitutive, immaginifiche e persino sonore. L'intricato assetto della visione ha lo scopo di fornire il rimando completo alla successione degli eventi culminanti nell'unione mistica.

Non meraviglia, allora, il lungo sostare della descrizione mistica nell'uso della tradizionale dottrina spirituale enucleata nelle vie *purgativa*, *illuminativa* e *unitiva*. E mentre al registro grave del permanere su materiali iniziali si sostituisce la celerità dell'evento d'unione, non si tralascia di informare sulla completa operazione in atto. Così, la necessaria purificazione di forme discorsive e di immagini, capaci di trasmettere lo scopo prefissato dalla catechesi, non impedisce agli autori spirituali di attivare riferimenti dottrinali in grado di educare alla retta comprensione della vita di fede[30]. Anche il dichiarato silenzio da osservarsi in cir-

rete, che al tema sul modo di conoscere Dio è dedicato interamente; cfr. MARGARITA DE HANNONIA DICTA PORETE, *Speculum simplicium animarum – Le mirouer des simples âmes*, ed. P. Verdeyen – R. Guarnieri, Turnhout 1986 (CCCM, 69) (tr. it. a c. di G. Fozzer – R. Guarnieri – M. Vannini, Cinisello Balsamo 1994). Per Margherita la ricerca di Dio non consiste nel rintracciare una verità come se fosse un oggetto da possedere o da *sapere*. Bisogna abbandonare i modi determinati dall'interesse egoistico per accedere al modo senza-modo, il quale escludendo ogni oggettività, esclude pure le immagini di Dio perché finite e determinate. Dio, conosciuto in quanto oggetto, costituirebbe un idolo e la visione di Lui non sarebbe beatifica, ma solo dolorosa in quanto determinata dalla finitezza oggettiva che nulla ha a che fare con lo spirito dell'amore. È questo l'*intendimento d'amore* già tradizionale in BERNARDUS CLARAEVALLENSIS, *Liber de diligendo Deo*, 1, 1, PL 182, 974D, in *Opere di San Bernardo*, I. *I Trattati*, a c. di F. Gastaldelli, Milano 1984, p. 270: «Vultis ergo a me audire quare et quo modo diligendus sit Deus. Et ego: Causa diligendi Deum, Deus est; modus, sine modo diligere».

[30] Un lessico abbondante e, nello stesso tempo, preciso, accompagna sempre l'ulteriore crescita della consapevole conoscenza dell'Altro. Cfr., ancora, IOHANNES RUSBROCHIUS, *Die geestelike brulocht*, ed. Alaerts cit. (alla nota 16), p. 273: «Die mensche die aldus levet in deser volcomenheit alsoe hier bewijst es, ende al sijn leven ende alle sine werke opdraghende es ter eeren gods ende te love gods, en-

costanze interiori e personali, è sottoposto ad una serie di specificazioni significative che non dovranno tradire l'ineffabilità dell'evento d'unione tra Dio e l'uomo[31]. Quando Bernardo di Chiaravalle, ad esempio, rifiuta, infastidito, l'impiego di *visioni* per spiegare ciò che accade nel più profondo dell'intimità, intende reagire al tentativo di mistificare il personale incontro con Dio, scambiando, quest'ultimo, per la soddisfazione ricercata o già rinvenuta[32]. Prudenza, scienza e fine capacità scrittoria verranno impegnate nel mutuare discorsi possibili che rendano il lettore, l'uditore, il discepolo più avvertito sugli eventi della propria esperienza, piuttosto che sul dettato stesso.

Da collocarsi tra l'insegnamento e la meditazione, il tema che più svolge, a questo proposito, una continua azione didattica, capace di offrire modalità conoscitive, è la *notte*. La critica più avvertita considera generalmente la *notte* mistica come indicativo dello spogliamento passivo. Una sorta, cioè, di grande programma di purificazione dell'io che è proporzionale all'accesso sempre più chiaro di Dio[33]. Il «vir Dei contemplati-

de gode meynt ende mint boven alle dinc, hi werdet dicwille gherenen in sire begheerten te siene, te wetene, te kinnenne wie dese brudegom is, Cristus» (tr. it. cit., p. 344: «Quando l'uomo raggiunge la perfezione che abbiamo terminato di descrivere, consacrando tutta la sua vita e tutte le sue opere ad onore e lode di Dio, ricercandolo ed amandolo al di sopra di ogni cosa, è spesso preso dal desiderio di vedere, di sapere e di conoscere chi è questo Sposo, il Cristo»).

[31] Circa la grande importanza del linguaggio apofatico, in questa sede, si può solo indicare la progressività di senso rilasciata dai testi. Un primo senso lo si può rintracciare nella trascendenza di ogni pensiero e ogni cosa. Un secondo senso è dato dal negare qualcosa escludendola a vantaggio di altra. Il terzo senso è rinvenibile nella incapacità a esprimere ciò che si possiede. Così il quarto senso si preciserà nell'impossibilità di rendere nel linguaggio ciò che si conosce. Il quinto senso, del tutto diverso, reciterà la sua apofaticità consistente nel fatto che ciò che si conosce e si possiede è incomunicabile. Dunque è proibito il tentativo di comunicare ciò che costituisce intimità. Solo a mo' di esempio, cfr. IACOPONUS DE TUDERTO, *Lauda* 9, ed. Mancini cit. (alla nota 11), pp. 35-36, *Lauda* 14, pp. 43-44, e *Lauda* 77, pp. 224-231; ANGELA DE FULGINEO, *Liber*, Instruct., XIV, 20-21, ed. Thier – Calufetti cit. (alla nota 14), p. 564, e *ibid.*, Memoriale, IX, 230-231, p. 374.

[32] Cfr. A. DEBLAERE, *Témoignage mystique chrétien*, in *Albert Deblaere, S.J. (1916-1994), Essays on Mystical Literature* cit. (alla nota 1), p. 131.

[33] Cfr. GUILLELMUS A SANCTO THEODORICO, *Epistola ad fratres de Monte Dei*, 2, 3, 18, PL 184, 350A, ed. Déchanet cit. (alla nota 12), p. 360: «Nusquam enim se melius deprehendit modus humanae imperfectionis, quam in lumine vultus Dei, in speculo divinae visionis. Ubi, in die qui est, plus et plus videns quid sibi deest, emendat in dies similitudine, quicquid deliquit dissimilitudine; similitudine ei

vus»[34] deve passare per una siffatta spoliazione per poi levarsi purificato nella fede illuminata. La *notte*, le *notti*, il *buio*, l'*oscurità*, la *caligine*, e il corrispettivo impiego nelle varie lingue, hanno questo decisivo riferimento alla vita di perfezione, ma non senza considerazione del valore polisèmico dei termini. La letteratura mistica di questo periodo ha toccato ogni più riposta modulazione permessa dalla *notte* e appare pressoché impossibile citarne tutti i passaggi in modo adeguato. Come non accennare al risultato conseguito dagli autori spagnoli e francesi nei secoli XVI e XVII, i quali, approfittando del vocabolario prettamente spirituale dei secoli precedenti, hanno contrassegnato lo straordinario fiorire della letteratura mistica. Il simbolo della notte è attivo nella letteratura cristiana fin dal secolo III e sarà capace di offrire, alla fine del Medioevo, estensioni e nuove elaborazioni di sé. Il *negativo*, già biblico di una dimensione da peccatore, si precisa anche nel tematizzare una sofferenza di separazione e di perdita collimante, al suo apice, sul pensiero e la realtà della morte. L'ignoto e l'*assenza di*, hanno sostenuto, per contro ma non solo, cammini esperienziali e di indagine sull'essere e il nulla. Le *nebbie* e l'*inverno*, magari in ragione di una diversa regione geografica, hanno dato modo di evidenziare la pazienza della crescita interiore per un sapere che si affranca dall'ignoranza. Di sicuro è meno presente la notte quale simbolo della *quiete* e del *riposo*. È più cospicua, invece, la ricca figurazione della notte insonne trascorsa in preda alla disperazione per l'assenza dell'amante. E a questo riguardo è d'obbligo notare che il vocabolario spirituale è più ardito e conturbante della stessa letteratura profana, pur non insistendo mai sul rapporto affettivo uomo-donna[35].

appropinquans, a quo longe factus est per dissimilitudinem. Et sic expressiorem visionem, expressior semper similitudo comitatur».

[34] Si veda quale riferimento: GREGORIUS MAGNUS, *Homiliae in Ezechielem*, II, 2, 10-14, PL 76, 954A-957B; ID., *Moralia in Job*, I, 36, 52-54, PL 75, 550C-554A, ed. M. Adriaen, 3 voll., Turnhout 1985 (CCSL, 143-143B), I, pp. 53-56.

[35] Cfr. HUGO DE SANCTO VICTORE, *Soliloquium de arrha animae*, PL 176, 955C-956A: «[Homo:] Vide ergo, o anima imprudens et temeraria, vide quid agis, cum in hoc mundo amari et amare concupiscis. Totus tibi mundus subiectus est. (...) Dilige illum, dilige te propter illum, dilige dona illius propter illum. Dilige illum ut fruaris illo, dilige te quod diligeris ab illo. Dilige in donis illius quod data sunt ab illo. Illum tibi, et te illi dilige, dona illius ab illo tibi, propter te». E cfr. CATHARINA VIGRI DE BONONIA (CATERINA VIGRI), *Tractatus* 3, 13-17, in *Laudi, trattati e lettere*, a c. di S. Serventi, Firenze 2000, Sezione II, p. 125: «Nel sabato, quindi in dì de ripos-

Senza dubbio, nell'insieme, sembra questi l'ambito più frequentato dalla letteratura mistica. Sarà in ragione dell'invincibile rimando alla lezione biblico-liturgica, o, anche, perché il rigore psicologico e l'ampia scala tematica di esso, è ricca di materiali flessibili e, insieme, precipui; ma, di fatto, la *notte* è soprattutto impiegata nella correlazione con la *luce* già attivamente presente. Ed è questo il tratto fondamentale praticato nella letteratura del tardo Medioevo sulla questione. Pur tralasciando una disamina della teoria della luce, si può cogliere agevolmente il senso della scrittura spirituale che nell'esperienza della notte, non è la notte, ma è la luce agente di purificazione per una conoscenza, appunto, illuminata. La discorsività spirituale, istituita dal continuo paragone, tende ad affermare che mai l'uomo potrà accorgersi del suo stato oscuro se non quando è posto di fronte alla luce. Ma di questa non si dà possesso da parte dell'uomo. Il risvolto è, allora, rappresentato dall'invito al cammino ascetico, al continuo apprendimento dell'espropriazione e dello spogliamento. Sferzanti e poeticamente lucide le annotazioni di Iacopone da Todi a proposito:

> Averte cognoscuto / credia per entelletto, / gustato per affetto, / viso per simiglianza, / te credendo tenuto / aver, con' si, perfetto, / provato quel deletto, / amor d'esmesuranza. / Or parme fo fallanza, / non n'èi quel ch'e' credia, / tenendo non avìa, / veretà senza errore. (...) Luce li pare obscura, / qual prima resplandìa; / que vertute credia, / retrova gran defetto; / ià non pò dar fegura / como emprima solìa, / quanno parlar sapìa, / cercar per entelletto; / en quello Ben perfetto / non c'è tal simiglianza / qual pens'e à' per certanza, / e no n'è' ‹n› possessore. / Emprima che sia ionto, / pensa ch'è tenebria / que pense che sia dia, / que luce, obscuritate. / Se non n'èi 'n esto ponto / che mente en sé non sia, / tutto sì è falsìa / que te par veretate; / e no n'è caritate / en te ancora pura, / mentre de te ài cura, / pense te far vittore[36].

so, ne l'ultima parola ti riposa dicendo: O amore iocundissimo e gloriosissimo quando me poroe de ti tuto inebriare, quando te poroe io a faça a facia vedere, quando te poroe io dolcemente abraçare e familiarmente baxare, quando serò io sì con tieco che i nesuna cossa te ofenda e mai da ti non m'abia a sepe[r]are?».

[36] IACOPONUS DE TUDERTO, *Lauda* 92, vv. 5-16, ed. Mancini cit. (alla nota 11), pp. 294-295; *ibid.*, vv. 113-136, p. 298.

La constatazione di come, a volte, la redazione mistica ponga inizialmente in evidenza un forte accento sull'appunto ascetico ha la sua ragione. Il motivo del richiamo morale, in verità, svolge una azione pedagogica nell'evidenziare lo stato di colui che, abituato a meritare, acquistare e possedere, ora si trova nella imprevista nuova situazione di vivere la gioia di questa luce in Lui[37]. Di tale *presenza* non sa ritrovare immagini e figure. Non si hanno riferimenti conoscitivi per *metabolizzare* la novità in modelli previi. Per di più non sa esattamente cosa stia accadendo e dove esattamente ci si trovi. Mancanza e privazione denotano lo stato di chi, dunque, si avvede che tale luce può essere recepita solo in pura percezione, prima di esserne posseduto e trasformato. È il continuo scarto di una discontinuità riscontrata tra una dimensione attiva che ora è perentoriamente avvertita come passiva.

Si impone, allora, una rilettura che renda ragione del diverso assetto perseguito da quella che, con una certa bontà, potremmo denominare teologia mistica. L'offerta della sua riflessione è proposta in coordinate assai differenti da un sistema di teologia morale. Non è estraneo a teologi e moralisti contemporanei il vezzo secolare di continuare a leggere, nella sistematica delle *vie negative*, la risultanza comportamentale di un cammino ordinato al raggiungimento di Dio. Insomma, si ritiene già classico, peraltro, che mettendo in atto un continuo e progressivo crescere ascetico si possa arrivare a Dio in due modi: attraverso l'*oscurità* o attraverso la *luce*. La sistemazione è spesso corroborata dal riferimento al *gnophos*, alla *caligo* dei Padri. Non si può insistere, ad esempio, nell'interpretare Gregorio di Nissa all'interno di una spiegazione

[37] Cfr. IOHANNES TAULER, *Divine istituzioni*, 24, in *Opere*, ed. e tr. a c. di B. de Blasio, Alba 1976, p. 749: «(...) Che [l'uomo] diventi uno specchio illibato dell'immagine divina, riceva sempre luce nella sua luce e in essa trovi un principio e un cominciamento del secolo futuro». E cfr. ID., *Lettere*, 16, *ibid.*, pp. 833-834: «Gli esercizi interiori ed esteriori non siano praticati per abitudine né per propria compiacenza. (...) Abbandonatevi a lui a fondo in tutti gli eventi interiori ed esteriori, e confidate completamente in lui, qualunque timore ed oscurità vi sia nella natura. Fate unicamente attenzione alle vostre intenzioni, in modo da non cercare né aver di mira altro che la gloria di Dio e la sua carissima volontà. Allora si leverà in voi la stella divina, la guida del cammino, la vera luce che è Dio stesso, e vi mostrerà dove e come vi vuole». È questo un tratto assolutamente e universalmente condiviso dagli autori, tanto da essere diffuso in maniera puntuale nella predicazione e nell'insegnamento.

spirituale sostanzialmente a lui estranea[38], quando si ritiene che egli insegni come necessario il passaggio attraverso la nube oscura per andare a Dio. Nella *Vita di Mosè*[39], la *nube* rappresenta il limite, l'*oscurità* per il popolo che resta fuori di essa; mentre Mosè vi penetra, sta al suo interno. Il motivo è usato in vari testi dallo stesso Gregorio e, facilmente, si può argomentare che qui viene instaurata una coerente connessione tra il *dentro* e il *fuori*, a significare che è rifiutata la correlazione morale tra il *prima* e il *dopo*. In questo ultimo caso il valore di consequenzialità configurerebbe una ascensione meritoria dell'anima o, se si vuole, un cammino da percorrere, una sorta di lunga galleria da attraversare al buio, quale banco di prova eroica per colui che riuscirà a vedere, in fine, la luce. L'attenta lettura delle più difficili pagine mistiche rivela, invece, che «la via che porta a Dio» non passa per tale oscurità, ma per la luce: *oscurità* per chi resta fuori, *luce* per chi è dentro. Nella *salita ascensionale* verso Dio si dà rottura e non rapporto di continuità causale. L'attestazione mistica su questo punto è sempre circostanziata e non lascia dubbi al riguardo. Mechthild von Magdeburg, scrive:

> Darumbe toerent si sich selber vil sere, die mit grúlichen, unmeschlichen arbeiten wenent erstigen die hoehi, (...) Ich sturbe gerne von minne, moechte es mir geschehen, / Denn jenen den ich minnen, den han ich gesehen, / Mit minen lihten ougen in miner sele stan. / Swelú brut iren lieben geherberget hat, / Die bedarf nit vere gan. / (...) Das mag den tumben lichte entgan, / Die ungerne nach der liebe stant[40].

[38] È il caso di J. Daniélou, s. v. *Contemplation, Mystique de la Ténèbre chez Grégoire de Nysse*, in *Dictionnaire de spiritualité*, II, Paris 1953, coll. 1872-1885, col. 1874 in partic.

[39] Cfr. Gregorius Nyssenus, *De vita Moysis*, I, 46, PG 44, 317AB, ed. Danielou cit. (alla nota 11), p. 21; II, 162-169, 376C-380A, pp. 80-84; II, 239, 404C-405A, pp. 108-109; II, 252-256, 408D-409B, pp. 113-114. Questi passi si leggano in parallelo con: Id., *In laudem fratris Basilii*, PG 46, 812; Id., *De virginitate*, 10, PG 46, 360.

[40] Mathildis de Magdeburgo (Mechthild von Magdeburg), *Offenbarungen der Schwester Mechthild von Magdeburg oder das Fliessende Licht der Gottheit*, II, 1-2, ed. P. G. Morel, Darmstadt 1976, p. 26 [cfr. tr. it. a c. di P. Schulze Belli, Firenze 1991, pp. 63-64: «Perciò ingannano molto se stessi coloro che si illudono di salire nell'alto dei cieli con immensa fatica umana, (...) Io morirei volentieri d'amore, se mi fosse possibile. / Ma colui che io amo, quello l'ho visto / con i miei occhi luminosi (stare) nella mia anima. / Come la sposa ospita il suo amato (nella

L'uomo investito da questa luce, dunque, non fa una esperienza al buio. Il buio e le tenebre illustrano, con fine cura, una impellente successione dinamica di moti e concetti dell'animo, trascritti su doppio registro: è *buio* e *tenebra* il complesso di conoscenze impiegate in precedenza dall'uomo per ritenere la nozione di Dio; ed è, ancora, *buio* e *tenebra* tanto da non lasciarsi dipanare, lo stesso Dio rispetto all'uomo che è rimasto fuori dall'evento dell'incontro con Lui. Da qui il pressante invito ad andare oltre quella conoscenza che si ha *delle cose di Dio*, poiché queste sono solo tenebra, ora, che si è en quello «esmesurato / o' sse ‹ci› anega amore»[41].

Il dettato mistico ci riporta, così, alla considerazione di quali criteri servirsi per chiarire essenzialmente la natura del suo pronunciamento. Lo si nota perché non sfugga il tipo di nesso che la correlazione *buio-luce*, *notte-giorno*, intrattiene a livello fondamentale con la natura della dottrina mistica. Intanto, appare irrinunciabile sottolineare che la correlazione esposta gioca la sua azione anche a livello morale. Essa, infatti, chiarisce – nell'annotazione della sofferta incomunicabilità a ridire l'intima esperienza – che non si tratta di una congerie morale costituita dalla continuità: *impurità-purificazione-purezza*; si tratta, piuttosto, di una relazione vitale che innesca processi sul mistero dell'esistenza. Non è marginale il rilievo se l'abbondanza del discorso mistico praticherà vie di comprensione per *dire il mistero*, servendosi di forme religiose con una accentuata capacità di trasmettere i contenuti della fede. Si pensi alla particolare forma profetica messa in opera soprattutto dalle donne a causa dei ben noti motivi di libertà di parola; si considerino i tratti dottrinali relativi alla povertà di spirito, e alle più ermetiche formulazioni dell'annichilimento. La pagina mistica, sempre generosa, non fa mancare alcune precisazioni che ci riguardano più da vicino. La tradizione teologica ha spesso chiosato tali proposte come opposizioni di scuola, dilungandosi in esami circostanziati e ben allestiti, mai, però, terminanti ad una ricognizione completa del patrimonio spirituale. Per il nostro caso, ad

sua casa), / ella non ha bisogno di andare altrove. / (...) Questo può facilmente sfuggire allo sciocco, / che non cerca l'amore volentieri»]. Succintamente, Iacopone da Todi, annota: «O entenebrata luce ch'en me luce»; cfr. IACOPONUS DE TUDERTO, *Lauda* 90, v. 61, ed. Mancini cit. (alla nota 11), p. 291.

[41] IACOPONUS DE TUDERTO, *Lauda* 92, vv. 51-52, ed. Mancini cit. (alla nota 11), p. 296.

esempio, sarà di una certa utilità segnalare che, in particolare, i toni gnomici e paremiografici, aforistici ed esortativi, ben si accordano con stili concisi chiamati a trattare una materia delicata quanto intima[42].

A ogni buon conto sono proprio questi temi negletti ad autorizzare convenientemente il dato rinvenuto di *buio-luce*, quale discorso sul modo di conoscenza elaborato dalla letteratura spirituale. Conoscenza, beninteso, confessata sempre come dono di fede illuminata che, certo, è sempre un *non-sapere* per l'intelligenza che vuole possedere; mentre è *gustoso vivere d'amore* per coloro che hanno accettato il dono della comunicazione divina. In ciò la letteratura mistica incrina il rigido assetto dell'io impegnato eroicamente in forme conoscitive di stampo solipsistico, approdanti sempre e solo al culto egocentrico. È la mistificazione dell'amore che non conclude nello stabilire il senso di una vita e rende dèmone l'amore quando non incontra l'altro, ma si nutre dell'aspettativa propria sempre insoddisfacente e alienante. È la menzogna attivata dal tipo di errori che i mistici riscontrano nella conoscenza di fede, quando questa è considerata una specie di magica metafisica pronta sempre a funzionare nel rivelare il volto buono delle cose, promesse, però, solo alla fine del suo eventuale percorso ascensionale. Si aspetta la soluzione solo dal sicuro metodo in grado di far funzionare lo spirito a vantaggio del proprio progetto. È l'inganno dal quale guardarsi poiché tali promesse si risolvono sempre nella negazione e nella abolizione dell'umano. È il compito prefissatosi da ogni forma di gnosticismo: approntare un *vademecum* per attraversare la buia galleria e cogliere il premio della luce all'uscita da essa. È l'illusione dello spirito che la letteratura spirituale chiarisce come *non amore*[43]. La grande allegoria

[42] È il caso di uno dei primi tentativi di modellare in indicazioni pratiche la vita di preghiera che poi troverà successo nella *Devotio moderna* e nella pratica degli *esercizi spirituali*: cfr. GERTRUDIS DE HELPEDE (GERTRUDE D'HELFTA), *Les exercices*, ed. J. Hourlier – A. Schmitt, Paris 1967 (SC, 127). Potrà essere d'aiuto consultare nella sua interezza il testo di IACOPONUS DE TUDERTO, *Lauda* 65, ed. Mancini cit. (alla nota 11), pp. 190-192. Sempre a proposito di vie diverse o di modalità diverse ricercate per comunicare il mistero, credo non sia diverso l'intento complessivo operato da Raimondo Lullo: prima formula il fondamento e poi lo applica, in una articolazione combinatoria del tutto originale, nelle opere a seguire. Si tratta di RAYMUNDUS LULLUS, *Libre de contemplació en Déu*, ed. in *Obres de Ramon Llull*, II-VIII, Commissió editora Lulliana, Palma de Mallorca 1906-1950.

[43] La letteratura mistica di questo periodo, a proposito di se stessa e della sua

amorosa fornisce tutte le modulazioni di una retta gnosi per vincere la battaglia contro l'egocentrismo e sfociare nel possibile *matrimonio*; mentre l'eresia spera e termina sempre nella fusione totale, che si realizzerà esclusivamente dopo la morte. Qui si cerca l'armonia, la scrittura mistica, invece, impiega tutte le categorie del piano intellettivo e razionale, dei sensi interni e di quelli esterni coinvolgendo, sul piano del contrasto, una reciprocità assoluta di diversi: l'uomo e Dio[44]. È per questo che i testi del basso Medioevo parlano assai volentieri di gratuità del dono di contemplazione, contro una qualsiasi determinazione e tipo di *scienza acquisita*. Ancor più diffusamente parlano della intensità della passione e non della sua felice soddisfazione. Basta scorgere l'indice delle singole opere della produzione letteraria mistica per ritenere la bontà delle considerazioni qui riportate[45]. Non a caso,

azione, si concepisce in termini di una netta distinzione da una visione meritocratica e moralistica che fa leva sulla centralità sufficiente del proposito dell'io. Ecco perché la sempre confessata dimensione di umiltà non fa il pari con una conclamata santità. Cfr. IULIANA DE NORTVICO (GIULIANA DI NORWICH), *Libro delle rivelazioni*, a c. di D. Pezzini, Milano 1984, p. 121: «Io non sono buona a motivo della visione, ma solo se amo meglio Dio, e nella misura in cui voi amate meglio Dio, essa vale più per voi che per me»; e più in avanti, a proposito dell'uomo che si perde nel non servire Dio a causa della sua poca saggezza, dice che questi prova sette dolori: cfr. *ibid.*, p. 218: «Il sesto era il dolore che mi stupiva di più, ed era che giaceva solo». Ancora IACOPONUS DE TUDERTO, *Lauda* 39, vv. 1-2, ed. Mancini cit. (alla nota 11), p. 107, annota il tema da svolgere, così: «O Amor, devino Amore, / Amor, che non èi amato!».

44 Solo di passaggio si raccolga una dimensione diffusa in abbondanza anche nella scrittura femminile: Caterina da Genova e Maria Maddalena de' Pazzi ne sono un esempio importante. Si veda la biografia di Caterina: cfr. *S. Caterina Fieschi Adorno*, II, 5, a c. di U. Bonzi da Genova, Torino 1962, p. 119: «Et così stete trei ani che andava rabiando di dolore et amore con quelli suoi intimi et penetrativi razi, li quali la bruxavano per fino a lo core»; *ibid.*, II, 6, p. 121: «Una fiata essendo communicata, li vene tanto odore e soavità che li pareiva esser in paradiso; ma voltandosi humilementi verso lo suo amore dise: O amore forsia mi voresi tirare per questi sapori a te? Io per me non lo vogio alcuno, perché ciò è alcuno mezo». Cfr. inoltre MARIA MAGDALENA DE' PAZZI, *Colloqui*, 48, a c. di C. M. Catena, in *Tutte le opere di Santa Maria Maddalena de' Pazzi*, 7 voll., Firenze 1960-1966, III, p. 313: «Non intendo né te né me. Se io sono in te, tu lo sai; tu di te n'esci (*silenzio*). Se io sono in terra, non so; se io sono in cielo, tu lo sai; (...) tanto che non so dove mi sia né quel che mi sia»; e cfr. EAD., *ibid.*, 50, III, p. 404: «Ogni cosa intendendo, morto viverà. (...) E ogni intendere che arà fuor di essa purità gli parrà grande ignoranza».

45 Si vedano, ad esempio, le articolate riflessioni di: ECKHARDUS DE HOHEIM, *Predigt* 28, ed. Quint cit. (alla nota 7), pp. 280-289; ID., *Reden der Unterweisung*, *ibid.*, pp. 53-100.

queste ultime per lo più, le abbiamo direttamente esemplate sulla stessa terminologia adoperata da quei testi. La varietà dei generi letterari non dovrà costituire elemento per equivoci di sorta e non dovrà distogliere, il lavoro di analisi, dal rilevare l'interesse primario che muove e qualifica la scrittura spirituale. Neppure i sistemi conoscitivi che hanno proliferato, per così dire, con una certa ufficialità nella cultura cristiana e spesso mutuati in manuali veri e propri, sono ritenuti ingenui, a questo proposito, dalla critica spirituale. Ciò che è capitale tra i mistici è, dunque, il modo diverso di conoscere. Per essi, e concordemente, non occorrerà produrre l'oggetto ricercato. In tal caso si assiste a formulazioni esoteriche che devono ritualmente riproporre sempre una determinata modalità conoscitiva, rinnovandone la funzione. I contenuti proposti dai *falsi mistici*, secondo l'appellativo di Ruusbroec, appaiono sempre utili e in grado di una soluzione. La loro funzionalità è pari alle artificiali «nubi della non conoscenza»[46], le quali suggeriscono la creazione di una chiesa perfetta che nella ritualità, specialmente di tipo catartico, aduna devoti felici nel praticare tecniche iniziatiche per il loro solo soddisfacimento. Il contenuto della fede, per i mistici, è il semplice rimando della conoscenza da avere: esso, nella sua più sintetica affermazione, non può che essere vissuto nell'obbedienza rilasciata entro la formulazione delle virtù teologali. È qui che i tratti riflessivi approntati intorno alla *purificazione passiva* e al *rinnegamento di se stesso*, mettono in luce pagine di rara efficacia nel riferire come l'esperienza di incontro mistico sia, in effetti, opposta a quella normale, nell'essere guidata e governata dal soggetto[47]. Nulla è in grado di

[46] In questo contesto è forse poco felice servirsi del titolo del famoso testo inglese del secolo XIV, *The Cloud of Unknowing* (tr. it., *La nube della non conoscenza*, a c. di G. Brivio – A. Gentili, Milano 1981). In verità esso a pieno titolo appartiene alla linea tematica che tentiamo di esplicitare in queste pagine.

[47] Molti i casi letterari del motivo che, in ambiente mendicante soprattutto, verrà addirittura amplificato dal genere biografico. Tra i tanti si veda il caso di Margherita da Cortona, appellata *nuova Maddalena*. Il motivo affatto nuovo servirà al biografo per attivare una lunga *querelle*, tra il Cristo e la santa, dove i motivi biblici, agiografici, biografici e spirituali, allestiranno l'itinerario di una nuova identità. Infatti, Margherita, nonostante la lussuria praticata in precedenza, è annoverata, in seguito, tra le vergini. Il recupero è operato con la trasposizione della vita penitenziale quale inserzione nella passione dolorosa e amorosa del Cristo, il quale, ora, guida la sua nuova vita con verace amore. Cfr. IUNCTA

confondere la presunzione del sacro rassicurante stabilito dalla conquista operata in proprio, se non la grazia. È la confutazione che nei secoli ultimi del Medioevo sarà perseguita, non senza intento scioccante, quando ci si attarderà in minute descrizioni di eccessi istintivamente ripugnanti. Le crude penitenze e le feroci privazioni, sofferte oltre ogni limite di sopportazione umana, indicano che nella passione e morte di Cristo, si può trovare, non fabbricato da sé, ciò che «comple onne festo / ch'el core à bramato»[48]. La vita penitenziale, in particolar modo vissuta e predicata dagli ordini mendicanti, è il riscontro di quel *fallimento* nel quale incorrono tutti gli esercizi spirituali concepiti in funzione del raggiungimento della perfezione. È questa una delle cause, non ultime, della scrittura mistica: formare l'interlocutore a non porre impedimenti al consapevole accesso alla proposta di fede: credere che con Dio si può avere a che fare. È ciò di cui parlano in modo diverso, negli innumerevoli generi letterari, i mistici del tardo Medioevo e che, a ogni buon conto, resta ancora da recensire adeguatamente.

BEVEGNATIS, *Legenda de vita et miraculis beatae Margaritae de Cortona*, ed. F. Iozzelli, Grottaferrata 1997, in particolare al cap. V, pp. 241-286.

[48] IACOPONUS DE TUDERTO, *Lauda* 64, vv. 73-74, ed. Mancini cit. (alla nota 11), p. 190.

ROBERTO GATTI

TORAH E FILOSOFIA NEL PENSIERO DI GERSONIDE

LA CONTESTAZIONE DEL MODELLO MAIMONIDEO DI FILOSOFIA EBRAICA*

Per il pensiero ebraico il secolo XIV, quello in cui vive Lewi ben Gershom (Gersonide, 1288-1344), ha inizio con lo *ḥerem* del

* L'autore di queste pagine esprime un ringraziamento particolare a Giulio d'Onofrio, organizzatore del convegno romano, per aver compreso l'importanza degli autori del Medioevo orientale arabo-ebraico al fine di una verifica della tenuta dell'idea complessiva di *paradigma medievale*. Si tenga fin d'ora presente che il termine *Torah* impiegato dai pensatori ebrei non è l'equivalente di quello latino di *fides*; in altre parole, esso non indica solo un atteggiamento mentale di adesione o assenso conoscitivo alle proposizioni elaborate dalla rivelazione divina e dalla tradizione interpretativa che a quest'ultima si ispira (in relazione a questo concetto di assenso, l'ebraico usa i termini di *emunah* e *ha'amanah*: cfr. S. ROSENBERG, *The Concept of 'Emunah in Post-Maimonidean Jewish Philosophy*, in *Studies in Medieval Jewish History and Literature*, 3 voll., ed. by I. Twersky, Cambridge [Mass.], II, 1984, pp. 273-308). Il termine *Torah* si riferisce piuttosto a un codice di norme (*miṣwot*) religiose, giuridiche ed etico-politiche che si trovano sia nel testo biblico sia nella tradizione religiosa interpretativa extra-biblica (cfr. ad es., per questa nozione di Legge, MOSES MAIMONIDES, *La guida dei perplessi*, III, 27); all'interno di quest'ultima si è sviluppato un particolare filone detto dei *ṭa'ame ha-miṣwot* e cioè della ricerca e della discussione della giustificazione razionale delle norme bibliche (questo filone è stato poi ereditato dalla filosofia ebraica, divenendone anzi uno dei temi caratterizzanti, da Sa'adia ha-Gaon fino a Yoseph Albo); su questo tema della filosofia della Legge, cfr. L. STRAUSS, *Philosophie und Gesetz: Beiträge zum Verstandnis Maimunis und seiner Vorlaeufer*, Berlin 1935 (tr. it., Firenze 2003). I volumi più significativi usciti in occasione degli ottocento anni dalla morte di Maimonide (2004) sono: H. DAVIDSON, *Moses Maimonides: The Man and His Works*, Oxford 2005; *Percorsi di storia ebraica. Fonti per la storia degli ebrei in Italia nell'età moderna e contemporanea. VIII centenario della morte di Maimonide*, a c. di P. C. Ioly Zorattini, Udine 2005, pp. 267-374; *Maimónides y su época*, ed. de C. del Valle – S. García-Jalón – J. P. Monferrer, Madrid 2007; *Maimonides after 800 Years: Essays on Maimonides and his Influence*, ed. by J. Harris, Cambridge (Mass.) 2007. Contributi alla comprensione del suo pensiero sono anche i volumi collettivi *Maïmonide philosophe et savant (1138-1204)*, éd. par T. Lévy – R. Rashed, Leuven 2004, e *Moses Maimonides (1138-*

10.1484/M.NUTRIX-EB.1.101256

1305 (il bando di scomunica) pronunciato dai rabbini spagnoli contro chi avesse intrapreso lo studio delle scienze «profane» (*ḥiṣoniyot* e cioè «esterne» rispetto ai testi canonici della tradizione

1204). *His Religious, Scientific, and Philosophical Wirkungsgeschichte in Different Cultural Contexts*, ed. by G. K. Hasselhoff – O. Fraisse, Würzburg 2004; il volume *The Cultures of Maimonideanism. New Approaches to the History of Jewish Thought*, ed. by J. T. Robinson, Leiden – Boston 2009 (*Supplements to The Journal of Jewsih Thought and Philosophy*, 9), è dedicato invece allo studio della ricezione ebraica del pensiero maimonideo. In riferimento a Gersonide, i contributi critici più recenti sono quelli raccolti in *Les méthodes de travail de Gersonide et le maniement du savoir chez les scolastiques*, éd. par C. Sirat – S. Klein-Braslavy – O. Weijers, Paris 2003; questo volume intende documentare l'influsso esercitato dalla Scolastica sul pensiero di Gersonide e lo fa dal punto di vista, metodologicamente nuovo, dell'idea appunto di un comune *maniement du savoir* che caratterizzerebbe sia gli autori latini sia Gersonide. Questo punto di contatto emerge in maniera evidente dalla lettura delle *Guerre del Signore* (*Milḥamot ha-Šem*) e cioè del capolavoro filosofico di Gersonide il cui titolo si ispira a *Nm* 21, 14: quest'opera, infatti, appare strutturata come una raccolta di sei *še'elot* o *derušim* (= *quaestiones*) che vertono, rispettivamente, sul problema dell'immortalità dell'intelletto umano (Libro I), sul sogno, divinazione e profezia (Libro II), sulla conoscenza degli eventi contingenti del mondo sublunare da parte di Dio (Libro III), sulla provvidenza divina (Libro IV), sul piano divino dell'universo, così come esso appare riflesso nelle questioni astronomiche (Libro V, scandito in due Parti, in cui la seconda analizza il riflettersi e concentrarsi, all'interno della «mente dell'Intelletto agente» – *be-nefeš ha-śekhel ha-po'el* – dei diversi influssi astrali) e sul problema della creazione dell'universo (Libro VI). Quest'ultimo Libro risulta poi scandito in due Parti: la prima, di carattere squisitamente teoretico, è volta a fondare in maniera dimostrativa la tesi della finitezza temporale dell'universo, la cui creazione sarebbe avvenuta a partire da un sostrato materiale coeterno a Dio; la Parte seconda è invece dedicata a una rilettura del testo di *Gn* 1 alla luce delle considerazioni razionali emerse nella prima; si tenga fin d'ora presente, però, che il rapporto che Gersonide instaura tra queste due Parti del Libro VI è di natura circolare, dal momento che egli stesso dichiara di essere stato spinto a una riconsiderazione razionale dei problemi teoretici della creazione dell'universo sulla base della «guida meravigliosa» rivolta alla sua ragione dal testo della *Torah* (il quale conterrebbe, proprio in *Gn* 1, l'indicazione della presenza del sostrato materiale coeterno a Dio). Nel corso di questo contributo, questa indicazione della «guida» esercitata dalla *Torah* nei confronti della filosofia verrà interpretata alla luce della convinzione gersonidea di «un'armonia prestabilita» esistente tra la *Torah* e la filosofia, data la natura eminentemente razionale della prima (questa formula di «armonia prestabilita» è stata coniata da uno degli studiosi più importanti di Gersonide, C. Touati, nel suo volume *La pensée philosophique et théologique de Gersonide*, Paris 1973). Volendo impostare la questione nei termini dell'ermeneutica filosofica contemporanea, si potrebbe anche dire che il pensiero di Gersonide evidenzia la presenza di un circolo ermeneutico esistente tra *Torah* e filosofia. Contributi critici importanti per la comprensione del pensiero gersonideo sono stati raccolti nei volumi *Gersonide en son temps. Science et philosophie médiévales*, éd. par G. Dahan, Louvain – Paris 1991 e *Studies in Gersonides. A Fourteenth-Century Jewish Philosopher-Scientist*, ed. by G. Freudenthal, Leiden – New York 1992.

ebraica) prima del venticinquesimo anno d'età e contro chi si fosse spinto troppo oltre sul terreno di un'allegorizzazione filosofica dei testi tradizionali e dell'osservanza dei precetti. Anche se si trattò di un provvedimento che venne sentito come avente solo carattere locale e come una replica di atti analoghi che nel secolo precedente avevano colpito il pensiero di Maimonide, questo atto di scomunica innescò nel mondo ebraico un dibattito sui rapporti tra filosofia e *Torah*, in cui un ruolo importante venne giocato, oltre che da Maimonide, anche dalla massiccia introduzione del pensiero di Averroè[1]. Vi furono pensatori che ritennero

[1] Per una recente ricostruzione storica della controversia del 1305-1306, cfr. G. STERN, *Philosophy in Southern France: Controversy over Philosophic Study and the Influence of Averroes upon Jewish Thought*, in *The Cambridge Companion to Medieval Jewish Philosophy*, edd. by D. H. Frank – O. Leaman, Cambridge 2003, pp. 281-303. Si trattò di un bando di scomunica pronunciato dalla comunità di Barcellona (*ašer heḥrymu anše ḥakhame Barṣelonah*), sotto la guida di Šelomoh ibn Adret (Rašba), il nove di Av (31 luglio) del 1305; il provvedimento era stato sollecitato da Abba Mari Astruc di Lunel e coinvolgeva l'intero sapere di derivazione greco-araba (a eccezione della medicina; nel bando, questo sapere veniva complessivamente designato con il termine di *sifre ha-yevanim* e cioè «le opere greche»), i cui studi di fisica e metafisica dovevano essere intrapresi solo da chi avesse prima condotto a termine gli studi giuridico-religiosi propri della tradizione ebraica e non prima del venticinquesimo anno d'età. Abba Mari, preoccupato per il diffondersi di una cultura filosofica di natura averroista nelle comunità ebraiche della Francia meridionale, intendeva ritornare all'impianto esoterico tipico della originaria filosofia maimonidea (attraverso questo impianto, Maimonide aveva costruito un testo, la *Guida*, dotato di livelli diversi di accessibilità a seconda del grado di perfezionamento filosofico-intellettuale e degli interessi posseduti dai lettori dell'opera). Questo fatto evidenzia come il principale obiettivo di questa polemica anti-filosofica fosse costituita dal modello di filosofia ebraica perseguito dai Tibbonidi (e cioè dalla importante famiglia di traduttori-pensatori di cultura filosofica arabo-ebraica, originari della Spagna, cui apparteneva Šemu'el ibn Tibbon, traduttore in ebraico della *Guida* maimonidea), un modello, cioè, che invece era basato sull'idea della necessità di divulgare i contenuti teorici esoterici della *Guida*. Non a caso, uno dei capi di accusa di Abba Mari riguardava proprio questa diffusione dei segreti della *Guida* operata dai filosofi provenzali del secolo XIII; gli altri capi d'accusa rimproveravano ai filosofi ebrei della Francia meridionale un'allegorizzazione troppo spinta del dettato del testo biblico e della pratica delle *miṣwot*. La messa al bando spagnola degli studi filosofici venne percepita dalle comunità della Francia meridionale come un'indebita ingerenza da parte di Barcellona e provocò un provvedimento contrario da parte della comunità di Montpellier, cui lo stesso Abba Mari reagì con una contro-scomunica; questa disputa ebbe termine con il decreto di espulsione pronunciato da Filippo il Bello il 22 luglio 1306, in seguito al quale la comunità di Montpellier dovette trasferirsi nei territori della Francia del Sud posti sotto il controllo del Papa. Nei mesi precedenti la scomunica spagnola, Rašba venne coinvolto in un intenso scambio epistolare, intrapreso sia con i partigiani degli studi filosofici sia con i loro detrat-

di dover integrare e correggere Maimonide alla luce di Averroè[2]; dal canto suo, Gersonide ritenne di dovere correggere Maimoni-

tori. Queste lettere vennero raccolte da Abba Mari nel volume *Minḥat qin'aot* (*Offerta di zelo*, la cui *editio princeps* è Pressburg 1838). Il testo dello *ḥerem* si trova nella Lettera 81 di questa raccolta (pp. 152-154). Gli avversari contro cui è diretto il bando avrebbero sostenuto che «a partire dalla *Genesi* fino al dono della *Torah*, si tratta solo di un'allegoria (*mašal*); Abramo e Sara rappresentano la materia e la forma; i dodici figli di Giacobbe, le dodici costellazioni; i quattro re che combattono contro i cinque re, sono i quattro elementi e i cinque sensi»; che i *tefillim* avrebbero soltanto il significato simbolico di far ricordare la divinità all'uomo e che i precetti della *Torah* costituirebbero una legge soltanto convenzionale (*nimus*) elaborata a fini politico-sociali da Mosé. Inoltre, uno di questi avversari avrebbe sostenuto, in una predica tenuta «di fronte a molte persone nella sinagoga», che non esistono motivazioni mediche cogenti per la proibizione mosaica del consumo della carne di maiale (p. 153). Nel complesso, i destinatari del bando vengono designati come quelli che rinnegherebbero la provvidenza (*ha-koferim ba-hašgaḥah*) e i miracoli e crederebbero nell'eternità dell'universo. Viene poi detto esplicitamente che nessuna opera di Maimonide risulta coinvolta dalla condanna del bando (p. 154). Il testo della scomunica ricorda poi un passo di Maimonide, in cui il *Rav* sostiene la necessità di mettere a morte quanti non osservano i precetti della *Torah*. Nel clima di questa controversia si colloca anche il *Ketav ha-hitnaṣṣelut* (*La lettera di giustificazione degli studi filosofici*) di Yedayah ha-Penini che prese le difese della filosofia, rivendicandone la legittimità come strumento di indagine dei testi religiosi tradizionali (il testo di quest'operetta si trova riassunto in E. RENAN, *Les écrivains juifs français du* XIVe *siècle*, Paris 1893, pp. 31-36). Anche il talmudista Menaḥem ha-Meiri di Perpignan difese la legittimità degli studi filosofici e la bontà dell'azione culturale intrapresa dai Tibbonidi, così come fece anche un esponente di questa stessa famiglia, Ya'aqov ben Makhir ibn Tibbon. Tra i detrattori della filosofia, si trova anche la figura di Crescas Vidal, un ebreo originario di Barcellona e residente a Perpignan. Per una valutazione dell'ambiguo atteggiamento nei confronti della filosofia tenuto dai suoi detrattori nel corso di questa controversia, cfr. il saggio di G. FREUDENTHAL, *Holiness and Defilement: The Ambivalent Perception of Philosophy by its Opponents in the Early Fourteenth Century*, in «Micrologus», 9 (2001) [*Gli Ebrei e le scienze. The Jews and the Sciences*], pp. 169-193, dove vengono analizzati molti passi delle lettere comprese nella raccolta *Minḥat qin'aot*. Per un inquadramento della controversia del 1305-1306 all'interno del contesto più generale delle dispute intorno al pensiero maimonideo del secolo precedente, cfr. W. DREWS, *Medieval Controversies about Maimonidean Teachings* in *Moses Maimonides (1138-1204)* cit. (nella nota introduttiva), pp. 113-136. Sempre in relazione alla controversia del 1305-1306, cfr. almeno A. S. HALKIN, *ha-ḥerem 'al limmud ha-filosofiah* (*Il bando contro gli studi filosofici*), in «Peraqim», 1 (1967-1968), pp. 35-55; C. TOUATI, *La controverse de 1303-1306 autour des études philosophiques et scientifiques*, in ID., *Prophètes, talmudistes, philosophes*, Paris 1990, pp. 201-218; R. BEN-SHALOM, *The Ban Placed by the Community of Barcelona on the Study of Philosophy and Allegorical Preaching – A New Study*, in «Revue des Etudes Juives», 159 (2000), pp. 387-404.

[2] Tra questi, bisogna ricordare almeno le figure di Yoseph ibn Caspi (c. 1280-1340) e Mošeh Narboni (1300-1362), entrambi dell'area della Francia meridionale; un sicuro indizio della loro correzione del pensiero maimonideo alla luce di

de alla luce di Maimonide stesso e di dover proporre un'interpretazione di natura concordistica dei rapporti tra filosofia e tradizione di fede, analoga per alcuni versi a quella formulata da Averroè nel suo *Trattato decisivo*[3].

Più precisamente, l'interpretazione che Gersonide dà dei rapporti tra speculazione filosofica (*derekh ha-'iyyun* o *derekh ha-ḥaqirah ha-'iyyuniyt*) e *Torah* costituisce un'estremizzazione o radica-

quello di Averroè consiste nel fatto che essi rilevarono la presenza nella *Guida* della tesi esoterica dell'eternità dell'universo. Su questi due pensatori cfr. il mio *Ermeneutica e filosofia. Introduzione al pensiero ebraico medioevale (secc. XII-XIV)*, Genova 2003, pp. 187-207 (dove vengono tradotti i passi dei loro *Commenti alla Guida* relativi a questo tema).

[3] Per un bilancio complessivo dell'influenza esercitata da Averroè sul pensiero ebraico dei secoli XIII e XIV, cfr. S. HARVEY, *Arabic into Hebrew: The Hebrew Translation Movement and the Influence of Averroes upon Medieval Jewish Thought* in *The Cambridge Companion* cit. (alla nota 1), pp. 258-280. Harvey mette in evidenza come la ricezione ebraica di Aristotele sia passata attraverso il movimento di traduzione dei commenti aristotelici di Averroè; infatti, le uniche opere di Aristotele che vennero tradotte indipendentemente dai commenti di Averroè sono state il *De anima*, il *De generatione et coruptione* (tradotte verso la fine del secolo XIII, in Italia da Zeraḥyah ben Yiṣḥaq Šealtiel Ḥen) e i *Meteorologica* (quest'ultimi nella trad. del 1210 di Šemu'el ibn Tibbon; a questo elenco di Harvey si può forse aggiungere anche la *Metafisica*, il cui testo integrale Gersonide sembrerebbe aver conosciuto). Figure importanti delle traduzioni ebraiche di Aristotele-Averroè sono state Ya'aqov Anatoli, che opera negli anni '30 del secolo XIII a Napoli e Mošeh ibn Tibbon (il figlio di Šemu'el) che, negli anni '40 e '50, traduce in Provenza le *Epitomi* di Averroè al *De anima*, ai libri di fisica, ai *Parva Naturalia* e alla *Metafisica*. Questo processo di traduzione culminò nell'attività di Qalonymus ben Qalonymus nei primi due decenni del secolo XVI; cfr. *ibid.*, p. 260: «In 1316-1317 Kalonymus translated the middle commentaries on the *Physics*, *On Generation and Corruption*, *Meteorology* and *Metaphysics*». La serie dei *Supercommentari* ebraici ad Averroè venne intrapresa da Gersonide e i suoi allievi negli anni 1321-1324. Il risultato complessivo di questo movimento di traduzione fu, come sottolinea Harvey, quello secondo cui «at least thirty-four of Averroes' thirty-six commentaries on Aristotle were translated from Arabic into Hebrew» (*ibid.*, p. 278, n. 40). Per una utile rassegna di queste traduzioni, cfr. G. TAMANI – M. ZONTA, *Aristoteles Hebraicus*, Venezia 1997, in partic. alle pp. 29-52. Ad avviso poi di chi scrive, la possibilità che Gersonide abbia letto il *Trattato decisivo* di Averroè in traduzione ebraica non può essere del tutto esclusa; secondo M. STEINSCHNEIDER, *Die Hebraischen Übersetzungen des Mittelalters und die Juden als Dolmetscher*, Graz 1956, p. 277, la traduzione ebraica dell'operetta rushdiana sarebbe avvenuta prima del 1362; il testo della traduzione ebraica è stato pubblicato da N. GOLB, *The Hebrew Translation of Averroes Faṣl Al-Maqāl*, in «Proceedings of the American Academy for Jewish Research», 25 (1956), pp. 91-113, e 26 (1957), pp. 41-48. Le conclusioni di Golb sono che questa traduzione «in matter of style bears some interesting resemblances especially to the Hebrew translations of Todros Todrosi, but in some ways also to Jacob b.Makhir ibn Tibbon's translation of Averroes' compendium to Aristotle's Organon» (p. 95).

lizzazione del modello maimonideo di filosofia religiosa ebraica. La chiave di questa estremizzazione sembra essere costituita dalla risoluzione in senso dimostrativo di quel problema della creazione e dell'eternità dell'universo, che la *Guida* maimonidea aveva lasciato aperto e dichiarato non risolvibile da un punto di vista puramente razionale. A differenza di Maimonide, Gersonide è convinto di aver trovato la chiave della risoluzione razionale di questo problema; questa chiave sembra consistere, in ultima analisi, nel messaggio astronomico delle *Guerre del Signore* e nella nuova cosmologia da esso implicato. Un altro punto di divergenza fondamentale rispetto a Maimonide è costituito dall'atteggiamento di ottimismo epistemologico di Gersonide; rispetto a Maimonide, infatti, egli crede nelle possibilità conoscitive della ragione: per quanto l'uomo non riesca a cogliere in tutti i suoi particolari la legge dell'universo, è comunque in grado di ricostruirne l'intera struttura e il piano teleologico che lo governa[4].

[4] Un'utile sintesi dei punti fondamentali di divergenza del pensiero gersonideo rispetto a quello maimonideo si trova in G. FREUDENTHAL, *Gersonides: Levi ben Gershom*, in *History of Islamic Philosophy*, edd. by S. H. Nasr – O. Leaman, Part I, Cambridge 1996, pp. 739-754 (in partic. p. 739). Sulle divergenze dei due autori dal punto di vista epistemologico, cfr. il mio *Sensory Experience and Metaphysics in Medieval Jewish Philosophy: Once Again on the Limitations of Human Knolewdge according to Maimonides and Gersonides*, in «Quaestio», 4 (2004), pp. 91-112. Quanto alla possibilità di qualificare in termini radicali o estremistici il pensiero di Gersonide, essa è stata recentemente contestata da C. MANEKIN, *Conservative Tendencies in Gersonides' Religious Philosophy*, in *The Cambridge Companion* cit. (alla nota 1), pp. 304-344; lo studioso sottolinea come l'immagine di Gersonide nei termini di «the boldest of all Jewish philosophers» o in qualità di «the truest disciple of Aristotle whom medieval Jewish philosophy produced» costituisca piuttosto una sorta di 'mito' della storiografia novecentesca della filosofia ebraica medievale (cfr. in partic. le posizioni di J. Guttmann e I. Husik). L'origine di questa interpretazione andrebbe ricercata nella caratterizzazione polemica che di Gersonide diedero i pensatori religiosi tradizionali del secolo XV in Italia e in Spagna (p. 304). Di contro a questa tendenza, Manekin sottolinea la necessità di uno studio più approfondito dei commenti gersonidei ai libri della Bibbia e documenta il tratto conservativo del pensiero gersonideo in relazione ad argomenti, quali la sopravvivenza individuale dell'anima umana, la creazione del mondo, la provvidenza divina (con il tema connesso della conoscenza degli eventi particolari da parte di Dio) e il fatto che, agli occhi di Gersonide, la *Torah* costituisce essa stessa «una guida straordinaria» nei confronti della speculazione filosofica (cfr. in part. il paragrafo *The testimony of Scripture*, *ibid.*, alle pp. 315-316). Si tratta di osservazioni preziose che però non tolgono il carattere di radicalità della critica intrapresa da Gersonide nei confronti di Maimonide, che appunto costituisce il tema di questo mio contributo. Come sempre, la possibilità di qualificare un pensatore come averroistico (intendendo con ciò stesso fare riferimento al grado

Gersonide rimprovera a Maimonide un'impostazione puramente dialettica del problema dell'origine dell'universo; il *Rav ha-moreh* si sarebbe deciso per la soluzione della *creatio ex nihilo* (*yeš me-ayn*), in quanto la *Torah* avrebbe esercitato su di lui un'indebita «pressione» nei confronti dell'esigenze del pensiero razionale; in altre parole, secondo Gersonide Maimonide avrebbe optato per questa soluzione solo perché spinto dal timore di veder distrutti, a opera della visione aristotelica dell'universo, «i fondamenti della *Torah*» (e cioè la possibilità dei miracoli e del libero intervento di Dio nel cosmo)[5].

Agli occhi del nostro pensatore, questa mossa maimonidea di far arrestare il pensiero sulla soglia di problemi dalla struttura antinomica per la pura ragione umana contraddice gli stessi presupposti della filosofia religiosa elaborata nel corso della *Guida*; è necessario allora tornare a questi presupposti, portando fino alle estreme conseguenze il messaggio maimonideo[6]. La polemica

della sua presunta radicalità teoretica) dipende da quale immagine uno si è preliminarmente fatta del pensiero di Averroè. Sono tornato sul problema della radicalità o meno di Gersonide *vs.* Maimonide nel mio articolo *Between Maimonideanism and Averroism: Gersonides' Place within the Maimonidean Paradigm*, in *The Cultures of Maimonideanism*, cit. (nella nota introduttiva), pp. 133-148.

[5] Questo tema della «grande pressione» (*laḥaṣto ha-Torah laḥaṣ rav*) che, secondo Gersonide, la *Torah* avrebbe esercitato sul pensiero filosofico di Maimonide, spingendolo ad accettare soltanto quell'argomentazioni razionali che non risultassero in contrasto con il dettato dei testi religiosi, si rivela particolarmente prezioso per valutare i rapporti tra il nostro autore e Maimonide: infatti, si tratta di una valutazione che viene formulata più volte nel corso delle *Guerre*, non soltanto a proposito del tema della creazione dell'universo, ma anche in relazione a quello della conoscenza di Dio (ff. 21vb, 22rb, 49rb). Il tema della «pressione della *Torah*» ha ricevuto scarsa attenzione nella critica gersonidea, se si prescinde dal riferimento contenuto nell'articolo di M. Kellner, *Gersonides and His Cultured Despisers: Arama and Abravanel*, in «The Journal of Medieval and Renaissance Studies», 6 (1976), [pp. 269-296], p. 290, nota 49.

[6] Che l'impostazione maimonidea del problema della creazione abbia una struttura antinomica deriva dal fatto che, secondo l'autore della *Guida*, entrambe le soluzioni del problema dell'origine dell'universo (e cioè creazione *vs.* derivazione eterna del cosmo da Dio) non possono essere dimostrate sul piano della semplice dimostrazione razionale (la Parte seconda della *Guida*, in cui questo problema viene affrontato, può anzi venire vista come una raccolta di *rationes in oppositum* nei confronti di entrambe le tesi). Su questa struttura antinomica (che ricorda da vicino quella rilevata da Kant per la cosmologia trascendentale), cfr. M. Fakhry, *The Antinomy of the Eternity of the World in Averroes, Maimonides and Aquinas*, in «Museon», 66 (1953), pp. 139-155. Questo è almeno il discorso che si può ricavare dal tenore esplicito (essoterico, se si vuole) delle argomentazioni maimonidee; la questione appare invece diversa, se si intende affrontare il discor-

gersonidea nei confronti di uno dei contenuti centrali della *Guida* (quello cioè del problema dell'origine dell'universo) passa anche attraverso una critica dello stile di scrittura maimonideo; l'impostazione rigorosamente razionale dei problemi implica, secondo Gersonide, che il filosofo debba deporre sul tavolo tutte le carte di cui dispone e indicare chiaramente al lettore la soluzione fornita ai diversi problemi (polemica contro lo stile di scrittura reticente della *Guida*)[7].

In questa relazione procederò attraverso i seguenti punti: *a*) un'analisi dei passi della *Guida* in cui, secondo Gersonide, è possibile rinvenire il progetto maimonideo di filosofia religiosa e, in particolare, l'interpretazione che Gersonide offre di uno di questi passi (e cioè *Guida* II, 25); *b*) la concezione gersonidea della *Torah* e della profezia; *c*) il confronto del pensiero di Gersonide con quello di un autore ebreo della seconda metà del secolo XIII, Yiṣḥaq Albalag[8].

so della presenza o meno nella *Guida* di un piano esoterico relativo al problema dell'origine dell'universo. Ad esempio, secondo Shlomo Pines, l'intento esoterico di queste argomentazioni consisterebbe nella negazione del valore autonomo della felicità contemplativa dell'uomo (e ciò, sulla base del tema dei limiti della ragione umana che proprio in relazione a questo problema dell'origine dell'universo troverebbe la sua massima espressione); gli interventi di Pines su questo tema sono stati utilmente raccolti da Rémi Brague nell'antologia da lui curata: S. PINES, *La liberté de philosopher. De Maïmode à Spinoza*, Paris 1997. Da parte sua, chi scrive è convinto che sia possibile documentare la presenza di uno strato esoterico di meditazione maimonidea sul tema della creazione; cfr. il mio *Be-re'šit. Il problema filosofico della creazione nel Medioevo ebraico e latino*, Genova 2005. In ogni caso, Gersonide era convinto: 1) che la posizione di Maimonide su questi problemi si identificasse con quella della *creatio ex nihilo* (lasciando però aperto, come a me sembra, il problema di quale fosse l'effettiva posizione del *Rav* in relazione al tema del cominciamento temporale dell'universo; del resto, va da sé che, da un punto di vista teoretico, il problema della *creatio ex nihilo* e quello del cominciamento temporale dell'universo non sono in alcun modo coincidenti); 2) che l'eventuale presenza di uno strato teoretico nella *Guida* costituisse proprio uno dei difetti dell'opera.

[7] Su questa polemica di Gersonide contro lo stile di scrittura reticente della *Guida*, cfr. il mio *Ermeneutica e filosofia* cit. (alla nota 2), pp. 208-227.

[8] Nelle pagine che seguono, il testo della tr. ebraica della *Guida dei perplessi* (ar. *dalalāt al-ḥā'irīn*; ebr. *Moreh ha-nevukhim*) – e cioè quella che Gersonide aveva sotto mano; infatti, gli studiosi sono pressoché concordi nel ritenere che egli non fosse in grado di leggere l'arabo – viene citato (sempre senza il nome dell'autore e con il titolo abbreviato: *Guida*) secondo l'ed. di Yiṣḥaq Goldman (Wa'rśa' [Varsavia] 1872); l'indicazione «Zonta» fa riferimento alla traduzione italiana dell'opera a cura di M. Zonta condotta sull'originale giudeo-arabo (Torino 2003). L'opera *Le guerre del Signore* di Gersonide (*Milḥamot ha-Šem*) viene citata (sempre

1. All'inizio della *Guida* Maimonide indica che l'intento dell'opera è quello di costituire una *ḥokmat ha-torah 'al ha-emet*, e cioè una verifica razionale del nucleo autentico della *Torah* che ne individui i contenuti metafisici (dimensione dei *sitre torah*)[9]. Questa espressione maimonidea, *ḥokmat ha-torah 'al ha-emet* (che appunto costituisce una delle espressioni in cui si riassume il senso della filosofia religiosa elaborata nella *Guida*), viene ripresa nella *haqdamah* (*Introduzione*) alle *Guerre del Signore*, là dove compare il termine di *ha-torah le-fi ha-emet*:

> Pertanto, nel caso in cui il metodo della speculazione razionale ci conduca, in relazione a tutti questi argomenti [che costituiscono il piano dell'opera], ad una conclusione diversa da ciò che appare di primo acchito dal messaggio letterale della *Torah*, risulta chiaro che non ci sentiremo ostacolati dalla *Torah* nell'esplicitare la verifica razionale di questi stessi argomenti, dal momento che ciò non costituisce un'[effettiva] contraddizione del senso autentico della *Torah* (*ḥoleq 'al ha-torah le-fi ha-emet*); infatti, la *Torah* non è una legge (*nimus*) che ci costringa a credere nelle cose false, ma ci guida nella misura del possibile (*aval mayešeret otanu be-takhlyt mah še-efšar*) alla comprensione della verità[10].

senza il nome dell'autore e con il titolo abbreviato: *Guerre*) secondo l'*editio princeps* (Riva di Trento 1560, Ya'aqov Marqary'ah); chi scrive ha pubblicato una traduzione italiana integrale dell'opera (Edizioni di Pagina, Bari 2011), ad esclusione della Parte prima del Libro V, dedicata ad un'analisi dell'*Almagesto* di Tolomeo e non compresa nella *editio princeps* e nella quasi totalità dei manoscritti; si tenga presente che esiste anche una traduzione inglese integrale a c. di S. Feldman, Philadelphia – New York – Jerusalem 1984-1999, in tre volumi e sempre a eccezione della Parte prima del Libro V.

[9] Cfr. *Guida*, Introduzione (*petiḥah*), p. 4[r] (Zonta, p. 69). Per un elenco dei temi che secondo Maimonide costituiscono questi *sitre torah* (= segreti della *Torah*), cfr. *ibid.*, I, 35.

[10] *Guerre*, Introduzione (*haqdamah*), f. 2vb *in fine*; questo passo verrà citato più avanti nella sua interezza. L'uso gersonideo del termine *nimus* per caratterizzare la *Torah* appare tanto più significativo se si pensa al fatto che questo termine era stato usato, dai filosofi radicali della disputa del 1305-1306, per sottolineare il carattere soltanto convenzionale (etico-politico) dei precetti mosaici. Si tenga presente, ancora, che questo termine viene frequentemente impiegato da Gersonide (sia nelle *Guerre* sia nei suoi commenti ai libri biblici) anche per designare la struttura teleologica del piano divino dell'universo; ciò mostra come per Gersonide la *Torah* possegga anche una dimensione cosmica e cioè quella di un testo in cui appare simbolicamente riflesso e descritto l'intero piano dell'universo.

In altre parole, posto che il problema dell'origine dell'universo costituisca una delle questioni più 'profonde' per l'intelletto dell'uomo (come mostra la divergenza delle risoluzioni razionali di questo problema), la *Torah* offre una «guida» (*hayešarah*) alla soluzione definitiva di queste difficoltà dialettiche, in quanto essa alluderebbe in *Gn* 1 sia alla presenza di un sostrato materiale coeterno alla divinità, sia al fatto che la serie degli istanti che compongono il tempo cosmico ha avuto origine da un suo *primum* o istante iniziale[11].

In un altro testo in cui si riassume il progetto di filosofia religiosa dell'opera, Maimonide mostra, come condizione essenziale per il compiersi di una seria disamina razionale dei diversi argomenti in gioco nel problema dell'eternità e creazione dell'universo, il fatto che, agli occhi dell'esaminatore, «entrambi i corni della contraddizione devono possedere lo stesso valore [teoretico] (*le-mi še-šene qeṣawot ha-soter eṣlo be-šawweh*); chi invece si trovi già a scegliere una delle due tesi [contrastanti in gioco], sia a motivo della sua educazione [religiosa] sia per un qualche vantaggio che gliene derivi, non sarà in grado di scorgere l'ipotesi corretta, dal momento che non è possibile che il pensiero di chi possiede una passione sia in grado di far fronte ad un'argomentazione razionale (*ha-'inyan ha-moftiy*)»[12]. Questa indicazione di Maimonide, oltre a costituire un *topos* nella letteratura filosofica ebraica dei secoli XIII-XIV in quanto individua una delle caratteristiche essenziali che i destinatari delle opere filosofiche devono avere (*topos* ripreso dallo stesso Gersonide nella sua *Introduzione* alle *Guerre*), sembra riassumere anche il senso complessivo dell'operazione teoretica compiuta dal nostro pensatore in particolare (ma non solo) nella Parte prima del Libro VI delle *Guerre*, e cioè quel-

[11] Questo termine di *hayešarah* costituisce un'altra delle parole chiave del lessico filosofico-religioso di Gersonide, la cui presenza appare ancora una volta documentata sia nel testo delle *Guerre* sia nei commenti biblici. Si tenga presente che questo termine non viene usato solo in riferimento alla *Torah* nei suoi rapporti con il pensiero razionale, ma anche nei confronti di quest'ultimo; infatti, è lo stesso *derekh ha-'iyyun* a fornire la chiave per la risoluzione razionale delle diverse *rationes pro et contra* in gioco all'interno delle diverse ed apparentemente irrisolvibili questioni teoretiche affrontate nel corso dell'opera. Sul problema del sostrato materiale coeterno alla divinità, cfr. G. FREUDENTHAL, *Cosmogonie et physique chez Gersonides*, in «Revue des Etudes Juives», 144/3-4 (1986), pp. 295-314.

[12] *Guida*, II, 23, p. 49^{v} (Zonta, p. 400).

lo dedicato alla disamina delle *rationes pro et contra* della tesi della creazione temporale dell'universo. La ripresa di questo testo metodologico della *Guida* può essere individuata nel brano in cui Gersonide invita il proprio lettore a considerare con equanimità le argomentazioni razionali esposte nell'opera:

> Risulta chiaro pertanto che il lettore della nostra opera non deve ricambiare l'amore che abbiamo per lui e la nostra intenzione di essergli utile, con un atteggiamento di ostile persecuzione, né deve argomentare contro le nostre conclusioni per amore della contesa dialettica; infatti, ciò può essere causa del fatto che egli non comprenda l'intenzione dei nostri argomenti. Senza dubbio, è doveroso che egli ci riconosca quelle premesse razionali che è disposto a riconoscere al nostro avversario, anche nel caso in cui [il nostro lettore] non abbia interessi religiosi o sia uno che respinga queste argomentazioni a causa di una qualche passione. Se invece, oltre a ciò, egli ha interessi religiosi, tutto ciò è ancor più doveroso da parte sua, dal momento che le credenze basilari della *Torah* (*ha-pinnot ha-toriyot*) dipendono da tutte queste indagini[13].

Veniamo ora all'analisi dell'interpretazione gersonidea di *Guida* II, 25; l'importanza che questo testo assume agli occhi del nostro pensatore è testimoniata dal fatto che esso ricorre in due luoghi delle *Guerre*, la prima volta nell'*Introduzione* e la seconda nel capitolo primo della Parte seconda del Libro VI. In questo passaggio della *Guida* Maimonide scrive che gli sarebbe riuscito facile interpretare allegoricamente i versetti della *Torah* che parlano della creazione del mondo, in maniera tale da «stabilire [in base ad essi la tesi] dell'eternità del mondo» (*le-'amyd qadmut ha-'olam*)[14], così come egli ha già fatto in relazione a quei versetti il cui significato letterale indica la corporeità di Dio. «Due motivi» lo hanno trattenuto dal fare ciò: il primo consiste nel fatto che, mentre è possibile dimostrare razionalmente l'incorporeità di Dio ed è dunque necessario interpretare allegoricamente tutti quei versetti il cui senso letterale contrasta con l'argomentazione razionale (*kol mah še-yaḥloq 'al pešuṭo ha-mofet*), «non è possibile dimostrare razionalmente l'eternità del mondo e non vi è alcuna necessità

[13] *Guerre*, Introduzione (*haqdamah*), f. 2vb. Ho corretto il testo della *editio princeps* con il ms. Parma 3029 (De Rossi 135), f. 3^{v}.

[14] *Guida*, II, 25, p. 51^{r} (Zonta, p. 408).

nel respingere i versetti [che contrastano questa tesi] e nell'interpretarli allegoricamente a causa del prevalere di un'argomentazione di cui sia possibile stabilire, con una qualche forma di prevalenza razionale, il prevalere della relativa proposizione contraddittoria»[15]. Il secondo motivo che ha trattenuto Maimonide dall'esplicitare in senso eternalistico i versetti della *Torah* consiste nel fatto che, mentre «la nostra credenza razionale nell'incorporeità di Dio non contraddice alcun elemento fondamentale della *Torah* (*lo yistor lanu davar mi-yesode ha-torah*) e non falsifica nessun discorso profetico», «la credenza nell'eternità dell'universo» nel senso necessitaristico che questa tesi assume in Aristotele, «contraddice il fondamento della religione (*ha-dat me-'iqarah*), falsifica necessariamente ogni miracolo (*le-kol ot*) e vanifica tutto il suo oggetto di speranza e il timore di Dio»[16].

Il passo maimonideo in questione viene ripreso la prima volta da Gersonide nella seguente forma:

> Il [nostro] lettore non pensi che sia la *Torah* a doverci ostacolare nella verifica razionale di ciò il cui significato verrà verificato in questa nostra opera, senza che la verità non stia così in se stessa; infatti, è chiaro, così come spiega il *Rav ha-moreh*, che è nostro dovere credere razionalmente a ciò la cui verifica razionale apparirà chiara attraverso l'indagine razionale, anche se la *Torah* presa letteralmente contrasta con ciò (*we-im hayah še-taḥloq 'alaw ha-torah lefi mah še-yera'eh mi-pešuṭe divreah*). Pertanto, è necessario interpretare allegoricamente queste parole [della *Torah*], in maniera che esse si accordino con la speculazione razionale. Per questo motivo, il *Rav ha-moreh* ha spiegato tutti quei passi della *Torah* che sembrano indicare la corporeità divina in un modo che ciò non venga contraddetto dalla speculazione razionale (*be-ofen še-lo yaḥloq 'alaw ha-'iyyun*). Pertanto, il *Rav ha-moreh* ha affermato che, nel caso in cui fosse possibile dimostrare razionalmente (*be-mofet*) l'eternità dell'universo, noi dovremmo credere a questa tesi e i versetti della *Torah* il cui significato letterale sembrerebbe contrastare ciò (*ḥoleqim 'al zeh*), dovrebbero venire interpretati allegoricamente, in modo da adattarsi alla speculazione razionale. Pertanto, nel caso in cui il metodo della speculazione razionale ci conduca, in relazione a tutti questi

[15] *Ibidem*.
[16] *Ibid.*, p. 51[rv] (Zonta, *ibidem*).

> argomenti [che costituiscono il piano dell'opera], ad una conclusione diversa da ciò che appare di primo acchito dal messaggio letterale della *Torah*, risulta chiaro che non ci sentiremo ostacolati dalla *Torah* nell'esplicitare la verifica razionale di questi stessi argomenti, dal momento che ciò non costituisce un'[effettiva] contraddizione del senso autentico della *Torah* (*ḥoleq ʻal ha-torah le-fi ha-emet*); infatti, la *Torah* non è una legge che ci costringa a credere nelle cose false, ma ci guida nella misura del possibile alla comprensione della verità, così come abbiamo chiarito quando abbiamo intrapreso a spiegare i libri della *Torah*. Pertanto, il nostro modo di procedere in questi argomenti sarà quello di condurre nei loro confronti una indagine completa (*ḥaqirah šelemah*), dapprima dal punto di vista dell'argomentazione razionale (*teḥillah mi-ṣad ha-ʻiyyun*); in un secondo tempo (*we-aḥar ken*) ci si mostrerà che ciò a cui ci ha condotto l'argomentazione razionale, in relazione a ciascuno dei temi di queste indagini, costituisce la tesi della *Torah* (*hu daʻat ha-torah*). In alcune di queste indagini, ciò che si trova nella *Torah* ci ha indirizzato a trovare la verità attraverso una guida meravigliosa[17].

Le parole con cui Gersonide ripropone poi questo passo maimonideo la seconda volta (e cioè nel primo capitolo della Parte seconda del Libro VI delle *Guerre*) sono sostanzialmente le stesse[18].

[17] *Guerre*, Introduzione (*haqdamah*), f. 2vb-3ra. In questo testo, si noti in part. il richiamo che Gersonide fa ai risultati emersi dalla sua attività di commentatore dei libri biblici.

[18] *Ibid.*, Libro VI, Parte seconda, I, f. 69ra: «In generale, la *Torah* non è una legge imposta con la forza (*nimus mukreaḥ*) che ci costringa a credere in cose false e a compiere azioni che non hanno un'utilità razionale, così come invece pensa la moltitudine. Piuttosto, essa è una legge perfetta al massimo grado (*nimus šalem be-takhlyt ha-šelemut*), così come è emerso dai nostri *Commenti alla Torah*; lo è a tal punto, che la perfezione racchiusa in essa spinge gli uomini a desiderare di comportarsi in conformità a questa legge perfetta e questo fatto deriva dalla definizione stessa di legge perfetta, così come ha spiegato il Filosofo (= Aristotele). Stando così le cose, risulta chiaro che nella *Torah* non vi è niente che ci porti a credere il falso, dal momento che il falso non conduce all'adesione mentale ad esso (*al ha-ha'amanah bo*) e al seguirlo nelle nostre azioni. Pertanto, dobbiamo stabilire il contenuto della *Torah* in modo che esso concordi con la speculazione razionale. È per questo motivo che il *Rav ha-moreh* ha interpretato allegoricamente tutti quei contenuti della *Torah* che portavano a pensare che Dio fosse un ente corporeo, in modo che ciò non contraddicesse i risultati che sono emersi dall'indagine razionale (*be-ofen še-lo yistor mah še-hitba'er mi-derekh ha-ʻiyyun*). Per questo motivo, egli scrive che nel caso in cui la cogenza razionale dell'eternità dell'universo fosse ciò che emerge dal metodo della ricerca razionale, si sarebbe costretti ad interpretare allegoricamente il contenuto della *Torah* che sembra es-

Da questi passi gersonidei emergono in particolare due considerazioni: la prima è che la *Torah* contiene «una guida» e un aiuto prezioso perché la speculazione umana possa liberarsi dal groviglio di tesi contrastanti in cui essa si trova irretita quando analizza il problema dell'origine dell'universo. La seconda considerazione che si può fare è che Gersonide ha interpretato l'operazione teoretica delle *Guerre* come un portare fino in fondo il modello maimonideo di filosofia religiosa: in linea di principio, non può esservi discordia tra *Torah* e speculazione filosofica (la prima, anzi, costituisce un valido aiuto per la seconda) e bisogna dunque interpretare allegoricamente tutti quei versetti della *Torah* il cui significato letterale contrasta con la filosofia. Dal momento poi che la tesi dell'origine temporale dell'universo a partire da un sostrato materiale coeterno a Dio verrà dimostrata razionalmente nella Parte prima del Libro VI delle Guerre, proprio questo deve essere il nucleo di verità racchiuso nel racconto di *Gn* 1.

2. Vengo ora ad analizzare l'interpretazione gersonidea della *Torah* e dei rapporti tra profezia e filosofia. Nell'*Introduzione* (*petiḥah*) al suo *Commento al Pentateuco*[19] Gersonide scrive che il «do-

sere in contraddizione con questa tesi, in modo che esso concordi con l'indagine razionale. In relazione a ciò che nella *Torah* viene detto a proposito della creazione del mondo, devi sapere che a noi è capitato proprio il contrario di questa situazione; in altre parole, non abbiamo dovuto esercitare su di noi una pressione a interpretare l'insegnamento della *Torah* su questo punto, in modo che esso si accordasse con l'indagine razionale; al contrario, l'insegnamento della *Torah* su questo punto è stato in qualche modo la causa che ci ha spinto a pervenire alla verità su di esso attraverso il metodo dell'indagine razionale. Ciò che ci ha indotto a trovare la verità in relazione a questo punto dell'indagine è stato ciò che ci veniva indicato chiaramente dalla spiegazione del testo della *Torah* relativo alla creazione dell'universo; infatti, ciò che in esso si trova in relazione a questo punto, costituisce in qualche modo una guida notevole (*mayešyr me'od*) a trovare la verità per chi intraprende l'indagine razionale di questo tema». Quanto alla citazione in questo testo della definizione aristotelica della legge perfetta, essa sembra essere una ripresa di *Rhetorica* I, 14, là dove Aristotele contrappone la legge naturale universale alle leggi convenzionali. Si noti poi la ripresa in negativo del tema della «pressione» esercitata dalla *Torah* sulla speculazione razionale; il fatto che Gersonide, a differenza di Maimonide, non sia stato sottoposto a questa indebita pressione, viene sentito come una conferma indiretta della giustezza delle conclusioni del nostro autore.

[19] Il testo dell'*Introduzione* (petiḥah) al *Commento* viene citato secondo l'edizione *Peruše-ha-torah le-rabbenu Lewi ben Gershom, be-re'šit* (*Genesi*), a c. di Ya'aqov

no della *Torah* divina» (*netinat zo't ha-torah ha-elohiyt*) serve ad indirizzare l'uomo alla sua «autentica felicità» (*al ha-haṣlaḥah ha-amitiyt*); questa legge (*nimus*) si compone di tre parti: «la prima è quella di cui si pensa [normalmente] che ad essa soltanto si riconduca l'intenzione della *Torah*» e cioè i precetti che comprendono sia ciò che si deve credere sia ciò che si deve fare. Questa parte è costituita dai 613 precetti della tradizione ebraica. La seconda parte della *Torah* è quella che comprende «la scienza politica» e che propone all'attenzione del lettore l'esempio paradigmatico della vita «di uomini antichi conosciuti per la loro perfezione [etica]»; in questa parte, la *Torah* non indica in dettaglio dei precetti da seguire, dal momento che essa è consapevole realisticamente della distanza che intercorre tra il modello di perfezione etica e il corso ordinario della vita dell'uomo. «La terza parte è costituita da quanto la *Torah* ci fa acquisire della scienza degli enti (*me-ḥokhmat ha-nimṣa'ot*), a cui non è possibile giungere con i metodi della speculazione razionale se non con grande difficoltà, a meno che non si venga aiutati attraverso i racconti profetici che indirizzano a questa stessa comprensione»[20]. Secondo Gersonide, tra queste tre parti della *Torah* intercorre un rapporto gerarchico di relativo perfezionamento; la seconda parte (e cioè quella relativa alla scienza politica) costituisce il perfezionamento della prima in relazione a quanto del «miglioramento del corpo» (*mi-tiqqun ha-guf*) contengono i precetti; la terza parte costituisce un perfezionamento di tutti quei precetti della prima parte che fanno riferimento al tema del «miglioramento dell'anima» (*mi-tiqqun ha-nefeš*)[21]. In altre parole, Gersonide mostra come la *Torah* si auto-completi; tra *Torah* e filosofia non esiste tanto un rapporto paritetico del tipo di quello instaurato da Averroè nel *Trattato decisivo*; piuttosto, è la *Torah* a pre-contenere al suo interno la speculazione razionale, mentre spetta a quest'ultima esplicitare i diversi piani di senso che sono tutti coimplicati nel messaggio della *Torah*[22].

Lev Lewi, Jerusalem 1992, pp. 1-12; si tenga presente che di questa *Introduzione* esiste anche una traduzione francese a c. di C. Sirat in *Les méthodes de travail de Gersonide* cit. (nella nota introduttiva), pp. 341-353.

[20] *Introduzione* cit., pp. 1-2.

[21] *Ibid.*, p. 2.

[22] Cfr. AVERROES (AVERROIS CORDUBENSIS), *Trattato decisivo [sull'accordo della*

Venendo ora ad analizzare il tema dei rapporti tra profezia e speculazione razionale, nell'*Introduzione* alle *Guerre* Gersonide ricorda i motivi per cui sarebbe stato meglio non intraprendere la composizione dell'opera. Tra queste motivazioni, vi è la seguente, ascritta ad alcuni suoi contemporanei:

> Essi pensano che l'intelletto del filosofo non sia costitutivamente in grado di comprendere la verità di questo problema [relativo alla creazione dell'universo], a meno che non si tratti di un profeta. [Ciò accade] tanto più, in quanto essi vedono che i progenitori perfetti della nostra comunità religiosa (tra cui la corona dei sapienti, l'ornamento di bellezza dei nostri talmudisti, il *Rav Mošeh ben Maimon*) non hanno intrapreso, in relazione a questo tema, una simile indagine razionale. Da questo fatto essi hanno tratto la conseguenza dell'impossibilità di una comprensione razionale di questo problema[23].

Nel prosieguo del testo, Gersonide scrive che vi sono persone che pensano che «la comprensione profetica» (*ḥokmat ha-navy'*) sia superiore a quella filosofica, in quanto il profeta conoscerebbe «l'intelligibile primo, mentre al filosofo sarebbe riservata solo l'apprensione dell'intelligibile secondo»[24]. «Se la cosa però stesse

Legge rivelata con la filosofia] (*Faṣl al-maqāl fī mā bayn al-šarī'a wa-l-falsafa min al-ittiṣāl*), tr. it. a c. di M. Campanini, Milano 1994, p. 113: «La filosofia (*al-ḥikma*) è amica della Legge (*aš-šari'a*) e anzi sua sorella di latte (*wa-l-uḫtu-rraḍi'atu*)». Queste espressioni rushdiane relative ai rapporti tra filosofia e Legge sono state riprese nell'opera *Iggeret ha-wikkuaḥ* (*L'opuscolo della contesa*) di Šem Tov ibn Falaquera, filosofo ebreo della seconda metà del secolo xiii, che però, a differenza di Gersonide, conosceva perfettamente l'arabo (ed. e tr. in S. Harvey, *L'«Opuscolo della contesa» di Falaquera. Introduzione alla filosofia ebraica medioevale*, Genova 2005).

[23] *Guerre*, Introduzione (*haqdamah*), f. 2va.

[24] Su questo tema degli intelligibili primi e secondi cfr. H. A. Wolfson, *The Terms Taṣawwur and Tasdīq in Arabic Philosophy and Their Greek, Latin and Hebrew Equivalents*, in Id., *Studies in the History of Philosophy and Religion*, edd. by I. Twersky – G. H. Williams, 2 voll., Cambridge (Mass.) 1973, I, pp. 478-492. Si tenga presente che per Gersonide l'«intelligibile primo» (*ha-muśkal ha-ri'šon*) viene colto dall'uomo attraverso l'esperienza sensibile ed è il risultato dell'influsso esercitato dall'Intelletto agente su quello materiale dell'uomo; il termine fa riferimento alle proposizioni universali comuni a tutte le scienze e agli assiomi relativi a ciascuna di esse (e cioè a quelle proposizioni di cui «noi non sappiamo né da dove provengano né quando le abbiamo acquistate», secondo la formula che compare già in al-Farabi). Questo intelligibile è colto attraverso un'intuizione noetica (ebr. *ṣiyyur*, equivalente all'aristotelico *nous ton archon* dell'ultimo capitolo degli *Analitici Secondi*) e si riferisce all'aspetto intenzionale o comprensivo delle nostre proposizioni. «L'intelligibile secondo» è costituito invece dall'applicazione

in questi termini, la conoscenza filosofica (*yedi'ah ha-ḥakham*) risulterebbe più completa [di quella profetica], dal momento che il filosofo conoscerebbe le cose tramite le loro cause, a differenza del profeta; ciò però risulta impossibile». Di contro a questa dissociazione operata tra filosofia e profezia, Gersonide propone l'idea di un profeta che sia anche filosofo, riconoscendo al tempo stesso la possibilità che «vi siano in questo mondo degli intelligibili che il filosofo che non è profeta non è in grado di attingere, mentre il filosofo che è profeta è in grado di attingerli nella misura in cui esso è anche filosofo». In relazione a quest'ultima frase, si impongono due considerazioni: la prima è che Gersonide individua la specificità della profezia nella capacità che ha il profeta di applicare le sue conoscenze razionali alla previsione degli eventi futuri (*be-haggadat ha-'inyanim ha-peraṭim ha-efšariim ha-nofelim be-zeman mah*); egli scrive che, rispetto al filosofo, il profeta si caratterizza «soltanto per una facilità di comprensione (*be-qalut ha-hagga'ah*)» con cui egli applica gli intelligibili agli eventi particolari del mondo sub-lunare. La seconda considerazione è che, mentre si dà la possibilità che il filosofo non sia profeta, non è vero l'inverso, e cioè che si dia la possibilità di un profeta che non risulti anche al tempo stesso filosofo. In questa unione di filosofia e profezia Gersonide segue da vicino il messaggio di Averroè nella *Incoerenza dell'incoerenza dei filosofi*[25]. Il piano degli intelligibili

di quello primo all'esperienza sensibile; esso costituisce lo *scire per causas* relativo ai fenomeni sensibili e si riferisce all'aspetto quantitativo o estensivo delle nostre proposizioni; viene colto attraverso la verifica razionale delle proposizioni universali (ebr. *immut*).

[25] La visione gersonidea della profezia viene esplicitata, oltreché in questo passo dell'*Introduzione*, anche nel *Libro secondo* delle *Guerre*. Il richiamo al profeta-filosofo è una ripresa di un testo rushdiano dell'*Incoerenza* (conosciuta nella tradizione ebraica con il titolo di *Happalat ha-happalah* e cioè *Distruzione della distruzione*); cfr. AVERROES, *Incoerenza dell'incoerenza dei filosofi [Tahāfut al-Tahāfut]*, tr. it. a c. di M. Campanini, Torino 1997, p. 534: «Nessuno dubita che anche tra gli Israeliti vi fossero molti filosofi, come emerge dai loro libri, attribuiti a Salomone – su di lui la pace! –; e siccome la filosofia non ha mai cessato di esistere tra gli uomini ispirati da Dio, e cioè i profeti – la pace sia su di loro! –, è sommamente vero che ogni profeta è un filosofo, anche se non è vero che ogni filosofo sia un profeta, sebbene i filosofi siano quelli che più giustamente sono definiti eredi dei profeti». Secondo STEINSCHNEIDER, *Die Hebraischen Übersetzungen* cit. (alla nota 3), p. 277, la traduzione ebraica di quest'opera rushdiana sarebbe avvenuta prima del 1328 a opera di Kalonymos ben David ben Todros (Todrosi); è dunque possibile che il testo di Gersonide costituisca una citazione esplicita di quest'opera.

con cui operano il filosofo e il profeta è lo stesso; esso consiste nell'apprensione di quell'ordine intelligibile che è presente nella mente dell'Intelletto agente. Secondo Gersonide, l'identità di piano intelligibile esistente tra questi due livelli di conoscenza è testimoniata dal fatto che è possibile ritrovare nei testi profetici la presenza di intelligibili primi che possono essere colti da un punto di vista razionale anche da parte dei filosofi. Questi intelligibili sono costituiti, ad es., dal tema dell'«unicità di Dio», che viene ricordato nella *Torah*, dal «*ma'aśeh merkavah* presente in Ezechiele e in Isaia» e da altri temi ancora «che sono come una sorta di intelligibili primi per i filosofi». Secondo Gersonide, tutti questi temi (di natura, dunque, eminentemente razionale) sono menzionati nella *Torah* senza che essi vengano accompagnati dall'espressione «Dio disse» (che appunto designa una rivelazione profetica); invece, nel caso in cui nel testo biblico sia presente un'espressione linguistica che li contrassegna come rivelazione profetica, «ciò accade a causa del fatto che questi due tipi di apprensione (quella cioè profetica e quella razionale) sono strettamente unite».

Gersonide supera dunque le cause che avrebbero potuto ostacolare la stesura delle *Guerre* sia attraverso la rivendicazione della piena legittimità teoretica del pensiero razionale (appunto, affermando l'identità del piano intelligibile con cui operano il filosofo e il profeta), sia attraverso la nozione di progresso, secondo cui non è lecito fermarsi alle *auctoritates* del passato (in primo luogo, a Maimonide, ma anche – e la cosa è particolarmente importante per la sua attività di filosofo-commentatore – agli stessi Aristotele e Averroè)[26]. Ciò che di nuovo è intercorso tra Maimonide e

[26] Sull'intenzione che ispira i *Supercommentari* gersonidei alle opere di Averroè, cfr. ad es. quanto lo stesso autore scrive nell'*Introduzione* al suo *Supercommentario all'«Epitome De Physica»*, ms. Parma 2913 (De Rossi 146), fol. 15[a]: «La nostra intenzione è quella di spiegare quanto dei libri naturali di Aristotele è giunto fino a noi, secondo i *Commenti* di Ibn Rushd. In relazione a quei passi in cui la nostra opinione non concorda con quella di Aristotele, ricorderemo le nostre tesi. A ciò si aggiunga l'utilità che da questo nostro *Supercommentario* consegue a quanti conducono studi di perfezionamento, in relazione alla comprensione di alcuni argomenti che presentano delle difficoltà». Sono molti i passi dei *Supercommentari* in cui Gersonide rivendica la propria libertà di pensiero sia nei confronti di Aristotele sia nei confronti di Averroè (su questo tema cfr. il *Chapitre premier,* intitolato *Gersonide commentateur d'Averroès*, di *Les méthodes de travail de Gersonide* cit. *supra*, nella nota introduttiva, pp. 59-104, con interventi di S. Klein-Braslavy e

il tempo in cui Gersonide scrive, è la possibilità di superare l'idea, formulata nella *Guida*, che il problema dell'origine dell'universo non possa essere risolto attraverso l'argomentazione razionale. La conclusione di questo ragionamento di Gersonide è quella, già presentata sopra, secondo cui l'indagine delle *Guerre* deve scandirsi in due tempi: «innanzitutto», la verifica razionale delle *rationes* in gioco nelle diverse *quaestiones* affrontate nel corso dell'opera e solo «in un secondo tempo» la ricerca del grado di accordo della *determinatio* razionale con quanto si trova scritto nella *Torah*. Non si tratta però di una separazione di piani di indagine, dal momento che «in alcune di queste indagini, ciò che a questo proposito si trova nella *Torah* ci ha guidato a trovare la verità attraverso una guida mirabile».

A questo proposito, bisogna osservare: 1) come Gersonide assegni una priorità ideale all'indagine razionale rispetto al tema della ricerca di una concordia tra quest'ultima e la *Torah*; in altre parole, lo spazio autonomo dell'indagine razionale consiste nell'analisi di tutte le tesi teoretiche in gioco a proposito dei diversi argomenti e nella verifica della loro tenuta complessiva; 2) inoltre, è importante rilevare come soltanto in relazione a determinati oggetti di indagine (ma non a tutti) Gersonide assegni alla *Torah* la funzione di «guida mirabile» del pensiero razionale dell'uomo.

Nel complesso, la visione gersonidea dei rapporti tra *Torah* e filosofia può essere riassunta nei seguenti termini: da un lato, Gersonide afferma che «non è possibile seguire la filosofia che si trova in disaccordo con la fede. Quando ciò si verifica, bisogna ascrivere la mancanza di accordo alla nostra incapacità». Dall'altro lato, egli rivendica più volte, nel corso delle *Guerre*, la legittimità di un'indagine filosofica scandita in due tempi. La prima affermazione (e cioè quella relativa all'incapacità umana di stabilire l'accordo tra speculazione razionale e *Torah*) non va intesa nel senso di un'indicazione di una finitezza strutturale della ragione, con il rimando, che a essa si collegherebbe, a un piano di verità soprannaturali contenute nella *Torah*. Come si è visto, infatti, Gersonide

R. Glasner). Ho analizzato i contenuti filosofici di un altro importante *Supercommentario* gersonideo (quello all'*Epitome De Anima*) nel mio articolo *Matter from the Point of View of Psychology and Noetic: Do the Intelligibile Forms Have a Matter? And if Yes, which Kind of Matter?*, in «Quaestio», 7 (2007), pp. 283-316.

nega che la rivelazione divina profetica indichi alla ragione umana un piano di verità radicalmente diverso da quello a cui l'uomo perviene con le sue sole forze; l'impotenza della ragione a stabilire l'accordo tra sé e la *Torah* deve essere allora intesa come un'indicazione di limiti provvisori, nella consapevolezza del carattere storicamente perfettibile del cammino della filosofia umana. Ad esempio, in relazione al problema della dimostrabilità razionale della tesi della creazione temporale dell'universo, lo stesso Gersonide fa misurare al suo lettore il senso di questo cammino storico della ragione umana, volgendo in senso dimostrativo il precedente atteggiamento di *epoché* del giudizio razionale adottato da Maimonide nei confronti di questo problema. In sintesi, la formula migliore con la quale riassumere la visione gersonidea dei rapporti tra *Torah* e filosofia sembra essere quella di un'«armonia prestabilita» esistente tra queste due dimensioni; garante di quest'accordo è la natura stessa della *Torah* che, come si è visto, non è soltanto un codice di leggi rituali ed etico-politiche, ma coincide con il piano dell'ordine divino[27]. In relazione a questo tema dell'«armonia prestabilita» tra *Torah* e filosofia, ho accostato, in Appendice a questo mio contributo, due testi delle *Guerre*, il cui apparente contrasto di significato può essere risolto proprio alla luce di questo dato dell'armonia; il primo di questi testi, lungi dall'essere interpretabile, così come invece vuole Manekin, nei termini di un presunto carattere conservatore e tradizionale di Gersonide, sembra invece indicare il carattere aperto e teoreticamente audace della riflessione intrapresa dal nostro autore.

3. Proprio il testo gersonideo delle *Guerre* in cui viene rivendicato il diritto prioritario della speculazione razionale all'analisi e verifica delle diverse ipotesi teoretiche in gioco (e ciò, appunto, prima ancora di intraprendere un'indagine sulla possibile concordanza tra quanto la speculazione ha fatto emergere e il testo del-

[27] Volendo usare i termine precisi di Gersonide, la *Torah* è lo stesso *nimus ha-nimṣa'ot* e cioè *ha-siddur ha-muśkhal ašer mimmeno hištallšel meṣi'utam* («la legge degli enti» e cioè «quell'ordine intelligibile a partire dal quale si concatena la loro esistenza»). Su questa nozione (che deriva in ultima analisi dalla *Parafrasi* di Temistio al Libro XII della *Metafisica* aristotelica), cfr. S. PINES, *Note sur la métaphysique et sur la physique de Gersonide*, in *Gersonide en son temps* cit. (nella nota introduttiva), pp. 179-183 (in partic. alle pp. 179-181).

la *Torah*), ci consente di confrontare questo assunto con la dottrina di Yiṣḥah Albalaq sui rapporti tra filosofia e *Torah*, così come essa trova espressione nel suo *Tiqqun ha-de'ot*[28]. Analogamente a Gersonide, Albalag rimprovera a Maimonide il tentativo di contraddire le tesi dei filosofi solo con argomenti pseudo-razionali (*be-ṭa'anot 'iyyuniyot ḥazaqot mi-ṭa'anot ha-filosofim be-'eyneihem*); secondo lui «il nostro Rabbi Mošeh» avrebbe cercato di dissimulare la presenza nella *Guida* della tesi della creazione eterna dell'universo, e cioè quella stessa tesi che pure, secondo questo pensatore, Maimonide avrebbe accettato all'inizio del suo *Mišneh Torah* per fondare su basi dimostrative l'unicità e incorporeità di Dio. Secondo Albalag, Maimonide avrebbe finito così con l'autocontraddirsi. L'intento del cap. XXX del *Tiqqun ha-de'ot* è di mostrare come il testo di *Gn* 1 «possa sopportare» un'interpretazione teoretica che individua il nucleo del suo messaggio nella dottrina della «creazione eterna», al posto di quella della creazione temporale o «a partire da un tempo determinato» (*mi-zeman qaṣuv*), così come invece vuole l'opinione della moltitudine (*ha-hamon*)[29]. A questo proposito egli scrive:

> Non è opportuno appoggiarsi all'opinione popolare (*ha-pirsum ha-hamoni*) nella conoscenza della verità; bisogna piuttosto imparare la verità attraverso l'argomentazione razionale (*min ha-mofet*) e [solo] in seguito (*aḥar ken*) esaminare la *Torah*. Se si trova che i suoi versetti aderiscono alla conoscenza ra-

[28] Su questo pensatore si veda quanto scrive C. SIRAT, *La filosofia ebraica medievale*, tr. it. a c. di B. Chiesa, Brescia 1990 (ed. orig., *La Philosophie juive au Moyen Âge, selon les textes et les imprimés*, Paris 1983), p. 305: «La sola cosa che si sappia della vita di Albalag è che fu attivo nella seconda metà del tredicesimo secolo, ma è incerto se in Provenza o in Catalogna». A questo proposito, la studiosa ripete sostanzialmente quanto aveva già scritto G. VAJDA, *Isaac Albalag. Averroïste juif, traducteur et commentateur d'al-Ghazali*, Paris 1960, p. 7: «Son œuvre conservée se réduit à une version hébraique du *Maqasid al-falasifa* (en hébreu *Kawwanot ha-philosophim*) d'Abu Hamid al-Ghazali et aux observations plus ou moins dévelopées qu'il a intercalées dans cette version. A ses annotations, il a voulu conférer en quelque sorte statut d'ouvrage indépendant, puisqu'il leur a donné un titre (*Tiqqun ha-de'ot*) sur lequel il s'explique dans le prologue placé en tête de l'ensemble version-annotations». Il testo ebraico di quest'opera (il cui titolo significa *La correzione [del Libro] delle opinioni [d'al-Ghazali]*) è stato pubblicato dallo stesso Vajda: ISAAC ALBALAG, *Sefer Tiqqun Ha-De'ot*, Texte présenté, édité et annoté par Georges Vajda, Jérusalem1973 (Académie Nationale des Sciences et des Lettres d'Israël).

[29] Cfr. ISAAC ALBALAG, *Sefer Tiqqun Ha-De'ot*, ed. Vajda cit., p. 43.

> zionale, crederemo a questa opinione sia dal lato dell'indagine razionale sia da quello della fede (*mi-ṣad ha-'iyyun u-mi-ṣad ha-emunah*); se invece si trova, in relazione a questa tesi, un versetto che la contraddice, crederemo anche al senso letterale del versetto dal lato del miracolo [della rivelazione divina] (*'al derekh ha-nes*). [In questo modo], sapremo che questa tesi della *Torah* non risulta diversa rispetto alla nostra tesi, se non per il fatto che essa appartiene al novero delle tesi di origine divina che sono peculiari dell'apprensione dei profeti e dell'agire della potenza che si trova al di sopra della natura (*le-ma'alah min ha-ṭeva'*). In questo modo, tu troverai molte volte che la mia tesi razionale è il contrario della mia fede (*hefekh emunati*), dal momento che io so dal lato dell'argomentazione razionale (*mi-ṣad ha-mofet*) che questa è la verità dal punto di vista della natura (*'al derekh ha-ṭeva'*), mentre io credo, sulla base delle parole dei profeti, che l'opposto dell'argomentazione razionale è la verità dal punto di vista del miracolo[30].

Emergono da questo testo i seguenti punti di differenza rispetto a Gersonide: 1) Albalag ritiene che tra la conoscenza profetica e quella razionale esista una netta differenza di piani: la prima si caratterizza per un'origine di natura soprannaturale, mentre la seconda parte dal mondo sensibile, per scoprirne le cause[31]. A questa dissociazione di piani conoscitivi, corrisponde in Albalag quella tra argomentazione razionale e «fede semplice». Si è visto invece come per Gersonide non si dia una simile distinzione di piani tra il fenomeno profetico e quello razionale; per lui, inoltre, la fede costituisce un preciso atto conoscitivo che accomuna sia l'apprensione religiosa sia quella filosofica. 2) Albalag sottolinea come la sua allegorizzazione filosofica del testo biblico costituisca solo una delle possibili interpretazioni, che non deve necessariamente risultare coincidente con l'intenzionalità significativa del versetto in questione (*še-hu kawwanat ha-pasuq*), senza che possano essercene altre. «Per questo motivo, l'intenzione della mia interpretazione allegorica non è quella di farti vedere che questo costituisce la mia fede in cui io credo e che io ti trasmetto come contenuto di fede, ma solo quella di mostrarti come sia possibile appoggiare le tesi razionali al testo scritto religioso e come que-

[30] *Ibidem*.

[31] Cfr. *ibid.*, p. 44.

st'ultimo li sopporti, così come anche è in grado di sopportare il loro contrario o diverse interpretazioni». Il testo prosegue poi nell'indicare come «sia impossibile» ai filosofi l'apprensione della *Torah* dal lato delle congetture razionali, senza che questa stessa apprensione non risulti dubbia (*mesuppeqet*). Un atteggiamento, quest'ultimo, che contrasta con la fiducia di Gersonide di aver finalmente disvelato, attraverso l'argomentazione razionale, il senso autentico della dottrina della creazione contenuta in *Gn* 1.

Appendice
La tesi gersonidea dell'esistenza di un'armonia tra *Torah* e filosofia

Testo n. 1 (*Guerre*, I, 14, f. 16rb)

«Se qualcuno ritiene che la fede (*ha-emunah*) affermi che la felicità umana sia altra rispetto a ciò che abbiamo ricordato [e pensi questo] sulla base di ciò che lo spinge a credere il significato letterale di alcune dottrine che, a proposito del Giardino di Eden e della Geenna, si trovano nei *midrašim*, nelle *haggadot* e nei libri profetici, [costui] sappia in verità che noi non ci siamo decisi per la tesi a cui ci ha spinto la speculazione razionale, se non per il fatto che abbiamo visto che questa tesi concorda (*maskym*) con quella della nostra *Torah*. Infatti, non è possibile seguire la filosofia (*ha-hemšekh la-'iyyun*) che si trovi in disaccordo con la fede (*ḥoleq 'al ha-emunah*). Quando però ciò si verifichi, dobbiamo ascrivere alla nostra incapacità la mancanza di accordo (*ha-haskamah*). Perciò, è evidente che chi crede a ciò [= nella *Torah*] debba seguire la sua fede, dal momento che anche noi facciamo così, nel caso in cui ci risulti che la fede affermi una cosa diversa da ciò che noi affermiamo su questo argomento dell'immortalità dell'intelletto. Questo punto deve essere accettato da tutti i credenti; infatti, se venisse aperta la porta alla [possibilità di] contraddire la fede sulla base di ciò che, nella speculazione razionale, sembra di primo acchito contraddire la fede (*ḥoleq 'aleah*), la fede stessa verrebbe distrutta, verrebbe a mancare la sua utilità agli uomini di fede e si produrrebbero discordia e confusione tra i fedeli – ciò che [già] si verificherebbe, se non vi fosse la fede; [da tutto ciò] deriverebbe un danno palese. Ciò che abbiamo detto a proposito di questo tema [= della felicità umana], lo si deve applicare anche al resto delle indagini contenute in quest'opera; se cioè sembrerà, a qualcuno degli uomini di fede, che vi sia un tema a proposito del quale è necessario che la tesi contrastante venga creduta dal punto di vista della fede, allora sarà doveroso abbandonare la speculazione razionale (*ra'uy še-yie'azev ha-'iyyun*), seguire la fede e ascrivere la divergenza alla nostra incapacità».

Parole chiave: *haskamah*, *ḥilluq*, *ḥoleq*

In sintesi: la filosofia deve essere abbandonata nel caso di un persistente disaccordo tra essa e la fede, ma ciò che nelle *Guerre* emerge dall'analisi razionale degli argomenti di maggior contrasto apparente tra le due (e cioè eternità *vs.* creazione e conoscenza di Dio delle vicende umane *vs.* immutabilità divina), è proprio il contrario e cioè la tesi di una sorta di armonia prestabilita tra *Torah* e filosofia.

Testo n. 2 (*Guerre*, III, 6, f. 25rb)

«È evidente che noi dobbiamo seguire, a proposito di quest'argomento (= la conoscenza da parte di Dio delle azioni contingenti), la speculazione razionale. Quando la *Torah*, sulla base di ciò che appare dal significato letterale dei suoi versetti, si trovi in disaccordo, a proposito di alcuni argomenti, con quanto l'indagine razionale ha chiarito, dobbiamo [allora] interpretare quei versetti in un modo che essi si addicano alla speculazione razionale, nella misura in cui in questo modo non venga distrutta alcuna delle credenze fondamentali della *Torah* (*pinnah ma-pinnot ha-toriyot*), così come ha fatto il *Rav ha-moreh* in molti dei suoi temi svolti nel suo rinomato libro, la *Guida*. A maggior ragione, è doveroso non contrastare la speculazione razionale quando la *Torah* non diverga da essa [segue una citazione da *Guida*, III, 20 in cui Maimonide scrive che questa è l'opinione di tutti i teologi nella misura in cui a essa porta la necessità del discorso razionale (*hekhreaḥ ha-'iyyun*)]».

In sintesi: nel caso di un contrasto apparente tra *Torah* e filosofia, la prima deve essere interpretata in maniera che si accordi con i risultati della filosofia. L'unica limitazione è che, così facendo, non vengano distrutti i fondamenti della fede. All'inizio di questo capitolo, Gersonide ha ricordato, tra le credenze fondamentali della *Torah*, l'immutabilità di Dio, la comunicazione ai profeti degli eventi contingenti e la possibilità che essi non si verifichino, sulla base della *beḥirah ha-enošiyt* (= la libertà dell'uomo).

KATHERINE H. TACHAU

THE SCIENTIST STEPS AWAY FROM HIS THEOLOGICAL CATHEDRA

PERSPECTIVIST AND ASTROLOGICAL LEARNING IN THE PRIESTLY ŒUVRE OF PIERRE OF LIMOGES AND PIERRE AURIOL

Historians studying the science of Galileo's or more recent periods are often unaware of how many and how greatly theologians in the Middle Ages contributed to science. During the last few generations, however, medievalists have taken great strides toward recovering – and reinterpreting – the scientific and philosophical contributions of numerous thirteenth-, fourteenth-, and fifteenth-century theologians, especially those whose careers included sojourns at Oxford, Paris, and Vienna. We have come to appreciate these theologians as scholars willing to engage and incorporate into their theological teaching (as preserved above all in their lectures on Lombard's *Sentences*) the latest scientific thinking. We have long ago canonized some, such as Roger Bacon, Albertus Magnus, Nicole Oresme, and Heinrich von Langenstein, as men of science in their own right. Indeed, one of these – Roger Bacon – has seemed so committed a scientist that some historians have doubted that he ever became a theologian, although these doubts rest on a misunderstanding of what the designation *theologus* meant in Bacon's time, and undervalue the evidence in his writings[1].

[1] Pre-eminent among those who expressed doubts was Stewart C. Easton, who noted the absence of *Sentences* lectures; cfr. also D. C. LINDBERG, *Roger Bacon's Philosophy of Nature: A Critical Edition, with English Translation, Introduction, and Notes, of* De multiplicatione specierum *and* De speculis comburentibus, Oxford 1983, p. XXV. In fact, however, until the 1250s, at least, presenting lectures on the Sentences was not yet *de rigueur*; cfr. J. VAN ENGEN, *Studying Scripture in the Early University*, in *Neue Richtungen in der hoch- und spätmittelalterlichen Bibelexegese*, ed. R. E. Lerner,

10.1484/M.NUTRIX-EB.1.101257

While Roger Bacon plays some role in what follows, my purpose is to focus attention upon two theologians called «Petrus» who taught at Paris, and who have not hitherto been considered together. The first, Pierre of Limoges, a secular master, had died by 1306; the second, Pierre Auriol, arrived at Paris to obtain his baccalaureate in theology at the Franciscan convent about a decade after the former's death. They had in common the attention they paid to *perspectiva*, but their career paths were quite different. One theologian, Pierre of Limoges, was a Master of Arts at Paris and had acquired fame there as an astronomer, as a member and dean of the medical faculty, and as a member of the College founded by his friend, Robert de Sorbon. Later Sorbonne theologians remembered this Petrus above all for the collection of some 120 books that he willed to their nascent library[2]. The other Petrus came from the Midi, and studied as well as taught in the Franciscan schools of Bologna and Toulouse[3]. Like other products

Munich 1996 (Schriften des Historischen Kollegs, Kolloquien, 32), pp. 17-38. Indeed, Bacon opposed the growing trend of lecturing on Lombard's *Sentences*.

[2] This donation, received at Pierre's death in 1306, constituted the «second largest known gift to the medieval library of the Sorbonne», according to R. H. ROUSE, *The Early History of the Sorbonne*, in *Authentic Witness: Approaches to Medieval Texts and Manuscripts*, edd. R. H. – M. A. Rouse, Notre Dame 1991, p. 376. Cfr. also M. MABILLE, *Pierre de Limoges, copiste de manuscrits*, in «Scriptorium», 24 (1970), pp. 45-47 and plates 10-13; J.-B. SCHNEYER, *Repertorium der lateinischen Sermones des Mittelalters für die Zeit von 1150-1350*, 11 voll., Münster (Westf.) 1969-1990 (BGPTMA, 43/1-11), IV, pp. 664-700; L. J. BATAILLON, *Comptes de Pierre de Limoges pour la copie des livres*, in *La production du livre universitaire au moyen âge: exemplar et pecia*, éd. par L. J. Bataillon – B. G. Guyot – R. H. Rouse, Paris 1988, pp. 265-273; N. BÉRIOU, *L'avènement des maîtres de la Parole. La prédication à Paris au XIIIe siècle*, 2 voll., Paris 1998, I, p. 13, note 47 and p. 102.

[3] Although Petrus Auriol has long been called «Aureol» and even «Aureoli» in the scholarly literature (including in my own early work), the spelling of the name of his family – probably members of the minor nobility – was well attested as «Auriol» in his own lifetime. The relevant documents known today were already available at the beginning of this century to the Abbé Edmond Albe, who was principally responsible for tracing Auriol's origins to a family of Quercy, and whose research Valois and Teetaert relied upon in their own reconstructions of Auriol's biography, recently recapitulated by Hugues Dedieu. Cfr. E. ALBE, *Autour de Jean XXII. Les familles du Quercy*, 4 voll., Rome 1902-1906, III, pp. 152-154; ID., *L'hérésie albigeoise et l'inquisition dans le Quercy*, in «Revue d'histoire de l'Église de France», 1 (1910), [pp. 271-293], p. 283; N. VALOIS, *Pierre Auriol, Frère mineur*, in *Histoire Littéraire de la France*, XXXIII, Paris 1906, pp. 479-527; A. TEETAERT, s. v. *Pierre Auriol*, in *Dictionnaire de Theologie catholique*, XII, Paris 1935, coll. 1810-1881; H. DEDIEU, *Les Ministres Provinciaux d'Aquitaine des origines à la division de*

of mendicant *studia*, Pierre of Auriol acquired an extensive education in the Liberal Arts, but no Arts degree. Both were offered episcopacies, and Pierre Auriol accepted one[4].

Pierre Auriol left us *Lectures* on Lombard's *Sentences* and *Quodlibeta*, while so far as anyone has discovered, Pierre of Limoges did not[5]. Yet, as theologians, both would have had responsibilities as preachers and as teachers of preachers; and works by each Pierre composed in carrying out these duties survive. Even a cursory examination of these works may reveal facets of their minds as Parisian theologians that *Sentences* lectures do not. Moreover, by reading these pastoral works, we may learn something of the degree to which the genre of theological writing does or does not give us entrée into a theologian's scholarly views and commitments.

1. *Pierre of Limoges*

The teaching career of Pierre of Limoges, who was born about 1240, occupied most of the 1260s to the turn of the next century[6]. He was thus a generation younger than Roger Bacon, who

l'Ordre (XIIIe s.-1517), in «Archivum Franciscanum historicum», 76 (1983), pp. 129-214.

[4] Pierre of Limoges, canon of Évreux, in 1271, evidently declined the bishoprics of Albi (1275) and Limoges (1294); Pierre Auriol accepted the Archbishopric of Aix-en-Provence in 1221. Cfr. B. W. HÄUPTLI, s. v. *Petrus von Limoges (Petrus Lemovicensis)*, in *Biographisch-Bibliographisches Kirchenlexikon*, XXIII, Hamm (Westf.) 2004, coll. 1090-1094; for Auriol's appointment in February, 1321, cfr. C. EUBEL, *Bullarium Franciscanum sive Romanorum Pontificum Constitutiones*, V, Roma 1898, p. 200, n. 425.

[5] For manuscripts containing Auriol's *Sentences* lectures, cfr. K. H. TACHAU, *The Preparation of a Critical Edition of Pierre Auriol's Sentences Lectures*, in *Editori di Quaracchi 100 anni dopo: bilancio e prospettive*, a c. di A. Cacciotti – B. Faes de Mottoni, Roma 1997, pp. 205-216; L. O. NIELSEN, *The Critical Edition of Peter Aureoli's Scholastic Works*, *ibid.*, pp. 217-225. For Auriol's *Quodlibet*, cfr. L. O. NIELSEN, *The Quodlibet of Peter Auriol*, in *Theological Quodlibeta in the Middle Ages: the Fourteenth Century*, ed. C. Schabel, Leiden 2007, pp. 267-329. Ms. Paris, Bibliothèque Nationale, lat. 16390, ff. 9^r-14^v, does contain an «Introitus» to Pierre of Limoges' *Sentences* lectures, as well as two biblical *principia* and one biblical «Ingressus». Cfr. L. J. BATAILLON, *Sermoni e orazioni d'ambiente universitario parigino nel sec. XIII*, in «Documenti e studi sulla tradizione filosofica medievale», 5 (1994), [pp. 297-329], pp. 301-302, 307-311.

[6] For recent reconstructions of Pierre of Limoges' career, cfr. R. NEWHAUSER, *Der* Tractatus moralis de oculo *des Petrus von Limoges und seine 'exempla'*, in *Ex-*

had been teaching at Paris from the 1240s, and, having become a Franciscan at some point in the 1250s, was composing his major treatises on alchemy, astrology, and optics in just the years that Pierre was teaching medicine and studying theology[7]. Bacon's work influenced Pierre of Limoges considerably, and at some point he came into possession of some of Bacon's own library, including the autograph revision of his *Perspectiva*[8]. Although Jeremiah Hackett's recent claims seem overly enthusiastic, my own examination of the manuscripts at issue persuades me that Roger Bacon and Pierre of Limoges had access to the same manuscripts – in part written and corrected by an English scribe – containing the astrological works of Albumazar, Almanzor, Messahala, Haly Abenragel, and others who so strongly informed the thinking of both Bacon and Pierre[9].

empel und Exempelsammlungen, edd. W. Haug – B. Wachinger, Tübingen 1991, [pp. 95-136], pp. 97-100; BÉRIOU, *L'avènement des maîtres* cit. (above, note 2), I, pp. 86-87; ID., *Pierre de Limoges et la fin des temps*, in «Melanges de l'École Française de Rome – Moyen Âge – Temps Modernes», 98 (1986), pp. 65-107.

[7] For Roger Bacon's *curriculum vitae*, cfr. LINDBERG, *Bacon's Philosophy of Nature* cit. (above, note 1), pp. XV-XXVI; ID., *Roger Bacon and the Origins of Perspectiva in the Middle Ages, a critical edition and translation of Bacon's* Perspectiva, Oxford 1996, pp. XVII-XX; T. MALONEY, *Roger Bacon Compendium of the Study of Theology* (ed. and translation of ROGERIUS BACON, *Compendium studii theologiae*), Leiden 1988, pp. 1-13; J. HACKETT, *Roger Bacon: His Life, Career, and Works*, in *Roger Bacon and the Sciences: Commemorative Essay*, ed. J. Hackett, Leiden 1997, pp. 9-24. On the years after 1272, cfr. now S. J. WILLIAMS, *Roger Bacon and His Edition of the Pseudo-Aristotelian* Secretum Secretorum, in «Speculum», 69 (1994), pp. 57-73. In emphasizing that most (perhaps all) of Bacon's teaching and writing were probably accomplished at Paris rather than at Oxford, I depart from an earlier historiographic tradition.

[8] R. NEWHAUSER, Inter Scientiam et populum*: Roger Bacon, Pierre of Limoges, and the 'Tractatus moralis de oculo'*, in *Nach der Verurteilung von 1277: Philosophie und Theologie an der Universität von Paris im letzten Viertel des 13. Jahrhunderts. Studien und Texte*, edd. J. A. Aertsen – K. Emery, Jr. – A. Speer, Berlin 2001 (Miscellanea Mediaevalia, 28), pp. 682-703. Cfr. esp. Newhauser's comparison in his Appendix of illustrative passages from Pierre of Limoges' *Tractatus moralis de oculo* and Bacon's *Perspectiva*, *ibid.*, pp. 700-703.

[9] Cfr. J. HACKETT, *The Hand of Roger Bacon, the Writing of the* Perspectiva*, and MS Paris BN Lat. 7434*, in *Roma, Magistra mundi, itineraria culturae medievalis*, Mélanges offerts au Père L. E. Boyle à l'occasion de son 75e anniversaire, ed. J. Hamesse, Louvain-la-Neuve 1998, pp. 323-336. In addition to mss. Paris, Bibliothèque Nationale, lat. 7320 and 7434, I have examined ms. Città del Vaticano, Biblioteca Apostolica Vaticana, Reg. Lat. 1261, all of which once formed one manuscript, a «Magnum librum iudiciorum» owned by Pierre of Limoges, as discovered by A. BIRKENMAJER, *Pierre de Limoges, Commentateur de Richard de*

In addition, Pierre of Limoges seems to have had some ties to Ramón Llull, who twice travelled to Paris to seek the university's support for his great intellectual and educational projects. Llull's first stay, from mid-1287 to 1289 or early 1290, might have brought him into contact with Roger Bacon, who was still writing treatises promoting a similar project in those years shortly before his death; it is even more likely that Llull came into contact with Pierre of Limoges during those years. Pierre, at any rate, obtained his own copies of Llull's writings from that time[10]. If one merely had in hand the list of Pierre of Limoges' personal library, one might well concur with the recent assessment of his character by the Llullian scholar Albert Soler:

> As a theologian, Peter was interested above all in preaching and in practical questions of morality. His training as a master of arts is reflected in his outstanding knowledge of astronomy. In both fields [that is, theology and astronomy] he was open-minded, interested in works based on different assumptions (...). His wide interests and *curiosity* must have led Peter of Limoges to be interested in Llull[11].

In fact, however, matters are more complicated. Peter of Limoges did indeed display in his works a wide learning in the writings of Catholic theologians as well as in the Greco-Arabic scientific works that reached Latin readers during his lifetime[12]. Nevertheless, he would have found the categorization of his interests as *curiosity* deeply distressing, not (as we would) complimentary. Support for this claim is readily at hand in Pierre's *Tractatus moralis de oculo*, a pastoral work that, as a preacher, Pierre evidently addressed to theological students who would themselves someday be preachers[13]. This treatise has as its subject the spiritual lessons

Fournival, in «Isis», 40 (1949), pp. 18-31. I concur with Hackett that the scribe who corrected Bacon's work was English. Cfr. also NEWHAUSER, Inter Scientiam et populum cit., pp. 688, note 17, and 696, notes 39-40.

[10] Cfr. A. SOLER, *Ramon Llull and Peter of Limoges*, in «Traditio», 48 (1993), pp. 93-105.

[11] *Ibid.*, p. 101. The emphasis is mine.

[12] Cfr. BATAILLON, *Comptes de Pierre de Limoges* cit. (above, note 2), pp. 268-269; BIRKENMAJER, *Pierre de Limoges* cit. (above, note 9), esp. pp. 22-28.

[13] My citations of this work, as PETRUS LEMOVICENSIS, *Tractatus moralis de oculo*, are from the edition by Luke Wadding, *De oculo morali, aureus libellus Ioannis*

that can be derived from a scientific understanding of the workings of corporeal light and the human eye[14]. Pierre gleans his optical knowledge not only from Alhacen, among others[15], but especially from Roger Bacon's *Perspectiva*, which functions for Pierre as a literal text to be interpreted spiritually. Thus, while historians have found Pierre's *Tractatus* difficult to categorize, my own work on the first *Bibles moralisées* produced at Paris when Bacon was still a student and Pierre was not yet born, and my examination of the *Ovide moralisée*, composed by yet another Petrus a century after Pierre of Limoges, leads me to conclude that his work belongs to the same tradition of «moralizing» instruction[16].

To return to the issue of curiosity or *curiositas*: in the *Tractatus moralis de oculo*, Pierre makes it explicitly clear that he shares the understanding of *curiositas* that, in a tradition stretching from Tertullian and Augustine through Bernard of Clairvaux and Hugh of St. Victor, one could find in the writings of Parisian theologians in the late-12th and early-13th century[17]. For them, *curiositas* was a

Gualensis Anglici Ordinis Minorum, Viterbo 1656, apud Tinassium. Thruout, I modify Wadding's punctuation for sense.

[14] Cfr. D. L. CLARK, *Optics for Preachers: the* De oculo morali *by Peter of Limoges*, in «Michigan Academician», 10 (1977), pp. 329-343; G. SCHLEUSENER-EICHHOLZ, *Naturwissenschaft und Allegorese: Der 'tractatus de oculo morali' des Petrus von Limoges*, in «Frühmittelalterliche Studien», 12 (1978), pp. 258-309; D. G. DENERY II, *Seeing and Being Seen in the Later Medieval World: Optics, Theology and Religious Life*, Cambridge 2005, chapter 3. For the date of its composition between 1275/76-1289, cfr. NEWHAUSER, *Der* Tractatus moralis de oculo cit. (above, note 6), pp. 99-100 and, for a list of the manuscripts, pp. 123-132.

[15] Cfr., *e.g.*, PETRUS LEMOVICENSIS, *Tractatus moralis de oculo*, cap. 1, § 1, p. 3 («et ex verbis Alhazen in primo libro *scientiae perspectivae*»); cap. 6, pars 13, § 36 («docet Alhazen libro 7 *perspectivae*»); cap. 7, pars 1, § 2 («ut testatur Alhazen»); also cap. 3, § 1, p. 9 («auctores *perspectivae*»); cap. 4, § 1, p. 11 (Ptolemy, *De aspectibus*); cap. 5, § 1, p. 13 («in *scientia perspectiva*», describing Alhacen's view); and 11, pars 1, § 7, pp. 140-141 (Ptolemy and others); cap. 11, pars 6, § 36, p. 171 (Ptolemy, *De aspectibus*).

[16] Cfr. K. H. TACHAU, *God's Compass and* Vana Curiositas*: Scientific Study in the Old French* Bible moralisée, in «Art Bulletin», 80 (1998), pp. 7-33; and my monograph in preparation, *Bible Lessons for Kings: Scholars and Friars in Thirteenth-Century Paris and the Creation of the Bibles Moralisées.* Peter of Limoges himself, like numerous influential twelfth- and thirteenth-century authors identified the «moral» meanings of texts with their «spiritual» meanings. Cfr., for instance, PETRUS LEMOVICENSIS, *ibid.*, cap. 7, pars 3, §§ 11-12, p. 54, such locutions as: «Spiritualiter adaptando, oculi glauci (...) significant. (...) Illi vero mentis oculos spiritualiter habent nigros (...)».

[17] Cfr. NEWHAUSER, Inter Scientiam et populum cit. (above, note 8), p. 691.

sinful caring about what properly concerned others and not oneself; *curiositas* was also an undue elaboration or embellishment – whether of one's mind, one's clothes, or architecture – that came at the expense of one's salvation[18].

For Tertullian, cfr. *e.g.* the famous passage of TERTULLIANUS, *De praescriptione haereticorum*, VII, 9-13 and VIII, 1-2, PL 2, 20B-21B, ed. R. F. Refoulé, in *Opera*, I, *Opera catholica adversus Marcionem*, Turnhout 1954 (CCSL, 1), [pp. 187-224], pp. 193,32 – 194,4: «Quid ergo Athenis et Hierosolymis? Quid academiae et ecclesiae? Quid haereticis et christianis? Nostra institutio de porticu Solomonis est qui et ipse tradiderat Dominum in simplicitate cordis esse quaerendum. Viderint qui Stoicum et Platonicum et dialecticum christianismum protulerunt. Nobis *curiositate* opus non est post Christum Iesum nec inquisitione post evangelium. Cum credimus nihil desideramus ultra credere. Hoc enim prius credimus non esse quod ultra credere debeamus. Venio itaque ad illum articulum quem et nostri praetendunt ad ineundam *curiositatem* et haeretici inculcant ad importandam scrupulositatem. Scriptum est, inquiunt, 'quaerite et invenietis' (*Mt* 7, 7)». Cfr. also *ibid.*, XLIII, 58B, p. 222,1-3: «Notata sunt etiam commercia haereticorum cum magis quam pluribus, cum circulatoribus, cum astrologis, cum philosophis, *curiositati* scilicet et deditis». For Augustine, cfr. for instance AURELIUS AUGUSTINUS, *Confessiones*, V, 3, 3-4, PL 32, 707-708, ed. L. Verhaijen, Turnhout 1981 (CCSL, 27), pp. 58,15 - 59,36: «Quoniam magnus es, Domine, et humilia respicis, excelsa autem a longe cognoscis nec propinquas nisi obtritis corde nec inveniris a superbis, nec si illi *curiosa peritia* numerent stellas et harenam et dimetiantur sidereas plagas et vestigent vias astrorum. Mente sua enim quaerunt ista et ingenio, quod tu dedisti eis, et multa invenerunt, et praenuntiaverunt ante multos annos, defectus luminarium solis et lunae, quo die, qua hora, quanta ex parte futuri essent, et non eos fefellit numerus. Et ita factum est (...) et per impiam superbiam recedentes et deficientes a lumino tuo tanto ante solis defectum futurum praevident et in praesentia suum non vident (...) et trucidant exaltationes suas sicut volatilia et *curiositates suas* sicut pisces maris, quibus perambulant secretas semitas abyssi, et luxurias suas sicut pecora campi (...)». For the development of this tradition, cfr. R. NEWHAUSER, *Towards a History of Human Curiosity: A Prolegomenon to its Medieval Phase*, in «Deutsche Vierteljahrschrift», 56 (1982), pp. 559-575; E. PETERS, *The Desire to Know the Secrets of the World*, in «Journal of the History of Ideas», 62 (2001), pp. 593-610; and the text of Angelo Clareno, quoted below, note 85.

[18] Cfr. for example RAOUL (RADULPHUS) ARDENS, *Speculum Universale*, ms. Paris Bibliothèque Nationale, lat. 3240, ff. 23rb-23va (Rubr: *De curiositate*): «CURIOSITAS est sollicitudo de re ad nos nequaquam pertinente. Quod non parva stulticia est, lice[s]t quibusdam non videatur; nonne grandis stulticia est tempus nobis datum a Deo ad remedia penitencie et operationis bone supervacuis in rebus expendere? (...) Sunt autem *curiositatis* octo species. Prior est aliena peccata investigare: sunt enim quidam qui, non curantes sua peccata, *curiosius* investigare aliena. (...) Tertia [species *curiositatis*] est secreta celorum investigare, que humanam excedunt intelligentiam. Sunt enim quidam qui ea que supra hominem sunt ingenio suo consequi laborant, ut qualiter procedat Filius a Patre, qualiter ab utroque Spiritus Sanctus. Quod quidem quadrupliciter viciosum est: tum quia presumptuosum, tum quia prohibitum, tum quia impossibile, tum quia erroneum (...) Quarta [species *curiositatis*] est latentes rerum causas investigare, quid previat

At the beginning of the thirteenth century, when the University of Paris was gelling, those who opposed the study of the secular sciences saw logic and the sciences of the stars as epitomizing the dangerous embellishment of the mind they termed *vana curiositas*. In the Île-de-France, we can find their denunciations of these sciences as *vana curiositas* in the sermons of Jacques de Vitry, the treatises of Raoul Ardent and of the troubadour-turned-Cistercian Hélinand of Froidmont, and in the *Bibles moralisées*[19]. At many turns in the *Tractatus moralis de oculo*, Pierre of Limoges gives us to understand that he shares this view of the study of the stars[20]. Indeed, he cites Hugh of St. Victor, Bernard of Clairvaux, and Hélinand of Froidmont by name in support of this disparagement of *vana curiositas*[21]. That Pierre even knows, much less that he val-

obscurum lune, quid proferat orbem, quid aequora fundat, cur simul natis facta sint diversa? Quod quoque quadrupliciter nocet, quia scilicet est ociosum, presumptuosum, impossibile, erroneum (...)».

[19] In addition to TACHAU, *God's Compass and* Vana Curiositas, at pp. 26-27, p. 39, note 57 and p. 32, n. 88, cfr. the previous note. For Hélinand of Froidmont, cfr. B. M. KIENZLE, *Cistercians, Heresy and Crusade in Occitania, 1145-1229*, York 2001, pp. 174-201.

[20] As noted by NEWHAUSER, Inter Scientiam et populum cit. (above, note 8), p. 690. Cfr. *e.g.* PETRUS LEMOVICENSIS, *Tractatus moralis de oculo*, cap. 11, pars 4, § 24, p. 157: «Laudabilior quippe est animus cui nota est infirmitas sua quam qui ea non respecta, vias syderum perscrutatur, etiam cogniturus aut qui iam cognitas tenet, ignorans ipse qua ingrediatur semita ad salutem. (...) Bernardus [Clarevallensis]: 'Utilitas scientiae in modo sciendi consistit ut scias quo ordine, quo studio, quo fine quaeque nosse oporteat. (...) Quo fine, ut non ad *inanem gloriam aut curiositatem* aut aliquid simile, sed tantum aedificationem tui vel proximi'». *Ibid.*, cap. 11, pars 4, § 27, pp. 159-160: «Narratur Genesis 11. qualiter, dum turris Babel praesumptuose erigeretur in coelum (...) sic et philosophi dum ingenii sui machinas erexerunt in altum, coelestia et divina *curiose* rimantes et de suis viribus praesumentes (...) et ideo in dictis eorum interdum parum est soliditatis et multum vanitatis. Verba sunt plurima, multamque in disputando vanitatem habentia. (...) Ideo scientiis saecularibus non debet homo nimis esse intentus». Cfr. BERNARDUS CLARAEVALLENSIS, *Sermones in Cantica Canticorum*, 36, 3, PL 183, 968C, edd. J. Leclercq – C.H. Talbot – H.M. Rochais, in *Sancti Bernardi Opera*, II, Roma 1958, p. 5,19-24.

[21] Cfr. PETRUS LEMOVICENSIS, *ibid.*, cap. 9 («De sumptuositate oculi»), § 3, p. 131: «Quam sumptuosa sit et damnosa *curiositas* oculorum, testificantur non solum divinarum testimonia scripturarum, imo etiam fabulae Poetarum. Unde Fulgentius libro 13 *Mythologi* sic dicit: '*curiositas* oculorum germana detrimenta periculorum novit suis amatoribus parturire. Unde Actaeon venator Dianam se lavantem *curiositate* quadam oculorum videre voluit, et in cervum conversus a canibus suis non agnitus ab eis, legitur fuisse devoratus». Cfr. FABIUS PLANCIADES FULGENTIUS, *Mitologiarum libri tres*, III, 3. Such remarks are key to appreciating Pierre of Limoges' more implicit negative examples of *curiositas* in which he

ues the views of Hélinand, is more than a little surprising, since historians of science and philosophy have thought such authors, who wrote prior to the great influx of Greco-Arabic learning, were no longer read at Paris by the 1270s, when Pierre was writing. But we find him echoing them when, for instance, in glossing ocular defects, Pierre of Limoges describes men who have an eye that is markedly larger than the other as «monstruous». After all, Pierre says, the spiritual significance of this defect is:

> that they have such great and large intellects that with these they contemplate the heavens, the stars, the planets, and their courses, as well as the distance and climates of the earth. (...) Thus, they contemplate extensively what is corporeal and mortal, but barely think about spiritual and eternal [matters][22].

names Helinand, as for instance, PETRUS LEMOVICENSIS, *ibid.*, cap. 9, §§ 2-3, pp. 129-130: «Narrat Helinandus quod anno 1092, rex quidam Angliae Guilielmus nomine, cum calcearetur novas caligas (...) ille et multo viliores attulit, quanti precii praeceperat, emptas fuisse coniunxit. (...) Ut alienos pasceret oculos, denarios commutavit in solidos. (...) Tanta est enim oculorum sumptuositas vel *curiositas*». Cfr. HELINANDUS FRIGIDI MONTIS, *Chronicon*, XLVII, PL 212, 981B. In addition to note 22, *infra*, for Pierre's citation of Hugh of St. Victor to warn against seeking to know about *supervacua*, cfr. for references by Pierre to Augustine's and Bernard of Clairvaux's opposition to *curiositas*: PETRUS LEMOVICENSIS, *ibid.*, cap. 7, pars 8, § 29, p. 70: «Sed hodie quamplures inveniuntur tales unde Augustinus, 9 libro *Confessorum*: '*curiosum* est genus humanum ad cognoscendo vitam alienarum, desidiosum ad cognoscendum suam', et Bernardus libro *Meditationum*: 'Multi multa sciunt et seipsos nesciunt; alios inspiciunt et se ipsos deserunt'»; cfr. AURELIUS AUGUSTINUS CONFESSIONES, X, 3, PL 32, 780, ed. L. Verheijen cit. (above, note 17) p. 156,2-4; PSEUDO-BERNARDUS CLARAEVALLENSIS, *Meditationes piisimae de cognitione humanae conditionis*, PL 184, 485A. For further references to Helinand, cfr. PETRUS LEMOVICENSIS, *ibid.*, cap. 2, § 3, p. 7: «Audiant et attendant principes et praelati, qui proniores sunt ad severitatem quam ad pietatem, quid super hoc prudentissimus dicat Helynandus: 'prelati,' inquit 'et principes, sicut medici, nunquam debent uti gravibus remediis, nisi cum levium beneficio desiderata sanitas desperatur»; cfr. HELINANDUS FRIGIDI MONTIS, *De bono regimine principis*, 15, PL 212, 737A. Cfr. also PETRUS LEMOVICENSIS, *ibid.*, cap. 8, pars 4, § 15, p. 101: «Helinandus de Frigidi Montis in suis *Chronicis* libro septem inter alia narrationem huiusmodi refert de se ipso (...)».

[22] PETRUS LEMOVICENSIS, *ibid.*, cap. 7, pp. 51-52: «Huiusmodi homines sunt monstruosi, quia unum oculum, idest intellectum habent adeo magnum et grossum, quod cum eo contemplantur coelum et stellas et cursus planetarum et syderum, et distantiam totius terrae et climatum, ut de eis possit dici illud Zachariae 5: 'Oculus eorum in universa terra' (*Zc* 5, 6). Sed alterum oculum, scilicet affectus, habent minimum, et etiam fere nullum, quia parum afficiuntur ad Deum. Isti possunt dicere illud Iobi 16. 'Ad Deum stillat oculus meus' (*Jb* 16, 21). Isti enim multa contemplantur de corporalibus et caducis, sed parum cogitant de

Yet, everything we know about Pierre of Limoges tells us that he himself was renowned for his expertise in the very sciences of the stars that he excoriates more than once in the *Tractatus moralis de oculo*[23]. Before we conclude that he suffers from the disease of hypocrisy, it is wise to recall that for Pierre of Limoges, at least, if one's learning in the secular sciences can be used to advance the goals of Christendom, then it does not constitute *mere* curiosity. Instead, such learning becomes a weapon for the Church militant. Nor was Pierre's view idiosyncratic. As Richard Newhauser has rightly observed, in the *Tractatus moralis de oculo*, Pierre of Limoges takes as his point of departure Bacon's justification for the study of optics (more precisely, *perspectiva*) in its utility for theology[24].

In part because scientists in the twentieth century have faced several anti-scientific attacks from specific religious polemicists, historians of science – especially those trained first as scientists – have by and large not known what to make of the justifications that Bacon provides for the study of mathematics, experimental science, and optics in the works we know as his *Opus minus*, *Opus maius*, and *Opus tertium*[25]. Generally speaking, historians of sci-

spiritualibus et aeternis. (...) Audiant *curiosi*, quod dicit Seneca: ut quid te torques in illa quaestione, quam utilius est contempsisse quam didicisse. Et idem ait: 'Si multum superesset aetatis parce dispensandum erat ut sufficeret necessariis. Nunc autem quae dementia est, supervacua quaerere in tanta temporis egestate'. Et Hugo de Sancto Victore in libro *De instructione novitiorum*. 'In lectione divina prius debetis quaerere quid mores vestros instruat ad virtutem quam quod sensum acuat ad subtilitatem (...)». Cfr. LUCIUS ANNAEUS SENECA, *Ad Lucilium*, V, 49, ed. L. D. Reynolds, Oxford 1965, I, p. 129,4-5: «Quid te torques et maceras in ea quaestione quam subtilius est contempsisse quam solvere? (...)»; and *ibid.*, V, 48, p. 127,10-13; HUGO DE SANCTO VICTORE, *De institutione novitiorum*, 8, PL 176, 933D.

[23] The contents of Pierre of Limoges's library are among the clearest indicators of his scientific interests, but cfr. also L. THORNDIKE, *Peter of Limoges on the comet of 1299*, in «Isis», 36 (1945/46), pp. 3-6, as corrected by BIRKENMAJER, *Pierre de Limoges* cit. (above, note 9). In addition, cfr. BÉRIOU, *Pierre de Limoges et la fin des temps* cit. (above, note 6).

[24] Cfr. NEWHAUSER, Inter Scientiam et populum cit. (above, note 8), p. 696; ID., *Der* Tractatus moralis de oculo cit. (above, note 6), pp. 95-136.

[25] Cfr. A. POWER, *A Mirror for Every Age: The Reputation of Roger Bacon*, in «English Historical Review», 121 (2006), pp. 657-692, a useful although partial treatment, being confined to the English-language literature on Bacon. From the development of expertise in *perspectiva* Bacon foresees the practical utility to the *respublica* of creating lenses for seeing minute letters and across great distances –

ence, with the Condemnations of 1277 or ultimately of Galileo's positions lurking in the historiographic background, simply do not take these justifications seriously, and some have suggested that they were a hedge against suspicions of heresy[26]. Yet, all of these

the germ of the notion of magnifying lenses, eyeglasses, and telescopes. He also profers potential military applications of a scientific knowledge of the geometry of light's propagation through lenses and by mirrored surfaces that, he urges, Christians will need to defeat the imminent armies of the Antichrist. The practical utility of making the «ineffable medicine» that will extend life indefinitely is the outcome that Bacon most stresses in justifying the central role that he advocates for alchemy in the curriculum of scholars. In addition to note 28, *infra*, cfr. ROGERIUS BACON, *Opus minus*, ed. J. S. Brewer (*Opus tertium, Opus minus, compendium philosophiae*), in *Chronicles and Memorials of Great Britain in the Middle Ages* [= Rolls Series], XV, London 1859, [pp. 313-389], p. 324; ID., *Perspectiva* (i.e., *Opus maius*, pars 5), pars 3, d. 3, cap. 3-4, ed. Lindberg cit. (above, note 7), pp. 330-334; *Opus maius*, pars 4, *Mathematicae*, ed. J. H. Bridges (*The 'Opus Majus' of Roger Bacon*), 2 vols., London 1897, I, pp. 115-116, on the probability of burning mirrors being used as weapons by and against the forces of the Antichrist; and, regarding the usefulness of alterations of the environment through *scientia experimentalis* in *Opus maius*, pars 6, *Scientia experimentalis*, ed. Bridges, II, pp. 208-209, 210, 215; cfr. esp. pp. 216-222: «Voluit enim [Alexander] quod aer eorum potuit alterari utliliter, ut complexiones corporum eorum alterentur, et deinde animi excitati per complexiones elicerent bonos mores ex arbitrii libertate; et hoc est unum ex secretis. (...) Et hoc deberet ecclesia considerare contra infideles et rebelles, ut parcatur sanguini Christiano et maxime propter futura pericula in temporibus Antichristi, quibus cum Dei gratia facile esset obviare, si praelati et principes studium promoverent et secreta naturae et artis indagarent». Cfr. also ID., *De erroribus medicorum*, edd. A. G. Little – E. Worthington (*Opera hactenus inedita Rogeri Baconi*), IX, Oxford 1928, p. 156,14-30. Bacon insists that recent errors are helping to prepare the Antichrist's way: cfr. ID., *In Secretum Secretorum*, ed. R. Steele, *ibid.*, V, Oxford 1920, pp. 7,32 - 8,2; cfr. also p. 23,10-36.

[26] Cfr. the response to such attitudes by D. C. LINDBERG, *Science as Handmaiden: Roger Bacon and the Patristic Tradition*, in «Isis», 78 (1987), pp. 518-536. Yet, even a scholar as attentive as Lindberg is to the theological context of Bacon's scientific thinking and his efforts to integrate all natural sciences via his theory of the «multiplication of species», exemplified by the treatise Lindberg himself edited (in *Roger Bacon's Philosophy of Nature* cit. above, note 1), nevertheless endeavors to explicate and evaluate Bacon's treatment of optics (*perspectiva*) in isolation from the astrological, alchemical, and semantic phenomena that Bacon believed were integral to light's operation *qua* multiplying species. Thus, for instance, Lindberg asks regarding Bacon's perspectivist oeuvre how «we [are] to judge Bacon's achievement» in terms of only the adequacy of his mathematical and empirical optics as a scientific account and methodology; most recently in ID., *Light, Vision, and the Universal Emanation of Force*, in *Roger Bacon and the Sciences* cit. (above, note 7), [pp. 243-275], pp. 272-273. Bacon stresses the need for empirical science under the rubric of «experimental science» in numerous writings; when, however, Bacon's writings on *scientia experimentalis*, Lindberg does not mention alchemy, and barely remarks on astrology – two sciences that for Bacon epitomize *scientia experimentalis* (cfr., for instance, the indices to ID., *Roger Bacon's Philosophy of Na-*

opera that Bacon composed in the early years of Pierre of Limoges' teaching career were, according to Bacon's own statements, intended as what he termed «persuasions» (*persuasiones*)[27]. That is, these works which we have mined for the scientific and semiotic theories that Bacon sketches or elaborates, were actually composed to persuade his intended readers (most notably, the pope) to reorganize the university curriculum from beginning to end[28].

In these writings, and in many others composed after he had become a friar, Roger Bacon repeatedly stresses the utility of his preferred subjects of study to theology. Indeed, for Bacon, the most important theological project was to discern and understand the spiritual sense behind, and signified by, the literal sense of the Bible. The studies that he envisions at the core of the curriculum, Bacon believed, would each provide tools for doing so – not least by enabling us first to know with certainty what the literal meaning of a passage is. For help in doing so, we need veridical mental images, which we normally obtain from a process of radiation and reproduction from objects. But when we

ture and *Bacon and the Origins of Perspectiva* cit. above, note 7). For these aspects of Bacon's science, cfr. W. NEWMAN, *An Overview of Roger Bacon's Alchemy*, in *Roger Bacon and the Sciences* cit., pp. 317-336.

[27] Cfr., for instance, the very titles of the parts of ROGERIUS BACON, *Opus maius*, «Pars prima hujus persuasionis in qua excluduntur quatuor universales causae totius ignorantiae humanae», ed. Bridges, I, p. 1; «Pars secunda hujus persuasionis», p. 33; «Pars tertia hujus persuasionis de utilitate grammaticae», p. 67; «Pars quarta hujus persuasionis in qua ostenditur potestas mathematicae in scientiis (...)», p. 97; «Pars quinta huius persuasionis, de Scientia Perspectiva; habens tres partes», II, p. 1 (Lindberg reduces this title to the variant readings, in ID., *Perspectiva*, ed. Lindberg, p. 2); «Pars sexta hujus persuasionis (...) de scientia experimentali», p. 167; «Pars septima hujus persuasionis, moralis philosophia», p. 223.

[28] Cfr. *e.g.*, ID., *Opus tertium*, cap. 1, «Epistola ad Clementem papam [IV]», ed. Brewer cit. (above, note 25), pp. 8-11: «Nam artium et scientiarum magnalia tantae difficultati sunt subjecta, et maxime his temporibus, contra dies Antichristi et suorum, pro quibus Diabolus furore repletus est, ut studium sapientiae multipliciter confundat, sicut apertius patebit ex sequentibus, quod sine apostolica providentia speciali nunquam remedium apponetur. (...) Praedecessores quidem vestrae beatitudines, aliis ecclesiae negotiis occupati (...) animos ad studii regimen non laxarunt. (...) Ergo totius mundi utilitas a studio sapientiae dependet, et a sensu contrario ejus damno mundus confunditur universus. Nam qualis est homo in studio sapientiae, talis est in vita. (...) Et propter hoc homines multi de studio corrupto exeunt corrupti in vita, et cum ad regimen ecclesiae et consilia principum et totius populi delegantur, corruptio infinita accidit in hoc mundo (...)».

encounter words in the Bible for objects we have never seen, how can we obtain the veridical mental images required to understand the literal sense and to proceed from it to the spiritual sense?[29] Here, Bacon thinks, the artist, using the sciences of geometry and optics (*perspectiva*) has a role to play. This is one of the justifications that Bacon offers for the study of geometry[30]. Moreover, it is not only the artist who needs a knowledge of optics to know what the literal senses of biblical passages are, for there are optical phenomena themselves at issue throughout the Sacred Scriptures. In his *Opus tertium*, Bacon writes:

> I have shown in examples how necessary this science is for understanding and expounding divine wisdom. For nothing is more multiplied in the Scriptures than are those things that

[29] Among the most important loci are the following: Id., *Opus tertium*, cap. 27, quoted in K. M. Fredborg – L. O. Nielsen – J. Pinborg, *An Unedited Part of Roger Bacon's 'Opus Maius':* De Signis, in «Traditio», 34 (1978), [pp. 75-136], pp. 76-77: «Caeterum consideravi quomodo vox in Scriptura Sacra significat sensum spiritualem cum literali, et quibus modis signi; et quomodo sensus literalis significat spiritualem; et quomodo Vetus Testamentum est signum Novi; et quomodo sacramenta sunt signa». *Opus maius*, pars 2, cap. 8, ed. Bridges, I, p. 44: «Unde tota philosophia jacet in sensu literali sacris mysteriis gratiae et gloriae decorata, tamquam quibusdam picturis et coloribus nobilissimis redimita». *Ibid.*, pars 4, pp. 210-212: «Nunc volo afferre quintam radicem, et est de figurationibus geometricis penes lineas, angulos, et figuras tam corporales quam superficiales. Impossibile enim est quod sensus spiritualis sciatur, nisi fuerit literalis scitus. Sed sensus literalis sciri non potest, nisi homo sciat significata terminorum et rerum significatarum proprietates. (...) Cum igitur opera artificialia, ut arca Noae, et tabernaculum cum vasis suis et omnibus, atque templum Salomonis et Ezechielis et Esdrae et hujusmodi alia pene innumerabilia ponantur in Scriptura, non est possibile ut literalis sensus sciatur, nisi homo ad sensum habeat haec opera depicta, sed magis figurata corporaliter; et sic sancti et sapientes antiqui usi sunt picturis et figurationibus variis, ut veritas literalis ad oculum pateret, et per consequens spiritualis. (...) Et pro omnibus in generali revocemus ad memoriam, quod nihil sciri potest de rebus hujus mundi sine geometrica potestate, ut prius probatum est. (...) Nihil est nobis ad plenum intelligibile, nisi figuraliter ante oculos nostros disponatur; et ideo in Scriptura Dei tota rerum sapientia figurationibus geometricis certificanda continetur et longe melius quam ipsa philosophia possit exprimere». This is a passage that Bacon repeats with some changes of wording, in *Opus tertium*, cap. 58, and *Opus minus*, ed. Brewer cit. (above, note 25), pp. 226 and 387-389.

[30] Cfr. also K. H. Tachau, *Words for Color: Naming, Signifying, and Identifying Color in the Theologies of Roger Bacon and His Contemporaries*, in *The Word in Medieval Logic, Theology, and Psychology*, Acts of the Thirteenth Annual Colloquium of the Société Internationale pour l'Étude de la Philosophie Médiévale (Kyoto, Japan Sept. 27, 2005), edd. T. Shimizu – C. Burnett, Turnhout 2009 (Rencontres de Philosophie Médiévale, 14), pp. 49-64.

> pertain to vision, light, colors, mirrors, and the like; indeed, [Holy] Scripture is pregnant with these[31].

Pierre of Limoges' *Tractatus* opens with a paraphrase of a nearly identical statement from Bacon's *Perspectiva*, the fifth book of his *Opus maius*[32]. For Bacon, who organized the *Opus maius*, *minus*, and *tertium* to proceed from the more basic philosophical sciences to those that depended upon them, so that, for instance, geometry precedes *perspectiva,* the final science in his proposed curriculum is moral philosophy. Viewed in the light of Bacon's *oeuvre*, then, Pierre of Limoges' project in composing his *Tractatus moralis de oculo* was to flesh out the skeleton of Bacon's proposal. Thus, for instance, where Bacon had remarked that the number of the eye's membranes was spiritually significant, Pierre enumerates the seven membranes and finds that each has as its spiritual significate one of the seven principal virtues[33].

Still, while Pierre of Limoges' *Tractatus* might be said by an Aristotelian to actualize the potential in Bacon's *Opus maius*, this does not mean that Pierre shared all of Bacon's views about which sciences should be studied seriously by theologians. So, for instance, Pierre holds that «wanting to know what is in Greek or Hebrew books» constitutes, for any scholar who can read Latin, a species of vain curiosity, since what is necessary for salvation is already available in Latin books[34]. Bacon, always leary of transla-

[31] ROGERIUS BACON, *Opus tertium*, cap. 8, ed. in A. G. LITTLE, *Part of the* Opus Tertium *of Roger Bacon including a fragment now printed for the first time*, Aberdeen 1912, p. 40: «Sed postquam comparavi potestatem istius scientie prout necessaria est ad sapientiam philosophie absolute, tunc comparavi eam ad sapientiam divinam absolute et relate, et ostendi in exemplis quomodo necessaria est sapientie divine intelligende et exponende. Nam nihil plus multiplicatur in Scriptura sicut ea que pertinent ad visionem, et lucem, et colores, et specula, et huiusmodi; Scriptura enim pregnans est his». Cfr. also ID., *Perspectiva*, pars 3, dist. 3, cap. 1, ed. Lindberg cit. (above, note 7), p. 322,15-18: «Nam in Scriptura Dei, nichil tantum multiplicatur sicut ea que pertinent ad oculum et visionem, ut manifestum est perlegenti; et ideo nichil magis necessarium est sensui litterali et spirituali sicut huius scientie certitudo».

[32] Cfr. NEWHAUSER, Inter Scientiam et populum cit. (above, note 8), Appendix A, p. 700.

[33] Cfr. ROGERIUS BACON, *Perspectiva*, *ibid.*, p. 322; PETRUS LEMOVICENSIS, *Tractatus moralis de oculo*, cap.1, compared in NEWHAUSER, *ibid.*, Appendix B, p. 701.

[34] Cfr. PETRUS LEMOVICENSIS, *ibid.*, cap. 3, 8, pp. 69-70: «Isti sunt sicut scholaris fatuus, qui habens librum latinis letteris conscriptum, quem bene intelligeret, et in eo studendo multum proficere posset, et tamen in eo nunquam in-

tions and convinced that the Bible harbored mistranslations from Greek and Hebrew, had by contrast urged the study of these languages as essential to the rest of his ideal curriculum[35].

2. *Pierre Auriol*

Let us turn, now, to Pierre Auriol, who shared few if any of these concerns. For several centuries after he produced his *Sentences* Lectures as a bachelor of theology, other intellectually ambitious lecturers on the *Sentences* endeavored to comprehend Auriol's theological and philosophical views. For his adherents, and especially for Scotists endeavoring to rebut him, Auriol's academic works presented some of the most challenging theories and most difficult conceptual approaches available for philosophically grounded theology. In the last generation, we have begun to explore Auriol's *Sentences* lectures more extensively along with those of other theologians, and thus have begun to establish where he «fits» within the context of the Parisian intellectual tradition[36].

spicere vellet, sed in libro Graeco vel Hebraico, sibi prorsus incognito, quotidie mussitaret».

[35] Cfr. *e.g.*, ROGERIUS BACON, *Opus tertium*, cap. 10, ed. Brewer cit. (above, note 25), pp. 32-33: «Revelavit igitur Deus primo philosophiam sanctis suis, quibus et legem dedit; (...) ideo primo tradita est principaliter et complete in lingua Hebraea. Deinde renovata est principaliter per Aristotelem in lingua Graeca; deinde principaliter per Avicennam in lingua Arabica; sed nunquam in Latina fuit composita, sed solum translata de linguis alienis, et meliora non sunt translata. Et de his scientiis, quae translatae sunt, nihil est perfectum; et translationes sunt perversae, nec intelligibiles in multis scientiis, maxime in libris Aristotelis. (...) Sicut expono in iis, quae scribo in tertia parte *Majoris Operis*, ubi probo quod propter hoc quod vulgus Latinorum ignorat linguas tres dictas, quod periit philosophia ab iis, et non solum philosophia, sed intellectus Sacri Textus. (...) Unde Latini nihil magnificum scire possunt sine notitia harum linguarum, sicut satis declaro in illa tertia parte operis, et in *Opere Minori*».

[36] Cfr. K. H. TACHAU, *Vision and Certitude in the Age of Ockham: Optics, Epistemology, and the Foundations of Semantics, 1250-1345*, Leiden 1988, pp. 85-112; F. A. PREZIOSO, *La teoria dell'essere apparente nella gnoseologia di Pietro Aureolo*, in «Studi francescani», 22 (1950), pp. 15-43; S. VANNI ROVIGHI, *L'intenzionalità della conoscenza secondo Pietro Aureolo*, in EAD., *Studi di filosofia medievale*, 2 voll., Milano 1978, II, pp. 275-282; C. SCHABEL, *Theology at Paris 1316-1345, Peter Auriol and the Problem of Divine Foreknowledge and Future Contingents*, London 2000; J. HALVERSON, *Peter Aureol on Predestination. A Challenge to Late Medieval Thought*, Leiden 1998; P. KREY, *Many Readers but few Followers: the Fate of Nicholas of Lyra's 'Apocalypse Commentary' in the Hands of his Late-Medieval Admirers*, in «Church History», 64 (1995), pp. 185-201; L. O. NIELSEN, *Peter Auriol's Way with Words. The*

This has also allowed us to some extent to discover *what kind of Franciscan* he was, since he was a member of that Order at a time and in places where what a Franciscan should be was most sharply disputed. Can we learn more about where Auriol positioned himself in the Parisian intellectual tradition and what convictions he had about his own order (and, perhaps, ambitions) if we turn to Auriol's sermons? One could also turn the question around: if we did not have Auriol's *Sentences* lectures, *Quodlibeta*, or Biblical commentary, could we gather reliable indications of Auriol's scholarly views and convictions about his own Order from his sermons?

With the exception of Auriol's *Principial Collationes*, delivered when beginning to lecture on each of the four books of Lombard's *Sentences*, the surviving sermons that can be attributed to Auriol have remained unexplored[37]. They are contained in Prague, Národní knihovna České republiky IV.E.6, a collection that also contains sermons attributed by the copyist to François Meyronnes[38]. Different kinds of sermons make up this collection:

Genesis of Peter Auriol's Commentaries on Peter Lombard's First and Fourth Books of the Sentences, in *Mediaeval Commentaries on Peter Lombard's Sentences, Current Research*, vol. 1, ed. G. R. Evans, Leiden 2002, pp. 149-219; and articles by R. L. FRIEDMAN, L. O. NIELSEN, W. DUBA, A. D. CONTI, C. SCHABEL, and C. BOLYARD, in «Vivarium», 38.1 (2000), a special issue on Auriol.

[37] In what follows, I am examining only those *sermones* of Auriol's that have a pastoral purpose. In the thirteenth and fourteenth centuries, the term *sermo* could be used to label a wide range of discourse; in a university context, introductory and concluding speeches of academic lecture-series, as well as formal public speeches of gratitude, could be so labelled; cfr. K. H. TACHAU, *Looking Gravely at Dominican Puns: the 'Sermons' of Robert Holcot and Ralph Friseby*, in «Traditio», 46 (1991), pp. 337-345; BATAILLON, *Sermoni e orazioni* cit. (above, note 5), pp. 297-301 and 303-304.

[38] Identified by SCHNEYER, *Repertorium der Lateinischen Sermones* cit. (above, note 2), IV, pp. 582-598. In the following notes the sermons of Auriol have been transcribed from this manuscript, which contains neither an introduction nor a colophon, so it presents no statement by an author as to why these sermons are collected here, nor any scribal indications of date or purpose. Not all the sermons are copied by the same scribe, but all of the hands seem to me to be typical of early fourteenth-century mendicants, rather rapid but not cursive hands. The sermons usually have some indication of the author in the margin, written in a cursive hand probably coeval to those of the copyists. There are two *orthographic* features of the scribal hands responsible for most of the manuscript that may yield some clues as to the scribes' places of origin, namely that (1) the combination of *u* and *v* is almost always written as a *w*; and (2) the vernacular passages in Old French frequently spell *que* or *qui* as *ke* or *ki*. According to these marginal tags,

sermones de tempore, relevant to different dates in the calendar, and *sermones de sanctis* for the feast days of particular saints, predominate, with a few that fall into neither of these categories[39]. I have not yet looked at all of these sermons, but have selected a few that I thought might give insight into the questions I have posed. Except for the Maundy Thursday sermon, those I have examined were probably delivered in Latin, and there are signals that Auriol's fellow Franciscan friars were the audience[40]. Nevertheless, there are at least a few others that are aimed at a different kind of audience. Some of the sermons bear indications of having been written out at least in part before delivery, as there are editorial directions in the text of the sort that an author would have written in a margin or on a slip of parchment[41]; but there are not

most of the sermons are clearly identified as Pierre Auriol's, but at least a few are ascribed to his confrère, Francois Meyronnes. Schneyer seems not to have noticed. As a rule, these fourteenth-century marginal tags also indicate the occasion for the sermon. A microfilm of the Prague manuscript was kindly leant to me by Prof. Nicole Bériou, who encouraged me to study Auriol's sermons.

[39] Cfr. L. J. BATAILLON, *Approaches to the Study of Medieval Sermons*, in «Leeds Studies in English», 11 (1980), [pp. 19-35], p. 20.

[40] Cfr. PETRUS AUREOLI (AURIOLUS), Sermon *Ego sum panis vivus*, ff. 103^{v}-108^{r}, for Maundy Thursday, when his hearers would be intent upon the meaning of Christ's last supper, consists of a lengthy explanation of the sacrament of the Eucharist, explaining its institution by Christ, its efficacy, and the role of the communicant's conscience and intent in its salvific value. These and other issues are explicated in a catechetical structure of questions and answers, with the questions themselves posed and preserved in rhyming French, as for instance on f. 104^{v}: «Et videtur quod hic respondeat tribus questionibus que possent de hoc sacramento moveri. [Primo] potest enim aliquis queri de sacramento in se, ut pote: *queis ilh est, et de quelle condicion*? Secundo potest aliquis queri de hiis qui debent hoc cibo uti, *de loir ydoneiteit et de leur disposicion*. Tertio potest queri quis huius cibi fructus: *de quelle valeur et de quelle perfection*. Ad primam questionem, respondetur: *ke cest viande est tres noble et tres digne*. Ad secundam questionem respondetur: *quilh doeut estre de conscience tres pure et tres fine*. Ad tertiam questionem respondetur quod fructus huius sacramentum *est gloire celeste et vie devine*. Primum patet in prima clausula, 'ego sum panis vivus qui de celo descendi' (*Jo* 6, 51). Et tanguntur in ista clausula quattuor rationes ex quibus evidenter patet nobilitas huius cibi. Prima quedam ratio, *ke cest vie viande si pretiense ke mis nelle puet estimeir*. Secunda ratio, quia *est esca si gracieuse quih est plaisans pur regardeir*. Tertia ratio: *quilh est si substantieuse ke nulle atre ne puet ensi conforteir*. Quarta: *quih est tant delicieuse ke tote doceur et tot soles ons ipuet troveir*». Sermons delivered in the vernacular but recorded in Latin are common in sermon collections, as noted by BATAILLON, *Approaches to the Study* cit., pp. 22-24; on the recording of sermons in Latin by Pierre de Limoges that had been – or, he thought, could be – delivered in the French vernacular, cfr. BÉRIOU, *L'avènement des maîtres* cit. (above, note 2), I, pp. 125-129.

[41] Cfr. *e.g.* PETRUS AUREOLI, Sermon *Tu signaculum similitudinis* (see below,

headings of the sort «this sermon can be used for [such-and-such a] purpose», such as accompany the sermons of Bertrand de la Tour[42]. This suggests that there is no complete *ordinatio* behind the Prague manuscript[43].

The peppering of scholarly content or allusion, especially from astronomical texts, designed to please a scholarly hearer – or someone who preferred to think of himself as *au courant* in an academic milieu – strongly suggests that Auriol's sermons to Franciscans were for friars resident at a *studium generale*. I expect that further examination will bear out the impression that these sermons give of following the *academic* calendar, whereby the November Feast of St. Catherine precedes those for the Assumption of the Virgin and St. Claire in August. Auriol's reminders to himself to «say [this] here», or to repeat a tale he has included in an earlier sermon, together with the indications of partial correction integrated into the text, suggest that these sermons actually were delivered, and that their author had them recorded by a *reportator* in the same way that his classroom lectures and public *Quodlibetal* disputes were written down[44].

If Auriol's friars were in an academic environment, then the most likely place for delivery and recording would have been the Franciscan *studium generale* at which Auriol was *lector* or *magister regens*, that is, Toulouse or Paris; for many reasons, of the two, Paris is the more probable. Auriol's sermons include one celebrating either the canonization or the translation of the body of St. Louis of Anjou, the Franciscan who had been bishop of Toulouse, both of which transpired in 1317[45]. By that time, Auriol had been lecturing on Lombard's *Sentences* at Paris for an academic year[46]. Auriol would remain there for at least another two,

note 80), f. 128^r: «Circa primum dic quod (...)», and again, *ibid.*, f. 126^v: «Et potest hic fieri narratio que est de eo superius in alio sermone»; Sermon *Quasi stella matutina* (see below, note 69), f. 29^r: «Et dic de miraculi»; Sermon *Digne ambuletis in vocatione*, f. 30^r: «Adde supra ubi dixi de rustico».

[42] Bertrandus de Turri, *Sermo duodecimus qui potest fieri in exequiis alicuius regis seu magni principis*, ed. in D. L. d'Avray, *Death and the Prince: Memorial Preaching before 1350*, Oxford 1994, p. 238 (Transcription B:a). See also *infra*, note 48.

[43] Cfr. Bériou, *ibid.*, pp. 81-109.

[44] But cfr. Bataillon, *ibid.*, pp. 21-22.

[45] See *infra*, note 69.

[46] As a bachelor of theology, Auriol lectured on Lombard's *Sentences* over the

preparing for promotion to the rank of Master of Theology, while the presentation volume of his lectures on the Lombard's text was being copied in Cahors by pope John XXII's scribe[47]. If the preparation of revised *Sentences* lectures both for publication and for presentation to a suitable patron was important for scholars (and their Orders) who planned for promotions to positions of ecclesiastical power, the collection of such a scholar's sermons presumably was also useful for anyone being groomed to become Provincial or General Minister of an Order. These were offices for which sermons would be a necessary instrument of governance. One need look no farther than Auriol's patron, Bertrand de la Tour, for evidence that memorable sermons and ecclesiastical power were closely associated[48]. Thus, these sermons may have helped Auriol gain his positions as Minister Provincial and Archbishop of Aix, but the *Chronicle of the 24 Ministers General* asserts that he was promoted to the episcopal rank before actually exercizing his Provincial authority over the Franciscans of Aquitaine; and, because he died in 1322 within half a year of his installation as Archbishop, and outside his archdiocese at that, it is unlikely that he had an occasion to preach while in either rank[49].

academic years 1316-1317 and 1317-1318. We know of the second year from the colophon of ms. Firenze, Biblioteca Nazionale, A.III.120, f. 123ra: «Explicit lectura super secundum librum Sententiarum sub magistro Petro Aurioli de ordine fratrum minorum doctore in sacra theologia tempore quo legebat reportata Parisius sententias, videlicet anno domini 1318 (...)». This colophon was actually written sometime after Nov. 1318, when the magisterium in theology was actually conferred upon Auriol.

47 Colophon of ms. Città del Vaticano, Biblioteca Apostolica Vaticana, Borgh. 329: «Explicit Scriptum super primum Sententiarum editum a fratre Petro Aureoli ordinis fratrum minorum. Finitus est liber iste in Caturco per manum Iohannis eltati de Frisia. Anno domini M.CCC.XVII, XIIII kalendas iunii». Indeed, the fact that John XXII commissioned scribes in Cahors to copy books suggests that he also paid for Auriol's 'presentation' volume, which was completed in May 1317; cfr. *e.g.* Città del Vaticano, Archivio Segreto Vaticano, *Iohannis XXII Introitus et Exitus Camere Apostolice*, 41 (annis 1320-1321), f. 47rv, with payments to the bishop of Cahors for arranging to have various books copied in Cahors.

48 For Bertrand de la Tour's sermons, cfr. D'AVRAY, *Death and the Prince* cit. (above, note 42).

49 For these stages of Auriol's life, cfr. DEDIEU, *Les Ministres Provinciaux d'Aquitaine* cit. (above, note 3), pp. 189-190. Dedieu proposes June 14, 1321 at Avignon as the probable time and place of Auriol's consecration as Archbishop of Aix. He had died before Jan. 22, 1322, when an entry in the *Introitus et exitus* of John XXII's camera mentions a «Raymond d'Auriole», brother of the former

The first sermon that we may consider is a sermon *ad status* that begins from verses in the Letter to the Ephesians, «Digne ambuletis in vocatione, qua vocati estis cum omni humilitate»[50]. From the content as from the *incipit*, this sermon addressed Franciscans, probably those making profession but perhaps those entering upon their theological studies. There are two explicit clues that the audience consists of Franciscans: Auriol tells his hearers at one juncture that «grace generates Poverty in the soul» as it did for Saint Francis[51]; soon thereafter Auriol asserts that «a Friar Minor» ought to take his way into the desert for three days, since he must «desert the world upon entering into religion, walking the path of Purity and Cleansing, of Poverty and Destitution, of Humility and Obedience»[52]. With these words, of course, Auriol is reminding his audience of the rule that should guide their lives – without, however, clarifying what he means by the much controverted term «paupertas» (poverty) and while stressing «obediencia». If Spirituals claimed to be the only friars minor to keep the vow of poverty, their opponents insisted that Spirituals were unfaithful to their vow of obedience[53]. Hence, Auriol's emphases probably are not casual.

As for Auriol's method, he has clearly structured this sermon along «scholastic», or, as d'Avray prefers, «artistic» norms. Thus, Auriol divides the Biblical text into distinctions, employs rhyme, and organizes the major part of his sermon around a second biblical quotation that he takes as his *prothema*. Auriol's message is that, as a continual process, vocation depends for its fulfillment every

Archbishop of Aix who had died; cfr. *Iohannis XXII Introitus et Exitus Camere Apostolice* cit., f. 178^r. Cited also by VALOIS, *Pierre Auriol* cit. (above, note 3), p. 486.

[50] Cfr. *Eph* 4, 1-3: «Obsecro itaque vos ego vinctus in Domino ut digne ambuletis vocatione qua vocati estis cum omni humilitate et mansuetudine cum patientia subportantes invicem in caritate, solliciti servare unitatem spiritus in vinculo pacis». The sermon is found in the already cited ms. Praha (Prague), Národní knihovna České republiky, IV.E.6, ff. 30^v-31^v.

[51] Cfr. PETRUS AUREOLI, Sermon *Digne ambuletis in vocatione*, f. 30^r: «Sequitur *dies mercurii* cui [cor]respondet Mercurius planeta, qui dicitur 'dies mercatorum,' in quo nota quod gratia generat in anima paupertatem qua homo mercatur celestia iuxta illud *Mathee* 5, [3]: 'beati pauperes spiritu', etc. Istam diem bene habuit beatus Franciscus, quia 'inventum Ewangelicum thesaurum', etc.».

[52] *Ibid.*, f. 31^v: «Sed dicitur in auctoritate supra *ambulemus*: ideo dicit Ysa 'hec via ambulate in ea' (*Is* 30, 21). Frater minor debet ire 'viam trium dierum in deserto', idest in religione qua deserit mundum, *Exodo* 3, [18], per viam dico puritatis et mundicie, paupertatis et inopie, et humilitatis et obedientie».

[53] Cfr. works cited *infra*, note 85.

day upon divine grace. To make this point, Auriol announces that, «divine grace can be compared to all the days of the week»[54], which he then proceeds to discuss, casting forth several scientific nuggets. When Auriol reaches Monday (*dies luna*), for example, he notes that this day is named for the moon and recalls that *Ecclesiasticus* calls «the moon the sign of a feastday». Yet, Auriol continues:

> The moon has two properties. [The first] is that it is *eclipsed* when the earth stands between it and the sun, that is to say, shadows are cast upon it from things external to the moon. But, [second]: the moon is also intrinsically shadowed and stained. [Now] the blemishes (*macula*) in the moon are caused by the fact that one part is denser than another, so that the denser part stops solar light just as a mirroring body does. However, the less dense part of the moon does not do this; indeed, the solar rays [of light] penetrate within. Hence, [the moon] appears to be stained, and it seems to have within it [the face?] of someone wounded by thorns (*honeratus*), *as rustics say*[55].

[54] Cfr. PETRUS AUREOLI, *ibid.*, ff. 30v-31r: «Comparari autem potest divina gratia omnibus diebus septimane. Est enim quasi dies dominicus, quia sicut *die dominico* dominus resurrexit, ita ipsa facit resurgere a peccatis, hoc facit quod homo sic dominus sui appetitus sensitivi cui *non potest plene ex puris naturalibus sine gratia* dominari, ideo factum est ipsi carni ignem sub tibi, te erit appetitus tuus et tu dominaberis illius». The terminology of achieving «ex puris naturalibus sine gratia» is technical vocabulary in soteriological discussions often associated with Scotists or nominalists; cfr. H. A. OBERMAN, *The Harvest of Medieval Theology*, Cambridge (Mass.) 1963, pp. 146-248; W. J. COURTENAY, *Schools & scholars in fourteenth-century England*, Princeton (N. J.) 1987, pp. 213, 286, 296; cfr. also IOHANNES DUNS SCOTUS, *Ordinatio*, III, dd. 16-17, edd. C. Balic *et alii*, in ID., *Opera omnia, iussu et auctoritate Pacifici M. Perantoni. Studio et cura Commissionis Scotisticae ad fidem codicum edita*, IX, Città del Vaticano 2006, pp. 535-571.

[55] PETRUS AUREOLI, *ibid.*, f. 31r: «Secunda est gratia quasi *dies* cui correspondet *luna* et 'a luna signum diei festi' *Ecclesiastici* 43, [7]. Luna autem duas habet proprietates, quia eclipsatur per interpositionem terre et in se intrinsece tenebratur et est maculosa; causatur autem macula lune ex hoc quod una pars eius est densior alia, et ideo illa pars densa terminat bene lumen solare fuit corpus speculare. Pars vero rara non sic, ymmo radius solaris penetret ultra; ideo illa videtur esse maculosa et *videtur inesse quedam honeratus spinis ut dicunt rustici – adde supra ubi dixi de rustico spinis honerato*». The text continues: «Ita quod sicut spine pungunt, ita gratia Dei facit punctionem in mente. Sic dico quod gratia facit in anima rationali eclipsim, quia licet talis anima sit clara, ipsa tamen apud seipsam eclipsat seipsam contempnendo cum cogitat quod homo est de terra et in terra, debet reverti iuxta illud, 'memento homo, quia pulvis es et in pulverem' etc. Et sic est in terre interpositio vel obiectio a qua eclipsis causatur quare talis anima est densa in bonos operationibus et ideo clara in hac parte. Desuper autem est quod habet intellectum de materia et parvum de quantitate; ita anima humilis existens in gratia non curat apparere

This passage is interesting for at least two reasons. First, Auriol mentions that peasants refer to what we now call «the man in the moon» (*le visage de la lune*) as [the face of] someone wounded by the [crown of] thorns[56]. Second, he confirms that the Moon, which became the iconographic symbol of Mary's *immaculate* conception, was indeed known to scholars for its *maculae* – an observation that many historians of science in our century have claimed for Galileo and his first telescope. It is a commonplace among historians that Galileo first proved that the moon was not perfectly uniform, thus undermining the Aristotelian division of the celestial physics operative in the perfect (and so, immaculate) superlunary celestial spheres from the terrestrial physics of the imperfect spheres beneath the moon[57]. Nevertheless, the discussion of the moon's shadowy imperfections may already have been the Scholastic preacher's trope in Auriol's time; it turns up, for instance, in a sermon by Federico Visconti, archbishop of Pisa[58], and in another by Giles of Rome[59].

quanta coram mundo, et ideo erit rara in mundanis occupationibus; et ideo eciam videtur esse maculosa mundo quia contemptibilis, sed non Deo».

[56] The belief that in the lunar imperfections «videtur inesse quedam honeratus spinis ut dicunt rustici – adde supra ubi dixi de rustico spinis honerato» was widespread according to the annotation of the sermon by Federico Visconti by N. Bériou (see *infra*, note 58), citing S. PRATO, *Caino e le spine secondo Dante e la tradizione popolare*, Ancona 1881.

[57] Cfr., *e.g.*, S. DRAKE, *Galileo*, New York 1980, pp. 43-48; the more cautious assessment of I. B. COHEN, *The Birth of a New Physics*, New York 1985 (revised edition), pp. 58-64, recognizes that it is not the *maculae*, but their explanation, that Galileo achieved using a telescope.

[58] FRIDERICUS VICECOMES PISANUS (FRIDERICUS VISCONTI), Sermon *Beati qui te viderunt*, for feast of Saint Francis (4 Oct. 1264), in ms. Firenze, Bibl. Medicea Laurenziana, Plut. XXXIII sin. 1, ff. 83^{v}-85^{v}, transcr. N. Bériou: «Sermo quem idem dominus [Federico Visconti] fecit in vulgari in eodem festo, anno octavo consecrationis sue. (...) [Thema] 4. (...) Quia tamen supra diximus quod homines cessabunt peccare quando luna erit sine macula, videamus primo quare macula est in luna, secundo quando illa macula cessabit. 5. Et certe potest dici de primo quod macula illa, oppinione phylosophorum salva, sic accidit in luna (...) ait Dominus ei: 'Quid fecisti? Vox sanguinis fratris tui clamat ad me de terra'. Et respondit Chaim: 'Maior est iniquitas mea (...)' Dixitque Deus: 'Nequaquam fiet ita' (*Gn* 4, 10-15), sed ponam signum de te in celo et in terra, unde Gn. 4, 15: 'posuit Dominus Chaim signum' in celo, idest in celesti corpore, maculam scilicet in luna (...)». I am indebted to Nicole Bériou for informing me of Visconti's reference to the Italian popular tradition that the moon contains the face of Cain, and for graciously providing me with her unpublished transcription of this sermon.

[59] AEGIDIUS ROMANUS, *Sermo in parasceve*, in *Repertorio dei Sermoni*, 13, ed.

None of the other ways in which Auriol compares divine Grace to the days of the week seems so helpful to the historian, although we may well wonder how he has decided that the day named for Mercury (*dies mercurii*) alludes to the holy poverty that grace generates in the soul – so that we can recognize, as Auriol says, «that Francis possessed this day»[60]. (Is the connection between Francis and Mercury's apparent wandering the traveling of beggars?) Instead, the most remarkable feature of Auriol's explications of the remaining days, which, as he notes, each corresponds to a planet, is their divergence from the meanings he assigns to the planets in his sermon on the Assumption of the Virgin[61].

Auriol's Sermon «de tempore», for the Feast of the Assumption of the Virgin, *Maria optimam partem eligit*, is more overtly and scholastically 'didactic' and less hortatory than the sermon we have just considered[62]. To refer to the Marian sermon as 'scholastic' and 'didactic', is to indicate not only that it is structured as classroom lectures were – in which a text provokes a series of questions or *dubia* – but also that its content is aimed at scholars. In the latter respect, the difference between the Assumption and vocation sermons is only a matter of degree; but the questions in this second sermon have no parallel in *Digne ambuletis*[63].

C. Luna, in *Aegidii Romani Opera omnia*, edd. F. Del Punta – G. Fioravanti, I/6, Firenze 1990, App. II, p. 421: «Possumus autem quadruplicem differentiam assignare inter lumen lune et lumen solis. (...) Nam luna habet lumen ab alio essentialiter. (...) Secundo, luna eclipsatur secundum veritatem, quia cum clauditur in umbra terre sive cum sol propter interpositionem terre non potest eam respicere, vere obtenebratur et obscuratur. Sed sol non eclipsabatur secundum veritatem (...) sed eclipsari potest quo ad nos, quia propter interpositionem lune non lucet nobis et nostris aspectibus occultatur. Tertio, numquam luna est illuminata totaliter, sed semper habet quandam tenebrositatem ammixtam. Unde autem sit illa tenebrositas et qualiter habet esse illa macula que apparet in luna, declarare non est presentis speculationis. Sufficat autem ad presens scire lunam ex omni parte non esse lucidam et habere aliquo modo lumen defectivum».

[60] Cfr. *supra*, note 51.

[61] It would not have been unusual for Auriol, like thirteenth-century scholarly preachers, to have relied upon treatises known as *Distinctiones*, which were works classifying various appropriate significations of biblical terms; cfr. BATAILLON, *Approaches to the Study* cit. (above, note 39), p. 29.

[62] PETRUS AUREOLI, Sermon *Maria optimam partem eligit*, ff. 109r-114v; incipit: «Maria optimam partem eligit que non aufertur ab ea» (*Lc* 10, 42).

[63] Cfr. *ibid.*, ff. 110v-111r: «Sed antequam prosequamur ista, indicamus aliqua

The sixth and seventh questions may be of interest to us here: When Assumed into heaven, through what celestial places did the Virgin Mary rise, and (7) where did she arrive? «*Dicitur*», our author answers, as a lecturer on a textbook would have continued, «that just as Christ 'ascended above all the heavens', so too did the Virgin. This means that she has travelled through ten orbs [surrounding our sublunar world], gaining perfections from each»[64]. So, after passing through the sphere of the moon, Auriol tells his audience, Mary reached the sphere of Mercury. Naming Ptolemy as his authority, Auriol refers to the planet Mercury's *influence* upon scientific knowledge (*scientia*) – an attribute of the Virgin surely familiar to any university scholar, given her iconographic presence on so many university seals as the seated *Sedes sapientia*. If Mercury can be explicated by Ptolemy, for the next sphere, that of Venus, Auriol turns to Bernard of Clairvaux to claim that this planet exerts a pacifying influence. Bernard is the authority, too, for Auriol's assertion that benevolence is the quality influenced by the orb of *Jove* – surely a stretching of Bernard's views[65]. When

circa historiam assumptionis nostre Matris. Primo enim potest quereri: quo tempore ascendit? Et dicunt aliqui quod anno vite sue sexagesimo, ita quod quatuordecim annorum erat quando concepit filium Dei, et 33 annis vixit cum eo, et 13 annos supervixit. Alii dicunt quod quinquagesimo quinto anno, sic quod supervixit novem annis. Secunda questio est: quo die? Et dicitur die dominico tali siquidem die fuit filius Dei incarnatus natus tali; etiam die resurexit et eodem die misit Spiritum Sanctum. Tertia questio est: in quo statu? Dicitur quod in statu perfectio, resuscitata in corpore et anima. (...) Quarta questio est: de quo loco fuit assumpta? Dicitur quod de valle Iosephat. (...) Quinta questio: cum qua militia fuit deducta? (...)».

[64] *Ibid.*, f. 111ʳ: «Sexta questio: *per quem locum?* Et dicitur quod sicut Christus ascendit 'super omnes celos' (*Eph* 4, 10), ita beata Virgo. *Unde pertransivit decem orbes* recipiendo sibi omnium perfectiones».

[65] Cfr. *ibid.*, f. 111ʳᵛ: «Primo pertransivit *orbem lune*. Luna autem est mater roris, et ipsa [virgo Maria] est que nobis stillat rorem misericordie. Secundo transivit *celum Mercurii, qui secundum ‹P›tholomeum influat ad scientiam*, et ipsa virgo fuit magistra Apostolorum, que scilicet omnia Christi misteria perfecte intellexit. Tertio transivit *orbem Veneris*. Venus influit ad amiciciam, et *ipsa que inter Deum et homines pacem reformat*. Unde Bernardus 'filius ostendit patri latus et vulnera mater filio pactus, et verba non potest esse causa nostra repulsa, ubi tot karitatis lucent insignia'. Quarto, *celum Solis*, quia admodum solis generaliter omnes illuminat. Unde bene omnibus Maria facta est, sapientibus et insipientibus, copiosissima caritate debitorem se fecit, omnibus misericordie sinum aperit, ut de plenitudine eius omnes accipiant (...) ut non sit qui se abscondit a calore eius. Quinto pertransivit *orbem Martis*, qui influit ad victoriam, quia ipsa est per quam habemus victoriam de adversariis, sicut figuratum est primo *Regum*

we reach the orb of the fixed stars, Auriol cites Jerome to the effect that this realm *signifies* the perfection of all the saints. Passing finally through the Crystaline sphere, the Virgin ascends at last to the upper part of the sphere that especially influences the life of humankind, that is, the Empyrean heaven where, according to Auriol, she now resides with God[66]. Auriol continues his excursus through cosmology, when he takes up his seventh question, «where did she arrive?» This question, which he has in effect just answered, nonetheless permits Auriol to remind his hearers that astronomers divide the heavens into twelve mansions, and to assign the various orders of angels to these mansions[67].

None of what Auriol tells his audience in this sermon concerning the structure of the universe would have depended for comprehension on as much familiarity with «the sciences of the

(4, 6-8) de Philisteis qui clamaverunt 've nobis' quando 'archa' Dei 'venit in castra' exposito. Sexto transivit per *orbem Iovis* que [in]fluit ad benevolentiam; sic Maria omnibus benevolentia. Unde Bernardus: 'quid ewangelice historie seriem universam, et si quid increpatorium, si quid durum, si quid denique signum vel tenuis indignationis occurerit in Maria, de cetero suspectum habeas et accedere verearis'». For the first quotation of the (pseudo)-Bernard, cfr. ERNALDUS BONAEVALLENSIS, *Libellus de laudibus Beatae Mariae virginis*, PL 189, col. 1726CD, probably known to Auriol either as paraphrased in Thomas de Hibernia's *Manipulus Florum*, or through Bonaventure's citation of an earlier *Florilegium*: cfr. BONAVENTURA DE BALNEOREGIO, *Sermo* 22 (*Dominica in octaua Paschae*), red. brev., ed. J. G. Bougerol, in SAINT BONAVENTURE, *Sermons de diversis*, 2 vols., Paris 1993, I, p. 319,65: «Unde Bernardus: Mater ostendit Filio pectus et ubera, Filius Patri latus et vulnera etc.». For the second quotation, cfr. BERNARDUS CLARAEVALLENSIS, *Sermo De duodecim praerogativis B. V. Mariae* (i.e. *Dominica infra octavam Assumptionis*), PL 183, 430C, edd. J. Leclercq – C. H. Talbot – H.M. Rochais, in SANCTI BERNARDI *Opera*, V, *Sermones*, II, Roma 1968, p. 263,10-14.

[66] Cfr. PETRUS AUREOLI, *ibid.*, f. 111^{v}: «Septimo transivit per *orbem Saturni*, qui influit tristiciam; ita ipsa [i.e. Maria] influit tristiciam pro peccatis. Octavo transivit per *orbem Stellarum*. Omnes stelle significant perfectiones omnium sanctorum, que omnes simul in *Maria* coniuncte sunt (...). Nono transivit *celum cristallinum*, quia sicut illud semper volvitur ut alios revolvant, sic beata Virgo per actum (...) ad Deum convertit, ut omnes alios ad se convertat. Decimo ascendit per *celum empireum*, residens in eius parte superiori, et sicut illud maxime dicitur influere ad hominem vitam, sic mater domini ad vitam et gratiam».

[67] Cfr. PETRUS AUREOLI, *ibid.*, f. 111^{v}: «Septima questio est: ad quem locus transivit? Dicitur quod *in celo sunt duodecim mansiones*, quarum prima est sanctorum sine suis meritis; et novem sequentes sunt ordines angelorum; undecima autem ierarchiam supercelestis divinarum, per undecima media inter duodecimam et ordinem seraphici. Beata autem Virgo pertransivit omnes ordines angelorum, nec fuit sublimata usque ad supercelestem yerarchiam, quia solus Christus ibi ascendit. Et ideo in undecima remansit. Istis premissis, veniamus ad moralitatem (...)».

stars» – that is, cosmology, astronomy, and astrology – as he and his fellow bachelors routinely displayed in their lectures on the *Sentences*. Still, his references are sufficiently brief to imply that he expected his hearers to know the structure of the heavens. And, although his references to the authorities whom he quotes – here and in other sermons – are less precise than they would be even in *reportationes* of formal lectures, they are adduced at junctures where scholars would have expected a verbal footnote, as it were, to a scholarly source[68].

One could, of course, argue that in this Marian sermon, Auriol has deployed the varied celestial orbs principally for mnemonic purposes or merely to retain the interest of those to whom he preached. Yet, his use of them does reflect his marked interest in the sciences of the stars and of light everywhere at evidence in his *Sentences* lectures. Too, it seems striking that, upon selecting seven of Auriol's sermons, both *de tempore* and *de sanctis* nearly at random – looking only for subjects that could reasonably be expected to reveal his views about the Franciscan Order and its controversies – what one discovers is that four of the seven draw at some length upon astronomical phenomena. Evidently, the sciences of the stars were among Auriol's favorite resources when planning a sermon.

Indeed, Auriol's treatment of astral themes, to judge by the technical vocabulary that he introduces, sometimes would have presupposed more extensive scholarly study on the part of his audience than we have so far encountered. This appears to be the case for his sermon «de sanctis» *Quasi stella matutina in medio nebulae*, which celebrates St. Louis of Anjou[69]. Auriol's choice of the

[68] An example of such a 'brief' reference, typical of those in a university lecture, is Auriol's citation of Jerome by the opening words of a passage at the point of elipsis (see note 66, *supra*) «in Maria coniuncte sunt teste [H]ieronimo, 'ceteris', inquit 'per partes', etc.» – a citation too brief, in fact, to guide us to the work Auriol had in mind.

[69] PETRUS AUREOLI, Sermon *Quasi stella matutina*, ff. 29^{r}-30^{v}; incipit: «Quasi stella matutina in medio nebulle et quasi luna plena in diebus suis, lucet etc.» (*Sir.* 50, 6). Schneyer thought, from the marginal ascription to St. Louis, this to be a sermon for the feast day of the thirteenth century king, Louis IX, but which instead celebrates St. Louis of Anjou, who had been bishop of Toulouse. That he is the St. Louis is clear from Auriol's reference to his position as a bishop, *ibid.*, f. 30^{r}: «Circa primum dico quod iste sanctus stellis comparatur, quia stella habet subtilitatem in situ; potestatem in fluxu; inerritatem in cursu; claritatem in aspectu.

biblical passage from Ecclesiasticus, *Quasi stella matutina*, etc., as his theme alerts us from the outset to the structural dependence of the sermon on knowledge of light's workings and the stars. After comparing Louis's saintly virtues to the morning star, to nebulae, and to the full moon, Auriol comes yet again to the celestial orbs[70]. Thus, Auriol begins, the bishop St. Louis:

> Was a *fixed star*, namely in his love of Christ, for he was not *erratic* [that is, a wandering star, a planet], nor was he a comet, nor a falling star, which is called «assub». But there are many who wander, because they move against [the motion of] the firmament, that is [Auriol glosses] against the firm [or fixed] law and doctrine of Christ. There are however seven wandering stars by which the seven kinds (*genera*) of sins can be signified[71].

Turning first to the moon, which scholars did classify as a 'wandering star', Auriol refers again to her imperfections or *maculae*, which, together with the moon's susceptibility to being obscured or eclipsed, makes the moon the symbol (or *figura*) of envy. Next, Mars, «who is called the God of war» as Auriol remarks, «signifies the sin of anger», just as Jupiter, «who moves slowly, requiring twelve years to complete its course». stands for sloth. Venus is the sign for lust – certainly a more usual iconography than the Chastity that Auriol has attributed to her in his Vocation sermon; and the sun signifies the sin of pride, because just as it is the only

Dico primo etc. De quo *Genesi*: 'posuit stellas in firmamento' (cfr. *Gn* 1, 17). Iste enim fuit positus in alto quasi in firmamento celi, quia *episcopus* fuit firmus in fide et doctrina quasi firmamentum. Et bene advertit istud verbum: 'Rectorem te posuerunt? Noli extolli, esto in illis quasi unus ex eis' (*Sir* 32, 1). Talis erat *iste; unde inter fratres humiliter conversabatur* in tantum quod *episcopus* esse *non percipiebatur nisi in anulo*; non sic multi, etc.».

[70] Cfr. *ibid.*, f. 29r: «'[Q]uasi stella matutina in medio nebulle et quasi luna plena in diebus suis, lucet' etc. Iste sermo potest applicari ad *beatum Ludowicum, fratrem nostrum*, ut dicatur *Ludowicus* quasi dans lucem viventibus. Ubi describitur: ut generosus origine, quia *stella*; ut sponsus incorruptione, quia *matutina*; ut fructuosus virtutum operatione, quia *medio nebule*; ut copiosus terrenorum abdicatione, quia *luna plena*; ut luminosus divinorum eloquiorum eruditione et sancta conservacione, quia *lucet* (...)».

[71] *Ibid.*, f. 29r: «Fuit autem *stella fixa*, scilicet in Christi amore *non erratica*, vel *cometa*, vel *stella cadens* que dicitur 'assub'. Sed multa sunt tales, quia errant, quia moventur contra firmamentum, idest, contra legem Christi firmam et doctrinam. Sunt autem *septem stelle erratice* per quas possunt significari septem genera peccatorum».

celestial body actually generating light for the entire universe, so the proud imagine that they alone shine forth light[72]. What of Mercury, the wandering star that, in speaking of the friar's vocation, Auriol has carefully associated with St. Francis himself? Here, Mercury:

> Who in antiquity used to be called [the God] of merchants, *signifies avarice*: this [star] wanders away from God's law, which persuades [us to] poverty, as [we read] in Matthew (5, 3), 'blessed are the poor'[73].

Surely, this is a reading closer to Francis's heart!

If this means that when referring to St. Louis of Toulouse as the morning star, one cannot be describing him as one of the wandering stars[74], Auriol proceeds to explain why comets cannot metaphorically represent the saint. Adducing the *Decretals* of Gregory IX, Auriol claims that the blazing tail of a comet, which signals the death of princes, therefore signifies *curiosity* and *lasciviousness*, each of which is able «to kill the prince of the soul, that is, reason»[75]. Auriol at last returns to earth – or at least to the terres-

[72] Cfr. *ibid.*, f. 29^{rv}: «*Per Lunam,* que maculam habet et obscuritatem, invidi figurantur. Dicitur ['invidi'] quasi 'non videns', quia iste de bonis alterius quasi de radiis solaribus obscecatur; beneficia enim Dei sunt quasi radii solares divine bonitatis. *Per Martem* autem, qui dicitur Deus belli, significatur iracundia, quia 'vir iracundus suscitat rixas' etc. (*Pv* 15, 18) (...) *Per Solem*, qui dicitur quasi solus lucens, superbia significatur, quia superbi soli sibi videntur lucere; hec errat summe contra legem Christi, qui ait: 'discite a me quia mitis sum' etc. (*Mt* 11, 29). *Per Iupiter*, qui tarde movetur, quia in duodecim annos perficit cursum suum, figuratur accidia, que tarde movetur in bonum; hec errat contra legem Christi qui ait: 'multa docuit ociositas' (cfr. *Sir* 33, 29). *Per Venerem*, luxuria, que errat contra Christum, qui ait per Paulum: 'hoc autem scitote intelligentes quia omnis fornicator' (*Eph* 5, 5)».

[73] *Ibid.*, f. 29^{r}: «*Per Mercurium*, qui dicebatur antiquitus Deus mercatorum, avariciam significatur: ista tunc vadit contra legem Dei, que suadit paupertatem, *Matthei* 5, [3], 'Beati pauperes' etc.». Compare to note 51, *supra*.

[74] Of course, Auriol would have known from Aristotle's *Sophistici elenchi*, if from nowhere else, that the morning star (Venus) is the evening star, and as such, a planet (i.e., in ancient and medieval terms, a 'wandering star').

[75] Cfr. PETRUS AUREOLI, *ibid.*, f. 29^{v}: «Item, non fuit stella comata contra cunctos comam nutrientes, contra quos dicitur [Liber] *Extra* [i.e., *Decretalium*] 'clericus qui comam nutrit anathema sit'. Ista stella significat mortem – maxime principis – per quod intelligo *curiositatem* et lasciviam, que interficit principem anime, idest rationem. Ista stella cadens non enim cecidit per peccatum sicut multi de quibus dicitur quod 'stella cecidit de celo cuius nomen Absinthium' Apocalypsis (8, 10-11)». Cfr. *Liber Extra*, lib. 3, tit. 1, cap. IV, edd. E. L. Richter –

trial spheres – to work exhaustively through all the cosmological and meteorological phenomena that remain, namely, the light of dawn, clouds, the rainbow, the four winds, the four elements, the four sublunary spheres, and the three celestial spheres beyond that of the fixed stars, and even the four kinds of stones[76].

Of all of these, Auriol's treatment of the rainbow is significant, for he reminds his audience that the colors of the celestial arc «are only apparent, not real», or, in ontological vocabulary, they have «apparent» being but not «existence». The interest of the passage lies in this terminology of appearance, for the expression, though less precise than in Auriol's *Sentences* lectures, broaches the controversial question posed by Roger Bacon and Theodoric of Freiburg of the ontological nature of the rainbow's colors, and resembles their answer if not also Auriol's[77].

E. Friedberg, in *Corpus Iuris Canonici, Pars Secunda: Decretalium Collectiones*, Leipzig 1881: «Si quis ex clericis comam relaxaverit, anathema sit»; *ibid.*, cap. V: «Clericus neque comam nutriat, neque barbam».

[76] Cfr. PETRUS AUREOLI, *ibid.*, ff. 29^v-30^r: «Secundo dico etc. de quo 'sicut lux aurore, oriente sole mane absque nubibus rutilat' (*2Sm* 23, 4). Ipse enim fuit prius a primo mane iuventutis quasi *aurora*, et *sine nubibus* peccatorum carnalium. (...) Iste *nubes* dicuntur esse *pluviose* per lacrimarum effusionem et *tonifere* quantum ad tonitrum vel confessionis vocem. (...) Item, *germinatur fulgor*, ita peccata thesaurizant sibi iram Dei quasi fulgor. (...) Item, nubes a *ventis* agitantur, ita et peccata agitant peccatores diversis currentibus quasi diversis ventis. Agitantur enim superbi *vento orientali*, quia credunt lucere, sicut sol in oriente; alii *vento occidentali*, ut invidi, quia dicitur Iob; (...) alii *vento australi* qui est calidus, ut lubrici; alii *aquilonarii*, qui est frigida, idest tepidus vel tepidi et accidiosi. Tertio dico etc. de quo Ezechiel, ut dicamus de eo quod dictum fuit de Lucifero, 'tu cherubin extinctus per caritatem parte semel sedulitatem posui te in medio lapidum ignitorum' (*Ez* 28, 14), idest habituum virtuosorum qui habent ignire voluntatem ad amorem divinorum, etc. Et potest dici 'de lapidibus preciosis' ut alibi et Apocalypso (*Ap* 1, 12-13). (...) Item, *aquam* per quam intellegitur fluxibilitas carnalium desideriorum ipse abiecit per puritatem. (...) Item, *aer*, per contemptum horum cui sunt *vani sicut aer.* Item, *ignis*, idest abiectio peccati desiderii, quod est quasi ignis. (...) Item, hic potes *septem celos*: septem plagarum per quos significantur, septem virtutes. (...) Item, *celum aqueum* quod est solideo significat eius posito firmitatem. *Celum* autem *empireum* quod videndum est quasi ignis ardore eius, significat caritatem. *Igitur totus orbis terrarum est descriptus quasi in vita eius.* Sequitur et puritatem magnalia in *quatuor ordinibus lapidum* erant. Et ideo invenies puritatem virginum, humilitatem confessori, passibilitatem martirium, quia mortu desiderio, et paupertatem Apostolorum (...)».

[77] Cfr. *ibid.*, f. 29^v: «Generatur autem in nubibus istis *yris*, qui dicitur archus demonis, idest scientis, quia scire debet peccator, quia per peccatum perdit *virtutes que sunt vere colores, et acquirit colores apparentes tantum*, quia delectatio peccati habet *magnam apparentiam et non existentiam sicut secundum aliquos colores iridis non sunt veri colores sed apparentes*». In Auriol's theory of cognition, the terminology of «esse ap-

Auriol's sermon was certainly written to be preached to Franciscans, for Auriol refers to Louis as «our brother», and provides instances of Louis' continued observance of his Franciscan vows after having been elevated to the episcopacy[78]. Unless Auriol was simply showing off, which he may have been, his intended audience would seem to have been his Franciscan brethren at a *studium generale*, given the technical vocabulary he employs – as, for instance, in referring to falling stars by the Arabic term «assub»[79]. As already mentioned, this *studium generale* probably would have been Paris.

The same milieu and audience seem to have been within Auriol's sights for his sermon *Tu signaculum similitudinis, plenus sapientie*, that he evidently wrote for the feast of the stigmata of St. Francis[80]. In this sermon, we find ourselves once again on an excursion

parens» is technical and characteristic; cfr. TACHAU, *Vision and Certitude* cit. (above, note 26), pp. 89-100; PREZIOSO, *La teoria dell'essere apparente* cit. (ibid.).

[78] Cfr. PETRUS AUREOLI, *ibidem*: «Unde dicitur in *Vita* sua quod in testimonium vite sue *semper habebat fratres socios in camera in qua iacebat*». Cfr. *Vita Sancti Ludovici Episcopi Tolosani conscripta a Iohanne de Orta*, 4, in *Analecta Bollandiana*, IX, 1890, [pp. 278-353] p. 302,1-3: «Ad tutelam nihilominus et testimonium suae integerrimae puritatis in camera sua duos fratres minores et interdum quattuor iacere faciebat (...)». And again, PETRUS AUREOLI, *ibid.*, f. 30v: «Unde una de istis stellis fuit *beatus Ludowicus, qui fuit in ordine* non solum *minorum*, ymmo fuit quasi de ordine omnium Angelorum. Quia habuit *cor*, officia fuit quasi de ordine Seraphim. Quia ardens caritate, [ideo] Cherubin. Quia plenus sapientia vel scientia Tronorum, quorum est iudicare, quia ipse iudicavit mundus esse contempnendum. Dominationum, que docent quomodo se debet habere ad subiectos, quia in humilitate ita se habuit iste (*vide* in *Vita* sua)». Cfr. *Vita Sancti Ludovici Episcopi*, 5, *ibid.*, pp. 308,15 - 315,23. Cfr. also note 70, *supra*. – In the judgment of Edith Pásztor, this *Vita* has been misascribed to Giovanni d'Orta; refining the traditional dating of it to 1319-1334, she proposes the narrower range of 1319-1322/23, given its strong approval of St. Louis's adoption of the 'Spiritual' Franciscans' habit and way of life. Because Auriol had died by February 1322 (cfr. *supra*, note 49), his references in this sermon to this *Vita* confirms Pásztor's hypothesis as to the *terminus ante quem*; cfr. E. PÁSZTOR, *Per la storia di San Ludovico d'Angiò (1274-1297)*, Roma 1955 (Istituto Storico Italiano per il Medio Evo, Studi Storici, 10), pp. 1 and 50-53.

[79] Cfr. ROBERTUS ANGLICUS, *Commentarius in Spheram Johannis de Sacrobosco*, l. 5, ed. in L. THORNDIKE, *The Sphere of Sacrobosco and Its Commentators*, Chicago 1949, p. 166.

[80] PETRUS AUREOLI, Sermon *Tu signaculum similitudinis*, ff. 127r-130v, incipit: «'Tu signaculum similitudinis plenus sapientia et perfectus decore' *Ecclesiastici* 26; 'sapientia filiis suis vitam inspirat' *Ecclesiastici* 4». In fact, the first of these is taken from *Ez* 28, 12-13: «Et dices ei haec dicit Dominus Deus tu signaculum similitudinis plenus sapientia et perfectus decore in deliciis paradisi Dei fuisti omnis lapis pretiosus operimentum tuum (...)»; the second is from *Sir* 4, 12. According to the apparatus of the Douay translation, this passage is normally understood of

through the heavens – this time touching principally on the signs of the zodiac, although Auriol alludes as well to the various terrestrial and celestial orbs[81]. He quickly dismisses the suitability of wandering stars and comets as signifiers for St. Francis (as for St. Louis of Toulouse), and even manages to compare Francis to the deferents, eccentrics, and epicycles of Ptolemaic astronomy[82].

Lucifer. Schneyer's listing of Meyronnes' sermons shows one for this feast with the same biblical incipit.

[81] Cfr. *ibid.*, f. 128[rv]: «Et potest dici quod *sicut in circulo zodiaco transit per duodecim signa, ita* beatus Franciscus. Ipse enim transivit ut *per signum Virginis* ratione puritatis, quia dicitur in *Vita* quod per maximam curam gerebat de universum hominis puritate servanda. *Per signum Leonis* quia rugiebat ut leo rugitu predicans. Item leo est anima liberale, quia predam suam aliis comunicat; ita beatus Franciscus bona sibi collata a Deo aliis liberaliter erogabat. (...) Item, *in signo Libre*, quia ponderabat culpam et penam equalibrante. Et sic debet facere quilibet ut Franciscus, quod plus peccavit plus peniteat; ideo ipse in multa cordis amaritudine deplorabat vite adolescentiam, non sine culpa transactam. Item fuit *in signo Arietis*, quia dico se voluit quasi aries per martirium immolare, ut patet cum ultramare transivit ad Soltanum; ideo fuit martiri desiderio. (...) Item, in *signo Aquarii*, quia aquas doctrine salutarie fundebat et aquas lacrimarum effundebat. (...) Item, *in signo Piscis*, quia multos sequaces, quasi pisces in mari ecclesie generavit. Item, *in signo Geminorum*, quia habet geminam coronam auream et aureolam, quantum ad premium essentiale et accidentale. Ideo dicitur in [h]ymno: 'Auream victor meruit, aureolam dum docuit' etc. Item, *in signo Capricorni*: caper cornibus petit superiora, ita et ipse habuit intellectum et affectum quasi duo cornua erecta in deitate. Item, *in signo Scorpii*, qui est animal pungitivum, quia pungebat peccatores ad penitendum. (...) Item, *in signo Cancri* quod est animal retrogradum, quia beatus Franciscus cum illum statum assumpsit visus est insipientibus retrogradi, quia fatuus reputabatur. (...) Item, *in signo Sagitarii* (...). Ergo solvitur illa questio Psalmiste, qui querit quis similis Deo in filiis Dei, intende quod beatus Franciscus fuit similiter consignatus». Auriol refers to the Hymn for Lauds in Julian of Speyer's *Officium*; cfr. IULIANUS DE SPIRA (IULIANUS TEUTONICUS), *Officium rhythmicum Sancti Francisci*, in *Fontes Franciscani*, edd. E. Menestò *et alii*, Assisi 1995, p. 1116: «Plaude, turba paupercula / Patre ditata paupere. (...) / Auream victor meruit, / aureolam dum docuit».

[82] Cfr. PETRUS AUREOLI, *ibid.*, f. 129[v]: «Nam in vita eius fuit terra humilitatis, aqua sapientie doctrinalis, aer puritatis, et ignis caritatis. Ita etiam fuit celum sydereum propter claritatem fidei; aqueum propter firmitatem spei; empireum propter luminositatem ingenii. Et pervium magnificalia, idest facta sanctorum patrum in quatuor ordinibus lapidum erat sculpta, nam in ipso fuit castitas virgini, humilitas confessorum, passibilitas martyriorum, et paupertas apostolorum. *Et cum una auctoritas in libro Sapientie ut puto – et debet addi supra ubi dixi quod beatus Franciscus erat vestitus podere*. (...) Et Iob 9, [7] dicitur, 'claudit stellas quasi sub signaculo', idest protegit et abscondit a mundo *sequaces suos*, qui debent esse ortus conclusus per disciplinam; et etiam debent esse stelle fixe per perseveranciam, non cadentes ut Lucifer per superbiam; *non erratice per falsam doctrinam qui moti contra fidei firmamentum*; non contaminate per lasciviam sicut sunt caudati qui *trahunt caudam quasi cometa* et quasi mulieres; et *debent moveri in excentrico* pauper-

A partisan of Pierre Olivi's surely would have been disappointed by Auriol's brief remarks in this sermon on the *substance of poverty*, for Francis and his order; Auriol tells us merely that «Francis was the disciple of Christ who most closely followed him with respect to poverty»; and that, in «the [entire] structure of the spiritual edifice rests», like Aristotelian accidents inhering in a substance, upon *poverty*. For Francis and his followers, then, in Auriol's words, any «perfect spirituality consists in the substance of poverty»[83]. Written at a time when the Order was roiling with conflict over what exactly should be the «substance» and role of poverty in the Franciscan way of life, these remarks are so brief and general that they avoid the controversial issues entirely: there is, for example, no indication whether *poverty* per se entails the *usus paupertatis* upon which Olivi had insisted[84]. On the other, what makes Auriol's description of Francis specifically *Franciscan* is the iteration throughout on the parallels between Christ and Francis, his «closest disciple», in Auriol's terms.

But Auriol does after all tip his hand, and show himself fundamentally out of sympathy with Francis and his earliest followers, who – at least according to Auriol's contemporaries among the Spiritual Franciscans – eschewed the learning of the schools as

tatis *et in epiciclo* humilitatis, *quia est circulus parvus, et in deferente* castitatis que defert hominem ut per incorruptionem approximetur Deo. Sed timeo quod multi moventur cum *luna in linea ecliptica*, quia eclipsantur per terre interpositione idest affectum terrenorum».

[83] *Ibid.*, ff. 128^{v}-129^{r}: «De tertio dicit illud Johannis [*revera* Lucas], 'Perfectus omnis erit, si sit sicut Magister eius' (*Lc* 6, 40), talis fuit beatus Franciscus, qui fuit discipulus summe sequens doctrinam magistri sui Christi, *quantum ad paupertatem*, etc. Perfectio enim consistit in tribus, ut dicitur alibi [i.e. in alio sermone]: in substantia, virtute, et operatione. *Ita dico quod perfectio spiritualis consistit in substantia paupertatis que substantie comparatur*, quia sicut substantie accidentia innituntur, ita spirituale edificium innititur paupertati fundamento. Castitas est virtus que facit bene operari, quia secundum Gregorium, 'non est bonum opus aliquod sine castitate.' Sed obedientia est in operatione. Ista autem tria beatus Franciscus novit et tenuit; ergo perfectus fuit». Cfr. GREGORIUS I PAPA (MAGNUS), *Homiliae in evangelia*, I, 13, PL 76, 1124A, ed. R. Ètaix, Turnhout 1999 (CCSL, 141), p. 90,23-24: «Nec castitas ergo magna est sine bono opere, nec opus bonum est aliquod sine castitate».

[84] See PETRUS IOANNIS OLIVI, *De usu paupere, the* Quaestio *and the* Tractatus, ed. D. Burr, Firenze 1992. And cfr. R. LAMBERTINI, *La povertà pensata. Evoluzione storica della definizione dell'identità minoritica da Bonaventura ad Ockham*, Modena 2000; D. BURR, *The* Spiritual *Franciscans From Protest to Persecution in the Century After Saint Francis*, University Park (PA) 2001.

vain curiosity, incompatible with humility and true poverty[85]. For Auriol takes the occasion to stress that Francis was not only the emulator of Christ in his poverty, but in possessing the kinds of knowledge enumerated by God in the book of Wisdom. We may be surprised by the «sciences» Francis has consequently mastered, according to Auriol, for in addition to the saint's learning in sacred scripture, he displays the subtlety of a logician, the eloquence of a rhetorician, and the intellectual mobility of those tutored in physics (the science of motion). Moreover, Francis possesses the certitude of a mathematician since, Auriol remarks, «according to some, the mathematical sciences offer the greatest degree of certitude»[86].

It is hard to imagine that Francis, suspicious as he was of scholarly attainment, would have found this description congenial, but he might well have appreciated Auriol's ascription to him of the art of music. After all, Auriol reminds his audience, «he has [mastery] of music who teaches [us] to celebrate [God's gifts], whereby [Francis] sang [his] laudes in French (*Gallice*)»[87].

[85] Cfr. THOMAS CELANENSIS, *Vita Secunda sancti Francisci*, 32 (62) «Contra curiositatem librorum», in *Fontes Franciscani*, ed. Menestò *et alii* cit. (above, note 81), p. 500; from the early fourteenth century, ANON., *Speculum Perfectionis*, ed. P. Sabatier, *ibid.*, pp. 1962-1963; ANGELUS CLARENUS, *Historia septem tribulationum Ordinis Minorum*, IV, Tertia tribulatio, ed. O. Rossini, in *Angeli Clareni Opera*, II, Roma 1999 (Fonti Per La Storia dell'Italia Medievale, «Rerum Italicarum Scriptores», 2), p. 147: «Tempore huius fratris Crescentii [1244-47] qui predecessoris sui fratris Heliae sectatus est affectus et mores, quedam insatiabilis et *curiosa* cupiditas sciendi, habendi, apparendi, acquirendi, mutandi loca paupercula et solitaria et edificandi sumptuosa (...) addiscendi scientias seculares et in his scholas multiplicandi (...)».

[86] PETRUS AUREOLI, *ibid.*, f. 128v: «Secundo dico principaliter de quo Sapientie 7, [21-23]: 'Omnium artifex', idest magister omnium artium 'docuit me sapientia', potest dicere beatus Franciscus, et sequitur quandum ad multas scientias. (...) 'Unicus' dicit quantum ad arismeticam et musicam (...) quia bene scivit numerare Dei beneficia – unde ex ingratitudine se reputabat maximum peccatorum, unde dixit socio 'si cuiquam sceleratissimo tanta contulisset altissimus gratior te foret Francisco'. (...) 'Subtilis' dicit quantum ad logicam, que docet subtiliter argumentis. Hanc etiam habuit, quia optime novit fallacias demonum. (...) 'Disertus' dicit quantum ad rethoricam, que facit linguam disertam; et ipse habuit talem, quia enodabat dubia questionum, etc. 'Mobilis' dicit quantum ad physicum. Hanc [scientiam] etiam habuit, quia omnia propter Deum quasi mobilia et mutabilia contempsit. 'Certus' dicit *quantum ad sciencias mathematicas, que sunt in primo gradu certitudinis secundum quendam*; ipse autem certificatus fuit de remissione plenaria omnium delictorum».

[87] *Ibidem*: «Item, musicam habuit que docet iubilare, unde laudes decantabat

More than any other of Auriol's sermons examined here, this one bears evidence of being at least partly written out *before* delivery. To himself he notes, for instance: «regarding the first [point] say...» and «again, in connection with this text, say [thus]», as well as «and with an authoritative [passage that] I think [is from] the book of Wisdom, what I said above ought to be added», and even «here can be told the story (*narratio*) concerning [Francis that was] told above in the other sermon»[88]. It is also among the most complete of the sermons, for it contains the concluding exhortation to his confrères that, as Francis's followers, they inscribe the signs of his apostolate upon their hearts, and be as persevering in their discipline as the fixed stars. For, Auriol concludes, «I fear that they may travel with the moon along the [line of the] ecliptic, because they are eclipsed» or cast into shadow by their «affection for worldly things», which comes between such friars and the source of light that their Founder was[89].

gallice, etc.»; here Auriol quotes the *Responsoria* of Lauds, in the *Officium rhythmicum Sancti Francisci* cit. (above, note 81).

[88] Thus, cfr. PETRUS AUREOLI, *ibid.*, f. 128^{v}: «'Hec erat discurrens', scilicet per famam, 'in medio animalium', idest fidelium animantur [*revera* animarum] 'splendor ignis' propter stigmatum evidentiam 'et de igne fulgur egrediens', propter prodigiorum inculentiam (*Ez* 1, 13). *Et dic de miraculis sacrorum stigmatum*». Cfr. also *ibid.*, f. 127^{v}: «Et potest hec fieri narratio, que est de eo superius in alio sermone»; *ibid.*, f. 128^{v}: «Item, *in signo Sagitarii – et dic hic illud quod dixi statim de illo percusso sub Cyroceta*»; *ibid.*, f. 129^{r}: «Circa primum *dic quod* cum similitudo sit relatio fundata in qualitate, quod ipse fuit similis Christo in albedine puritatis, in rubedine caritatis, in dulcedine contemplacionis luminose, et in fortitudine exhortationis vigorose, 11 Ecclesiastes» (cfr. *Sir* 11, 7: «dulce lumen et delectabile est oculis videre solem»); *ibid.*, f. 129^{v}: «Et cum una auctoritas in libro Sapientie ut puto – et *debet addi supra ubi dixi quod* beatus Franciscus erat vestitus podere»; and finally, *ibid.*, f. 130^{r}: «Item, *dic iuxta hoc idem* quod novitas maxima esset in celo, si centrum acciperet latitudinem celi, sed ita fuit quod beatus Franciscus centrificatus et purificatus quasi homuncio amplicatus 'est quasi alter Helias' in mirabilibus suis, quia per totum quasi orbem subito quasi lux se multiplicavit». Cfr. HENRICUS ABRICENSIS, *Legenda Sancti Francisci Versificata*, VII, 18, in *Fontes Franciscani*, ed. Menestò *et alii* cit. (above, note 81), p. 1224,15: «Franciscus, velut alter Helias (...)»; BONAVENTURA DE BALNEOREGIO, *Legenda maior Sancti Francisci*, prol., 1, *ibid.*, p. 778: «rationabiliter comprobatur venisse in spiritu et virtute Eliae».

[89] Cfr. note 83, *supra*.

3. *Conclusion*

One way of approaching the subject of this conference is to ask: what difference did it make to a particular thinker's philosophy or science that he was a theologian? Our answer to this question will depend in part upon which of his writings we examine; in other words, the extent to which we can find reliable evidence of any given medieval theologian's philosophical or scientific views in his surviving writings will vary according to the work's genre, and consequently, intended audience and use.

What more specific conclusions can we draw from this brief examination of two very different kinds of pastoral works? One, that of Pierre of Limoges, reveals, after all, a great deal about a theologian's values and those of his times; the other, that of Pierre Auriol, offers one who seeks to know his mind little than can be taken at face value. The *Tractatus moralis de oculo* casts, I think, a stronger light on the importance, in Roger Bacon's mind, of the practical *utility* to the faith that scientific learning must serve. Because twentieth-century science has not generally been driven thus, we historians of medieval science have underestimated the extent to which this motivation underlies Bacon's choices of what to include and what to exclude in his grand treatises[90]; a concern that scientific learning not be mere *curiositas* was still alive and well in the works Bacon wrote after he became a Franciscan, though he may not have worried about *curiositas* in his youth[91]. Surely it is not unimportant to our understanding of the condemnations of 1277 at Paris, which roiled the university during the same decades in which Roger Bacon was writing the «*persuasiones*» and Pierre of Limoges composed the *Tractatus moralis*, to discover that even some of those scholars who were most insistent upon integrating Greco-Arabic learning into their theologies were also determined to inhibit the study *for learning's sake alone* of the so-called secular or worldly sciences.

[90] Cfr. POWER, *Mirror for Every Age* cit. (above, note 25), pp. 691-692.

[91] Bacon objects to theologians' production of *quaestiones* on Lombard's *Sentences* instead of Bible study as «curiosus»; cfr. ROGERIUS BACON, *Opus minus*, ed. Brewer cit. (above, note 25), p. 329. Cfr. also ID., *Opus maius*, pars 6, ed. Bridges cit. (ibid.), II, pp. 219-222.

What of Peter Auriol's sermons examined here? His readiness to offer mutually irreconcilable interpretations of – and to assign contradictory astrological influences to – astral bodies might seem mere inconsistency due to a superficial mind. In Auriol's case, we do have his intensively systematic, profoundly integrated theological lectures, so we can be confident that his mind was neither inconsistent nor superficial. Hence, his sermons suggest instead that Concetta Luna's observations regarding Giles of Rome's sermons may be generalizable to the sermons – even the academic sermons – of other theologians: that these probably cannot be taken as a *vade mecum* into a scholar's thought, especially in the absence of such works as *Sentences* or Bible lectures[92]. Still, such sermons do indicate the extent to which, by the early fourteenth century, serious theologians were willing to display their learning frivolously, to keep their audience awake if not also amused, without fear of this constituting vain curiosity.

[92] Cfr. C. LUNA, in *Repertorio dei Sermoni* cit. (above, note 59), p.155, summarizing the content of Giles of Rome's sermon 16, *De dominica in octava Paschatis* (T 29): «Alle tre soluzioni respinte Egidio oppone la soluzione da lui stesso proposta in *Sent.* I»; and *ibid.*, Passi paralleli, pp. 156-157.

MARTA VITTORINI

FROM AUGUSTINIAN GRACE TO DIVINE COEFFICIENCY

THE NEO-AUGUSTINIANISM OF THOMAS BRADWARDINE

In the Middle Ages faith in God offered the background for philosophical speculation: philosophers were at the same time theologians, and had to elaborate their physical, cosmological and moral doctrines by considering the world as something created by God and dependent on Him. This implies that philosophical theories regarding human will and actions were connected with the category of divine prescience; and, therefore, philosophers had to reconcile the human free will with the infallibility of divine knowledge, and consequently had to determine how necessary divine prescience could be.

In Late Medieval debates on necessity and freedom, Anselm was regarded as an authority, and consequently, supporters of diverse doctrines tried to demonstrate their agreement with his thought, as a gaurantee of their theories correctness. In particular, Bradwardine and Buckingham, even though they were in dispute with one another on the sense we should attach to the necessity of divine knowledge, both claimed to be in agreement with Anselm's views[1].

In this paper, I wish to show that Bradwardine's view that divine science is necessary according to an antecedent necessity is an elaboration on Augustine's thesis, as taken up and re-formulat-

[1] See: H. A. OBERMAN, *Archbishop Thomas Bradwardine, a Fourteenth Century Augustinian*, Utrecht 1957, pp. 70-73; M. VITTORINI, *Necessità antecedente e conseguente, potenza assoluta e ordinata: Bradwardine tra Anselmo e Duns Scoto*, in «Schola Salernitana. Annali», 9 (2004), pp. 133-180.

10.1484/M.NUTRIX-EB.1.101258

ed by Anselm. In particular, Bradwardine regards the relation of inner obedience (which according to Augustine and Anselm creatures bear to God) as the expression of an antecedent necessity, that is, a 'non-compelling' but inevitable necessity divine prescience exerts on human acts. The action of divine grace on human freedom is expressed through the principle of the divine coefficiency, consisting in the divine will's cooperation with the human one, in order that it may accomplish meritorious deeds. Therefore, by using the modal category of antecedent necessity and the principle of divine coefficiency, Bradwardine endorses and makes more radical some theories already present in Augustine's work: (I) the idea that divine omnipotence and infallibility cannot be prevented; (II) the absence of compulsion in the relation between divine and human will; (III) the impossibility for the human will to have a real alternative with respect to God's irresistible grace; (IV) freedom conceived as inner consent[2]. In order to state this point, I will briefly examine the idea of divine prescience Augustine and Anselm defend. Then I will show that Bradwardine, althought he elaborates a different system, uses Augustine's and Anselm's texts as authorities in support of his thesis. Finally I will show that he interprets the Augustinian grace as an expression of divine coefficiency operating on human will.

1. *Necessity as absence of constriction and freedom as consent in Augustine*

The well-known Augustinian doctrine of divine prescience and predestination is built around some main points the medieval tradition will then take up; these are: (I) the elaboration of a concept of necessity compatible with the freedom of will; (II) the introduction of divine will in history through its 'acting and co-acting' with human will in order to accomplish the plan of salvation; (III) the description of such an action as an inward operation on human wills.

[2] I follow Gaetano Lettieri's radical reading of Augustine's late views on grace. This reading shows, through the concept of the irresistibility of grace as well as that of its inwardly operating in the hearts, that lack of alternatives in creature's will is consistent with a certain kind of freedom conceived of as the spontaneous assent to divine will. Cfr. G. LETTIERI, *L'altro Agostino*, Brescia 2001.

These themes go through Augustine's work, with an evolution having a turning point in the *Ad Simplicianum*, as testified by Augustine himself in his *Retractationes*[3]. The result of such a development seems to be that divine will plays the function of the efficient cause for creature's volitions. This implies that the relation between divine prescience and the creatures' free actions cannot be read in terms of a simple parallelism between eternity and temporality, which is supposed to set the basis for the necessity of the future in virtue of its eternal presence in divine knowledge. The necessity of voluntary acting, therefore, seems to assume a twofold sense, depending on whether these are sinful or meritorious: in the first case it would be a necessity based on the *infirmitas* of human condition, and therefore on its inability to overcome temptations, whilst in the second case it would be a positive necessity, based on the operation of grace in moving the wills *indeclinabiliter* and *insuperabiliter*.

In this paragraph I shall sketch out Augustine's views on this topic, outlining his solutions to the problem of the relation among the divine prescience necessity, the irresistible action of grace and the creature's freedom.

Augustine deals with the problem of the divine prescience necessity in the third book of the *De libero arbitrio* and in the fifth book of the *De civitate Dei*[4]. In the *De libero arbitrio*, Augustine contends that divine prescience does not deprive creatures of

[3] Cfr. AUGUSTINUS HIPPONENSIS (thereafter AUGUSTINUS), *Retractationum libri duo*, I, 23, 2, PL 32, 621, ed. A. Mutzenbecher, Turnhout 1954 (CCSL, 57), pp. 68,45 - 69,59: «Item quod disputans, quid elegerit Deus in nondum nato, cui dixit serviturum esse maiorem, et quid in eodem maiore similiter nondum nato reprobaverit, de quibus propter hoc commemoratur quamvis longe postea prolatum propheticum testimonium: 'Iacob dilexi, Esau autem odio habui' (*Ml* 1, 2-3; cfr. *Rm* 9, 13), ad hoc perduxi ratiocinationem, ut dicerem: *non ergo elegit Deus opera cuiusquam in praescientia, quae ipse daturus est, sed fidem elegit in praescientia, ut, quem sibi crediturum praescivit, ipsum elegerit, cui spiritum sanctum daret, ut bona operando etiam aeternam vitam consequeretus*, nondum diligentius quaesiveram nec adhuc inveneram, qualis sit electio gratiae, de qua idem dicit apostolus: *reliquiae per electionem gratiae factae sunt*; quae utique non est gratia, si eam merita ulla praecedunt, ne iam quod datur non secundum gratiam, sed secundum debitum reddatur potius meritis quam donetur».

[4] Cfr. ID., *De civitate Dei*, V, 9-11, PL 41, 148-154, edd. B. Dombart – A. Kalb, Turnhout 1955 (CCSL, 47), pp. 136-142; ID., *De libero arbitrio*, III, 3,6 - 4,11, PL 32, 1273-1276, ed. W. M. Green, Turnhout 1970 (CCSL, 29), pp. 277,52 - 281,102.

their free will, since it does not compel their wills, just as the memory of the past actions does not determine their happening[5]. In this way, he formulates the concept of a necessity which, insofar as it does not compel the will, but rather leaves it free, is compatible with freedom. This point is re-affirmed in the *De civitate Dei*, in the distinction between a necessity imposing itself on creature's will (like the necessity of death) and one which is compatible with freedom, that is the necessity of voluntary acts.

> Si enim necessitas nostra illa dicenda est, quae non est in nostra potestate, sed etiamsi nolimus efficit quod potest, sicut est necessitas mortis: manifestum est voluntates nostras, quibus recte vel perperam vivitur, sub tali necessitate non esse. Multa enim facimus, quae si nollemus, non utique faceremus. Quo primitus pertinet ipsum velle; nam si volumus, est, si nolumus, non est; non enim vellemus, si nollemus. Si autem illa definitur esse necessitas, secundum quam dicimus necesse esse ut ita sit aliquid vel ita fiat, nescio cur eam timeamus, ne nobis libertatem auferat voluntatis. Neque enim et vitam Dei et praescientiam Dei sub necessitate ponimus, si dicamus necesse esse Deus semper vivere et cuncta praescire; sicut nec potestas eius minuitur, cum dicitur mori fallique non posset. Sic enim hoc non potest, ut potius, si posset, minoris esset utique potestatis. Recte quippe omnipotens dicitur, qui tamen mori et falli non potest. Dicitur enim omnipotens faciendo quod vult, non patiendo quod non vult; quod ei si accideret, nequaquam esset omnipotens. Unde propterea quaedam non potest, quia omnipotens est. Sic etiam cum dicimus necesse esse, ut, cum volumus, libero velimus arbitrio: et verum procul dubio dicimus, et non ideo ipsum liberum arbitrium necessitati subicimus, quae adimit libertatem[6].

In this text, Augustine accounts for God's knowledge of free voluntary acts of created agents by stating that there are causes

[5] Cfr. *ibid.*, III, 4, 11, 1276, p. 281,33-39: «Cur ergo non vindicet iustus, quae fieri non cogit praescius? Sicut enim tu memoria non cogis facta esse quae praeterierunt; sic Deus praescientia sua non cogit facienda quae futura sunt. Et sicut tu quaedam quae fecisti meministi, nec tamen quae meministi omnia fecisti; ita Deus omnia quorum ipse auctor est praescit, nec tamen omnium quae praescit, ipse auctor est». Cfr. A.-I. BOUTON-TOUBOULIC, *L'ordre caché. La notion d'ordre chez saint Augustin*, Paris 2004, pp. 374-377.

[6] AUGUSTINUS, *De civitate Dei*, V, 10, 152, pp. 140,6 - 141,28.

bringing about actions, as well as fortuitous and natural causes: thus, in so far as divine prescience includes the series of all these, God knows creatures' free actions before their happening[7]. This account implies that voluntary acts are necessary according to a certain type of necessity which does not undermine their spontaneity. Divine knowledge of events before their happening does not bereave creature's will of its freedom, since human voluntary acts are pre-known by God as free actions and efficient causes spontaneously producing the action in question. On the one hand, the relation between divine prescience and creature's free will represents the relation between eternity, where everything (since it is before existing) is necessary, and temporality, where the things are not fixed but rather are subject to becoming and change. On the other hand, God is not a mere spectator, but rather participates in human free actions by helping the wills or even by being the their giver. The Augustinian theory can be outlined as follows: every event depends on the divine will, since God, when creating the different natures, gives them the *potestas* (that is the causal power); on the other hand, although He gives them all the *potestates*, he does not provide them with all the wills: evil wills, which are against nature, do not come from God, whilst good wills depend on Him. Moreover, God helps the good wills, and judges the evil ones[8].

[7] Cfr. *ibid.*, V, 9, 150-151, p. 138,95-102: «Non est autem consequens, ut, si Deo certus est omnium ordo causarum, ideo nihil sit in nostrae voluntatis arbitrio. Et ipsae quippe nostrae voluntates in causarum ordine sunt, qui certus est Deo eiusque praescientia continetur, quoniam et humanae voluntates humanorum operum causae sunt; atque ita, qui omnes rerum causas praescivit, profecto in eis causis etiam nostras voluntates ignorare non potuit, quas nostrorum operum causas esse praescivit». *Ibid.*, 151, p. 138,109-118: «Nos enim eas causas, quae dicuntur fortuitae, unde etiam fortuna nomen accepit, non esse dicimus nullas, sed latentes, easque tribuimus vel Dei veri vel quorumlibet spirituum voluntati, ipsasque naturales nequaquam ab illius voluntate seiungimus, qui est auctor omnis conditorque naturae. Iam vero causae voluntariae aut Dei sunt aut Angelorum aut hominum aut quorumque animalium, si tamen voluntates appellandae sunt animarum rationis expertium motus illi, quibus aliqua faciunt secundum naturam suam, cum quid vel appetunt vel evitant».

[8] Cfr. *ibid.*, 151, p. 139,127-138: «In eius voluntate summa potestas est, quae creatorum spiritum bonas voluntates adiuvat, malas iudicat, omnes ordinat et quibusdam tribuit potestates, quibusdam non tribuit. Sicut enim omnium naturarum creator est, ita omnium potestatum dator, non voluntatum. Malae quippe voluntates ab illo non sunt, quoniam contra naturam sunt, quae ab illo est. Corpora igitur magis subiacent voluntatibus, quaedam nostris, id est omnium ani-

In the anti-Pelagian works, the relation between divine and human will is described as a causal action God carries out by means of grace: the predestination of the elects, and grace conceived as a redeeming instrument, make divine will somehow the artificer of human will. With regards to this account, it is necessary to underline that the Augustinian views on grace develop over time[9]: while in the earlier works predestination and the action of grace depend on divine prescience, from the *Ad Simplicianum*, I, 2 onwards predestination is an inscrutable and gratuitous act of God, which precedes rather than follows divine prescience[10]; in the same way, grace, which was conceived as something which merely helps the wills to accomplish meritorious acts, becomes a causal force moving the wills. Therefore, in the works before this turning point, grace is described as a gift granted to the elects according to God's prescience of their faith: it is faith, rather than actions, that makes the wills worthy of divine grace; and the latter makes the elects capable of accomplishing meritorious deeds[11]. In the late works, on the contrary, grace

mantium mortalium et magis hominum quam bestiarum; quaedam vero angelorum; sed omnia maxime Dei voluntati subdita sunt, cui etiam voluntates omnes subiciuntur, quia non habent potestatem nisi quam ille concedit». Cfr. LETTIERI, *L'altro Agostino* cit. (above, note 2), p. 391; BOUTON-TOUBOULIC, *L'ordre caché* cit. (above, note 5), pp. 391-394.

[9] On Augustine 'turnabout' cfr. É. GILSON, *Introduction a l'ètude de Saint Augustin*, Paris 1949, pp. 185-216; K. FLASCH, *Augustin. Einführung in sein Denken*, Stuttgart 1980, pp. 172-212 (tr. it., Bologna 1983, pp. 173-211); LETTIERI, *L'altro Agostino* cit. (above, note 2), pp. 85-99. Some interesting remarks on Lettieri's interpretation can be found in Massimiliano Lenzi's review: cfr. M. LENZI, rec. G. LETTIERI, *L'altro Agostino* (Brescia 2001), in «Schola Salernitana. Annali», 7-8 (2002-2003), pp. 172-185.

[10] Cfr. G. CAPONE BRAGA, *La concezione agostiniana della libertà*, Padova 1931, p. 69.

[11] Cfr. AUGUSTINUS, *Expositio ad Romanos*, LIV (62), 9-13, PL 35, 2080, ed. I. Divjak, Wien 1971 (CSEL, 84), pp. 37,16 - 38,8: «Sicut enim in his, quos elegit Deus, non opera sed fides inchoat meritum, ut per ipsam poenam etiam male operentur, sicut et superius idem dicit apostolus: 'Et quoniam non probaverunt Deum in notitia habere, tradidit illos Deus in reprobum sensum, ut faciant, quae non conveniunt' (*Rm* 1, 28). Quapropter ita concludit apostolus: 'Ergo cuius vult miseretur et quem vult obdurat' (*Rm* 9, 18). Cuius enim miseretur, facit eum bene operari et, quem obdurat, relinquit eum, ut male operetur. Sed et illa misericordia praecedenti merito fidei tribuitur et ista obduratio praecedenti impietati, ut et bona per donum dei operemur et mala per supplicium, cum tamen homini non auferatur liberum voluntatis arbitrium sive ad credendum deum, ut consequatur nos misericordia, sive ad impietatem, ut consequatur supplicium».

is a divine gift in the stronger sense that the intervention of it does not depend on a preceding merit, but rather seems to be an act of divine mercy[12]. Grace, therefore, carries out a non-compelling but inevitable action, which consists in moving and inclining a will originally infirm and incapable of overcoming temptations and accomplishing meritorious deeds. Therefore, on the one hand, divine will, by means of grace, is the efficient cause of creature's free acts; on the other hand, it moves without compelling the wills, since its operation is inward and interior.

> Nam si in tanta infirmitate vitae huius in qua tamen infirmitate propter elationem reprimendam perfici virtutem opor-

[12] Augustine himself, in his *Retractationes*, corrects the assertion of the *Ad Romanos*, in order to state that no merit precedes the grace, and faith is a gift granted by God. Cfr. AUGUSTINUS, *Retractationes*, I, 23, 2-4, PL 32, 621-622, ed. A. Mutzenbecher, Turnhout 1984 (CCSL, 57), pp. 69,60 - 70,99: «Proinde quod continuo dixi: *dicit enim idem apostolus: idem Deus, qui operatur omnia in omnibus; nusquam autem dictum est: Deus credit omnia in omnibus*, ac deinde subiunxi: *quod ergo credimus, nostrum est, quod autem bene operamur, illius est, qui credentibus dat spiritum*, profecto dicere non deberem, si iam scirem etiam ipsam fidem inter dei munera reperiri, quae dantur in eodem spiritu. Utrumque ergo nostrum est propter arbitrium voluntatis et utrumque tamen datum est propter spiritum fidei et caritatis. Neque enim sola caritas, sed, sicut scriptum est, caritas cum fide a Deo Patre et domino nostro Iesu Christo. Et quod paulo post dixi: *nostrum est enim credere et velle, illius autem dare credentibus et volentibus facultatem bene operandi per spiritum sanctum, per quem caritas diffunditur in cordibus nostris*, verum est quidem, sed ea regula et utrumque ipsius est, quia ipse praeparat voluntatem, et utrumque nostrum, quia non fit nisi volentibus nobis. Ac per hoc, quod etiam postea dixi: *quia neque velle possumus, nisi vocemur, et cum post vocationem voluerimus, non sufficit voluntas nostra et cursus noster, nisi deus et vires currentibus praebeat et perducat, quo vocat*, ad deinde subiunxi: *manifestum est ergo non volentis neque currentis, sed miserentis dei esse, quod bene operamur*, omnino verissimum est. Sed parum de ipsa vocatione disserui, quae fit secundum propositum dei; non enim omnium, qui vocantur, talis est, sed tantum electorum. Itaque quod paulo post dixi: *sicut enim in his, quos elegit deus, [non opera, sed] fides incoat meritum, ut per munus dei bene operentur, sic in his, quod damnat, infidelitas et inpietas incoat poene meritum, ut per ipsam poenam etiam male operentur*, verissime dixi, sed fidei meritum etiam ipsum esse donum dei nec putavi quaerendum esse nec dixi. Et alio loco: *cuius enim miseretur*, inquam, *facit eum bene operari, et quem obdurat, relinquit eum, ut male operetur. Sed et illa misericordia praecedenti merito fidei tribuitur et ista obduratio preacedenti impietati*, quod quidem verum est, sed adhuc quaerendum erat, utrum et meritum fidei de misericordia dei venit, id est utrum ista misericordia ideo tantummodo fiat in homine, quia fidelis est, an etiam facta fuerit, ut fidelis esset. Legimus enim dicente apostolo: *misericordiam consecutus, ut fidelis essem* (*1Cor* 7, 25), non ait: quia fidelis eram. Fideli ergo datur quidem, sed data est etiam, ut esset fidelis». Cfr. also ID., *De diversis quaestionibus ad Simplicianum*, I, 2, 7, PL 40, 115, ed. A. Mutzenbecher, Turnhout 1970 (CCSL, 44), pp. 31,199 - 32,215.

> tebat, ipsis relinqueretur voluntas sua ut in adiutorio Dei sine quo perseverare non possent, manerent si vellent, nec Deus in eis operaretur ut vellent, inter tot et tantas tentationes infirmitate sua voluntas ipsa succumberet; et ideo perseverare non possent, quia deficientes infirmitate nec vellent aut non ita vellent infirmitate voluntatis ut possent. Subventum est igitur infirmitati voluntatis humanae, ut divina gratia indeclinabiliter et insuperabiliter ageretur; et ideo, quamvis infirma non tamen deficeret, neque adversitate aliqua vinceretur[13].

This account shows how Augustine solves the problem of reconciling the necessity of predestination and prescience with the freedom of the will. Divine grace is an inward act of persuading which does not compel the wills, but at the same time leaves these unable to resist; creature's freedom consists in the consent given to this persuading operation[14]. Divine action is described in the *De correptione et gratia* as follows: «Intus egit, corda tenuit, corda movit, eosque voluntatibus eorum, quas ipse in illis operatus est, traxit»[15]; that is, as an interior action of moving, touching the hearts, in order to affect men not outwardly, but rather through their wills: and therefore it is from within that human will rises, caused by God, but free. So, this interior origin of the willing implies that will is described as a spontaneous consent without any real option[16].

[13] AUGUSTINUS, *De correptione et gratia*, 12, 38, PL 44, 939-940, ed. M. J. Suda, Wien 2000 (CSEL, 92), p. 266,9-19. Cfr. also *ibid.*, 14, 45, 943, p. 273,1-12: «Non est itaque dubitandum, voluntati Dei qui in coelo et in terra omnia quaecumque voluit fecit et qui etiam illa *quae futura sunt fecit*, humanas voluntates non posse resistere, quominus faciat ipse quod vult, quandoquidem etiam de ipsis hominum voluntatibus quod vult cum vult, facit. Nisi forte, ut ex multis aliqua commemorem, quando Deus voluit Sauli regnum dare, sic erat in potestate Israelitarum subdere se memorato viro sive non subdere, quod utique in eorum erat positum voluntate, ut etiam Deo valerent resistere. Qui tamen hoc non fecit, nisi per ipsorum hominum voluntates, sine dubio habens humanorum cordium quo placeret inclinandorum omnipotentissimam potestatem».

[14] Cfr. LETTIERI, *L'altro Agostino* cit. (above, note 2), pp. 327-330. Lettieri points out the Stoic background of freedom conceived as a consent in the pp. 388-389.

[15] AUGUSTINUS, *De correptione et gratia*, 14, 45, 943, ed. Suda cit. (above, note 13), p. 273,39-40.

[16] Cfr. GILSON, *Introduction* cit. (above, note 9), p. 202: the grace is «irrésistible sans être contraignante, car ou bien elle s'adapte au libre choix de ceux qu'elle a décidé de sauver, ou bien, trasformant du dedans la volonté à laquelle elle s'applique, elle la fait se délecter librement de ce qui lui répugnerait sans elle».

The idea of a non-compelling necessity – stated in the *De libero arbitrio* – develops into the view of a grace inclining the wills without compelling them. Necessity and freedom express respectively (I) the causal action grace carries out on the wills and their inability to resist; (II) the consent human wills give to this action: such a consent seems to be the authentic sense Augustine ascribes to the freedom of will[17]. Moreover, divine intervention in free and meritorious human actions occurs in two distinct phases: (I) God operates inwardly by directing the wills towards the good; (II) He cooperates with them by giving them the power to accomplish good deeds. On the one hand, therefore, human will cannot overcome temptations and want the good by itself, without divine help; on the other hand, although it wants the good, it must be helped by God to accomplish it. In case (I) God operates alone, without the concourse of created will, by moving such a one towards the good, and hence seems to be the only efficient cause in play. In case (II), by contrast, He cooperates in accomplishing meritorious acts.

> Et quis istam etsi parvam dare coeperat charitatem, nisi ille qui praeparat voluntatem, et cooperando perficit quod operando incipit? Quoniam ipse ut velimus operatur incipiens, qui volentibus cooperatur perficiens. Propter quod ait Apostolus: 'Certus sum quoniam qui operatur in vobis opus bonum, perficiet usque in diem Christi Iesu' (*Phil* 1, 6). Ut ergo velimus, sine nobis operatur; cum autem volumus, et sic volumus ut faciamus, nobiscum cooperatur: tamen sine illo vel operante ut velimus, vel cooperante cum volumus, ad

[17] Cfr. AUGUSTINUS, *De peccatorum meritis et remissione*, II, 4, PL 44, 152-153, edd. C. F. Urba – J. Zycha, Wien – Leipzig 1913 (CSEL, 60), pp. 73,20 - 74,22: «In grandibus autem baptizatis, in quibus iam ratione utentibus quicquid eidem concupiscientiae mens ad peccandum consensit, propriae voluntatis est; deletis peccatis omnibus, solutio etiam reatu, quo vinctos originaliter detinebat, ad agonem interim manet non sibi ad inlicita consentientibus nihil omnino nocitura, donec absorbeatur mors in victoriam et pace perfecta nihil quod vincatur existat. Consentientes autem sibi ad inlicita reos tenet et, nisi per medicinam paenitentiae et opera misericordiae per caelestem sacerdotem pro nobis interpellantem sanentur, ad secundam mortem damnationemque perducit. (...) Si ergo his desideriis concupiscentiae carnis inlicita voluntatis inclinatione consensimus, ad hoc sanandum dicimus: *dimitte nobis debita nostra*, adhibentes remedium ex opere misericordiae in eo quod addimus: *sicut et nos dimittimus debitoribus nostris*. Ut autem non ei consentiamus, deprecamur auditorium dicentes: *et ne nos inferas in temptationem*».

> bona pietatis opera nihil valemus. De operante illo ut velimus dictum est: 'Deus est enim qui operatur in vobis et velle' (*Phil* 2, 13). De cooperante autem cum iam volumus et volendo facimus: 'Scimus, inquit, quoniam diligentibus Deum omnia cooperantur in bonum' (*Rm* 8, 28)[18].

Such a divine operation and cooperation (the latter by means of grace) concerns only meritorious acts: the evil is not directly caused by God, but rather accomplished by those creatures which are not touched by divine mercy, and so, are abandoned to temptations[19]. The absence of God's participation in evil actions is expressed by Augustine in the statement that prescience can be without predestination, but the latter cannot be without the former: in fact, while prescience includes both what God does and what He does not do, and consequently meritorious actions as well as sinful ones, predestination regards only the things God does by granting to human wills the gift of grace[20]. Divine participation in predestined actions is based on the nature of promise predestination has, in that the fulfilment of a divine promise cannot be committed to men's wills, but only to God: in other words, the fulfilment of the promise cannot depend on the men, but it must be God that operates in them in order that they do what he had pre-ordered.

> Quando ergo promisit Deus Abrahae in semine eius fidem gentium, dicens 'patrem multarum gentium posui te' (*Gn* 17, 5), unde dicit Apostolus 'ideo ex fide, ut secundum gratiam firma sit promissio omni semini' (*Rm* 4, 16), non de nostrae voluntatis potestate, sed de sua praedestinatione promisit.

[18] Id., *De gratia et libero arbitrio*, 17, 33, PL 44, 901.

[19] On the relation between order and evil see: Bouton-Touboulic, *L'ordre caché* cit. (above, note 5), pp. 255-345.

[20] Cfr. Augustinus, *De praedestinatione sanctorum*, 10, 19, PL 44, 975: «Praedestinatio est, quae sine praescientia non potest esse: potest autem esse sine praedestinatione praescientia. Praedestinatione quippe Deus ea praescivit, quae fuerat ipse facturus: unde dictum est 'fecit quae futura sunt' (*Is* 45, 11, acc. to *LXX*). Praescire autem potens est etiam quae ipse non facit; sicut quaecumque peccata: quia etsi sunt quaedam, quae ita peccata sunt, ut poenae sint etiam peccatorum, unde dictum est 'tradidit illos Deus in reprobam mentem, ut faciant quae non conveniunt' (*Rm* 1, 28), non ibi peccatum Dei est sed iudicium. Quodcirca praedestinatio Dei quae in bono est, gratiae est, ut dixi, praeparatio, gratia vero est ipsius praedestinationis effectus». Cfr. Lettieri, *L'altro Agostino* cit. (above, note 2), pp. 391-392.

> Promisit enim quod ipse facturus fuerat, non quod homines. Quia etsi faciunt homines bona quae pertinent ad colendum Deum, ipse facit ut ille faciant quae praecepit, non illi faciunt ut ipse faciat quod promisit: alioquin ut Dei promissa compleantur, non in Dei, sed in hominum est potestate, et quod a Domino promissum est, ab ipsis redditur Abrahae[21].

Such a view of grace, which is granted without preceding merits, seems to undermine God's justice, in that if somebody does not receive God's help, he cannot hope to overcome temptations, and so to be saved. Actually, according to Augustine, God is right both when He punishes and when He saves. Divine punishment is just, since humanity, after Adam's sin, is a *massa damnationis*, which is incapable of accomplishing the good, and therefore is rightly damned[22]. Moreover, although God gives grace only to some people, that is the elects, and leaves the others in a sinful condition, this does not imply that God is unjust, because it is by means of a merciful act that God, without any preceding merit, justifies, that is, makes the sinner just. Thereby, God is just when He punishes the sinner, and merciful when He justifies him[23].

[21] *Ibidem*.

[22] Cfr. Flasch, *Augustin* cit. (above, note 9), p. 203 (tr. it., p. 202).

[23] Cfr. Augustinus, *Epistulae*, 186, 6, 16, PL 44, 822, ed. A. Goldbacher, 5 voll., IV, Wien – Leipzig 1911 (CSEL, 57), pp. 58,21 - 59,7: «Quid nos hic docuit nisi ex illa massa primi hominis, cui merito mors debetur, non ad merita hominum sed ad Dei misericordiam pertinere quod quisque liberatur, atque ita non esse iniquitatem apud Deum, quia neque remittendo, neque exigendo, quod debetur, iniustus est? Ibi enim grata est indulgentia, ubi iusta posset esse vindicta. Et hinc evidentius apparet, a poena debita liberato et gratis iustificato quantum beneficii conferatur, quod alter aequaliter reus sine punientis iniquitate punitur». *Ibid.*, 194, 2, 5, 875-876, pp. 179,4 - 180,22: «'Sed iniustum est', inquiunt, 'in una eademque mala causa hunc liberari, illum puniri'. Nemque ergo iustum est utrumque puniri. Quis hoc negaverit? Agamus ergo etiam gratias salvatori, dum nobis non redditum cernimus, quod in damnatione similium etiam nobis debitum fuisse cognoscimus. Si enim utrique liberarentur, lateret, quid peccato per iustitiam debeatur; si nemo, quid gratia largiretur. (...) Ubi quia universa ista massa merito damnata est, contumeliam debitam reddit iniustitia, honorem donat indebitam gratia non meriti praerogativa, non fati necessitate, non temeritate fortunae sed altitudine 'divitiarum sapientiae et scientiae Dei' (*Rm* 11, 33), quam non aperit». Id., *De gratia et libero arbitrio*, 21, 43, PL 44, 909: «His et talibus testimoniis divinorum eloquiorum, quae omnia commemorare nimis longum est, satis, quantum existimo, manifestatur, operari Deum in cordibus hominum ad inclinandas eorum voluntates quocumque voluerit, sive ad bona pro sua misericordia, sive ad mala pro meritis eorum, iudicio utique suo aliquando aperto, aliquando occulto, semper tamen iusto». Cfr. Braga, *La concezione agostiniana* cit. (above, note 10), p. 74.

According to Augustine, therefore, humanity is divided into the ones God is merciful to, by giving them His grace, and the ones to whom he gives just punishment: if everyone received divine grace, nobody would be rightly punished, and if everyone were punished, nobody would know divine mercy. And so God never deviates from justice, for, on the one hand, He grants grace as a gratuitous gift only to some people, and on the other hand He never punishes anybody unrightly, but on the basis of the sins freely accomplished by man.

Augustine's view of grace, therefore, can be described as follows: God predestines the elects, operates on them inwardly and not outwardly by means of a non-compelling grace. In this way God does not compel man as a necessary efficient cause of his actions, but rather He enters his heart by determining a free inclination of his will, which rules out the opposite one. And such an action carried out by divine grace is a merciful act, so that the punishment of sinners does not seem to be unjust. This analysis shows that the Augustinian view of grace introduces divine intervention in temporality: on the one hand the mere prescience of free acts makes of God a spectator of the actions the creatures freely choose in history, on the other grace carries out the role of connecting divine with creature's will, so that the latter, inclined by the inward operating of divine will, has good wills and operates meritoriously. Creature's will, as inclined to the good, is both necessary and free. It is necessary according to a necessity compatible with freedom, in that it does not compel, but rather persuades, inclines by acting inwardly, although it does not leave a real alternative option; and it is free in that it expresses a spontaneous and inner consent to the divine will.

2. *The obedience of Christ as consent in Anselm*

The Anselmian speculation on the topics of freedom and will is concerned with the problem of the relation between divine and human will. Anselm, in line with the Augustinian idea of a non-compelling necessity which is compatible with freedom, elaborates the categories of antecedent and consequent necessity, in order to express, respectively, a necessity which does compel the thing to be, and a non-compelling necessity based on the logical principle of identity, according to the Aristotelian «omne quod est, quando est, necesse est esse»: the latter falls within divine science, and is compatible with creature's freedom, insofar as it is grounded on the eternal presence of futures in divine science[24]. Moreover, while in the *De concordia* Anselm solves the problem of the relation between divine prescience and human freedom by distinguishing between eternity, where everything is unchangeable, and temporality, where free acts cannot be before being, in the *Cur Deus homo* Anselm seems to conceive the relation human will bears to the divine will in terms of obedience and spontaneous consent.

In the treatise *De concordia prescientiae et praedestinationis et gratiae dei cum libero arbitrio* the parallelism among prescience, predestination and grace is based on the connection between God's knowledge and will: divine prescience is based on the free act of willing and predestining and employs grace as a means; in other words, God freely chooses to create the world and to do so in a certain way, according to a determinate ontological and salvific plan; and grace is the means of giving the elects justice and so the ability to accomplish good deeds.

[24] Cfr. Anselmus Cantuariensis, *De concordia praescientiae et praedestinationis et gratiae cum libero arbitrio*, PL 158, 509C-510A, in Id., *Opera Omnia*, ed. F. S. Schmitt, 6 voll., Rome – Edinburg 1946-1961, II, pp. 248,6 - 249,12: «Non enim nisi quod futurum est praescitur, quia scientia non est nisi veritas. Quare cum dico quia si praescit deus aliquid, necesse est illud esse futurum, idem est ac si dicam: si erit, ex necessitate erit. Sed haec necessitas nec cogit nec prohibet aliquid esse aut non esse. Ideo enim quia ponitur res esse, dicitur ex necessitate esse; aut quia ponitur non esse, affirmatur non esse ex necessitate ; non quia necessitas cogat aut prohibeat rem esse aut non esse. Nam cum dico: si erit, ex necessitate erit, hic sequitur necessitas rei positionem, non praecedit. Idem valet, si sic pronuntietur: quod erit, ex necessitate erit. Non enim aliud significat haec necessitas, nisi quia quod erit non poterit simul non esse. Pariter autem verum est quia fuit et est et erit aliquid non ex necessitate, et quia necesse est fuisse omne quod fuit, et esse quod est, et futurum esse quod erit». Cfr. also Id., *Cur Deus homo*, II, 17, 424A, ed. Schmitt, II, p. 125,8-17: «Est namque necessitas praecedens, quae causa est ut sit res; et est necessitas sequens, quam res facit. Praecedens et efficiens necessitas est, cum dicitur caelum volvi, quia necesse est ut volvatur; sequens vero et quae nihil efficit sed fit, est cum dico te ex necessitate loqui, quia loqueris. Cum enim hoc dico, significo nihil facere posse, ut dum loqueris non loquaris, non quod aliquid te cogat ad loquendum. Nam violentia naturalis conditionis cogit caelum volvi, te vero nulla necessitas facit loqui. Sed ubicumque est praecedens necessitas, est et sequens; non autem ubi sequens, ibi statim et praecedens. Possumus namque dicere: necesse est caelum volvi, quia volvitur; sed non similiter est verum idcirco te loqui, qui necesse est ut loquaris».

> Nemo certe servat rectitudinem hanc acceptam, nisi volendo. Velle autem illam aliquis nequit, nisi habendo. Habere vero illam nullatenus valet, nisi per gratiam. Sicut ergo illam nullus accipit nisi gratia praeveniente, ita nullus eam servat nisi eadem gratia subsequente. Nempe quamvis illa servetur per liberum arbitrium, non tamen est tantum imputandum libero arbitrio quantum gratiae, cum haec rectitudo servatur; quoniam illam liberum arbitrium non nisi per gratiam praevenientem et subsequentem habet et servat[25].

Divine prescience makes futures necessary, since it is unchangeable and infallible. Such a necessity, according to Anselm, is not compelling, but rather based on divine immutability: that is to say, it is not antecedent, but rather consequent. Anselm defines antecedent necessity as that type which does not compel the thing to be, and the consequent necessity as the one that follows the being of things. Therefore, divine science is necessary according to a consequent necessity, for it follows upon the deliberation of divine will and the eternal presence of things in God's prescience; and such a necessity consists in a necessity of immutability, insofar as God's eternal being rules out every type of change. Moreover, consequent necessity does not involve the denial of creature's freedom, since their actions are known by God as free ones: in other words, both necessary and free events are known by God and, consequently, it is necessary that both kinds of events happen, the former necessarily and the latter freely.

> Non ergo semper sequitur praescientiam dei rem necessitate futuram esse, quoniam quamvis omnia futura praesciat, non tamen praescit cuncta futura necessitate, sed quaedam praescit futura ex libertate rationalis creaturae voluntate. Notandum quippe est quia sicut non est necesse deum velle quod vult, ita necesse non est in multis velle hominem quod vult. Et sicut necesse est esse quidquid deus vult, ita esse necesse est quod vult homo, in iis quae deus ita subdit humanae voluntati, ut si vult fiant, si non vult non fiant. Quoniam enim quod deus vult non potest non esse: cum vult hominis voluntatem nulla cogi vel prohiberi necessitate ad volendum vel

[25] Id., *De concordia praescientiae et praedestinationis et gratiae cum libero arbitrio*, III, 4, 511BC, p. 267,13-19.

> non volendum, et vult effectum sequi voluntatem: tunc necesse est voluntatem esse liberam et esse quod vult[26].

We find again the Augustinian principle stated in the *De libero arbitrio*: prescience does not determine creature's free actions as an efficient cause, but rather, God's knowing of free acts falls within His knowing of the entire order of causes, which includes both natural ones, which operate necessarily, and voluntary causes, which operate freely: therefore Anselm can say that it is necessary that some events happen necessarily and others freely. The twofold modal status of volitions, which are at the same time free and necessary, has its ground in the distinction between time and eternity. For from the point of view of eternity what happens in the future is immutably future, and from the point of view of temporality a thing cannot happen before happening. This account seems to describe a parallelism between time and eternity, such that the latter appears as a logical and non-causal *prius*.

But, according to Anselm, the divine will is not unconnected with creatural free actions. The relation between divine and creatural will seems to be grounded on the relation between the Father's will and the Son's one outlined in the *Cur Deus homo*. Anselm denies that Christ as a man had in himself the capability to live justly and to will dying; He received such a will from the Father (the verbs used for expressing the divine action on Christ are *trahere, impellere*) and *non invitus, indeclinabiliter et sponte* He obeyed Him.

> Quemadmodum enim secundum humanitatem non habebat a se voluntatem iuste vivendi, sed a Patre, ita et voluntatem illam qua, ut tantum bonum faceret, mori voluit, non potuit habere nisi 'a Patre luminum', a quo est 'omne datum optimum et omne donum perfectum' (*Jc* 1, 17). Et sicut Pater trahere dando voluntatem dicitur, ita non incongrue fit, si impellere asseritur. (...) Quoniam namque voluntate quisque ad id quod indeclinabiliter vult, trahitur vel impellitur, non inconvenienter trahere aut impellere Deus, cum talem dat voluntatem, affirmatur. In quo tractu vel impulsu nulla intelligitur violentiae necessitas, sed acceptae bonae voluntatis spontanea et amata tenacitas. Si ergo hoc modo negari nequit

[26] *Ibid.*, I, 3, 511BC, pp. 250,31 - 251,10.

> Patrem voluntatem illam dando ad mortem Filium traxisse vel impulisse, quis non videat eadem ratione mandatum illi ut mortem sponte sustineret, et calicem quem non invitus biberet dedisse?[27]

Christ's obedience to the Father recalls the relation between divine and human will Augustine outlines: human will, *indeclinabiliter et insuperabiliter*, is moved by divine will by means of grace.

> Hoc etiam modo indeclinabiliter et sponte servando acceptam a patre voluntatem filius 'factus' est illi 'oboediens usque ad mortem' (*Phil* 2, 8), et 'didicit ex iis quae passus est oboedientiam' (*Heb* 5, 8), id est quam magna res facienda sit per oboedientiam. Nam tunc est simplex et vera oboedientia, cum rationalis natura non necessitate, sed sponte servat voluntatem a deo acceptam[28].

The divine action on creature's volitions is therefore non-compelling, but rather moves the hearts so that the wills spontaneously agree with God's one. Therefore, Augustine is a source for Anselm, for he shows that the problem in the relation between divine and human will finds its solution in a non-compelling but rather inward operation of the divine one on inferior wills.

3. *Divine coefficiency as an inward operating in Bradwardine*

While Anselm does not explicitly refer to Augustine, Thomas Bradwardine's work is full of citations from numerous Augustine's texts[29]. The large use of the Augustinian views is due to

[27] *Ibid.*, I, 10, 374BC, pp. 64,18 - 65,10.

[28] *Ibid.*, p. 65,14-18.

[29] Thomas Bradwardine was probably born in late 1290s in Hertfield or Heathfield in Sussex. He is mentioned for the first time in an act dated 1321 as fellow of Balliol College; in 1323 he was a fellow of Merton College and in the three following years he completed the regency of Arts. In all probability he started attending the Faculty of Theology in the years 1325-26 and read the *Sententiae* in 1332-33 (Robson 1333-36). In 1333 he obtained the canonry of Lincoln. In 1335 he left Oxford and went to Avignon. In 1337 he was appointed chancellor of Saint Paul in London, where he was sent for by Richard de Bury, bishop of Durham, well-known bibliophile, who had gathered a circle of erudits. Presumably, he became master in theology in the late 1330s. From 1339 onwards he was chaplain of Edward III. In 1346 he followed the king in the continent during the French campaign. In 1349 he was appointed archbishop. He died of

Bradwardine's polemical intent against the so-called «amici Pelagii», «pestiferi et multiplici», that is, against Ockhamist philosophers who put so much weight on human free will to undermine, according to Bradwardine, divine prescience and omnipotence[30]. Such a debate has suggested the historiographical category of Augustinianism or Second Augustinianism or Neo-Augustinianism[31], terms which do not indicate a conscious

Black Death in the course of the same year. When he was master of Arts he wrote: *Geometria speculativa, Arithmetica Speculativa, De proportionibus, Tractatus de continuo, Ars memorativa, Insolubilia, De fallaciis tractatus, Liber metricus rithmimachi id est de pugna numerorum, Quaestiones physicae, Quaestiones de velocitate motuum et de proportionibus velocitatum, Tabulae astronomicae*; as bachelor he wrote a commentary on *Sententiae*; in the following years *De predestinatione, Sermo Epinicius*, in 1344 *De causa Dei contra Pelagium et de virtute causarum*. Some works are attributed to him but not come: *De sancta Trinitate, Placita theologica, De praemio salvandorum meditationes, De quidditate peccati*. Cfr.: A. B. EMDEN, *A biographical Register of the University of Oxford to A.D. 1500*, 3 voll., Oxford 1957-1959, I, pp. 244-246; *ibid., Add. and corr.*, I, p. LVIII, and III, pp. XV-XVI; W. J. COURTENAY, *Adam Wodeham. An Introduction to his Life and Writings*, Leiden 1978, pp. 117-123; E. W. DOLNIKOWSKI, *Thomas Bradwardine*, Leiden – New York – Köln 1995; J. F. GENEST, *Le «De futuris contingentibus» de Thomas Bradwardine*, in «Recherches Augustiniennes», 14 (1979), pp. 249-336; ID., *Prédetermination et liberté crée à Oxford au XIVe siècle*, Paris 1992; S. HAHN, *Thomas Bradwardinus und seine Lehre von der menschlichen Willensfreheit*, Münster 1905; G. LEFF, *Bradwardine and the Pelagians*, Cambridge 1957; OBERMAN, *Archbishop* cit. (above, note 1); J. A. WEISHEIPL, *Repertorium Mertonense*, in «Medieval Studies», 31 (1969), pp. 174-224.

30 On Bradwardine as the opponent of 'Modern Pelagians' see: DOLNIKOWSKI, *Thomas Bradwardine* cit., pp. 211-232; LEFF, *Bradwardine* cit., pp. 13-15, 127-164; OBERMAN, *Archbishop* cit., pp. 28-29; J. A. ROBSON, *Wyclif and the Oxford Schools*, Cambridge 1966, p. 38; COURTENAY, *Adam Wodeham* cit., pp. 117-123. Robson remarks that the opinions which were labelled 'pelagian' coincide in fact with Ockham and his followers's views, and stresses that Bradwardine, by endorsing such an extreme voluntarism as the ockhamist one, is not so far from heterodoxy. Dolnikowsky points out that the label 'ockhamists' must be given a critical consideration and the complexity of the intellectual environment prevents a rigid distinction between conservatives and radicals and between Augustinians and Ockhamists.

31 On the Augustinianism of late Middle Ages see: W. J. COURTENAY, *Augustinianism at Oxford in the Fourteenth Century*, in «Augustiniana», 30 (1980), pp. 58-70; ID., *Schools and Scholars in Fourteenth-Century England*, Princeton 1987; ID., *Between Despair and Love: Some Late Medieval Modifications of Augustine's Teaching on Fruition and Psychic States*, in *Augustine, the Harvest and Theology (1300-1650): Essays Dedicated to Heiko Augustinus Oberman in Honor of his 70th Birthday*, ed. K. Hayen, Leiden 1990; B. SMALLEY, *English Friars and Antiquity in Fourteenth-Century Oxford*, Oxford 1960; D. TRAPP, *Hiltalinger's Augustinian Quotations*, in «Augustiniana», 4 (1954), pp. 412-449; ID., *Augustinian Theology in the 14th Century: Notes on Editions, Marginalia, Opinions and Book-Lore*, in «Augustiniana», 6 (1956), pp. 146-274; ID., *The Questions of Dionysius de Burgo OSA*, in «Augustinianum», 3

'school' but rather a corpus of ideas inspired by the mature Augustine and consisting in a strongly anti-Pelagian position on the issue of grace and justification. The theologians who follow these views insist on the gratuitousness of grace which precedes merits and on divine intervention in human actions; and consequently they emphasize the concepts of omnipotence and omnivolence[32].

Bradwardine in 1344 writes the *De causa Dei contra Pelagium et de virtute causarum*, a 'summa' of his entire theological system, evidently in contrast with Pelagians and in particular against the thesis expressed by Thomas Buckingham[33]. What Bradwardine

(1963), pp. 63-78; ID., *Angelus de Dobelin, Doctor Parisiensis, and his Lectura, ibid.*, pp. 389-413; ID., *Notes on John Klenkok OSA*, in «Augustinianum», 4 (1964), pp. 358-404; ID., *Notes on Some Manuscripts of the Augustinian Michael de Massa (d. 1337)*, in «Augustinianum», 5 (1965), pp. 59-133; ID., *Adnotationes, ibid.*, pp. 147-151; A. ZUMKELLER, *Hugolin von Orvieto und seine theologische Erkenntnislehre*, Würzburg 1941; ID., *Hugolin von Orvieto († 1373) über Urstandund Erbsünde*, in «Augustiniana», 3 (1953), pp. 165-193, and 4 (1954), pp. 25-46; ID., *Die Augustinerschule des Mittelalters: Vertreter und philosophischtheologische Lehre*, in «Analecta Augustiniana», 27 (1964), pp. 167-262; ID., *Johannes Klenkok OSA († 1374) im Kampf gegen den 'Pelagianismus' seiner Zeit: Seine Lehre über Gnade, Rechtfertigung und Verdienst*, in «Recherches Augustiniennes», 13 (1978), pp. 231-333; ID., *Der Augustinermonch Johannes Hiltanger von Basel (gest. 1392) über Urstand, Erbsünde, Gnade und Verdienst*, in «Analecta Augustiniana», 43 (1980), pp. 57-162. A reconstruction of the Augustinian influence from Boethius to the XIV century can be found in M. W. F. STONE, *Augustine and Medieval Philosophy*, in *The Cambridge Companion to Augustine*, edd. E. Stump – N. Kretzmann, pp. 252-266.

[32] Cfr. COURTENAY, *Augustinianism at Oxford* cit., p. 60. Courtenay distinguishes two phases of the Neo-Augustinianism. In the first phase, which has Giles Roman and his followers as its main representatives, Aquinas's views were gradually modified under Augustine's influence, while in the second phase, which has Thomas Bradwardine in England and Gregorio da Rimini and Ugolino da Orvieto in Paris as main representatives, is marked by the historical-critical interest in Augustine's texts and by an anti-Pelagian ideology: the latter consists of two main points, i.e. a 'theocentric' approach to the problem of the contingent futures, in order to preserve the infallibility of divine prescience and predestination, and the polemic against some aspects of the Franciscan views on grace which seemed to be anti-Pelagian.

[33] He was born around 1300 in the diocese of Lincoln; he was fellow of Merton College from 1324 to 1340, during the period, therefore, of Bradwardine's permanence (who stayed at Merton until 1335). In the *Quaestiones* he speaks of himself as a discipule of the *Doctor Profundus*. When he completed his theological studies, he obtained the chancelorship of Exeter church in 1346. He died in 1349. He probably read the *Sententiae* between 1337 and 1341 (according to Robson about 1335). The *Quaestiones theologicae*, since they contain numerous quotations from the *De causa Dei*, must probably have been written after 1344.

seems to do is to express Augustinian and Anselmian principles through a technical language, which makes them even more radical. In particular the English philosopher (I) attributes to divine science an antecedent necessity, which is non-compelling but inevitable; (II) expresses the Augustinian operating and cooperating of divine grace through the principle of divine coefficiency.

Therefore, the necessity based on divine prescience becomes an antecedent one, that is to say, an efficient, non-compelling but inevitable necessity. Already in the earlier question *De futuris contingentibus*, the English philosopher distinguishes a necessity of violence or constraint from one of simple inevitability[34], and in the *De causa Dei* he ascribes to Augustine the distinction between a *necessitas invita* and a *necessitas voluntaria*[35]: such a distinction, evidently, is the same as the one between a necessity which forces the wills, and one which, on the contrary, bends, inclines and directs the wills to consent. Antecedent necessity, as it is conceived by Bradwardine, does not involve any constraint, even if it does not allow for an alternative; and the inevitability ascribed to it seems to express that *indeclinabiliter* which marked human wills in Augustine and the human will of Christ in Anselm. Bradwardine, in order to defend the compatibility of necessity and freedom, cites the Anselm of the *Cur Deus homo*: the relation between the

Cfr. B. R. De La Torre, *Thomas Buckingham and the Contingency of Futures*, Notre Dame 1987, pp. 3-6; Genest, *Prédétermination* cit. (above, note 29), pp. 26-31; Robson, *Wyclif* cit. (above, note 30), pp. 40-69.

[34] Cfr. Thomas Bradwardinus, *De futuris contingentibus*, 62b, ed. in Genest, *Le «De futuris contingentibus»* cit. (above, note 29), p. 332: «Dico quod loquitur ibi de necessitate violencie, que repugnat libertati, et hoc patet per verba sua, quia dicit quod multa evenient non necessitate, sed sponte et libera voluntate in mundo, per hoc quod plura evenient et non necessitate coactionis. Et non loquitur de necessitate immutabilitatis et inevitabilitatis futurorum, quia Anselmus et Augustinus, ut apparet mihi, plane probant, libro *De libero arbitrio*, quod necessitas futurorum et libertas voluntatis in presciencia Dei simul stant».

[35] Bradwardine cites *De civitate Dei*, V, 10, where such a distinction is formulated. Cfr. Thomas Bradwardinus, *De causa Dei contra Pelagium et de virtute causarum libri tres (...) opera et studio Henrici Savilii ex scriptis codicibus, nunc primum editi*, Londini 1618, apud Billium, III, 1, p. 640DE: «Idem quinto ‹libro› *De civitate Dei* decimo ‹capitulo› postquam prius disputavit contra Stoicos dicentes voluntates nostras necessitati non subdi, eo quod tunc non essent liberae, respondet ad motivum illorum distinguens necessitatem bisarie, ostendendo unam esse necessitatem invitam, quae aufert seu adimit libertatem; aliam vero voluntariam, quae compatitur libertatem». Cfr. Augustinus, *De civitate Dei*, V, 10, PL 41, 152, edd. Dombart – Kalb cit. (above, note 4), p. 140,6-15.

Father's will and the Son's one, which in the Anselmian text was only a relation of spontaneous obedience, becomes an antecedent necessity the divine will exerts on Christ's human will.

> Si namque voluntas eius humana non necessario consensisset voluntati eius divinae naturaliter praecedenti, sicut tricesimum secundi docebat, potuit dissensisse ab ea, et voluisse aliquid aliud, imo et contrarium, ac peccasse, quod pro singulis partibus repugnat praeostensis de Christo tricesimo secundi. Unde et Iohannes quinto: 'Non possum ego a meipso facere quicquam, sed sicut audio, iudico' (*Io* 5, 30): quod Christus dicit secundum id quod est homo, ut Augustinus testatur, sicut ibi plenius allegatur. Hoc idem de Christo, scilicet quod voluntas eius humana necessario sequebatur divinam, docet Anselmus I *Cur Deus homo*, decimo ‹capitulo›, et II, decimo ‹capitulo› ostendit quod Christus potuit mentiri si voluerit, sed non potuit velle mentiri, sicut tricesimum secundi plenius allegavit, et II *Cur Deus homo* septimum decimum ostendit, quod Deus habuit potestatem servandi vitam suam ut numquam moreretur, licet nequiverit illud velle: ergo eadem ratione non potuit quicquam velle quod divina eius voluntas non praedisposuit ipsum velle, vel cuis oppositum disposuit circa ipsum. Unde et infra eodem capite ita dicit: «Si vis omnium quae fecit et quae passus est veram scire necessitatem, scito omnia ex necessitate fuisse, quia ipse voluit, voluntatem vero eius nulla praecessit necessitas»: voluntatem, inquam, eius divinam nulla praecessit necessitas, sed humanam, sicut ab eodem Anselmo ex decimo primi fuerat allegatum[36].

Bradwardine, therefore, ascribes to the divine will an antecedent necessity it does not have in Anselm; although Bradwardine cites the Anselmian definitions of the two necessities, he elaborates a different concept of the antecedent one: it is not a necessity which compels the thing to be, but rather a causal and non-compelling necessity[37].

[36] THOMAS BRADWARDINUS, *De causa Dei contra Pelagium et de virtute causarum libri tres (...) opera et studio Henrici Savilii ex scriptis codicibus, nunc primum editi*, Londini 1618, apud Billium, III, 1, p. 640AB (following: *De causa Dei*). On this text see also VITTORINI, *Necessità antecedente* cit. (above, note 1), pp. 144-147. Cfr. ANSELMUS CANTUARIENSIS, *Cur Deus homo*, I, 10, PL 158, 373C-374C, ed. Schmitt cit. (above, note 24), II, pp. 64,14 - 65,19; *ibid.*, II, 10, 409A, p. 107,6-9; *ibid.*, 17, 422D-423A, p. 124,3-11; *ibid.*, 424B-C, p. 125,23-30.

[37] On the relationship between Anselm's and Bradwardine's formulations of

The relation between creature's freedom and divine will, therefore, seems to be a relation of necessary consent, which is non-compelling but inevitable. Bradwardine's views can be summarized as follows: divine will deliberates freely, but then, as it is immutable, is bound to its decrees. And consequently, what God wills and knows is necessary according to a consequent necessity, and simultaneously such a necessity is antecedent and efficient in relation to creature's volitions. The freedom of human will consists in that spontaneous consent Augustine had described as an interiorization of divine will: Bradwardine cites the Augustine of the *De correptione et gratia*, the *De gratia et libero arbitrio*, the *Enchiridion* and the *De dono perseverantiae*, in order to show that God operates on human hearts inclining their wills so that the free one does not resist God's plan of salvation for Mankind.

> Beatus etiam Augustinus *De Gratia et libero arbitrio*, hac auctoritate Salomonis cum multis aliis recitata, capitulo quadragesimo octavo ita concludit: «His et talibus testimoniis divinorum eloquiorum, satis, quantum existimo, manifestatur, operari Deum in cordibus hominum ad inclinandas eorum voluntates quocunque voluerit sive ad bona pro sua misericordia, sive ad mala pro meritis eorum». Idem *Enchiridion* septuagesimo septimo: «Quis tam impiet desipeat, ut dicat Deum malas hominum voluntates quas voluerit, et quando voluerit, et ubi voluerit, non posse in bonum convertere?». Idem *De dono perseverantiae* vicesimo: «Quam possibile est Deo aversas et adversas in fidem convertere hominum voluntates et in eorum cordibus operari, ut nullis adversitatibus cedant, nec ab illo aliquo tentatione superati discedant». Idem quoque *De Correptione et gratia* sexagesimo nono dicit: «Deo volenti salvum facere hominem, nullum resistit arbitrium. Sic enim seu velle, seu nolle in volentis aut nolentis est potestate, ut divinam voluntatem impleat, nec superet potestatem». Et infra per totum septuagesimum capitulum et in principio septuagesimo primo planissime et notabilissime docet idem, sicut vicesimum secundi plenius allegavit. Item aliter Deus non esset omnipotens: licet enim Deus faceret quantum posset, ut tu simpliciter vel certo tempore velles, seu diligeres quippiam posses, hoc non obstante omnino, idem non velle,

antecedent and consequent necessity see VITTORINI, *Necessità antecedente* cit. (above, note 1), pp. 142-153 and 173-178.

> et per aliquam partem dati temporis illam velle, per aliam vero non velle, imo et nolle, sicque posses reddere Deum et hominem Iesum Christum falsum, mendacem, periurum et miserum, sicut in principio est argutum[38].

Such a divine intervention is a particular manifestation of God's coefficiency, that is, He moves human wills by means of grace[39]. According to Bradwardine, the latter is the efficient cause of moral act which precedes by nature the created will; creature's will, by contrast, is a secondary cause, subordinate to grace.

> Haec autem prioritatem gratiae insinuant evidenter. Certum est enim Apostolus laborasse, ipsomet testante. Cur ergo dicit: 'Non ego, sed gratia' (*1Cor* 15, 10), nisi ut innuat gratiam primo et principaliter quasi efficiens principale efficere bonos actus, hominem vero non sic, sed secundario instrumentaliter et subservienter gratiae sic agenti?[40]

Bradwardine elaborates a complex explanation of the origin of good actions: God is the prime unmoved mover, producing the act at a natural instant which precedes grace; grace is at the same time moved and a second mover; created will is moved and mover of good acts which, at the end of this process, are moved and do not move[41].

[38] THOMAS BRADWARDINUS, *De causa Dei*, III, 1, ed. Savilius, p. 638DE. Cfr. AUGUSTINUS, *De gratia et libero arbitrio*, 21, 43, PL 44, 909; *Enchiridion*, 25, 98, PL 40, 277, ed. M. P. J. Van den Hout, Turnhout 1969 (CCSL, 46), p. 100,65-67; *De dono perseverantiae*, 9, 22, PL 45, 1005; *De correptione et gratia*, 14, 43, PL 44, 942, ed. Suda cit. (above, note 13), p. 272,13-16.

[39] On Bradwardine's account of grace see OBERMAN, *Archbishop* cit. (above, note 1), pp. 123-144; LEFF, *Bradwardine* cit. (above, note 29), pp. 66-86.

[40] *Ibid.*, I, 41, p. 372B.

[41] Cfr. *ibid.*, I, 42, p. 374CD: «Deus et Spiritus Sanctus Dei prius naturaliter efficit quemlibet talem actum, quam gratia eius dicta. (...) Videtur ergo imaginandum hoc modo in productione boni actus humani; quod sicut trigesimum nonum tangit Deus gratissime et liberalissime nullo modo praeventus, nec ab alio excitatus, primo vult homini vitam aeternam, et quia non vult eam adulto sine propriis meritis, gratissime et liberalissime vult ea merita, et etiam gratiam per quam mereatur, quam et gratissime et liberalissime ei infundit, ipsam creans, et movens, et per ipsam hominem ad bene agendum, ita quod Deus in ista motione est simpliciter primum movens et non motum; gratia secundum movens et motum voluntas creata, seu creatura rationalis tertium movens et motum; actus vero bonus productus motum et non movens».

Divine action in human wills consists in two operations: the *praeveniens* action, which prepares the will, and the *subsequens* action, which cooperates with creatural will so as to make it able to carry out meritorious acts[42]. Therefore, created will, since it cannot want the good by itself without the *gratia praeveniens*, is extraneous to meritorious act, but, since it has been prepared by the divine will, accomplishes good actions by cooperating with it.

> Unde et Petrus secundo *Sententiarum* distinctio vicesima quinta ultimo ‹capitulo›: «Voluntas», inquit, «hominis quam naturaliter habet, non valet erigi ad bonum efficaciter volendum, vel opere implendum, nisi per gratiam liberetur et adiuvetur; liberetur quidem ut velit, et adiuvetur ut perficiat; quia ut ait Apostolus: 'Non est volentis' velle, 'neque currentis' currere, id est, operari, 'sed miserentis Dei' (*Rm* 9, 16), qui operatur in nobis velle et operari bonum. Gratiam non advocat hominis voluntas vel operatio, sed ipsa gratia voluntatem praevenit praeparando, ut velit bonum, et praeparatam adiuvat, ne frusta velit, id est, ut perficiat»[43].

The co-acting of divine and human will, therefore, consists in the fact that the first is pre-efficient and coefficient: only if prepared by the divine grace *praeveniens* does human will become the author, together with divine will, of meritorious acts. Therefore there is a grace *operans*, and a grace *cooperans*: that is to say, first God acts on the will and directs it to the good, and then the human will cooperates with God's action in order to be able to accomplish good acts. This point shows the insufficiency of the *gratia gratis data*, or *gratia creata*, infused by God into man so as to incline his will: it is not sufficient, in fact, for the accomplishment of good actions that man receive from God the *gratia gratis data*, but, in addition, the cooperation of divine will with the human one is required.

[42] Cfr. *ibid.*, I, 41, p. 372B: «Sed sciendum est quod mala nostra solummodo nostra sunt; bona autem nostra, et omnipotentis Dei sunt, et nostra, quia ipse aspirando nos praevenit ut velimus, qui adiuvando subsequitur, ne inaniter velimus, sed possimus implere quae volumus». Cfr. also *ibid.*, I, 23, p. 561B.

[43] *Ibid.*, I, 41, p. 373A. Cfr. also *ibid.*, II, 23, p. 561BD. Cfr. Petrus Lombardus, *Sententiae in quattuor libris distinctae*, II, 25, 9.2 (16), PL 192, 709, ed. I. Brady, Grottaferrata 1971, p. 469,23-30.

This twofold acting - which recalls the Augustinian account presented in the *De libero arbitrio* – appears to be an inward operating of God in human hearts: such a view clearly emerges not only from the quotations of Augustine texts, but also from Bradwardine's account of divine coefficiency. Creatures, according to Bradwardine, cannot exist and preserve their being by themselves, i.e. without God: much the less they are able to produce something by their being; this implies that God is coefficient factor of all their acts, including those of volition. God carries out His causal acting as an immediate cause.

> Unde consequitur manifeste, quod nulla res potest aliquid facere sine Deo; et quod nulla res potest aliquid facere, nisi Deus per se et immediate faciat illud idem, imo et immediatius quolibet alio faciente, immediate, inquam, nedum localiter, sed et naturaliter atque causaliter, et immediatius eisdem modis, vel saltem naturaliter atque causaliter. Minus est enim rem factam servare in esse, quam ipsam facere de non esse; sed per corollarium secundi, nulla res potest aliam rem factam servare in esse sine Deo ipsam similiter conservante, et hoc immediate, imo et immediatius quolibet alio conservante; quare nec aliqua res potest rem facere de non esse sine Deo ipsam similiter faciente, et hoc immediate, imo et immediatius quolibet alio faciente[44].

This immediate causality is based on the point that God is the formal cause of all creatures, and so He operates as an inner cause which immediately actualizes the potency of creatures. The view that God is a formal cause of creatures is taken up by Bradwardine from a tradition which starts from Aristotele's *Metaphysics*, and through Augustine and Grosseteste arrives at Scholastic philoso-

[44] *Ibid.*, I, 3, p. 171D. Cfr. also *ibid.*, p. 169B: «Huic autem addendum, quod Deus est necessaria causa efficiens cuiuslibet rei factae. Minus enim videtur rem per se existere, vel aliam conservare, quam per se facere aliquid cum non esset. Sed nulla creatura potest in hoc minus, sicut capitulum proximum docuit; quare nec in hoc maius: Deus ergo necessario apponet manum ad quamlibet factionem». And *ibid.*, p. 172AB: «Istis autem praecognitis, ignorari non potest, qualibet creatura movente Deum necessario commovere. Minus enim est existere quam movere: aliqua enim existunt, quae non movent, et quae movere non possunt; sed quicquid movet existit; et per secundum huius, nulla creatura per se potest existere, quare nec per se movere sufficit sine Deo. Item per tertium huius nulla creatura potest per se producere ullum motum, nec per secundum, servare productum; Deus ergo requiritur tanquam necessarius coadiutor».

phy. Bradwardine reconstructs this tradition and cites main sources on this view. First of all he mentions Aristotle and his commentators Alexander and Averroes[45]; then, Plotinus, who was cited by Augustine in the *De civitate Dei*, and Augustine himself, in particular the *Sermones* and the *De diversis quaestionibus octoginta tribus*[46]. Other representatives of this line of thought were – in Bradwardine's opinion - Chrysostomus and Dionysius[47]. Finally, Grosseteste took up Augustine's view in his *De unica forma omnium*:

> Quorum non ignobilis imitator Robertus Lincolniensis Episcopus in quadam epistula directa Magistro Adae Rufo quaerenti an Deus esset prima forma omnium, ostendit quod Deus est forma omnium et etiam prima forma. Et primo supposito quod sit forma omnium, probat quod sit necessario prima forma, quia ante ipsum nihil: ipse enim est primus et

[45] Cfr. *ibid.*, p. 152E: «Praeterea nulla res habens causam formalem potest existere sine ipsa. Sed Deus est omnium prima forma (...): quoniam in causis formalibus non est infinitus processus, sed est omnium una prima; haec autem est Deus. Duodecimo quoque *Metaphysicae* quasi in principio patet idem; unde et Averroes dicit ibi commentario sexto quod et prius dixerat Alexander, quod Deus est omnium prima forma, primum efficiens et similiter primus finis».

[46] Cfr. *ibid.*, p. 153AB: «Hoc idem et Plotinus affirmat, de quo Augustino decimo ‹libro› *De civitate Dei* quarto ‹capitulo› scribit ita: 'De providentia certe Plotinus disputat (...) quae omnia quasi abiecta et velocissime pereuntia decentissimos formarum suarum numeros habere non posse confirmat, nisi inde formentur, ubi forma intelligibilis et incommutabilis simul habens omnia perseverat'. Quapropter et Augustinus *De Verbo Domini*, sermone 38: 'Verbum – inquit – Die est forma quaedam, forma non formata, sed forma omnium formatorum sine loco superans omnia, eminens omnibus et fundamentum quoddam in quo sunt et fastigium sub quo sunt. Quia enim Deus sub illo sunt omnia, verbum in se manens innovat omnia, ergo est forma omnium rerum, forma infabricata sine tempore, sine spatiis locorum'. Qui et *Octoginta tres quaestionum* viginti tres dicit quod ipsa similitudo Patris filius dicitur, cuius participatione similia sunt quaecumque sunt, vel inter se vel a Deo similia. Et subdit: 'Ipsa est enim species prima, qua sunt, ut ita dicam, speciata, et forma qua formata sunt omnia'». Cfr. AUGUSTINUS, *De civitate Dei*, X, 14, PL 41, 292, edd. Dombart – Kalb cit. (above, note 4), p. 288,11-18; ID., *Sermones* CXVII, PL 38, 662-663 (cited by THOMAS AQUINAS, *Catena Aurea*, in Ioannem, 1, 1, ed. P. Angelici Guarienti, 2 voll., Torino – Roma 1953, II, p. 327; and *Summa Theologiae*, I, q. 3, a. 8, in ID., *Opera Omnia* iussu Leonis XIII P. M. edita [following: ed. Leonina], IV, Roma 1888, p. 47-48: Thomas remarks that God is a form in the sense of an exemplar form, and not as a part of the composite); AUGUSTINUS, *De diversis quaestionibus octoginta tres*, 23, PL 40, 16-17, ed. A. Mutzenbecher, Turnhout 1975 (CCSL, 44A), p. 28,25-31.

[47] Cfr. THOMAS BRADWARDINUS, *ibid.*, p. 153B: «Chrysostomus etiam super epistolam ad Hebraeos homilia secunda dicit filium esse characterem proprium primae formae, quod et testatur Dionysius *De divinis nominibus* undecimo ‹capitulo›».

> novissimus. Deinde probat quod sit forma per auctoritates et similiter rationes[48].

Bradwardine himself argues that God is the prime form in two ways. First, he states that everything that is potential needs, in order to be actualized, something actual, which informs and actualizes it from within. This actual being is either *per se*, and so it is God, or is potential in itself (*de se*), and so it needs another act to get actualized. And since it is not possible to continue *ad infinitum*, this process will end in a pure act, which is God[49]. Secondly, he argues that what is changeable and unformed needs something which gives it the form; if this latter is *per se*, it is God; otherwise, it is a form which in its turn will need another one, and, since it is not possible to go on *ad infinitum*, this series will end in a pure form, which is God[50].

[48] *Ibid.*, p. 153C. On Augustine's on Grosseteste cfr. ROBERTUS GROSSETESTE, *De unica forma omnium*, in *Die philosophischen Werke des Robert Grosseteste, Bischop von Lincoln*, ed. L. Baur (BGPMA, 9), Münster 1912, XIX, p. 107,4-6: «Si autem quaeras, quid me moveat ad sentiendum Deum esse formam et formam omnium, respondeo: magna magni Augustini auctoritas».

[49] Cfr. THOMAS BRADWARDINUS, *ibid.*, I, 2, p. 162E: «Quod etiam per se et immediate conservet quamlibet creaturam, evidenter ostendent rationes praemissae, si ad hoc debite applicentur. Omne namque de se potentiale, si debet actuari, hoc necessario erit per aliquem actum, non immediate exterius, sed omniquaque interius actuantem, atque formantem, diffusumque per totum, ut patet de materia et forma, de accidente et de subiecto. Ille igitur actus sic actuans potentiale huiusmodi, vel est actus per se purus a nullo alio penitus actuatus, et tunc est Deus, et habetur intentum; vel non est actus huiusmodi, et tunc ille actus de se est potentialis necessario indigens alio actu ipsum immediate actuante: et cum propter suppositionem secundam non contingat sic in infinitum procedere, tandem necessario finaliter venietur ad unum actum per se purum, a nullo alio penitus actuatum, qui quodlibet de se potentiale, positumque sub actu, per se et immediate actuat, et informat, nedum exterius circumstando, verum interius totaliter penetrando; et quodlibet citra Deum est de se potentiale, ipse autem solus actus per se et purus, sicut praemissa testantur».

[50] Cfr. *ibid.*, p. 163A: «Item omne de se fluxibile et informe, ad hoc quod figatur stabiliter et formetur, necessario indiget aliqua fixione et forma ipsum immediate figente atque formante. Huiusmodi igitur fixio sive forma, vel est per se fixa sive fixio, formata seu forma, et tunc est Deus, et habetur intentum; vel non est talis, et tunc necessario immediate figitur, et formatur per aliquam fixionem et formam, et cum suppositio secunda non sinat processum huiusmodi infinitum, necessario finaliter stabitur ad unam fixionem et formam per se, et puram, a nulla alia fixam quomodolibet aut formatam; et haec est habitudo omnium creaturarum et Dei».

Therefore, since God is the prime form which inwardly actualizes creatures, and everything does not move but through its form, Bradwardine can conclude that every form does not move but through God. And so, God is the co-mover of every creature's action.

> Item omnis res habens formam non movet nisi per eam, sicut Philosophia tota clamat; sed sicut secundum huius ostendit Deus est forma omnis formae, et est actus substantialis qua omnis forma est id quod est, quod patet ex eodem; est ergo forma substantialis omnis formae; per hanc rationem probatur secundo *De anima* animam esse formam animati; ergo nulla forma movet nisi per Deum; ergo nec aliquid formatum potest movere nisi per illum. Itidem sic ad idem: omne formatum movens movet per formam maxime sibi essentialem, et principalem, secundum quod est tale formatum, sed Deus est forma maxime essentialis, et principalis cuiuscunque formati[51].

Bradwardine's account of coefficiency, therefore, seems to be based on the claim that God, insofar as the prime forme, is an inner and immediate cause of creature's acts. This account is consistent with the Augustinian view that divine will operates inwardly in human ones. Moreover, Bradwardine proves to know Grosseteste's views and the debate on divine causality which marked Scholasticism after Grosseteste: in particular Thomas Aquinas, Duns Scotus and Ockham attributed to God an immediate causality and described Him as a total (Thomas) or partial cause (Scotus and Ockham) of creature's actions.

4. *From immediate causality to divine coefficiency*

Bradwardine, while formulating the idea of the divine cooperation and coefficiency with human volitional acts, clearly draws on Augustinian and Anselmian sources. On the other hand, however, he uses concepts taken from Grosseteste and elaborated in the late medieval philosophical debate. The notion of divine coefficiency is grounded on the concepts of immediate causality

[51] *Ibid.*, I, 4, p. 172CD. Cfr. ANONYMUS MAGISTER ARTIUM, *Lectura in librum de anima*, ed. R. A. Gauthier, Grottaferrata 1985, p. 135, 412a[19-20].

and total and partial cause Thomas Aquinas, Duns Scotus and Ockham debated on[52]. In particular, Bradwardine, following Grosseteste and Thomas, states that God and creatures are both the total causes of creature's acts[53].

Grosseteste, in his *De libero arbitrio*, seems implicitly to connect the view that God is the form of everything with the inward and immediate causality God operates with. He describes God as an efficient cause of creature's free wills, which operates inwardly on secondary causes; according to Grosseteste, human free wills and divine grace are both total causes of actions through a single, undivided act. The relation between the two causes manifests itself in the consent the free will gives to grace in moral acting.

> Sic solvuntur obiecta, ut idem dicatur totum effici a libero arbitrio et totum a gratia. Nec sequitur: si A efficit totum C, quod B non efficiat C vel aliquid ipsius, quia scilicet A et B operantur C opere individuo. Duo autem individuo opere operantia necessario agent idem et unum cum indivisa sit illorum actio (...) Et si ipsa (causa secundaria) ageret opere dividuo, ipse non esset efficiens intime eiusdem causae secundariae operationem[54].

> An forte, quia adiutorium non dicitur, nisi ubi est liberum arbitrium, quod sponte potest praestare consensum adiuvanti vel obsequium agenti, libereque et sponte relinquere adiutorium praestitum vel non praestare, ut in nomine adiutorii importetur haec libertas faciendi et non faciendi?[55]

[52] On these topics see A. DE MURALT, *La métaphyisique thomiste de la causalité divine. Pour comprendre la doctrine occamienne de la toute-puissance divine*, in *Die Philosophie in 14. und 15. Jahrhundert. In memoriam Konstanty Michalski (1879-1947)*, hrsg. O. Pluta, Amsterdam 1988 (Bochumer Studien zur Philosophie, 10), pp. 303-320; ID., *La causalité divine et le primat de l'efficience chez Guillaume d'Occam*, in *Historia Philosophiae Medii Aevi. Studien zur Geschichte der Philosophie des Mittelalters, Festschrift für Kurt Flasch zu seinem 60. Geburtstag*, hrsg. B. Mojsisch – O. Pluta, Amsterdam 1991, pp. 745-769; ID., *Néoplatonisme et Aristotelisme dans la métaphysique médiévale*, Paris 1995, pp. 134-140.

[53] THOMAS BRADWARDINUS, *ibid.*, I, 20, p. 554C: «Quicquid effecerit voluntas creata necesse est ut et illud coefficiat increata; et quicquid operata fuerit voluntas angelica vel humana necesse est ut et illud cooperetur divina; et quod omnem actum voluntatis creatae totum efficit voluntas creata et totum similiter increata». Cfr. OBERMAN, *Archbishop* cit. (above, note 1), p. 81.

[54] ROBERTUS GROSSETESTE, *De libero arbitrio*, in *Die philosophischen Werke* cit. (above, note 48), XXVII, pp. 202,1-8 and 203,11-12.

[55] *Ibid.*, p. 203,18-22.

Grosseteste, therefore, accepts some Augustinian principles: God is the form of everything, He operates inwardly on creatures, and the freedom of these latters in relation to grace consists in a consent. Then, he describes divine grace and free will as the total causes of a single, undivided act. God, according to Grosseteste, is the efficient cause of secondary causes' action, and operates *intime*, that is, inwardly[56].

Thomas Aquinas attributes to God an immediate causality so that He Himself produces the effects of secondary causes[57]. Aquinas's main claims are the following: (I) God is the author of every causal action; (II) the existence of secondary causes – which are described as mere instruments of divine causality – depends on God's goodness, for God, in order to make creatures as similar as possible to Himself, confers upon them causal potency[58]; (III) God operates inwardly and inclines the wills toward the good. According to Thomas, therefore, God, even if He uses intermediate causes to have the orders of His providence done, is immediately related to the effects, since He acts in every operation, both natural and voluntary. Such an acting does not come from outside, but from within, in that God gives secondary causes their formes and their virtutes, and moves them to act:

> Agere igitur cuiuslibet ipsorum a Deo causatur, sicut et motus mobilis a motione moventis. Movens autem et motum

[56] On Bradwardine's citations of Grosseteste's *De libero arbitrio* see M. VITTORINI, *Contingenza dei futuri e ortodossia: Bradwardine e i nuovi eretici*, in Atti del convegno *Conoscenza e contingenza nella tradizione aristotelica medievale* (Pisa, 28 ottobre 2006), a c. di S. Perfetti, Pisa 2008.

[57] On Thomas's Augustinism see G. MANSINI, *«Without Me You Can Do Nothing». St. Thomas with and without St. Augustine on John 15:5*, in *Aquinas the Augustinian*, ed. by M. Dauphinais – B. David – M. Leverin, Washington 1997, [pp. 159-180], pp. 168-171.

[58] Cfr. THOMAS AQUINAS, *Summa contra Gentiles*, III, 70, ed. Leonina, XIV, Roma 1926, pp. 206-207: «Patet etiam quod, si res naturalis producat proprium effectum, non est superfluum quod Deus illum producat, quia res naturalis non producit ipsum nisi virtute divina; neque est superfluum, si Deus per se ipsum potest omnes effectus producere, quod per quasdam alias causas producantur; non enim hoc est ex insufficientia divinae virtutis, sed ex immensitate bonitatis ipsius, per quam suam similitudinem rebus communicare voluit, non solum quantum ad hoc quod essent, sed etiam quantum ad hoc quod aliorum causae essent».

> oportet simul esse. Oportet igitur quod Deus cuiuslibet agenti adsit interius quasi in ipso agens, dum ipsum ad agendum movet[59].

The relation between primary cause and secondary ones is described as that between the maker and his tools: no causal action can take place in the universe, unless God moves secondary causes as means and intermediaries of His acting. In particular, God moves the wills by inwardly inclining them towards the good[60]. So in Thomas's view God is the total cause of every operation, and represents an immediate cause in that He gives secondary ones their forms and *virtutes*. In Scotus's and Ockham's view, by contrast, God is a partial cause which cooperates with secondary causes. Nevertheless, an identical account of God's role in creature's actions does not give rise, in Scotus and Ockham, to an identical view on merit and sin, and consequently on predestination and damnation.

Duns Scotus mantains that God is an immediate cause co-acting with creatures. According to him, creatures are not total causes of their actions, but rather every effect brought about by them is the result of the joint action of divine and creature's causality: if creatures were total causes of their actions, such ones could not be in accordance with the divine provvidence and prescience, and consequently divine omnipotence would be denied[61]. In

[59] THOMAS AQUINAS, *Compendium Theologiae*, I, 130, 260, ed. Leonina, XLII, Roma 1979, p. 130. See also ID., *Summa Theologiae*, I, q. 105, a. 5, ed. Leonina, V, Roma 1889, p. 476: «Et quia forma rei est intra rem, et tanto magis quanto consideratur ut prior et universalior; et ipse Deus est proprie causa ipsius esse universalis in rebus omnibus, quod inter omnia est magis intimum rebus; sequitur quod Deus in omnibus intime operetur». Cfr. F. POULIOT, *La doctrine du miracle chez Saint Thomas*, Paris 2005, p. 42.

[60] Cfr. THOMAS AQUINAS, *Summa Theologiae*, I, 1, 105, a. 4, ed. Leonina, V, p. 474: «Quodlibet autem bonum creatum est quoddam particulare bonum; solus autem Deus est bonum universale. Unde ipse solus implet voluntatem, et sufficienter eam movet ut obiectum. Similiter autem et virtus volendi a solo Deo causatur. Velle enim nihil aliud est quam inclinatio quaedam in obiectum voluntatis, quod est bonum universale. Inclinare autem in bonum universale est primi moventis, cui proportionatur ultimus finis: sicut in rebus humanis dirigere ad bonum commune est eius qui praeest multitudini. Unde utroque modo proprium est Dei movere voluntatem; sed maxime secundo modo, interius eam inclinando».

[61] Cfr. IOHANNES DUNS SCOTUS, *Ordinatio*, II, dd. 34-37, qq. 1-5, nn. 119-123, ed. P. B. Hechich, in ID., *Opera Omnia*, VIII, Città del Vaticano 2001, pp. 418,746 - 419,773: «Contra istam opinionem arguitur dupliciter: primo, quia ex ipsa sequitur quod Deus non sit naturaliter praescius futurorum, – secundo, quod

Scotus's view, the divine concourse in creature's acts does not deprive the creatures' wills of their freedom, because God inclines without compelling. So, on the one hand God determines good acts by infusing grace, but on the other hand the wills keep their faculty of choosing the evil since they do not cooperate with God inclining them towards rectitude[62]. In this co-action, therefore, the freedom of secondary causes consists in the absence of

non sit omnipotens. Probatio primae consequentiae, quia non habet scientiam de futuris contingentibus nisi quia certitudinaliter novit determinationem voluntatis suae respectu eorum ad quae voluntas est immutabilis et inimpedibilis; sed si voluntas creata sit totalis causa respectu sui 'velle', et ipsa contingenter se habet ad illud 'velle' – ergo quantumcumque voluntas divina ponatur determinata ad unam partem eorum quae dependent a voluntate creata, poterit voluntas creata aliter velle, et ita non sequitur certitudo ex cognitione determinationis voluntatis divinae. Probatio secundae consequentiae, tripliciter: Primo, quia, quidquid vult omnipotens, hoc fit; sed si velit volitionem meam fore, et illa est in potestate voluntatis meae ut totalis causae contingenter se habentis ad illud – ergo ipsa potest determinari ex se ad unam partem vel ad aliam indifferenter, et ita potest non fieri illud ad quod voluntas divina eam determinavit. Secundo, quia voluntas divina non potest impedire voluntatem meam nisi violentando eam, si ex se determinetur ad unam partem (ex quo enim determinata est ad unum, non potest impediri nisi violentetur); sed voluntatem violentari includit contradictionem; ergo Deus non potest voluntatem meam impedire. Tertio, quia voluntas omnipotens producit volitum in esse, pro tunc pro quando vult illud esse (non enim est alius actus voluntatis divinae respectu angeli vel alicuius alterius creati, quod producitur in esse); sed si voluntas mea est totalis causa huius volitionis, illa voluntas nullo modo producit istam volitionem in esse».

[62] Cfr. *ibid.*, n. 116, p. 416,715-721: «Deus aliquo modo est causa meriti (quo modo non est causa peccati), quia immediate causat in anima gratiam (vel caritatem), quae per modum naturae inclinat ad merendum; et quandocumque forma activa per modum naturae est ab aliquo agente, etiam actio formae est ab eo. Ex hoc etiam pateret quomodo aliter effectus aliquarum causarum essent a Deo quam effectus voluntatis, quia istae causae determinatae acceperunt a Deo inclinationem – etiam necessitantem eas – ad effectus; non sic voluntas». Cfr. also *ibid.*, n. 122, p. 419,764-768: «Secundo, quia voluntas divina non potest impedire voluntatem meam nisi violentando eam, si ex se determinetur ad unam partem (ex quo enim determinata est ad unum, non potest impediri nisi violentetur); sed voluntatem violentari includit contradictionem; ergo Deus non potest voluntatem meam impedire». According to Scotus, man cannot – through his free will and withouth the help of grace – avoid sin according to the ordered law, nevertheless God could *de potentia absoluta* establish an order of things such that man could avoid sin also without the help of grace; cfr. ID., *Lectura in secundum librum Sententiarum*, d. 28, n. 8, ed. H. Schalück, in ID., *Opera Omnia*, XIX, Città del Vaticano 1993, p. 274,16-23: «Ideo non est necesse omnino – ita quod oppositum includat contradictionem – voluntatem esse sine peccato, nisi per gratiam'. Unde Deus posset hominem facere in puris naturalibus sine omni gratia supernaturali et sine peccato. Et ideo hoc est ex ordinatione divina, quae non remittit originale nec mortale actuale sine gratia; tamen hoc non est ex oppositione gratiae et cul-

compulsion, and in the possibility for secondary causes to co-cause or not co-cause together with the primary cause. Therefore, a negative effect arises from the secondary causes' *defectus*, in so far as they do not take part in the primary cause's causal action[63]. Moreover, on the one hand the blame falls on creature's wills which do not comply with the divine inclination towards the good; on the other God is the cause of merit, as He infuses grace into the men he has predestined to be saved[64].

Likewise, the *Venerabilis Inceptor* holds that God is the immediate and partial cause of every creature's action, but gives a different explanation of His role in guilty ones. In Ockham's view God is an immediate cause for every effect requires His presence to be produced, and, on the contrary, God's absence implies that no effect can be produced. He is the partial cause of secondary causes' operations and can be the total cause only *de potentia absoluta* by acting alone without secondary causes[65]. Such an account of creature's

pae quod alterum necessario insit. Tamen respectu potentiae Dei ordinatae, est impossibile unum inesse nisi alterum insit».

[63] Cfr. Id., *Ordinatio*, II, dd. 34-37, qq. 1-5, n. 144, ed. Hechich cit. (above, note 61), p. 429,927-933: «Est ergo defectus in effectu duarum causarum, non propter defectum causae superioris, sed inferioris; non quia causa superior rectitudinem causat in effectu et inferior obliquitatem, sed quia causa superior – quantum est de se – causaret, si causa inferior secundum suam causalitatem causaret. Et ideo rectitudinem non causari, est propter hoc quod causa secunda – quantum ad se pertinet – non causat». Cfr. also *ibid.*, n. 145, pp. 429,945 - 430,953: «Immo, sicut in uno instanti naturae materia materiat et efficiens efficit, ita duae causae efficientes 'ordinatae' in uno instanti naturae causant effectum communem, ita quod neutra tunc causat sine altera. Sed quod effectus non-rectus causatur, hoc non est tunc propter causam priorem (quae, quantum est ex se, recte causaret si secunda causaret), sed propter defectum causae secundae, quae in potestate sua habet concausare causae primae vel non concausare – et si non concausat illi ut tenetur, non est rectitudo in effectu communi amborum».

[64] Cfr. Id., *Ordinatio*, I, d. 41, q. unica, n. 40, ed. P. A. Sépinski, in Id., *Opera Omnia*, VI, Città del Vaticano 1963, p. 332,6-12: «Potest dici aliter quod praedestinationis nulla est ratio, ex parte etiam praedestinati, aliquo modo prior ipsa praedestinatione; reprobatione tamen est aliqua prior, non quidem propter quam Deus effective reprobat in quantum est a Deo actio (sicut argutum est in praemissa opinione, quia 'tunc Deus esset passivus'), sed propter quam ista actio sic terminatur ad istud obiectum et non ad aliud»; Id, *Lectura in primum librum Sententiarum*, d. 41, nn. 24-26, ed. P. C. Koser, in Id., *Opera Omnia*, XVII, Città del Vaticano 1966, p. 520,5-18: «Aliter videtur mihi posse dici ad quaestionem (...) quod nullum meritum est praedestinationis, sed aliquod est meritum reprobationis. (...) Damnatio nullius est bona nisi quia iusta, aliter enim esset crudelitas damnare aliquem».

[65] Cfr. Guillelmus de Ockham, *Quaestiones in librum secundum Sententiarum*

actings does not imply, however, that God sins together with creatures, for, according to Ockham, two causes which produce the same effect can have two different final causes and, consequently, the one can act culpably without the other committing any sin. Thus, creatures are really meritorious or sinful on account of their own acts[66]. Moreover, in Ockham's view, the divine prescience of merits and sins precedes and grounds predestination and damnation[67]: and therefore, the divine concourse in creature's actions does not represent the means of preserving divine provvidence, and consequently, does not bear anti-Pelagian implications.

(*reportatio*), II, qq. 3-4, edd. G. Gál – R. Wood, in Id., *Opera theologica*, V, New York 1981, pp. 60,20 - 61,10: «Dico igitur quantum ad istum articulum quod Deus est causa prima et immediata omnium quae producuntur a causis secundis. Quod autem sit immediata causa patet, quia illa causa dicitur immediata qua posita potest poni effectus et qua non posita non potest poni. Sed Deus est huiusmodi respectu cuiuslibet creaturae, igitur etc. Unde, proprie loquendo, quaelibet causa proprie dicta ad cuius praesentiam potest poni effectus et ipsa non-praesente non potest poni, potest dici causa immediata. Et ex hoc sequitur quod causa remota non est causa, quia ad eius praesentiam non sequitur effectus. Aliter Adam posset dici causa mei; quod non est verum quia non-ens non potest dici causa entis. Et similiter causa et effectus, proprie loquendo, simul sunt et non sunt. Si etiam concurrant ad producendum aliquem effectum multae causae partiales, quaelibet est immediata. Et sic si Deus concurrit cum causa secunda, utraque est immediata». Cfr. also *ibid.*, p. 63,2-4: «Deus est causa partialis respectu cuiuslibet effectus quem producit causa secunda. Hoc dico de facto, licet sit causa principalis». And *ibid.*, p. 63,19-25: «Causa totalis est illa qua posita, omni alio circumscripto, ponitur effectus si sit totalis causa de facto, vel potest poni si sit causa totalis de possibili. Nunc autem quando Deus concurrit cum causa secunda, et per consequens potest esse causa totalis, tamen de facto non producit sine causa secunda. Et per consequens de facto non est causa totalis».

[66] Cfr. Id., *Quodlibet* III, q. 4, ed. J. C. Wey, in Id., *Opera theologica*, IX, St. Bonaventure 1980, p. 216,41-47: «Praeterea si non, hoc maxime esset de culpa actuali; sed hoc non obstat, quia idem actus numero potest causari ab una causa culpabiliter et ab alia causa inculpabiliter; sicut eadem volitio est a causa naturali, puta a cognitione, et a causa libera, puta a voluntate; igitur potest idem actus causari immediate a Deo partialiter et inculpabiliter, et a voluntate creata culpabiliter».

[67] Cfr. Id., *Ordinatio*, I, d. 41, edd. G. I. Etzkorn – F. E. Kelley, in Id., *Opera theologica*, IV, St. Bonaventure 1979, p. 604,5-12: «Quamvis ista opinio possit sustineri quantum ad illam partem de reprobatione, tamen non videtur quin aliquando ita sit ratio praedestinationis sicut reprobationis. Quia sicut 'Deus non prius est ultor quam aliquis sit peccator', ita non prius aliquando Deus est retributor vel beatificans quam aliquis sit primo iustificatus per gratiam. Igitur sicut peccatum finale praevisum est ex parte obiecti ratio reprobationis, ita aliquando gratia vel meritum praecedens praevisum est ratio praedestinationis».

It is clear therefore that the account of the immediate causality by which God operates on creatures is different in Aquinas, Scotus and Ockham: in Thomas's view such a causality is a form of total causality, whilst in Scotus's view it is a partial one enabling to ascribe the merit of the actions to God and the demerit to creatures; in Ockham's view, finally, it is a partial causality which leaves creatures completely responsible for their actions, both sinful ones and meritorius ones. A crucial difference between Scotus's and Ockham's account consists in the different order they attribute to predestination and damnation on the one hand, and merit and fault on the other. Ockham himself explicitly criticizes Scotus, on the grounds that he places the will of the end – the beatitude – before the will of the means – the merit. Instead, it is the divine prescience of merits that determines the awarding of beatitude, and, on the contrary, the prescience of demerits that brings along with it damnation[68]. That is to say, while according to Scotus predestination is the aim with a view to which God grants grace as a means, and so God first wills the end and then the means, according to Ockham it is the means that comes before the end, and therefore merits are the cause of beatitude. Grace, moreover, is not necessary for salvation, but is a special means God reserves only for the ones – the Virgin Mary and the saints – He has predestined a priori, apart from the prescience of their merits[69].

[68] Cfr. *ibid.*, p. 603,11-15: «(Opinio Scoti) Igitur primo vult Deus isti beatitudinem quam aliquod aliorum; et prius vult ei quocumque eorum quam praevideat ipsum quodcumque eorum habiturum, ergo propter nullum eorum praevisum vult ei beatitudinem». Cfr. also *ibid.*, p. 604,13-19: «Praeterea, ratio non videtur concludere, quia non semper aliquis prius vult finem alicuius quam illud quod est ad finem illum. Et hoc est quando finis ille non datur nisi propter aliquid praecedens quod est ad finem. Et sic videtur esse in proposito quod beatitudo ista aliquando non datur alicui nisi propter merita. Igitur tunc non oportet Deum prius velle finem, qui est beatitudo istius, quam velit illud quod est ad finem».

[69] It is the prescience of merits and sins that determines predestination and damnation. Nevertheless, God can predestine someone to eternal life by conferring a special grace. Cfr. *ibid.*, d. 47, pp. 606,6 - 607,4: «His dictis, dico ad quaestionem quod rebrobationis est aliqua causa, accipiendo saltem secundo modo causam. Nam ista causalis est vera 'quia iste peccabit finaliter, ideo damnabitur'. Ad hoc etiam sufficit ratio ultimae opinionis. Sed de praedestinatione videtur esse magis dubium. Et quantum ad hoc potest dici sine praeiudicio et assertione quod alicuius praedestinationis est aliqua causa et ratio, et alicuius non est talis ratio et causa. Et huius ratio est quia aliqui propter merita salvabuntur, ita quod si non voluntarie mererentur, non salvarentur. Aliqui autem solum ex gratia speciali sunt ordinati ad vitam aeternam, ita quod sibi ipsis non sunt derelecti sicut alii,

Bradwardine cites both Thomas and Scotus – but not Ockham, for the Pelagian implications of his views – in order to defend God's partecipation in creature's acts as an immediate cause and co-cause[70]. In Aquinas's *Compendium Theologiae* and *De Potentia*, the English philosopher finds the enunciation of the view that God is an immediate cause in creature's acts, more immediate, actually, than the creature's causality. In particular in the *De potentia* Thomas gives some reasons to maintain that God acts in all natural and voluntary operations: He gives and preserves the *virtus operandi*; He moves secondary causes and is related to them as the main agent to its instruments.

> Idem quoque in quaestionibus suis *De potentia Dei*, quaestione vicesima qua quaeritur utrum Deus operetur in omni operatione naturae, respondendo probat quod Deus est causa cuiuslibet actionis naturalis et voluntariae sex modis. Primo, quia tribuit virtutem agendi, sicut dicitur octavo *Physicorum* quod generans movet grave, et leve in quantum dat virtutem, per quam consequitur talis motus. Secundo, quia conservat eam continue. Tertio, quia movet quodlibet agens ad agendum, et applicat virtutem ad actionem, sicut homo est causa incisionis cultelli; et hoc est ut dicit, quia nulla re per seipsa movet, nisi movens non motum: ideo sequitur de necessitate, quod Deus sit causa actionis cuiuslibet rei naturalis, ut movens et applicans virtutem ad agendum. Quarto, quia ipse est agens principale in qualibet actione, et quodlibet aliud agens est instrumentum illius, quoniam virtute illius quaelibet alia virtus agit. Et paulo post subiungit: 'Sic igitur Deus est causa actionis cuiuslibet, in quantum dat virtutem agendi, et in quantum conservat eam, et in quantum applicat actionem, et in quantum eius virtute omnis alia virtus agit; et cum coniunximus his, quod Deus sit sua virtus, et quod sit intra rem quamlibet, non sicut pars essentiae, sed sicut tenens

sed praeveniuntur ne possint ponere obicem ne perdant vitam aeternam. Sicut fuit de Beata Vergine et de quibusdam aliis, qui praeveniebantur gratia divina ne peccarent et perderent vitam aeternam. Praedestinationis primorum videtur esse aliqua ratio, quia sicut damnati ideo reprobantur quia praevidentur peccaturi finaliter – cum 'Deus non prius est ultor quam aliquis sit peccator' –, ita est de quibusdam praedestinatis quod praedestinantur quia praevidentur finaliter preseverare in caritate, et Deus non conferreret eis vitam aeternam nisi prius mererentur vitam aeternam».

[70] On Ockham's Palagianism see VITTORINI, *Contingenza dei futuri e ortodossia: Bradwardine e i nuovi eretici* cit. (above, note 56).

> rem in esse, sequetur quod ipse in qualibet re operante immediate operetur, non exclusa operatione voluntatis et naturae'. Unde potest elici quintus modus, scilicet quod Deus immediate ubique operatur. Quod et patet clarissime per Dominum Stephanum Parisiensem Episcopum condemnantem quendam articulum sub hac forma: 'Quod prima causa est causa omnium remotissima'; error si intelligatur cum praecisione, ita scilicet quod non propinquissima[71].

It is the very nature of the instrument-cause, inferior-superior relation which implies that divine causality is more immediate than the secondary agents' one and presents itself as an inward operating. Secondary causes do not bring about any effect by means of their own *virtus*, but rather by means of a *virtus* they receive from God[72]. On the one hand, then, God must be present in the things

[71] THOMAS BRADWARDINUS, *De causa Dei*, I, 2, ed. Savilius cit. (above, note 36), p. 165CD. Cfr. also *ibid.*, I, 2, p. 165C: «Sanctus quoque Thomas *De Christiana religione ad Raynaldum, sive de fide, spe, et charitate* centesimo tricesimo tertio dicit quod Deus immediate ordinat omnes effectus per seipsum, licet per causas medias exequatur, sed in ipsa executione quodammodo immediate se habet ad omnes effectus, in quantum omnes causae mediae agunt in virtute causae primae, ut quodammodo ipse in omnibus agere videatur, et omnia opera secundarum causarum ei possunt attribui, sicut artifici attribuitur opus instrumenti». And *ibid.*, II, 20, p. 541D: «Quare et Sanctus Thomas *De Christiana religione, sive de fide, spe et charitate ad Raynaldum* centesimo vigesimo nono sic dicit: 'Cum omne mutabile et multiforme in aliquod principium immobile reducatur, sicut in causam, hominis autem intellectus et voluntas mutabilis et multiformis apparet, necesse est quod in aliquam superiorem causam immobilem et uniformem reducantur; et quia non reducuntur, sicut in causam, in corpora caelestia, oportet eas reducere in causas altiores'. Et capitulo sequenti: 'Quia vero secundae causae non agunt nisi per virtutem primae causae, sicut instrumenta agunt per directionem artis, necesse est quod omnia alia agentia, per quae Deus ordinem suae gubernationis adimplet, virtute ipsius dei agant. Agere igitur cuiuslibet ipsorum a Deo causatur, sicut motus mobilis a motione moventis; movens autem et motum oportet esse simul. Oportet igitur quod Deus cuiuslibet agenti adsit interius, quasi in ipso agens, dum ipso ad agendum movet'». Cfr. Cfr. THOMAS AQUINAS, *Quaestione disputatae de potentia Dei* (following: *De potentia*), q. III, a. 7, ed. P. M. Pession, Torino 1949, pp. 56-58; ID., *Compendium Theologiae*, I, 129, 256, ed. Leonina, XLII, Roma 1979, p. 130,1-9; *ibid.*, I, 130, p. 130,1-11; *ibid.*, I, 135, 274, p. 133,1-10.

[72] Cfr. ID., *De potentia*, III, 7, ed. Pession, p. 58: «Instrumentum enim est causa quodammodo effectus principalis causae, non per formam vel virtutem propriam, sed inquantum participat aliquid de virtute principalis causae per motum eius, sicut dolabra non est causa rei artificiatae per formam vel virtutem propriam, sed per virtutem artificis a quo movetur et eam quoquomodo participat». Cfr. also ID., *Summa contra Gentiles*, III, 66, 67, 70, ed. Leonina, XIV, Roma 1926, pp. 188-190 and 206-207.

so as to operate in and confer upon them the *virtus ad agendum*[73]; on the other the *virtus* of *superior* causes is more immediate than the *inferior* one, which is not connected with the effect except by means of the *superior virtus*:

> Sic ergo si consideremus supposita agentia, quodlibet agens particulare est immediatum ad suum effectum; si autem consideremus virtutem qua fit actio, sic virtus superioris causae erit immedatior effectui, quam virtus inferioris: nam virtus inferior non coniungitur effectui nisi per virtutem superioris. Unde dicitur in libro *De Causis*, quod Virtus causae primae prius agit in causatum[74].

Scotus's authority is cited by Bradwardine in order to show that God's immediate causality, in the form of coefficiency, guarantees divine prescience, predestination and infallibility:

> Posito namque quod Deus velit voluntatem creatam producere suum actum, tunc si Deus nihil ibi agat, sed sola voluntas creata, ipsa potest libere ex se sola non producere suum actum, et per consequens frustrari voluntatem divinam, et eius omnipotentiam similiter mutilari; quia si Deus vult aliquid fieri, et illud non fit, Deus non potest facere quod hoc fiat[75].

[73] Cfr. THOMAS BRADWARDINUS, *De causa Dei*, I, 2, ed. Savilius cit. (above, note 36), p. 167A: «Sic igitur oportet virtutem divinam adesse cuilibet rei agenti, sicut virtutem corporis caelestis oportet adesse cuilibet corpori elementari agenti; sed in hoc differt, quod ubicumque est virtus divina, est essentia divina; non autem essentia corporis caelestis est ubicunque est sua virtus. Et iterum Deus est sua virtus, non autem corpus caeleste. Et ideo potest dici quod Deus in qualibet re operatur, in quantum eius virtute quaelibet res indiget ad agendum. Non autem potest proprie dici quod caelum sempre agat in corpore elementari, licet eius virtute corpus elementare agat». Cfr. THOMAS AQUINAS, *De potentia*, III, 7, ed. Pession, p. 58.

[74] THOMAS BRADWARDINUS, *De causa Dei*, I, 2, ed. Savilius cit. (above, note 36), p. 167A. Cfr. THOMAS AQUINAS, *De potentia* III, 7, ed. Pession, p. 58; cfr. *Liber de causis*, I, 1, ed. A. Pattin, Leuven 1967, p. 46,1-2.

[75] THOMAS BRADWARDINUS, *De causa Dei*, II, 20, p. 542D. Cfr. IOHANNES DUNS SCOTUS, *Ordinatio*, II, dd. 34-37, qq. 1-5, n. 119-120, ed. Hechich cit. (above, note 61), p. 418. In Bradwardine's view divine coefficiency involves all creatural acts, i.e. acts of knowing, volitions and actions. Therefore, according to him, if creatures were the only makers of their own acts, not only their willings and acting may be different from God's prescience, but also their knowings may be different from the real setting of the world. Cfr. THOMAS BRADWARDINE, *ibid.*, p. 543A: «Item si voluntas creata sola posset producere suum actum, posset et intellectus creatus similiter, quare posset intelligere, componere et dividere, discurrere et multas veritates cognoscere sine adiutorio intellectus agentis, qui est Deus».

If creatures acted alone, without God, their willings and actings could undermine God's prescience and predestination. And consequently merits and demerits could cause divine predestination. On the contrary Bradwardine – in agreement with Scotus – states that predestination is the final cause of merits and criticizes the view these latters are the means of being predestined. If it were so, the relation between divine and created will would be reversed: it would be the latter that would determine predestination and prescience so as to make predestination temporal, and God changeable[76]. The right, natural order in the production of a meritorious act is, by contrast, as follows: the predestination of creatures is the final cause of the divine will; therefore it precedes by nature merit, which is the means to achieve this end, and grace precedes by nature merits:

> Praeterea si Deus det merita aut quaecunque adiutoria alicui praedestinato ad Regnum, non dat ea propter aliquam utilitatem Dei secundum priora, sed ut ille praedestinatus consequatur Regnum per ea, quia rationabiliter vult; et potest ostendi per vicesimum istius. Et si vult ipsum habere merita, ut per ea consequatur Regnum, prius naturaliter vult ipsum habere Regnum. Haec enim est causa finalis quodammodo, quare vult ipsum mereri, scilicet ut per hoc acquirat sibi Regnum, et gratis acceptat eum ad Regnum prius quam velit aut acceptet merita eius. Quia ergo primo ex sua liberalitate

[76] Cfr. THOMAS BRADWARDINE, *ibid.*, II, 5, pp. 477E-478A: «Hic semel audivi quendam respondere dicendo, quod nullus potest facere se praedestinatum; potest tamen aliquis facere quod sit praedestinatus, id est, secundum eum potest facere aliquid quo facto ipse praedestinatus erit ad vitam. Haec autem responsio peccat in duobus: primo in hoc, quod nititur separare quae separari non possunt, scilicet quod quis faciat se praedestinatum et quod faciat quod sit praedestinatus: si enim faciat quod sit praedestinatus, hoc est per aliquod meritum, quod est causa totalis, vel saltem partialis efficiens quod sit praedestinatus, quia scilicet per illud meritum movet et excitat Deum ad ipsum praedestinandum; ergo illud meritum est similis causa efficiens, movens et excitans ad ipsum esse praedestinatum; ergo similiter efficit se praedestinatum, ergo similiter facit se praedestinatum. Peccat secundo, dicendo quod quis potest facere quod sit praedestinatus, id est, secundum eundem, potest facere aliquid quo facto ipse erit praedestinatus. Nam ille ablativus quo facto, vel significat ibi causam praedestinationis, vel ordinem prioris ad posterius, vel nec causam, nec ordinem, sed aliquid disparatum; si causam, ergo factum suum est causa praedestinationis divinae contra quadragesimum tertium primi libri; si ordinem, ergo post illud factum est praedestinatus, et prius non fuit, ergo praedestinatio est temporalis, et quotidiana, non aeterna contra quadragesimum secundum capitulum primi libri».

> magnifica, gratis acceptat ad regnandum, nec decet quod ad tantum regnum ascendat immeritus, vult eum mereri, et dat sibi adiutorium, et gratiam ad merendum. Gratia ergo gratificans et gratia gratis data, secundum distinctionem vicesimam quintam scriptam, praecedit naturaliter omnia merita cuiuscunque[77].

With regard to the problem of the divine responsability in creatures' actions, Bradwardine finds its solution in Augustine's and in Scotus's views[78]. The main points Bradwardine makes are the following: (I) the non-absolute nature of evil; (II) the absence of any constraint in divine coefficiency. According to Bradwardine, evil is not an absolute but rather a relative entity, which, in relation to God and in its substance, is good because it has been created by Him as a part of the universal order, inspired by knowledge and beauty, and it is evil only *secundum quid* (that is in relation to secondary causes). The proper object of will is good; and evil can be wished only as connected with a good or in order to get a greater good. On the basis of these considerations, Bradwardine seems to give a metaphysical explanation of sin, that is, since evil is not an absolute entity, God wills sin *secundum quid* and not absolutely[79]. Moreover, Bradwardine emphasizes the

[77] *Ibid.*, I, 35, p. 308A.

[78] On this problem see LEFF, *Bradwardine* cit. (above, note 29), pp. 58-65; OBERMAN, *Archibishop* cit. (above, note 1), p. 79.

[79] Cfr. THOMAS BRADWARDINUS, *De causa Dei*, I, 26, ed. Savilius cit. (above, note 36), p. 251C: «Item Deus quia est summe ens, est summe bonus et perfectus, quoniam tam Philosophi, quam Theologi, probantes Deum esse, probant unum primum ens; et ex hoc ostendunt illud esse maxime ens et perfectissimum et optimum. Quare et omnia alia entia, quantum participant suo esse, tantum proportionaliter sunt bona naturaliter et perfecta». Cfr. also: *ibid.*, I, 34, p. 300D: «Deus enim nequaquam simpliciter vult peccatum, sed secundum quid tantummodo»; *ibid.*, p. 300E-301A: «An non etiam dici posset, quod in toto universo non est inordinatio, deformitas aut peccatum simpliciter, sed secundum quid tantum? Non simpliciter, quia non in respectu causae primae et summae, omnia positiva et privativa, entia et non entia cum summa sapientia, pulchritudine, et iustitia suaviter disponentis. (...) Nonne et trigesimo tertio huius ostendit, quod nullus actus est iniustus simpliciter, imo quod omnis actus est iustus respectu voluntatis divinae, licet aliquis sit iniustus respectu voluntatis creatae, a voluntate divina (quantum ad ipsam attinet licet non possit simpliciter) delirantis. Docetque vicesimum sextum huius, quod omnis actus secundum substantiam ipsam actus, non est malus, sed bonus, et factus a Deo, quod et nonus huius confirmat. Quilibet ergo actus respectu Dei autoris est iustus; quare et omne necessario consequens actum quemcunque: si enim antecedens est iustum, et quodlibet ip-

absence of any constraint in God co-acting. God is the author of all creatures' actions, without forcing the wills: it would be an act of compulsion that would free man from sin and would make of God a sinner[80].

5. *Conclusion*

As regards to the themes of divine prescience and creatures' free will, Bradwardine follows the Augustinian views and systematizes them within a consistent and organized system based on the modal categories of antecedent and consequent necessity and on the claim that the divine will exerts an immediate and coefficient causality on creatures. Therefore, Bradwardine takes up Augustine's late doctrine, known to him directly and through Anselm, and, by expressing it through a technical jargon, makes it more systematic and radical.

We can briefly reconstruct the stages of this intellectual itinerary. Augustine describes the freedom of creatures' wills as a consent to the divine one which operates inwardly on hearts. Anselm translates such a consent into a certain type of obedience, which is not compelled but rather spontaneous. Grosseteste seems to accept these views and starts elaborating on them. In the case of an action accomplished by the will with the help of grace,

sum necessario consequens iustum erit, sicut et verum; et aliquis talis actus, et aliquod ipsum necessario consequens est peccatum». Cfr. also *ibid.*, II, 2, p. 444CE: «Docet siquidem experientia et natura, quod actus eius [voluntatis] est velle, et nolle; diligere, et odire; obiectum vero ipsius, bonum, et malum apparens. (...) Videtur igitur quod breviter potest dici, quod actus primus et propriissimus voluntatis est, velle obiectum suum primum et proprissimum, quod est bonum, et quia vult bonum, ideo non vult malum, ideo odit malum, ideo fugit malum: bonum namque est naturaliter prius malo». *Ibid.*, p. 444E: «Verum cum constet voluntatem velle bonum et nolle malum, inquirendum ulterius an possit scienter velle malum, et neutrum aliquid, scilicet, quod nec apparet sibi bonum nec malum. Ego puto quod sic; etsi non per se, cum magno tamen bono coniuncto». And *ibid.*, p. 447B: «Consequenter posset quaeri an voluntas posset scienter nolle positive seu odire bonum. Et credo quod posset saltem per accidens, si videlicet nolendo et respuendo aliquod parvum bonum posset consequi aliquod maius bonum, vel vitare aliquod maius malum».

[80] Cfr. *ibid.*, I, 34, p. 304C: «Cum enim [Augustinus] dicit peccatum non esse a Deo et similia, intelligit modo dicto, scilicet quod peccatum non est Deo cogente, seu impellente quemquam invite, et ita quod reddat hominem excusatum, et Deo accusatum».

he describes both will and grace as the total causes of the action, and the freedom of will as a consent given to grace. Thomas, Scotus and Ockham attribute to God an immediate causality on creatures' wills and actions. In particular, Thomas describes God as a total cause which moves inwardly creatures' wills, and consequently does not compel these, while Scotus and Ockham describe the free action as the result of the cooperation of God and creatures as the partial causes of the act. The background of all these theories is the concept of a necessity – labelled 'consequent' by Anselm – which is compatible with freedom in that it does not compel the wills, but rather follows God's prescience.

Bradwardine takes up the point of God's inward operating on the wills, and reads it as the expression of divine coefficiency in creature's acts. Augustine's and Anselm's inheritance consists in the fact that God's operating on the wills does not compel but rather inclines the hearts, and necessity is such that creature's wills are not constrained even if they have no real alternative. According to Bradwardine, the necessity of divine prescience is at the same time consequent and antecedent: it is consequent for it depends on the eternal being of futures in God's mind, but also antecedent or efficient in relation to creatures, in such a way that divine prescience determines the happening of divine knowings. The divine co-acting in creature's actions is the means through which God's omnipotence and prescience are safeguarded; for creatures can not act differently from God's wills. Such a co-acting is described as an immediate causality God exerts inwardly on creatures. This view is based partly on the contemporary debate on divine causality, whilst, in another respect, it takes up one central claim in Grosseteste, i.e. that God is the formal cause of all things: this definition seems to be the philosophical ground for God's inwardly operating and moving the creatures's wills and actions, as well as for the necessary but not forcing action of grace on creatures' wills.

PAOLA MÜLLER

MODELLI DI NOMINALISMO NEL SECOLO XIV

Tracciare una linea interpretativa del 'nominalismo' nel secolo XIV è innanzitutto una questione di metodo: che cosa si intende con questo termine nel Medioevo e, in particolare, nel secolo XIV? Le posizioni nella storiografia filosofica relative all'accezione di 'nominalismo' e alla sua periodizzazione sono state diverse e hanno caratterizzato le indagini e la manualistica relative al lasso di tempo che va dal secolo XII alla Riforma. Numerosi sono i lavori di studiosi che ripercorrono e documentano le differenti letture: William J. Courtenay[1], Jean Largeault[2], François-Xavier Putallaz[3], Calvin G. Normore[4].

[1] W. J. COURTENAY, *Nominalism and Late Medieval Thought: A Bibliographical Essay*, in «Theological Studies», 33 (1972), pp. 716-734; *Nominalism and Late Medieval Religion*, in *The Pursuit of Holiness in Late Medieval and Renaissance Religion*, eds. C. H. Trinkaus – H. A. Oberman, Leiden 1974, pp. 37-43; *Late Medieval Nominalism Revisited: 1972-1982*, in «Journal of the History of Ideas», 44 (1983), pp. 159-164; *In Search of Nominalism: Two Centuries of Historical Debate*, in *Gli studi di filosofia medievale tra Otto e Novecento*, a c. di A. Maierù – R. Imbach, Roma 1991, pp. 233-251.

[2] J. LARGEAULT, *Enquête sur le nominalisme*, Louvain 1971.

[3] F.-X. PUTALLAZ, *Historiographie du nominalisme médiéval*, in *Saint Thomas au XXe siècle. Actes du Colloque du centenaire de la Revue thomiste*, ed. S.-Th. Bonino, Paris 1994, pp. 233-246.

[4] C. G. NORMORE, *The Tradition of Medieval Nominalism*, in *Studies in Medieval Philosophy*, ed. J. F. Wippel, New York 1987, pp. 201-217.

10.1484/M.NUTRIX-EB.1.101259

1. *Accezione di 'nominalismo'*

Il termine 'nominalismo' applicato alla cultura medievale ha assunto varie accezioni come si evince prendendo in considerazione le interpretazioni più recenti proposte da Paul Vignaux, William J. Courtenay, Alain de Libera e Cyrille Michon.

Paul Vignaux, che aveva già redatto nel 1930 la voce *Nominalisme* per il *Dictionnaire de théologie catholique*, nel 1977 in un articolo pubblicato sulla «Revue philosophique de Louvain»[5], cerca di determinare in qual misura si possa parlare di nominalismo e di realismo nel Medioevo. In questo saggio distingue due metodi per studiare e delimitare l'insieme di dottrine e posizioni designate come 'nominalismo medievale':

> Sono concepibili due maniere per affrontare e delimitare un insieme di fatti intellettuali indicati come 'nominalismo medievale'. Si può accettare in partenza un concetto di nominalismo acquisito anteriormente in una riflessione filosofica e, a partire da esso, circoscrivere, in qualche modo, *a priori* il campo medievale di ricerca. Si possono però anche interrogare immediatamente i dati conosciuti di storia della cultura medievale: se vi si trovano opere che appaiono tipiche di un nominalismo segnalato con questo termine nella stessa storia, la loro analisi porterà a proporre *a posteriori* una nozione di nominalismo medievale[6].

Il primo metodo, denominato dallo stesso Vignaux 'a priori', viene giustamente scartato da Alain de Libera, così come da Cyrille Michon. Rifacendosi alle posizioni del nominalismo contemporaneo di Goodman e Quine (il quale vorrebbe fare la barba a Platone con il rasoio di Ockham[7]), de Libera sottolinea la difficoltà

[5] P. VIGNAUX, *Nominalisme*, in *Dictionnaire de théologie catholique*, Paris 1930, pp. 717-784; *La problématique du nominalisme médiéval peut-elle éclairer des problèmes philosophiques actuels?*, in «Revue philosophique de Louvain», 75 (1977), pp. 293-331.

[6] ID., *La problématique du nominalisme* cit., p. 293.

[7] Cfr. W.V. O. QUINE, *On What There is*, in «The Review of Metaphysics», 2 (1948), pp. 21-28, quindi in ID., *From a Logical Point of View*, Cambridge (Mass.) 1953, pp. 1-19. Per un parallelo tra il nominalismo contemporaneo e la dottrina ockhamista si rimanda a C. PANACCIO, *Nominalisme occamiste et nominalisme contemporain*, in «Dialogue», 26 (1987), pp. 281-297; ID., *Les mots, les concepts et les choses. La sémantique de Guillaume d'Occam et le nominailsme d'aujourd'hui*, Montreal – Paris 1991.

di applicare al mondo medievale un programma nominalista che accompagni la propria ontologia, caratterizzata dalla 'sobrietà', secondo l'espressione di Michon[8], in primo luogo con un'analisi linguistica degli enunciati scientifici, filosofici o ordinari; in seconda istanza con un empirismo metodico; e infine con un esame naturalista, persino materialista della mente che rifiuta di considerare che i fenomeni mentali siano essenzialmente distinti dai fenomeni fisici. «Il rischio è di incontrarvi poca compagnia – a parte Ockham, forse»[9], sebbene risulti difficile trovarvi un qualsiasi riscontro del terzo punto.

È allora opportuno accogliere una nozione di nominalismo medievale definita a posteriori. A questo proposito è importante e interessante rifarsi agli statuti universitari parigini[10] del 1339[11] e del 1340[12], così come alle interdizioni reali del secolo XIV (in particolare all'editto di Senlis), per chiarire il referente attribuito dai medievali a determinati termini (per esempio la correttezza di etichettare come 'nominalisti' Guglielmo di Ockham, Gregorio da Rimini, Giovanni Buridano, Pietro d'Ailly, Marsilio di Inghen). Porre attenzione alle parole, alle attribuzioni come indicato dalla cosiddetta via a posteriori di Vignaux non deve però far perdere di vista il tema stesso e far assumere in modo indiscriminato i raggruppamenti forzati attuati dalla vita delle istituzioni.

[8] C. MICHON, *Nominalisme. La théorie de la signification d'Occam*, Paris 1994.

[9] A. DE LIBERA, *La querelle des universaux de Platon à la fin du Moyen Age*, Paris 1996, p. 24 (tr. it., Firenze 1999, p. 17).

[10] Cfr. W. J. COURTENAY – K. H. TACHAU, *Ockham, Ockhamists and the English-German Nation in Paris, 1339-1341*, in «History of Universities», 2 (1982), pp. 53-96: i due studiosi hanno supposto l'esistenza di un altro statuto anti-ockhamista promulgato nel 1341 e il cui testo sarebbe andato perduto, ma tale ipotesi, allo stato attuale delle conoscenze, risulterebbe superfluo secondo Thijssen e Kaluza: cfr. J. M. M. H. THIJSSEN, *Once Again the Ockhamist Statutes of 1339 and 1340: Some New Perspectives*, in «Vivarium», 28 (1990), pp. 136-167; e Z. KALUZA, *Les sciences et leurs langages. Note sur le statut du 29 décembre 1340 et le prétendu statut perdu contre Ockham*, in *Filosofia e teologia nel Trecento. Studi in ricordo di Eugenio Randi*, a c. di L. Bianchi, Louvain-la-Neuve 1994 (Textes et Études du Moyen Âge, 1), pp. 197-258.

[11] Sembrerebbe che le condanne del 1339, più che un divieto d'insegnamento della dottrina di Ockham, si risolvano in una condanna dell'esclusività che gli sarebbe stata accordata da alcuni.

[12] Lontano dall'essere una condanna anti-ockhamista, sembrerebbe piuttosto l'opera della fazione buridaniana e avrebbe di mira un anti-ockhamista, Nicola d'Autrecourt.

Questo infatti comporta il rischio di applicare categorie estranee alla tradizione medievale, come quella di nominalismo di destra e nominalismo di sinistra. Courtenay ad esempio riporta e discute la proposta di Oberman di distinguere i nominalisti in nominalisti di destra o conservatori detti storico-critici (i sostenitori del *significabile complexe*, come Gregorio da Rimini e Ugolino da Orvieto), nominalisti moderati, detti ockhamisti o logico-critici moderati (come Gugllielmo di Ockham, Pietro d'Ailly e Gabriel Biel) e nominalisti di sinistra, detti modernisti o logico-critici radicali (come Roberto Holkot, Nicola d'Autrecourt, Giovanni di Mirecourt, Adamo Wodeham)[13].

Pur rimanendo una questione aperta l'accezione di nominalismo da applicare al mondo medievale, una definizione di nominalismo che sembra poter essere predicata degli autori dell'età di mezzo è quella proposta da Cyrille Michon, in base alla quale si può definire nominalista «ogni dottrina che (1) rifiuta di ammettere nella sua ontologia ogni altra cosa rispetto agli individui concreti e (2) relega al mondo dei segni (nomi) l'universalità e l'astrazione»[14]. Tenendo ferma questa definizione, si tratta ora di determinare se è lecito parlare negli stessi termini di 'nominalismo' per le dottrine di autori del secolo XII e del XIV.

Gli studi più recenti sulla filosofia tardo-medievale hanno provato che non è mai esistito il nominalismo come fenomeno omogeneo e compatto, bensì ci sono state distinte e molteplici posizioni dottrinali, certamente influenzate da tendenze intellettuali comuni, ma difficilmente riconducibili a un unico modello. Gli ultimi lavori sui manoscritti portati avanti dalla Scuola di Copenhagen, e in particolare da Yukio Iwakuma e da Sten Ebbesen, hanno permesso di stabilire che è nel secolo XII che compaiono i termini *Nominales* e *Reales* per descrivere i campi considerati contrapposti nella disputa circa gli universali, e di identificare le *opiniones Nominalium* anche in testi grammaticali. Per lungo tempo si è ritenuto che i *Nominales* fossero i nominalisti del secolo XII e che questi nominalisti comprendessero Abelardo e la sua scuola. L'identificazione dei *Nominales* con i 'nominalisti' è però pro-

[13] Cfr. W. J. COURTENAY, *The Reception of Ockham's Thought at the University of Paris*, in *Preuve et raison à l'université de Paris. Logique, ontologie et théologie au XIV siècle*, éd. par Z. Kaluza – P. Vignaux, Paris 1984, pp. 34-43.

[14] MICHON, *Nominalisme* cit. (alla nota 8), p. 16.

blematica. Zenon Kaluza ha dimostrato che il termine *Nominalistae* comparve solo nel secolo XIV, all'inizio probabilmente sulla bocca degli avversari dell'ockhamismo e del buridanesimo (due correnti autenticamente nominaliste nel senso storiografico moderno del termine), e che, per una sorta di movimento a ritroso, la connessione tra *Nominalistae* e *Nominales* si consolidò non solo all'interno della scuola albertista, preoccupata di individuare una continuità tra gli errori affermati da contemporanei e quelli sostenuti in precedenza[15].

In base all'analisi di alcune tesi attribuite ai *Nominales* (p. es. alcuni nomi sono universali; genere è un nome; i generi e le specie sono vocaboli o suoni vocali; il nome genere non sta per nient'altro che per un suono vocale; nessuna espressione complessa è un genere o una specie; la maggior parte dei tutti sono le loro parti; in una predicazione vengono predicati termini di termini e non cose di cose), tra gli storici si contrappongono due linee interpretative. Una tesi (sostenuta da Normore e da Courtenay[16]) asserisce che i *Nominales* non ricevettero questo nome per la posizione affermata a proposito degli universali, ma per una teoria in particolare, quella dell'*unitas nominis*, senza una relazione diretta con il problema posto da Porfirio. L'altra tesi (patrocinata da Iwakuma[17]) afferma che la teoria dell'unità del nome non è in alcun modo propria dei *Nominales*, giacché era professata anche dai *Reales* e che quindi è necessario cercare altrove la spiegazione del loro appellativo. La dottrina degli universali torna così a diventare un criterio accettabile (Marenbon[18]) se non proprio esclusivo (Iwakuma) per l'attribuzione dell'appellativo 'nominalista'.

[15] Cfr. Z. KALUZA, *Les querelles doctrinales à Paris. Nominales et réalistes aux confins des XIV et XV siècles*, Bergamo 1988; ID., *Les étapes d'une controverse. Les nominalistes et les réalistes parisiens de 1339 à 1482*, in *La controverse religieuse et ses formes*, éd. par A. Le Boulluec, Paris 1995, pp. 297-317.

[16] Cfr. C. NORMORE, *Abelard and the School of Nominales*, in «Vivarium», 30.1 (1992), pp. 80-96; ID., *The Tradition of Medieval Nominalism*, in *Studies in Medieval Philosophy*, ed. J. F. Wippel, Washington 1987, pp. 201-217; W. J. COURTENAY, *Nominales and Nominalism in the Twelfth Century*, in Lectionum varietates. *Homage a Paul Vignaux (1904-1987)*, éd. par J. Jolivet – Z. Kaluza – A. de Libera, Paris 1991 (Études de philosophie médiévale, 65), pp. 11-48.

[17] Cfr. Y. IWAKUMA, *Twelfth-Century Nominales. The Posthumous School of Peter Abelard*, in «Vivarium», 30.1 (1992), pp. 97-109.

[18] Cfr. J. MARENBON, *Vocalism, Nominalism and the Commentaries on the Categories from the Earlier Twelfth Century*, ibid., pp. 51-61.

Qualunque linea interpretativa si voglia abbracciare circa l'origine del termine *Nominales*, rimane però la difficoltà di parlare negli stessi termini di nominalismo nei secoli XII e XIV. Risulta fondamentale infatti tener presente che, mentre il nominalismo del secolo XIV si presenta come una reazione a una teologia fortemente caratterizzata dalla metafisica greca ed araba, a cui oppone una sorta di austerità metodologica (si pensi al principio di economia di Ockham), il nominalismo del secolo XII è piuttosto una dottrina elaborata nell'ambito del linguaggio. A questo proposito Jean Jolivet afferma che la stessa posizione di Abelardo può essere intesa come una forma di 'non-realismo platonico'[19]. Le dottrine definite nominaliste nel secolo XIV infatti non sono delle semplici risposte a proposito del problema degli universali, ma esplicitano una teoria della conoscenza strettamente legata a una teoria del segno naturale mentale e una riduzione dell'esistenza reale al solo individuo.

Verranno qui presi in considerazione tre modelli di risposta spesso etichettata come 'nominalista', ossia le posizioni di Guglielmo di Ockham, Giovanni Buridano e Alberto di Sassonia.

2. *Modelli di nominalismo del secolo XIV*

Guglielmo di Ockham è senza dubbio il modello di riferimento più comunemente riconoscibile. Molte formule sono state coniate per qualificare globalmente la sua posizione: disincanto ontologico (Pierre Alféri[20]), spogliamento linguistico del mondo (Rubrecht Paqué[21]), criticismo e scetticismo (Konstanty Michalski[22]), pansemiotismo (Umberto Eco[23]). L'insieme della sua filosofia, comunque la si voglia etichettare, costituisce una dottrina empirista

[19] Cfr. J. JOLIVET, *Comparaison de théories du langage chez Abélard et chez les nominalistes du XIV siècle*, in *Peter Abelard*, Proceedings of the international conference (Louvain, May 10-12, 1971), ed. by E. M. Buytaert, Leuven – The Hague 1974 (Mediaevalia Lovaniensia, Ser. 1, Studia 2), pp. 63-178.

[20] P. ALFÉRI, *Guillaume d'Ockham. Le singulier*, Paris 1989.

[21] R. PAQUÉ, *Le statut parisien des nominalistes. Recherches sur la formation du concept de réalité de la science moderne de la nature*, Paris 1985.

[22] K. MICHALSKI, *La philosophie au XIVe siècle. Six études*, éd. par K. Flash, Frankfurt 1969.

[23] U. ECO, *Signification and Denotation from Boethius to Ockham*, in «Franciscan Studies», 44 (1984), pp. 1-29.

ed antiplatonica, articolata su un realismo gnoseologico (intendendo realismo nel senso moderno del termine, per il quale il reale è accessibile e conoscibile direttamente) e un antirealismo[24] ontologico (realismo qui invece assunto nel senso medievale del termine, anteriore o posteriore allo stesso Ockham, che afferma l'esistenza di cose universali – gli universali secondo Walter Burleigh, di stati di cose – il *significabile complexe* di Gregorio da Rimini, o di oggettività ideali – l'*esse obiectivum* di Pietro Aureolo).

La tesi di Ockham è essenzialmente semantica: lega in modo indissolubile psicologia cognitiva, teoria del segno e teoria della referenza. L'universale non è una cosa, ma un concetto. Il concetto è un segno, referenziale, che rinvia a una pluralità di oggetti singolari. Prodotto da un atto di intellezione, il concetto è un accidente reale dello spirito, una qualità dell'anima, un termine di natura cognitiva che non ha una esistenza oggettiva (a titolo di puro e semplice oggetto intenzionale), ma solamente una esistenza soggettiva *in anima*, vale a dire in quanto qualità realmente inerente ad un soggetto: l'anima. La soggettività così definita è la soggettività del sinolo aristotelico, la soggettività della sostanza singolare composta di materia e forma e dotata di accidenti o di proprietà. Questa qualità, questo accidente mentale che è il concetto, intrattiene un rapporto di somiglianza (*similitudo*) con le cose che rappresenta. Per Ockham questo è un rapporto di significazione naturale. Ogni concetto universale dunque può essere definito come un segno naturale, vale a dire come un termine mentale che significa molte cose di cui fa le veci nelle proposizioni mentali che, a loro volta, costituiscono il linguaggio mentale, al quale il linguaggio parlato e il linguaggio scritto, entrambi convenzionali, sono subordinati.

Come si passa allora dalla conoscenza intuitiva del singolare alla conoscenza degli universali, delle specie e dei generi? Ockham propone una soluzione originale a questo problema cruciale del-

[24] Sull'antirealismo di Ockham si veda in particolare lo studio di P. Alféri in cui vengono distinti tre serie di critiche da parte di Ockham al realismo: a una forma più grossolana, che sostiene la distinzione reale di singolare ed universale e l'inerenza reale dell'universale; a una forma più sottile, che coincide con la dottrina scotista della distinzione formale; e infine a una forma più mitigata, che propugna una sorta di indifferenza tra singolare e universale. Cfr. ALFÉRI, *Guillaume d'Ockham* cit. (alla nota 20), pp. 43-65.

l'epistemologia medievale: l'apprensione della specificità di una cosa accade contemporaneamente all'apprensione della cosa stessa. La conoscenza intuitiva di una cosa singolare produce due notizie nello spirito: la notizia propria della cosa appresa e la notizia della specie cui essa appartiene. L'intuizione del singolare è così ad un tempo empirica ed eidetica (vedendo quest'uomo io vedo un uomo). L'unico problema è il passaggio dalla conoscenza della specie a quella del genere. Per Ockham si rimane nell'ambito della conoscenza intuitiva: laddove la conoscenza specifica reclamava un atto di conoscenza vertente su un'unica cosa, la conoscenza generica reclama più intuizioni di cose appartenenti a specie diverse. C'è dunque la produzione di un concetto universale generico quando da una serie di atti conoscitivi relativi a una varietà di cose singolari che producono delle *notitiae* (intuitive e astrattive di primo tipo) di cose che sono tra loro simili per caratteristiche generiche, lo spirito produce un unico concetto mentale, capace di orientare verso una serie di cose accomunate dalla somiglianza nei caratteri generici. Per Ockham questa produzione è pressoché spontanea e sembra confondersi con la nozione e la realtà stessa dell'esperienza. Alla conoscenza intuitiva del singolare, egli oppone la conoscenza detta astratta, che apprende le cose a prescindere dal fatto se esistano o meno: una conoscenza senza portata epistemologica reale, che si confonde più o meno con la capacità di immaginare una cosa in sua assenza. Il ripiego della conoscenza astratta sull'immaginazione, il rifiuto della concezione scotista di un'apprensione dell'essenza indipendentemente dall'essere reale, il primato della conoscenza intuitiva implicano la riduzione dell'ontologia e la neutralizzazione della distinzione tra essenza ed esistenza. Essere, essenza ed esistenza, non sono cose distinte, ma sono modi di dire la stessa cosa – il singolare –, la loro differenza ultimativamente non è che grammaticale. Nell'ordine della conoscenza naturale l'intuizione di una cosa, quella della sua essenza e quella della sua esistenza non si distinguono. Tutto ciò che costituisce una cosa concreta è indiscernibilmente un'essenza e un'esistenza: un'essenza individuale concreta.

L'ingresso delle opere di Ockham nell'Università di Parigi non avviene in modo rilassato[25]. La *Summa logicae* fu conosciuta

[25] Cfr. Courtenay, *The Reception of Ockham's Thought at the University of Paris* cit. (alla nota 13); Id., *The Reception of Ockham's Thought in Fourteenth Century*

verso la fine degli anni '20 del secolo XIV e già nel 1330 nella facoltà delle Arti si sviluppò un movimento ockhamista talmente vigoroso da portare nel settembre del 1339 al divieto dell'insegnamento delle dottrine di Ockham in pubblico o in privato[26]. Il 29 dicembre 1340 viene promulgato uno statuto universitario di toni decisamente antinominalisti in cui si avverte:

> Che nessun maestro, baccelliere o scolaro, che fa corsi alla facoltà delle Arti di Parigi abbia l'audacia di dichiarare assolutamente falsa o letteralmente falsa (*falsum de virtute sermonis*) una proposizione ben conosciuta di un autore sul libro del quale fa corsi.
>
> Che nessuno abbia ad affermare che una proposizione è assolutamente o letteralmente falsa, perché è falsa secondo la supposizione personale dei termini.

Malgrado le restrizioni di tali statuti, la gnoseologia di Ockham trova largo seguito, viene studiata e approfondita, oltre che criticata.

Giovanni Buridano (rettore all'Università di Parigi nel 1328 e nel 1340) fornirà i testi che fungeranno da manuali nominalisti in tutte le Università dell'Europa centrale (Vienna, Cracovia, Heidelberg) dove ha avuto numerosi allievi e discepoli. Il complesso rapporto di Buridano con l'insegnamento di Ockham è stato variamente interpretato dalla storiografia; in particolare sono stati molto discussi il ruolo svolto da Buridano nella stesura dei decreti universitari degli anni 1339-1340 e gli intendimenti specifici delle diverse prese di posizione[27].

England, in *From Ockham to Wyclif*, ed. A. Hudson – M. Wilks, Oxford 1987, pp. 89-107.

[26] Cfr. ID., *The Register of the University of Paris and the Statutes against the «Scientia Occamica»*, in «Vivarium», 29 (1991), pp. 13-49; Z. KALUZA, *Les sciences et leurs langages. Note sur le statut du 29 décembre 1340 et le prétendu statut perdu contre Ockham*, in *Filosofia e teologia nel Trecento. Studi in ricordo di Eugenio Randi*, a c. di L. Bianchi, Louvain-la-Neuve 1994, pp. 197-258; ID., *Le statut du 25 septembre 1339 et l'ordonnance du 2 septembre 1276*, in *Die Philosophie im 14. und 15. Jahrhundert. In memoriam Konstanty Michalski (1879-1947)*, hrsg. von O. Pluta, Amsterdam – Philadelphia 1988 (Bochumer Studien zur Philosophie, 10), pp. 343-351; e cfr. ID., *Les querelles doctrinales a Paris* cit., e *Les étapes d'une controverse* cit. (entrambi alla nota 15).

[27] Cfr. A. GHISALBERTI, *Giovanni Buridano. Dalla metafisica alla fisica*, Milano 1975; *The Logic of John Buridan. Acts of the 3rd European Symposium on Medieval Lo-*

Buridano condivide con Ockham alcuni presupposti di carattere metafisico, primo tra tutti l'affermazione dell'individualità di ogni esistente, ma se ne stacca su aspetti decisivi della filosofia naturale. Egli individua tre livelli di linguaggio, *scritto, orale e mentale*, e pone in quest'ultimo il fulcro delle proprie concezioni logiche ed epistemologiche. Per Buridano le parole del linguaggio orale derivano la loro capacità di significare da un'imposizione originaria di tipo arbitrario, che non si esercita però direttamente sulle cose, bensì sui concetti, che sono gli unici a poter essere detti propriamente 'universali'. I concetti costituiscono quindi i significati immediati delle parole orali, oggetto delle proprietà di significazione, e le cose individuali i significati ultimi, oggetto della proprietà della supposizione (in modo analogo stanno i rapporti tra linguaggio orale e scritto). I tre livelli di linguaggio non sono completamente allineati, in particolare non esiste una corrispondenza biunivoca tra elementi del livello orale ed elementi del livello mentale. Quello che a livello orale può apparire una parola unica e che i grammatici analizzano come una unità linguistica (*dictio*), corrisponde in realtà a una pluralità di concetti, o meglio a un concetto complesso che costituisce un discorso mentale.

L'indagine filosofica risulta dunque al riparo da ogni esito scettico, in quanto il concetto è naturalmente significativo. Ciò significa che l'orizzonte concettuale è contrassegnato dalla tendenza a significare, svelare la realtà: la pluralità di concetti con cui si conosce una medesima cosa si spiega per le diverse proprietà o per i diversi connotati estrinseci della cosa stessa. Se dal piano concettuale poi ci si sposta a quello delle realtà singolari significate dai termini, bisogna fare una netta distinzione tra la realtà individuale come appare a noi e la realtà individuale come essa è. L'intelletto umano, che coglie le cose non secondo i caratteri sostanziali, ma secondo le note esteriori e accidentali, distingue gli

gic and Semantics (Copenhagen, 16-21 November 1975), ed. J. Pinborg, Copenhagen 1976; E. P. Bos, *Mental Verbs in Terministic Logic. John Buridan, Albert of Saxony, Marsilius of Inghen*, in «Vivarium», 16 (1978), pp. 55-69; L. M. de Rijk, *John Buridan on Universals*, in «Revue de métaphysique et de morale», 1992.1, pp. 35-59; *John Buridan: A Master of Arts: Some Aspects of his Philosophy*, eds. E. P. Bos – H. A. Kropp, Nijmegen 1993; *The Metaphysics and Natural Philosophy of John Buridan*, eds. J. M. M. H. Thijssen – J. Zupko, Leiden 2001; M. E. Reina, Hoc hic et nunc. *Buridano, Marsilio di Inghen e la conoscenza del singolare*, Firenze 2002.

individui appartenenti alla stessa specie solamente in base a delle differenze accidentali. Gli individui di una stessa specie infatti sono riconosciuti come appartenenti alla stessa specie in base alla loro somiglianza, alle similitudini che passano tra loro; se si eliminassero gli accidenti, essi apparirebbero tutti uguali, per cui l'intelletto non saprebbe distinguere l'uno dall'altro. È dunque corretto concludere che noi possiamo inferire le differenze tra individui di una stessa specie solamente in base alle loro note accidentali. È però importante rilevare che questa conclusione non implica che le cose *in rerum natura* siano così come appaiono sul piano conoscitivo: nella realtà infatti gli individui di una stessa specie differiscono per il loro essere sostanziale, per la diversità delle loro forme e delle loro materie, che non hanno alcuna parentela, ma in quanto sono intrinsecamente singolari.

Cade dunque totalmente il principio di individuazione, così come era stato inteso dai maestri del secolo XIII, dal momento che non esistono sostanze che contraggono altre sostanze, né accidenti che contraggono sostanze, ma solo dei termini che contraggono altri termini: la somiglianza che intercorre tra gli individui di una stessa specie non deve far concludere all'esistenza di un'identica essenza specifica, che per Buridano non esiste nella realtà, né all'identità dei loro principi formali o materiali, che sono di per se stessi dissimili perché individui.

Alberto di Sassonia (maestro delle Arti a Parigi dal 1351 al 1362, rettore dell'università e procuratore della nazione inglese nel 1353, quindi rettore dell'università di Vienna nel 1365 e vescovo di Halbertstadt nel 1366) rappresenta la posizione ormai 'canonica' della dottrina nominalista del secolo XIV: nessun universale è una sostanza, poiché ogni universale è un termine atto per natura a stare per più cose o a essere predicato di più cose[28]. L'universale dunque non è una realtà extra-mentale, partecipata,

[28] Cfr. J. BIARD, *Les sophismes du savoir: Albert de Saxe entre Jean Buridan et Guillaume Heytesbury*, in «Vivarium», 27.1 (1989), pp. 36-50; ID., *Verbes cognitifs et appellation de la forme selon Albert de Saxe*, in *Knowledge and the Sciences in Medieval Philosophy*, Proceedings of the Eights International Congress of Medieval Philosophy (S.I.E.P.M.) (Helsinki, 24-29 August 1987), 3 voll., II, eds. S. Knuuttila – R. Työrinoja – S. Ebbesen, Helsinki 1990, pp. 427-435; C. KANN, *Zur Suppositionstheorie Alberts von Sachsen*, *ibid.*, pp. 512-520; *Itinéraires d'Albert de Saxe. Paris-Vienne au XIVe siècle*, Paris 1991, éd. J. Biard; BOS, *Mental Verbs in Terministic Logic* cit. (alla nota 27).

ma un'intenzione dell'anima che non si differenzia dall'atto di intellezione singolare attraverso cui la mente intende o coglie una pluralità di cose singolari. Tale atto è un segno naturale che significa questa pluralità, e 'sta per' le cose all'interno di una proposizione mentale.

Secondo Alberto di Sassonia l'universale è un termine incomplesso che, per sua stessa natura o in virtù di una sola imposizione, può essere predicato di più cose; ossia è un segno capace di significare più cose o di sostituire più cose indifferentemente, là dove nessuna di queste cose fa parte (in nessun tempo, passato, presente e futuro) di un'altra cosa. Il fatto che il termine universale abbia una capacità naturale di rinviare a una molteplicità, sottintende la differenza tra segni concettuali e termini universali vocali o scritti, che sono universali, questi ultimi, in quanto istituiti volontariamente e arbitrariamente per significare più cose. Ciò significa affermare il predominio dei concetti mentali (atti per natura a essere predicati di molti) all'interno di un sistema che subordina i linguaggi convenzionali al linguaggio mentale.

Parimenti, la sottolineatura secondo cui l'universale può essere predicato di più cose 'in funzione di una sola imposizione' significa che tale universale può rinviare a termini quali Sole ma anche Dio. Scostandosi dall'avicennismo, Alberto di Sassonia non considera questi universali da un punto di vista reale, quanto piuttosto da una prospettiva soltanto semiotica. In questo modo Alberto nota che se, di fatto, questi termini non significano più cose, possono però significarne molte in funzione di una sola imposizione (ad es. se Dio, in virtù della sua potenza infinita, creasse più soli, il termine 'sole' li significherebbe tutti indifferentemente, senza bisogno di imporgli una nuova significazione). Facendo ricorso all'imposizione Alberto intende spiegare da un punto di vista prettamente semantico il fatto che un nome comune (come ad es. sole) significa sempre la pluralità degli individui a cui si applica (anche se di fatto nel mondo attuale esiste soltanto un sole). Il sintagma 'una sola imposizione' riporta alla distinzione tra nome proprio, che significa esattamente un individuo, e nome comune, che significa esattamente tutti gli individui a cui si applica. Un termine universale ha una sola imposizione, indipendentemente dal fatto che denoti o meno attualmente più cose. Invece il termine singolare Socrate può indicare più individui solo se viene loro imposto ogni volta.

L'ultima specificazione presente nella definizione proposta da Alberto, secondo cui le cose cui rimanda l'universale 'non fanno parte le une delle altre' rappresenta una risposta all'argomento mereologico (rapporto tutto/parti) sollevato fin dal secolo XII (in particolare all'interno dell'*Ars Meliduna*). Secondo la tesi di Alberto, anche se, in funzione di una sola imposizione, un termine significasse più cose che facessero parte le une delle altre, non sarebbe però necessario, per questo, che tale termine fosse comune. Così come l'espressione 'sta per delle cose' indica, attraverso il richiamo alla dottrina della supposizione, che non può esservi predicazione reale, non possono esservi proposizioni nelle cose. In altre parole: le sostanze non possono entrare nelle proposizioni, poiché, se così fosse, ne deriverrebbe che una proposizione potrebbe essere composta da un soggetto che si trova a Parigi e da un predicato che è in Inghilterra. Tale tesi viene formulata per prendere le distanze dal realismo proposizionale sostenuto da Walter Burleigh[29].

Da questa veloce carrellata, che non ha alcuna pretesa di esaustività, è possibile concludere che la qualifica di nominalismo riguardo alle dottrine dei maestri del secolo XIV non deve essere presa in senso negativo, come puro esercizio di virtuosismi verbali, quanto piuttosto come un orientamento della ricerca che muove dallo studio preliminare dei termini, a tutti i livelli, mentale, orale e scritto e cerca di raccordarlo alla scelta per l'assoluta e imprescindibile individualità del reale.

Il nominalismo del XIV secolo esprime dunque l'esigenza di riformulare con rigore logico-linguistico molte questioni metafisiche, liberandole dal peso delle ipostatizzazioni cui alcuni scolastici avevano fatto ricorso con una certa intemperanza, e far emergere un aristotelismo purificato dalle contaminazioni neoplatoniche arabe e latine. Grazie ad una approfondita semantica dei termini, sorretta da una logica puntuale e al costante richiamo al dato di esperienza, anche mediante l'uso del principio di

[29] Cfr. PINBORG, *Walter Burleigh on the Meaning of Proposition*, in «Classica et medievalia», 28 (1967), pp. 394-404.

economia, i maestri nominalisti elaborano un modello di filosofia che non è una semplice risposta al problema degli universali ma coinvolge una logica e una epistemologia connesse con un preciso modello di razionalità.

Se il primato spetta alle realtà individuali concretamente esistenti, non si può dire che i nominalisti neghino il valore di questa realtà per il fatto che riducono gli universali a concetti che significano la realtà. L'esperienza attesta l'esistenza degli individui e non quella dell'ordine reale delle classi, tant'è vero che i singoli individui, pur fondando la legittimità dei raggruppamenti concettuali in classi di generi e di specie, nella realtà vivono e muoiono secondo i tratti della singolarità, contraggono cioè la loro nuda esistenza individuale, la sviluppano e la depongono in modo del tutto autonomo rispetto alle esistenze degli individui dello stesso genere e della stessa specie.

FRANCESCO FIORENTINO

SCIENTIA DEI – SCIENTIA DE DEO SECONDO GIOVANNI DA READING

Giovanni da Reading[1] è lettore sentenziario a Oxford nel 1316-1317 come *socius* di Ockham, sotto la reggenza di Alnwick (appena ritornato dal continente), a cavaliere tra i cancellierati di Harclay e di Lutterell e all'inizio del regno di Edoardo II[2]. Per Tommaso Eckleston[3], Reading è 45° *magister regens* dello *Studium* minorita di Oxford nel 1320, dopo Tommaso di St. Dunstan e

[1] Reading O.F.M. è ordinato suddiacono il 20 settembre 1292 a Northampton e diacono il 18 settembre 1294 a Duns Stable in base al *Registro delle Ordinazioni* di Oliver Sutton, vescovo di Lincoln tra il 1280 e il 1299; cfr. *The Rolls and Register of Bishop Oliver Sutton*, ed. M.T. R. Hill, Lincoln 1975, VII, 31, 56. Sutton ordinava sacerdote Giovanni Duns Scoto il 17 marzo 1291; cfr. E. LONGPRÉ, *De l'ordination sacerdotale du B. Jean Duns Scot*, in «Archivum Franciscanum Historicum», 22 (1929), pp. 54-62; A. G. LITTLE, *Chronological Notes on the Life of Duns Scotus*, in «English Historical Review», 47 (1932), pp. 568-582. Ockham diverrà suddiacono il 26 febbraio 1306 nella Chiesa di St. Mery a Sothwat nella diocesi di Winchester; cfr. A. GHISALBERTI, *Guglielmo di Ockham e l'ockhamismo*, in *Storia della teologia nel Medioevo*, ed. G. d'Onofrio, 3 voll., Casale Monferrato 1996, III, pp. 463-465; A. B. EMBDEN, *A Biographical Register of Oxford to a.d. 1500*, 2 voll., Oxford 1959, II, p. 1384. Guglielmo da Woodford segnala che Guglielmo di Ware, Roberto di Cowton, Walter Chatton e Guglielmo d'Ockham entrano nell'Ordine come *pueri oblati* all'età di tredici anni; cfr. A. G. LITTLE, *The Franciscan School at Oxford in the Thirteenth Century*, in «Archivium Franciscanum Historicum», 19 (1926), [pp. 803-874], p. 866.

[2] Cfr. E. B. FRYDE – J. R. L. HIGHFIELD, *An Oxfordshire Deed of Balliol College*, in «Oxoniensia», 20 (1955), [pp. 40-45], p. 45; W. J. COURTENAY, *Schools and Scholars in Fourteenth Century, England*, Princeton 1967, p. 47.

[3] Cfr. THOMAS DE ECCLESTONE, *Tractatus de adventu Fratrum Minorum in Angliam*, ed. A. G. Little, Manchester 1951, p. 271. Cfr. EMBDEN, *A Biographical Register* cit. (alla nota 1), I, p. 593.

10.1484/M.NUTRIX-EB.1.101260

prima di Giovanni di Thornton e Riccardo di Drayton[4]. Il commentario sentenziario readinghiano è in gran parte inedito[5]. Sono edite meno della metà della seconda *quaestio* del Prologo sulla distinzione formale tra il *subiectum* e le *passiones*[6], le *quaestiones* 6-7, 10 sulla subordinazione e l'unità delle scienze[7], le *quaestiones* 11-12 del Prologo sul fine pratico della teologia[8], la *quaestio* 6 della *distinctio* 1 sulla libertà del beato[9], le *quaestiones* 2-3 della dist. 2 sull'esistenza e l'unicità di Dio[10], la *quaestio* 3 della *dist.* 3 sulle specie intelligibili[11].

Per le caratteristiche paleo-codicologiche, i rimandi interni e le note marginali, il Prologo sembra dividersi in tre blocchi: 1) qq. 1-5; 2) qq. 6-10; 3) qq. 11-12. Quanto al primo blocco, Reading dichiara di porre *tria*, ossia tre interrogativi principali; ma ne enumera quattro[12], che corrispondono alla prima, alla ter-

[4] Nell'agosto del 1321 Reading da *magister non regens* lascia il posto a Thornton, non a Ockham, che parte per Londra; cfr. G. GÁL, *Introductio*, in GUILLELMI DE OCKHAM, *Summa logicae*, ed. Ph. Boehner – G. Gál – S. F. Brown, in GUILLELMI DE OCKHAM, *Opera phylosophica*, I, New York 1974, p. 37* e pp. 47*-56*; E. A. MOODY, *Introductio*, in GUILELMUS DE OCKHAM, *Expositionis in libros artis logicae Prooemium, Expositio in librum Porphirii de praedicabilibus, Expositio in librum Praedicamentorum Aristotelis, Espositio in librum Periermeneias Aristotelis, Tractatus de praedestinatione*, ed. E. A. Moody *et alii*, *ibid.*, II, New York 1978, pp. 13* seqq.

[5] Mi si permetta di rimandare all'Introduzione della mia edizione dell'opera: JEAN DE READING, *Scriptum in primum librum Sententiarum*, éd. par F. Fiorentino, Paris 2011 (Textes philosophiques du Moyen-Âge, 24), pp. 23-52.

[6] IOANNES DE RADINGIA, *Scriptum in primum librum Sententiarum* (in seguito: RADINGIA, *In Sent.*), Prologus, q. 2, ed. in S. F. BROWN, *Sources for Ockham's Prologue to the Sentences*, in «Franciscan Studies», 25 (1966), [pp. 36-65], pp. 40-51.

[7] *Ibid.*, qq. 6-7, 10, ed. in S. J. LIVESEY, *Theology and Science in the Fourteenth Century. Three Questions on the Unity and Subalternation of the Sciences from John of Reading's Commentary on the Sentences*, Leiden – New York – København – Köln 1989, pp. 91-205.

[8] *Ibid.*, qq. 11-12, ed. in J. PERCAN, *Teologia come scienza pratica secondo Giovanni di Reading*, Studio e testo critico, Grottaferrata 1986, pp. 3-246.

[9] *Ibid.*, d. 1, q. 6, ed. in G. ALLINEY, *Fra Scoto e Ockham. Giovanni di Reading e il dibattito sulla libertà a Oxford (1310-1320)*, in «Documenti e studi sulla tradizione filosofica medievale», 7 (1996), pp. 292-368.

[10] *Ibid.*, d. 2, qq. 2-3, ed. in G. J. ETZKORN, *John Reading on the existence and unicity of God, efficient and final causality*, in «Franciscan Studies», 41 (1981), pp. 125-221.

[11] *Ibid.*, d. 3, q. 3, ed. in G. GÁL, *Quaestio Johannis de Radingia de necessitate specierum intellegibilium*, in «Franciscan Studies», 29 (1969), pp. 77-156.

[12] Cfr. *ibid.*, Prologus, ed. Fiorentino cit. (alla nota 5), p. 101. Il commento readinghiano è pervenuto nel ms. Firenze, Bibl. Naz., Conv. Soppr. D IV 95 (d'ora in poi F).

za, alla quarta e alla quinta *quaestio* prologale[13]. Tra la prima e la terza è aggiunta la seconda *quaestio*[14], relativa all'identità reale tra il soggetto e il predicato, conservata anche in un testimone padovano tra le *Quaestiones in Metaphysicam* di Pietro Aureolo e citata da Ockham nella terza *quaestio* prologale dello *Scriptum*[15].

Il Prologo di Reading si apre con l'intento di ricercare la verità. Sulla scia di Agostino[16], in tale ricerca ci si avvale dell'*auctoritas* delle Sacre Scritture, nelle quali si tratta soprattutto della conoscenza dell'ultimo fine dell'uomo[17]. Nonostante ciò, nessuna citazione apertamente biblica compare nelle prime tre *quaestiones* prologali e nessuna nota marginale nel resto del commentario fa esplicito riferimento alle Sacre Scritture. Perché?

Le prime tre *quaestiones* prologali vertono sulla scienza che Dio ha, su quella che può darsi su Dio, e sulla conoscenza che il *viator* ha di Dio. L'intento di Reading è risolvere affermativamente tutte le *quaestiones*[18]. Secondo l'uso inglese, convalidato da Ockham[19], Reading dedica il primo articolo della prima *quaestio*

[13] L'annotazione sulla prima carta di guardia registra probabilmente questo stato del primo blocco del Prologo, omettendo la seconda questione aggiunta e usando «Sacra Scriptura» nella titolazione della quarta questione: *1. Utrum de ultimo fine humanorum actuum tamquam de subiecto primo possit haberi aliqua scientia proprie dicta / 2. Posito quod sit, quaeritur utrum talis cognitio proprie scientifica possit haberi ab intellectu viatoris / 3. Utrum Sacra Scriptura, ut tradita et habita a viatore, sit proprie scientia viatoris / 4. Utrum viator possit adquirere scientiam omnem possibilem de ultimo fine tamquam de proprio subiecto ex suis naturalibus.*

[14] Tale questione può essere considerata un'ampliamento della risposta alla prima argomentazione principale della prima questione; cfr. *ibid.*, Prologus, q. 1, a. 4, ed. Fiorentino cit. (alla nota 5), pp. 150-151; q. 2, pp. 152-153.

[15] Cfr. GUILLELMUS DE OCKHAM, *Scriptum in librum primum Sententiarum*, Prologus, nn. 14-17, ed. G. Gál, GUILLELMI DE OCKHAM *Opera theologica*, I, New York 1967, p. 129; q. 4, nn. 17-18, *ibid.*, p. 143; q. 5, nn. 11-12, *ibid.*, p. 158; q. 6, nn. 9-10, *ibid.*, p. 177; q. 3, nn. 4-10, *ibid.*, p. 130. Cfr. inoltre RADINGIA, *In Sent.*, Prologus, q. 2, ed. Fiorentino cit. (alla nota 5), pp. 144-147. Il ms. Padova, Bibl. Univ. 1580 (P), ff. 208[ra]-216[va] tramanda la seconda questione prologale di Reading e in questo caso concorda con F a ff. 214[c]-215[a].

[16] Cfr. AURELIUS AGUSTINUS, *Confessiones*, VI, 7, 5 PL 32, 723-724, ed. L. Verheijen, Turnhout 1981 (CCSL, 27), pp. 77-79.

[17] Cfr. RADINGIA, *In Sent.*, Prologus, p. 101 (incipit). Il testo è preceduto da una lettera d'attesa per il rubricatore.

[18] Cfr. *ibid.*, Prologus, q. 1, a. 1, pp. 102-103; art. 3, pp. 183-184; q. 3, a. 3, p. 229.

[19] Reading dedica la sua *expositio terminorum* a 'finis', 'subiectum primum', 'actus humanus' e 'scientia proprie dicta'; cfr. *ibid.*, pp. 102-115. Ockham tratta altri termini, ossia 'intellectus viatoris, 'notitia evidens' e 'veritates theologiae'; cfr.

all'*expositio terminorum*. L'ultimo *terminus* è «scientia proprie dicta»[20]. Dalla triplice considerazione del termine rispetto a esso stesso, all'*obiectum* e al *principium*, dal quale la *scientia* è dedotta, si originano le *quinque condiciones scientiae*[21]: 1) la certezza, che esclude il dubbio e l'inganno; 2) l'evidenza, che si distingue dalla certezza; 3) il campo del necessario e del complesso; 4) la presupposizione della conoscenza del principio; 5) l'applicazione abituale della conclusione al principio tramite il *discursus syllogisticus*[22]. Dunque Reading può definire la *scientia* come «cognitio certa et evidens veri necessarii, causata ex necessaria priori evidentia et sequente ex ipsa per discursum syllogisticum»[23].

Ma, verso la fine dell'*expositio*, Reading esclude ciò che egli intende con *discursus morosus* dalla «ratio scientiae»[24] e definisce l'*actus scientificus* come «cognoscere causam et quoniam ipsius est causa etc.»[25]. Entrambe le definizioni derivano, seppure a vario titolo, dal primo libro degli *Analytica posteriora* di Aristotele[26]. A partire dal *Metalogicon* di Giovanni di Salisbury i *Posteriora* avevano ripreso a essere trasmessi alla cultura medio-latina, ricevendo diverse traduzioni[27]. Ma era Roberto Grossatesta a fornire il primo commento

GUILLELMUS DE OCKHAM, *Scriptum in librum primum Sententiarum*, Prologus, q. 1, a. 1, nn. 6-3, ed. Gál, I, pp. 5-9.

[20] Cfr. RADINGIA, *In Sent.*, Prologus, q. 1, a. 1, ed. Fiorentino, pp. 102-115.

[21] Cfr. *ibid.*, pp. 102-103.

[22] Cfr. *ibid.*, p. 106: «Quintam condicionem habet scientia per applicationem habitudinalem conclusionis a principium, quae est, quod sequatur ex principio per discursum syllogisticum»; *ibid.*, Prologus, q. 10, a. 3, nn. 21-28, ed. Livesey cit. (alla nota 7), p. 197.

[23] La scienza è la conoscenza di ciò che è vero e necessario; tale conoscenza deve essere causata da due evidenze necessarie, l'una primaria e l'altra secondaria; mentre quella primaria sussiste di per sè, quella secondaria deriva dalla prima mediante il procedimento sillogistico, cioè ricavando la conclusione, che s'intende acquisire, dal principio, precedentemente noto, attraverso un dispositivo logico, con il quale a due premesse già note segue necessariamente tale conclusione; cfr. *ibid.*, Prologus, q. 10, nn. 7-17, ed. Livesey cit., p. 147; cfr. ARISTOTELES, *Metaphysica*, VII, 12, 1037b-1038a, e *ibid.*, X, 7, 1057b.

[24] Cfr. RADINGIA, *In Sent.*, Prologus, q. 1, a. 1, p. 108: «Sed in tali actu non est discursus morosus; ergo hoc non requiritur ad actum sciendi nec a scientiam; ergo etc.».

[25] Cfr. *ibidem*.

[26] Cfr. ARISTOTELES, *Analytica posteriora*, I, 2, 9, 71b[22].

[27] Cfr. ARISTOTELES, *Analytica posteriora. Translationes Iacobi, anonymi sive 'Ioannis', Gerardi et recensio Guillelmi de Moerbeka*, ed. L. Minio-Paluello – B. G. Dod, Bruges – Paris 1968 (Aristoteles latinus, 4/1-4). La *translatio Gerardi* circolava co-

medio-latino e a mediare i *Posteriora* verso la cultura oxoniense[28]. La seconda definizione assumeva grande importanza nella cultura scolastica con Alberto Magno[29] e Tommaso d'Aquino[30].

Per Reading, in risposta all'«opinio Aureoli de unitate scientiae»[31], la *scientia de demonstratione* è «tradita in libro Posteriorum»[32]. Egli segnala una *additio* nella quinta *condicio*, ossia «quae est quod sequatur ex principio per discursum syllogisticum» e nota che, «secundum aliquos», questa *additio* non appartiene alla scienza, ma solo agli intelletti, che sono naturalmente atti a *discurrere*[33]. Ockham, poste le sue tre *condiciones*, ossia la necessità[34], la dubitabilità[35], l'evidenza tramite il procedimento sillogistico[36], nella seconda *quaestio* prologale definisce la scienza – similmente

me *Liber de demonstratione*; cfr. LIVESEY, *Theology and Science* cit. (alla nota 7), p. 149, nota 64.

28 Cfr. ROBERTUS GROSSETESTE (ROBERTUS LINCONIENSIS), *Commentarius in Posteriorum Analithicorum libros*, ed. P. Rossi, Firenze 1981. I commentari agli *Analitici* I e II, pubblicati da L. Wadding come scotiani, non sembrano autentici: cfr. M. MIGNUCCI, *Le pseudo-scotistiche 'Quaestiones super libros Priorum Analyticorum Aristotelis' e la sillogistica dello Stagirita*, in *De doctrina Ioannis Duns Scoti*, Acta Congressus Scotistici Internationalis Oxonii et Edinburgi 11-17 Sept. 1966 celebrati, ed. Commissionis Scotisticae, Romae 1968, IV, pp. 57-59. L'autore del commento agli *Analytica Priora* (indicato dall'editore come pseudo-Scoto) non è identificabile; cfr. I. M. BOCHENSKI, *De consequentiis Scholasticorum earumque origine*, in «Angelicum», 15 (1938), pp. 92-109; J. BENDIEK, *Die Lehre von dem Konquenzen bei Pseudo-Skotus*, in «Franziskanische Studien», 34 (1952), pp. 205-234. Il commento ai *Posteriora* è ascrivibile a Giovanni di Cornubia; cfr. U. SMEETS, *Lineamenta bibliographiae Schotisticae*, Romae 1942, pp. 8-9; É. GILSON, *Jean Duns Scot, Introduction a ses positions fondamentales*, Paris 1952, p. 673. Reading e Ockham citano sovente i primi due libri del commentario grossatestiano. Mi si permetta di rimandare al mio *Giovanni di Reading e la recezione degli Analitica Posteriora*, in «Journal of Medieval Latin», 18 (2008) [= *Interpreting Latin Textes in the Middle Ages*, ed. M. Herren], pp. 419-436.

29 Cfr. ALBERTUS MAGNUS, *Analytica Posteriora*, in ID., *Opera omnia*, ed. A. Borgnet, 36 voll., Parisiis 1890, I, 1, 1; II, p. 3AB.

30 Cfr. THOMAS AQUINAS, *In primum librum Posteriorum Analyticorum Aristotelis Expositio*, in ID., *Opera omnia* iussu Leonis XIII P. M. edita, Paris 1989, I, p. 152.

31 Cfr. PETRUS AUREOLI, *Scriptum super primum Sententiarum*, Prooemium, sect. 4, nn. 82-89, ed. E. M. Buytaert, New York 1956, I, pp. 276-280.

32 RADINGIA, *In Sent.*, Prologus, q. 10, nn. 22-28, ed. Livesey cit. (alla nota 7), p. 149; *ibid.*, nn. 33-16, ed. Livesey cit. (alla nota 7), pp. 163-164.

33 *Ibid.*, Prologus, q. 1, a. 1, ed. Fiorentino cit. (alla nota 5), p. 105.

34 Cfr. GUILLELMUS DE OCKHAM, *Scriptum in librum primum Sententiarum*, Prologus, q. 2, a. 1, nn. 17-20, ed. Gál, I, p. 76.

35 Cfr. *ibid.*, nn. 21-1, ed. Gál, I, pp. 76-77.

36 Cfr. *ibid.*, pp. 77-78.

a Reading – come «notitia evidens veri necessarii, nata causari per praemissas applicatas ad ipsum per discursum syllogisticum»[37]. Nel primo articolo, egli paventa che la terza *condicio* sia superflua[38], per affermare la concorrenza della *demonstratio* e dell'*experientia* alla formazione della *scientia*[39].

Ma gli *aliqui*, che Reading ha in mente, possono essere ricondotti ragionevolmente a Scoto[40] o a un suo «discepolo» imme-diato[41]. Scoto, applicando la concezione epistemologica dei *Posteriora* al caso della teologia cristiana, perpetuava la tendenza speculativa, iniziata con Alessandro di Hales e Bonaventura e ripresa da Enrico di Gand[42]. In tutti i testi scotiani aleggia la prima definizione readinghiana. Nel testo della *Lectura Oxoniensis* la *scientia* è definita sinteticamente come «cognitio certa, de necessariis, habita per causam et evidentiam obiecti et per applicationem causae ad effectum», senza menzionare il procedimento sillogistico[43]. Nella *Reportatio examinata* Scoto distingueva tre accezioni di *scientia*: una larga, che estende la *scientia* alla *fides*; una stretta, che esclude la *sapientia* dalla *scientia*[44], secondo l'autorità di Agostino[45]; e una media, che Scoto condivideva. *Modo*

[37] Cfr. *ibid.*, a. 2, nn. 13-16, ed. Gál, I, p. 76; nn. 20-2, ed. Gál, I, pp. 87-88.

[38] Cfr. *ibid.*, a. 1, nn. 15-1, ed. Gál, I, pp. 79-80.

[39] *Ibid.*, a. 2, nn. 8-13, p. 88. Ockham può ammettere il contenuto delle idee mentali come dominio della scienza naturale comune per la fiducia che egli nutre nella *notitia intuitiva experimentalis*; cfr. D. WEBERING, *Theory of Demonstration according to William Ockham*, New York 1953, p. 76. Talvolta Reading accosta la *scientia a priori secunndum passiones* e quella *a posteriori per experientiam*; cfr. RADINGIA, *In Sent.*, Prologus, q. 6, a. 3, ms. F, ed. Fiorentino cit. (alla nota 5), p. 365.

[40] Mi si permetta di rimandare a F. FIORENTINO, *Reading e Scoto*, in «Quaestio», 8 (2008) [= *La posterità di Giovanni Duns Scoto*], pp. 177-199.

[41] Cfr. R. CROSS, *Duns Scot on God*, Burlington 2005 (Ashgate Studies in the History of Philosophical Theology), pp. 1-3.

[42] Cfr. E. D. O'CONNOR, *The Scientific Character of Theology according to Scotus*, in *De doctrina Ioannis Duns Scoti* cit. (alla nota 28), III, pp. 3-50; J. FINKENZELLER, *Offenbarung und Theologie nach der Lehre des Ioannes Duns Skotus. Eine historische und sistematische Untersuchung*, Münster i.W. 1961 (BGPTMA, 85/5), pp. 215-225.

[43] IOANNES DUNS SCOTUS, *Lectura in primum librum Sententiarum*, Prologus, pars III, q. 1, nn. 8-10, in *Opera omnia*, ed. C. Balic *et alii* (Commissio Scotista), XVI-XVIII, Città del Vaticano 1960-2009 (in seguito: *Lectura*, ed. Vat.), XVIII, p. 39.

[44] Cfr. ID., *Reportatio Parisiensis* (*Reportatio maior sive examinata I-A*), Prologus, q. 1, a. 1, n. 8, ed. tr. A. B. Wolter – O.V. Bychkov, New York 2004-2008, I, pp. 2-3.

[45] Cfr. AUGUSTINUS HIPPONENSIS, *De Trinitate*, XV, 12, 21, PL 42, 1075, ed. W. J. Mountain, 2 voll., II, Turnhout 1978 (CCSL, 50A), p. 439; *ibid.*, XII, 15, 25, 1012, ed. Mountain, I (CCSL, 50), p. 379.

medio, secondo l'autorità di Aristotele[46], la *scientia* è la «cognitio certa veri necessarii, quod natum est habere evidentiam ab alio necessario prius evidente, applicato ad ipsum per discursum syllogisticum»[47]. Il fatto che la *notitia* dell'evidenza secondaria fosse causata dall'evidenza primaria tramite il procedimento sillogistico, rappresentava – per Scoto, sulla scorta di Enrico di Gand[48] – l'ultima delle quattro condizioni della scienza[49]; tale condizione non appartiene alla *ratio scientiae*, ma solo alla *scientia imperfecta* e in rapporto all'intelletto, cui «convenit discurrere et procedere a noto ad ignotum»[50]. Dunque era Scoto nella *Reportatio ad «addere»* ed a connettere il procedimento sillogistico con gli intelletti discorsivi; egli ometteva l'aggiunta ossia la connessione nella *Lectura* e la confermava nell'*Ordinatio*[51], ma senza ritornare a parlare esplicitamente di tali intelletti[52]. La connessio-

[46] Cfr. ARISTOTELES, *Analytica Posteriora* I, 2, 71b$^{9-22}$.

[47] IOANNES DUNS SCOTUS, *Reportatio Parisiensis*, Prologus. q. 1, a. 1, n. 8, ed. Wolter – Bychkov cit., I, p. 3.

[48] Cfr. HENRICUS DE GANDAVO, *Summa quaestionum ordinariarum*, a. 6, q. 1, ed. Iodocus Badius Ascensius, Paris 1520 (rist. New York 1953) (in seguito: *Summa*), I, p. 42AD.

[49] Cfr. IOANNES DUNS SCOTUS, *Reportatio Parisiensis*, Prologus, q. 1, a. 1, n. 13, p. 4.

[50] Cfr. *ibidem*.

[51] Nell'*Ordinatio* erano riprese l'*auctoritas* aristotelica e le quattro condizioni nello stesso ordine della *Reportatio Parisiensis*; ma nella conclusione Scoto sembrava richiamarsi soprattutto alla *Lectura Oxoniensis*, riprendendo l'argomento dell'imperfezione e negando la quarta condizione alla *theologia ut scientia* e all'intelletto divino. Cfr. IOANNES DUNS SCOTUS, *Ordinatio*, Prologus, pars IV, q. 1, nn. 10-1, in *Opera omnia*, ed. Balic *et alii* cit. (alla nota 43), I-VII, Città del Vaticano 1950-1973 (in seguito: *Ordinatio*, ed. Vat.), I, pp. 141-142; e cfr. *ibid.*, nn. 10-4, ed. Vat., I, p. 142.

[52] Nella risposta alla prima argomentazione principale alla fine della terza questione, Reading sembra spiegare perché, secondo lo Scoto della *Reportatio*, la *scientia* si dà in modo imperfetto rispetto agli intelletti discorsivi con l'aggiunta del discorso sillogistico. Infatti, quest'ultimo, che comporta un'imperfezione, non è associato alla natura della *scientia*, ma a quella dell'intelletto conoscente, che declina la *scientia* secondo il suo modo d'essere; cfr. RADINGIA, *In Sent.*, Prologus, q. 3, a. 4, ed. Fiorentino, pp. 232-233. Anche il testimone ms. Paris, Bibl. Maz., 894, che tramanda i *cancellata e* i *correcta* dello *Scriptum* di Ockham, nel primo articolo della seconda questione prologale sulla definizione di scienza sembra comprendere l'intenzione scotiana, quando attribuisce in via negativa a *Ioannes,* ossia a Scoto, la relazione tra l'evidenza della proposizione scientifica e le caratteristiche dell'intelletto conoscente; cfr. ms. cit., f. 8ra, *in imo*: «Item, contra secundam condicionem, quae ponitur in descriptione propositionis scibilis, aut intelligitur 'est propositio dubitabilis apud omnem intellectum' aut 'apud aliquem et ali-

ne si ripresentava nelle *Additiones Magnae*[53] ed in Enrico di Harclay[54].

Reading applica l'ideale della scienza dimostrativa non più ai beati, come faceva Scoto[55], ma a Dio stesso. Da un lato, si prova che il procedimento sillogistico appartenga alla *ratio scientiae simpliciter*, ossia senza riferirsi agli intelletti discorsivi[56]. Infatti, il principio causa la conclusione nel conoscente, applicando la sua *virtus* alla conclusione[57]; tale applicazione avviene tramite il procedimento sillogistico[58]; tale procedimento rende possibile il passag-

quem non'. Si primum, ergo nulla potest esse scibilis, cum nulla sit dubitabilis apud intellectum. Et non sequitur idem, quod 'posito quod nullus intellectus esset nisi divinus' etc. Dicitur quod oportet quod in se sit dubitabilis; unde non dicitur dubitabilis, quia est dubitat vel ille, sicut nec dicitur per se nota, quia est nota isti vel illi, ut dicitur a Joanne. Contra: tunc stant simul quod sit dubitabilis et tamen quod non potest eam dubitare, quod videtur inconveniens, quia sequitur: est dubitabilis, igitur potest dubitare, et per consequens aliquis potest eam dubitare. Probatio, quod prima stant prima: quia, quando aliqua sunt diversa realiter, potest unum poni, altero non posito. Sed intellectus et propositio dubitabilis sunt huiusmodi, ergo etc. Et per consequens, posito quod nullus intellectus posset esse, adhuc posset esse propositio in scripto, sed illa non est scibilis, quia nullus posset eam scire scientia proprie dicta. Respondeo: hoc non valet».

53 Guillelmus Alnevicanus, *Additiones Magnae*, in *Die Prologe der Reportata Parisiensia des Johannes Duns Scotus. Untersuchungen zur Textüberlieferung und kritische Edition*, ed. K. Rodler, Innsbruck 2005, Prologus, q. 1, art. 1, nn. 11-16, p. 165.

54 Henricus de Harclay, *Scriptum in primum librum Sententiarum*, Prologus, q. 1, art. 1, ms. Casale Monferrato, Bibl. Sem., B 2, f. 1r: «Quarta conditio, quod illud verum, cuius est scientia, habeat evidentiam ex aliquo evidente prius noto, applicato ad ipsum per discursum sillogisticum, qui non convenit scientiae essentialiter, sed tantum convenit sibi ratione alicuius intellectus, in quo est scientia. Qui autem intellectus propter sui imperfectionem non est natus cognoscere nisi per talem discursum».

55 Cfr. Ioannes Duns Scotus, *Lectura*, Prologus, pars III, q. 1, nn. 17/2, ed. Vat., XVIII, pp. 39-40; cfr. Henricus de Gandavo, *Summa*, a. 37, q. 2, I, p. 241L; *ibid.*, a. 7, q. 5, I, p. 53E; Id., *Quodlibet* V, ed. Iodocus Badius Ascensius, Paris 1518, q. 14, f. 177r; Ioannes Duns Scotus, *Ordinatio*, Prologus, pars IV, q. 1, nn. 13/1, ed. Vat., I, pp. 142-143.

56 Cfr. Radingia, *In Sent.*, Prologus, q. 1, a. 1, ed. Fiorentino, pp. 106-107: «Contra ultimam condicionem, si de discursu dicitur et probatur quod discursus syllogisticus sit de ratione scientiae in se et simpliciter necessarius ad rationem scientiae».

57 Cfr. *ibid.*, p. 106: «Et hoc sit, sicut se habet causa ad effectum in entitate, sic principium ad conclusionem in cognoscente. (...) Sed effectus non potest produci in entitate sine causa, applicante virtutem suam ad ipsum, tamquam mediante prius omni».

58 Cfr. *ibidem*: «Igitur nec conclusio vel notitia conclusionis potest causari sine applicatione principii ad ipsam; applicatio autem principii ad conclusionem non potest esse nisi per discursum syllogisticum».

gio temporale dal principio, precedentemente noto, alla conclusione, che s'intende conoscere[59]. Dall'altro, si prova che il discorso come abitudine sillogistica non appartenga alla *ratio scientiae*[60]. Infatti «scire est effectus demonstrationis»; tale dimostrazione implica la *syllogizatio*, ossia la costruzione di una catena di sillogismi, e quindi il *discursus*, ossia il passaggio da ciò che è noto a ciò che s'intende conoscere. Perciò, Dio, che non «discurrit», non ha *scientia*[61]; poiché non «demonstrat», non ha *scientia*[62]; poiché non comprende le proposizioni «componendo et dividendo» – come intendeva l'Aquinate –, non ha *scientia*[63]. Ammessa la quinta condizione, secondo gli *antiqui*, Dio e l'angelo, che non «discurrunt», non possono avere *scientia*[64].

Ciò appare impossibile a Reading, sia per ragioni filosofiche che teologiche. Sul piano filosofico la conoscenza scientifica è la più perfetta[65], secondo l'autorità di Aristotele[66]. Sul piano teologico, proprio per la massima perfezione della scienza, Dio, che ha conoscenza perfettissima di ogni conclusione, ne ha *scientia*[67]. Ma

[59] Cfr. *ibidem*: «Item, si de ratione scientiae non esset discursus syllogisticus, hoc non esset, nisi quia de ratione scientiae et demonstrationis non est quod prius tempore vel duratione cognoscatur principium quam conclusio, quia, si natum prius duratione cognosceretur principium quam conclusio, tunc esset discursus».

[60] Cfr. *ibid.*, p. 109.

[61] Cfr. *ibid.*, p. 110: «Item, quia scire est effectus demonstrationis; demonstratio autem includit sillogizationem; syllogismus includit discursum. Cum igitur Deus non discurrat, Deus non potest habere proprie scientiam».

[62] Cfr. *ibidem*: «Deus non demonstrat, quia non sillogizat; igitur non habet proprie scientiam».

[63] Cfr. *ibidem*: «Item, intellectus, habens proprie scientiam, intelligit, componendo et dividendo, quia intelligendo propositiones; sed Deus non intelligit, componendo nec dividendo; igitur etc.». L'implicazione tra la *demonstratio*, la *syllogizatio e* il *discursus* e l'inapplicabilità di tale implicazione alla scienza, che Dio ha, sono ribadite nel secondo articolo della prima questione prologale, dove il fuoco speculativo readinghiano si sposta alla considerazione di Dio *ut subiectum scientiae*; cfr. *ibid.*, Prologus, q. 1, a. 2, p. 116.

[64] Cfr. *ibid.*, Prologus, q. 1, a. 1, p. 109: «Si scientia de ratione sui requirat, in habente scientiam, discursum syllogisticum, cum Deus non discurrat, nec etiam angelus secundum antiquos, angelus nullo modo haberet scientiam secundum illos. Nec etiam Deus haberet scientiam proprie de aliquo; quod videtur impossibile».

[65] Cfr. *ibidem*: «(...) cum cognitio scientifica sit perfectissima cognitio veri complexi, excepto intellectu principii, qui non potest esse conclusionis».

[66] Cfr. *ibidem*.

[67] Cfr. *ibidem*: «Ergo, cum Deus de omni conclusione scibili habeat scientiam perfectissimam; sequitur quod habeat de tali conclusione proprie scientiam».

la discorsività e la causazione del principio comportano un'imperfezione[68], sulla scia di Scoto[69]. Anche Ockham riconosce l'imperfezione, dovuta alla causazione[70]. Reading preferisce la soluzione positiva, ossia «quod Deus habet scientiam», e di conseguenza muta la sua definizione di *scientia*, ora intesa come «causam cognoscere, et quoniam ipsius est causa, et quoniam implere est se habere»[71]. Si configura una scienza *a priori*, che procede dalle cause (ossia dai principi) agli effetti (ossia alle conclusioni)[72], al punto che la *demonstratio a priori* è definita come il *syllogismus faciens scire*[73]; esso deriva *ex necessariis*, predicati essenzialmente o denominativamente della cosa[74]. Dio, che conosce l'essere vero, intelligibile anche all'intelletto creato[75], con conoscenza perfettissima, conosce tutto scientificamente[76]. Quindi:

> Sic igitur possit dici quod Deus proprie habet scientiam, est verum, sicut prius dicebatur de ratione scientiae[77].

Mutata la definizione di *scientia* in funzione delle caratteristiche dell'intelletto divino, Reading intende armonizzare l'«additio» con tale intelletto. Ciò che contrasta con quest'ultimo, non è il sillogismo in sé, ossia il metodo, con cui si ricava la conclusione dal principio, ma la sua «morositas», il carattere successivo, per cui l'intelletto viene a conoscere dapprima il principio e poi la con-

[68] Cfr. *ibidem*: «Et sic imperfectionis est quod intellectus habeat notitiam causatam et etiam quod habeat multos actus intelligendi».

[69] Cfr. IOANNES DUNS SCOTUS, *Lectura*, Prologus, pars III, q. 1, nn. 11/13, ed. Vat., XVIII, p. 39; *Ordinatio*, Prologus, pars IV, q. 1, nn. 16/1, ed. Vat., I, pp. 141-142.

[70] Cfr. GUILLELMUS DE OCKHAM, *Scriptum in librum primum Sententiarum*, Prologus, q. 2, a. 1, nn. 13-16, ed. Gál, I, p. 83.

[71] Cfr. RADINGIA, *In Sent.*, Prologus, q. 1, a. 1, ed. Fiorentino, pp. 109-110.

[72] Cfr. *ibid.*, Prologus, q. 10, nn. 27-32, ed. Livesey cit. (alla nota 7), p. 163.

[73] Cfr. *ibid.*, Prologus, q. 1, a. 3, ed. Fiorentino, p. 118: «Item, quia de talibus propositionibus per se primo modo et secundo ordinatis, de eodem potest proprie fieri demonstratio a priori. Demonstratio autem a priori est syllogismus, faciens scire proprie I Posteriorum; et hoc, precipue si sit ex propriis et a conclusionem per se secundo modo, sicut est in proposito».

[74] Cfr. *ibidem*.

[75] Cfr. *ibid.*, a. 1, pp. 109-110.

[76] Cfr. *ibid.*, p. 110: «Item, omne scibile perfectissima cognitione cognoscitur a Deo; sed perfectissima cognitio, qua scibile scitur, est scientifica; igitur Deus proprie scit scibile cognitione scientifica». Dio, che conosce la metafisica, ha scienza.

[77] *Ibidem*.

clusione. Perciò, Reading elimina tale carattere. Infatti, il sillogismo, restando un procedimento, che va dal principio alla conclusione, sussiste, se le premesse non sono conosciute prima[78], ma contemporaneamente con la conclusione, sull'autorità del Filosofo[79]. Con Grossatesta, tra il principio e la conclusione vige una priorità «secundum naturam»[80].

In seguito alla condanna della proposizione «nichil est credendum nisi per se notum vel ex per se notis possit declarari»[81], la scienza dimostrativa subiva un'inclinazione. Senza eliminare il sillogismo dimostrativo, Scoto preferiva la «visio extremorum veritatis contingentis et unionis eorum in actuali existentia» (d'ascendenza agostiniana), che causa necessariamente la «cognitio certa et evidens»[82]. Tale *cognitio* è soddisfatta dalle proposizioni per sé note del tipo «omne est maius sua parte»[83] (d'ascendenza aristotelico-euclidea)[84]. La *notitia* dei principi primi è offerta all'intel-

[78] Cfr. *ibidem*, f. 2v: «Sed in tali sillogismo non oportet praemissas prius cognosci duratione ante conclusionem; ergo, ubi principium non prius duratione cognoscitur quam conclusio, potest esse discursus».

[79] Cfr. *ibidem*: «Minor huius syllogismi patet, quia certum est quod minor simul duratione potest cognosci cum maiore et conclusio simul duratione potest cognosci cum maiore et minore conclusionis secundum Phylosophum 1 Posteriorum, ubi dicit quod simul inducens cognovit».

[80] Cfr. *ibidem*: «Et exponit Lincolniensis quod simul tempore et ita quod prioritas tantum secundum naturam sufficit in praecognitione principii ante conclusionem; et per consequens prioritas secundum naturam tantum non impedit discursus». Nella *Lectura* Scoto si poneva il problema della scienza che i beati hanno, piuttosto che quello della scienza che Dio ha, ma sempre con l'argomento della discorsività: cfr. Ioannes Duns Scotus, *Lectura*, Prologus, pars III, q. 1, nn. 7-17, ed. Vat., XVIII, pp. 40-41; Henricus de Gandavo, *Summa*, a. 7, q. 5, ad 3, I, p. 54I, e *ibid.*, a. 6, q. 2, I, p. 43KN. Nell'*Ordinatio*, il problema della discorsività ritornava ancora una volta a proposito della *scientia beatorum*: cfr. Ioannes Duns Scotus, *Ordinatio*, Prologus, pars IV, q. 1, nn. 13-11, ed. Vat., I, pp. 142-143.

[81] Cfr. *Chartularium Universitatis Parisiensis*, ed. H. Denifle – A. Chatelain, Paris 1891, I, p. 545: «Quod nichil est credendum, nisi per se notum, vel ex per se notis possit declarari».

[82] Ioannes Duns Scotus, *Ordinatio*, I, d. 4, qq. 1-2, nn. 10-11, ed. Vat., II, p. 144; nn. 10-12, II, ed. Vat., p. 145; d. 3, pars I, q. 4, nn. 13-15, ed. Vat., III, p. 164.

[83] Cfr. *ibid.*, d. 3, pars I, q. 4, nn. 4-6, ed. Vat., III, p. 141; d. 2, q. 2, nn. 17-18, ed. Vat., II, p. 117.

[84] Cfr. Bonaventura de Balneoregio, *Itinerarium mentis in Deum*, 3, 2, in Id., *Opera omnia* studio et cura Collegii S. Bonaventurae, Quaracchi (Firenze) 1883-1902, V, p. 303B; Ioannes Duns Scotus, *Ordinatio*, I, d. 2, q. 2, nn. 17-18, ed. Vat., II, p. 117; d. 3, pars I, q. 4, nn. 4-6, ed. Vat., III, p. 141.

letto dai sensi, che fungono da «occasio», non da «causa»[85]. Tali *cognitiones* sono organizzate in sillogismi e generalizzate con la regola, per cui ciò che avviene nella maggioranza dei casi per una causa non libera, è effetto naturale di quella causa – a vantaggio della regolarità della natura[86].

Mentre Scoto tendeva ad accostare la certezza all'evidenza, Reading ne precisa la non-identità[87]. Come in Scoto[88], una volta che i principi siano evidenti per i loro termini intrinseci e a essi sia stata applicata la *deductio sillogistica*, la conclusione scaturisce necessariamente con evidenza. Ciò che dipende dall'intelletto è solo la durata temporale del processo deduttivo puramente mentale, che genera sempre proposizioni affermative o negative ma comunque universali e incompossibili[89]. Per includere il caso di Dio in questo ideale di scienza, Reading aggiunge l'autorità di Alhazen[90]: l'intelletto riconosce immediatamente una conclusio-

[85] Cfr. *ibid.*, d. 3, pars I, q. 4, nn. 18-20, ed. Vat., III, p. 140; RADINGIA, *In Sent.*, Prologus, q. 3, a. 3, ed. Fiorentino, p. 209.

[86] La necessità dell'oggetto è richiesta solo dalla scienza umana, non da quella divina, che sposta la necessità dall'*obiectum* all'*habitus*; cfr. IOANNES DUNS SCOTUS, *Ordinatio*, I, d. 3, pars I, q. 4, nn. 1-2, ed. Vat., III, p. 142.

[87] Cfr. RADINGIA, *In Sent.*, Prologus, q. 1, a. 1, p. 104: «(...) nec est idem cognoscere, videlicet esse certam et esse evidentem».

[88] Cfr. IOANNES DUNS SCOTUS, *Ordinatio*, I, d. 3, pars I, q. 4, nn. 8-17, ed. Vat., III, pp. 138-141. Invece, per assentire alla proposizione «Socrates currit», si richiede una *cognitio intuitiva*, con cui si verifichi empiricamente lo stato attuale di corsa di Socrate; cfr. *ibid.*, d. 3, pars I, q. 4, nn. 16-17, ed. Vat., III, pp. 140-141; ID., *Lectura* I, d. 3, pars I, q. 3, nn. 7-19, ed. Vat., XVI, p. 294. Cfr. R. EFFLER, *Duns Scotus and the Necessity of First Principles of the Knowledge*, in *De doctrina Ioannis Duns Scoti* cit. (alla nota 28), II, p. 9.

[89] RADINGIA, *In Sent.*, Prologus, q. 1, a. 1, p. 105: «Item, Phylosophus I Posteriorum, quia scire impossibile est aliter se habere, et infra quod scientia est incompossibilium».

[90] È stato sottolineato come Bacone, Witelo, Peckham, cogliendo gli aspetti del pensiero di Alhazen compatibili con la gnoseologia aristotelico-avicenniana, ribadiscono i concetti fondamentali della metafisica della luce di matrice neoplatonica, che, a partire dalla diffusione dei raggi e dalla moltiplicazione degli effetti luminosi e della riflessione delle immagini, conduce a considerare l'ente nella sua forma quidditativa; cfr. A. I. SABRA, *Sensation and Inference in Alhazen's Theory of Visual Perception*, in *Studies in Perception. Interrelations in the History of Philosophy and Science*, ed. P. K. Machamer – H. W. Turnbull, Columbus 1978, pp. 160-185; ID., *Psycology versus Mathematics. Ptolemy and Alhazen on the Moon Illusion*, in *Mathematics and its Applications to the Science and Natural Phylosophy in the Middle Ages. Essays in Honor of M. Clagett*, ed. E. Grant – J. Murdoch, Cambridge (Mass.) 1987, pp. 217-428; *The Optics of Ibn al-Haytham's, Books I-III, On Direct Vision*, 2 voll., London 1989; R. RASSED, *Optique géométrie et doctrine optique chez Ibn al-*

ne, dimostrata molte volte, senza ricorrere all'argomentazione[91] o considerare la maggiore e la minore nel tempo sensibile. Le proposizioni universali e manifeste non hanno bisogno di una *virtus distinctiva*, per comprendere le loro conclusioni; la *virtus distinctiva* non argomenta per mezzo della composizione e dell'ordinazione delle proposizioni[92]. I sillogismi, le cui proposizioni sono universali e manifeste, sono appresi nel tempo insensibile[93].

Haytham, in «Archive for History of Exact Science», 6 (1970), pp. 271-298; G. FEDERICI VESCOVINI, *Studi sulla prospettiva medievale*, Torino 1987, pp. 8-82; EAD., *Astrologia e scienza. La crisi dell'aristotelismo sul cadere del Trecento e Biagio Pelacani da Parma*, Firenze 1979, pp. 157-178; EAD., *La fortune de l'optique d'Ibn al-Haytham. Le livre* De aspectibus (Kitam al-Manazir) *dans le Moyen Âge latin*, in «Archives Internationales d'histoire des sciences», 40 (1990), pp. 220-238; V. SORGE, *L'influenza di Alhazen sulla dottrina della visione in Biagio Pelacani da Parma*, in *Filosofia e scienza classica, arabo-latina, medievale e l'età moderna*, a c. di G. Federici Vescovini, Louvain 1999 (Fédération International des Instituts d'Etudes Médiévales. Textes et études du Moyen Âge, 11), p. 120; EAD., Contra communiter phylosophantes. *A proposito della fisiologia della visione in Biagio Pellacani da Parma*, in «Atti dell'Accademia di Scienze Morali e Politiche», 106 (1995), pp. 299-322 e 455-474. Secondo Alhazen, la vista intesa sia come *aspectus* che come *intuitio*, è atta a renderci comprensibili le cose nel loro essere e agire. Si danno tre tipi di percezione, di cui la terza avviene istantaneamente e consiste nella *comprehensio per virtutem*; questa percezione è esercitata dalla ragione e causata dall'attività svolta dalla memoria che determina il riconoscimento dell'oggetto conservato nel ricordo attraverso i sensi particolari e i segni rammemorativi. La *cognitio* basata sul riconoscimento dei segni rappresenta la conoscenza definita *per conditionem praecedentem*. L'errore non è determinato tanto dall'immediatezza della sensazione quanto dalla mediazione delle operazioni di giudizio e di confronto da parte della *virtus distinctiva* della ragione; cfr. ALHAZEN, *De aspectibus*, II, 1, in *Opticae Thesaurus*, Basilea 1572, ex officina Episcopiana, nn. 64-74, in partic. 67-73.

[91] Cfr. RADINGIA, *In Sent.*, Prologus, q. 1, a. 1, ed. Fiorentino, p. 107: «Confirmatur per Alacem 2 Perspectivae capitulo 3, ubi vult quod, cum fuerit aliqua conclusio multotiens demonstrata et post venit in anima, intellectus statim cognoscit eam sine indigentia argumentationis terminandae. (...) Unde sic dicit, quoniam, quando anima intellexit conclusionem esse veram, deinde multotiens venerit animae, erit conclusio quasi propositio manifesta; et sic, quando anima viderit propositionem futuram, intelliget conclusionem sine indigentia argumentationis terminandae».

[92] Cfr. *ibidem*.

[93] Cfr. *ibidem*: «Et postea, eodem capitulo, syllogismi ergo, quorum propositiones sunt universales et manifestae, apprehenduntur in tempore insensibili». Nelle *Quaestiones in Metaphysicam* Scoto argomentava che dinanzi alla proposizione per sé nota «il tutto è maggiore della parte» l'intelletto si trova nell'evidenza logica dell'impossibilità del contrario e formula il suo giudizio di verità; cfr. IOANNES DUNS SCOTUS, *Quaestiones super libros Metaphysicorum Aristotelis*, ed. R. Andrius *et alii*, New York 1997, I, q. 4, nn. 21-3; I, 100-101: nn. 15-16; I, 112.

La citazione di Alhazen ritorna allo stesso proposito in Ockham. La proposizione «omne est maius sua parte» non è dubitabile, ma per sé nota e tuttavia dimostrabile[94]. Data la tripartizione ispaniana[95] del *syllogismus* in *litigiosum*, *dialecticum* e *demonstrativum*, Ockham, seguendo il modello aristotelico, distingue la dimostrazione in tre sensi progressivamente restrittivi, come 1) *syllogismus ex necessariis*; 2) *syllogismus ex necessariis et primis*; 3) *syllogismus facies scire ex necessariis* – al modo di Aristotele[96]. Ockham precisa che la proposizione di Alhazen[97] è dimostrabile solo nel primo e nel secondo modo, non nel terzo, perché la cognizione della proposizione in quanto conclusione del sillogismo non è naturalmente causata da quelle delle premesse, ma dall'evidenza dei termini[98].

Reading modifica in due riprese la definizione di *discursus syllogisticus*. In un primo tempo tale *discursus* è accettato in due modi come 1) *habitudo sillogistica*[99], ossia la relazione abituale, che il principio noto e non conosciuto in atto ha rispetto alla conclusione conosciuta in atto[100], o come 2) *processus* da ciò che è precedentemente noto nel tempo a ciò che è ignoto[101]. Solo nel primo modo il *discursus syllogisticus* appartiene alla ragione della scienza, mentre

[94] Cfr. GUILLELMUS DE OCKHAM, *Scriptum in librum primum Sententiarum*, Prologus, q. 2, a. 1, nn. 14-21, ed. Gál, I, p. 78.

[95] Cfr. PETRUS HISPANUS, *Summulae logicales*, 7, § 1, ed. M. Bochenski, Torino 1947, p. 65.

[96] Cfr. GUILLELMUS DE OCKHAM, *Scriptum in librum primum Sententiarum*, Prologus, q. 2, a. 1, nn. 7-13, ed. Gál, I, p. 81. Cfr. ARISTOTELES, *Topica*, I, 1, 100a$^{27-29}$.

[97] Cfr. ALHAZEN, *De aspectibus*, II, 1, ed. cit. (alla nota 90), n. 12.

[98] Cfr. GUILLELMUS DE OCKHAM, *Scriptum in librum primum Sententiarum*, Prologus, q. 2, a. 1, nn. 17-2, ed. Gál, I, pp. 81-82.

[99] Cfr. RADINGIA, *In Sent.*, Prologus, q. 1, a. 1, ed. Fiorentino, p. 107: «Quod probatur quod scientia est essentialiter effectus demonstrationis, quia demonstratio est syllogis-mus faciens scire, demonstratio includit habitudinem syllogisticam; tunc sit syllogismus; ergo discursus syllogisticus isto modo est determinate scientiae».

[100] Cfr. *ibidem*: «Hoc etiam patet, quia actus scientificus et cognitio conclusionis potest acquiri mediante habitu scientiae a principio noto sine tali discursu, quia, quando intellectus considerat principium per habitudinem a conclusionem notam, non procedit ab aliquo noto prius secundum tempus sensibile, quia ipsa conclusio est actualiter nota».

[101] Cfr. *ibidem*: «Secundo modo potest accipi discursus pro processu a prius noto tempore sensibili ad ignotum, et sic non est de ratione scientiae, ut patet prius per Alacem».

nel secondo modo esso, inteso come *discursus morosus*, non appartiene a tale ragione[102]. In un secondo tempo, la *habitudo sillogistica* può essere considerata rispetto al soggetto o intelletto e rispetto all'oggetto. Nel primo modo, l'intelletto conosce il principio e la conclusione con atti distinti, cosicchè la *notitia* del principio causi quella della conclusione. In questo modo, da un lato, Dio non ha scienza perché non conosce il principio e la conclusione con atti distinti[103] e, dall'altro, la stessa *scientia* non rispetta il criterio aristotelico della massima perfezione. Nell'altro modo, Dio ha scienza perché conosce la causa della conclusione[104].

Modificate la definizione di *scientia* e quella di *discursus syllogisticus* a misura del caso speciale di Dio, l'ideale readinghiano di scienza è esteso a tutti i casi, ossia sia agli intelletti intensivi, quali quelli divino e angelico, che agli intelletti discorsivi, come quello umano. Da un lato, l'uomo, vedendo, può conoscere la conclusione per mezzo della causa cognitiva, con cui conosce il principio o l'effetto noto in un tempo impercettibile. Dall'altro, l'angelo può acquisire subito la conoscenza della conclusione per mezzo del principio noto in un tempo sensibile o nell'instante *de potentia absoluta Dei*, che potrebbe creare un angelo con un intelletto più sottile[105].

All'inizio del secondo articolo della prima *quaestio*, Reading espone l'*opinio aliorum*[106], riportata anche da Ockham[107] sotto la stessa forma – ma più sinteticamente – e antagonista rispetto a quella di Scoto nella *Reportatio* e nel *Quodlibet* 6, per cui di Dio può darsi «scientia propter quid et a priori»[108]. Per affermare che Dio «sub ratione deitatis» è «subiectum primum scientiae», Reading si serve della distinzione tra il concetto *quidditativus* e quelli

[102] Cfr. *ibidem*.

[103] Cfr. *ibid.*, p. 111: «Isto modo Deus non habet scientiam, quia non scit conclusionem per principia nota; sed uno actu, quo videt essentiam, videt principium, sed ibi conclusionem et principium esse causam cognitionis».

[104] Cfr. *ibidem*.

[105] Cfr. *ibid.*, p. 108.

[106] Cfr. *ibid.*, Prologus, q. 1, a. 2, p. 114.

[107] Cfr. GUILLELMUS DE OCKHAM, *Scriptum in librum primum Sententiarum*, Prologus, q. 2, a. 3, nn. 23-1, ed. Gál, I, pp. 98-99.

[108] Cfr. IOANNES DUNS SCOTUS, *Quaestiones quodlibetales (Quodlibeta)*, q. 6, a. 2, ed. Venezia 1617, ex typis Deuchini & Jo. Salis, ff. 18vb-20ra.

denominativi[109], distinzione conosciuta anche da Ockham[110] e posta da Scoto nella sola prima *quaestio* prologale della *Reportatio*[111]. Reading sovrappone la distinzione scotista a quella grossatestiana dei due sensi della predicazione *per se*[112]. Da un lato, Dio ha virtualmente una natura, che è il concetto quidditativo predicabile nel primo modo di Dio. Dall'altro, gli attributi, le persone e le relazioni divine, come 'creato', ineriscono necessariamente sempre a Dio, ma in quanto concetti denominativi, e si predicano nel secondo modo, ossia come proprietà essenziali.

Le proposizioni contenenti i concetti quidditativo e denominativi sono concatenabili con il sillogismo dimostrativo «ex necessariis»[113] e ordinabili per il principio secondo cui «qualem ordinem habent aliqua, ubi distinguuntur naturaliter, talem habent, ubi distinguuntur tantum secundum rationem»[114]: principio formalizzato da Scoto nella *Reportatio*[115] e nel *Quodlibet*[116]. In sintesi, dato un certo «obiectum» conosciuto da un «intellectus negotians», tale intelletto può distinguere all'interno dell'«obiectum» vari aspetti, per esempio A, B e C. Tra di essi si dà un ordine, per cui A viene prima di B e B prima di C. Tale ordine è razionale, in quanto creato dall'intelletto che opera sull'«obiectum»; ma tale

[109] Cfr. RADINGIA, *In Sent.*, Prologus, q. 1, a. 3, pp. 127 e 140.

[110] Cfr. GUILLELMUS DE OCKHAM, *Scriptum in librum primum Sententiarum*, Prologus, q. 2, a. 3, nn. 17-2, ed. Gál, I, pp. 103-104.

[111] Cfr. IOANNES DUNS SCOTUS, *Reportatio Parisiensis*, Prologus, q. 1, a. 3, n. 55, ed. Wolter – Bychkov cit. (alla nota 44), I, p. 18; n. 107, pp. 40-41; nn. 133-134, pp. 49-50; n. 137, p. 51.

[112] Cfr. RADINGIA, *In Sent.*, Prologus, q. 1, a. 3, pp. 116-118.

[113] Cfr. *ibid.*, p. 119.

[114] Cfr. *ibidem*: «Tertia pars minoris patet, scilicet quod talia praedicata per se secundo modo insunt ordinate ultimo fini, quia qualem ordinem habent aliqua, ubi, distinguuntur naturaliter, talem habent ubi distinguuntur tantum secundum rationem; sed intellectus et voluntas et intelligere et velle in creatura, ubi distinguuntur realiter, habent ordinem quo intelligere praecedit velle; ergo in divinis illa ordinate insunt essentiae».

[115] Cfr. IOANNES DUNS SCOTUS, *Reportatio Parisiensis*, Prologus, q. 1, a. 1, n. 14, ed. Wolter – Bychkov cit., I, p. 4; q. 1, a. 4, n. 111, p. 42, e n. 123, p. 47, *rel.* a GUILLELMUS DE OCKHAM, *Scriptum in librum primum Sententiarum*, Prologus, q. 2, a. 3, nn. 7-13, ed. Gál, I, p. 99. Il testimone V (ms. Vienna, Statsbibliotek, lat. 1453, ff. 1ra-125va, il più antico) della *Reportatio* di Scoto interpola, applicando direttamente il principio all'essenza divina e sganciando l'*esse secundum rationem* dall'*esse diminutum*.

[116] Cfr. IOANNES DUNS SCOTUS, *Quaestiones quodlibetales*, q. 6, a. 2, ed. cit. (alla nota 108), f. 18vb.

ordine è identico a quello reale, che si darebbe tra A, B e C, se essi fossero realmente distinti. Intanto l'intelletto può distinguere e porre A, B e C in una relazione intrinseca d'ordine, in quanto l'«obiectum» è naturalmente atto ad avere un ordine, qualora sia realmente distinto, senza esserlo di fatto. Una volta che, sfruttando quest'attitudine naturale, l'intelletto abbia costituito la relazione, v'é qualcosa che viene prima – e questo è il concetto quidditativo – e qualcosa che viene dopo – ossia i concetti denominativi[117]. Perciò, se la *deitas*, ossia l'essenza divina, è il primo termine dell'ipotetica relazione reale, qualora si desse, essa lo è anche in quella razionale – l'unica che si dà di fatto – e costituisce il *subiectum primum scientiae theologiae*[118]. Reading conclude: «et ita patet propositum, quod de Deo proprie potest esse scientia»[119].

Com'egli sa anche «ex ore Doctoris Subtilis»[120], Scoto definisce il *subiectum primum* come ciò che contiene virtualmente tutte le verità della scienza[121]. Essa si riduce all'esplicitazione deduttiva, ordinata e completa dei contenuti intellegibili di un'essenza semplice. Ad esempio, la medicina è virtualmente contenuta nell'uomo in quanto suo soggetto primo[122]. La teologia è la scienza, che esplica i principi primi dell'essenza di Dio[123].

[117] Cfr. Id., *Reportatio Parisiensis*, Prologus, q. 1, a. 4, n. 117, p. 44, *rel. verbatim* a Guillelmus de Ockham, *Scriptum in librum primum Sententiarum*, Prologus, q. 2, a. 3, nn. 4-7, ed. Gál, I, p. 99.

[118] Cfr. Ioannes Duns Scotus, *Reportatio Parisiensis*, q. 1, a. 4, n. 111, p. 42.

[119] Cfr. Radingia, *In Sent.*, Prologus, q. 1, a. 3, pp. 138-140: «Sicut restat per te quod tales conceptus denoninativi sunt ordinati ad invicem; hoc autem ostenditur sic, qualis est ordo aliquorum; vel distinguuntur formaliter, realiter talis est ordo eorum; ubicumque distinguitur sive formaliter sive secundum rationem; quod patet, quia ordo talis est aliquorum ad invicem secundum rationes eorum formales, in quantum primo considerantur ab intellectu; sed illae rationes salvantur sive distinguantur re formaliter sive ratione. Ergo et ordo inter illa semper erit similis, nec est ita, quod ratio intellectus vel memoriae et ratio verbi sive notitiae genitae, ubi distinguuntur realiter; habent aliquem ordinem a invicem; ergo in divinis, ubi distinguitur formaliter vel secundum rationem, saltem ita quod intellectus vel memoria erit prius secundum rationem intelligendi quam verbum vel notitia genita; et ratio naturae intellectualis prior quam ratio intellectus; et ita patet propositum, quod de Deo proprie potest esse scientia».

[120] Cfr. *ibid.*, Prologus, q. 5, p. 365.

[121] Cfr. Ioannes Duns Scotus, *Reportatio Parisiensis*, Prologus, q. 1, a. 2, n. 15, p. 4.

[122] Cfr. *ibid.*, Prologus, Quaestionculae, n. 238, pp. 83-84.

[123] E. D. O'Connor, *The Scientific* Character of Theology according to Scotus, in *De doctrina Ioannis Duns Scoti* cit. (alla nota 28), III, p. 19.

Ciò potrebbe spiegare l'interrogativo iniziale di questo contributo. L'*auctoritas* scritturale è posta, ma non utilizzata, perché non è adeguata al progetto che Reading vuol realizzare, ossia la teologia come scienza dimostrativa. Come dimostra la nota palindroma, presente alla IV carta di guardia e leggibile mediante la macchina multispettrale, Reading è designato come «doctor scientiae theologiae», titolo che denoterebbe la scientifizzazione della teologia. Il lunghissimo Prologo, composto di ben 12 *quaestiones*[124], è di carattere spiccatamente epistemologico e mira in definitiva a fornire i fondamenti speculativi per la scientifizzazione della teologia. Sovente Reading non parla di *theologia*, ma di *scientia theologiae*[125].

Scoto paventava una *distinctio maior*[126], ossia quella formale, che Reading utilizza[127] e Ockham discute[128]. Inoltre, Reading attribuisce il concetto quidditativo anche alla proprietà[129]. Invece, Ockham rovescia il principio scotista[130]: l'essenza e gli attributi compongono un'unità reale e *a fortiori* un'unità razionale[131], con importanti conseguenze su Wyclif. Ockham nega la dimostrabilità *propter quid* degli attributi di Dio, distintamente conosciuto[132], eliminando ogni distinzione reale o razionale tra l'essenza e le proprietà divine[133] e quindi quella tra il concetto quidditativo e quelli denominativi[134]. È impossibile assegnare una diversità mo-

[124] Lo *Scriptum* di Ockham è uno dei pochi testi sull'argomento che presenta un numero di questioni pari a quello readinghiano, ma è decisamente più breve.

[125] Cfr. RADINGIA, *In Sent.*, Prologus, q. 10, nn. 25-29, ed. Livesey cit. (alla nota 7), p. 159.

[126] Cfr. IOANNES DUNS SCOTUS, *ibid.*, Prologus, q. 1, a. 4, n. 134, p. 50: «Forte posset poni aliqua distinctio maior».

[127] Cfr. RADINGIA, *In Sent.*, Prologus, q. 1, a. 3, ed. Fiorentino, pp. 121 e 140. Nella seconda questione Reading, accanto alla distinzione reale, individua altri tre tipi di distinzioni: 1) quella *formaliter in re*; 2) quella *secundum intellectum*; 3) quella *secundum relationes intentionales*; cfr. *ibid.*, q. 2, a. 2, pp. 183-185, e *ibid.*, q. 1, a. 3, pp. 136-138.

[128] Cfr. GUILLELMUS DE OCKHAM, *Scriptum in librum primum Sententiarum*, Prologus, q. 2, a. 3, nn. 22-3, ed. Gál, I, pp. 105-106.

[129] RADINGIA, *In Sent.*, Prologus, q. 1, a. 3, p. 119.

[130] Cfr. GUILLELMUS DE OCKHAM, *Scriptum in librum primum Sententiarum*, Prologus, q. 2, a. 3, nn. 4-18, ed. Gál, I, p. 108.

[131] Cfr. *ibid.*, nn. 25-3, ed. Gál, I, pp. 107-108.

[132] Cfr. *ibid.*, nn. 2-5, ed. Gál, I, p. 103, e nn. 10-18, ed. Gál, I, p. 104.

[133] Cfr. *ibid.*, nn. 11-16, ed. Gál, I, p. 103.

[134] Cfr. *ibid.*, nn. 10-11, ed. Gál, I, p. 103, e *ibid.*, nn. 6-9, ed. Gál, I, p. 104.

dale, senza una non-identità reale[135]. Ockham distingue «secundum unam opinionem» riguardo a Dio tra i concetti reali e quelli assoluti, connotativi o relativi, che hanno «esse obiective»[136]: questa *una opinio* è attribuibile a Reading, che nella seconda *quaestio* parteggia per l'identità reale tra il «subiectum» e la «passio»[137] e a proposito del suo quarto tipo di distinzione, quella «secundum rationes intentionales» precisa che rispetto a Dio possono darsi concetti reali, denominativi e relativi[138]. Reading contro-argomenta a Ockham che il concetto è una «res» o un «cognitum». Nel primo caso esso dovrebbe sussistere, anche quando non intendo la cosa in atto. Il secondo caso, enumerato ancora come primo, è sbrigativamente trattato, negando l'identificazione reale tra l'«esse cognitum» e la «cognitio»[139]. Sulla scia di Scoto[140], la stessa cosa può essere oggetto di più concetti divisi[141], gli uni confusi, significati dal nome che è più noto, e gli altri discreti, significati dalla definizione, che è più compiuta[142]. Si danno più concetti reali rispetto alla stessa realtà. La pluralità di concetti reali, confusi si dà anche rispetto alla *deitas* sotto diversi aspetti, ente, ente primo, ente perfetto[143].

[135] Cfr. *ibid.*, nn. 3-5, ed. Gál, I, p. 104.

[136] Cfr. *ibid.*, q. 1, a. 5, nn. 14-22, ed. Gál, I, p. 49.

[137] Cfr. RADINGIA, *In Sent.*, Prologus, q. 2, a. 1, ed. Fiorentino, p. 182: «Dico ergo quantum ad istum, articulum quod subiectum potest esse sine omni passione realiter distincta ab eo et omne prius natura sine posteriori realiter distincto». E cfr. *ibid.*, a. 2, p. 183: «Sic ergo dico quantum ad primum articulum quaestionis quod passio, quae necessario et simpliciter inest a subiecto, non est alia res a subiecto, quia, si sic, cum posterior esset subiecto secundum naturam, posset esse subiectum sine illa passione, ut probatum est». Tale identità ha importanti risvolti teologici: ad esempio, ammettere l'identità reale significa permettere la coincidenza sostanziale tra l'essenza divina e le persone trinitarie; cfr. *ibid.*, q. 1, a. 3, p. 140.

[138] Cfr. *ibid.*, q. 2, a. 2, p. 184.

[139] Cfr. *ibid.*, q. 1, a. 3, p. 127. Reading reputa essere vero un quarto caso, che non esplicita.

[140] Cfr. IOANNES DUNS SCOTUS, *Reportatio Parisiensis*, Prologus, q. 1, a. 4, n. 132, ed. Wolter – Bychkov cit., p. 49; *ibid.*, n. 134, p. 50.

[141] Cfr. RADINGIA, *In Sent.*, Prologus, q. 1, a. 3, p. 128: «(...) Sed conceptus confusus et distinctus de eadem sunt divisi conceptus. Ergo de eodem omnino possunt haberi divisi conceptus».

[142] Cfr. *ibidem*.

[143] Cfr. *ibid.*, p. 139: «Dico quod alius et alius conceptus realis potest haberi non solum de deitate et proprietatibus personalibus et attributis, ponendo ea distingui formaliter ab essentia, scilicet quod conceptus realis proprietatis personalis

Il *conceptus* è la stessa *intellectio* o *conceptio animae*[144]. Aureolo pensa all'*apparitio*[145]. A differenza di Ockham[146], nella risposta «ad argumentum contra contradicta motiva» – per Reading sulla spinta di fattori teologici – la specie intellegibile, non quella sensibile, è negata e sostituita con la *species* intrinseca come «qualitas quaedam absoluta» causata da Dio e dall'intelletto senza alcun rapporto posteriore all'intellezione «ex parte obiecti»[147]. Invece,

vel attributi cuiuscumque diceretur per se secundo modo de essentia vel de Deo sub ratione deitatis, sed etiam de omnino eodem formaliter in re, utpote de deitate potest haberi alius et alius conceptus realis, saltem quidditativus, (...) ut concipiendo deitatem sub ratione entis et sub ratione entis intellectualis, quia de eadem re potest haberi et hoc, saltem loquendo de intellectu meo in via etiam de eadem deitate; possumus forte habere in via conceptus per se secundo modo, ut concipiendo deitatem sub ratione primi entis vel perfectissimi entis». E cfr. GUILLELMUS DE OCKHAM, *Scriptum in librum primum Sententiarum*, Prologus, q. 6, nn. 5-18, ed. Gál, I, p. 114.

[144] Se si dice che l'intelletto è la sola causa della cognizione, Reading, sull'autorità di Agostino, aggiunge l'oggetto presente in sé o sotto forma di specie rappresentativa; cfr. RADINGIA, *In Sent.*, Prologus, q. 3, a. 3, pp. 218-220. Invece, nella discussione «contra contradicta motiva» del terzo articolo della prima questione prologale, Reading pone l'identità reale tra il *conceptus* e l'*intellectio*, sull'autorità di Boezio, per cui le voci sono note delle loro proprietà, che sono nell'anima, o *conceptio animae, ut patet alibi in quaestione de conceptu*, in ms. F, pp. 303^{v}-304^{r}; cfr. *ibid.*, Prologus, q. 1, a. 3, pp. 127-140.

[145] Cfr. PETRUS AUREOLI, *Scriptum super primum Sententiarum*, Prooemium, q. 2, a. 3, nn. 74-98, ed. Buytaert cit. (alla nota 31), I, pp. 205-206.

[146] Ockham preferisce l'*habitus* alla *species intelegibilis*; cfr. GUILLELMUS DE OCKHAM, *Quaestiones in librum secundum Sententiarum (Reportatio)*, q. 14, nn. 14-9, ed. G. Gál – R. Wood, New York 1981, vol. V, pp. 316-317; nn. 18-5, pp. 317-319; RADINGIA, *In Sent.*, d. 3, q. 3, par. 74, ed. Gál cit. (alla nota 11), p. 93: «Sic igitur patet quod habitus sit ponendus propter experientiam, non species». Cfr. G. LEFF, *William of Ockham. The Metamorphosis of Scolastic Discourse*, Manchester 1975, p. 4; ID., *The Dissolution of the Medieval Outlook*, New York 1976, pp. 8-9, 12-13, 88-89; W. J. COURTENAY, *Nominalism and Late Medieval Religion*, in *The Pursuit of Holiness in Late Medieval and Renaissance Religion*, ed. C. Trinkaus – H. A. Obermann, Leiden 1974, pp. 50-51, 54-56; E. GRANT, *Physical Science in the Middle Ages*, New York 1971, pp. 31-32; K. H. TACHAU, *The Problem of the Species in Medio at Oxford in the generation after Ockham*, in «Medieval Studies», 44 (1982), pp. 394-443; F. FIORENTINO, *Le cognizioni intuitiva ed astrattiva da Scoto a Wodeham*, in «Miscellanea Francescana», 108 (2008), I, pp. 139-168, e II, pp. 357-389.

[147] Cfr. RADINGIA, *In Sent.*, Prologus, q. 1, a. 2, p. 116: «Probatio antecedentis, quia, si species necessario requireretur, hoc esset vel ratione motivi; quod non convenit dicere, quia Deus in ratione motivi et efficientis potest immediate quidquid potest mediate causa secunda. Vel hoc esset in ratione repraesentativi, quod etiam non convenit, quia species illud repraesentat intellectui; possibile non est speciem esse in intellectu, quando intellectus nihil intelligit; et per consequens, quia nihil sibi repraesntatur; contra ipsam actualis intellectus sive notitia solum repraesentat omne intellectus et non species; vel tertio hoc esset cum ratione ter-

come Scoto[148], nonostante le obiezioni di Riccardo di Drayton e Ockam (contro il quale è invocato il principio di economia)[149], Reading nella terza *quaestio* della terza distinzione nega l'evidenza della teoria dell'*habitus* e difende come *rationabilis* quella della specie intellegibile[150].

Reading conosce la distinzione, sia quella scotista che quella ockhamista, tra *cognitio intuitiva* e *abstractiva*. Con Scoto[151], nella

minativi; quod etiam non oportet, quia, posita intellectione a solo Deo in intellectu de rosa nec rosa existente, nec eius specie in intellectu, illa intellectio non habebit relationem ad obiectum vel speciem, quae non sunt nec necessario habent relationem realem ad aliquid aliud, nisi solum ad Deum vel ad intellectum, in quo est, et maxime ad aliquid posterius, quod possit ‹esse› prior, quia est; sic qualitas absoluta; potest poni sine omni tali posteriori et per consequens sine omni respectu». E cfr. *ibid.*, a. 3, p. 130: «Sic ergo patet quod nec species nec verbum requiritur ad intellectionem alicuius et ita non sic conceptus, quia conceptus necessario requiritur, nec requiritur dispositio ad habitum vel relationem ratione conceptus, quia nullus potest ita esse conceptus rei talis, vel habitus vel relatio realis, ex quo sunt posteriores natura ipsa intellectione».

[148] Cfr. IOANNES DUNS SCOTUS, *Ordinatio*, I, d. 3, pars III, q. 2, nn. 7-10, ed. Vat., III, p. 289; nn. 9-18, ed. Vat., III, p. 294; nn. 1-5, ed. Vat., III, pp. 296-297; q. 3, nn. 6-12, ed. Vat., III, p. 334; nn. 17-5, ed. Vat., III, pp. 335-336; *Quaestiones quodlibetales*, q. 13, a. 2, ed. cit. (alla nota 108), ff. 35vb-36ra. Il contemporaneo benedettino di Chatton a Oxford, Roberto Graytstanes, che ben conosce Reading, richiama il passaggio dal *Quodlibet* di Scoto; cfr. ROBERTUS GRAYSTANES, *In primum librum Sententiarum*, ms. London, Westmister Abbey, 13, d. 1, q. 1, f. 3vb; RADINGIA, *In Sent.*, I, d. 3, q. 3, par. 75, ed. Gál cit. (alla nota 11), p. 93. Cfr. inoltre S. DUMONT, *Scotus intuition viewed in the light of the intellect's present state*, in *De doctrina Ioannis Duns Scoti* cit. (alla nota 28), II, p. 51.

[149] Cfr. RADINGIA, *In Sent.*, I, d. 3, q. 3, par. 60, ed. Gál cit. (alla nota 11), p. 91; e si veda il passo di Ockham, di cui alla nota 157.

[150] Cfr. RADINGIA, *ibid.*, par. 168, ed. Gál cit. (alla nota 11), p. 118; par. 187, p. 124; par. 199, p. 126; par. 293, p. 151.

[151] Nella *Reportatio*, quando Scoto prova la *scientia viatoris de Deo* mediante una cognizione più nobile della fede, il testimone V inserisce una *declaratio* sulle due cognizioni; cfr. IOANNES DUNS SCOTUS, *Reportatio Parisiensis*, Prologus, q. 2, n. 164, ed. Wolter – Bychkov cit., p. 65: [*add. ms.* V] «Vel sic intellectus potest intelligere subiectum sub propria ratione subiecti; potest scire veritates per se scibiles de Deo, quia talis intellectus potest intelligere principium complexum talis subiecti, ut sic conclusionem inclusam virtualiter in illo principio. Sed hoc potest intellectus viatoris; ergo etc. ad cuius evidentiam sive ad declarationem minoris est sciendum quod duplex est cognitio. Quaedam per speciem, quae non est rei in se praesentis, et hoc vocatur cognitio rei abstractiva; alia est cognitio rei, ut habet esse in actuali existentia; haec dicitur intuitiva». Cfr. anche IOANNES DUNS SCOTUS, *Lectura* II, d. 3, q. 6, nn. 18-23, ed. Vat., XVIII, p. 274; nn. 4-9, *ibid.*, p. 278. Così intesa, l'intuizione può essere estesa da Dio e dai beati anche al *viator*. Invece la cognizione astrattiva richiede una specie intermediaria tra l'intelletto e la cosa. Sebbene in modi diversi, le due cognizioni attingono alla *natura communis*; essa di per sé è indifferente sia al singolare che all'universale e si trova nell'uni-

prima e nella terza *quaestio* prologale, la prima si riferisce alla cosa esistente, la seconda alla specie a prescindere dall'esistenza[152]. Con colui che comunemente passa per Ockham[153] e che Reading riconosce in Scoto[154], nella terza *quaestio* della terza distinzione ordinaria la *notitia intuitiva* permette di giudicare che la cosa è, quando è, e che non è, quando non è, mettendo fuori gioco quella astrattiva, che non emette alcun giudizio nè di esistenza nè di non-esistenza[155]. In base alla cognizione intuitiva degli estremi,

versale come *esse cognitum* e nel singolare come *esse reale*. Mentre la cognizione astrattiva coglie tale natura tramite una certa *similitudo*, che è la specie, quella intuitiva coglie la stessa natura, contratta però dalle differenze specifiche. – Su questo tema, cfr.: S. DAY, *Intuitive Cognition. A Key to the Significance of the Later Scholastics*, New York 1947; C. BERUBÉ, *La connaissance de l'individuel au Moyen Âge*, Paris 1964; O. BOULNOIS, *La présence chez Duns Scot*, in *Via Scoti. Methodologica ad mentem Joannis Duns Scoti*, Atti del Congresso Scotistico Internazionale (Roma, Pontificio Ateneo Antonianum, 9-11 marzo 1993), a c. di L. Sileo, Roma 1995, 2 voll., I, pp. 95-120.

[152] Cfr. RADINGIA, *In Sent.*, Prologus, q. 1, a. 3, ed. Fiorentino, p. 132: «Sicut se habet species rei ad cognitionem abstractivam, sic se habet res ipsa praesens ad cognitionem intuitivam». E *ibid.*, q. 3, a. 1, p. 193: «Ad probationem assumptae in isto pro syllogismo est notandum quod ‹distinctio› est cognitio alicuius incomplexi in genere una intuitiva et alia abstractiva. Intuitiva vocatur communiter, quae est rei existentis et praesentis in existentia sua. Abstractiva vero cognitio est, quae potest indifferenter esse rei, sive sit praesens sive sit absens, sive existens sive non existens, et est cognitio, quae habetur per speciem rei apud intellectum. Omnes concedunt».

[153] Cfr. GUILLELMUS DE OCKHAM, *Scriptum in librum primum Sententiarum*, Prologus, q. 1, a. 1, nn. 4-13, ed. Gál, I, p. 31; ID., *Quodlibeta septem*, V, q. 5, nn. 7-27, ed. J. Wey, in *Opera theologica*, IX, New York 1980, p. 496; ID., *Quaestiones variae*, q. 5, n. 3-27, ed. G. Etzkorn – F. Kelley – J. Wey, in *Opera theologica*, VIII, New York 1984, pp. 183-189. Cfr. F. CORVINO, *L'influenza di Giovanni Duns Scoto sul pensiero di Guglielmo d'Ockham*, in *Deus et homo ad mentem I. Duns Scoti*, Acta tertii Congressus scotistici internationalis (Wien, 28 sept. – 2. oct. 1970), ed. Societas internationalis scotistica, Roma 1972 (Studia Scholastico-Scotistica, 5), p. 744. – Ockham conosce la teoria scotiana «non tantum sententialiter, sed etiam verbaliter»; cfr. GUILLELMUS DE OCKHAM, *Scriptum in librum primum Sententiarum*, Prologus, q. 1, a. 1, nn. 1-3, p. 47.

[154] Cfr. RADINGIA, *In Sent.*, I, d. 3, q. 3, par. 225, ed. Gál cit. (alla nota 11), p. 133; cfr. IOANNES DUNS SCOTUS, *Quaestiones super librum quartum Sententiarum*, d. 45, q. 3, n. 17, in ID., *Opera omnia*, ed. L. Vivès, 26 voll., Paris 1891-1895, XX, Paris 1894, pp. 348b-349a. Reading si riferisce anche a un trattato perduto di Scoto *De cognitione intuitiva*, pur riconoscendo l'originalità dell'opinione di Ockham «ab inventione sua»; cfr. RADINGIA, *ibidem*. Ockham ribatte che i *sequaces* di Scoto non devono «contemnere tamquam novam» la sua opinione; cfr. GUILLELMUS DE OCKHAM, *Scriptum in librum primum Sententiarum*, Prologus, q. 1, a. 1, nn. 14-16, ed. Gál, I, p. 47.

[155] Cfr. RADINGIA, *In Sent.*, I, d. 3, q. 3, par. 39, ed. Gál cit. (alla nota 11), pp. 83-84; par. 44, p. 86.

l'intelletto immediatamente giudica del valore di verità delle due proposizioni, assentendo alla prima e quindi dissentendo dalla seconda o viceversa. Ciò vale anche per un principio, ossia per una proposizione analitica, come 'il tutto è maggiore della parte', che non esiga alcuna cognizione intuitiva[156].

Contro Ockham[157] (che per Reading segue la *via Scoti*)[158], la cognizione intuitiva non precede necessariamente quella astrattiva[159] per cinque casi: 1) la causazione sovrannaturale – nel feto – della cognizione astrattiva delle cose che né vede né sente, tramite specie «influxae»[160]; 2) la visione profetica[161]; 3) la visione speculare, per cui secondo le teorie estromissioniste dei perspettivisti duecenteschi[162], l'oggetto che sta dietro le mie spalle, moltiplica la

[156] Cfr. *ibid.*, par. 39, p. 84. Aureolo differentia le due cognizioni per quattro condizioni: 1) *rectitudo*, 2) *praesentialitas*, 3) *actuatio*, 4) *positio existentiae*. La cognizione intuitiva soddisfa le quattro condizioni e fa apparire che la cosa è; la seconda astrae dalle condizioni e fa immaginare che la cosa è; ma entrambe sono due modi di apparire della cosa; cfr. PETRUS AUREOLI, *Scriptum super primum Sententiarum*, Prooemium, q. 2, a. 3, nn. 30-98, ed. Buytaert cit. (alla nota 31), I, p. 206.

[157] Cfr. GUILLELMUS DE OCKHAM, *Scriptum in librum secundum Sententiarum,* qq. 14-15 verbatim, ed. G. Gál, in *Opera theologica*, V, New York 1981, pp. 311-358; ID., *Scriptum in librum primum Sententiarum*, Prologus, q. 1, a. 6, nn. 7-11, ed. Gál, I, p. 72; RADINGIA, *In Sent.*, I, d. 3, q. 3, par. 56, p. 90.

[158] Cfr. *ibid.*, par. 41, p. 84.

[159] Cfr. *ibid.*, par. 265, p. 143 (nota 182); e *ibid.*, Prologus, q. 3, a. 3, ed. Fiorentino, p. 206: «Ad primum, quando dicitur quod omnis abstractiva praesupponit necessario intuitivam, dico quod haec est falsa».

[160] Cfr. *ibid.*, Prologus, q. 3, a. 3, p. 207: «Anima separata habebit cognitionem rerum per species influxas, non tantum per species receptas a rebus». *Ibidem*: «Alioquin, ut dicit anima pueri mortui in utero, nihil cogniret». *Ibidem*: «Sed cognitio per species est in anima separata pueri mortui in utero, quia cognoscit per species, et illa cognitio de rebus, quas numquam prius vidit, sive nec fecit sive nec fecerit, quia non praesentes». *Ibidem*: «Ergo anima talis habet cognitionem abstractivam de rebus, de quibus numquam habuit intellectivam; et ita patet propositum».

[161] Cfr. *ibid.*, d. 3, q. 3, par. 265, ed. Gál cit. (alla nota 11), p. 144; cfr. *Lc* 1, 41.

[162] Cfr. J. W. BROWN, *Sensation in Henry of Gand. A Late Medieval Aristotelian-Augustinian Synthesis*, in «Archiv für Geschichte der Philosophie», 53 (1971), pp. 238-266; D. C. LINDBERG – N. H. STENECK, *The Sense of Vision and the Origins of Modern Science*, in *Science, Medicine and Society in the Ranaissance*, Essays to Honor Walter Pagel, ed. A. G. Debus, New York 1972, pp. 29-55. Il paradigma della visione è rafforzato dalla concentrazione sul senso della vista da parte di Aristotele nel *De anima* e Agostino nel *De Trinitate*, nel *De videndo Deo*, nel *De Genesi ad litteram*. Si pensi altresì alla metafisica della luce; cfr. J. MCEVOY, *The Sun as 'res' and 'signum'. Grosseteste's Commentary on Ecclesiasticus ch. 43, vv. 1-5*, in «Recherches de theologie ancienne et medievale», 41 (1974), pp. 38-91. I perspettivisti includevano, tra gli altri, nel secolo XIII, Ruggero Bacone, Giovanni Peckham e Vitelo; cfr. D. C. LINDBERG, *Theories of Vision fronm Al-Kindi to Kepler*, Chicago 1976, pp. 116-146.

sua specie per linea retta fino allo specchio e per linea riflessa fino all'occhio[163]; 4) la visione imaginaria senza ostacolo interposto[164] (questo caso è tratto da Aureolo, che lo assimila a quello dell'astrologo nella stanza chiusa[165]); 5) l'apprendimento della scienza relativa all'eclisse della luna[166]. Al proposito Ockham sembra propendere per una scienza *a posteriori*[167].

A differenza di quest'ultimo[168], Reading pensa che la sola cognizione intuitiva sensitiva preceda quella astrattiva intellettiva, che è l'unica nell'intelletto[169] per il principio di economia[170],

[163] Cfr. RADINGIA, *In Sent.*, Prologus, q. 3, a. 3, p. 218: «Istud potest patere per exemplum. Nam in speculo non videtur species rei, sicut probant maxime perspectivi; sed ipsa res videtur, quando speculum opponitur oculis, etiam re existente post tergum videntis. Nam res eadem existens multiplicat secundum lineam rectam speciem suam usque ad speculum et, quia non potest se multiplicare, cum ibi inveniat obstaculum, eadem res multiplicat speciem suam secundum lineam reflexam, similem priori usque ad oculos videntis. Et ideo, videt illam rem, quae non est oculis suis praesentialiter opposita, sed post tergum eius existens, ex quo patet quod visio potest esse de alia re, quae non est quasi praesentialiter obiecta potentiae visivae».

[164] Cfr. *ibidem*: «Sicut aliquando imaginatur et falso estimantes; ideo esse visionem corporalem, quia oculus est apertus et res praesentialiter sibi obiecta nec aliquod obstaculum; quod non est verum».

[165] Cfr. PETRUS AUREOLI, *Scriptum super primum Sententiarum*, Prooemium, q. 2, a. 2, nn. 22-27, ed. Buytaert cit. (alla nota 31), I, pp. 195.

[166] Cfr. RADINGIA, *In Sent.*, Prologus, q. 3, a. 3, p. 209: «Praeterea, videtur destruere omnem cognitionem scientificam seu doctrinam, quia secundum eum, si magister proponat discipulo aliquod principium notum et ex illo arguat aliquam cognitionem, utpote quod eclipsis lunae erit, tunc numquam posset discipulus habere de illo scientiam, nisi prius vidisset eclipsim lunae». E cfr. *ibid.*, d. 3, q. 3, par. 269, ed. Gál cit. (alla nota 11), pp. 144-145; e IOANNES DUNS SCOTUS, *Ordinatio*, I, d. 3, pars III, q. 1, nn. 1/7, ed. Vat., III, pp. 227-241.

[167] Cfr. GUILLELMUS DE OCKHAM, *Scriptum in librum primum Sententiarum*, Prologus, q. 4, nn. 25-10, ed. Gál, I, pp. 155-156.

[168] Ockham inserisce la cognizione intuitiva anche nell'intelletto: cfr. *ibid.*, q. 1, a. 1, nn. 17-21, ed. Gál, I, pp. 39-40. La non precedenza è ammessa solo *de potentia Dei absoluta*; cfr. *ibid.*, a. 6, nn. 8-9, ed. Gál, I, p. 72; d. 3, q. 9, nn. 19-10, ed. Gál, II, New York 1970, pp. 544-545: se la non-precedenza valesse anche *naturaliter*, il cieco nato potrebbe conoscere i colori; cfr. *ibid.*, d. 3, q. 2, nn. 10-14, ed. Gál, II, p. 410.

[169] Cfr. RADINGIA, *In Sent.*, Prologus, q. 3, a. 3, p. 220: «Ad tertiam probationem possit dici quod, licet, naturaliter loquendo, non habeamus cognitionem abstractiva in intellectu, nisi prius sit alia intuitiva, sensitiva, tamen non requiritur alia prior intuitiva in intellectu». E cfr. *ibidem*: «Aliter potest dici ad istud quod, licet naturaliter intellectiva cognitio praesupponat intuitivam, scilicet sensitivam, tamen, de potentia Dei absoluta potest esse cognitio abstractiva in intellectu e aliqua re sine omni cognitione sensitiva praecedente, ut patet ex dictis».

[170] Cfr. *ibid.*, d. 3, q. 3, par. 226, ed. Gál cit. (alla nota 11), pp. 133-134.

ritorto ad un tempo contro Scoto[171] e Ockham[172]; quest'ultimo, però, si sgancia dall'*auctoritas* scotiana[173]. Per Reading, la non-precedenza in ogni altro caso è funzionale alla tesi da dimostrare: *de potentia absoluta Dei* il *viator* restando tale, può avere «scientia de Deo a priori et propter quid», cioè *abstractive*, senza avere la previa *cognitio intuitiva*, ma con il solo concetto confuso: «(...) potest haberi scientia a intellectu viatoris de Deo a priori? et propter quid»[174]. L'utilizzo della cognizione intuitiva è impedito dal fatto che il *viator* non può vedere Dio intuitivamente e con il concetto distinto, a meno che non diventi *beatus*[175]. Quando questa tesi esce di scena, Reading ammette che si possa avere scienza con la conoscenza intuitiva, come nel caso dell'intelletto divino.

In conclusione, una volta introdotto, il caso speciale di Dio condiziona la discussione in varie direzioni: 1) eliminare la discorsività dalla scienza e calibrare l'immediatezza alle capacità di ciascun intelletto; 2) stabilire una distinzione e una relazione intrinseca d'ordine nella *deitas*; 3) sganciare la cognizione intuitiva da quella astrattiva, dimostrando che Dio potrebbe causare l'una senza l'altra; 4) individuare la cognizione intuitiva perfetta, che spetta a Dio. Da un lato, se Dio ha scienza perfetta, egli conosce

[171] Cfr. *ibid.*, par. 225, ed. Gál cit. (alla nota 11), p. 133. Per Scoto, cfr. il passo indicato supra, alla nota 154. Anche Ockham se ne accorge; cfr. Guillelmus de Ockham, *Scriptum in librum primum Sententiarum*, Prologus, q. 1, a. 1, nn. 1-10, ed. Gál, I, p. 47.

[172] Cfr. *ibid.*, nn. 11-14, ed. Gál, I, p. 47; e nn. 14-16, ed. Gál, I, p. 47. Cfr. inoltre Ioannes Duns Scotus, *Ordinatio*, I, d. 3, pars I, qq. 1-2, n. 35, ed. Vat., III, p. 21.

[173] Guillelmus de Ockham, *Scriptum in librum primum Sententiarum*, Prologus, q. 1, a. 1, nn. 11-16, ed. Gál, I, p. 47.

[174] Radingia, *In Sent.*, Prologus, q. 3, a. 3, p. 232: «Dico ergo ad quaestionem secundum primam opinionem quod Deus potest causare in intellectu viatoris cognitionem distinctam, abstractivam de deitate; potest haberi scientia ab intellectu viatoris de Deo a priori? et propter quid». Sia Scoto che Ockham sostengono la stessa tesi; cfr. Ioannes Duns Scotus, *Quodlibet*, q. 6, a. 2, ed. cit. (alla nota 108), ff. 18vb-19vb; Guillelmus de Ockham, *Scriptum in librum primum Sententiarum*, Prologus, q. 1, aa. 2-4, nn. 4-8, ed. Gál, I, p. 49. Ma, in particolare, Ockham non perviene allo stesso ideale epistemologico di Reading.

[175] Cfr. Radingia, *In Sent.*, Prologus, q. 3, a. 3, p. 206: «Et de tali loquitur opinio, quia certum est quod intuitivam Dei non possumus habere per sensum»; *ibid.*, d. 3, q. 3, par. 229, ed. Gál cit. (alla nota 11), p. 134; *ibid.*, Prologus, q. 3, a. 3, p. 209: «Quia cognitio simpliciter clara et perfectissima de aliqua re est intuitiva».

la conclusione del sillogismo[176]; ma Dio non sillogizza[177]. Dall'altro, se Dio ha conoscenza perfetta, ha cognizione intuitiva e il modo più perfetto di tale cognizione è la *visio clara*[178]; ma Dio ha sempre la stessa cognizione delle creature, sia quando non esistono e sono possibili, che quando esistono e sono reali[179]. Inoltre, gli intelletti divino e beatifico vedono intuitivamente la quiddità divina e le cose future che non esistono[180]. Invece, il *viator* non può andare oltre la cognizione astrattiva e il concetto confuso. Sarebbe stato relativamente semplice mitigare l'ideale della scienza dimostrativa o affidarsi al solo strumento dell'onnipotenza divina. Invece, Reading mostra di voler tenere tutto insieme con il massimo rigore e sul piano naturale. In un secolo che solitamente sembra essere stato caratterizzato dalla crisi dell'aristotelismo[181], dopo le condanne degli anni '70 del Duecento, Reading mantie-

[176] Cfr. *ibid.*, Prologus, q. 1, a. 1, p. 109: «Ergo, cum Deus de omni conclusione scibili habeat scientiam perfectissimam; sequitur quod habeat de tali conclusione proprie scientiam».

[177] Cfr. *ibidem*, testo cit. *supra*, alla nota 64.

[178] Cfr. *ibid.*, Prologus, q. 3, a. 3, p. 132: «Confirmatur, quia Deus habet cognitionem intuitivam respectu rei existentis vel possibilis, tum quia eius cognitio respectu cuiuscumque est simpliciter perfecta et simpliciter clara – huius non est nisi visio». Cfr. inoltre: *ibid.*, d. 3, q. 3, par. 229, ed. Gál cit. (alla nota 11), p. 134; *ibid.*, Prologus, q. 3, a. 3, p. 209: «Quia cognitio simpliciter clara et perfectissima de aliqua re est intuitiva».

[179] Cfr. *ibid.*, Prologus, q. 3, a. 3, p. 210. Reading, influenzando Ockham, risolve il problema così: cfr. *ibid.*, Prologus, q. 1, a. 3, p. 146: «Et ideo, quia Deus habet cognitionem simpliciter claram respectu cuiuscumque creaturae, sive existat sive non, ideo per illam semper videt creaturam eodem modo, sive existat sive non». Cfr. Guillelmus de Ockham, *Scriptum in librum primum Sententiarum*, Prologus, q. 1, aa. 2-4, nn. 7-10, ed. Gál, I, p. 39: «Patet etiam ex praedictis, quomodo Deus habet notitiam intuitivam omnium, sive sint, sive non sint, quia ita evidenter cognoscit creaturas non esse, quando non sunt, sicut cognoscit eas esse, quando sunt».

[180] Cfr. Radingia, *In Sent.*, Prologus, q. 3, a. 3, pp. 209 e 214.

[181] Cfr. O. Grassi, *Il panorama culturale e teologico del Trecento*, in *Storia della teologia nel Medioevo* cit. (alla nota 1), III, [pp. 377-398], pp. 379-380: «I fondamenti della fede non vennero intenzionalmente messi in discussione; anzi, contro la filosofia aristotelica, che un autore di fine secolo, Pietro d'Ailly (1352-1420), giunse a collocare nell'ambito dell'*opinione*, non in quello della *scienza*, i teologi cercarono di difendere la *fides*, liberandola da certi schemi nazionali per salvaguardarne la purezza. Quanto tale scopo sia stato effettivamente raggiunto, è da valutare caso per caso. Tuttavia, sembra innegabile l'interesse, pressoché generale, a discutere l'uso della scienza e delle leggi del sapere nell'ambito della fede, a valutare le facoltà e possibilità della ragione umana nei confronti delle verità rivelate, a ricercare una sempre più appropriata definizione di teologia, della sua natura e del suo scopo».

ne pienamente l'ideale della scienza dimostrativa (fondata sugli *Analytica Posteriora* di Aristotele, sul commento di Roberto Grossatesta e sul *De aspectibus* di Alhazen) e la piega strumentalmente alle sue tesi portanti. Usando in modo originale le punte più avanzate dell'insegnamento parigino di Scoto e in dialogo con Ockham, Reading combina il principio teologico della massima perfezione della scienza e della conoscenza che Dio ha, e quello filosofico della massima perfezione della scienza e della conoscenza intuitiva.

Ne scaturisce una concezione adattata di *scientia* come conoscenza *a priori*, immediata delle proposizioni analitiche, necessarie e dei fatti psichici, intesi come cause dell'intero procedimento dimostrativo. Tale scienza procede con il sillogismo, non si basa né sulle Sacre Scritture, né sull'esperienza, né sulla cognizione intuitiva, ma su quella astrattiva, che raggiunge anche l'esistenza sotto la quiddità in nove passi: 1) la cognizione intuitiva non si relaziona sempre alla cosa esistente[182]; 2) la distinzione delle due cognizioni e dei loro oggetti non è necessaria[183]; 3) le due cognizioni non si distinguono né per gli oggetti né per le facoltà cognitive, ma per le cause efficienti: nel caso naturale esse sono la cosa e la specie, in quello sovrannaturale Dio *de potentia absoluta* e per il principio di sostituibilità[184]; 4) sul piano naturale l'oggetto presente o in sé o sotto forma di specie rappresentativa è causa dell'intellezione[185]; 5) la «visio» può sussistere senza l'oggetto presen-

[182] Cfr. RADINGIA, *In Sent.*, Prologus, q. 3, a. 3, p. 214: «Respondeo: intuitiva non est generaliter respectu rei existentis ut existens, quia, sicut Deus cognovit intuitive rem futuram, sic intellectus creatus beati cognosceret intuitive rem futuram in Deo, quando sibi revelatur».

[183] Cfr. *ibidem*.

[184] Cfr. *ibidem*: «Et si quaeras 'ergo distinguuntur istae duae cognitiones', dico quod distinguuntur essentialiter se ipsis aliquo modo, tamen distinguuntur per causas suas efficientes, propter quod notandum quod istae duae cognitiones possunt comparari ad intellectum».

[185] Cfr. *ibid.*, p. 218: «Praeterea, quamvis concederetur quod solus intellectus est causa intellectionis – quod tamen est falsum, ut alias patebit –, tamen certum est quod ante cognitionem, quantumcumque, naturaliter habitam in intellectu creato, requiritur obiectum praesens saltem prius naturaliter et hoc in se, si illa sit cognitio intuitiva; ut in specie, si sit abstractiva. Et hoc sufficit, sicut si obiectum et species eius essent causae talium cognitionum, quia semper habeo quod cognitio intuitiva necessario requiritur obiectum esse in se praesentialiter existens. Abstractiva non; sed requirit necessario speciem rei praesentem in intellectu et hoc, naturaliter loquendo».

te *de potentia absoluta Dei*[186]; 6) la cognizione intuitiva è in senso largo la «visio clara rei, sicut esset, si esset in se praesens»; in senso stretto la «cognitio rei in se praesentialiter existentis»[187]; 7) la presenza è richiesta solo dal secondo tipo di cognizione intuitiva[188]; 8) in seguito alla distinzione tra esistente semplice e partecipato in atto[189], la cognizione astrattiva si riferisce anch'essa all'esistente, ma nel primo senso[190]: il fatto che la pietra esista in quanto esistente, da un lato, è intuitivamente conoscibile e non oggetto della scienza propria e, dall'altro, sotto la ragione quidditativa secondo una certa somiglianza (specie) può essere conosciuta astrattivamente nell'intelletto che inferisce le sue proprietà come conclusioni di sillogismi[191]; la scienza astrae dall'esistente in quanto presente, non dall'esistente sotto la ragione quidditativa, che può essere non attualmente esistente[192]; 9) la *claritas* diviene l'uni-

[186] Cfr. *ibid.*, Prologus, q. 1, a. 3, p. 132: «Dicendo secundum istud argumentum, sequeretur quod visio intuitiva, cum sit quaedam intellectio, potest esse sine obiecto existente. (...) Si ergo cognitio abstractiva potest esse sine specie, ergo et intuitiva sine obiecto praesente. (...) Quia tamen visio sit quaedam qualitas et effectus causatus a re praesente, potest Deus in ratione causae efficientis solum illam visionem causare, obiecto non existente».

[187] Cfr. *ibid.*, q. 3, a. 3, p. 218: «Posset tamen aliter dici quod cognitio intuitiva potest dupliciter accipi ad praesens. Uno modo large et sic et clara visio vel clara cognitio alicuius rei, sicut esset, si esset in se praesens; et sic potest esse de re non existente, ut patet de visione Dei et beati. (...) Alio modo potest accipi sub tale; et sic posset dici esse tantum rei in se praesentialiter existentis».

[188] Cfr. *ibid.*, p. 219: «Sed talis praesentia non requiritur ad omnem cognitionem intuitivam, ut dictum est ad argumentum patet».

[189] Cfr. *ibid.*, q. 1, a. 3, p. 144.

[190] Cfr. *ibidem*: «Vel, quando probatur illa maior, quia cognitio scientifica abstrahit ab existentia, dico quod existentia rei potest cognosci abstractive, non tantum intuitive, sicut modo cognosco existentiam albedinis, quam aliquando vidi, licet modo non existat». E *ibid.*, p. 146: «Aliter potest dici quod illud assumptum, scilicet quod cognitio intuitiva est tantum existentis et abstractiva non existentis, non est verum, quia cognitio abstractiva potest esse existentiae secundum intellectum praedictum». Cfr. GUILLELMUS DE OCKHAM, *Scriptum in librum primum Sententiarum*, Prologus, q. 1, a. 1, nn. 5-6, ed. Gál, I, p. 37; e, in modo ancora più esplicito, IOHANNES DE BASSOLIS, *In primum librum Sententiarum*, Prologus, q. 1, ed. Paris 1517, Regnault et Frellon, 4 voll., I, f. 3vb: «Ex quibus concludo secundo quod notitia abstractiva non dicitur nec est pro tanto abstractiva, quia abstrahat ab esse avtualis existentiae in ratione obiecti cogniti, quia et ipsum esse actualis existentiae potest abstractivae cognosci, quia et repraesentari per repraesentativum supra intellectum».

[191] Cfr. RADINGIA, *In Sent.*, Prologus, q. 1, a. 3, p. 144.

[192] Cfr. *ibid.*, p. 145: «Quando ergo dicitur quod cognitio scientifica abstrahit ab existentia, verum est isto modo, quod non requiritur quod sit respectu

co criterio di discrimine tra le due cognizioni[193]. Così sono rese possibili, da un lato, la *cognitio abstractiva de re existente* e la *scientia demonstrativa*, dall'altro, la retrocessione della *cognitio intuitiva* a favore della *visio clara*.

Come in Ockham[194], che segue Scoto[195], la cognizione astrattiva si colloca al terzo posto di una triade, generata dallo sdoppiamento della cognizione intuitiva a causa del caso speciale di Dio. Sia la *visio clara* di Reading che la cognizione intuitiva perfetta di Ockham servono a mantenere intatta la perfezione della conoscenza intuitiva almeno in un caso e sia la cognizione intuitiva imperfetta di Ockham che quella intuitiva di Reading servono ad adattare tale perfezione al caso naturale, senza sminuirla eccessivamente, ma per ragioni diverse, nel caso di Ockham per la conoscenza del passato, nel caso di Reading per la realtà dell'esistente. Ma sia la conoscenza del passato che la realtà del-

existentis, ut existens est, et in se praesens, quia potest esse respectu rei non existentis».

[193] Cfr. *ibid.*, p. 146: «Et si dicas: quoniam ergo distinguitur cognitio intuitiva et abstractiva, si possunt esse respectu eiusdem obiecti; quod cognitio intuitiva est simpliciter clara; illius, cuius est cognitio abstractiva, est cognitio abstractiva illius obiecti, cuius est. (...) Et si quaeras: quare ergo dicitur communiter quod cognitio abstractiva abstrahit ab existentia et intuitiva est respectu existentis. Respondeo: cognitio intuitiva est alicuius persecura et clara cognitio eius, quia talis cognitio non potest naturaliter nisi ab ipsa sola re praesente in se. Ideo, naturaliter loquendo, verum est quod omnis cognitio intuitiva est rei alicuius praesentis in se; sed ex hoc non sequitur quod Deus possit causare talem visionem rei in potentia visiva, re non praesente vel non existente, et per consequens potest infinita tali visione videre non existentem, sicut conceditur quod beatus potest videre in essentia rem non existentem».

[194] Cfr. GUILLELMUS DE OCKHAM, *Scriptum in librum primum Sententiarum*, Prologus, I, d. 3, q. 3, par. 45-46, ed. Gál, I, pp. 86-87. Ph. Boehner sembrerebbe concordare con Reading: cfr. PH. BOEHNER, *The Notitia Intuitiva of Non-Existents According to William Ockham*. in ID., *Collected Articles on Ockham*, New York 1946, pp. 17, 268-300 e 273-274.

[195] Cfr. IOANNES DUNS SCOTUS, *Lectura* II, d. 14, q. 3, a. 2, nn. 129-145, ed.Vat., XX, pp. 353-354; ID., *Quaestiones super librum quartum Sententiarum*, d. 45, q. 3, nn. 17-18, ed. Vivès cit. (alla nota 154), pp. 348b-349b. Mentre per Scoto la cognizione memorativa non è astrattiva, perché non si avvale della specie, per Ockham essa non lo è perché, pur prescindendo dall'esistenza o non-esistenza, si fonda sull'evidenza di una verità di fatto, verificata dal primo atto o da più atti d'intuizione. Per spiegare il passaggio dalla cognizione intuitiva a quella astrattiva, Ockham assume la distinzione scotiana tra le due cognizioni intuitive e la innesta su quella aristotelica tra *actus*, *passio* e *habitus*; cfr. ARISTOTELES, *Ethica Nicomachea*, II, 5, 1105b$^{19-21}$.

l'esistente non valgono proprio per Dio che conosce tutto presenzialmente, anche senza l'esistenza attuale nella realtà extramentale.

Più che un'applicazione o una giustapposizione di strumenti sorti in ambiti e per scopi diversi, qui si dà la reciproca e continua interazione di concezioni, che si forgiano ed evolvono in stretta dipendenza rispetto a un unico processo argomentativo-dimostrativo. Il piano filosofico e quello teologico s'intrecciano inscindibilmente verso una meta comune. Nella fattispecie, la concezione di scienza dimostrativa come forma più perfetta di conoscenza, il principio dell'ordine, la distinzione formale, la considerazione del *conceptus*, quella delle facoltà dell'anima, la nozione di *visio*, di concetto distinto e confuso, di cognizione intuitiva ed astrattiva – sul piano filosofico – e la concezione del modo di funzionare dell'intelletto divino, della massima perfezione della scienza e della conoscenza di Dio, quella dell'unità e della diversità intrinseca della *deitas* come *primum subiectum scientiae theologiae*, della rappresentabilità delle creature nella mente divina *per species*, dell'onnipotenza divina, della *visio* profetica e beatifica, dello *status viatoris*, del *raptus* di Paolo, della vita pre natale di Giovanni Battista – sul piano teologico – si costituiscono e si sviluppano in vista di un obiettivo comune, ossia dimostrare che Dio ha scienza, che si dà scienza su Dio e che il *viator* ha scienza su Dio, in definitiva la *scientia Dei* e la *scientia de Deo*. Questo rappresenta il preciso intento dimostrativo, di cui la concezione adattata di scienza è l'esito più evidente e che va assunto come paradigmatico.

Le questioni epistemologiche nell'epoca delle università si sviluppano almeno secondo tre filoni: 1) quello dei commenti agli *Analytica Posteriora*, 2) quello di trattati isolati, come nel caso di Egidio Romano[196] e Riccardo Conington[197] *de medio demonstrationis*; 3) quello all'interno delle opere teologiche. Quest'ulti-

[196] AEGIDIUS ROMANUS, *Expositio Egidii Romani supra libros elenchorum Aristotelis. Questio de medio demonstrationis*, ed. Venezia 1500, Simon de Luere.

[197] RICHARDUS DE CONINGTON, *Quodlibet* I, q. 1, ed. in S. F. BROWN, *Sources for Ockham's Prologue to the Sentences*, in «Franciscan Studies», 25 (1966), pp. 42-65; cfr. V. DOUCET, *L'œuvre scolastique de Richard de Conington O.F.M.*, in «Archivium Franciscanum Historicum», 29 (1936), pp. 396-442.

mo filone inerisce direttamente alla questione sulle due *scientiae*; esso sorge con la determinante incorporazione dell'epistemologia aristotelica nel seno della teologia cristiana[198] e sembra ricevere un impulso decisivo dall'ultimo Scoto, per riecheggiare nei dibattiti dell'epoca[199]. Ad esempio, sul continente, Giovanni de Pouilly nel quinto *Quodlibet*, databile intorno al 1312, indaga la *cognitio scientifica de Deo sine cognitio existentiae Dei*[200]. Francesco d'Ascoli affronta nella terza e nella quarta *quaestio* preambolare le tematiche della *forma sillogistica in divinis*[201]. Aureolo nella quarta *quaestio* della prima sezione del suo commentario parigino nella redazione di *reportatio* si chiede «Utrum scientia sit de Deo»[202]. Alnwick compone le *Quaestiones de scientia*[203] e nella prima *quaestio* prologale del commentario sentenziario dice «videndum esse quae sit ratio fidei et quae scientiae»[204]. Oltre Manica, Roberto di Kykeley domanda: «Utrum de Deo possit haberi scientia proprie

[198] Cfr. É. Gilson, *History of Christian Philosophy in the Middle Ages*, London 1955, p. 465; M. Grabmann, *De questione utrum aliquid possit esse simul creditum et scitum inter scholas Augustinismi et Aristotelico-Thomismi Medii Aevi agitata*, in *Acta Hebdomadis Augustinianae-Thomisticae*, Roma 1930, pp. 110-139; Id., *Il concetto di scienza secondo S. Tommaso d'Aquino e le relazioni della fede e della teologia con la filosofia e le scienze profane*, in «Rivista di filosofia scolastica», 26 (1934), pp. 127-155; R. Aubert, *Le charactère raisonnable de l'acte de foi d'après des théologiens de la fin du XIIIe siècle*, in «Revue d'histoire ecclesiastique», 39 (1943), pp. 22-99; L. Bianchi – E. Randi, *Le verità dissonanti*, Roma – Bari 1990, pp. 67-79; J. F. Courtine, *Suarez et le systhème de la metaphysique*, Paris 1990, pp. 72-74.

[199] Si escludono molte questioni sulla teologia come scienza, l'evidenza e la chiarezza delle verità teologiche, Dio come soggetto primo di qualche scienza sotto qualche aspetto; la compatibilità tra fede, scienza e opinione nello stesso intelletto rispetto alla stessa verità e così via. Tali questioni costituiscono il 'brodo di cultura' del terzo filone.

[200] I sei *Quodlibeta* di Giovanni di Poully (Johannes de Polliaco) sono conservati nei ms. Paris, Bibliothèque Nationale, lat. 15372 e lat. 14565, ff. 58^r^-173^v^ (solo i primi tre); Roma, Biblioteca Apostolica Vaticana, Vat. lat. 1017; Firenze, Biblioteca Nazionale, II, I, 117.

[201] Cfr. Franciscus de Esculo, *Commentarius in quattuor libros Sententiarum. Quaestiones praembulae et Prologus*, ed. N. Mariani, Grottaferrata 2003; in partic. *Quaestiones Praembulae*, q. 3, pp. 423-432; q. 4, pp. 433-444.

[202] Cfr. Petrus Aureoli, *Reportatio in libros Sententiarum*, Prologus, sect. 1, q. 4, ms. Napoli, Biblioteca Nazionale, VII C 6, f. 5vb.

[203] Guillelmus Alnevicanus, *Quaestiones de scientia*, ms. Padova, Biblioteca Antoniana 295, ff. 46^r^-52^r^.

[204] Id., *In primum librum Sententiarum*, ms. Assisi, Biblioteca del Sacro Convento 172, Prologus, q. 1, f. 6ra.

dicta a priori, concludendo unam rationem perfectionalem de alia»[205]. Ockham, *ad evidentiam* della seconda *quaestio* prologale sulla «scientia proprie dicta veritatum theologiae», formula «quattuor breves quaestiones» sulla scienza dimostrativa[206].

[205] Kykeley è attestato come maestro reggente in teologia a Oxford all'inizio del secolo XIV. Nei *Quodlibeta* cita frequentemente Enrico di Harclay, Roberto Walsingham, Nicola Trivet, Enrico di Gand, «frater Thomas»; cfr. M. SCHMAUS, *Kykeley, cuiusdam adhuc ignoti auctoris Anglici saeculo XIV florentis. Quaestio de cooperatione divina*, in «Bohoslovia», 10 (1932), pp. 1-36.

[206] GUILLELMUS DE OCKHAM, *Scriptum in librum primum Sententiarum*, Prologus, q. 2, a. 1, nn. 14-15, p. 129.

ALESSANDRO D. CONTI

FILOSOFIA ARISTOTELICA E RAGIONI DELLA FEDE NEL SECOLO XIV

IL PLURALISMO (METODO)LOGICO DI ROBERT HOLCOT

Nel quadro, particolarmente complesso, dei rapporti tra filosofia e teologia nel tardo Medioevo, la prima metà del Trecento costituì un periodo di crisi, ma non nel senso derogatorio del termine (secondo un'immagine del secolo XIV cara a tanta storiografia, specie confessionale, del Novecento – si pensi, ad esempio, a Gilson), quanto nel senso, positivo, di un'epoca di rapide e radicali trasformazioni. Ciò a cui si assistette fu, in effetti, il repentino tramonto delle fortune del paradigma filosofico aristotelico e la sua sostituzione con paradigmi filosofici alternativi solo esteriormente e superficialmente rispettosi dei canoni dell'aristotelismo – o meglio: dell'aristotelismo tipico dell'età medievale, ovverosia quello esemplificato principalmente dalla tradizione albertino-tomistico-egidiana. Molti pensatori del Trecento, convinti appunto che l'aristotelismo non fosse in grado di fornire un identico modello di razionalità per la filosofia e per la teologia, si impegnarono a dar vita ad un sistema unitario del sapere *non aristotelicamente connotato*. Essi cercarono, cioè, di costruire una teologia razionale in grado di mostrare la traducibilità filosofica dei contenuti basilari della fede servendosi di mezzi del tutto differenti: ad esempio, il metodo geometrico euclideo platonicamente interpretato per Bradwardine; una sorta di positivismo logico *ante litteram* per Nicola d'Autrecourt; una revisione critica in chiave neoplatonica e più accentuatamente realista della logica e della metafisica scotiste per John Wyclif e i Realisti di Oxford. Altri seguirono una strada parzialmente diversa, in qualche modo rispettosa del modulo aristotelico, integrato e corretto, dove necessario, con apporti nuovi e diversi che lo adattassero alle esigenze della chiarificazione dei

10.1484/M.NUTRIX-EB.1.101261

contenuti della fede. Un caso esemplare, in proposito, è quello di uno degli esponenti più in vista del circolo di Bury, il domenicano Robert Holcot († 1349)[1], il quale si fece sostenitore di un *plurali-*

[1] Su Holcot si vedano: B. SMALLEY, *Robert Holcot, OP*, in «Archivum Fratrum Praedicatorum», 26 (1956), pp. 5-97; M. DAL PRA, *Linguaggio e conoscenza assertiva nel pensiero di Roberto Holcot*, in «Rivista critica di storia della filosofia», 11 (1956), pp. 15-40; H. A. OBERMAN, *«Facientibus quod in se est Deus non denegat gratiam»: Robert Holcot, OP and the Beginnings of Luther's Theology*, in «Harvard Theological Review», 55 (1962), pp. 317-342; F. HOFFMANN, *Robert Holcot: Die Logik in der Theologie*, in *Die Metaphysik im Mittelalter*, Berlin 1963 (Miscellanea mediaevalia, 2), pp. 624-639; H. A. OBERMAN, *The Harvest of Medieval Theology: Gabriel Biel and Late Medieval Nominalism*, Cambridge (Mass.) 1963, pp. 235-248; H. SCHEPERS, Holkot contra dicta Crathorn *I. Quellenkritik und biographische Auswertung der Bakkalareatsschriften zweier Oxforder Dominikaner des* XIV *Jahrhunderts*, in «Philosophisches Jahrbuch», 77 (1970), pp. 320-354; R. E. GILLESPIE, *Robert Holcot's* Quodlibeta, in «Traditio», 27 (1971), pp. 480-490; F. HOFFMANN, *Die theologische Methode des Oxforder Dominikanerlehrers Robert Holcot*, Münster 1972; H. SCHEPERS, *Holkot* contra dicta *Crathorn: II. Das 'significatum per propositionem'. Aufbau und Kritik einer nominalistischen Theorie über den Gegenstand des Wissens*, in «Philosophisches Jahrbuch», 79 (1972), pp. 106-136; G. NUCHELMANS, *Theories of the Proposition: Ancient and Medieval Conceptions of the Bearers of Truth and Falsity*, Amsterdam 1973, pp. 195-208; M. DAL PRA, *La proposizione come oggetto della conoscenza scientifica nel pensiero di Roberto Holcot*, in ID., *Logica e realtà: momenti del pensiero medievale*, Roma – Bari 1974, pp. 83-119; F. HOFFMANN, *Thomas-Rezeption bei Robert Holcot?*, in «Theologie und Philosophie», 49 (1974), pp. 236-251; O. GRASSI, *Le tesi di Robert Holcot sul valore non scientifico della conoscenza teologica*, in «Rivista di filosofia neo-scolastica», 71 (1979), pp. 49-79; K. H. TACHAU, *The Problem of the* Species in medio *at Oxford in the Generation after Ockham*, in «Mediaeval Studies», 44 (1982), pp. 394-443; W. J. COURTENAY, *The Dialectic of Omnipotence in the High and Late Middle Ages*, in *Divine Omniscience and Omnipotence in Medieval Philosophy*, ed. T. Rudavsky, Dordrecht 1985, pp. 243-269; K. H. TACHAU, *Wodeham, Crathorn, and Holcot: The Development of the Complexe Significabile*, in Logos *and* Pragma*: Essays on the Philosophy of Language in Honor of Professor Gabriel Nuchelmans*, edd. L. M. de Riijk – H. A. G. Braakhuis, Nijmegen 1987, pp. 161-187; H. KIRJAVAINEN, *Existential Presuppositions in Semantics According to Ockham and Holcot*, in *Knowledge and the Sciences in Medieval Philosophy*, 3 voll., II, edd. S. Knuuttila – R. Työrinoija – S. Ebbesen, Helsinki 1990, pp. 196-209; L. A. KENNEDY, *The Philosophy of Robert Holcot, Fourteenth-Century Skeptic*, Lewiston (N.Y.) 1993; H. KIRJAVAINEN, *Trinitarian Sophisms in Robert Holcot's Theology*, in *Sophisms in Medieval Logic and Grammar*, ed. S. Read, Dordrecht 1993, pp. 348-356; K. H. TACHAU, *Robert Holcot on Contingency and Divine Deception*, in *Filosofia e teologia nel trecento. Studi in ricordo di Eugenio Randi*, ed. L. Bianchi, Louvain-la-Neuve 1994, pp. 157-196; J. M. INCANDELA, *Robert Holcot, O.P., on Prophecy, the Contingency of Revelation, and the Freedom of God*, in «Medieval Philosophy and Theology», 4 (1994), pp. 165-188; K. H. TACHAU, *Logic's God and the Natural Order in Late Medieval Oxford: the Teaching of Robert Holcot*, in «Annals of Science», 53 (1996), pp. 235-267; H. G. GELBER, *It Could Have Been Otherwise: Contingency and Necessity in Dominican Theology at Oxford, 1300-1350*, Leiden 2004.

smo (metodo)logico intragenerico, che ammettesse, in dipendenza dall'accettazione di un ristretto numero di principi e regole comuni generali, di matrice aristotelica, una logica e una metodologia *specificamente* distinte per le discipline della filosofia e della teologia.

Scopo di queste pagine è quello di fornire una prima raccolta ordinata di evidenze testuali che confermino questo giudizio, mostrando inoltre la continuità e la complementarietà tra la posizione tenuta da Holcot nel commento alle *Sentenze* e quella delle più tarde questioni quodlibetali.

***

Tra tutti gli autori attivi nei primi decenni del secolo XIV, Holcot è probabilmente quello che ha reso conto in maniera più compiuta ed esaustiva dei problemi che concernono il rapporto tra filosofia e teologia, soffermandosi in particolare sulla questione dell'identità o meno della logica interna alle due discipline – tema al quale ha dedicato ampio spazio sia nel commento al primo libro delle *Sentenze*, probabilmente del 1330-1332, che nelle *Quaestiones quodlibetales*, portate a termine presumibilmente intorno al 1334. Erroneamente, però, sino a meno di trenta anni fa, sulla base di talune affermazioni contenute proprio nel commento alle *Sentenze*, Holcot veniva collocato tra i fautori della tesi della netta separazione di ragione e fede, che si troverebbero ad avere due logiche diverse e non commensurabili, giacché la logica aristotelica avrebbe valore solo se applicata all'ordine naturale, ma non ai contenuti della fede, mentre i contenuti della fede non potrebbero essere adeguatamente chiarificati e spiegati dalla logica aristotelica. Egli era per conseguenza ritenuto un sostenitore della linea pseudo-ockhamista del divorzio tra teologia e filosofia. A partire dagli anni '80 del Novecento, grazie alle ricerche di Hester G. Gelber, che ha reso disponibile il testo di alcune questioni quodlibetali avviandone anche uno studio critico[2], si è cominciato a parlare di un suo successivo ripensamento relativo alla questione dei limiti della applicabilità della logica aristotelica e di una conseguente forte attenuazione delle tesi radicali del commento alle *Sentenze*: per

[2] H. G. Gelber, *Exploring the Boundaries of Reason: Three Questions on the Nature of God by Robert Holcot, OP*, Toronto 1983.

l'Holcot delle questioni quodlibetali la logica aristotelica avrebbe una validità universale purché utilizzata secondo i suoi propri principi. La storiografia più recente tende a distinguere perciò due fasi nell'evoluzione del pensiero teologico di Holcot: la prima contrassegnata da un sostanziale rifiuto della logica aristotelica, e la seconda caratterizzata da una sua concreta rivalutazione.

Le cose stanno però altrimenti: Holcot si è in realtà impegnato a fondo in una stima spassionata e imparziale dell'utilizzabilità della logica aristotelica in teologia giungendo a sviluppare, sin dal commento al primo libro delle *Sentenze*, una forma del tutto personale di pluralismo (metodo)logico, che obbedisce all'esigenza di specializzare il sistema aristotelico per le due discipline della filosofia e della teologia, calibrandolo di volta in volta sulle diverse regioni del reale (o classi di oggetti) da esse prese in esame.

È un dato di fatto acclarato che a più riprese nel suo commento alle *Sentenze* Holcot distingua nettamente tra contenuti di fede (espressi da proposizioni razionalmente indecidibili), da un lato, e verità di ragione (logicamente dimostrabili) e fattuali (empiricamente accertabili), dall'altro; ma questo non sarebbe sufficiente di per sé a mostrare che la logica aristotelica sia priva per Holcot di ogni valore in ambito teologico. E infatti tali affermazioni, secondo i sostenitori dell'interpretazione tradizionale, vanno lette alla luce della tesi generale che il sistema logico aristotelico così com'è non ha validità universale, ma solo limitatamente all'ordine naturale – una tesi che Holcot stesso asserirebbe esplicitamente in quello che è forse il passo più famoso e citato del suo commento al primo libro delle *Sentenze*. Vediamolo perciò da vicino:

> Al quinto punto, quando si argomenta: «l'essenza divina genera, dunque genera un altro Dio», nego l'antecedente. Infatti credo che sia stato rivelato ai santi padri e sia stato determinato dalla Chiesa che quella proposizione fosse da negare. Quanto alla dimostrazione, quando si argomenta per mezzo di un sillogismo espositorio, si può obiettare che non si dà mai sillogismo espositorio laddove esso concerna una cosa che è una e tre ‹ad un tempo›. E dunque, da un punto di vista formale, il seguente non è un sillogismo espositorio corretto: «questo Dio crea; questo Dio è la Trinità; dunque la Trinità crea», sebbene tutte le proposizioni ‹che lo compongono› siano vere ‹prese di per sé›. In maniera simile, non è un'incongruenza che la logica naturale sia insufficiente quanto a

ciò che pertiene alla fede. E così, come la fede si colloca al di sopra della filosofia naturale, stabilendo che le cose sono prodotte per creazione, creazione alla quale la filosofia naturale non arriva, così la dottrina morale desunta dalla fede fissa alcuni principi che la scienza naturale non ammette. Nello stesso modo il metodo, o ‹meglio:› la logica della fede deve essere diversa dalla logica naturale. Scrive infatti il Commentatore, nel primo libro della *Metafisica*, lemma 15, che c'è una logica universale ‹comune› a tutte le scienze e ci sono delle logiche ‹più particolari› proprie di ciascuna. E se questo è vero, a maggior ragione è necessario porre una logica ‹propria esclusivamente› della fede. (...) In effetti, i filosofi non si resero conto che c'è una cosa che è una e tre ‹insieme›, e dunque non fecero menzione di essa nelle loro regole. Nella logica della fede, dunque, ci sono regole siffatte, che tutti i nomi assoluti si predicano al singolare delle tre ‹Persone› e non al plurale; e che ‹in divinis non› c'è ‹pluralità ma› singolarità dove non entrano in gioco le opposizioni dovute alle relazioni. Per conseguenza, si possono concedere le premesse ‹del sillogismo pseudo-espositorio in questione›, ma se ne deve negare la conclusione, perché ad essa ostano le opposizioni dovute alle relazioni ‹divine›, esattamente come se qualcuno argomentasse nel modo seguente: «questa essenza è il Padre; questa essenza è il Figlio; dunque il Figlio è il Padre» – ‹infatti› le due premesse sono vere e il sillogismo si presenta come un sillogismo espositorio di terza figura, ‹ma la conclusione è falsa›. Che cosa se ne deve allora concludere? La logica aristotelica è formale o no? Rispondo che se se si vuole chiamare 'formale' solo quella logica le cui conclusioni valgono in ogni ambito del reale, (...) allora ‹la logica aristotelica› non è formale. Se invece si vuole chiamare 'formale' quella logica che non teme eccezioni nell'ambito delle cose sensibili che noi veniamo a conoscere per mezzo di un'indagine di tipo naturalistico, allora rispondo di sì[3].

[3] ROBERTUS HOLCOT, *In quattuor libros Sententiarum quaestiones argutissimae*, lib. I, q. 4, a. 5, ed. Lugduni 1518, in aedibus Ioannis Clein, ff. F1^{vb}-F2^{ra}: «Ad quintum, quando arguitur: «essentia divina generat, ergo generat alium Deum», nego antecedens. Revelatum enim credo sanctis patribus illam fore negandam, et ab ecclesia determinatum. Ad probationem, quando arguitur per syllogismum expositorium, potest dici quod nunquam est syllogismus expositorius ubi demonstratur res quae est una et tres. Et ideo, de forma, hic non est bonus syllogismus expositorius «hic Deus creat; hic Deus est Trinitas; ergo Trinitas creat», licet omnes propositiones

Se, invece di soffermarci su singoli punti di questo lungo passo, teniamo conto del discorso teorico complessivo che vi viene articolato e cerchiamo di ricostruire la strategia globale messa a punto da Holcot, apparirà evidente che il maestro domenicano non vuol mettere in liquidazione, per dir così, l'intera logica aristotelica, ma, semmai, difendere il valore universale di alcuni principi e norme interne a quella logica (il nucleo essenziale della teoria, potremmo dire) anche in ambito teologico, pur nel riconoscimento che l'attività razionale degli uomini non è assimilabile ad un unico sistema logico, quanto piuttosto ad un sistema multiplo, articolato in sotto-sistemi più specifici, in qualche modo tutti imparentati tra loro. Egli infatti:

1. nel momento stesso in cui sostiene che ciascuna disciplina scientifica ha una sua propria logica interna, distinta da quella di ogni altra, fa sua l'affermazione di Averroè che c'è comunque una logica di base che è comune a tutte le scienze al di là dei sistemi logici più particolari (che da quella discendono) propri di ciascuna (linee 20-23 del testo latino della precedente citazione);

2. argomenta che non essendosi i filosofi (cioè Aristotele) imbattuti in natura in cose che fossero una e trina insieme, non ebbero

sint verae. Similiter, non est inconveniens quod logica naturalis deficiat in his quae fidei sunt. Et ita, sicut fides est supra philosophiam naturalem, ponens res produci per creationem, ad quam philosophia naturalis non attingit, ita moralis doctrina fidei ponit quaedam principia quae scientia naturalis non concedit. Eodem modo ratio[nalis] vel logica fidei alia debet esse a logica naturali. Dicit enim Commentator, I *Metaphysicae*, commento 15°, quod quaedam logica est universalis omnibus scientiis et quaedam propria unicuique scientiae; et si hoc est verum, a fortiori oportet ponere unam logicam fidei. (...) Immo, philosophi non viderunt aliquam rem esse unam et tres, ideo de ea in suis regulis mentionem non fecerunt. Sunt ergo in logica fidei tales regulae, quod omne nomen absolutum praedicatur in singulari de tribus et non in plurali; alia est quod unitas tenet suum consequens ubi non obviat relationis oppositio. Et ideo concessis praemissis dispositis in modo et in figura negatur conclusio, quia illi conclusioni obviat relationis oppositio – sicut si sic arguitur «haec essentia est Pater; haec essentia est Filius; ergo Filius est Pater», utraque praemissarum est vera et apparet dispositio tertiae figurae. Sed quid est dicendum? Estne logica Aristotelis formalis vel non? Dico quod si non vis vocare 'logicam formalem' nisi illam quae tenet in omni materia, (...) tunc patet quod non. Si vis vocare 'formalem' logicam illam quae per naturalem inquisitionem in rebus a nobis sensibiliter notis non capit instantiam, dico quod sic». Le traduzioni in lingua italiana dei passi citati da quest'opera sono mie.

bisogno di modificare il loro sistema di logica introducendo delle regole particolari adatte al caso (linee 25-27);

3. enuncia due tra le norme che, a suo parere, è necessario aggiungere al sistema logico aristotelico per abilitarlo a coprire anche la materia trinitaria, onde evitare che si giunga a conclusioni errate o contraddittorie; esse sono le seguenti: (1) tutti i nomi assoluti (cioè non-relativi) si predicano al singolare e non al plurale delle tre Persone divine, anche se considerate collettivamente; e (2) l'unità che vale tra le tre Persone, secondo la norma precedente, viene meno qualora entrino in gioco le relazioni divine, che perciò introducono la molteplicità in qualcosa che è altrimenti uno e lo stesso (linee 27-31);

4. riconosce esplicitamente che i principi che regolano il sillogismo espositorio non si applicano *in divinis* (linee 5-8);

5. e infine, seppure solo implicitamente, accetta senza alcun limite di applicabilità o restrizione nel valore il principio di non-contraddizione, dal momento che è appunto per evitare patenti violazioni del principio stesso che propugna la necessità di un sistema logico mirato alla teologia trinitaria che sia diverso da quello standard aristotelico (questo è il senso di tutto il passo citato e in particolare delle linee 40-47).

Holcot vuol dunque difendere sia la validità universale dei principi-base della logica aristotelica, che regolano anche la logica trinitaria, sia la *ragionevolezza* dei contenuti della fede, i quali, se anche non sempre dimostrabili con la sola ragione naturale e a partire da dati empirici o evidenze fattuali, sono però totalmente compatibili con il principio-base della logica aristotelica, cioè il principio di non-contraddizione, e con le nozioni più aristotelicamente tradizionali di identità e distinzione (numerica, specifica, generica) – come si avrà modo di constatare tra breve.

A ben vedere, il reale obiettivo polemico di Holcot non sembra essere stato il sistema logico-metafisico aristotelico nella sua lettura canonica, quanto piuttosto le nuove logiche di tipo intensionale che avevano preso avvio sul finire del Duecento dalla distinzione intenzionale di Enrico di Gand e da quella formale di Duns Scoto; non è un caso che nelle *Quaestiones quodlibetales* numerosi passi siano dedicati proprio all'esame e alla confutazione della teologia trinitaria del maestro francescano[4]. Sono appunto queste le pagine che si dovranno tenere presenti se si vorrà comprendere l'effettiva posizione di Holcot a proposito del problema dell'utilizzabilità della logica aristotelica in teologia.

L'insufficienza delle tradizionali nozioni di distinzione reale e distinzione di ragione (e quindi, conversamente, della tradizionale nozione di identità) a spiegare convenientemente, (1) in teologia, le relazioni intercorrenti tra l'essenza divina, le sue Persone e i suoi attributi; (2) in metafisica, il legame tra il genere e la differenza specifica, e tra la specie e i suoi individui; e (3) in psicologia, il nesso tra l'anima e le sue facoltà, avevano spinto pensatori come Enrico di Gand e Giovanni Duns Scoto ad elaborare una nuova forma di distinzione che permettesse di individuare, all'interno di una e la stessa cosa, una molteplicità di (coppie di) portatori di proprietà in corrispondenza di determinazioni opposte (sia in senso assoluto che relativo) direttamente o indirettamente attribuibili alla cosa in questione, senza con ciò intaccarne l'unità e la medesimezza. Enrico di Gand definiva infatti la distinzione intenzionale come quella differenza che vale tra due entità le quali sono entrambe elementi costitutivi della medesima *res*, ma le cui definizioni sono totalmente indipendenti l'una dall'altra, così che ciascuna di esse può benissimo essere compresa insieme con la negazione dell'altra[5]. Mentre per parte sua Scoto offriva addirittura due diverse formulazioni della sua distinzione formale. Nella *Lectura* e nell'*Ordinatio* egli la descrive come quella relazione che vale tra due entità le quali sono elementi costitutivi della medesima realta, ma nessuna delle quali può esistere di per se stessa né è parte della descrizio-

[4] Cfr. ID., *Quaestiones quodlibetales*, qq. «Utrum haec sit concedenda 'Deus est Pater et Filius et Spiritus Sanctus'», «Utrum perfectiones attributales in divinis distincte praecedant omenm operationem intellectus», «Utrum cum unitate essentiae divinae stet pluralitas personarum», ed. in GELBER, *Exploring the Boundaries of Reason* cit. (alla nota 2), pp. 41-43, 48-49, 59-61, 101-103. Tutte le ulteriori citazioni dal testo delle *Quaestiones quodlibetales* nel presente saggio faranno riferimento all'edizione Gelber.

[5] Cfr. HENRICUS DE GANDAVO, *Quodlibet* X, q. 7, ed. R. Macken, Leiden 1981, pp. 164-166. Sulla distinzione intenzionale di Enrico di Gand si veda J. F. WIPPEL, *Godfrey of Fontaines and Henry of Ghent's Theory of Intentional Distinction Between Essence and Existence*, in *Sapientiae procerum amore*, ed. T. W. Koehler, Roma 1974, pp. 289-321.

ne formale (*ratio formalis quiditativa*) dell'altra[6]. Nei *Reportata Parisiensia*, invece, egli la definisce come quella relazione che vale tra l'intero e ciascuna delle sue parti costitutive, in quanto una certa entità *a* risulta essere formalmente distinta da una seconda entità *b* se e solo se *b* non è parte della descrizione formale di *a*, ma *a* e *b* sono nella realtà una sola e medesima cosa[7]. Egli utilizza queste due definizioni della distinzione formale per spiegare, (1) con la prima, come il genere e la differenza specifica, e la natura specifica e la differenza individuale siano collegate l'una all'altra; e, (2) con la seconda, le relazioni che valgono tra la natura divina e le tre Persone, e tra l'anima dell'uomo e le sue facoltà[8].

Ora, sono appunto queste nuove nozioni di distinzione, con la ridefinizione della nozione di identità che necessariamente implicano e il conseguente passaggio da una logica di tipo tendenzialmente estensionalistico ad una di tipo intensionalistico, che Holcot rifiuta e combatte. Egli è fermamente convinto, infatti, che la distinzione formale, quella intenzionale e quella modale di un Bonaventura[9] non risolvano affatto il problema dell'unitrinitarismo divino, ma semplicemente ripropongano la questione iniziale in termini differenti, producendo l'illusione di una soluzione[10]. La distinzione formale, quindi, gli appare priva di valore,

[6] Cfr. IOANNES DUNS SCOTUS, *Lectura*, I, d. 2, p. 2, qq. 1-4, ed. Vaticana, XVI, Città del Vaticano 1960, p. 216; *Ordinatio*, I, d. 2, p. 2, qq. 1-4, ed. Vaticana, II, Città del Vaticano 1950, pp. 356-357; II, d. 3, p. 1, q. 6, ed. Vaticana, VII, Città del Vaticano 1973, pp. 483-484.

[7] Cfr. IOANNES DUNS SCOTUS, *Reportata Parisiensia*, I, d. 33, qq. 2-3, e d. 34, q. 1, ed. L. Vivès, XXII, Paris 1894, pp. 402-408 e 410.

[8] Sulle due diverse definizioni della distinzione formale date da Duns Scoto si leggano M. J. GRAJEWSKI, *The Formal Distinction of Duns Scotus*, Washington (D. C.) 1944; M. MCCORD ADAMS, *Ockham on Identity and Distinction*, in «Franciscan Studies», 36 (1976), [pp. 5-74], pp. 25-43; A. B. WOLTER, *The Philosophical Theology of John Duns Scotus*, ed. by M. McCord Adams, Ithaca – London 1990, pp. 27-48; P. KING, *Duns Scotus on the Common Nature and Individual Difference*, in «Philosophical Topics», 20 (1992), pp. 51-76; S. D. DUMONT, *Duns Scotus's Parisian Question on the Formal Distinction*, in «Vivarium», 43.1 (2005), pp. 7-62.

[9] Cfr. BONAVENTURA DE BALNEOREGIO, *In I Sent.*, d. 26, q. unica, e d. 33, q. unica, ed. studio et cura PP. Collegii a S. Bonaventura, in ID., *Opera omnia*, vol. 1, Quaracchi 1882, pp. 453 e 575.

[10] Cfr. ad es. ROBERTUS HOLCOT, *Quaestiones quodlibetales*, qq. «Utrum haec sit concedenda 'Deus est Pater et Filius et Spiritus Sanctus'», pp. 44 e 47-49; e «Utrum perfectiones attributales essentiales in divinis distincte praecedant omenm operationem intellectus», pp. 59-60.

perché sarebbe una nozione: (1) incongrua, in quanto o parla di un'unica cosa come se fosse molte cose o di più cose tra loro distinte come se fossero una[11]; (2) per certi aspetti auto-contraddittoria, in quanto due cose formalmente distinte, in virtù della loro distinzione, potrebbero essere indicate come 'una cosa' e 'l'altra', e quindi come due cose differenti l'una dall'altra che però sarebbero realmente una cosa sola[12]; e (3) comunque fondata su una petizione di principio, presupponendo ciò che vorrebbe spiegare, cioè la possibilità che predicazioni mutuamente incompatibili possano essere attribuite ad una medesima entità senza cadere in contraddizione[13] – e lo stesso andrebbe obiettato a tutti gli altri tipi di differenza altri dalla distinzione reale.

Le critiche di Holcot non sono rivolte solo contro Bonaventura, Enrico di Gand e Duns Scoto, o contro l'Ockham 'teologo' (il quale, pur rifiutando la distinzione formale nelle creature, la am-

[11] Cfr. *ibid.*, q. «Utrum cum unitate essentiae divinae stet pluralitas personarum», p. 99: «Quando dicitur quod ista distinguuntur formaliter, quaero quid demonstratur vel quae res demonstrantur per subiectum istius propositionis: vel una res vel plures res. Si una res, haec est incongrua quia ponitur plurale pro singulari, deberet enim dici quod ista res dinstinguitur formaliter a seipsa. Unde sicut haec est incongrua: iste currit, domonstratis tribus hominibus, ita haec est incongrua: isti currunt, demonstrato solo Sorte. Ergo hac est incongrua: ista distinguuntur, demonstrata una sola re».

[12] Cfr. *ibid.*, q. «Utrum cum unitate essentiae divinae stet pluralitas personarum», p. 100: «De quibuscumque contingit vere dicere quod sunt unum et reliquum ab illo uno, verum est dicere quod illae sunt duae res, sed de paternitate et essentia concedit quod sunt unum et reliquum. Immo omnia distincta formaliter sunt unum et reliquum secundum modum suum loquendi, ergo paternitas et essentia sunt duae res, et generaliter omnia distincta formaliter sunt distinctae res. Ergo manifeste dicit repugnantia quando dicit quod aliqua sunt idem realiter et tamen sunt distincta formaliter».

[13] Cfr. *ibid.*, q. «Utrum cum unitate essentiae divinae stet pluralitas personarum», pp. 101-102: «Praeterea frustra fingitur iste modus loquendi in materia ista, quia in nullo evacuat vel declarat difficultatem plus quam quicumque alius modus loquendi usitatus theologorum. Nam omnes concedunt quod aliqua praedicata conveniunt huic essentiae quae non conveniunt Patri. Sed ibi est difficultas, quomodo hoc est possibile cum essentia et Pater supponunt pro eadem re. Et ipse assignat pro causa quia essentia et Pater distinguuntur formaliter vel non sunt idem formaliter. Hoc est, secundum eum, aliquid praedicatur de essentia quod non praedicatur de Patre, licet essentia et Pater supponant pro eadem re. Ecce quod idem assignatur pro causa sui ipsius, et nihil aliud est nisi inculcatio verborum vel circulatio terminorum distinctorum secundum vocem et significantium idem, sicut si quaereretur quare homo habet animam intellectivam et diceretur quia est animal rationale, et si ulterius quaereretur quid est esse animal rationale et responderetur quod esse animal rationale est habere animam intellectivam. Unde nihil est nisi multiplicatio frustra fictorum».

metteva in Dio), ma anche contro chi, come l'Aquinate, accanto alla distinzione reale riconosceva inoltre una distinzione puramente di ragione, da intendersi come una diversità di rappresentazioni di una medesima cosa. Holcot ritiene, infatti, che la distinzione di ragione implichi pur sempre una qualche distinzione reale tra i due *items* tra i quali vale, per lo meno nella misura in cui le due diverse nozioni di uno stesso oggetto chiamate in causa sono comunque, da un punto di vista ontologico, due cose (due concetti, per la precisione) realmente distinte l'una dall'altra. L'unica forma valida di distinzione resta dunque per lui quella indicata dallo Stagirita, e cioè la distinzione reale, alla quale ogni altro tipo di distinzione è in verità logicamente riducibile: infatti, dire di due cose che esse sono in qualche modo differenti l'una dall'altra, equivale a dire che differiscono realmente tra loro, che l'una non è (in senso assoluto) l'altra[14].

Tutto questo discorso comporta che Holcot, proprio come un altro membro di spicco del circolo di Bury, e cioè Walter Burley, resti fedele alle definizioni più tradizionalmente rigide dell' identità e della differenza, che possono, per comodità, essere espresse nel modo seguente[15]:

> *a* è identico a *b* se e solo se non esiste alcuna proprietà P che possa essere attribuita con verità ad *a* e negata di *b*, e viceversa.
>
> *a* è diverso da *b* se e solo se esiste almeno una proprietà P che viene attribuita con verità ad *a* e negata di *b*, o viceversa, o anche se esiste un oggetto O di cui è vero affermare *a* ma non *b*, o viceversa.

Questa scelta, sebbene non esplicita, è però chiaramente sottesa al discorso sulla natura e realtà degli attributi divini che Holcot sviluppa, in dodici conclusioni, nel corso della soluzione alla questione dedicata alle perfezioni divine: «Utrum perfectiones attributales essentiales in divinis distincte praecedant omnem ope-

[14] Cfr. *ibid.*, q. «Utrum perfectiones attributales essentiales in divinis distincte praecedant omnem operationem intellectus», pp. 58-60.

[15] Parafraso così la formulazione di identità e differenza in GUALTERUS BURLAEUS, *Expositio super Praedicamenta Aristotelis*, cap. *De oppositione*, in *Expositio super Artem Veterem Porphyrii et Aristotelis* (A.D. 1337), ed. Venetiis 1509, per Philippum Pincium Mantuanum sumptibus d. Giuntini de Giunta Florentini, f. 44rb. Su identità e distinzione in Burley si veda A. D. CONTI, *Ontology in Walter Burley's Last Commentary on the* Ars Vetus, in «Franciscan Studies», 50 (1990), [pp. 121-176], pp. 130-135.

rationem intellectus»; e in particolare nella decima e nell'undicesima, concernenti la logica generale che presiede a tutta questa materia. In sintesi, quanto Holcot vi sostiene può essere compendiato nel modo seguente:

> 1. Nessun attributo divino è qualcosa di realmente esistente presente in Dio stesso – e questo perché ogni attributo o è Dio stesso o è qualcosa di altro da Lui. Se è Dio stesso, allora non è qualcosa presente in Dio, perché niente si trova ad essere in se stesso; e se è altro da Dio, allora è una creatura, e nessuna creatura si trova ad essere in Dio. In verità, gli attributi divini altro non sono che voci o concetti ricavati dalle creature per mezzo dei quali intendiamo riferirci a Dio[16], e il termine 'attributo' è, per conseguenza, un nome di seconda intenzione, in quanto suppone per quei nomi, e concetti, che utilizziamo per parlare sia delle creature che di Dio[17].
>
> 2. Nessun attributo è una perfezione, perché nessun termine né nessun concetto lo è[18].
>
> 3. (Per conseguenza): nessun attributo è l'essenza divina, o nell'essenza divina, o identico all'essenza divina[19].
>
> 4. Gli attributi divini non si distinguono *in Dio* né realmente, né formalmente, né sulla base di ciò che connotano, perché in Dio non sono presenti tali attributi[20].
>
> 5. Gli attributi divini sono realmente distinti tra loro, perché, sia che siano voci sia che siano concetti sono pur sempre *cose*[21].
>
> 6. Molti attributi divini sono distinti tra loro in virtù delle loro definizioni nominali, come è il caso, ad esempio, di 'intel-

[16] Cfr. ROBERTUS HOLCOT, *ibid.*, q. «Utrum perfectiones attributales essentiales in divinis distincte praecedant omnem operationem intellectus», p. 56.

[17] Cfr. *ibidem*: «Unde hoc nomen 'attributum' est nomen secundae intentionis supponens pro nominibus vel conceptibus quibus utimur tam de creaturis quam de Deo. Et dicuntur talia nomina attributa Deo quia primo ea dicimus de creaturis et postea credimus ea praedicabilia de Deo».

[18] Cfr. *ibid.*, p. 57.

[19] Cfr. *ibidem*: «Nullum attributum est essentia divina vel in essentia divina vel idem essentiae divinae».

[20] Cfr. *ibidem*.

[21] Cfr. *ibidem*: «Attributa distinguuntur realiter inter se, quia sive sunt voces sive conceptus sunt verae res cuius probatio est quia omne signum est res».

letto', 'volontà', 'sapienza' e 'giustizia', che hanno appunto definizioni nominali diverse[22].

7. Alcuni attributi, invece, quantunque non siano distinti in virtù delle loro definizioni nominali, poiché risultano termini perfettamente sinonimi, sono purtuttavia distinti realmente tra loro. Questo capita con il medesimo attributo espresso in lingue diverse, e soprattutto nel caso di un medesimo attributo espresso nella medesima lingua ma in momenti differenti o contemporaneamente da persone differenti[23].

8. Dal momento che gli attributi divini altro non sono che voci significative e concetti, e quindi realtà dipendenti dalla nostra mente, ne segue che anche la loro distinzione dipende da una qualche operazione del nostro intelletto[24].

9. È però possibile che si diano degli attributi realmente distinti tra loro indipendentemente da una qualche operazione del nostro intelletto. Assunto che l'immaginazione sia una facoltà diversa dall'intelletto, è infatti possibile che qualcuno formi una certa voce (da utilizzare per parlare sia delle creature che di Dio) per mezzo della sola immaginazione. Ciascuna singola occorrenza di quella voce sarebbe sia realmente distinta da ogni altra che indipendente da qualsiasi operazione dell'intelletto[25].

10. Tutte le cose che si assume siano in qualche modo distinte tra loro, risultano in verità *realmente* distinte tra loro, perché nell'ipotesi di due *res*, per il fatto stesso di essere *due*, le cose in questione non possono essere che realmente distinte tra loro (altrimenti non le potremmo contare come due); mentre se si volesse sostenere che, in verità, non si tratta di due cose ma di una soltanto, si finirebbe per fare un'affermazione inintelligibile, e cioè che una sola e medesima cosa sarebbe distinta da se stessa[26].

[22] Cfr. *ibid.*, p. 58: «Aliqua attributa distinguuntur secundum rationem quia ista vocabula quae habent distinctas rationes exprimentes quid nominis distinguuntur secundum rationem, sed multa attributa sunt huiusmodi, sicut intellectus, voluntas, sapientia, iustitia, et huiusmodi, igitur etc.».

[23] Cfr. *ibidem*.

[24] Cfr. *ibidem*: «Attributa non fuerunt distincta ante omnem operationem intellectus. Haec patet quia nulla vox significativa nec aliquis conceptus praecessit omnem operationem intellectus».

[25] Cfr. *ibidem*.

[26] Cfr. *ibid.*, pp. 58-59: «Omnia distincta aliquo modo ab invicem distinguun-

11. Ogni distinzione è una distinzione reale, ma la distinzione non è una terza *res* che si aggiunge alle due che risultano tra loro realmente distinte, perché ogni cosa è una in sé e diversa da tutte le altre in virtù della propria essenza e non di una realtà ulteriore da essa distinta[27].

12. Tutte le proposizioni di questa sorta «l'essenza divina e la bontà divina sono un'unica e sola cosa» sono false, giacché nessuna proposizione che abbia due termini singolari in funzione di soggetto e il verbo al plurale può essere vera se i due termini singolari che fungono da soggetto non suppongono per cose diverse, come avviene nel caso, ad esempio, della proposizione 'Giovanni e Guglielmo corrono'[28].

Stando così le cose, all'apparenza, non ci sarebbe stato spazio, secondo Holcot, per un sistema coerente di logica che ambisse a sostituire la nozioni aristoteliche di identità e di distinzione con nuove nozioni, elaborate *ad hoc* per agevolare la soluzione dei problemi predicativi connessi alla teologia trinitaria. E quindi, dato che il IV Concilio Lateranense aveva escluso categoricamente che si potesse parlare di distinzione reale tra essenza e relazioni *in divinis*, le critiche di Holcot alla distinzione formale avrebbero portato a conclusioni restrittive circa la possibilità di chiarire razionalmente il dogma trinitario – un esito 'scettico' che il domenicano inglese, in verità, non gradisce per niente. Così egli stesso, come già aveva fatto nel commento al primo libro delle *Senten-*

tur realiter. Haec videtur mihi satis manifesta quia omnia distincta aliquo modo ab invicem sunt res distinctae aliquo modo ab invicem quia ista dictio pluralis numeri et neutri generis substantiati: 'omnia' aequivale istam, secundum grammaticos: 'omnes res'. Et manifestum est quod haec est vera: omnes res distinctae aliquo modo ab invicem distinguuntur. Praeterea, si sint aliqua distincta aliquo modo ab invicem, quaero aut sunt una res aut non. Si non, habetur propositum [*ricostruisco in questo modo il testo sulla base della testimonianza unanime di* B, P *e* R – *il testo della Gelber recita invece:* Si non, ergo una res est aliquo modo distincta ab alia, et habetur propositum]. Si sic, ergo una res est aliquo modo distincta a se, et per consequens aliquo modo non eadem sibi, et una res est alia res a se, quod non est intelligibile».

27 Cfr. *ibid.*, p. 59: «Omnis distinctio est distinctio realis, non intelligendo quod distinctio sit aliqua res praeter ipsa quae distinguuntur quasi duae res distinguerentur per teriam rem, quia hoc non est intelligibile».

28 Cfr. *ibid.*, p. 60: «Quaelibet talis est falsa: essentia divina et bonitas divina sunt una res, quia duo termini singularis numeri numquam vere supponunt respectu verbi pluralis numeri nisi stent pro diversis, sicut cum dicimus Iohannes et Guillelmus currunt».

ze, propone un modo originale di aggirare questa difficoltà tramite l'introduzione di una serie di nuove regole e di accorgimenti logico-linguistici, coerenti sia (1) con il principio di non-contraddizione (aristotelicamente assunto a norma universale della struttura del reale e del pensiero), sia (2) con una interpretazione estensionalistica della logica aristotelica (arricchita dei contributi più specificamente medievali, quali la teoria della supposizione):

> Affermo, dunque in primo luogo che ‹ogni› Cattolico è tenuto a concedere ‹alcune› proposizioni della quali non sa provare in maniera evidente e scientifica né che sono (com)possibili né che non sono (com)possibili. In secondo luogo affermo che ‹ogni› Cattolico deve assumere che tutte le proposizioni che egli crede e concede sono (com)possibili – infatti egli è tenuto a credere che siano vere; ma tutte le proposizioni vere sono (com)possibili; e dunque... In terzo luogo affermo che non deve concedere proposizioni ‹tra loro› contraddittorie, sebbene possa assumere come vere delle proposizioni che *sembrano* essere in contraddizione tra loro o *sembrano* implicare una qualche contraddizione. Ad esempio, queste due proposizioni sembrano in contraddizione tra loro: «Dio è una cosa assolutamente semplice» e «Dio è tre persone, cioè tre cose», e tuttavia noi crediamo che non implichino nessuna contraddizione. Il motivo, poi, per il quale nessun Cattolico può ammettere di concedere delle proposizioni contraddittorie, ma solo proposizioni che sembrano essere contraddittorie, è che – ritengo – nessun intelletto può dare il proprio assenso a proposizioni che deroghino al primo dei principi ‹logici› o credere che proposizioni contraddittorie siano vere contemporaneamente[29].

[29] *Ibid.*, q. «Utrum haec sit concedenda 'Deus est Pater et Filius et Spiritus Sanctus'», p. 38: «Dico, ergo, primo quod Catholicus tenetur concedere propositiones de quibus non novit *evidenter et scientifice probare* quod sunt compossibiles vel quod non sunt compossibiles. Secundo dico quod omnes propositiones quas Catholicus credit et concedit debet concedere esse compossibiles, quia credere debet eas esse veras; omnes autem verae sunt compossibiles; igitur. Tertio dico quod non debet concedere contradictoria. Potest tamen concedere propositiones quae *videntur* esse contradictoriae vel implicantes contradictoria; sicut istae duae propositiones videntur includere contradictionem: 'Deus est res simplicissima' et 'Deus est tres personae sive tres res', et tamen credimus quod non includunt aliquam contradictionem. Causa autem quare nullus Catholicus debet concedere quod concedit contradictoria, sed quae videntur contradictoria, est quia, videtur mihi, quod nullus intellectus assentire potest opposito primi principii vel credere quod contradictoria sint simul vera».

Holcot ritiene che enunciati come «Deus est res simplicissima» e «Deus est tres personae sive tres res», quantunque sembrino a prima vista contraddirsi l'un l'altro, devono tuttavia essere ritenuti compossibili in quanto noi manchiamo di una conoscenza chiara ed evidente di Dio, che è ciò per cui stanno i soggetti delle due proposizioni in questione, e non siamo per conseguenza in grado di afferrare pienamente il significato dei due asserti proposizionali così da giudicare convenientemente della loro compatibilità logica:

> Affermo inoltre che poiché non ho una nozione chiara della cosa per la quale i soggetti suppongono non posso in alcun modo sapere se c'è contraddizione – infatti non ho una nozione chiara ed evidente di quella cosa che è Dio, cosa per la quale suppongono i soggetti di quelle proposizioni. Per conseguenza posso assumere che sia lecito credere che non ci sia contraddizione[30].

D'altro lato la possibilità di parlare in concreto della Trinità senza cadere in eresie o contraddizioni è garantita da una serie di regole sull'uso del plurale e sulla validità universale o meno della nozione di identità, volte a determinare la grammatica filosofica in gioco, definendo i limiti di applicabilità dei principi logici generali:

> Perciò, per quanto concerne l'argomento principale dell'articolo, sostengo sei tesi. La *prima* è che in Dio l'essenza e la relazione non sono distinte né realmente, né modalmente, né formalmente, né in virtù di una distinzione di ragione, né in alcun altro modo. E il motivo è che essere distinto in uno di questi modi implica comunque essere distinto. Infatti, ad esempio, da 'si distinguono in virtù di una distinzione di ragione' segue 'dunque sono distinti in virtù di una distinzione di ragione'; e da questo segue 'dunque sono cose distinte in virtù di una distinzione di ragione; e quindi sono più cose'. Questa conclusione è falsa; dunque ‹anche la premessa lo è›. La *seconda tesi* è che la seguente proposizione non deve essere concessa 'l'essenza e la relazione sono identiche', se la prendiamo alla lettera. Infatti, da 'sono identiche' segue 'dunque sono

[30] *Ibid.*, p. 39: «Dico etiam quod quia non habeo claram notitiam illius rei pro qua subiecta supponunt, ideo nescio quod sunt contradictoria, eo quod non habeo claram et evidentem notitiam de re quae est Deus, pro qua subiecta supponunt talium propositionum. Et sic assentire possum ad credendum quod non sunt contradictoria».

una sola cosa', e da 'sono una sola cosa' segue 'dunque sono', e da questo 'dunque sono più cose, e quindi non sono una sola cosa'. La consequenzialità del ragionamento è evidente, poiché 'sono' è un plurale e perciò indica che si ha a che fare con più cose. La *terza tesi* è che neppure la seguente proposizione deve essere concessa 'l'essenza e le relazioni non sono identiche', sempre a causa del verbo al plurale. Infatti, 'l'essenza e la relazione non sono ‹qualche cosa›' è falsa per la medesima ragione per la quale 'Marco e Tullio sono ‹qualche cosa›' è falsa. La *quarta tesi* è che questa proposizione non deve essere concessa 'tra l'essenza e la relazione vale una qualche forma di identità', così come non deve essere concessa nessuna proposizione che abbia un soggetto di tal fatta, giacché niente può trovarsi tra un qualcosa e se stesso. La *quinta tesi* è che [*per uniformità stilistica, nel tradurre seguo il testo dell'edizione di Lione del 1518 invece di quello stabilito dalla Gelber*] questa proposizione non deve essere concessa 'c'è un'identità totale (*omnimoda*) tra la relazione e l'essenza', poiché è equivalente a questa 'la relazione è identica all'essenza secondo tutti i tipi di identità', che è falsa, in quanto ‹la relazione› non è identica ‹all'essenza› accidentalmente, e neppure secondo quel tipo di identità per il quale Socrate è identico a se stesso, né è identica per specie, né per genere (secondo l'opinione di quelli che ritengono che anche Dio cada all'interno della divisione in categorie). La *sesta tesi* è che bisogna concedere la seguente proposizione 'c'è un qualche tipo di identità, proprio o improprio, che vale tra la relazione e l'essenza', perché è equivalente a questa, che è vera: 'la relazione è in qualche modo identica all'essenza', e negare quest'altra proposizione 'c'è un qualche tipo di non-identità che vale tra la relazione e l'essenza', perché non è formalmente corretto inferire da 'la relazione non è identica per genere con l'essenza' la proposizione 'la relazione è in qualche modo non-identica all'essenza'[31].

[31] *Ibid.*, q. «Utrum cum unitate essentiae divinae stet pluralitas personarum», a. 3, pp. 102-103 (la punteggiatura è mia): «Ideo ad articulum dico sex: *primo* quod essentia et relatio in divinis non distinguuntur realiter, nec modaliter, nec formaliter, nec ratione, nec convertibiliter, nec aliquo alio modo. Ratio est quia sic distingui infert distingui. Sequitur enim: distinguuntur ratione; ergo sunt distincta ratione vel secundum rationem. Et ultra: ergo sunt aliqua distincta secundum rationem; ergo sunt aliqua. Consequens falsum; ergo etc. *Secundo* dico quod haec non est concedenda 'essentia et relatio sunt idem', proprie loquendo de virtute sermonis, quia sequitur: 'sunt idem; ergo sunt una res'; et ultra: 'sunt una res; ergo sunt'; et ultra: 'sunt; ergo sunt aliqua; et ita non sunt una res'. Consequentia patet quia illud verbum 'sunt' est pluralis numeri, et ideo consignificat

Ciò che Holcot sembra proporre è dunque una sorta di mereologia 'teologica' in cui la relazione tra l'essenza divina e le tre Persone viene sostanzialmente concepita in termini simili a quelli di una relazione tra l'intero e le sue parti proprie. Le tre Persone sono come le tre parti nelle quali l'essenza divina si articola (per intenderci, così come le sei facce di un dado sono le 'parti' nella quali il dado si articola), e le relazioni sono appunto le proprietà costitutive di queste parti (così come i punti presenti in ogni faccia sono le proprietà costitutive e distintive delle singole facce del dado, cioè delle parti proprie dell'intero). Perciò Holcot può affermare, senza contraddirsi, che la relazione è identica all'essenza, ma non secondo ogni tipo di identità, e nello stesso tempo negare (1) che qualcosa (di distinto da Dio) sia in Dio, e (2) che la relazione non sia identica all'essenza, pur non essendo identica all'essenza secondo il genere e in altri modi ancora. Alla stessa maniera, le facce di un dado *sono* il dado, anche se non sono identiche al dado secondo ogni rispetto, e i punti presenti nelle sei facce non sono una realtà distinta dalla realtà del dado o da quella della faccia nella quale si trovano ad essere, anche se, in un altro senso, non c'è un'identita totale tra i punti presenti nelle sei facce e il dado stesso.

multas res. *Tertio* dico quod nec haec est concedenda: 'essentia et relatio non sunt [sunt non *ed. – correggo in questo modo il testo della Gelber seguendo la lezione dell'edizione di Lione del 1518*] idem', propter eandem causam de verbo pluralis numeri, quia haec est falsa: 'essentia et relatio non sunt', sicut haec est falsa: 'Marcus et Tullius sunt'. *Quarto* dico quod haec non est concedenda: 'inter essentiam et relationem est aliqua identitas', nec aliqua propositio habens tale subiectum, quia nihil est inter aliquid et seipsum. *Quinto*, quod relationis ad essentiam non est omnimoda identitas, quia eius oppositum aequivalet isti: 'relatio est omni modo identitatis (identitas *ed.*) eadem essentiae', quod falsum est, quia non est idem essentiae per accidens, nec idem hac identitate qua Sortes est idem Sorti, nec idem specie, nec idem genere (secundum ponentes Deum non esse in genere). *Sexto*, quod haec est concedenda: 'aliquo modo, sive proprie sive improprie, relationis ad essentiam est aliqua identitas', quia aequivalet isti: 'relatio est aliquo modo eadem essentiae', et hoc est verum. Et haec est neganda: 'relationis ad essentiam est aliqua non-identitas', quia non sequitur formaliter: 'relatio non est idem genere cum essentia; ergo est aliquo modo non idem essentiae'». Si veda anche *ibid.*, q. «Utrum haec sit concedenda 'Deus est Pater et Filius et Spiritus Sanctus'», pp. 40-42, dove si possono leggere le medesime considerazioni, ma in forma più estesa.

***

Se le analisi sin qui condotte sono corrette, allora il disegno complessivo messo in atto da Holcot per risolvere il problema di una formulazione che sia allo stesso tempo impeccabilmente ortodossa e logicamente accettabile dell'unitrinitarismo divino è, in conclusione, pienamente coerente con il programma già enunciato nel commento al primo libro delle *Sentenze* e ribadito nelle stesse questioni quodlibetali[32], consistente in un adattamento della logica aristotelica alla natura particolare della regione del reale a cui viene applicata. Come si è visto, nella quarta questione del primo libro del commento alle *Sentenze*, il maestro domenicano si dichiara semplicemente convinto che ogni disciplina debba servirsi d'una sua propria logica (intesa in senso stretto come insieme di principi e di regole di trasformazione a partire dai quali e con le

[32] Cfr. *ibid.*, q. «Utrum cum unitate essentiae divinae stet pluralitas personarum», a. 2, pp. 67-68: «Secundo est inquirendum an logica Aristotelis (...) sit formalis vel non. Et dicitur quod non, quia paucae regulae vel nullae quas tradit Aristoteles in libro *Priorum* et alibi tenent in omni materia. Causa est quia Aristoteles non vidit quod aliqua res esset una et tres, et ideo dedit tales regulas, scilicet quod medio existente hoc aliquid, necesse est extrema coniungi, et quaecumque uni et eidem sunt eadem, ipsa inter se sunt eadem, et quod contradictoria praedicata non verificantur de eadem re. Et alias multas dedit quae non sunt verae in omni materia quia capiunt instantiam in terminis quibus utimur in divinis. (...) Unde, si Aristoteles vidisset quod aliqua res fuisset tres res et tamen una, excepisset illam rem a regulis illis et consimilibus. Quantum autem ad formam arguendi, vel syllogistice vel empirice, dicitur quod forma tradita ab Aristotele est diminuta. Unde debet perfici per duas regulas quas ponit venerabilis Anselmus, *De processione Spiritus Sancti*, quae sunt istae: 'quod unitas tenet suum consequens ubi non obviat relationis oppositio', et 'relatio tenet suum consequens ubi non obviat unitas essentiae'. Propter primam, non valet iste discursus: essentia est Pater, essentia est Filius, ergo Pater est Filius, quia in conclusione inter maiorem extremitatem et minorem obviat oppositio relationis, sed inter extremitatem et medium non, quia essentia ‹non› [*non seguo la lezione scelta dalla Gelber nella sua edizione, ma il testo tradito dall'edizione di Lione del 1518*] opponitur relative ad personas. Propter secundam regulam non tenet iste discursus: Pater non est Filius, Pater est essentia, ergo essentia non est Filius, quia in conclusione obviat unitas essentiae. Unde ex istis concludunt aliqui quod Catholicus obligatus ad tenendum pro principio quod una res est tres res, non est obligatus ad sustinendum tales regulas logicales nec admittere formas argumentorum nisi in tali materia pro qua dabantur ab Aristotele, quia non dabantur ab eo nisi in materia certa». La citazione proviene da ANSELMUS CANTUARIENSIS, *De processione Spiritus sancti*, 1, PL 158, 288C, ed. F. S. Schmitt, *Opera Omnia*, 6 voll., Rome – Edinburg 1946-1961, II, p. 181,2-4: «Quatenus nec *unitas* amittat aliquando *suum consequens, ubi non obviat* aliqua *relationis oppositio*, nec *relatio* perdat quod suum est, nisi ubi obsistit *unitas* inseparabilis».

quali costruire i diversi edifici del sapere umano), pur sempre rispettosa del principio di non-contraddizione, e nelle *Quaestiones quodlibetales* si adopera appunto ad indicare concretamente come ciò debba essere fatto in teologia (e nello specifico in teologia trinitaria). Che egli critichi le teorie di Tommaso d'Aquino, Enrico di Gand, Duns Scoto e Ockham in proposito (pur facendo ricorso, per altri versi, a concetti e schemi di soluzione mutuati dal *Venerabilis Inceptor*, che, seconda la storiografia filosofica più accreditata[33], sembra essere con Pietro Aureoli e Richard Campsall la fonte principale di Holcot), denunciando l'inconsistenza logica di distinzione di ragione, distinzione modale e distinzione formale, e riaffermi il valore universale del principio di non-contraddizione, rende manifesto come consideri i fondamenti della logica aristelica validi anche in materia di fede; mentre, d'altro lato, i principi particolari che introduce in teologia trinitaria mostrano come per lui il sistema logico aristotelico non sia globalmente e immediatamente utilizzabile in teologia, ma necessiti di opportuni cambiamenti mirati sulle realtà soprannaturali.

Una pluralità di logiche apparentate tra loro, ma distinte per specie sembra essere, in conclusione, l'idea che Holcot ha sempre sostenuto come soluzione del (presunto) conflitto tra filosofia e teologia, al fine di soddisfare ad un tempo le due diverse esigenze (1) dell'unità del sapere nei suoi due settori principali, quello filosofico e quello teologico, e (2) della reciproca indipendenza e autonomia, non solo contenutistica ma anche metodologica, delle due discipline in questione.

[33] Cfr. GELBER, *Exploring the Boundaries of Reason* cit. (alla nota 2), *Introduction*, pp. 1-28, *passim*.

CHRISTIAN TROTTMANN

VITA BEATA, VISIO BEATIFICA

REMARQUES SUR LA FINALITÉ HUMAINE REPENSÉE PAR QUELQUES AUTEURS CHRÉTIENS

La vie heureuse constitue pour les auteurs de l'antiquité tardive la finalité par excellence poursuivie par la philosophie. Comment cette conception de la finalité humaine héritée des philosophes tardo-antiques fut-elle transformée dans le contexte chrétien pour en arriver à la vision béatifique?[1] Avec quelles conséquences sur la conception de l'éthique et sa finalité? La question est cruciale et bien trop vaste pour être traitée de manière exhaustive, ni même satisfaisante dans le cadre de cette communication. C'est pourquoi nous nous en tiendrons à quelques remarques balisant quelques points de repères dans l'histoire de la philosophie ancienne et médiévale. Nous partirons d'abord de la transformation opérée originellement pour le monde latin par Augustin, soulignant d'ailleurs son évolution sur ce point. Nous constaterons la persistance du problème au seuil de la période scolastique en prenant à témoin les Conférences d'Abélard. Nous en viendrons enfin à quelques exemples des réflexions suscitées à la suite de la définition par Benoît XII de la doctrine de la vision béatifique.

[1] Depuis ma thèse sur la vision béatifique, les études qui ont été consacrées à la conception philosophique de la béatitude sont trop nombreuses pour être toutes relevées. Notons en particulier le congrès de la Società Italiana per lo Studio del Pensiero Medievale (S.I.S.P.M.) en 2003 (Milano, 12-13 settembre) sur *Le felicità nel medioevo*, ed. M. Bettetini – F. Paparella, Louvain-la-Neuve 2005 (Fédération Internationale des Instituts d'Études Médiévales, Textes et Études du Moyen Âge, 31). Toute la difficulté réside dans l'articulation entre béatitude éternelle et bonheur en ce monde, et cela non seulement au moment des condamnations de 1277, mais depuis le début de la philosophie latine d'inspiration chrétienne.

10.1484/M.NUTRIX-EB.1.101262

1. *Remarques sur la christianisation de la* vita beata *par Augustin*

Là encore, le thème de la christianisation de la vie heureuse par Augustin constituerait à lui seul un beau sujet de thèse. Nous nous contenterons donc ici de quelques remarques sur deux œuvres d'Augustin: son dialogue de jeunesse *De beata vita* et les passages revenant sur ce thème au livre XIII du *De Trinitate*. Écrits une douzaine d'année avant sa mort, ils marquent une évolution importante par rapport au dialogue de Cassiciacum. Résumons tout d'abord la manière dont celui-ci aborde le problème et le résout.

1.1. Remarquons tout d'abord qu'au sein même de la grande liberté de composition du *De beata vita*, nous retrouvons encore des discussions d'école conformes à l'héritage classique. Ainsi, l'adage aristotélicien voulant que tous désirent le bonheur est-il repris à l'*Hortensius*[2]. Mais une première définition du bonheur, «avoir ce qu'on veut», est critiquée comme insuffisante. Encore faut-il ne vouloir que le bien, car qui obtiendrait un mal qu'il désire serait plus malheureux encore que celui qui n'obtient pas un bien légitime. L'accord de Monique avec un passage cité de l'œuvre de Cicéron abrège il est vrai la discussion sur ce point.

Mais une seconde définition semblerait résulter de la christianisation du thème stoïcien du bonheur, substituant Dieu à la vertu. Au paragraphe suivant en effet, Augustin en vient à insister sur le fait que tout ce qui est caduc, mortel ne saurait conférer le bonheur. Celui-ci doit donc être immortel. Rien de nouveau à cela toutefois, puisque Sénèque dit déjà dans son *De vita beata* que «le souverain bien est immortel». Mais la conclusion du paragraphe suggère une rupture avec la source stoïcienne: «Donc, dis-je, qui possède Dieu est heureux»[3]. Pourtant la rupture est-elle vraiment consommée à ce point du texte? La possession du Dieu chrétien est-elle seule à pouvoir garantir la stabilité du bonheur?

[2] Cfr. Aurelius Augustinus, *De beata vita*, 2, 10, PL 32, 964-965, ed. W. M. Green, Turnhout 1970 (CCSL, 29), pp. 70,85 - 71,101. Je cite d'après la tr. fr. par R. Jolivet, Paris 1939 (Bibliothèque Augustinienne, 4); ici, pp. 238-239.

[3] *Ibid.*, 2, 11, 965, p. 72,149 (tr. fr., p. 243): «Deum igitur, inquam, qui habet, beatus est».

Vient-il ainsi se substituer à la vertu qui constituait pour le stoïcien ce souverain bien immortel?

Si nous regardons le texte de plus près nous verrons que si christianisation il y a, elle est plus subtile et nous assistons plutôt à une assimilation de la vertu morale stoïcienne échappant aux revers de fortune avec le Dieu éternel:

> Mais, dis-je, celui qui abonde et regorge de toutes ces choses, supposons qu'il impose une borne à ses désirs et que, satisfait de ce qu'il a, il en jouisse honnêtement et agréablement: ne sera-t-il pas heureux, selon toi ? – Ce ne sera pas par ces choses qu'il sera heureux, dit-elle, mais par la modération de son âme. – Très bien, dis-je; à ma question, il n'y avait pas d'autre réponse à faire et l'on ne devait pas en attendre une autre de toi. Par conséquent, si quelqu'un veut être heureux, nous ne doutons absolument pas qu'il ne doive acquérir un bien permanent et que ne puisse lui arracher aucun revers de fortune[4].

Nous retrouvons par la suite un thème stoïcien bien connu et repris de nouveau: qui possède les biens dépendant de la fortune ne saurait être heureux car ne pouvant ignorer leur fragilité, il craindra de les perdre. Le bien susceptible d'échapper à la fortune n'est autre dans un premier temps que le *cupiendi modus*, mesure du désir qui est, nous le verrons, la clé du dialogue et où l'on peut reconnaître la vertu des philosophes. C'est dans un second temps que ce souverain bien à acquérir, reconnu comme immortel et immuable est identifié à Dieu. Mais qui peut dire qu'il possède Dieu? Ne veut-il pas que l'homme le cherche? Faudra-t-il alors dire heureux les philosophes sceptiques de l'Académie qui le cherchent indéfiniment? Nous passons sur la longue discussion de cette question pour rappeler simplement la conclusion à laquelle elle parvient:

> Par conséquent, dis-je, tu aboutis à cette distinction: quiconque a trouvé Dieu et a Dieu favorable est heureux; qui-

[4] *Ibid.*, 2, 11, 965, p. 72,135-144 (tr. fr., pp. 242-243): «Cui ego: Quid, si, inquam, his omnibus abundans rebus atque circumfluens, cupiendi modum sibi statuat eisque contentus decenter iucundeque perfruatur, nonne tibi videtur beatus? Non ergo, inquit, illis rebus, sed animi sui moderatione beatus est. Optime, inquam, nec huic interrogationi aliud nec abs te aliud debuit responderi. Ergo nullo modo dubitamus, si quis beatus esse statuit, id eum sibi comparare debere quod semper manet nec ulla saeviente fortuna eripi potest».

> conque cherche Dieu a Dieu favorable, mais n'est pas encore heureux; en revanche, quiconque s'éloigne de Dieu, par ses vices et ses péchés, non seulement n'est pas heureux, mais ne jouit pas de la faveur de Dieu[5].

Il ne suffit donc pas de bien vivre pour être heureux, encore faut-il chercher Dieu et le trouver.

Une nouvelle discussion d'école s'ouvre au chapitre suivant: le sage n'est pas affecté par les biens matériels, mais sait en jouir s'ils sont disponibles. Là encore Augustin en profite pour pousser un peu plus loin la discussion sur le bonheur. Le malheur étant une forme d'indigence, son contraire devra être non pas seulement l'opulence (abondance des biens matériels), mais une plénitude (*plenitudo*) de biens spirituels[6]. Or une telle plénitude ne saurait résulter que de la modération et non d'une surabondance. Cette valeur clé de la frugalité est reprise une fois de plus à l'*Hortensius* et commentée par l'ex-professeur de rhétorique:

> La 'modération' est évidemment ainsi nommée de «modus» (mesure), et la 'tempérance' de «temperies» (proportion). Or, où il y a mesure et proportion, il n'y a ni plus ni moins qu'il ne faut. C'est là précisément cette plénitude que nous opposons à l'indigence, ce qui vaut beaucoup mieux que d'employer le terme d'«abondance». Car, par abondance, on entend afflux et comme débordement d'une chose donnée à profusion. Or, là où il y a plus qu'il ne convient, la mesure aussi fait défaut et ce qui est excessif manque de mesure[7].

La surabondance est ainsi autant à craindre que l'indigence pour qui recherche une plénitude spirituelle. Ne faisons-nous pas cette expérience dans nos pays nantis? Cette surabondance produit les

[5] *Ibid.*, 3, 21, 970, p. 77,112-116 (tr. fr., pp. 260-261): «Ista igitur, inquam, distributio erit, ut omnis qui iam Deum invenit et propitium Deum habeat et beatus sit, omnis autem qui Deum quaerit propitium Deum habeat, sed nondum sit beatus, iamvero quisquis vitiis atque peccatis a Deo se alienat, non modo beatus non sit, sed ne Deo quidem vivat propitio».

[6] Cfr. *ibid.*, 4, 30-31, 974, pp. 81,159 - 83,208 (tr. fr., pp. 274-277).

[7] *Ibid.*, 4, 32, 975, p. 83,209-216 (tr. fr., pp. 278-279): «Modestia utique dicta est a 'modo', et a 'temperie' temperantia. Ubi autem modus est atque temperies, nec plus est quicquam nec minus. Ipsa est igitur plenitudo, quam egestati contrariam posueramus, multo melius quam si 'abundantiam' poneremus. In abundantia enim intelligitur affluentia et quasi rei nimium exuberantis effusio. Quod cum evenit ultra quam satis est, etiam ibi desideratur modus, et res quae nimia est, modo eget».

frustrés de la société de consommation incapables d'atteindre une plénitude faute de pouvoir modérer leurs désirs. Car il faut comprendre que c'est dans le domaine spirituel des biens de l'âme que la mesure est principalement requise.

Elle se nomme alors sagesse et devient la clé du bonheur:

> Donc tout ce qui est ou trop ou pas assez se trouve, étant dépourvu de mesure, exposé à l'indigence. C'est donc la sagesse qui est la mesure de l'âme, car la sagesse est évidemment le contraire de la sottise; or la sottise est une indigence et l'indigence a pour contraire la plénitude. Donc la sagesse est plénitude. Or la plénitude implique la mesure. Donc la mesure de l'âme se trouve dans la sagesse. D'où la fameuse maxime qui a obtenu une gloire justifiée: «La chose la plus utile dans la vie, c'est qu'il n'y ait rien de trop»[8].

Nous pouvions craindre plus haut une rupture de la philosophie chrétienne (plaçant en Dieu seul le bonheur humain) d'avec la sagesse des anciens. À l'inverse, ne serions-nous pas en droit de nous demander en quoi la solution trouvée ici revêt une quelconque tonalité chrétienne? Que la modération donne accès à Dieu, n'importe quelle ascèse philosophique peut le trouver. La spécificité chrétienne n'apparaît en fait que dans les trois derniers paragraphes du *De beata vita*. Augustin commence par rappeler que la vraie sagesse est celle de Dieu, qui n'est autre que son Fils, la seconde Personne de la Trinité. C'est ainsi qu'il retrouve la définition initiale du bonheur comme possession de Dieu[9]. Mais la solution proposée dans ce dialogue est en fait trinitaire comme l'indique l'exclamation finale de Monique reprenant une hymne ambrosienne[10]. Tâchons d'en comprendre le sens. C'est que, pré-

[8] *Ibid.*, p. 83,221-228 (tr. fr., *ibidem*): «Quidquid igitur vel parum vel nimium est, quia modo eget, obnoxium est egestati. Modus ergo animi sapientia est. Etenim sapientia contraria stultitiae non negatur et stultitia egestas, egestati autem contraria plenitudo: sapientia igitur plenitudo. In plenitudine autem modus. Modus igitur animo in sapientia est. Unde illud praeclarum est et non immerite diffamatur: 'hoc primum in vita esse utile, ut ne quid nimis'».

[9] Cfr. *ibid.*, 4, 34, 975, p. 84,249-253 (tr. fr., pp. 282-283): «Quae est autem dicenda sapientia, nisi quae Dei Sapientia est? Accepimus autem etiam auctoritate divina, Dei Filium nihil esse aliud quam Dei Sapientiam: et est Dei Filius profecto Deus. Deum habet igitur quisquis beatus est: quod omnibus nobis iam ante placuit, cum hoc convivium ingressi sumus».

[10] Cfr. *ibid.*, 4, 35, 976, p. 85,286-290 (tr. fr., pp. 284-285).

cise encore Augustin, le Fils, sagesse de Dieu est encore Vérité. Nous passons ainsi par lui de l'accès à une mesure qui est sagesse humaine à la mesure suprême et divine:

> Or, que la vérité soit, cela a lieu par une mesure suprême, dont elle procède et avec laquelle elle coïncide, quand elle est parfaite. Mais cette mesure suprême n'admet au-dessus d'elle aucune autre mesure. (...) Par conséquent, jamais il n'y eut vérité sans mesure, ni mesure sans vérité. Qu'est le Fils de Dieu? On l'a dit: Vérité. Qui est-ce qui n'a pas de père? qui, sinon la mesure suprême! Donc, quiconque vient à la mesure suprême par la Vérité est heureux. C'est là, pour l'âme, posséder Dieu, c'est-à-dire jouir de Dieu[11].

Car nous passons aussi à la Vérité avec un grand V. Or celle-ci doit se rapporter à une mesure suprême. Identifiée à la sagesse aux paragraphes précédents, on serait tenté de la faire correspondre encore au Fils. Mais comment comprendre alors l'interrogation «qui n'a pas de père?»? La mesure renvoie en fait au Père inengendré et nul n'y parvient sinon par la Vérité qui est la seconde personne de la Trinité. Telle est l'expérience trinitaire par laquelle l'âme chrétienne possède Dieu. Elle passe ainsi de la vertu éthique de modération à la vraie mesure qui est divine. Mais il faut en tirer les conséquences, l'âme ne saurait atteindre la plénitude de sa mesure que dans le face-à-face éternel avec Dieu. Augustin le note, mais sans y insister, comme si l'expérience mystique ici-bas assurait une continuité avec la vision béatifique:

> (...) Nous n'avons pas encore atteint notre mesure. Et c'est pourquoi, bien que déjà Dieu nous aide, nous ne sommes cependant pas encore sages et heureux. Ainsi donc, la parfaite satiété des âmes, la vie heureuse, consiste à connaître, avec une parfaite piété, par qui nous sommes introduits à la vérité, de quelle vérité nous jouissons et par quoi nous sommes reliés à la mesure suprême. Pour ceux qui ont l'intelligence et

[11] *Ibid.*, 4, 34, p. 84,255-267 (tr. fr., pp. 282-283): «Veritas autem ut sit, fit per aliquem summum modum, a quo procedit et in quem se perfecta convertit. Ipsi autem summo modo nullus alius modus imponitur. (...) Neque igitur veritas sine modo, neque modus sine veritate unquam fuit. Quis est Dei Filius? Dictum est, 'Veritas'. Quis est qui non habet patrem, quis alius quam summus modus? Quisquis igitur ad summum modum per veritatem venerit, beatus est. Hoc est animo Deum habere, id est Deo frui. Caetera enim quamvis a Deo habeantur, non habent Deum».

> qui excluent les illusions variées de la superstition, ces trois choses désignent un seul Dieu et une seule Substance[12].

C'est donc encore imparfaitement que cet accès à la mesure suprême se réalise ici-bas, mais Augustin y reconnaît une expérience trinitaire saluée immédiatement par sa mère. Si nous nous reportons maintenant au livre XIII du *De Trinitate*, la philosophie semble demeurer pour Augustin une quête pratique de la béatitude, mais les éléments de rupture avec les philosophes sont plus importants.

1.2. Nous retrouvons au livre XIII du *De Trinitate*, la question de la *beata vita*, mais alors que les académiciens étaient fustigés dans le dialogue de jeunesse, leur méthode semble ici réhabilitée pour montrer que si tous désirent le bonheur, ils mettent derrière cette fin des biens très différents. Conformément à la tradition stoïcienne que l'on trouve déjà chez Sénèque, ils sont ramenés à deux chefs principaux, la volupté du corps et la vertu de l'âme:

> Et puisque l'un dit: «Vivre heureux, c'est jouir des plaisirs du corps», l'autre: «Vivre heureux, c'est jouir de la vertu de l'âme», ne faut-il pas conclure ou bien qu'ils ignorent tous deux, ou bien qu'ils ne savent pas tous deux, ce qu'est le bonheur? Mais alors comment peuvent-ils tous deux aimer le bonheur, si personne ne peut aimer ce qu'il ignore? Peut-être nous sommes-nous trompés en affirmant comme une vérité absolue que tous les hommes veulent vivre heureux?[13]

La diversité des conceptions du bonheur, est donc réduite après l'affrontement entre épicurisme et stoïcisme à une alternative

[12] *Ibid.*, 4, 35, 976, p. 84,278-285 (tr. fr., pp. 284-285): «(...) Nondum ad nostrum modum nos pervenisse fateamur et ideo, quamvis iam Deo adiuvante, nondum tamen sapientes ac beati sumus. Illa est igitur plena satietas animorum, hoc est beata vita, pie perfecteque cognoscere a quo inducaris in veritatem, qua veritate perfruaris, per quid connectaris summo modo. Quae tria unum Deum intelligentibus unamque substantiam, exclusis vanitatibus variae superstitionis, ostendunt».

[13] Id., *De Trinitate*, XIII, 4, 7, PL 42, 1018-1019, ed. W. J. Mountain, 2 voll., Turnhout 1968 (CCSL, 50-50A), II, p. 390,19-25: «Cum itaque alius dicit: 'Beate vivere est voluptate corporis frui'; alius autem: 'Beate vivere est virtute animi frui': nonne aut ambo nesciunt quae sit beata vita, aut non ambo sciunt? Quomodo ergo ambo amant eam si nemo potest amare quod nescit? An forte falsum est quod pro verissimo certissimoque posuimus, 'beate vivere omnes homines velle'?». Je cite d'après la tr. fr. par P. Agaësse, Paris 1997[3] (Bibliothèque Augustinienne, 16); ici, pp. 282-283.

principale: plaisir ou vertu. On se souvient qu'Aristote, comme les platoniciens concevait plutôt trois genres de vie: recherchant le plaisir (et la richesse), les honneurs ou la contemplation. Vie philosophique, politique ou de volupté se hiérarchisaient ainsi selon leur fin. Chacun placerait le bonheur dans ce qu'il aime le plus (*maxime delectavit*), là où il trouve le plus de jouissance. Suffit-il donc de vivre selon ce que l'on veut comme le plus délectable pour être heureux? Avoir ce que l'on veut est-ce être heureux? Nous retrouvons ici un problème posé déjà dans le dialogue de jeunesse et résolu de la même manière par le recours à l'*Hortensius*: on est moins malheureux en n'obtenant pas ce qu'on veut qu'en obtenant ce qu'il ne faudrait pas vouloir[14]. Cette critique du sens commun aboutit à la définition fameuse du bonheur qui sera reprise tout au long du Moyen Âge: «N'est donc heureux que celui qui, à la fois a tout ce qu'il veut et ne veut rien de mal»[15].

L'analyse de la vie heureuse peut ainsi se préciser selon les deux conditions qu'elle requiert: vivre conformément au bien et avoir ce qu'on désire. La première n'est pas la plus difficile à réaliser et la vie morale qu'elle exige conduit au seuil du bonheur: «celui-là en effet est presque heureux qui veut avec une volonté bonne tout ce qu'il veut, et ces biens une fois atteints, il sera heureux»[16]. Cette vie n'est autre que celle des vertus, cardinales en particulier comme le rappelle la suite du texte. Mais elle ne saurait suffire à atteindre la seconde condition du bonheur. L'homme moral atteint les biens éthiques accessibles à sa vertu, mais ne peut éviter les maux ni surtout rejoindre un bonheur durable:

> Or, ces biens, tels qu'ils peuvent exister dès cette misérable vie, c'est à force de prudence, de tempérance, de force, de justice intérieures que l'homme les poursuit et, dans la mesure ou cela lui est donné, les atteint. Grâce à ces vertus, même au milieu des maux, il est bon, et lorsque tous les maux auront cessé et que tous les biens auront atteint leur plénitude, il sera heureux. Voilà pourquoi en cette vie mortelle pleine d'er-

[14] Cfr. *ibid.*, p. 390,32-391,44 (tr. fr., pp. 284-285), citant l'*Hortensius* de Cicéron.

[15] *Ibid.*, 5, 8, 1020, p. 393,37-38 (tr. fr., pp. 286-287): «Beatus igitur non est, nisi qui et habet omnia quae vult, et nihil vult male».

[16] *Ibid.*, 6, 9, 1020, p. 393,14-15 (tr. fr., pp. 288-289): «Propinquat enim beato, qui bene vult quaecumque vult, et quae adeptus cum fuerit beatus erit».

> reurs et de misères, il est souverainement nécessaire d'avoir la foi en vertu de laquelle nous croyons en Dieu. En effet, à tous les biens, quels qu'ils soient, singulièrement à ceux qui rendent l'homme bon et à ceux qui le rendront heureux, on ne peut trouver d'autre source que Dieu, d'où ils viennent dans l'homme et sont mis ainsi à sa portée. Mais lorsque celui qui sera resté juste et bon au milieu des difficultés présentes passera de cette vie à la vie heureuse, alors se réalisera ce qui maintenant est bien impossible: l'homme vivra comme il veut[17].

Cette fois la coupure eschatologique est explicite, renvoyant à l'autre vie le parfait bonheur. Celui-ci n'en est pas moins préparé par la vie morale. Mais alors que pour le stoïcien il s'identifiait à la vertu mesurant son désir, pour l'auteur du *De Trinitate*, il en devient la récompense eschatologique rendue accessible d'ailleurs moyennant la foi et non par les seules vertus cardinales. C'est qu'au-delà de ces biens moraux et spirituels, le désir humain vise légitimement un bonheur non seulement durable mais éternel.

> Au contraire à celui qui est heureux comme tous veulent l'être, il n'est ni juste, ni vrai de dire: «Ce que tu veux ne peut se réaliser». S'il est heureux en effet, tout ce qu'il veut peut se réaliser, car il ne veut pas ce qui ne peut se réaliser. Mais telle n'est pas la condition de notre vie mortelle: cela ne nous sera donné qu'avec l'immortalité. Si celle-ci était complètement inaccessible à l'homme, vaine serait aussi la recherche du bonheur: car sans l'immortalité, il n'y a pas de bonheur[18].

[17] *Ibid.*, 6, 9 - 7, 10, 1020, pp. 393,20 - 394,8 (tr. fr., pp. 288-289): «Et bona, qualia et in hac misera vita esse possunt, prudenti, temperanti, forti, et justa mente sectatur, et quantum datur assequitur; ut etiam in malis sit bonus, et finitis malis omnibus atque impletis bonis omnibus sit beatus. Ac per hoc in ista mortali vita erroribus aerumnisque plenissima, praecipue fides est necessaria, qua in Deum creditur. Non enim quaecumque bona, maximeque illa quibus quisque fit bonus, et illa quibus fiet beatus, unde nisi a Deo in hominem veniant, et homini accedant, inveniri potest. Cum autem ex hac vita ab eo qui in his miseriis fidelis et bonus est, ventum fuerit ad beatam, tunc erit vere quod nunc esse nullo modo potest, ut sic homo vivat quomodo vult».

[18] *Ibid.*, 7, 10, 1022, p. 396,61-67 (tr. fr., pp. 292-293): «Beato autem, quales se esse omnes volunt non recte nec vere dicitur: 'Non potest fieri quod vis'. Si enim beatus est, quidquid vult fieri potest; quia non vult quod fieri non potest. Sed non est mortalitatis hujus haec vita, nec erit nisi quando et immortalitas erit. Quae si nullo modo dari homini posset, frustra etiam beatitudo quaereretur; quia sine immortalitate non potest esse».

Nous pourrions dire que la christianisation de la quête philosophique du Bonheur consiste à assumer par la foi le désir humain d'immortalité. Mieux, le bonheur comme plénitude et réalisation des désirs légitimes n'est possible que dans un dépassement de la misère et en particulier de la misère suprême qui est la mort. Ce qui n'était pas explicite dans le *De beata vita* le devient avec le *De Trinitate*. Mais du coup, toute tentative de construire un bonheur en ce monde se retrouve éclipsée par le parfait bonheur hypostasié dans l'éternité:

> Tous les hommes veulent donc être heureux: s'ils le veulent vraiment, ils veulent aussi, par le fait même, être immortels; autrement, ils ne pourraient être heureux. D'ailleurs, si on les interroge sur l'immortalité de la même façon que sur le bonheur, tous répondront qu'ils veulent l'immortalité. Mais on cherche, bien plus, on se façonne en cette vie un semblant de bonheur – bonheur de nom plutôt que de fait – tandis qu'on désespère de l'immortalité, sans laquelle il n'y a pas de vrai bonheur[19].

L'aporie du bonheur opposant plaisir et vertu qui semblait résolue en faveur des stoïciens dans le *De beata vita*, prolongeant par la mesure divine et trinitaire, leur mesure morale, semble alors se retourner en leur défaveur. Ce n'est pas le plaisir temporel qu'exigeait en fait le bonheur, mais une plénitude éternelle. Une telle exigence n'aurait-elle pas paru démesurée au philosophe? Elle ne l'est plus dès lors qu'il accède à la foi. Mieux, sa foi lui permet de juger possible tout en la plaçant au plus haut, l'exigence de bonheur qui constituait la quête même de la philosophie. Pire, si l'immortalité était inaccessible à l'homme, la quête philosophique du bonheur serait vaine car impossible. Mais du coup le bonheur du stoïcien qui consistait à s'accommoder des misères de ce monde pour ne vouloir que ce qu'il peut est tourné en dérision:

> Bien que son courage le prépare à affronter et à supporter d'une âme égale toute adversité, quelle qu'elle soit, il préfère

[19] *Ibid.*, 7, 11, 1022, p. 396,1-7 (tr. fr., pp. 294-295): «Cum ergo 'beati esse omnes homines volunt', si verum volunt, profecto esse et immortales volunt: aliter enim beati esse non possunt. Denique et de immortalitate interrogati, sicut de beatitudine, omnes eam se velle respondent. Sed qualiscumque beatitudo, quae potius vocetur quam sit, in hac vita quaeritur, imo vero fingitur, dum immortalitas desperatur, sine qua vera beatitudo esse non potest».

> cependant ne la point rencontrer et, s'il le peut, s'y soustrait. Il est prêt à toute éventualité, en ce sens que, autant qu'il dépend de lui, il souhaite ceci, évite cela, mais que, si ce qu'il évite lui arrive, il le supporte de bon gré, puisque les événements n'ont pas tourné selon son gré. Ainsi donc, il tient bon pour ne pas se laisser abattre: mais il voudrait n'avoir pas à porter ce poids. Peut-on dire qu'il vit comme il veut, sous prétexte qu'il veut avoir le courage de supporter des maux auxquels il voudrait n'être pas en butte? Mais alors, il ne veut ce qu'il peut que parce qu'il ne peut ce qu'il veut! Voilà tout le bonheur – dérisoire, s'il n'était pitoyable – de mortels orgueilleux, qui se glorifient de vivre comme ils veulent, parce que c'est volontairement qu'ils supportent avec patience des maux qu'ils voudraient éviter. C'est, dit-on, le sage conseil que donnait Térence: «Puisque ne peut se réaliser ce que tu veux, il faut vouloir ce que tu peux». Parole pleine de sens, personne ne le nie; mais conseil donné à un malheureux, pour l'empêcher d'être plus malheureux[20].

Il n'est pas seulement un «semblant de bonheur». Il est la sagesse d'un malheureux qui désespérant de pouvoir jamais atteindre le vrai bonheur, aménage sa condition misérable afin qu'elle soit la moins malheureuse possible. Augustin a l'audace de tourner ainsi en dérision le courage stoïcien. Il manque de générosité, non parce qu'il préfère éviter les maux que les endurer, bon sens qu'il faut saluer, mais bien parce qu'il n'envisage pas le rôle de Dieu ni même son aide pour atteindre une béatitude éternelle et s'en tient à ce qu'il peut par lui-même : supporter courageusement l'adversité en cette vie.

La question de l'immortalité devient ainsi première, même pour une philosophie principalement éthique en sa quête du

[20] *Ibid.*, 7, 10, 1021-1022, pp. 395,45 - 396,61 (tr. fr., pp. 292-293): «Quamvis enim per fortitudinem sit paratus excipere, et aequo ferre animo quidquid adversitatis acciderit; mavult tamen ut non accidat, et si possit facit; atque ita paratus est in utrumque, ut quantum in ipso est alterum optet, alterum vitet, et si quod vitat, incurrerit, ideo volens ferat, quia fieri non potuit quod volebat. Ne opprimatur ergo sustinet: sed premi nollet. Quomodo ergo vivit ut vult? An quia volens fortis est ad ferenda quae nollet inlata? Ideo igitur id vult quod potest, quoniam quod vult non potest. Haec est tota, utrum ridenda, an potius miseranda, superborum beatitudo mortalium, gloriantium se vivere ut volunt, qui volentes patienter ferunt quae accidere sibi nolunt. Hoc est enim, aiunt, quod sapienter dixit Terentius: 'Quoniam non potest id fieri quod vis, / Id velis quod possis'. Commode hoc dictum esse, quis negat? Sed consilium est datum misero, ne esset miserior». La citation vient de Publius Terentius Afer, *Andria*, 2, 1, 5-6.

bonheur. Or sur un tel sujet, ce ne sera plus le seul courant stoïcien, mais encore le platonisme et sans doute aussi l'aristotélisme qui feront l'objet de la critique du philosophe chrétien. Il reconnaît toutefois la difficulté philosophique du problème posé: l'homme est-il capable de recevoir l'immortalité? Un tel désir lui est-il proportionné?

> La nature humaine est-elle capable de recevoir cette immortalité, que pourtant elle reconnaît désirable, ce n'est pas un mince problème. Mais au regard de la foi, présente en ceux auxquels Jésus a donné le pouvoir de devenir fils de Dieu, il n'y a pas de problème. Parmi ceux qui se sont efforcés de trouver une solution à l'aide d'arguments humains, c'est à peine si quelques hommes doués d'un puissant génie, jouissant d'abondants loisirs, rompus aux raisonnements les plus déliés, sont parvenus à pressentir l'immortalité de l'âme, – et seulement de l'âme. Cependant ils n'ont pas pensé qu'il y eût pour l'âme une vie heureuse durable, c'est-à-dire vraie: ils ont prétendu que, même après avoir joui du bonheur, l'âme revenait aux misères de cette vie. Si quelques-uns, rougissant de telles opinions, ont pensé que l'âme, une fois purifiée et séparée de son corps, devait être placée dans l'éternelle béatitude, contradictoirement ils ont professé de telles théories sur l'éternité du monde qu'ils réfutent eux-mêmes leur propre opinion sur l'âme. Il serait trop long de le prouver ici, mais je me suis suffisamment expliqué sur ce point, me semble-t-il, dans le livre XII de la *Cité de Dieu*. La foi, elle, qui ne s'appuie pas sur des arguments humains, mais sur l'autorité divine, promet que l'homme tout entier, l'homme composé d'une âme et d'un corps, sera immortel et par là même vraiment heureux. Voilà pourquoi, après avoir dit dans l'Évangile que Jésus a donné 'le pouvoir de devenir fils de Dieu à ceux qui l'ont reçu', c'est-à-dire, comme il l'explique en peu de mots, 'à ceux qui croient en son nom' (...) l'Évangéliste a ajouté aussitôt: 'Et le Verbe s'est fait chair, et il a habité parmi nous'[21].

[21] Aurelius Augustinus, *ibid.*, 8-9, 12, 1023, pp. 398,52 - 399,24 (tr. fr., pp. 298-301): «Hanc utrum capiat humana natura, quam tamen desiderabilem confitetur, non parva quaestio est. Sed si fides adsit, quae inest eis quibus 'dedit potestatem' Iesus 'filios Dei fieri' (*Jo* 1, 12), nulla quaestio est. Humanis quippe argumentationibus haec invenire conantes, vix pauci magno praediti ingenio, abundantes otio, doctrinisque subtilissimis eruditi, ad indagandam solius animae immortalitatem pervenire potuerunt. Cui tamen animae beatam vitam non invenerunt stabilem, id est veram. Ad miserias eam quippe vitae hujus etiam post bea-

La réponse devient évidente pour le chrétien qui croit obtenir la résurrection par Jésus Christ Fils de Dieu. Mais le philosophe chrétien fait alors la différence entre son espérance et celle des philosophes qui avaient su découvrir l'immortalité de l'âme. Saint Augustin reconnaît non seulement le privilège du loisir, mais encore le génie, l'érudition que suppose une telle découverte. Il peut songer à Platon et avant lui aux Pythagoriciens. Mais leur découverte est entachée par la croyance en la réincarnation. Une âme qui a su goûter au bonheur immortel au sortir du corps pourra-t-elle retourner aux misères de la vie présente? Si tel n'est pas le cas, elle participera d'une éternité divine. Mais quelle valeur peut-on accorder à une telle éternité si le monde matériel la partage également? Là encore la critique vise sans doute les platoniciens, mais elle atteint aussi bien l'aristotélisme. Ayant choisi de suivre la voie éthique de la vie heureuse, nous n'entrerons pas plus avant dans la discussion métaphysique qui renvoie à la *Cité de Dieu*. Notons encore que le philosophe chrétien a conscience de la spécificité de son espérance qui ne concerne pas seulement l'immortalité de l'âme, mais encore la résurrection de la chair, rendue possible par l'incarnation du Verbe éternel.

Résumons pour l'heure les transformations de cette thématique que nous avons relevées dans les deux œuvres d'Augustin examinées ici. Dans le *De beata vita* le bonheur chrétien pourrait sembler un prolongement de la mesure atteinte grâce à une pratique de la vertu de type stoïcienne par l'accès à une mesure divine moyennant une expérience mystique trinitaire. Encore cette béatitude se présente-t-elle comme accès à la Vérité du Père inengendré par la médiation du Fils, sa seule mesure parfaite et dans le

titudinem redire dixerunt. Et qui eorum de hac erubuerunt sententia, et animam purgatam in sempiterna beatitudine sine corpore conlocandam putarunt, talia de mundi retrorsus aeternitate sentiunt, ut hanc de anima sententiam suam ipsi redarguant: quod hic longum est demonstrare, sed in libro duodecimo *de Civitate Dei*, satis a nobis est, quantum arbitror, explicatum. Fides autem ista totum hominem immortalem futurum, qui utique 'constat ex anima et corpore', et ob hoc vere beatum, non argumentatione humana, sed divina auctoritate promittit. Et ideo cum dictum esset in Evangelio, quod Iesus dederit 'potestatem filios Dei fieri' iis qui 'eum receperunt'; et quid sit recepisse eum, breviter fuisset expositum, dicendo, 'credentibus in nomine ejus' (...) illico annexum est 'et Verbum caro factum est et habitavit in nobis' (*Jo* 1, 12-14)».

lien de l'Esprit. Si la parfaite contemplation de cette vérité divine semble eschatologique, elle paraît encore pouvoir être anticipée ici-bas par une telle sagesse trinitaire. Mais dans le *De Trinitate*, l'exigence d'immortalité requise pour tout vrai bonheur en renvoie la réalisation à l'autre vie. Du coup la vertu stoïcienne ne suffit plus à y préparer car il lui manque l'espérance. Toutefois, l'espérance chrétienne ne se limite pas à l'immortalité de l'âme, mais attend aussi la résurrection des corps, ce qui entraîne une critique d'autres courants philosophiques croyant à la réincarnation ou à l'éternité du monde. De plus, ce vrai bonheur prend avec Augustin un contenu de connaissance qui l'identifie à la vision de Dieu face-à-face. Sans revenir sur cette question étudiée naguère dans notre thèse, constatons que la problématique classique articulant bonheur et vertu reste au cœur du dialogue inventé par Abélard entre un juif, un philosophe et un chrétien que nous prenons à témoin de la réflexion préscolastique sur la finalité humaine.

2. *Bonheur et vertu dans les Conférences d'Abélard,* *continuités et ruptures entre les points de vue du philosophe et du chrétien*

Il est vrai qu'Abélard avait écrit une *Théologie du Souverain Bien*, mais il occupe une position originale et assez rare dans l'histoire de la philosophie lorsqu'il fait du domaine éthique le sommet de la philosophie par lequel elle s'articule à la théologie[22]. Plus exactement, la correspondance qui ouvre une base de dialogue entre le philosophe et le chrétien est celle entre éthique et *divinitas*:

> À présent nous avançons beaucoup, ce me semble, vers la fin et plénitude de toutes disciplines, que vous nommez éthique, c'est-à-dire morale et que nous avons coutume de nommer Divinité car nous la considérons à partir de Celui vers lequel nous tendons pour Le saisir; c'est-à-dire Dieu, alors que vous le faites en partant des moyens par lesquels on y accède, c'est-à-dire ces bonnes mœurs que vous appelez vertus[23].

[22] On retrouve un point de vue comparable, mais très minoritaire au siècle suivant chez Roger Bacon; cfr. CH. TROTTMANN, *Roger Bacon, de la philosophie à la théologie et retour*, dans *La servante et la consolatrice. La philosophie dans ses rapports avec la théologie au Moyen Âge*, éd. J.-L. Solère – Z. Kaluza, Paris 2002, pp. 95-116.

[23] PETRUS ABAELARDUS, *Collationes* (vel *Dialogus inter Philosophum, Iudaeum et*

En fait la finalité correspondant à Dieu pour la *divinitas* n'est autre dans l'ordre éthique que le Bien suprême en la jouissance duquel consiste la véritable béatitude. C'est d'ailleurs la suréminence de cette fin de l'éthique qui assure sa position dominante par rapport aux autres sciences[24]. Abélard conserve ainsi le schème classique des servantes et de la maîtresse, mais celle-ci peut être aussi bien l'éthique du philosophe que la théologie du chrétien. Il y aurait beaucoup à dire sur ce thème et sur la suite du texte, mais nous en resterons à la question qui nous intéresse: le philosophe et le chrétien s'accorderont-ils sur cette béatitude véritable et les moyens de la rejoindre? Encore faudrait-il que les philosophes s'accordent entre eux à ce sujet et celui du dialogue abélardien tout en définissant le souverain bien recherché comme celui qui procure la béatitude, rappelle l'aporie classique déjà posée par Augustin: les uns le placent dans la vertu, les autres dans le plaisir[25]. On se souvient que c'est pour le maître du Palet une occasion de réhabiliter l'épicurisme en précisant sa définition du plaisir:

> Non point, comme le croient la plupart, un goût déshonnête et honteux des amusements charnels, mais une certaine paix intérieure de l'âme, par laquelle celle-ci, dans la mauvaise comme dans la bonne fortune, demeure paisible et contente de ses propres biens, la conscience d'aucune faute ne lui infli-

Christianum), II, 67, PL 178, 1636CD, ed. G. Orlandi (with Eng. tr. by J. Marenbon), Oxford 2001 (Oxford Medieval Texts), p. 82: «CHRISTIANUS. Nunc profecto, quantum percipio, ad omnium disciplinarum finem et consummationem proficiscimur. Quam quidem vos ethicam, id est moralem, nos divinitatem nominare consuevimus. Nos illam videlicet ex eo, ad quod comprehendendum tenditur, id est Deum, sic nuncupantes, vos ex illis per quae illuc pervenitur, hoc est moribus bonis, quas virtutes vocatis». Je cite d'après la tr. fr. par M. de Gandillac, Paris 1993; ici, pp. 110-111.

[24] Cfr. *ibid.*, 68, 1637A, p. 84 (tr. fr., p. 112): «PHILOSOPHUS. (...) Quo enim summum bonum ceteris omnibus est excellentius, in cuius fruitione vera consistit beatitudo, constat procul dubio eius doctrina ceteras tam utilitate quam dignitate longe praecedere».

[25] Cfr. *ibid.*, 80, 1641D-1642A, p. 100 (tr. fr., p. 122): «PHILOSOPHUS. Summum bonum sive finem boni, hoc est consummationem vel perfectionem eius, diffinierunt, sicut et plerique vestrorum meminerunt, quo quisque, cum pervenerit beatus est, sicut e contrario summum malum, cuius assecutio miserum facit. Quorum utrumque moribus promeremur. Mores autem virtutes vel eis contraria vitia constat appellari. Quidam tamen nostrum, sicut et in octavo *De Civitate Dei* meminit Augustinus, virtutem ipsam summum bonum dixerunt, alii voluptatem». La discussion sur la finalité éthique est reprise non au *De Trinitate*, mais à la *Cité de Dieu*, VIII, 3.

> geant aucun remords. Loin de nous, en effet, l'idée que des philosophes, éminents contempteurs d'une félicité terrestre et mieux que personne dominateurs de la chair, aient pu situer le souverain bien dans les turpitudes de cette vie, comme beaucoup, mal informés, en accusent Épicure et ses sectateurs, les épicuriens, faute d'avoir compris, je le répète, ce que ceux-là ont appelé plaisir[26].

D'une certaine manière, nous sommes ici aux antipodes de la critique des philosophes relevée au *De Trinitate*, puisque le philosophe des *Conférences* réhabilite même ceux qui avaient été écartés d'emblée par Augustin, les Epicuriens. Moyennant quoi l'accord est rétabli entre philosophes partisans du plaisir et de la vertu; leur opposition se trouve réduite à une question de mots. Mais si la quête de la paix intérieure correspond à celle de la vertu en ce monde, surgit alors l'opposition du chrétien: «Mais quel prix attachent-ils à l'immortalité de l'âme et à une béatitude de la vie future? Attendent-ils cette béatitude en récompense de leurs mérites?»[27].

Nous reconnaîtrions là la coupure eschatologique relevée dans le *De Trinitate*. Mais ce n'est pas le moindre paradoxe des *Conférences* que d'y voir le personnage du philosophe concéder que la paix intérieure recherchée ici-bas par ses confrères est atteinte de manière plus parfaite après la mort. Il objecte pourtant que la seule mesure en est la vertu et que celle-ci ne saurait augmenter que par les combats de cette vie. Argument de théologien au moins autant que de philosophe. La béatitude ne doit-elle pas être proportionnée au mérite dont le degré est définitivement fixé au moment de la mort? Mais un autre argument non moins

[26] *Ibid.*, 81, 1642AB, pp. 101-102 (tr. fr., p. 123): «PHILOSOPHUS. Non, ut plerique aestimant, carnalium illecebrarum inhonestam et turpem oblectationem, sed quandam interiorem animae tranquillitatem, qua inter adversa et prospera manet quieta et propriis bonis contenta, dum nulla eam peccati mordeat conscientia. Absit enim, ut philosophi, terrenae felicitatis maximi contemptores et praecipui carnis domitores, in huius vitae turpitudinibus summum bonum constituerent, sicut Epicuro et eius sequacibus, id est Epicureis, multi per ignorantiam imponunt non equidem intelligentes, quid illi, ut diximus, voluptatem nominarent».

[27] *Ibid.*, 82, 1642D, p. 102 (tr. fr., p. 124): «CHRISTIANUS. Numquid de immortalitate animae et quadam futurae vitae beatitudine quidquam aestimant et eam pro meritis suis exspectant?».

théologique est encore repris par le philosophe même: ce ne sont pas seulement les misères du corps qui cessent avec cette vie, mais encore les remords de conscience qui disparaissent dans la vie bienheureuse avec la possibilité de pécher. Le paradoxe est à son comble lorsque le philosophe reconnaît la vérité de la doctrine épicurienne dans cette supériorité de la béatitude de l'autre vie:

> Certes, à parler franc, je te découvre philosophe de premier ordre et il serait impudent de rien objecter à une si manifeste raison. C'est bien là-bas, plutôt qu'ici, que, selon la raison que tu viens d'alléguer, se doit attendre le suprême bien de l'homme et il se pourrait que tel fût le sens de la pensée d'Épicure identifiant au plaisir ce bien suprême, car assez grande est là-bas la tranquillité de l'âme pour que ni du dehors ne l'inquiète aucune affliction corporelle, ni du dedans aucune conscience de péché ne trouble l'esprit ni aucun vice ne lui fasse obstacle, en sorte que totalement s'effectue sa meilleure volonté. Mais tant que notre volonté se heurte à quelque obstacle ou que lui manque quoi que ce soit, certes elle ne connaît encore la vraie béatitude[28].

Le paradoxe est plus encore à son comble si nous reconnaissons dans ce parfait état de la volonté humaine le «libre bon plaisir» distingué par Bernard du libre arbitre et du libre conseil. Rappelons sous forme de tableau le schème du *De gratia et libero arbitrio*:

liberté	libre-arbitre	libre conseil	libre bon plaisir
affranchit de	la nécessité	du péché	de la misère
relève de	la nature	la grâce	la gloire
de Dieu est	image par essence	ressemblance par accident	ressemblance par accident

[28] *Ibid.*, 87, 1644C, p. 108 (tr. fr., p. 128): «PHILOSOPHUS. Certe, ut verum fatear, nunc te primo philosophum comperior; nec tam manifestae rationi impudenter convenit adversari, sed ibi potius quam hic iuxta propositam rationem tuam summum hominis bonum est exspectandum. Et fortassis haec fuit Epicuri sententia summum bonum voluptatem dicentis, quando videlicet tanta est animae tranquillitas, ut nec exterius eam corporalis afflictio nec interius mentem aliqua peccati conscientia inquietet vel vitium obstet, ut optima eius voluntas omnino compleatur. Quamdiu enim voluntati nostrae aliquid obsistit vel deest, vera beatitudo nequaquam est».

Propre à l'homme, le libre-arbitre l'affranchit de la nécessité instinctive qui asservit l'animal. Après le péché originel, la liberté de grâce lui permet de ne pas pécher. Mais alors qu'Adam prélapsaire pouvait ne pas pécher, ce qui est devenu impossible au pécheur sans la grâce, les bienheureux eux ne peuvent plus pécher. Leur libre bon plaisir affranchi de la misère, conséquence du péché ne peut vouloir que le bien ce qui constitue l'état glorieux de la volonté des bienheureux[29]. Si telle est bien la source d'Abélard, qu'il la puise chez Bernard ou plus en amont chez Augustin, ce n'est peut-être pas sans humour qu'il reconnaît en cette perfection de la volonté bienheureuse la visée même de l'épicurisme.

L'on se souvient que Talleyrand en sa grande bonté voyait en Chateaubriand «un épicurien qui avait l'imagination catholique», mais Abélard nous fait peut-être ici comprendre que le catholicisme en sa théorie de la béatitude constituerait la perfection de la philosophie épicurienne. Les transformations sont ainsi réciproques: la philosophie épicurienne accède à la gloire, la théologie chrétienne donne accès au plaisir suprême. Mieux, c'est pour le philosophe abélardien la même béatitude «qu'Epicure nomme plaisir et votre Christ royaume des cieux»[30]. Sur cette base éthique, l'accord semble total sur la fin comme sur les moyens:

> Nous en sommes venus dans notre discussion à poser, comme suprême bien de l'homme, c'est-à-dire, on l'a dît, comme la fin même du bien, la béatitude de la vie future et, comme voie pour y parvenir, les vertus[31].

[29] Sans pouvoir entrer ici dans les détails, notons que cette analyse de Bernard approfondit en la transformant une thématique présente chez Augustin: cfr. AURELIUS AUGUSTINUS, *De correptione et gratia*, 12 33, PL 44, 936 (Bibliothèque Augustinienne, 24, p. 345); *Enchiridion (Enchiridion ad Laurentium de fide et spe et caritate)*, 28, 105-106, PL 40, 281-282, ed. M. Evans, Turnhout 1969 (CCSL, 46), pp. 106,13 - 107,47 (Bibliothèque Augustinienne, 9, pp. 295-296); et surtout *De civitate Dei*, XXII, 30, 3, PL 41, 802-803, ed. B. Dombart – A. Kalb, 2 voll., Turnhout 1955 (CCSL, 47-48), II, pp. 863-864 (Bibliothèque Augustinienne, 37, pp. 711-712).

[30] PETRUS ABAELARDUS, *ibid.*, 92, 1646A, p. 112 (tr. fr., p. 130): «PHILOSOPHUS. (...) Quam, ut arbitror, beatitudinem Epicurus voluptatem, Christus vester regnum coelorum nominat».

[31] *Ibid.*, 88, 1645A, p. 110 (tr. fr., p. 128): «CHRISTIANUS. Ecce ad hoc disputatio nostra perducta est, ut summum hominis bonum sive ipsum, ut dictum est, finem boni futurae vitae beatitudinem, et qua illuc pervenitur, viam virtutes ponamus».

Laisser le chrétien et le philosophe sur un tel accord ne serait toutefois pas rendre justice au texte d'Abélard qui en vient immédiatement après aux divergences. Nous nous en tiendrons à la plus importante: le souverain bien des chrétiens est transcendant; la béatitude de Dieu dépasse infiniment celle de l'homme, mais du coup la béatitude suprême de l'homme ne saura être que celle de Dieu. Cela amène l'affrontement de difficultés et de paradoxes sur lesquels nous ne pouvons ici nous étendre, mais finalement, le philosophe même doit en convenir:

> Selon tous ceux qui philosophent correctement, c'est un fait bien établi, on ne saurait ni dire ni croire que ce bien absolu soit autre chose que Dieu dont, en effet, l'incomparable et ineffable béatitude, ne connaissant ni commencement ni fin, ne peut être accrue ni diminuée[32].

Ainsi la haine de Dieu est-elle reconnue comme le souverain mal, tandis que le souverain bien n'est autre que la vision béatifique, méritée par un amour croissant de Dieu dans la foi. La plus ultime participation à la gloire suprême suppose donc la foi ainsi que le chrétien se doit finalement de le rappeler:

> Ainsi donc, lorsque ceux qui ont cru en Lui et l'ont aimé plus que tout seront en présence de cette béatitude, si grande que par la foi ils ne la pouvaient aucunement estimer, cette suprême exultation sera leur perpétuelle béatitude[33].

Finalement, le contenu essentiel de la béatitude suprême demeure la vision de Dieu dès avant la scolastique universitaire, même si son abord par le biais éthique permet à Abélard de pousser très loin l'accord entre le philosophe, même épicurien et le chrétien.

[32] *Ibid.*, 141, 1658A, p. 150 (tr. fr., p. 156): « PHILOSOPHUS. Summum utique bonum apud omnes recte philosophantes non aliud quam Deum dici constat et credi, cuius scilicet incorporabilis et ineffabilis beatitudo tam principii quam finis ignara nec augeri potest nec minui».

[33] *Ibid.*, 151, 1661B, p. 160 (tr. fr., p. 163): «CHRISTIANUS. Cum igitur fideles eius, quem super omnia dilexerunt, tantam conspexerint beatitudinem, quantam nullatenus fide potuerunt aestimare: haec eorum summa exsultatio perpes erit ipsorum beatitudo».

3. *Remarques sur la réflexion de la scolastique universitaire sur la béatitude suprême*

Plus encore que pour Augustin ou Abélard, prétendre rendre compte en quelques pages de l'apport de la période scolastique à la réflexion sur la béatitude serait une gageure. Nous nous contenterons ici encore de quelques remarques.

Tout d'abord le thème de la *visio beata* remonte dans le monde latin à Augustin et à ses épigones. Les maîtres parisiens du XIIIe siècle n'inventent donc pas le fait que ce soit une vision intellectuelle de Dieu qui comble les bienheureux. Mais ainsi que nous l'avons montré, le premier article de la condamnation de 1241 conduit à formuler une traduction noétique et métaphysique de la vision face-à-face promise par les écritures (*1Cor* 13, 12 et *1Jo* 3, 2). La vision béatifique est une connaissance intellectuelle de l'essence même de Dieu sans aucune médiation, ce qui n'est qu'une explicitation de doctrines présentes chez les Pères, Augustin en particulier. Elle ne saurait être une vision par l'œil corporel. Cela encore, la scolastique universitaire ne le découvre pas, mais Augustin déjà s'interroge à ce sujet et dans son sillage les auteurs de la renaissance carolingienne[34].

L'opposition entre intellectualisme et volontarisme place la vision béatifique au cœur des enjeux théologiques, mais aussi anthropologiques. L'enjeu philosophique dépasse celui de la félicité mentale revendiquée par la vie de loisir des artiens et son éventuelle concurrence avec la vision béatifique. Le titre de la question disputée à Paris en 1302 par Gonzalve d'Espagne en présence de son bachelier Duns Scot, où l'objectant n'était autre qu'Eckhart suffirait à l'attester: «Si la louange de Dieu dans la Patrie est plus noble que l'amour de Dieu ici-bas»[35]. Elle a de quoi

[34] Cfr. CH. TROTTMANN, *La vision béatifique des disputes scolastiques à sa définition par Benoît XII*, dans «Bibliothèque des Écoles Françaises d'Athènes et de Rome», 289 (1995), pp. 74-75; en partic., pour Augustin, p. 74, note 131.

[35] Cfr. A. DE LIBERA (tr. et notes), *La Question de Gonzalve d'Espagne contenant les «Raisons d'Eckhart» (Quaestio magistri Gonzalvi continens rationes magistri Echardi: utrum laus Dei in patria sit nobilior eius dilectione in via)*, in *Maître Eckhart à Paris. Une critique médiévale de l'ontothéologie. Les Questions parisiennes n° 1 et n° 2 d'Eckhart*, études, textes et tr. par E. Zum Brunn – Z. Kaluza – A. de Libera – P. Vignaux – É. Wéber (Bibilothèque de l'École des Hautes Études, Section des Sciences religieuses, 86), Paris 1984, pp. 200-223.

surprendre: à quoi bon s'interroger sur la louange dans la patrie? C'est qu'elle est ici considérée comme l'acte intellectuel suprême des bienheureux. Quant à la charité ici-bas, elle est l'acte le plus noble de la volonté relevant de la vertu théologale suprême. Sachant que Paul a dit (*1Cor* 13, 8) que les prophéties disparaîtront, mais que seule la charité ne passera jamais, l'enjeu anthropologique apparaît de taille. L'acte le plus parfait de l'homme est-il un acte d'amour relevant de la volonté ou la vision intellectuelle de Dieu? Rappelons qu'entre temps Thomas d'Aquin a montré que l'essence de la béatitude réside dans la seule vision intellectuelle[36] et que l'amour qui en découle vient certes la parachever, mais comme sa conséquence.

L'enjeu de l'articulation entre vie heureuse poursuivie par les philosophes et vision béatifique passe alors par une mise en ordre des différentes formes de vision de Dieu dont la plus ultime reste évidemment la vision béatifique. Nous l'avons montré dans le cas de Guiral Ot[37]. Nous le résumons ici sous forme d'un tableau:

vision des ressuscités	vision des croyants ici-bas	vision des sages ici-bas	vision des saints ici-bas	vision des âmes séparées
ultime, parfaite, immédiate et définitive	médiatisée par la foi et les Écritures	à partir de l'ordre naturel des créatures	à partir de leur destinée surnaturelle	imparfaite et médiate

[36] Cfr. THOMAS AQUINAS, *Scriptum Super Sententiis*, IV, d. 49, q. 1, a. 1 (*Utrum beatitudo in bonis corporis consistat*), qc. 2; *Summa contra Gentiles*, III, 26 (*Utrum felicitas consistat in actu voluntatis*); *Quaestiones de quodlibet*, quodl.VIII, q. 9, a. 1 (*Utrum beatitudo sanctorum per prius consistat in intellectu quam in affectu, vel e converso*); *Summa theologiae*, Ia IIae, q. 3, a. 4. Cfr. aussi nos développements dans TROTTMANN, *La vision béatifique* cit. (à la note 34), pp. 319-320.

[37] Cfr. GUIRAL OT (GERARDUS ODONIS), *La vision de Dieu aux multiples formes*, éd., tr. et notes par Ch. Trottmann, Paris 2001 (Sic et Non); et encore: CH. TROTTMANN, *Intellect et images dans «La vision de Dieu aux multiples formes» de Guiral Ot*, dans *Intellect et imagination dans la philosophie médiévale. Intellect and Imagination in Medieval Philosophy. Intelecto e imaginação na filosofia medieval*, Actes du XIe Congrès International de Philosophie Médiévale de la Société Internationale pour l'Étude de la Philosophie Médiévale (S.I.E.P.M.) (Porto, 26-31 août 2002), éd. par M. C. Pacheco – J. F. Meirinhos, 3 voll., Turnhout 2006 (Rencontres de Philosophie Médiévale, 11), III, pp. 1875-1886.

Nous n'insistons pas davantage ici sur le fait que chacune de ces visions relève pour le maître franciscain d'une forme différente et qu'il n'est pas question de passer de l'une à l'autre par une simple intensification. Ajoutons qu'il ne considère aucune des visions atteintes ici-bas comme bienheureuse, que celle des âmes séparées demeure selon lui une béatitude imparfaite, tandis que seule celle intervenant après le jugement dernier sera parfaite.

Notons que ce type de réordonnancement des formes de vision de Dieu n'est pas un cas isolé[38]. Celui-là même auquel s'oppose la théorie de Guiral Ot refusant une intensification de la vision béatifique au moment du jugement dernier, Jacques Fournier, devenu Benoît XII, procède lui-même à une telle mise en ordre, mais cette fois hors du contexte de la controverse de la vision béatifique, dans son commentaire sur Matthieu. Ici encore, faute de temps et d'espace, nous renvoyons à un autre article et proposons seulement un tableau synthétique de ses développements sur le sujet. Ils se situent au traité XXXII comportant 13 chapitres consacrés à la béatitude des cœurs purs et que l'on trouve à partir du f. 44 de l'édition de Venise[39]. Benoît XII y envisage deux formes de vision infra-rationnelle: la première est celle de l'œil corporel; ainsi ceux qui croisèrent l'humanité du Christ au temps de sa vie terrestre furent-ils en mesure d'apercevoir sa divinité, mais moyennant la foi, de même pour ceux qui furent gratifiés de théophanies dans l'Ancien Testament. Visionnaires ou prophètes bénéficièrent ainsi d'images permettant de remonter à Dieu qui en était la source. Mais pour accéder à sa divinité, il fallait encore le discernement intellectuel dont seuls jouissaient les prophètes. On se souvient de l'exemple classique

[38] A titre d'exemple, bien avant la controverse de la vision béatifique, Guigues du Pont dans la première partie de son *De contemplatione*, datant des dernière années du XIIIe siècle met en ordre dix types de vision de Dieu culminant avec le rapt et la vision béatifique: cfr. GUIGO DE PONTE (GUIGUES DU PONT), *Traité sur la contemplation*, intr., texte crit., tr. fr. et notes par Ph. Dupont, 2 voll., Salzburg 1985 (Analecta Cartusiana, 72). Cfr. notre *Visions à l'échelle sur quelques tentatives de mise en ordre scalaire les différentes formes de vision de Dieu aux XIIe-XIVe siècle* (Colloque de Wolfenbüttel, 9-12 septembre 2008), à paraître; et déjà: *Mystique, sagesse et théologie: la place de la mystique entre théologie et vision béatifique à la fin du Moyen Age*, in *Les enjeux philosophiques de la mystique* (Colloque du CIPh, Paris, 6-8 avril 2006), éd. D. De Courcelles, Grenoble 2007, pp. 145-184.

[39] Cfr. BENEDICTUS XII PAPA (IACOBUS FOURNIER), *Ennarationes in Matthaeum*, tr. XXXII, Venetiis 1603, Apud Damianum Zenarium, ff. 44^v seqq.

repris à Augustin: Nabuchodonosor bénéficie de la vision imaginative, mais seul Daniel peut joindre à celle des phantasmes, la vision intellectuelle qui lui permettra de les interpréter et d'expliciter la manifestation divine. Ces visions intellectuelles seront alors de trois types: partant des créatures, les philosophes parviendront à découvrir le créateur, théologiens et croyants y parviendront à partir des Écritures, mais seuls les bienheureux jouiront d'une vision intuitive, ce qui donne le tableau suivant:

deux visions infra rationnelles		trois visions intellectuelles		
par l'œil corporel	par l'imagination	à partir des créatures	à partir des Écritures, de la foi	intuitive sans intermédiaire
du Christ en son humanité ou théophanies	visionnaires ou prophètes	philosophes	théologiens et croyants	bienheureux

4. *Conclusion*

Le parcours que nous avons proposé ici demeure grandement lacunaire. Il fait toutefois apparaître une transformation majeure de la quête philosophique de la vie heureuse à sa rencontre avec le christianisme. La parfaite béatitude n'apparaît en effet plus possible que selon la modalité de l'éternité qui n'est atteinte qu'après la mort. L'articulation stoïcienne entre bonheur et vertu semble d'abord aménageable dans le *De beata vita* d'Augustin ou encore dans les *Conférences* d'Abélard. Dans le premier cas il suffit de prolonger la modération vertueuse d'une mesure trinitaire donnant accès par le Verbe et dans l'Esprit à la seule mesure divine de la vérité. Dans le second, il suffit au philosophe de reconnaître une béatitude reçue comme récompense de la vertu après la mort comme supérieure encore à la paix intérieure obtenue en cette vie.

Nous avons même vu qu'une telle conception de la béatitude permettait à Abélard dans une audace éclatante, non seulement d'y reconnaître la liberté de gloire du *De gratia et libero arbitrio* de Bernard, mais encore de faire correspondre sa paix intérieure à la fois au plaisir bien compris des épicuriens mais encore au royaume des cieux promis par le Christ aux bienheureux. Pourtant, là s'arrêtent les convergences. Et le Chrétien des *Conférences* doit affirmer que la suprême béatitude demeure celle de Dieu, que l'homme n'y participe qu'en récompense de sa foi dans la vision béatifique. Celle-ci ne saurait lui être accordée qu'après la mort, voire au jugement dernier. La scolastique universitaire en vient ainsi à préciser le rôle de l'intellect et de la volonté dans l'acte ultime par lequel l'homme rendu bienheureux entre dans la présence définitive, éternelle de son Dieu. Il en découle une réflexion non plus tant sur la vie heureuse en ce monde et son rapport à la vision béatifique dans l'autre que sur les différentes formes de vision de Dieu possibles ici-bas et dans la Patrie céleste. Reste que la valeur éthique du message chrétien pourrait s'y laisser oublier, si toutefois des auteurs médiévaux comme Abélard, mais aussi comme Roger Bacon ou Dante n'étaient là pour nous rappeler que l'articulation entre philosophie et théologie peut être opérée non à partir de la seule métaphysique, mais aussi bien à partir de l'éthique.

MARCO BARTOLI

TRA ESCATOLOGIA E ASTROLOGIA NEL SECOLO XIV: GIOVANNI DA CAPESTRANO

Fra Nicola da Fara, segretario personale di Giovanni da Capestrano, nel prologo della sua *Vita*, redatta con lo scopo di promuoverne la canonizzazione, scriveva attorno al 1462 che «questa nostra fiorentissima età, per la presenza di un tale chiarissimo predicatore di Cristo, può misurarsi con l'antichità in ogni genere di lodi e di gloria»[1].

Si ritrova, in queste parole, la consapevolezza di una generazione cosciente di vivere in un'«età fiorentissima» e di potersi validamente misurare con l'antichità in ogni campo. Si registra qui tutta la distanza dal clima spirituale che era stato proprio degli inizi dell'avventura francescana, quando Bonaventura poteva introdurre la sua *Vita minor* con il celebre esordio: «La grazia di Dio, nostro Salvatore, è apparsa in questi ultimi tempi nel suo servo Francesco»[2], mentre l'autore della *Vita Sanctae Clarae Virginis* ricordava: «A causa della vecchiaia del mondo la fede si era offuscata e i costumi si erano infiacchiti, andava marcendo il fervore del-

[1] Cfr. NICOLAUS DE FARA, *Vita clarissimi viri Fratris Johannis de Capistrano*, prol., in *Acta Sanctorum*, Oct. X, Paris – Roma 1869, [pp. 439-483], p. 440: «(...) ut in hoc uno clarissimo Christi præcone hæc nostra florentissima ætas queat in omni genere laudis et gloriæ cum vetustate contendere»; si cita dalla traduzione italiana di M. Di Loreto, L'Aquila 1988, p. 23; di questa come delle altre opere agiografiche riguardanti Giovanni da Capestrano non ci sono edizioni moderne, per cui si deve sempre far riferimento agli *Acta Sanctorum Octobris*, X, pp. 269-555.

[2] BONAVENTURA DE BALNEOREGIO, *Legenda minor sancti Francisci*, Lectio prima, ed. in *Fontes Franciscani*, a c. di E. Menestò – S. Brufani, Assisi – S. Maria degli Angeli 1995, [pp. 777-961], p. 965: «Apparuit gratia Dei Salvatoris nostri diebus istis novissimis in servo suo Francisco».

10.1484/M.NUTRIX-EB.1.101263

le attività virili, anzi alle scorie dei tempi si accompagnavano anche le scorie dei vizi, quando Dio, che ama gli uomini, dal mistero della sua pietà, suscitò nuovi sacri Ordini, provvedendo attraverso di essi sia al sostegno della fede che alla riforma della disciplina dei costumi»[3].

L'idea di appartenere ad una «fiorentissima età» si associa facilmente con l'esordio del mondo moderno, mentre la consapevolezza di appartenere agli «ultimi tempi» viene più facilmente ricollegata ad un universo simbolico medievale. E in un certo senso non si può negare tutta la distanza non soltanto psicologica, che vi era tra Giovanni da Capestrano e il suo modello ideale di vita, Francesco, vissuto oltre due secoli prima. Eppure non vi è alcun dubbio che Giovanni da Capestrano abbia dedicato molta parte delle sue energie di predicatore e di uomo di Chiesa proprio alla divulgazione del tema della fine dei tempi, mentre non risulta, almeno stando agli scritti che possediamo, che Francesco abbia fatto altrettanto.

Giovanni da Capestrano era considerato un profeta. Le folle dell'Europa centrale lo salutavano come tale. A raccontarlo, tra gli altri, è Enea Silvio Piccolomini, che dice: «Frate Giovanni da Capestrano è un uomo di Dio, i popoli della Germania lo considerano come un profeta. Potrebbe, volendolo, con il solo sollevare un dito fare intorno una grande moltitudine»[4]. Quali attitudini concrete da parte di Giovanni dovettero dar luogo a questa identificazione? «I biografi parlano di diverse predizioni da parte del frate di Castrano, nell'accezione demiotica del termine, cioè a livello di predizione, come la morte del pontefice Eugenio IV e l'elevazione al soglio pontificio di Nicolò V[5], la disfatta del re Aragonese, che non voleva riconoscere l'arbitrato del papa[6], la cadu-

[3] *Legenda Sanctae Clarae Virginis*, *Prologus*, in *Fontes Franciscani* cit., [pp. 2415-2450], p. 2415: «Quasi veterani mundi senecta urgente fidei caligabat visus, morum nutabat gressus, marcebat virilium operum fortitudo: quin immo faeces temporum, faeces comitabantur etiam vitiorum; cum amator hominum Deus, ex suae pietatis arcano sacrorum Ordinum suscitans novitatem, providit per eos et fidei fulcimentum, et reformandis moribus disciplinam».

[4] Aeneas Sylvius Piccolomineus, *Epistola Domino Cardinali Firmiano*, in *Annales Minorum*, ed. L. Wadding, XII, Quaracchi 1932, p. 308 (n. 266): «Frater Johannes de Capistrano homo Dei est; populi Germaniae quasi propheta eum habent; posset, cum vellet, elevato digito, magnam turbam facere».

[5] Cfr. Nicolaus de Fara, *Vita clarissimi viri Fratris Johannis de Capistrano* cit., p. 460.

[6] Cfr. *ibid.*, pp. 459-460.

ta di Breslavia, se non sarà concorde nelle manifestazioni di fede e nell'accettazione delle disposizioni ecclesiastiche, nelle mani di un capitano e di un vescovo della Boemia, e infine, l'assoggettamento ad un re boemo. Infatti Enrico di Rosenberg divenne capitano della Moravia, il fratello Jodok vescovo di Breslavia e re di Boemia divenne Giorgio di Podebrad»[7].

Giovanni assunse consapevolmente questo ruolo profetico. L'episodio più conosciuto è il momento più drammatico della battaglia di Belgrado, quando, come racconta Nicola da Fara, Giovanni Hunyadi, comandante delle truppe cristiane, consigliò a Giovanni una strategica ritirata:

> Al tempo in cui Belgrado, come si è narrato, era occupata dalla potentissima mano dei turchi, e lì si trovava tra gli assediati anche il nostro servo di Dio, egli fu esortato dal potentissimo comandante dei Cristiani, che combatteva la flotta turca sull'altra riva del Danubio, a ritirarsi, lasciando Belgrado, a suo parere già completamente perduta e di mettersi al sicuro. Il comandante reputava infatti che più miti sarebbero state le vendette del nemico, se lui fosse stato assente, anziché presente (...). Ma al comandante il Capestranese rispose: «Pregheremo il nostro Dio, affinché, su ciò che chiedi, manifesti la sua volontà». Benché pregasse più fervorosamente, non riusciva a capire, da un qualsiasi segno, che cosa fosse più gradito a Dio, se il rimanere o abbandonare il campo; finalmente, durante la celebrazione della santa messa, apparve dinanzi agli occhi una freccia discesa dal cielo, segnata a caratteri d'oro, e circoscritta con queste parole: «Esto constans Johannes», ossia «Sii forte, Giovanni!». Rianimato da tale visione e, dando l'interpretazione che già era preparato un trionfo sul nemico, rimase fermo ed intrepido al suo posto, esortando tutti gli altri»[8].

[7] F. D'Elia, *Profetismo ed escatologia in s. Giovanni da Capestrano*, in *San Giovanni da Capestrano nella Chiesa e nella società del suo tempo*, L'Aquila 1989, p. 223.

[8] Nicolaus de Fara, *Vita clarissimi viri Fratris Johannis de Capistrano* cit., p. 453: «Nam tempore quo Belgradum, modo præmisso Turcarum potentissima manu obsidebatur, ubi et ipse Dei famulus erat obsessus, commonefactus est ab illo fortissimo Christianorum [duce] in ripa ultra Danubium adversus Turcarum classem pugnante, ut, relicto Belgrado, de quo quasi iam actum esse omnino credebat, apud se tutum rediret, eo quod arbitrabatur, hostium sævitiam remissiorem fieri debere eo absente, quam præsente (...). Cui divinus Joannes talia verba respondit: Rogabimus Omnipotentem Deum, ut suam, de hoc, quod a nobis petis, patefaciat voluntatem. Cumque sæpius orasset, et nec ex motu mentis, nec exte-

Ma cosa significava essere considerati e sentirsi un profeta nel mezzo di una generazione che aveva la consapevolezza di vivere in una «fiorentissima età»? Possiamo almeno in parte rispondere a questa domanda grazie ad una eccezionale circostanza storiografica: la conservazione, presso il convento di Capestrano, della quasi totalità dei codici appartenuti al predicatore abruzzese. Infatti, il 21 ottobre 1456 Giovanni da Capestrano, ormai sul letto di morte, dettava una lettera contenente le sue ultime volontà, nella quale stabiliva che le «robe» ed i libri suoi venissero riportati al suo patrio convento. Due giorni dopo la colonna dell'Osservanza francescana, l'eroe della battaglia di Belgrado, moriva. Le sue ultime volontà vennero subito rispettate. Il 3 dicembre dell'anno stesso il P. Stefano di Warsan, vicario provinciale dell'Ungheria, redasse un regolare inventario delle «robe» di Giovanni, ormai già considerate reliquie, e consegnò il tutto a frate Giovanni da Tagliacozzo, incaricato della bisogna. Questo inventario, tuttora esistente nel reliquiario capestranense, registra, tra le altre cose: un pezzo di camicia; un bastone, un mantello e un abito; un dito di Giovanni; il berretto di san Bernardino (forse quello che si trova ora in S. Giuliano); una lanterna con scatola di legno; un orologio a polvere; lana tinta nel sangue di S. Bernardino (ora in S. Giuliano di Aquila); vari panni di lana; un velo di panno di lana tinta di sangue; una tavola della Vergine con reliquie di molti santi; un calice d'argento, di cui è rimasto il solo astuccio; una pianeta nera e un calice; molte bolle e brevi apostolici in pergamena; lettere e diplomi a lui diretti; 82 codici manoscritti contenenti i libri di normale consultazione del predicatore, tra cui la sua preziosa bibbia, ed i testi che lui stesso aveva redatto[9]. Tutte le biblioteche ecclesiastiche europee hanno conosciuto le espropriazioni di diversi governi a partire dal secolo XVIII. Anche a Capestrano gli ufficiali dello stato hanno più volte tentato di espropriare i codi-

riori aliquo signo intelligere valeret, quid Deo gratius acceptiusve esset, stare vel abire: tandem cum divina in sacra mensa offerret, sagitta cœlo delapsa in medio aræ ante oculos servi altissimi apparet his aureis verbis insignita et circumscripta: 'Esto constans, Joannes'. Qua divina visione, et præceptione confortatus, intelligens de hoste jam de proximo paratum esse triumphum, firmus postea et intrepidus cæteros exhortando permansit».

[9] L'elenco di fra Stefano è edito in A. CHIAPPINI, *Reliquie letterarie capestranesi. Storia – codici – carte – documenti*, L'Aquila 1927, pp. 285-291; cfr. anche ID., S. *Giovanni da Capestrano e il suo convento*, L'Aquila 1925, pp. 207-208.

ci che erano appartenuti a Giovanni. I codici in uso personale del Santo, riportati da fra Giovanni da Tagliacozzo, non vennero mai toccati, perché furono sempre venerati come reliquie dagli abitanti del paese, che perciò li protessero, sottraendoli, però anche all'attenzione degli studiosi. Da qualche anno a questa parte ci si è sempre più resi conto dell'interesse del fondo manoscritto conservato a Capestrano, che può essere utilmente studiato come esempio di una biblioteca privata appartenuta ad un intellettuale ed un uomo pubblico del secolo XV[10]. Ci si può chiedere in questo senso come Giovanni scegliesse e si procurasse i codici che andavano formando la sua biblioteca, e poi come li usasse, come li leggesse, li annotasse, li utilizzasse. Ma questo è solo un lato della questione, perché il fondo manoscritti di Capestrano rappresenta anche un interessante caso di *scriptorium* conservato e, per così dire, congelato, così come si trovava, in piena attività, al momento in cui la morte colse improvvisamente Giovanni. Molti dei codici infatti appaiono incompiuti, mentre altri sono evidentemente delle copie di lavoro sulle quali si contano numerose note marginali, anche di mano dell'autore.

Per rispondere dunque alla domanda su cosa significasse essere considerati un profeta nel pieno secolo XV, si possono esaminare in particolare due codici della Biblioteca di Capestrano, il IV ed il V, che sono l'uno copia dell'altro e che contengono una serie di scritti variamente dedicati a temi *de novissimis*, cui Giovanni stesso ha dato il titolo unitario di *Tractatus de futuro universali iudicio*. La data di redazione di questo testo si può collocare tra il 1437 e il 1441[11].

[10] Un caso che presenta qualche analogia con Giovanni da Capestrano è quello di Giacomo della Marca e il suo rapporto con la biblioteca del convento di Monteprandone: cfr. G. PAGNANI, *Vicende della libreria di San Giacomo della Marca*, in «Picenum Seraphicum», 8 (1971), pp. 7-12; A. GATTUCCI, *Frate Giacomo della marca bibliofilo e un episodio librario del 1450*, in *Miscellanea Augusto Campana*, 2 voll., Padova 1981 (Medioevo e Umanesimo, 44-45), I, pp. 312-354.

[11] Per la datazione del *De universali futuro iudicio*, si esprimeva così J. HOFER, J. *Kapistran. Ein Leben im Kampum die Reform der Kirche*, Roma – Heidelberg 1964-1965^2 (Bibliotheca franciscana, 1); tr. it., L'Aquila 1955, pp. 241-242: «Sembra che il tempo più fecondo della sua produzione letteraria cada negli anni della sua attività nelle città del Nord-Italia, le cui numerose popolazioni superavano largamente non solo per benessere, ma soprattutto per operosità intellettuale, le contrade dell'Italia centrale e meridionale. Quindi egli scriveva in questi anni, e più precisamente tra il 1437 e il 1441, l'ampio trattato sul 'Giudizio universale', nel quale raccoglie un copioso materiale di contenuto escatologico. Anche a riguardo di questo trattato osserva che la sua materia gli sarebbe

Sono questi gli anni di maggiore produzione letteraria da parte del capestranense[12].

Si tratta di un materiale praticamente inedito, dato che vi è una sola edizione cinquecentesca di non facile reperibilità. Il trattato è stato infatti pubblicato da Antonio Amici, nel 1578, a Venezia, con il titolo *De Iudicio Universali Futuro et Antichristo ac de Bello Spirituali*. La pubblicazione è costituita da 208 pagine, di cui le prime 20 riportano il trattato sul giudizio universale, dalla 20 alla 95 quello sull'anticristo e, dalla 96 alla 208, quello sulla battaglia spirituale. Come giustamente aveva colto l'editore cinquecentesco, Giovanni da Capestrano ha raccolto in questi codici almeno tre opere che possono essere considerate anche autonomamente: il *De universali futuro iudicio*, il *De Anticristo* e il *De bello spirituali*[13]. Già il Chiappini però aveva notato nel 1927, che «le diverse parti di quest'opera, l'apocalisse compresa, vanno prese come sezioni di un solo trattato, indicato del resto anche dal titolo unico postovi in fronte da principio»[14]. Quel che ora, dopo i lavori intercorsi in questi ultimi anni, è possibile chiarificare è il modo in cui i diversi testi di Giovanni e le opere altrui da lui qui inserite compongano un unico disegno, che può dirsi l'opera originale del francescano.

sufficiente per quattro cicli di prediche quaresimali. In particolare tratta dei segni della fine del mondo, dell'Anticristo e della lotta spirituale. Vi è inserito il suo Commento all'Apocalisse, due scritti del Maestro Giovampaolo di Fondi sulla fine del mondo, apparsi proprio allora, ed alcuni estratti di celebri profezie sullo stesso argomento. Il grande interesse che egli attribuiva a questo argomento si manifesta chiaramente dalle prediche da lui tenute posteriormente in territorio tedesco. Con predilezione espone i quindici segni della fine del mondo, che S. Girolamo aveva raccolto da scritti ebraici. Veramente Giovanni si mostra persuaso della prossima fine del mondo, ma si guarda dal fare profezie allarmistiche alla maniera di Manfredi da Vercelli: all'occasione ne fa piuttosto rilevare la completa incertezza».

[12] Cfr. *ibid.*, p. 241: «Per il resto della sua vita [Giovanni] non troverà più come fino allora la quiete e l'agio indispensabili per scritti di maggiore ampiezza. Del resto egli non si decise mai a comporre di proposito opere dottrinali (...), il numero maggiore dei suoi scritti venne formandosi dalla sua prassi pastorale, e ad essa è destinato. Molti dei suoi trattati non sono altro che materiale raccolto per cicli di predicazione».

[13] Cfr. A. CHIAPPINI, *La produzione letteraria di S. Giovanni da Capestrano. Trattati – lettere – sermoni*, Gubbio 1927, p. 49.

[14] *Ibid.*, p. 51.

Per comprendere la composizione del testo, occorre analizzarne la struttura. I testi di Giovanni, come si è detto, sono tre: il *De universali futuro iudicio*, il *De Anticristo* e il *De bello spirituali*, cui si aggiungono una *Postilla super Apocalipsim* di Ugo di Saint-Cher ed altri testi apocalittici variamente citati. Il tutto però non è semplicemente una raccolta di materiale diverso senza un ordine preciso. Al contrario, Giovanni ha fortemente strutturato il suo lavoro.

I tre trattati sono pensati come cerchi concentrici: in quello più esterno vi è il *De universali futuro iudicio*, che pertanto dà il titolo a tutto il volume, poi vi è il trattato *De Anticristo* ed infine il *De bello spirituali*. Il *De universali futuro iudicio* si divide in tre parti: *Primum est quid precedet futurum iudicium*; *secundum est quid accedet in ipso futuro iudicio*; *tertium est quid succedet post ipsum iudicium*. Ognuna di queste parti si suddivide a sua volta; ma a metà della prima parte, quando cioè sta ancora parlando di ciò che accade prima del giudizio finale, Giovanni apre una lunga parentesi, che altro non è che il trattato *De Antichristo*, che quindi costituisce, per così dire un circuito più interno nel disegno generale dell'opera. Il *De Antichristo* a sua volta si divide in tre parti, in cui si tratta di *apparitio*, *conditio* e *destructio* dello stesso Anticristo. Questa volta è la terza parte del trattato ad interrompersi bruscamente, con una nota che introduce il testo del terzo trattato, dicendo: «Nunc de quibusdam tribulationibus modis temptationibus que illis temporibus maxime prevalebunt, circa quarum tractatum sit, qui de bello spirituali poterit appellari»[15]. In altre parole, dovendo parlare della *destructio* dell'Anticristo e della lotta finale contro le tentazioni del male, Giovanni inserisce direttamente il trattato *De bello spirituale*. Questa scelta appare piuttosto significativa, dato che sposta il discorso dal piano cosmico a quello propriamente personale, quasi a significare che, per Giovanni, la battaglia decisiva della storia si gioca nella più intima decisione di ogni uomo.

Quale uso Giovanni intendeva fare del materiale da lui fatto trascrivere nei codici? Certamente quello omiletico. Sappiamo infatti con certezza che praticamente in ogni ciclo di predicazione (e soprattutto nel corso dei quaresimali) Giovanni dedicava una parte consistente a questi temi. È per questa ragione, molto probabilmente, che, accanto ai tre trattati da lui composti *ex novo*,

[15] Ms. Capestrano, Biblioteca del Convento di San Giovanni, 4, f. 96^r.

Giovanni abbia fatto trascrivere (per la più parte in forma abbreviata) altre opere di cui non era l'autore, ma che gli sarebbero potute tornare utili in vista delle predicazioni. Alcune di queste opere di diverso autore appaiono, per così dire, obbligate, come quella di una *Postilla super Apocalipsim* che in uno dei due codici una mano diversa da quella del copista (forse quella dello stesso Giovanni da Capestrano?) attribuisce a Ugo di Digne, ma che va identificata con quella di Ugo di Saint-Cher. È evidente l'interesse di trascrivere un'opera del genere in un codice che doveva fungere da manuale su temi apocalittici. Così pure non stupisce la presenza una silloge di profezie di Telesforo da Cosenza seguite da vaticini attribuiti a Tommaso d'Aquino, Gioacchino da Fiore, Merlino, Cirillo, Brigida di Svezia, Daniele, Giovanni da Rupescissa, Francesco d'Assisi.

Tutte queste letture farebbero collocare Giovanni nella scia della tradizionale cultura apocalittica dei secoli precedenti. In alcuni casi però il predicatore francescano non si limita a citare, ma introduce dei testi per confutarne le tesi, ed è proprio in questi casi che si rivela tutta la novità del pensiero escatologico del capestranese. Si fa allusione qui ad un'esplicita polemica che l'autore fa con Vincenzo Ferrer[16].

Oggetto di questa polemica è una famosissima lettera che il predicatore domenicano aveva inviato a Benedetto XIII, nella quale si affermava come sicura l'avvenuta nascita dell'Anticristo[17]. È a partire da una visione, da lui avuta ad Alcañiz il 3 ottobre 1398, che Vincenzo Ferrer si dice convinto dell'imminenza della fine. Malato e persuaso di essere vicino alla morte, avrebbe

[16] Le pagine di Giovanni da Capestrano sulla lettera di Vincenzo Ferrer, trascritte dal Ms. Capestrano, Biblioteca del Convento di San Giovanni, 5, e collazionate con le edizioni Sessa (*Opera omnia Sancti Ioannis a Capistrano*, redatta da P. Antonio Sessa da Palermo, Palermo 1700; repr. L'Aquila 1985) ed. A. Amici, *De Judicio universali futuro... B. Joannis a Capistrano*, Venetiis 1578, apud Petrum Dehuchinum), sono riprodotte in M. BARTOLI, *San Giovanni e le attese escatologiche del suo tempo*, in *Ideali di perfezione ed esperienze di riforma in S. Giovanni da Capestrano*, Atti del IV Convegno storico internazionale (Capestrano, 1-2 dicembre 2001), Capestrano 2002, pp. 103-115.

[17] Cfr. S. BRETTLE, *San Vicente Ferrer und sein litterarischer Nachlass*, Münster in Westf. 1924, p. 46 (sulla visione) e p. 171 (per la lettera a Benedetto XIII). Per l'edizione della lettera, si veda anche: *Epistola Fratris Vincentii de tempore Antichristi et fine mundi*, ed. in H. D. FAGES, *Notes et Documents de l'Histoire de Sant Vincent Ferrier*, Louvain – Paris 1905, pp. 212-224.

visto allora il Cristo Vendicatore, nell'atto di brandire tre frecce, pronto a colpire il mondo peccatore. Dopo di allora questa immagine non lo avrebbe più abbandonato: per tutto il resto della vita sentirà il compito impellente di far conoscere a tutti gli uomini la necessità urgente di fare penitenza. Nella lettera al papa, Vincenzo si mostra persuaso che, nel momento in cui scriveva, cioè nel 1402 o 1403, l'Anticristo fosse già nato e che dunque la fine del mondo fosse vicina, molto vicina.

Giovanni riassume correttamente nel suo testo le quattro conclusioni di Vincenzo Ferrer riguardo alla nascita dell'Anticristo e alla prossima fine del mondo. La prima di queste conclusioni era che il tempo dell'Anticristo coincide cronologicamente con la fine del mondo[18]. La seconda era che il tempo della venuta dell'Anticristo è stato nascosto agli uomini, secondo la parola di Gesù ai discepoli: «non sta a voi conoscere i tempi e i momenti» (*Ac* 1, 7), ma le ragioni di questa ignoranza restano valide solo fino al momento della nascita dell'Anticristo perché, dopo la sua nascita, al contrario, è bene che alcuni uomini spirituali preveggenti possano invitare i fedeli a prepararsi alla lotta[19]. Nella terza conclusione egli dava conto delle attese della fine che avevano caratterizzato il secolo precedente, stando alle quali la fine del mondo avrebbe dovuto già compiersi da oltre cento anni[20]. Nella quarta conclusione infine Vincenzo esaminava gli annunci e le rivelazioni a lui più prossimi: secondo una di queste visioni la Vergine avrebbe ottenuto dal Signore una dilazione al fine di permettere attraverso i due nuovi ordini, dei Predicatori e dei Minori, la conversione e la riunificazione dei cristiani e la predicazione del Vangelo fino agli estremi confini della terra[21]. È in questa lettera

[18] Cfr. VINCENTIUS FERRARII, *Epistola de tempore Antichristi et fine mundi*, ed. Fages cit., p. 213: «Prima conclusio est quod tempus Anticristi et finis mundi in eodem coincidunt temporaliter. Ratio est, propter brevitatem temporis durationis mundi post mortem Anticristi».

[19] Cfr. *ibid.*, p. 215: «Secunda conclusio est, quod ante nativitatem Antichristi illud tempus fuit omnibus absconditum generaliter (...), tamen expediens et necessarium erat, ut homines, post nativitatem Antichristi scirent illud tempus, ad se premuniendum et praeparandum (...)».

[20] Cfr. *ibid.*, p. 217: «Tertia conclusio est quod quasi centum anni sunt transacti, quod Antichristus debebat venire, et mundus iste finiri veraciter».

[21] Cfr. *ibid.*, p. 220: «Quoniam ex illa revelatione manifeste habetur quod duratio huius mindi tota stat modo in quadam prorogatione conditionali obtenta per beatam Virginem, sub spe correctionis et conversionis huius mundi per dic-

che Vincenzo usa la formula «tempus Antichristi et finis mundi erunt cito, et bene cito ac valde breviter». È chiaro che qui si fa riferimento al penultimo versetto dell'Apocalisse: «dicit qui testimonium perhibet istorum: 'Etiam venio cito'» (*Ap* 22, 20), ma l'Apocalisse diceva soltanto «cito», Vincenzo invece aggiunge «bene cito ac valde breviter», rafforzativi che non lasciano dubbi circa la sua idea dell'imminenza della fine. In sostanza, come ha ricordato Roberto Rusconi, «malgrado le sottili distinzioni, tipiche della prudenza del teologo, emerge da questa epistola diretta a Benedetto XIII la assoluta convinzione del Ferrer che effettivamente l'Anticristo sia già nato, nel 1402 o nel 1403, che la sua persecuzione sia imminente e che dopo di essa subentrerà quasi subito la fine del mondo»[22].

Giovanni riprende con precisione queste conclusioni di Vincenzo, mostrando così il suo interesse per questi temi, ma poi esprime le sue riserve sulle conclusioni del domenicano: «Sed quia ex Daniel littera vel scriptura non est evidens quando haec erunt, ideo de tempore finali adventus Christi nihil est nobis certum»[23]. La pretesa di Vincenzo di stabilire con sicurezza che la nascita dell'Anticristo fosse già avvenuta è vista con sufficienza dal Capestranese, il quale però, bisogna ricordarlo, scrive dopo il 1437, cioè diverso tempo dopo quel 1402 che avrebbe dovuto rappresentare l'anno di nascita dell'Anticristo secondo Vincenzo. Era facile allora pensare che Vincenzo si fosse sbagliato perché l'Anticristo avrebbe dovuto già manifestarsi apertamente e questo non era avvenuto.

In realtà alla determinazione della distanza tra Vincenzo e Giovanni non è certo estranea l'evoluzione degli avvenimenti storico-politici. Nel 1423 lo scisma all'interno della Chiesa si era ormai avviato alla sua soluzione con il Concilio di Costanza e l'elezione di papa Martino V[24]. Si erano così allentate le fortissime

tos Ordines Sanctorum Dominici et Francisci, dicente Christo ad ipsam Virginem Matrem suam sententialiter: 'Nisi per istos Ordines mundus fuerit conversus, et correctus, amodo non parcam'».

[22] R. Rusconi, *L'attesa della fine. Crisi della società, profezia ed Apocalisse in Italia al tempo del grande scisma d'Occidente (1378-1417)*, Roma 1979, p. 227.

[23] Iohannes de Capistrano, *De Iudicio Universali Futuro et Antichristo ac de Bello Spirituali, Confutatio*, ed. Bartoli cit. (alla nota 16), p. 113.

[24] Cfr. M. Fois, *I concili del secolo* XV, in *Problemi di storia della Chiesa. Il medioevo dei secoli* XII-XV, Milano 1976, pp. 162-214.

tensioni che avevano lacerato non solo la Chiesa, ma tutto il corpo sociale. La gente cominciava probabilmente a intravedere una possibilità di futuro e, proprio per questo, non si limitava a chiedere ai predicatori quando verrà la fine, ma presentava una domanda di senso della vita. In risposta a tale domanda, la predicazione osservante non sembra più finalizzata solo alla preparazione alla vita eterna, ma, molto di più, preoccupata di insegnare un modo esigente e al tempo stesso accessibile di essere cristiani in questo mondo.

L'impossibilità di una certa determinazione del giorno e dell'ora della nascita dell'Anticristo non impedisce in ogni caso a Giovanni di credere legittima ogni congettura sulla probabilità di calcolare almeno il millennio ed anche il secolo in cui aspettare la sua venuta. «Notandum tamen quod non negat Dominus praecognitionem centerarii annorum, vel huiusmodi secundum probabilitatem vel coniecturam, sed solum secundum certitudinis comprehensionem»[25].

Nelle sue conclusioni Giovanni da Capestrano esprime tutta la distanza che lo separa ormai dall'escatologia medievale: «Scripta vero Ildegardis, Ioachin Abbatis, Methodii, Sibillae et aliorum quorumcunque similium, quoad ea quae testante Evangelica veritate Christus Apostolis, scilicet etceteris fidelibus noluit revelare, certitudinem nullam asserunt»[26]. Egli è filologicamente diffidente (in quanto figlio di una cultura ormai umanistica) verso tanti libri di vaticini variamente attribuiti: «Quandoque enim homines increduli vel libros Sanctorum corrumpunt, vel eis apponunt, vel eorum titulo ascribunt»[27]. Ed infatti conclude dicendo: «Perciò non crediamo che vi posssa essere alcuna certa determinazione del tempo dell'Anticristo o della fine del mondo, né attraverso rivelazioni, né attraverso l'indagine della Sacra Scrittura, né attraverso altre argomentazioni, soprattutto per quanto riguarda la possibilità di stabilire l'anno, il giorno e l'ora»[28].

[25] IOHANNES DE CAPISTRANO, *ibid.*, ed. Bartoli, p. 114.

[26] *Ibid.*, p. 115. Per un confronto con la tradizione escatologica medievale, anche francescana, resta fondamentale R. MANSELLI, *La* Lectura super Apocalipsim *di Pietro di Giovanni Olivi. Ricerche sull'escatologismo medievale*, Roma 1955 (Studi storici dell'Istituto Storico Italiano per il Medioevo, 19-21).

[27] IOHANNES DE CAPISTRANO, *ibidem*.

[28] *Ibidem*: «Non ergo credimus aliquam esse certam determinationem tempo-

Eppure Giovanni continua a credere che tale giorno sia vicino, dato che aggiunge: «Secondo umane congetture si può però ritenere (anche se non lo si può affermare con certezza) che il corso di questo mondo si deve verosimilmente concludere entro il presente millennio e, come ritengono alcuni a partire dalla profezia di Metodio, le affermazioni di Agostino e molte altre congetture, entro il presente secolo»[29]. E qui, riguardo alle *humanae coniecturae* che porterebbero comunque a ritenere prossima la fine, sia pure sulla base di argomenti che non sono più scritturistici, appare rilevante la scelta di Giovanni di inserire nel suo codice *de novissimis* due opere di un astrologo, tra i più importanti del suo tempo: Giovanni Paolo da Fondi, docente di astrologia e poi di astronomia dal 1431 al 1473 all'università di Bologna. La cattedra di astrologia e filosofia era stata introdotta in quell'università solo nel 1407, quando era stata affidata a Stefano da Faenza; a costui era succeduto, nel 1424, Antonio di Anversa. Il nostro Giovanni Paolo da Fondi era quindi il terzo professore nella storia della cattedra di astrologia a Bologna. È interessante notare come il titolo della cattedra muti con facilità dall'Astrologia all'Astronomia tra gli anni '30 e '40, per poi assestarsi senz'altro su Astronomia a partire dal 1444, cioè proprio negli anni in cui assicurava l'insegnamento il da Fondi. In ogni caso Giovanni Paolo fu un personaggio eminente della sua università, dato che nell'anno 1432/33 copriva anche l'insegnamento di Logica e che egli resse nel 1437, in qualità di Rettore, il Collegio Gregoriano[30].

ris Antichristi et finis mundi, nec per revelationem, nec per Sacrae Scripturae inspectionem, nec per argumentaptionem, praecipue quo ad annum, diem, vel horam».

[29] *Ibidem*: «Quamvis secundum humanas coniecturas possit probabiliter extimari (tamen sine assertione quacunque) huius mundi cursum infra praesentem millesimum, et ut aliqui opinantur, infra praesentem centenarium, propter Methodij prophetiam et Augustini opinionem, et multas alias coniecturas, debere verisimiliter consumari».

[30] Cfr. ms. Bologna, Biblioteca universitaria 2, ff. 1^r-10^r: «Iohannis Pauli de Fundis Tacuinus astronomico-medicus (...) datum Bononiae die septima febr. 1435 per doctorem artium Iohannem Paulum de Fundis actu legentem in astronomia et in medicina nostris studentibus et necton inclite et excelse com[mun]itatis Bononiin. Astrologum benemeritum». Per un quadro dell'università bolognese nel Quattrocento si veda C. PIANA, *Ricerche sulle Università di Bologna e di Parma nel sec.* XV, Quaracchi (Firenze) 1963, con relativa bibliografia. Per una presentazione dei rapporti tra Giovanni Paolo da Fondi e Giovanni da Capestrano, si veda F. CANACCINI, *Giovanni da Capestrano legge di astronomia. La*

Le due opere trascritte da Giovanni nel suo codice sono una *Questio de duratione mundi* e un *Tractatus astrologicus*; oltre a queste sappiamo che compose altre due opere: *La nuova teoria dei pianeti* e *La nuova sfera*.

Il *tractatus astrologicus* è in realtà un *pronosticum* relativo all'anno 1437, come tante altre opere dello stesso genere che apparvero in quegli anni[31], e d'altra parte, come è stato notato da Anthony Grafton, «il formulare sintetiche predizioni per l'anno a venire faceva parte dei compiti assegnati ai professori di Bologna e in altri luoghi»[32]. La *Quaestio de duratione mundi*, di cui ha curato l'edizione critica Federico Canaccini, al quale debbo anche molte delle osservazioni che seguiranno, è invece un tipico esempio di letteratura profetica e astrologica insieme[33]. Il punto di partenza è squisitamente filosofico: ci si chiede se l'eternità dei moti stellari implichi o meno la durata eterna del mondo. Le ragioni a favore discendono dall'eterno e naturale istinto degli astri stessi a governare il mondo. Se eterno è questo principio ordinatore, eterna dovrà essere anche la materia da ordinare. Secondo questo punto di vista l'uomo, la più nobile tra le creature, beneficerà di questa cura e di questa durata eterna. Le opinioni *in contrarium* vogliono invece superare questo determinismo astrale, affermando che la *perpetuitas* appartiene solo ai *superiores corpora et motus* (e qui, non a caso, Giovanni Paolo cita Aristotele); bisogna pertanto escludere da questa idea di *perpetuitas* l'*aetas praesentis mundi*, per la corruttibilità degli elementi inferiori, su cui nulla possono gli astri. A meno che non si trovino sotto *coniunctiones maximae*, in ogni caso l'influsso degli astri si presenterà come necessario per la ricom-

Quaestio de duratione mundi *di Giovanni Paolo da Fondi nei codici di Capestrano*, in «Franciscana», VIII (2006), pp. 293-315.

[31] Cfr. A. Grafton, *Cardano's Cosmos: The Three Worlds of a Renaissance Magician*, Cambridge 1999; tr. it., *Il signore del tempo. I mondi e le opere di un astrologo del Rinascimento*, Roma – Bari 2002, p. 52: «Il pronostico, o *pratica* (...) non era un genere nuovo. Fin dal XII secolo, quando in Occidente iniziarono a diffondersi i testi e metodi della scienza islamica, l'astrologia era stata largamente praticata. (...) Alla metà del Trecento, con l'approssimarsi della minacciosa congiunzione planetaria attesa per il 14 marzo 1345, pensatori sia ebrei che cristiani predissero guerre terribili e scoppio di epidemie».

[32] *Ibidem*.

[33] Iohannis Pauli de Fundis, *Quaestio de duratione mundi*, ed. crit. di F. Canaccini, in «Franciscana», VIII (2006), pp. 316-331.

posizione del pianeta, per la *rigeneratio mundi*, coincidente con la nuova età, successiva al Giudizio Universale.

Si entra così nel cuore della *quaestio*: la determinazione del tempo che ancora bisogna aspettare prima della fine del mondo. Giovanni Paolo presenta le opinioni di *quidam in hac arte peritissimi* che hanno calcolato come dalla creazione di Adamo sino alla fine, quando cesserà il dominio della Vergine in Mercurio, debbano trascorrere in tutto 7000 anni. Sulla base dei calcoli forniti da Orosio ed Agostino, Giovanni Paolo da Fondi calcola che siano trascorsi 4484 anni dalla creazione alla fondazione di Roma. A questi aggiunge anzitutto 715 anni per giungere alla nascita di Cristo, e poi altri 1434 anni, che rappresentano, evidentemente, la data in cui egli compone la sua *quaestio*. 4484 più 715 più 1434 fa 6633, il che vuol dire che, secondo i calcoli da lui citati, alla fine del mondo, prevista a 7000 anni dalla creazione di Adamo, ne mancavano ancora 367[34].

La fine del mondo è percepita dunque come relativamente vicina, ma certamente non prossima. Citando Albumasar, Giovanni Paolo da Fondi mostra come nel 1801, cioè nell'anno previsto per la fine, vi saranno *multae coniunctiones*, la prima delle quali sarà di Giove con Saturno, sotto il segno dello Scorpione. Ma il primo segno della futura apocalisse sarebbe stato l'attraversamento del mare da parte di un *imperator* (...) *cum exercitu magno*. La *quaestio* è stata scritta nel 1434, cioè circa vent'anni prima della conquista di Costantinopoli da parte di Maometto II, ma questa profezia relativa ad un imperatore che si apprestava ad invadere la cristianità non può non aver colpito Giovanni da Capestrano, il quale, proprio in reazione alla avanzata dell'esercito turco dopo il

[34] Cfr. IOHANNES PAULUS DE FUNDIS, *Quaestio de duratione mundi*, ed. cit. (alla nota prec.), p. 323,158-160 e 171-182: «Et hec totalis etas secundum eos a principio scilicet a primo homine usque ad finem solum erit duratura septem milibus annorum solis. (...) Et quod nos simus circa finem huius etatis patet per ea que legi in cronicis Romanorum. Nam Orosius scribens ad beatum Augustinum de mundi cratione usque ad urbem conditam dixit fuisse annos quatuormilia quatercentos et octoginta quatuor. Et ab urbe condita usque ad nativitatem Christi fuerunt anni septigenti et quindecim. Unde istis collectis ab origine mundi usque ad adventum Christi fuerunt anni quinquemilia centum nonaginta novem. Et istis addendo annos Christi qui sunt mille quatercenti et triginta septem constituunt in toto annos sex milia sex centa triginta septem annos. Et sic ut compleantur septem milia annorum deficiunt anni trecenti et sexaginta quatuor qui anni erunt adhuc durationis huius presentis etatis mundi».

1453, organizzò la crociata e la difesa militare dell'ultimo baluardo cristiano, il castello di Belgrado.

Giovanni Paolo aderisce alla teoria della relazione tra le congiunzioni astrali e l'apparizione delle diverse religioni nel mondo. In base a tale teoria il tempo veniva ripartito in sei età, relative ciascuna ad una diversa fede: la vicinanza dei diversi pianeti dava origine a diversi culti. Ad esempio, l'accostamento del Sole con Giove, avrebbe originato il culto di Ra, caro agli Egizi. L'era di Mercurio avrebbe coinciso con quella della fede cristiana, turbata infine dalla congiunzione con la Luna che avrebbe così permesso l'avvento dell'Anticristo.

Forse Giovanni da Capestrano trovava qui qualche consonanza con le periodizzazioni, di velata ascendenza gioachimita, con cui aveva, qualche pagina prima, introdotto la *postilla super Apocalipsim*. D'altra parte non si possono che condividere le osservazioni di Eugenio Garin, il quale più di cinquant'anni fa scriveva: «Gli storici si stupiscono che un pio Francescano come frate Ruggiero Bacone, o un cardinale di santa romana chiesa come Pietro d'Ailly, o un domenicano fondamentalmente ortodosso come frate Tommaso Campanella, abbiano ammesso l'empia dottrina dell'oroscopo delle religioni, abbiano cioè creduto che il mutare dei culti sulla terra e la venuta dei profeti, si determinino secondo le grandi congiunzioni, ossia secondo gli incontri dei pianeti superiori al sole. Ma perché mai quel padre che sta nei cieli non poteva orientare le forze di natura in modo che significassero la nascita di quel Figlio, che pure fu annunziato da una stella ai magi dell'oriente? La natura, così per l'astrologo come per il mago, è tutta unita e cospira con l'uomo, il quale scrutandone l'anima profonda può utilmente persuaderla con preghiere e incantesimi»[35].

Giovanni Paolo da Fondi arrivava ad applicare la teoria dell'oroscopo allo stesso Anticristo. Per lui l'Anticristo sarebbe stato in tutto il contrario del Cristo. Se dunque Cristo è nato sotto i migliori auspici, l'allineamento più felice che mai vi fosse stato nel cielo, l'Anticristo nascerà *in deteriori constellationi qui reperi poterit*. A differenza di quanto altri avevano ipotizzato, identificando l'Anticristo in un gruppo, in un'istituzione, il da Fondi lascia in-

[35] EUGENIO GARIN, *Medioevo e rinascimento. Studi e ricerche*, Bari 1954, p. 163.

tendere che l'Anticristo sarà un soggetto umano. L'influsso malefico derivato da questa congiuntura astrale, non potrà disperdere le energie tra tanti individui, ma concentrarle su un unico malvagio essere. Il tutto risulta essere un progetto orchestrato dall'Altissimo per conseguire la seconda venuta del Figlio e il Giudizio Finale, dato che l'astronomo bolognese non tralascia di sottolineare che, perché tutto ciò si realizzi, è sempre necessario che sia *cooperante etiam voluntate divina*.

Se si fa riferimento ad i nomi citati da Garin, non ci si stupirà più dell'utilizzo, da parte di un pensatore ecclesiastico come Giovanni da Capestrano, di un'opera pienamente astrologica come quella di Giovanni Paolo da Fondi. È vero che, qualche decennio più tardi, l'approccio astrologico cadrà sotto gli strali di un altro, famoso, predicatore: Girolamo Savonarola, che redigerà un *Trattato contra li astrologi* nel 1497[36]. Ma anche in questo caso non si tratterà di contrapposizione tra pensiero religioso e pensiero laico, dato che il trattato del Savonarola altro non è che un volgarizzamento e una riduzione delle *Disputationes adversus astrologiam divinatricem* di Pico della Mirandola[37]. In ogni caso, con la scelta di inserire una *quaestio* ed un trattato astrologico nel codice da lui usato, Giovanni da Capestrano rivela tutta la sua distanza dall'apocalittica medievale. Lo si vede bene tornando al confronto tra Giovanni e Vincenzo Ferrer. Quest'ultimo infatti aveva la coscienza di vivere per così dire 'a tempo scaduto', cioè in un periodo concesso dalla misericordia di Dio solo come proroga in vista della conversione del mondo; per lui la fine del mondo non era solo vicina, era già cominciata, dato che l'Anticristo era già nato. Per Giovanni invece la storia segue il suo corso e la fine è attesa presto, ma probabilmente non nella generazione in cui gli è dato di vivere. È interessante notare come Giovanni Paolo da Fondi concluda la *quaestio* con una nota di ottimismo, egli infatti giudica la propria epoca «laudabilior, iocundior et melior» delle età pregresse. Egli mostra di condividere così quel sentimento che avevamo segnalato all'inizio, in tutt'altro contesto, e precisamen-

[36] HIERONYMUS SAVONAROLA, *Scritti filosofici*, a c. di G. Garfagnini – E. Garin, I, Roma 1982, pp. 273-370.

[37] Cfr. F. BRUNI, *La città divisa. Le parti e il bene comune da Dante a Guicciardini*, Bologna 2003, p. 235n.

te nella biografia di Giovanni da Capestrano scritta da Nicola da Fara. La consapevolezza, cioè, di stare vivendo in una «fiorentissima età».

Questa prospettiva non cancellava in ogni caso, almeno per Giovanni da Capestrano, il carattere agonico della storia degli uomini, dato che la fine è preparata comunque dalla grande lotta tra il bene e il male. Per questo non è senza interesse, agli occhi di Giovanni da Capestrano e di tanti altri come lui, recepire tutte le informazioni che la nuova scienza astronomica poteva dare per cogliere ed in qualche modo controllare le influenze che agli astri avrebbero esercitato su di essa.

MARCO LAFFRANCHI

LA REVISIONE DELL'ERMENEUTICA SCOLASTICA A OPERA DI LORENZO VALLA

Si procederà, in primo luogo, indicando, attraverso la sua fortuna postuma, un ambito secondario dell'innovazione valliana, che tuttavia può dare il senso dell'incidenza dell'istanza cristiana nell'opera dell'umanista: la revisione applicata al testo della Scrittura. In secondo luogo si aprirà lo scenario della novità interpretativa del Valla nell'ambito più precisamente dialettico, presentando la nozione di verità cui egli fa costante riferimento, in tutta l'opera. In terzo luogo si tenterà di mostrare come la revisione o il rinnovamento di cui parliamo discenda dall'antropologia sostanzialmente biblica che traspare da alcuni brani della *Dialectica*. Concludendo, si recherà un esempio di revisione dell'ermeneutica scolastica e si proverà a offrire uno spunto per la contestualizzazione dell'*animus* antiscolastico del Valla.

1. *Un primo ambito: la revisione del testo scritturistico*

Nel 1505 Desiderio Erasmo pubblicava il testo delle *Adnotationes in Novum Testamentum* del Valla. Nella lettera dedicatoria a Christopher Fisher esprimeva il conflitto interiore vissuto nel dare alle stampe il lavoro dell'umanista. Da una parte, sull'onda dell'entusiasmo, il primo pensiero era stato per l'immediata pubblicazione dell'opera, per rendere note a tutti gli studiosi le preziosissime osservazioni in essa contenute; dall'altra, invece, il timore lo tratteneva, spaventato dalla *vetus invidia* che ancora accompagnava il nome

10.1484/M.NUTRIX-EB.1.101264

del Valla, e dall'*argumentum* in se stesso, già di per sé *invidiosissimum*[1].

Erasmo sapeva di soffrire in prima persona, e per proprio conto, di quella stessa invidia di cui Lorenzo era già stato vittima e della quale anche il padre Gerolamo, a sua volta, aveva dovuto sostenere gli assalti. La comune passione per la parola creava le medesime difficoltà anche a secoli di distanza e la fattispecie era la medesima: trattandosi della riformulazione del testo sacro, che gode per statuto della massima autorevolezza, inevitabilmente, per la pigrizia e per l'ottusità di molti, si finisce per sconvolgere acquisizioni acritiche, abitudini e pregiudizi. Come già diceva Gerolamo, citato dal Valla nella propria prefazione alle *Adnotationes*, la *emendatio* della scrittura è «pius labor», ma è anche «periculosa presumptio», perché si tratta di decidere ciò che deve essere ritenuto da tutti, si tratta di cambiare il linguaggio degli anziani e di ricondurre un mondo già invecchiato nelle proprie persuasioni «ad initia parvulorum»[2]. E infatti, tra gli altri argomenti della polemica che era intercorsa tra Poggio Bracciolini e Lorenzo Valla acquistava rilievo l'accusa mossa dal Bracciolini di essere il Valla profanatore della parola di Dio, alla quale l'accusato rispondeva, invece, di essere l'interprete della Scrittura 'vera', tanto più vera quanto più univoca e circostanziata nella traduzione dal greco[3].

[1] Cfr. Desiderius Erasmus Roterodamus, *Epistola a Christopher Fisher* (Parigi 1505), in Id., *Opus Epistolarum*, ed. P. S. Allen – H. M. Allen – H. W. Garrod – B. Flower – E. Rosenbaum, 12 voll., Oxford 1906-1958, I, 182, p. 407.

[2] Cfr. Laurentius Valla, *Collatio Novi Testamenti*, praef., ed. A. Perosa, Firenze 1970 (Istituto nazionale di studi sul Rinascimento. Studi e testi, 1), p. 4: «Ad verbum Hieronymi epistula: 'Beatissimo Pape Damaso Hieronymus. Novum opus me facere cogis ex veteri, ut (...) quasi quidam arbiter sedeam et (...) que sint illa que cum greca consentiant veritate decernam. Pius labor, sed periculosa presumptio, iudicare de ceteris ipsum ab omnibus iudicandum, senis mutare linguam et canescentem iam mundum ad initia retrahere parvulorum. Quis enim doctus pariter vel indoctus (...) non statim erumpat in vocem, me falsarium, me clamans esse sacrilegum, qui audeam aliquid in veteribus libris addere, mutare, corrigere?'». Cfr. Hieronymus Stridonius, *Praefatio in quatuor Evangelia*, PL 29, 525C-526C.

[3] Cfr. Laurentius Valla, *Antidotum primum*, I, 134, ed. A. Wesseling (*Antidotum primum. La prima apologia contro Poggio Bracciolini*) Assen – Amsterdam 1978 (Respublica literaria Neerlandica, 4), p. 112: «Quid est per deos bonos, ut tecum tuis verbis agam, Scriptura Sacra? Omnisne Veteris Novique Testamenti interpretatio? (...) ut mea translatio si vera fuerit sit appellanda Sancta Scriptura». E cfr. Id., *Antidoti in Pogium libri quatuor*, IV, in Id., *Opera omnia*, 2 voll., Basileae 1540, apud Henricum Petrum [rist. an. Torino 1969], I, p. 339: «Pog. (...) Haec addidit: nisi quod

Con le *Adnotationes in Novum Testamentum* del Valla ritornava, al di là della fase medievale, l'impostazione agostiniana del problema della verità, nella forma retorica del *De doctrina christiana*, cioè del problema esegetico e della trasmissione ortodossa del messaggio rivelato. Riemergeva l'urgenza di ripercorrere la stessa via un tempo tracciata da Gerolamo, autore della *Vulgata*, per restituire all'Occidente lo strumento della salvezza purificato dagli errori e protetto, quindi, da perniciose prerogative di eresia, facili da propagandare, una volta che il codice di scambio avesse perduto la necessaria univocità interlinguistica, ma difficili da estirpare quando si fossero ramificate nel *sentire* comune.

La stessa istanza del *paradigma medievale* che secoli addietro aveva sospinto i maestri cristiani a interrogare la sacra Pagina con il metodo della *quaestio*, premeva ora, di nuovo, per restituire all'Occidente la *veritas latina* del Nuovo Testamento, e per fare ciò occorreva ristabilirlo nella sua *veritas graeca*, cioè nella sua vera lingua d'origine.

2. *Un orizzonte più ampio: la revisione della dialettica*

Indipendentemente dall'interpretazione erasmiana, si deve ora considerare il fatto che la rivisitazione valliana della Scrittura, comunque, si impernia nel lavoro di più ampio respiro concepito da sempre dall'umanista e intrapreso con sforzo costante lungo tutta la sua carriera culturale, articolato negli *Elegantiarum libri* e nelle varie fasi di redazione della *Dialectica*. L'intento sotteso al tutto è infatti il medesimo: la riformulazione del linguaggio della scienza nella sua più piena e autentica autorevolezza.

melius quam prior interpres transfero, ut mea translatio sit sancta scriptura appellanda. Quid, o sordida bestia, ab homine prophano, perfido, heretico sanctum prodire potest? ac non potius obscoenum, turpe, perniciosum? (...). LAU. (...) Quid iactantiae est, si dixero: scripturam sanctam vere esse illius, quicumque is sit, qui optime transtulit? An non sancta scriptura est, ubi melius dixerunt Aquilae, Symmachi, Theodotionis, et quorundam aliorum qui aut Iudei, aut haeretici fuerunt? Non enim sanctum virum vel facit vel ostendit sancta scriptura bene interpretata: nec prophanum ac malum male et indocte interpretata, quia non e doctrina aut linguae nitore, sed fide et cordis puritate homines iudicantur». Il Bracciolini si riferisce alle valliane *Adnotationes* o *Collationes* sul Nuovo Testamento (cfr. anche LAURENTIUS VALLA, *Pro se contra calumniatores ad Eugenium IIII Pontificem Maximum Apologia*, in ID., *Opera omnia*, ed. Basileae cit., I, pp. 795 seqq.).

Sono a questo proposito significativi i titoli delle opere maggiori e, in particolare, quelli preposti dall'autore alle tre successive redazioni della *Dialectica*: *Repastinatio dialecticae et philosophie*, *Reconcinnatio totius dialectice et fundamentorum universalis philosophie*, *Retractatio totius dialectice cum fundamentis universe philosophie*. È un crescendo di intensità di significato, e il significato è quello, appunto, della revisione per un rinnovamento. *Repastinare* allude al lavoro agricolo di sarchiatura per l'ossigenazione del terreno coltivato che abbisogna di un rimpasto sotto la superficie al fine di rinvigorire la coltura che stenta a crescere, soffocata dalla stagnazione del terreno; *reconcinnare* significa il paziente e ripetitivo riascolto delle sequenze metriche e tonali del discorso, al fine di renderlo perfettamente consono al tema in oggetto nella modalità espositiva più appropriata; *retractare*, infine, fa forse appello alla necessità di rivedere a fondo metodi e contenuti, al fine di offrire agli studiosi uno strumento nuovamente idoneo a una ricerca efficace e proficua. Coerentemente con tali premesse, il Valla si impegna nel primo prologo dell'opera alla confutazione degli aristotelici, operazione concepita per predisporre metodo e canoni idonei «ad vere theologandum», cioè per ripristinare un linguaggio adatto all'ermeneutica della verità. I tre titoli, pertanto, comportano una prospettiva filologica e oratoria (oppure linguistica e retorica) che non intende contrapporre un'alternativa teoreticamente completa, oltre che corretta, all'impianto aristotelico-scolastico, ma che si propone esclusivamente di risanarne il codice espressivo, per l'appunto «ubi de vi verborum agitur, que plurime sunt in philosophia questiones». L'impianto scolastico, di fatto, rimane intatto, quanto ai contenuti e alla modalità di presentazione del materiale dibattuto; Aristotele, naturalmente, significa certamente Aristotele, ma nel contempo anche Boezio, *in primis*, e una schiera di aristotelici che il Valla presuppone con disinvoltura. Aristotele è un bersaglio per antonomasia, che sottende un'intera tradizione, o meglio la trasmissione congetturalmente travisata delle sue dottrine, data l'incompetenza lessicologica e critica dei suoi interpreti nel tempo. Ciò che vale per la tradizione della Scritture vale, identicamente, per la tradizione della scienza[4].

[4] Cfr. Id., *Retractatio totius dialectice cum fundamentis universe philosophie* (in seguito: *Retractatio*), I, proem., 8-9, in Id., *Repastinatio dialectice et philosophie*,

La *Dialectica* del Valla si propone di decantare, attraverso la competenza linguistica, ciò che possa dirsi a pieno titolo 'verità originaria', non come teorema, adeguato intellettualmente all'essere, ma come vincolo etico, come *omologhía* interlinguistica e interculturale, mediata nella conoscenza, ma immediata nella parola. Non c'è differenza tra *verum loqui* e *vere loqui*[5]: la verità è il linguaggio. È essenziale, perciò, che l'uomo di scienza domini quanto più perfettamente possibile le inflessioni etimologiche e retoriche del discorso, per poter essere interprete corretto e onesto dei contenuti essenziali per l'uomo, laddove il linguaggio è incessantemente sottoposto a corruzione, dovuta al tempo, dovuta all'invidia, dovuta all'ignoranza e soprattutto all'irresponsabilità degli incompetenti.

Pertanto, la revisione dell'ermeneutica scolastica si sviluppa secondo un piano di 'invenzione' più che di deduzione, rivolto all'evidenza lessicologica più che a quella apodittica. Dai trascendentali alle categorie, dalla teoria della sensazione a quella dell'atto morale e delle virtù, il quadrato logico e l'argomentazione: tutto è rivisto per ritrovare la significatività autentica.

3. *Alla radice della revisione: l'antropologia biblica*

La verità per il Valla non è *rectitudo*, non è *correspondentia*, non è *adaequatio*, non è *similitudo* e non è omogeneità suppositiva, formule che implicano il lavoro intellettuale, la relazione trascendentale dell'essere all'intelletto o 'peggio' – direbbe il Valla – il calcolo logico. La verità valliana, invece, è *perspicuitas sermonis*, *perspicuitas verbi*, trans-parenza, nitore, *elegantia*, da intendere come scelta, elezione semantica, come ricerca dell'*éthymos lógos*, il *veriloquium* più appropriato alla *res*. Il canone della filosofia del Valla è la certezza lessicale; ciò significa che una conclusione scientifica

ed. G. Zippel, 2 voll., Padova 1982, I, [pp. 1-356], pp. 4-5: «Si modo cognoscere est non in propria, sed in aliena lingua lectitare, ne dicam in non sincera: non solum quia plerique eius libri corrupte translati sunt, sed etiam quia multa belle dicuntur grece, que non belle dicuntur latine (...). Adde huc ignorationem nostre [lingue]. Quotus enim quisque post Boetium exstitit, qui latinus dici mereatur et non barbarus?».

[5] Cfr. *ibid.*, I, 2, 31, ed. Zippel, I, p. 20: «Et 'verum' quidem 'loqui' ac 'vere', quid apud eruditos differat non invenio».

può dirsi valida a pieno titolo soltanto se attraversa un discorso che segua i canali consolidati della consuetudine letteraria, nel quale non sia la proporzione logico-formale, ma la scelta del nome e la coniugazione del verbo ad assicurare coerenza alla rappresentazione dei fatti[6].

Verum e *veritas* significano per il Valla «scientia sive notitia cuiuscunque rei», ma non dobbiamo pensare ad alcun *habitus* dell'intelletto, perché tale *veritas-notitia*, «quasi lux animi, que ad sensus quoque se porrigit», è suono e immagine (*vox* e *littera*); l'analogia della luce apre infatti alla figura del *sensus*. *Veritas* è *lux perspicua*, luce trasparente, è nel contempo *scientia* e *sensus* collegati dall'univocità della parola[7]. La verità, dunque, è connotativa dell'anima e dei sensi tramite il *sensum* della *significatio verborum*, che costituisce l'intrinseca, ma sensibile visibilità (la *perspicuitas*) in cui ciascuna cosa traspare nell'evidenza lessicale del suo significato. Ora, tale criterio (valliano) della verità rintraccia il proprio fondamento nell'antropologia a sfondo biblico che traspare dalla *Dialectica*, dove non si tratta dell'uomo, ma dell'Adamo, il *primus homo*. In Adamo la verità non è il gradiente degli spessori ontologici paragonati a sé dall'intelletto, si configura, invece, come la condizione comunicativa che fa della realtà un patrimonio di significanti e di significati. L'uomo istituisce il significato dei termini, ha il potere del linguaggio, attraverso il quale circola la ve-

[6] Cfr. Id., *De vero falsoque bono*, II, proem., 1, ed. M. De Panizza Lorch, Bari 1970, p. 43: «Inter omnes orationis virtutes, que ferme sunt innuberabiles, copia quam greci εὐπορίαν vocant, quantum ego quidem sentiam, multo est prestantissima. Hec est que precipue rem perspicuam facit et ponit ante oculos, hec que in probationibus ac refutationibus regnat, que influit in animos hominum, que omnia ornamenta, omnia lumina, omnes divitias orationis exponit. Hec rapit audientem, hec raptum revocat, hec est que prope ceteras virtutes circa se habeat». E cfr. Id., *Repastinatio dialectice et philosophie*, I, 5, 2, ed. Zippel cit. (alla nota 4), II, p. 378: «Nec ante veri inquisitio, quam rei controversia nascitur»; *Retractatio*, I, proem., 9-10, p. 5: «Quanta tamen debet esse auctoritas ubi de vi verborum agitur, que plurime sunt in philosophia questiones? Prope nulla debet esse auctoritas».

[7] Cfr. Id., *Retractatio*, I, 2, 28, p. 19: «'Verum' sive 'veritas' est proprie scientia sive notitia cuiuscunque rei, et quasi lux animi, que ad sensus quoque se porrigit. Hanc lucem esse volo ipsius animi, quasi oculorum vim videndi et visum, non exteriorem quandam velut solarem: quanquam ut sol oculis colores corporum, ita Deus menti rerum qualitates ostendit et exhibet». E cfr. *ibid.*, 2, 30, p. 20: «Itaque in nobis, id est in animo nostro est veritas et falsitas: sed fons veritatis nostre in Deo, sicut nostre lucis in sole».

rità dei significati, ma la fonte, l'autenticazione o l'autorevolezza della verità è «in Deo»: *Deo auctore*[8].

L'uomo è, prima di tutto, *animal sermocinale*, in alternativa all'*animal rationale* della comune tradizione scolastica. Soltanto per l'uomo, infatti, in modo del tutto particolare (*peculiariter*) rispetto agli altri animali, la *Genesi* nota come l'afflato divino fosse trasmesso attraverso un preciso atto di modulazione orale. Ne viene che, secondo la Scrittura, e secondo il Valla, i caratteri peculiari dell'umanità, cioè la capacità di significare e la relativa verità, connotative, come si è visto, della bocca dell'uomo, provengono direttamente, anche se analogicamente, dalla bocca di Dio: «quasi ore suo»[9].

Deo auctore, dunque; e Valla, nelle *Elegantiae* propone un'etimologia del termine *auctor* che prende spunto dalla tradizione del diritto romano, in cui il termine coincide specificamente nel significato con il *venditor* e l'*alienator* dell'asta pubblica, mentre l'*auctoritas* corrisponde allo *ius dominii* acquisito da colui che compra. *Auctor primus* è il venditore, *auctor secundus* è colui che *facit fideiussionem*, cioè si rende garante, per l'eventuale recupero di qualcosa che sia venduto da parte di altri. Dio, dunque, per parte sua *auctor primus* nella 'vendita all'asta' della realtà di ogni cosa, ha registrato e convalidato con eterna ratifica il prezzo offerto dal suo privilegiato acquirente e formulato nel significato di ciascun nome appropriato per ogni cosa; Adamo, invece, acquistando l'autorità sulle cose tramite il primo uso del linguaggio, è divenuto a sua volta *auctor secundus* e *fideiussor*, cioè garante giurato dell'univocità della trasmissione culturale della stessa realtà, contrad-

[8] Cfr. *ibid.*, 14, 22, p. 123: «Homines enim, rebus cognitis, voces quas adaptarent invenerunt et propterea 'signa' appellaverunt, quorum primus fuit Adam, Deo auctore (...), easque [voces] cum suis significationibus posteros docuerunt. (...) Postremo invente sunt littere, illorum signorum signa».

[9] Cfr. *ibid.*, 9, 28, pp. 68-69: «Legimus Deum fecisse et hominem et bestiam in animam viventem, et in ea spiraculum vite esse ut in homine; sed de homine peculiariter, quod hoc spiraculum Deus inspiravit in hominem, quasi ore suo spiraverit (...) quod de aliis animalibus non dicitur»; *ibid.*, 34-35, pp. 70-71: «Greci muta et irrationabilia uno vocabulo dicunt ἄλογα, quia et uno orationem et rationem, λόγον. Qua de re libet mihi suspicari bruta fuisse vocata ab initio ἄλογα, quod carerent oratione, postea propter ambiguitatem verbi a captiosis philosophis adiectum etiam ἄλογα dici, quia carerent ratione. Nam et λόγος prius 'orationem' sive 'sermonem' significavit, quam 'rationem'. (...) Λόγος a verbo venit λέγω, quod significat 'dico' seu 'loquor', non autem 'cogito' seu 'ratiocinor'».

distinguendosi fin dall'inizio come quell'animale che entra in relazione con il mondo primariamente e propriamente attraverso la lingua[10].

In definitiva, Dio e uomo, secondo le rispettive competenze, sono le *auctoritates* del vero che dall'origine si tramanda per via del dato dei significati linguistici. La verità risulta così sottratta all'arbitrio della convenzione umana, pur manifestandosi come fenomeno squisitamente linguistico e istitutivo, in quanto funzionale alla denominazione delle cose man mano conosciute ed eventualmente nuove.

4. *Dialettica e Scrittura: l'esempio eccellente di Tommaso d'Aquino*

Nel capitolo IV del libro I della *Retractatio dialectice* il Valla dibatte la derivazione dai sostantivi – non dagli aggettivi – dei nomi latini uscenti in *-itas*. Di preciso, la questione riguarda il termine *deitas*, vale a dire il corrispettivo latino del greco θεότης. Nessuno di coloro che, tra i teologi, il Valla chiama «prisci» se ne servì mai, ritenendo essi, sia latini sia greci, che *Deus* e Θεός esprimessero sostanza, non qualità, e che dunque da *divinus* fosse lecito derivare l'astratto *divinitas* e da θεῖος θειότης, senza bisogno di coniare alcunché di superfluo. Costituisce però problema il fatto che *Col* 2, 9 reciti: ὅτι ἐν αὐτῷ κατοικεῖ πᾶν τὸ πλήρωμα τῆς θεότητος σωματικῶς («quia in ipso inhabitat omnis plenitudo divinitatis corporaliter»), sulla cui autenticità, peraltro, il Valla esprime diverse perplessità. In ogni caso, Paolo non si servì mai, altrove, di quel termine, né gli interpreti latini esitarono a tradurre θεότητος in *divinitatis*, non in *deitatis*[11]. Sono dunque immotivati quegli ecclesiastici, sia latini sia greci, che, contro l'autorità degli antichi e senza il supporto di ragioni di analogia linguistica, preferirono *deitas* e θεότης. D'altronde, l'umanista nota che anche Agostino, in *De civitate Dei*, VII, 1, sembra avallare, con non troppo rammarico

[10] Cfr. Id., *Elegantiarum libri VI*, IV, 32, in Id., *Opera omnia*, ed. Basileae cit. (alla nota 3), I, p. 133.

[11] Cfr. Id., *Retractatio*, I, 4, 6, p. 32: «Legimus (...) apud Paulum *Ad Colossenses*, θεότητος; quod an in omni editione reperiatur, et an a librariis depravatum, et an eum ecclesiastici scriptores secuti sunt, nescio; certe nusquam alibi Paulus ita scriptum reliquit. Nostri interpretes non 'deitatem' transtulere, sed 'divinitatem': sive quia θειότητος legebant, non θεότητος, sive quia apud neminem Latinorum

l'uso di tali termini ormai invalso. E allora: perché Agostino – si chiede l'umanista – non ha preso posizione contro l'uso di θεότης? Forse perché non si sentiva sufficientemente esperto di greco? Ma, in quanto *optimus latinus*, perché manca nel suo trattato una disquisizione sulla differenza di significato dei due termini *divinitas* e *deitas*? Risposta: «At hoc post te [Augustine] ausus est facere Thomas Aquinas, non magis latinus quam tu grecus»[12].

Ecco lo scandalo: Tommaso d'Aquino, nella *Lectura* su *Rm* 1, 20b («sempiterna quoque eius virtus et divinitas») si è inventato un confronto tra vocaboli (*divinitas* e *deitas*) nel contesto di un'argomentazione che, senza mezzi termini, può dirsi *absurda expositio*: «Divinum enim bonum dicitur bonum commune quod ab omnibus participatur; propter hoc potius dixit *divinitatem*, quae participationem significat, quam deitatem, quae significat essentiam Dei»[13]. Incalzano gli interrogativi all'Aquinate: «Dove hai potuto leggere altrove *deitatem*? Che autore, che libro, che ragione ti ha istruito su questa presunta differenza?»[14]. Ancor più, al Valla suscita perplessità il fatto che Tommaso abbia voluto disquisire sul termine *deitas* in un caso in cui nel testo paolino è presente uniformemente la coppia θειότης-*divinitas*, non θεότης-*deitas*, perché, di fatto, non si tratta di *Col* 2, 9, ma di *Rm* 1, 20.

Questione di termini, certo, ma, per il Valla, è questione di capitale importanza. Lo testimonia il dramma da lui vissuto il

legerant 'deitatem', sed 'divinitatem'. At ecclesiastici (ut dixi) Greci θεότης et nostri 'deitatem' usi sunt: fuerint, dum constet illos et non necessario et veterum sine auctoritate et sine analogie ratione usos».

[12] *Ibid.*, 8, p. 33. Cfr. AURELIUS AUGUSTINUS, *De civitate Dei*, VII, 1, PL 41, 193, ed. B. Dombart – A. Kalb, 2 voll., Turnhout 1955 (CCSL, 47-48), I, p. 185,1-3: «Hanc divinitatem vel, ut sic dixerim, deitatem – nam et hoc verbo uti iam nostros non piget, ut de graeco expressius transferant quod illi θεότητα appellant».

[13] THOMAS AQUINAS, *Super Epistolam ad Romanos lectura*, cap. 1, lect. 6, in *Super Epistolas S. Pauli lectura*, ed. a c. di R. Cai, 2 voll., Torino – Roma 1953, I, p. 22, n. 117. E cfr. LAURENTIUS VALLA, *Collatio epistolarum Pauli, Ad Romanos*, 1, 20, in ID., *Collatio Novi Testamenti*, ed. Perosa cit. (alla nota 2), p. 182: «SEMPITERNA QUOQUE EIUS VIRTUS ET DIVINITAS. Non dixit 'deitas', ut barbare quidam solent dicere, licet greco magis respondere videatur, cum nomina in '-itas' non a substantivis sed ab adiectivis producantur, ut in libris philosophie nostre probavimus; quare sciat quicunque 'deitas' utitur se barbare loqui non latine».

[14] ID., *Retractatio*, I, 4, 8, p. 33: «Ubi tu, Thoma, alibi apud Paulum 'deitatem' legisti, cum dicas nunc usum vocabulum 'divinitatem'? Taceo quam sit absurda super locum illum: 'Sempiterna eius virtus et divinitas', ista expositio. Quis te auctor, quis liber, que ratio te istam differentiam docuit?».

7 marzo 1457, quando tenne il panegirico dell'Aquinate nella ricorrenza della festa del santo. L'*Encomium Sancti Thomae* esprime nel contempo la necessità di celebrare la figura di Tommaso e quella di collocarla esplicitamente e pubblicamente all'interno della gerarchia dei maestri della cristianità. Dopo la parte agiografica del panegirico, Lorenzo Valla ha l'arduo compito di ergersi a giudice della validità delle teologie del passato, di fronte a un'esplicita aspettativa degli astanti: «Credo iam a me expectari, ut quid de huius sancti scientia (...) dicam, quibus eum praeponam, quibus aequiperem». Il Valla è perfettamente consapevole del fatto che certuni sono stati propensi ad anteporlo a tutti, in forza del fatto che egli ha adibito «logicam, metaphysicam et omnem philosophiam ad probationem theologie». Ma a suo giudizio la motivazione è lubrica e ancipite, perché basata sul pregiudizio per il quale è ormai diffusa la convinzione che nessuno possa «evadere theologum» se digiuno di dialettica, di metafisica e di precetti filosofici. Come giudicare l'Angelico? L'Umanista dà atto che in Tommaso fu lodevole la profondissima sottigliezza nello scrivere, l'acribia ammirevole, stupende la ricchezza, la varietà e la completezza delle dottrine, per non dire della piena intelligenza delle opere da lui fatte oggetto di studio. Il problema, invece, è costituito da questa famigerata metafisica, che i teologi recenti stimano sopra ogni cosa. Il Valla è perentorio: «nequaquam ego tantopere admiror, nec multum interesse arbitror scias an nescias, et quae forte sit satius nescire tamquam meliorum impedimenta». D'altronde, Basilio, Gregorio, Giovanni Crisostomo e gli altri di quella età non ritennero opportuno mescolare alle questioni sacre le *nugae* dei *modi significandi* o le *ratiunculae* dei dialettici e le *ambages* dei metafisici, né, tanto meno, posero a fondamento dei propri scritti un teorema filosofico, sulla scorta del monito paolino: «non per philosophiam et inanem fallaciam» (*Col* 2, 7). Termini come *ens*, *entitas*, *quiditas*, *identitas*, *reale*, *essentiale*, *suum esse*, *ampliari*, *dividi*, *componi*, ecc., «non minima ex parte nugatoria», è meglio ignorarli per evitare di ignorare cose ben più importanti. I teologi antichi «se totos ad imitandum Paulum apostolum contulerunt, omnium theologorum longe principem ac theologandi magistrum»[15].

[15] Id., *Encomium sancti Thomae Aquinatis*, in M. J. Vahlen, *Lorenzo Valla über*

A prescindere dal significato più vero dell'*Encomium*, il cui accertamento esigerebbe uno spazio a sé[16], e a prescindere, quindi, dall'effettiva disposizione del Valla nei confronti dell'Angelico, ciò che qui interessa è l'ipoteca che il Valla getta sul ruolo dell'ermeneutica medievale in ordine al conseguimento della *scientia* in generale e della *scientia de divinis* in particolare. La teoresi dissociata dalla consuetudine linguistica, come nel caso dell'*expositio* testé presa in esame, conduce irreparabilmente a discorsi privi di fondamento, sui quali non può fondarsi la concordia degli uomini[17]. Per riprendere le parole di un interprete particolarmente attento al ruolo dell'etimologia nel pensiero di Valla: «La funzione ancillare della filosofia nei confronti della teologia, messa in atto dagli scolastici, si è rovesciata in *impedimentum*, remora ed ostacolo per il pensiero cristiano, bloccandone lo sviluppo più genuino e coerente». E ancora: «L'Umanista identifica la 'filosofia' con la concettualizzazione e la speculazione specifiche della logica, dell'ontologia e della grammatica: la teoresi scientifica e metodologica della tradizione aristotelico-boeziana e, in genere, della Scolastica». Infine: «l'*ars rhetorica* viene ormai definita quale statuto scientifico di critica filologica, nuova *episteme* articolata e differenziata nei suoi criteri e strumenti d'indagine (...). La critica linguistico semantica alla terminologia filosofica e teologica della Scolastica e, più precisamente alla creazione e formazione del linguaggio aristotelico-scolastico, individuato nelle sue origini boeziane, è parte integrante dell'indagine umanistica del Valla (...). La critica valliana, filologica e teorica ad un tempo, (...) si concretizza nella problematica del rapporto-traduzione tra lingua greca e lingua latina»[18].

Thomas von Aquino, in «Vierteljahrsschrift für Kultur und Literatur der Renaissance», 1 (1886), [pp. 384-396], pp. 390-396 (copia anastatica in ID., *Opera omnia*, ed. Basileae cit. (alla nota 3), II, [pp. 340-352] pp. 346-352), *passim*.

[16] Cfr., ad esempio, A. GHISALBERTI, *Lorenzo Valla e la teologia scolastica*, in «Studi umanistici piceni», 12 (1992), pp. 81-87.

[17] Cfr. LAURENTIUS VALLA, *Retractatio*, I, 3, 15, p. 26: «At philosophia ac dialectica non solent, ac ne debent quidem recedere ab usitatissima verborum consuetudine, et quasi a via vulgo trita et silicibus strata»; *ibid.*, II, 5, 25, p. 198: «Quominus danda venia est iurisperitis ac theologis recentibus, dialecticisque ac philosophis nostris qui verba scientie sue non audiunt, sed in prave loquendo nescio quomodo conspiraverunt et quasi diverse civitates in suam metropolim coniurarunt».

[18] S. I. CAMPOREALE, *Lorenzo Valla tra Medioevo e Rinascimento. Encomion S. Thomae (1457)*, in «Memorie Domenicane», n. s., 7 (1976), [pp. 11-194], pp. 43-56.

5. *Conclusione:* Ad eandem intelligentiam aspicientibus omnibus sub diversis vocabulis

Per contestualizzare tutto ciò che abbiamo fin qui osservato, ricordiamo che l'umanesimo filologico attraversa da protagonista il tempo dei grandi dibattiti conciliari sul *Filioque*, sostanziati di critica testuale, di apporto di autorità, di vaglio di significati; ricordiamo che le sessioni ferrarese e fiorentina del Concilio di Basilea, hanno visto concretizzarsi, pur per breve tempo, la riconciliazione delle chiese di Occidente e di Oriente, proprio sulla base di approfondite analisi filologiche delle due tradizioni, in cui l'esame dei significati dei termini è stato il criterio metodologico prioritario per giustificare e per formulare la verità dogmatica.

Acquista una sorprendente valenza chiarificatrice il passo decisivo del decreto di unione delle chiese pubblicato a Firenze *pridie nonas iulii* 1439: «Prolatis vero testimoniis ex divinis Scripturis, plurimisque auctoritatibus sanctorum Doctorum orientalium et occidentalium, (...), et ad eandem intelligentiam aspicientibus omnibus sub diversis vocabulis, (...) cum ex his omnibus unus et idem eliciatur veritatis sensus, tandem in infrascriptam sanctam et Deo amabilem eodem sensu eademque mente unionem unanimiter concordarunt et consenserunt»[19].

C'è tutto il lessico valliano della teoria del vero. Ma c'è da domandarsi se il decreto discenda dal Valla o, come è verosimile, se il Valla, che ha frequentato gli ambienti curiali e conciliari, discenda dalla temperie culturale che ha codificato quel decreto. La citata *eadem intelligentia sub diversis vocabulis* e l'*idem veritatis sensus* collimano perfettamente con lo spirito della *Dialectica* che interpreta la necessità e l'ansia di trovare finalmente un accordo sul significato dei termini di una discussione teologica secolare.

[19] In C. MILANESI, *Osservazioni intorno agli esemplari del Decreto di unione della Chiesa greca con la latina*, in «Giornale storico degli archivi toscani», 1.3 (1857), [pp. 196-225; testo lat. e gr. del Decreto, pp. 210-225], pp. 212-214.

ANGELA GUIDI

SOFIA E I SUOI DUBBI: L'IMMAGINE DELLA FILOSOFIA NEI *DIALOGHI D'AMORE* DI LEONE EBREO

1. Dei *Dialoghi d'amore* (Roma, 1535) di Leone Ebreo (*alias* Yehudah Abravanel, 1465 ca. - *ante* 1535), medico e filosofo sefardita giunto in Italia dopo l'espulsione del 1492, si è parlato spesso, anche nella letteratura specialistica, come di un'opera enigmatica e di difficile collocazione[1]. Pubblicati a Roma nel 1535 e divisi in tre parti – *D'amore e desiderio*, *De la comunità d'amore* e *De l'origine d'amore* – i *Dialoghi* possono essere definiti un testo di carattere filosofico-letterario: Sofia, la donna amata, e Filone, il suo amante vi affrontano una discussione di argomento etico, astrologico, cosmologico e metafisico sulla natura e le funzioni dell'*eros*. La loro conversazione si sviluppa attraverso gli interrogativi – o meglio i 'dubbi' – che la donna sottopone a Filone e che questi accetta di 'risolvere' nel tentativo, peraltro fallito, di conquistarla.

Nel tentativo di risolvere alcuni dei problemi segnalati ho proposto, in un recente lavoro monografico, una nuova interpretazione dei *Dialoghi*. A mio avviso il progetto di Leone deve essere inserito all'interno della tradizione filosofica ed esegetica

[1] Cfr. in proposito A. M. Lesley, *Proverbs, Figures and Riddles; the 'Dialogues of Love' as a Hebrew Humanistic Composition*, in *The Midrashic Imagination. Jewish Exegesis, Thought and History*, ed. by M. Fishbane, Albany 1993, pp. 204-225; si veda anche D. B. Ruderman, *The Italian Renaissance and Jewish Thought*, in *Renaissance Humanism: Foundations and Forms*, ed. by A. Rabil, 3 voll., Philadelphia 1988, I, pp. 382-433; per la biografia di Leone cfr. almeno I. Sonne, *Intorno alla vita di Leone Ebreo*, in «Civiltà moderna. Rassegna bimestrale di critica storica, letteraria, filosofica», 44 (1934), pp. 5-35.

10.1484/M.NUTRIX-EB.1.101265

che fa riferimento alla figura di Salomone, alla sua leggendaria sapienza (*ḥokmah*) e al rapporto di emulazione ed antagonismo con la cultura straniera che ne costituisce una delle componenti fondamentali[2]. Una lettura in questo senso è suggerita da numerosi fattori, sia contestuali che di contenuto, tra cui il genere dei *Dialoghi* – annunciati nella produzione poetica di Leone come componimento allegorico (*shir*) sull'amore[3] – il profilo intellettuale, confessionale e culturale dei due interlocutori, il peculiare modello dialogico adottato ed infine le numerose e significative connessioni con alcuni testi iscritti in questa tradizione, tra cui i commenti al *Cantico* di Origene, Gersonide, Yoḥanan Alemanno e, in misura ancora maggiore, l'esegesi del primo *Libro dei Re* realizzata dal padre di Leone, Isaac Abravanel[4].

Il presente contributo intende presentare solo alcune delle conclusioni raggiunte nel corso di questa ricerca intorno all'opera filosofica e poetica di Leone Ebreo. Esso si propone in particolare di esaminare il rapporto tra Filone e Sofia, evidenziandone l'originalità rispetto ad analoghi modelli antichi e medievali e suggerendone la dipendenza da una diversa tradizione letteraria, più vicina alla cultura giudaica ed ispirata alla figura di Salomone. Mostrerò quindi in primo luogo come Leone operi una sorta di rovesciamento di alcuni dei più rappresentativi *tópoi* della letteratura dialogica precedente – con particolare riferimento ad

[2] La figura di Salomone viene recuperata in questo senso da molti intellettuali ebrei del Rinascimento, che ne fecero il rappresentante del sapiente universale (*ḥakam kollel*). Salomone veniva considerato capace non solo di misurarsi sullo stesso terreno dei gentili, ma di superarli; secondo una concezione già presente nel *Libro del Cazaro* di Yehudah ha-Levi, il sapere dei popoli pagani costituiva infatti una degradazione della originaria sapienza salomonica, origine di tutte le scienze: cfr. A. M. Lesley, *Il ritorno agli antichi nella cultura ebraica tra Quattro e Cinquecento*, in *Storia d'Italia. Gli ebrei in Italia*, a c. di C. Vivanti, 2 voll., Torino 1996, I, pp. 387-409, e F. Lelli, *L'educazione ebraica nella seconda metà del '400. Poetica e scienze naturali nel* Hay ha-'olamim *di Yohanan Alemanno*, in «Rinascimento», Ser. 2ª, 36 (1996), pp. 75-136.

[3] Leone annuncia nel suo *Lamento sul tempo* (*Telunah al ha-zeman*, 1503) un «canto d'amore per il Dio d'Israele» (*shir yedidot*) e di «passione per gli idoli stranieri» (*shir agavi*) con cui avrebbe infine realizzato il perfezionamento della sua anima in cui si deve a mio avviso ravvisare un'allusione ai *Dialoghi*.

[4] Per una più completa trattazione di questi aspetti si rinvia a: A. Guidi, *Amour et Sagesse. Les* Dialogues d'amour *de Juda Abravanel dans la tradition salomonienne*, Leiden – Boston 2011.

alcune opere di Platone, Agostino, Boezio e Alano di Lilla – ed interpreti in modo originale il classico tema dell'*amator sapientiae* cui fa esplicito riferimento già nei nomi dei due protagonisti[5]. In particolare, si vedrà come i *Dialoghi* mettano in scena una figura femminile che possiede un sapere di natura inferiore e che, anziché assumere il ruolo tradizionale di *magistra*, si propone piuttosto come allieva del suo amante. I suoi strumenti metodologici ed il suo profilo intellettuale risulteranno vicini a quelli che una parte del mondo ebraico del tempo attribuiva alla filosofia, scienza umana e limitata, incapace di acquisire certezze definitive sui problemi che solleva. Questo scarto sapienziale tra i due interlocutori, come si chiarirà attraverso il commento di alcuni passaggi dell'opera, si arricchisce anche di un ulteriore elemento, e cioè la tradizione religiosa cui essi appartengono: diversamente da quanto si è sempre pensato, solo Filone, infatti, è ebreo, mentre Sofia è una 'donna straniera'[6]. Alla luce di questa analisi, il modello dialogico più vicino alla situazione descritta da Leone non sembra essere di matrice platonica o cortese, quanto piuttosto di provenienza biblica: nella letteratura, nell'esegesi e nella filosofia giudaiche, ad evocare il confronto tra una donna straniera che interroga ed un sapiente ebreo che risponde è, infatti, l'incontro tra Salomone e la regina di Saba narrato nel primo *Libro dei Re*. Una breve riflessione riguardo ai nomi dei due protagonisti ed il riferimento ad alcune interpretazioni di quest'episodio biblico inserite nella letteratura esegetica del *Cantico*, e all'*Expositio super Canticum* di Origene in particolare, chiariranno ulteriormente il contesto in cui è necessario collocare la discussione che ha luogo nei *Dialoghi*. In questo testo si leggerà, così, un tentativo – ispirato ad alcune interpretazioni della figura di Salomone e al *tópos* del

[5] La letteratura rinascimentale offre molti esempi di nomi che riecheggiano quello formato dalla coppia Filone/Sofia; dal Poliphilo dell'omonima *Hypnerotomachia*, al Philoponus degli *Intercoenales* dell'Alberti non mancano esempi di un uso simbolico dei due termini: cfr. in proposito, *Hypnerotomachia Poliphili*, a c. di M. Ariani – M. Gabriele, Milano 1998, p. 488.

[6] Si veda A. MELAMED, *La donna come filosofo: l'immagine di Sofia nei «Dialoghi d'amore» di Yehudah Abravanel* [in ebraico], in «Jewish Studies», 40 (2000), pp. 113-130 (in partic. p. 122); e H. TIROSH-SAMUELSON, *Jewish philosophy on the eve of modernity*, in *History of Jewish Philosophy*, ed. by D. H. Frank – O. Leaman, London 1997, pp. 499-573, in partic. p. 523: «This is what Ebreo attempted to do when he composed his philosophical allegory about the two earthly *Jewish courtiers*, Philo and Sophia» (il corsivo è mio).

suo confronto con la 'donna straniera' – di elaborare una soluzione al problema del rapporto tra tradizione ebraica e sapere greco che era stato al centro della riflessione del giudaismo iberico tardo-quattrocentesco, e che trovava peraltro nuove formulazioni nella cultura rinascimentale, impegnata in quegli anni nella definizione di una *prisca theologia* capace di accordare tra loro l'autorità di Mosè e quella di Platone[7].

2. Come è stato in più occasioni osservato, la forma dialogica adottata da Leone per redigere il suo trattato sull'amore non solo è in completa armonia con le tendenze culturali espresse dall'ambiente italiano di quegli anni, ma riprende anche un genere letterario utilizzato dagli stessi filosofi ebrei medievali[8]. Tuttavia, i *Dialoghi* presentano almeno due peculiarità rispetto a questi antecedenti: il fatto che i protagonisti siano un uomo ed una donna; e quello di presupporre tra i due interlocutori una relazione non neutra, ma altamente significativa. La forma dialogica rappresenta infatti, drammatizzandolo, l'argomento principale dell'opera: Filone, innamorato di Sofia, dispiegherà tutta la ricchezza delle sue conoscenze in materia filosofica ed esegetica per chiarire i dubbi dell'amata, istruirla e soddisfare così le sue curiosità intellettuali.

Entrambi questi elementi si ritrovano in un testo di importanza capitale per la riflessione medievale e rinascimentale, sia ebraica che cristiana, sull'amore: il *Cantico dei Cantici* (*Shir ha-shirim*). Tradizionalmente attribuito a Salomone, il *Cantico* è considerato infatti un dialogo di natura allegorica tra un uomo e una donna, la cui vicenda amorosa – esposta in forma drammatica – si presta ad assumere molteplici significati filosofici e teologici. Tuttavia, la situazione che viene descritta nei *Dialoghi* presenta anche alcune significative differenze rispetto ai modelli interpretativi solita-

[7] Si veda in proposito M. IDEL, Prisca Theologia *in Marsilio Ficino and in some Jewish Treatments*, in *Marsilio Ficino: His Theology, His Philosophy, His Legacy*, ed. by M. J. B. Allen – V. Rees – M. Davies, Leiden – Boston – Köln 2002, pp. 137-158.

[8] Sul rapporto tra la tradizione dialogica ebraica medievale e i *Dialoghi* cfr. A. W. HUGHES, *Transforming the Maimonidean Imagination: Aesthetics in the Renaissance Thought of Judah Abravanel*, in «Harvard Theological Review», 97 (2004), pp. 461-484; e ID., *The Art of Dialogue in Jewish Philosophy*, Bloomington 2008, pp. 107-137.

mente applicati al *Cantico*; in particolare al personaggio femminile – identificato tradizionalmente nell'esegesi giudaica con la comunità di Israele o con l'anima umana che anela all'unione con la divinità – non viene affidato il ruolo di amante, ma quello di amata[9]. Si vedrà più avanti in che senso, tuttavia, i *Dialoghi* possano comunque essere inseriti in questa tradizione.

Per quanto riguarda la messa in scena di due interlocutori di sesso diverso, i *Dialoghi* sembrano ispirarsi anche alla filosofia platonica e neoplatonica, e in primo luogo all'archetipo dell'incontro di Socrate con Diotima, peraltro incentrato, proprio come quello tra Filone e Sofia, sulla ricerca intorno alla natura dell'*eros*. La figura di Diotima viene d'altronde citata esplicitamente nella terza parte dei *Dialoghi*. Illustrando il problema della genealogia dell'amore, Filone riconosce alla «fata»[10] del *Simposio* un ruolo ben preciso: Diotima viene infatti descritta come «la maestra di Socrate nelle cognizioni amatorie», la «savia» che gli «mostrò» e «insegnò» attraverso il mito di Poros e Penia l'origine dell'eros universale[11]. La breve caratterizzazione di Diotima come donna sapiente è ispirata al testo stesso di Platone, che, anche nella traduzione ficiniana utilizzata da Leone, mette da un lato in evidenza la profonda dottrina della donna e dall'altro il ruolo di discepolo rivestito nei suoi confronti da Socrate. Nella conversazione

[9] Per una ricostruzione di queste interpretazioni cfr. LEVI BEN GERSHOM (GERSONIDES), *Commentary on Song of Songs*, translated from the Hebrew with an introduction and annotations by M. Kellner, New Haven – London 1998, pp. XV-XXXI; alcune letture cabalistiche del *Cantico* sono esaminate in E. R. WOLFSON, *Ascetism and Eroticism in Medieval Jewish Philosophical and Mystical Exegesis of the Song of Songs*, in *With reverence for the Word: Medieval Scriptural Exegesis in Judaism, Christianity and Islam*, ed. by J. D. McAuliffe – B. D. Walfish – J. W. Goering, New York 2003, pp. 92-118.

[10] È chiara qui la dipendenza del testo dei *Dialoghi* dalla traduzione del *Simposio* realizzata da Ficino. Si veda, infatti, la «*fatidica* muliere Diotima, que et harum rerum perita erat, et alia multa sapienter intelligebat» che – secondo le parole di Socrate – «me in amatoria facultate instruxit», come si legge nella traduzione ficiniana del *Simposio*: cfr. MARSILIUS FICINUS, *Platonis Opera*, Venezia 1491, Bernardino de' Cori – Simone da Lovere, f. 154b: Ficino traduce il greco *mantiniké* ('di Mantinea') come se si trattasse di *mantiké* ('indovina', 'profetessa') e Leone – che evidentemente aveva sottomano la sua tradizione e non l'originale greco – lo segue, rendendo coerentemente il «fatidica» ficiniano con il volgare «fata».

[11] YEHUDAH ABRAVANEL [LEO HEBRAEUS], *Dialoghi d'amore*, III, hrsg. von C. Gebhardt, Heidelberg – London – Paris – Amsterdam 1929, p. 94b. Tutte le successive citazioni da quest'opera (d'ora in poi: *Dialoghi*, senza indicazione dell'autore), fanno riferimento a questa edizione. In tutte le citazioni i corsivi sono miei.

tra i due, è Socrate infatti ad ammettere la propria ignoranza ed inferiorità («si id ostendere potuissem numquam sapientiam tuam admiratus essem, Diotima; neque discendi gratia ad te venuissem»[12]), a chiedere esempi («exemplo quodam declama»[13]), e a confessare la sua difficoltà nel comprendere l'elevatezza dei contenuti che la donna cerca di trasmettergli («vaticinio opus est ad id quod ais intelligendum: hoc enim nullo modo percipio»[14]); d'altra parte, Diotima rivendica la sua funzione pedagogica («hoc deinceps o Socrates docere conabor»[15]) e si vede costretta ad esprimere il suo discorso in un linguaggio adatto alle capacità del suo interlocutore («dicam equidem planius [...] o Socrates»[16]).

Un altro modello – più indiretto, ma non meno interessante – che potrebbe aver ispirato a Leone i suoi *Dialoghi* è costituito dalla *Consolatio philosophiae* di Severino Boezio. Il testo boeziano, che circolò ampiamente anche tra gli ebrei spagnoli durante il quindicesimo secolo, consiste infatti, come noto, in una conversazione tra lo stesso autore ed una «mulier reverendi admodum vultus» che si propone di guarirlo dalla condizione di smarrimento in cui era venuto a trovarsi in seguito alle controverse vicende politiche che lo avevano condotto alla prigionia e alla condanna a morte[17]: la donna in questione è la Filosofia, che porta intessuti sulle sue vesti i gradini di cui si compone la scala che conduce all'acquisizione della saggezza e della beatitudine[18]. Alla

[12] PLATO, *Symposium*, in *Platonis Opera*, trad. MARSILIUS FICINUS, ed. cit. (alla nota 10), p. 155b.

[13] *Ibid.*, p. 155a.

[14] *Ibid.*, p. 155b.

[15] *Ibid.*, p. 155a.

[16] *Ibid.*, p. 155b.

[17] La *Consolatio* – di cui esistevano traduzioni ebraiche e catalane – divenne assai popolare in ambiente sefardita, in particolar modo nel quindicesimo secolo: cfr. M. ZONTA, *Le origini letterarie e filosofiche delle versioni ebraiche del* De consolatione philosophiae *di Boezio*, in *Hebraica: miscellanea di studi in onore di Sergio J. Sierra per il suo 75° compleanno*, Torino 1998, pp. 571-604; il testo di Boezio fu d'altra parte uno dei modelli utilizzati dagli ebrei italiani che vollero cimentarsi nel genere autobiografico: cfr. F. LELLI, *The Origins of the autobiographic genre*: *Yohanan Alemanno (1434 to after 1504) and Abraham Yagel (1553-to after 1623)*, in «EAJS Newletter», 12 (March 2002), pp. 4-11.

[18] Sull'immagine della filosofia nella *Consolatio* si veda il classico P. COURCELLE, *La consolation de la philosophie dans la tradition littéraire: antécédents et postérité de Boèce*, Paris 1967; sulla divisione delle scienze adottata da Boezio cfr. G. D'ONOFRIO, *La scala ricamata. La* philosophiae divisio *di Severino Boezio, tra essere e cono-*

Filosofia – e alla figura femminile che la rappresenta – viene quindi attribuito il ruolo di «magistra virtutum»[19] che cerca di istituire per il suo «alumnus» un percorso graduale di risanamento dell'animo, scandito secondo determinate fasi.

In generale, la figura femminile nella tradizione dialogica latina assume il ruolo di maestra, di colei che si prende cura dell'aspirante sapiente e lo guida verso una superiore dimensione conoscitiva o spirituale. Si potrebbero in questo senso citare altri esempi, tra cui quello dei *Soliloquia* di Agostino, una sorta di dialogo interiore tra lo stesso filosofo e la Ragione (*Ratio*), che si propone di condurlo, attraverso una serie di domande ed un articolato e faticoso percorso di riflessione al chiarimento di questioni fondamentali che lui stesso si era posto intorno alla natura dell'anima e di Dio; o, ancora, pur non trattandosi di un vero e proprio dialogo, al *De planctu naturae* di Alano di Lilla, resoconto di una visione mistica in cui l'autore sottopone tra l'altro alcune delle sue «dubitationes» alla maestosa apparizione della Natura ottenendo da lei ammaestramenti e risposte[20].

Da un testo così profondamente intriso di materiale platonico come i *Dialoghi*, e che nei nomi dei due protagonisti evoca consapevolmente la figura dell'*amator sapientiae* presente in buona parte degli esempi citati, ci si attenderebbe dunque l'adozione di un modello analogo e la riproposizione dei ruoli e delle funzioni succintamente enucleati[21]: da un lato l'amante e/o allie-

scere, in *La divisione della filosofia e le sue ragioni: lettura di testi medievali (VI-XIII secolo)*, Atti del Settimo Convegno della Società Italiana per lo Studio del Pensiero Medievale (S.I.S.P.M.) (Assisi, 14-15 novembre 1997), a c. di G. d'Onofrio, Cava de'Tirreni 2001, pp. 11-63.

[19] Anicius Manlius Severinus Boethius, *Consolatio Philosophiae*, I, pr. 3, 3, PL 63, 604A, ed. C. Moreschini, München – Leipzig 2000 (Bibliotheca Scriptorum Graecorum et Romanorum Teubneriana), p. 9,7.

[20] Cfr. Alanus ab Insulis, *De Planctu naturae*, PL 210, 429-482, ed. N. M. Häring, in «Studi Medievali», 19 (1978), pp. 797-879, in partic., 448B, p. 832, e 451A, p. 836. Per la figura di Natura, complessa e di difficile interpretazione, si rimanda a J. Jolivet, *La figure de Natura dans le* De planctu naturae *d'Alain de Lille: une mythologie chrétienne*, in *Alain de Lille, le docteur universel*, Actes du XIe Colloque international de la Société Internationale pour l'Étude de la Philosophie Médiévale (Paris, 23-25 octobre 2003), éd. J.-L. Solère – A. Vasiliu – A. Galonnier, Turnhout 2005 (Rencontres de Philosophie Médiévale, 12), pp. 127-144.

[21] Nei nomi dei due protagonisti dei *Dialoghi* – Filone e Sofia – c'è un evidente rimando etimologico al lavoro filosofico come 'amore della sapienza', ripresa anche nel testo; cfr. *Dialoghi*, III, p. 63[a]: «Philo. E però Pittagora, li sapienti chiama-

vo che presenta le sue difficoltà ed è desideroso di apprendere, dall'altro la rappresentazione di una figura sapienziale femminile che accetta di venire in soccorso alle sue perplessità e di accompagnarlo nel suo percorso conoscitivo. È proprio facendo riferimento a questa tradizione che si può invece evidenziare l'originalità del progetto filosofico di Leone Ebreo. I *Dialoghi* propongono infatti, come cercherò di mostrare con alcuni esempi, una sorta di rovesciamento delle situazioni dialogiche tradizionali, di cui è necessario dare ragione proprio in virtù della familiarità con questo tipo di letteratura che Leone dimostra invece sotto altri aspetti.

3. Una prima, fondamentale peculiarità dell'opera di Leone rispetto al classico modello dialogico è l'originale distribuzione dei ruoli discente-docente. Nei *Dialoghi* il ruolo di guida non è infatti affidato alla figura femminile – come avviene nei testi che si sono brevemente presi in considerazione – ma all'interlocutore maschile. A Filone è attribuito il compito di organizzare il *curriculum studiorum* di Sofia, di esprimere apprezzamento o apprensione per i progressi intellettuali dimostrati dalla sua interlocutrice e per le competenze da lei acquisite, e di rispondere alle sue perplessità, in modo da renderle chiari concetti complessi, che sembrano troppo elevati per la capacità conoscitiva dell'amata. Nei modelli tradizionali l'organizzazione pedagogica compete sempre alla figura femminile: Filosofia si impegna a risvegliare l'intelletto sopito di Boezio secondo un programma da lei stabilito, cui è necessario attenersi poiché «quod praecipiti via / certum dese-

va philosophi, cioè amatori o desideratori della sapientia, però che quel che ha più sapientia conosce più quello che gli manca de la perfezione di quella (...)». La definizione è già in Cicerone, Agostino, Boezio, Isidoro ed entra a far parte dei manuali di scuola con il *Didascalicon* di Ugo di San Vittore: cfr. A. SPEER, *The Vocabulary of Wisdom and the Understanding of Philosophy*, in *L'élaboration du vocabulaire philosophique au moyen âge*, Actes du Colloque international de la S.I.E.P.M. (Louvain-la-Neuve et Leuven, 12-14 septembre 1998), éd. par J. Hamesse – C. Steel, Tournhout 2000, pp. 257-280, in partic. pp. 259-261; anche l'ebraismo medievale faceva riferimento all'etimologia del termine 'filosofia': cfr. B. CHIESA – C. RIGO, *La tradizione manoscritta del* Sefer ha-ma'alot *di Shem Tob Ibn Falaquera e una citazione ignorata della* Risāla fī ism al-falsafa *di al-Fārābi*, in «Sefarad», 53 (1993), [pp. 3-15], pp. 8-11. La definizione della filosofia è poi, come noto, al centro della riflessione dantesca, in modo particolare nel *Convivio*: una ricerca sull'influenza esercitata da quest'opera sui *Dialoghi* meriterebbe di essere affrontata.

rit ordine / laetos non habet exitus»[22]; la *Ratio* che discute con Agostino esplicita la questione del piano di studi che è opportuno seguire e si fa portatrice di un ordine di accesso ai vari livelli della speculazione filosofica e teologica cui il suo interlocutore deve sottomettersi per ottenere le risposte alle domande che si pone[23]; Natura libera Alano dall'ottundimento intellettuale e gli offre le chiavi per comprendere i concetti che intende comunicargli[24]. Nei *Dialoghi* invece, in un paradossale capovolgimento dei ruoli, è Filone che assume il compito di educare la *sophia* con cui discute secondo uno schema ben preciso, che prevede, come la struttura del testo mette in evidenza, un passaggio dai livelli umani e naturali della conoscenza a quelli metafisici e teologici. È infatti Sofia, e non Filone, a dover *sollevare la sua mente* dalle realtà empiriche e sensibili per poter *vedere* e *conoscere* quelle ontologicamente superiori[25]: ogni soluzione elaborata dall'amante corrisponde quindi, di fatto, ad una graduale acquisizione di conoscenza da parte della Sofia amata e alla progressiva liberazione dai dubbi che la assillano.

In chiusura del primo dialogo, Filone propone così a Sofia, seguendo uno schema classico che trova riscontro nel piano complessivo dell'opera, l'itinerario che dovrà seguire per giungere alle più elevate conoscenze in materia d'amore:

> PHILO. (...) E quando tu *saprai*, o Sophia, di quanto momento sia l'amore in tutto l'universo mondo, non solamente nel corporeo ma molto più nel spirituale e come da la prima

[22] Cfr. ANICIUS MANLIUS SEVERINUS BOETHIUS, *Consolatio Philosophiae*, I, m. 6, vv. 20-22, ed. Moreschini cit. (alla nota 19), p. 23.

[23] Cfr. AUGUSTINUS HIPPONENSIS, *Soliloquia*, I, 13, 22-23, PL 32, 881-882, ed. W. Hörmann, Wien 1986 (CSEL, 89), pp. 35,1 - 37,13.

[24] ALANUS AB INSULIS, *De Planctu naturae*, 446C, ed. Häring cit. (alla nota 20), p. 830.

[25] Si vedano ad esempio i seguenti passi, dove il ruolo di Sofia è assai ben delineato. *Dialoghi*, III, p. 69b: «PHI. Simili dubitationi da te aspettavo: sono a proposito, perché con la solutione di quelli più interamente *conoscerai* che l'amore nacque nel mondo angelico (come t'ho detto)». *Ibid.*, p. 92a: «PHI. Questa, o Sophia, è la sapientia allegorica che significa la vera historia mosaica de l'unione de l'uomo maschio e femmina (...); *se ben l'intenderai*, in uno specchio *vedrai* la vita di tutti gli huomini, il loro bene e male, *conoscerai* la via che si debbe fuggire,e quella che si debbe seguire (...)». *Ibid.*, p. 58a: «PHI. Da questo che t'ho detto, se vuoi alquanto, o Sophia *sollevare la tua mente*, *vedrai* donde viene la tua produzione e moltiplicazione de le cose. – SOPHIA. Dichiarami ancora questo, *che da me non l'intendo*».

> causa che ogni cosa produce fin all'ultima cosa creata non è alcuno senza amore, tu *l'haverai in maggiore veneratione e a l'hora conseguirai maggiore notitia de la sua genealogia*[26].

L'*accessus* ai diversi argomenti è stabilito da Filone, che lo ordina secondo un graduale passaggio dalla conoscenza delle realtà sensibili a quelle soprasensibili, a sua volta fondato sulla distinzione aristotelica tra ciò che è più noto rispetto a noi e ciò che possiede un grado maggiore di dignità ontologica[27]:

> PHI. Se vuoi che parliamo del nascimento d'amore, bisognarà in questa presente confabulatione prima dirti de la comunità del suo essere e de la sua ampla universalità e un'altra volta poi parlaremo del suo nascimento. – SOPHIA. Non è prima l'origgine de la cosa, che la sua universalità? – PHI. È ben prima in essere, ma non è prima ne la nostra cognitione. – SO. Come no? – PHI. Perché la comunità de l'amore è più manifesta a noi che l'origine di quello e da le cose note si viene alla cognitione de le cose ignote[28].

Emblematico del rovesciamento operato da Leone rispetto alla tradizione è l'uso della classica metafora della scala. Nella *Consolatio* è donna Filosofia a portare intessuta sulle sue vesti lacere la scala del sapere, quasi come monito ed invito al risveglio spirituale di Boezio; nel *Simposio* è Diotima ad incitare Socrate a progredire verso la vera bellezza attraverso i diversi gradini cui corrispondono i vari livelli di conoscenza del bello[29]; nei *Dialoghi*, al contrario, è Filone, che, conoscendone evidentemente la struttura, invita Sofia ad elevarsi sulla scala che conduce dal mondo sublunare verso le realtà superiori, in modo da acquisire una cono-

[26] *Ibid.*, I, p. 37ab. In questo passo vengono annunciati i contenuti dei due dialoghi successivi, *De la comunità d'amore* e *De l'origine d'amore*.

[27] La distinzione riportata da Leone è presente in ARISTOTELES, *Physica*, I, 1, 184a$^{16-20}$ (tr. it. di A. Russo, Roma – Bari 2005, p. 3): «È naturale che si proceda da quello che è più conoscibile e chiaro per noi verso quello che è più chiaro e conoscibile per natura: ché non sono la medesima cosa il conoscibile per noi e il conoscibile in senso assoluto. Perciò è necessario procedere in questo modo: da ciò che è meno chiaro per natura ma più chiaro per noi a ciò che è più chiaro e conoscibile per natura»; cfr. anche ID., *Ethica Nicomachea*, I, 4, 1095b$^{2-4}$.

[28] *Dialoghi*, II, p. 1b.

[29] PLATO, *Symposium*, 210a - 211d.

scenza più approfondita delle leggi che regolano i rapporti tra conoscenza e bellezza nelle realtà spirituali:

> PHI. (...) Quando, Sophia, *salirai per questa scala* al mondo celeste e angelico troverai che quelli che partecipano più bellezza intellettuale del sommo bello, più conoscono quanto manca al più perfetto de' creati de la bellezza del suo creatore[30].

In questo contesto, Sofia – che, come dice Filone, sebbene dotata di un «sottile ingegno» è ancora incapace di farsi «sapiente»[31] – eredita dalla tradizione dialogica medievale, coerentemente con la posizione che occupa, alcuni dei tratti che caratterizzano la figura del discepolo: non solo una capacità di penetrazione intellettuale limitata alle realtà inferiori, ma anche la necessità di disporre di esempi concreti, l'impazienza ed un'eccessiva fiducia nella fantasia. Lei stessa riconosce d'altra parte al suo interlocutore una superiorità di natura intellettuale, e gli accorda la capacità di comprendere e di insegnarle cose che le sfuggono:

> SO. Io farò pure inseguire la tua dottrina alla platonica; intenderò quello che potrò, e il resto ti crederò, come a chi meglio e oltra di me vede[32].

Come Socrate con Diotima, Sofia domanda a Filone esempi concreti, o meglio *sensibili*, dato che si convince delle teorie che il suo amante le espone solo quando le viene offerta una dimostrazione empirica della loro validità[33]:

> SO. Mi pare intendere questa sublime astrazione come ne l'unità consiste multifaria causazione e come de l'uno semplicissimo dependano molte diverse separate cose: ma se pur mi desse *qualche esempio sensibile*, molto mi piaceria[34].

[30] *Dialoghi*, III, p. 63b.

[31] *Ibid.*, I, p. 14a.

[32] *Ibid.*, III, p. 126a.

[33] Sofia necessita di verifiche empiriche (cfr. *ibid.*, I, p. 32a: «SO. Ancora che le tue ragioni non siano meno verosimili che sottili io fò giudizio de *l'esperientia*») e tenta spesso di confutare Filone proprio a partire da esempi concreti, come quello dell'amore di Amnon per Tamar (cfr. *ibidem*) o quello di Achille per Alceste (cfr. *ibid.*, III, p. 41a).

[34] *Ibid.*, III, p. 119a. Si possono citare molti altri passi in cui emerge questa attitudine di Sofia. Cfr. *ibid.*, p. 6a: «SO. Mi par quasi intendere questa differentia che fai ne la natura de l'anima; ma, se trovassi qualche buono *essempio* per meglio

L'apprendistato di Sofia necessita anche di una pazienza di cui non è sempre capace di far prova: spesso interrompe Filone, mossa dal desiderio di sottoporgli nuove perplessità prima ancora che egli abbia avuto il tempo di rispondere a quelle precedenti, dimostrando anche una certa insofferenza verso le sue spiegazioni:

> PHI. Già ero per risponderti a questo secondo argomento, se tu fussi stata paziente[35].

Anche in questo caso una caratteristica riservata di norma al discepolo viene attribuita proprio a colei che porta il nome di sapienza; nei *Soliloquia*, ad esempio, è la *Ratio* ad invitare Agostino alla calma («ne propera, otiosi sumus») quando lui, desideroso di conoscere ciò che lo interessa, insiste per accelerare i tempi[36]. L'impazienza di Sofia si oppone d'altra parte al percorso graduale che, da buon maestro, Filone le prospetta e che può compiersi solo attraverso il rispetto di un determinato ordine espositivo e logico-argomentativo che è lui a conoscere; si veda a titolo di esempio il seguente scambio di battute tra i due personaggi:

> SO. (...) Ti pare, o Philone, che habbi inteso questa tua sottil distintione de l'amore del superiore a l'inferiore con la comune delettatione ne l'uno e ne l'altro? PHI. Mi pare che sì, ché assai bene l'hai referita. Ma che adunque? – SO. Voglio inferire che questo non satisfà a la mia domanda: ch'io non ti domando del fine perché nacque l'amor divino, il quale quando il mondo fu prodotto nacque con lui, ma ti domando perché nacque l'amore de l'universo creato e quale è il fi-

acquietarmi l'animo, sarebbemi grato». *Ibid.*, p. 28b: «PHI. Non t' inganni l'uso de' vocaboli del vulgo, ché molte volte un nome, che ha general significatione, suole applicarsi a una de le sue spetie solamente: e così interviene a l'amore. – SO. *Dammi qualche esempio*»; *ibid.*, p. 36b: «SO. Ma di questa neutralità di quelle cose buone che non son né belle né brutte, *vorrei qualche esempio* o *evidentia* in più». *Ibid.*, p. 11a: «SO. Intendo la ragione, ma *vorria qualche esemplo*».

35 *Ibid.*, II, p. 65b. Sofia si mostra impaziente anche in altre occasioni. Cfr. *Ibid.*, I, p. 12a: «PHI. Già ero per dirtelo, se non m'interrompevi». *Ibid.*, III, p. 109a: «SO. Ancora che in questo tu favorisci il mio dubio, t'interomperò la risposta, finché mi dica la ragione perché tutte l'anime egualmente non hanno cognitione, dilettatione e amore del bello (...). PHI. La risposta di questa vedrai insieme con la solutione del tuo dubbio, se mi lascerai dire».

36 Cfr. AUGUSTINUS HIPPONENSIS, *Soliloquia*, I, 4, 9, 874, ed. Hörmann cit. (alla nota 23), p. 17,1-6.

> ne di quello. PHI. *Ti satisfarò bene, quando vorrai intendere il resto, del quale bisognò che questo fusse esordio*[37].

Il ricorso ad una facoltà come quella della fantasia è un altro aspetto della personalità intellettuale di Sofia che ne mette in dubbio lo statuto sapienziale:

> SO. Questa cosa par ragionevole. Pur alla fantasia è strano che un grande non abbi più proporzione e approssimazione a l'infinito che un piccolo e che nol possa meglio commensurare. Dichiarami, ti prego, questa sententia meglio. PHI. La fantasia non bisogna che impedisca la ragione ne le tali come te, o Sophia[38].

Il riferimento alle facoltà inferiori è infatti tipico del discepolo ancora alle prese con il mondo sensibile: si pensi ad esempio a come Natura con le sue ammonizioni spinge Alano ad eliminare le «phantasiae reliquiae» che ancora lo ostacolano[39].

L'elemento che meglio evidenzia questo capovolgimento dei ruoli tradizionali è costituito nei *Dialoghi* dalle perplessità che assillano Sofia e che Filone s'incarica di risolvere. La caratteristica fondamentale di Sofia è infatti quella di pretendere la *soluzione* di numerosi *dubbi*:

> SO. Sicché, lassato da parte ogni altra cosa, *solvimi questi miei dubi*[40].

> PHI. Li tuoi *dubbi* mostrano ingegno; la *solutione* loro non è difficile[41].

[37] *Dialoghi*, III, p. 139a.

[38] *Ibid.*, p. 65b. Una conseguenza del ricorso ai sensi e alla fantasia è la propensione a farsi ingannare. Cfr. *ibid.*, p. 39b: «SO. Io *era in errore* e piacemi sapere il *vero*; ma che mi dirai de la *significatione de' vocaboli qual mi ha ingannato*, che amante vuol dire agente e amato paziente?». *Ibid.*, p. 60b: «SO. Par che mi voglia ingannare. – PHI. A che modo? – SO. Perché mi dici che ove è bellezza ivi è amore, e già tu m'hai mostrato che l'amore è dove la bellezza manca. – PHI. Io non t'inganno, *tu sei quella che te stessa inganni*». *Ibid.*, p. 117b: «PHI. E prima ti dirò che *t'inganni* credendo che ne le idee sia diversità e moltitudine divisa così come ne le parti mondane che dependano da quelle». In *ibid.*, p. 65b, anche la richiesta di esempi è esplicitamente collegata all'uso della fantasia: «SO. Dammi qualche essemplo, perché meglio la fantasia s'acquieti».

[39] Cfr. ALANUS AB INSULIS, *De Planctu naturae*, 446C, ed. Häring cit. (alla nota 20), p. 830.

[40] *Dialoghi*, I, p. 2b.

[41] *Ibid.*, III, p. 66a.

SO. Pur ti prego, o Philone, non *lasciare il mio dubio senza vera solutione*, se la sai[42].

L'inversione operata dai *Dialoghi* rispetto alla letteratura tradizionale, di genere dialogico e non solo, è quindi pressoché completa: le «quaestiones», le «dubitationes» sono un elemento caratteristico dell'aspirante sapiente posto di fronte ad una rappresentazione femminile della *Philosophia*, della *Natura* o della *Theologia*, alla quale spetta il compito, appunto, di discutere e risolvere i problemi sollevati e di perfezionare in questo modo il suo interlocutore. Nella *Commedia*, ad esempio, a 'spogliare' Dante dei suoi dubbi («s'io fui del primo dubbio disvestito») su svariate questioni cosmologiche e teologiche sono, come noto, le anime dei beati ed in particolare quella di Beatrice, che elimina le sue perplessità preparandolo così a concludere nella maniera adeguata il suo viaggio ultraterreno[43]. Nei *Dialoghi* è invece la stessa sapienza che dubita, che richiede spiegazioni, che sollecita dimostrazioni[44]. Come dice

[42] *Ibid.*, II, p. 19b. Riporto di seguito alcuni altri esempi dell'utilizzo sistematico dell'espressione. *Ibid.*, II, p. 19a: «SO. (...) Ma in questo che dice Aristotele, che l'oriente è la destra del cielo e l'occidente la sinistra, m'occorre un *dubio*: che l'oriente né l'occidente non è uno a tutti l'abitatori de la terra; (...). Qual dunque di questi orienti sarà la destra? E perché più uno che l'altro? E se ogni oriente è destra, uno medesimo sarebbe destra e sinistra? *Solvimi* questo che mi par *dubbioso*. – PHI. Il tuo *dubio*, o Sofia, non è molto facile *d'assolvere*». *Ibid.*, pp. 68b - 69a: «SO. Del primo *dubbio* veggo la soluzione: *solvimi* ora il secondo». *Ibid.*, III, p. 117b: «PHI. Mi piace questo *dubbio* che hai mosso, però che *la soluzione di quello* porrà termine satisfattorio al tuo desiderio di saper qual sia la vera e prima bellezza».

[43] DANTES ALAGHERII, *Commedia*, *Paradiso*, I, v. 94, ed. G. Petrocchi, Milano 1966-1967 (Edizione Nazionale a c. della Società Dantesca Italiana), VII/4, p. 13. Si vedano in particolare i canti I, II e IV del *Paradiso* in cui ai dubbi di Dante vengono contrapposte le soluzioni di Beatrice. Per Dante il dubbio ha una valenza positiva, in quanto è strumento per la ricerca della verità; cfr. *ibid.*, IV, vv. 130-132, p. 65: «Nasce per quello [*i. e.* il desiderio di raggiungere la verità], a guisa di rampollo / a piè del vero il dubbio; ed è natura / ch'al sommo pinge noi di collo in collo».

[44] Particolarmente illuminante è a questo proposito il raffronto tra le sezioni dei *Dialoghi* e del *De Planctu Naturae* in cui viene discusso il significato delle favole poetiche. Nel *De Planctu* troviamo infatti Alano che sottopone a Natura la delicata questione (*dubitatio*) del significato da attribuire agli amori – in questo caso omoerotici – degli dei pagani narrati dai poeti antichi. Cfr. ALANUS AB INSULIS, *De Planctu naturae*, 451AC, ed. Häring cit., pp. 836-837: «Tunc ego: 'Miror cur poetarum commenta retractans, solummodo in humani generis pestes praedictarum invectionum armas aculeos, cum et eodem exorbitationis pede deos claudicasse legamur. Iupiter enim, adolescentem Frigium transferens ad superna, relativam Venerem transtulit in translatum (...)'. Tunc illa (...) ait: 'An interrogatio-

Filone, per Sofia è più facile «domandare che solvere»[45]. Tuttavia, la sua non è, come si potrebbe pensare, un'interrogazione di tipo socratico, volta a far riemergere nel suo interlocutore conoscenze dimenticate. È semmai Filone che utilizza in alcuni casi una sorta di metodo dialettico – come Diotima con Socrate o Philosophia con Boezio – per condurre l'amata a formulare lei stessa le risposte di cui ha bisogno. Sofia, infatti, non afferma socraticamente di non sapere, quanto piuttosto di non avere certezze riguardo a determinati argomenti e di attendere dal suo amante chiarimenti in proposito. D'altra parte, i suoi dubbi sono utili più a lei stessa che a Filone, in quanto rappresentano strumenti che le consentono di avere accesso ad una conoscenza progressivamente più solida ed ampia e di liberarsi dalla «fallace ed insufficiente cognizione»[46] e dalle «equivocazioni»[47] di cui sono spesso il frutto:

> PHI. Simili dubitationi da te m'aspettavo: sono a proposito, perché con la solutione di quelli più interamente *conoscerai* che l'amore nacque nel mondo angelico (come t'ho detto)[48].

nem, que nec dubitationis faciem digna est usurpare, questionis querendo vestis imagine, an umbratilibus poetarum figmentis, que artis poetice depinxit industria, fidem adhibere conaris? Nonne ea, que in puerilibus cunis poetice discipline discuntur, altiori discretionis lima senior philosophie tractatus eliminat? (...) Aut in superficiali littere cortice falsum resonat lira poetica, interius vero auditoribus secretum intelligentie altioris eloquitur, et exteriori falsitatis abiecto putamine dulciorem nucleum veritatis secrete intus lector inveniat'». Nei *Dialoghi*, è invece Sofia che chiede come sia possibile attribuire alle realtà celesti gli amori impuri di cui parlano le storie degli dei; ed è Filone che le rivela il loro vero significato, affinché possa coglierne la «midolla» nascosta sotto le «scorze». Cfr. *Dialoghi*, II, p. 26a: «SO. Essendo come tu dici tanta efficacia d'amore fra li corpi celesti, non debbe essere vano quel che i poeti fingano de l'amori de gli dei celesti, come l'innamoramenti di Giove e di Apolline, escetto che li poeti hanno posto questo amore lascivo, come di maschio a femmina, qualcuno matrimoniale e altri adulterini; e il mettono ancor generativo di altri dei: le qual cose sono certamente molto aliene da la natura de li celesti, ma, come il vulgo dice, molte son le bugie dei poeti. – PHI. Né i poeti hanno detto in questo cose vane né bugiarde, come tu credi. – SO. Come no! Tu crederesti mai simili cose de li dei celesti? – PHI. Io le credo, perché l'intendo; e tu ancora, se l'intenderai, le crederai. – SO. Fammele adunque intendere, perché io le creda. – PHI. Li poeti antichi, non una sola, ma molte intentioni implicorno ne' suoi poemi, le quali chiamano 'sensi'. (...) Questi sensi medullati si chiamano 'allegorici'».

[45] *Dialoghi*, III, p. 39b.

[46] *Ibid.*, p. 121a.

[47] *Ibid.*, p. 62a.

[48] *Ibid.*, p. 69b.

> PHI. Mi piace intendere il tuo dubio, perché la solutione di quello *ti mostrerà* a che modo le bellezze corporee si debbino conoscere e amare, e a che modo si debbino fuggire ed odiare[49].

Ci troviamo quindi di fronte, nei *Dialoghi*, ad una situazione quasi speculare rispetto a quella che la tradizione greca e latina offriva all'ebreo Leone. I tratti principali della personalità intellettuale di Sofia non sono quelli di una donna saggia, anzi: la memoria – è lei che in più di un'occasione ricorda a Filone gli argomenti già affrontati e le conclusioni raggiunte[50] – il riferimento ad opinioni *intese* da altri e quindi a concetti appresi per esperienza[51], la sottigliezza d'ingegno ed un approccio di tipo sostanzialmente empirico alla conoscenza, caratterizzato dall'esigenza di richiamarsi alla fantasia, agli esempi sensibili ed in generale alle facoltà inferiori dell'anima, testimoniano del suo statuto di allieva e di rappresentante di un sapere incerto e perfettibile, impossibilitato a progredire autonomamente verso livelli della realtà che esulano dalla percezione dei sensi. Queste caratteristiche erano proprie, secondo alcuni intellettuali ebrei spagnoli attivi nella seconda metà del secolo XV di un sapere ben preciso, il cui rapporto con la *Torah* e con la tradizione giudaica era oggetto di discussione e di accese controversie: la filosofia di Aristotele e dei suoi interpreti medievali. L'originalità del meccanismo dialogico che si è messa fin qui in evidenza sembra quindi poggiare su di una diversa concezione della *sophia*[52]: se, in generale, per il

[49] *Ibid.*, p. 111a.

[50] Si veda ad esempio il lungo passo *ibid.*, p. 24ab, in cui Sofia ricorda allo smemorato Filone il contenuto di una discussione già affrontata.

[51] Cfr. *ibid.*, I, p. 26b: «SO. Ma un dubbio mi occorre che *io ho inteso altre volte* che la felicità non consiste precisamente in conoscere Dio, ma in amarlo e fruirlo con dilettatione». E *ibid.*, II, p. 17b: «SO. (...) E *io ho sempre inteso* che l'uomo è simulacro non solamente del cielo ma di tutto l'universo (...)». Questo tipo di conoscenza rientra tra quelle ricavate dall'esperienza sensibile, come afferma il filosofo ebreo Yosef ibn Tsaddiq (sec. XII) nel suo *Libro del microcosmo*, riprendendo una classificazione degli oggetti della conoscenza di ispirazione avicenniana (cit. in M. ZONTA, *La filosofia ebraica medievale. Storia e testi*, Roma – Bari 2002, p. 92): «Ora, le specie delle cose intelligibili sono di per sé quattro: sensibili, comuni, accettate per tradizione, intelligibili primi. (...) Accettato per tradizione è ciò che noi riceviamo da un sapiente competente e noto, o da una comunità competente. (...) Le cose accettate per tradizione rientrano nella specie dei sensibili, perché derivano dal senso dell'udito».

[52] Sull'argomento si veda il classico M.-Th. D'ALVERNY, *Quelques aspects du*

neoplatonismo medievale e rinascimentale, la *sapientia divina* e la filosofia come suo riflesso e strumento finivano infatti per identificarsi, per Leone la *sophia* rimanda invece inevitabilmente alla «scienza dei greci», sapere umano ed inferiore alla rivelazione mosaica, che articola gli interrogativi ma non è in grado di fornire autonomamente le risposte. La natura precaria, limitata e incerta delle conoscenze di Sofia, ottenute a partire dalle ingannevoli realtà sensibili, rinvia perciò inevitabilmente al tema dell'incertezza della scienza filosofica, assai diffuso nel giudaismo medievale[53]. Diventa quindi importante, alla luce di queste considerazioni, esaminare il retroterra intellettuale di Leone e la sua formazione iberica.

4. Durante tutto il quindicesimo secolo il problema dello statuto della filosofia era stato al centro della riflessione di molti autori sefarditi. I *pogrom* antiebraici del 1391 e le conseguenti ondate di conversione al cristianesimo dettero luogo ad accese dispute sul ruolo che il sapere filosofico doveva o poteva svolgere nel *curriculum* di un ebreo[54]. Una parte dell'élite intellettuale del tempo

symbolisme de la 'sapientia' chez les humanistes, in EAD., *Études sur le symbolisme de la Sagesse et sur l'iconographie*, Aldershot 1993, pp. 322-333.

[53] Già Yehudah ha-Levi nel suo *Kuzari*, parafrasando un passo del discorso di Socrate agli Ateniesi, assegnava ai filosofi pagani una conoscenza che può solo constatare i suoi limiti, e che si rivela necessariamente inferiore alla rivelazione concessa al popolo di Israele. Cfr. YĔHŪDĀH HA-LĒWĪ, *Kuzari* (*Il re dei Khàzari*), tr. it. di E. Piattelli, Torino 1991, pp. 212-213: «Tuttavia, sebbene [i filosofi] si siano tanto allontanati dalla verità, non devono essere incolpati perché non hanno raggiunto la conoscenza di Dio se non per mezzo della speculazione: questo è ciò che hanno raggiunto per mezzo della loro speculazione; e quello tra loro che riconosce la verità, dirà a coloro che professano la legge quel che disse Socrate al popolo: 'Questa vostra scienza divina non dico sia falsa, ma dico che non l'intendo; però io sono savio nella scienza umana'». La citazione è da PLATO, *Apologia Socratis*, 20de.

[54] Sull'integrazione o il rifiuto del *curriculum* di studi elaborato da Maimonide e dai suoi seguaci e il rapporto tra la *Torah* e il 'sapere straniero', si veda A. ACKERMAN, *Jewish philosophy and the Jewish-Christian philosophical dialogue in fifteenth-century Spain*, in *The Cambridge Companion to Medieval Jewish Philosophy*, ed. by D. H. Frank – O. Leaman, Cambridge 2003, pp. 371-390, e S. REGEV, *Sulla questione dello studio della filosofia nel pensiero del secolo XV: R. Yosef ibn Shem Tov e R. Abraham Bibago* [in ebraico], in «Da'at», 16 (1986), pp. 57-85; i cabalisti, che optarono quasi sempre per un rifiuto della filosofia pur recuperandone terminologie e concetti, occuparono un posto importante in questi dibattiti: cfr. H. TIROSH-SAMUELSON, *Philosophy and Kabbalah 1200-1600*, in *The Cambridge Companion to Medieval Jewish Philosophy* cit., pp. 218-257.

ritenne infatti che le dottrine contenute nei libri di Maimonide o dei commentatori di Aristotele fossero responsabili dell'abbandono della fede dei padri: la filosofia incoraggiava il disinteresse per le pratiche cultuali e rendeva superflui i precetti della *Torah*, spingendo all'indifferenza religiosa e all'eresia[55]. Alcuni ebrei sostennero quindi la necessità di vietarne lo studio, altri cercarono un compromesso, ridimensionando il ruolo della 'scienza greca' o elaborando nuove soluzioni al problema di una sua convivenza con la tradizione giudaica. Yosef ibn Shem Tov, che fu maestro del padre di Leone, Isaac Abravanel (1430-1508), sosteneva ad esempio la netta distinzione tra una via filosofica ed una via religiosa alla beatitudine[56]: la prima apparteneva all'ebreo in quanto uomo, la seconda gli era riservata in quanto ebreo; la filosofia – scienza che solleva, appunto, secondo le sue parole, più dubbi (*sefeqot*) che certezze e che può contare solo sui miseri mezzi dell'intelligenza umana[57] – non poteva così che candidarsi al ruolo di ancella della *Torah*. Una simile caratterizzazione del sapere greco è presente anche nel Commento al *Libro dei Re* (1492) dello stesso Isaac Abravanel[58]. La sezione in cui vengono commentate le vicende di Salomone contenute nel testo biblico è dedicata infatti all'analisi del rapporto tra rivelazione e ragione: alla sapienza (*ḥokhmah*) di origine divina di Salomone sono affiancati i problemi non risolti dai 'ricercatori' (*ḥakmey ha-meḥqar*)[59], che procedono in modo

[55] Un quadro storico è in B. R. Gampel, *Lettre à un maître indocile. Les mutations de la culture séfarade en Ibérie Chrétienne*, in *Les cultures des juifs. Une nouvelle histoire*, éd. par D. Biale, Paris – Tel Aviv 2005, pp. 369-417; per una panoramica ricca e puntuale dei temi e dei problemi affrontati da questi autori cfr. J.-P. Rothschild, *Les philosophes juifs d'Espagne au* XV*e siècle, l'«Ethique à Nicomaque» et le projet philosophique de Joseph ibn Shem Tob (étude préparatoire)*, in *Pensamiento medieval ispano. Homenaje a Horacio Santiago Otero*, a c. di J. Ma Soto Rábanos, 2 voll., Madrid 1998, II, pp. 1289-1316.

[56] La notizia viene data da Abravanel in relazione alla interpretazione del capitolo 25 del libro dell'*Esodo*, in cui si richiama all'autorità del suo antico maestro: cfr. Rothschild, *ibid.*, p. 1292, nota 9.

[57] Cfr. Yosef ibn Shem Tov, *Kevod Elohim* (*Gloria del Signore*), Ferrara 1555, pp. 23b - 24a.

[58] Isaac Abravanel, *Perush 'al nevi'im rishonim* (*Commento ai profeti primi*), Gerusalemme 1955, pp. 467-480.

[59] Nel lessico ebraico medievale l'espressione indica sia i filosofi in quanto si oppongono a coloro che possiedono la verità rivelata (*ḥakmey ha-tushiah*), sia i seguaci di Aristotele: cfr. G. Sermoneta, *Un glossario filosofico ebraico-italiano del* XIII *secolo*, Roma 1969, pp. 149-150.

empirico nelle loro investigazioni. Il re di Israele, secondo Isaac, ha infatti una conoscenza perfetta e completa della struttura dell'essere, mentre i pagani che vengono ad ascoltarlo, identificati con i filosofi medievali, sono costretti a procedere in maniera discorsiva, a fondarsi sulla memoria, sull'immaginazione (*dimyon*) ed i sensi (*ḥushim*), o sull'apprendimento da altri studiosi; essi ottengono così dalle loro fatiche solo insolubili aporie e conoscenze soggette all'errore e alla minaccia dell'oblio, limitate inesorabilmente ai piani inferiori dell'essere, e sono di conseguenza costretti a far ricorso all'autorità salomonica per risolverle. Sofia, con il suo armamentario di problemi irrisolti e con la sua limitata penetrazione intellettuale sembra quindi incarnare l'immagine della filosofia che alcuni pensatori ebrei molto vicini a Leone contrapponevano alla sapienza riservata ad Israele e alle sue certezze. D'altra parte, il sapere greco viene spesso associato nella cultura ebraica proprio a figure femminili, secondo il diffuso *tópos* della 'donna straniera'. Meir ibn Gabbay (1480 - post 1540), cabalista spagnolo di poco più giovane di Leone, impiega spesso questa immagine nelle sue esegesi, sostenendo che nella gentile con cui si confrontano alcuni personaggi i biblici si dovesse leggere la scienza greca, espressione di un sapere umano che scimmiotta la vera saggezza di Israele. Nei *Dialoghi*, come abbiamo visto, si confrontano un sapiente che ha accesso alla verità teologica e metafisica ed una donna che, impossibilitata a farlo, pretende da lui una risposta ai suoi dubbi. Per inserire questa conversazione all'interno del dibattito sull'ammissibilità della *sophia* greca che aveva animato l'ebraismo sefardita a ridosso dell'espulsione è tuttavia indispensabile prendere in considerazione un ulteriore elemento: l'identificazione di Sofia come donna non ebrea.

5. A differenza di Filone, che proclama esplicitamente la sua fede mosaica, Sofia si limita a condividere, assumendo un punto di vista esterno, le sue affermazioni sulla coincidenza tra le dottrine di Mosè e quelle di Platone; non si colloca mai sullo stesso piano del suo interlocutore, né, qualora l'argomento venga sollevato, mostra di appartenere alla medesima tradizione e fede religiosa: piuttosto, si mostra incuriosita dalle argomentazioni di Filone, concedendogli, soprattutto nella terza parte dell'opera, una capacità di argomentare sulle questioni teologiche che supera quella

da lei stessa posseduta. Nella discussione sulle tre dottrine riguardanti l'origine del mondo, Sofia dichiara di appartenere a coloro che accettano la dottrina della *creatio ex nihilo* esposta in *Genesi* («*noi tutti* che crediamo nella sacra legge mosaica che pone la creatione di tutte le cose di nulla in principio di tempo»[60]) e Filone le riconosce analogamente l'appartenenza al gruppo dei credenti («tu o Sofia, che se' de' fideli»[61]); ciò non significa tuttavia che sia ebrea: anzi quel «noi tutti» che la unisce a Filone assume proprio il significato di associare i «fideli» cristiani ed ebrei che fanno riferimento al modello descritto nel primo capitolo della Genesi nel rifiuto della dottrina aristotelica dell'eternità del mondo. Nei *Dialoghi*, invece, è esclusivamente Filone che si riferisce ai sapienti ebrei come ai «nostri teologi» o ai «nostri primi» e che dichiara esplicitamente la propria fede giudaica: «Come che io sia mosaico ne la teologale sapientia, m'abbraccio con questa seconda via»[62], ossia con la dottrina neoplatonica che pone l'Uno al di sopra dell'Intelletto. Anche i riferimenti alle *auctoritates* filosofiche ebraiche sono accompagnati, nelle sue affermazioni, dalla qualifica di «nostri»: «il nostro Rabi Moise d'Egitto nel suo *Morhe* [*sic*]»[63], «il nostro Albenzubron [*i. e.* Ibn Gabirol] nel suo libro de fonte vite»[64], quasi a volerne rimarcare l'appartenenza ad una tradizione di pensiero diversa da quella di Sofia. Nonostante faccia ricorso ai testi e alle dottrine della filosofia neoplatonica di fine '400, Filone sembra del resto avere un'opinione non molto lusinghiera della cultura umanistica e rinascimentale del tempo, rivelando così il suo antagonismo latente ed il suo ambiguo rapporto con la cristianità[65]:

> PHI. (...) Secondo abbiamo veduto in alcune nationi e religioni, come negli greci e negli arabi, che essendo stati dottis-

[60] *Dialoghi*, III, p. 46a.

[61] *Ibid.*, p. 60a.

[62] *Ibid.*, p. 125a.

[63] *Ibid.*, II, p. 69b.

[64] *Ibid.*, III, p. 51a.

[65] Il rapporto di competizione con gli intellettuali cristiani emerge chiaramente nella produzione poetica in ebraico di Leone, ed in particolare nel *Lamento sul tempo* (*Telunah 'al ha-zeman*): cfr. M. IDEL, *Cabala e* prisca theologia *in Rabbi Isaac e Yehudah Abravanel* [in ebraico], in *The philosophy of Leone Ebreo*, ed. by M. Dorman – Z. Halevy, Haïfa 1985, pp. 73-113.

> simi, hanno quasi del tutto perso la scientia. E già fu così in Italia al tempo dei goti: *di poi si rinnovò quel poco che c'è al presente*[66].

Filone ritiene inoltre di appartenere ad un gruppo di sapienti chiaramente distinto da quello dei filosofi, che rivendica rispetto a questi ultimi un rapporto più intimo con la divinità ed un accesso immediato alla sapienza di cui Sofia è invece priva:

> PHI. (...) In questi modi ragionano de la felicità *i più chiari dei filosofi* e largo sarìa, ma non proporzionato al nostro parlamento, il dire quello che adducono in pro e in contra; *ma quello che io ti dirò* è che *gl'altri che più contemplano la divinità dicono (e io con quelli insieme)* che l'intelletto attuale che illumina il nostro possibile è l'altissimo Dio[67].

C'è poi un elemento a mio avviso molto interessante che suggerisce una più esatta collocazione di Sofia. Nel suo fondamentale articolo sui *Dialoghi*, Dionisotti, commentando la scarsità di riferimenti alla letteratura italiana dell'epoca presenti nel testo, rileva quella che è a suo parere l'unica traccia evidente di tale *corpus* nell'intera opera. Si tratta di una citazione implicita tratta dal *Trionfo d'amore* di Petrarca che viene riportata da Sofia a proposito del tipo di sentimento che Filone afferma di provare per lei[68]:

> SO. Se l'amore che tu mi porti non viene da l'appetito, né è generato dal desiderio, né *nato d'otio e lascivia humana (come dicono li nostri)* fammi intendere chi è quello che l'ha prodotto[69].

[66] *Dialoghi*, II, p. 28b. Il passo è stato interpretato come un'affermazione attraverso cui Filone rivendicherebbe il suo ruolo di interprete delle tradizioni precedenti ed il suo progetto di rifondazione ebraica della sapienza: cfr. T. DRAGON, *Introduction*, in LÉON HÉBREU, *Dialogues d'amour*, tr. de P. de Tyard, Paris 2006, p. 167.

[67] *Dialoghi*, I, p. 26b. Leone attribuisce a Filone una dottrina vicina a quella sostenuta da Alessandro d'Afrodisia: cfr. S. FELDMAN, *The End and Aftereffects of Medieval Jewish Philosophy*, in *The Cambridge Companion to Medieval Jewish Philosophy* cit. (alla nota 54), pp. 414-445 (in partic. pp. 426-427).

[68] Cfr. DIONISOTTI, *Appunti su Leone Ebreo*, in «Italia Medievale e Umanistica», 2 (1959), p. 419.

[69] *Dialoghi*, I, p. 32b. Cfr. FRANCISCUS PETRARCHA, *Triumphi*, *Triumphus Cupidinis*, I, vv. 76-84, in ID., *Trionfi, Rime estravaganti, Codice degli abbozzi*, ed. V. Pacca – L. Paolino, Milano 1996, p. 82: «Questi è colui che 'l mondo chiama Amore: / amaro come vedi e vedrai meglio / quando fia tuo com'è nostro signore: / giovencel mansueto, e fiero veglio: / ben sa chi'l prova, e fi' a te cosa

Secondo Dionisotti, «la solitudine di questo riferimento e l'uso di quel nostri per indicare il Petrarca, anziché, come sempre in Leone, per indicare i fedeli e i testimoni della legge mosaica»[70], dovrebbero suggerire dubbi fondati sull'autenticità del passo. Tuttavia, l'individuazione di una tale citazione è invece un indicatore quanto mai prezioso per identificare la cultura di appartenenza di Sofia come *distinta* da quella del suo interlocutore: in altre parole, i «nostri» di Sofia non sono gli stessi di Filone, ovverosia i teologi ed i filosofi ebrei, ma piuttosto gli umanisti italiani, le cui dottrine sull'amore appartengono ad una tradizione differente, in questo caso quella del petrarchismo[71]. La citazione segue quasi immediatamente il riferimento di Sofia all'episodio biblico dell'amore di Amnon, uno dei figli di David, per Tamar (*2Sm* [*2Rg*] 13, 1-22), esempio di un *eros* impuro e violento, che riprende un rimando presente tra l'altro nello stesso *Trionfo* petrarchesco[72].

Sofia si configura quindi, nel complesso, non solo come un personaggio femminile dotato di notevole abilità dialettica e portatore di insolubili aporie, ma contrassegnato anche dalla sua sostanziale estraneità ed inferiorità rispetto alla sapienza posseduta dall'ebreo Filone, cui si rivolge per trovare le risposte di cui ha bisogno. Nei *Dialoghi*, si tratta quindi di mettere a confronto i dubbi degli studiosi moderni e l'imprecisione del loro metodo con la

piana / anzi mill'anni: infin ad or ti sveglio. / *Ei nacque d'otio e di lascivia humana* / nudrito di pensier dolci soavi, / fatto signore e dio da gente vana».

[70] Dionisotti, *ibidem*.

[71] Che la citazione provenga da un'opera in volgare di Petrarca indica un'italianità ancora più marcata di Sofia: in Europa, infatti, almeno fino al primo ventennio del sec. xvi si conobbe quasi esclusivamente il Petrarca latino, mentre le *Rime* e i *Trionfi* rappresentarono una sorta di caso editoriale nel panorama italiano dell'epoca tra il 1470 e il 1500 e furono spesso edite in versioni ampiamente commentate: cfr. Id., *Fortuna di Petrarca nel Quattrocento*, in «Italia Medievale e Umanistica», 17 (1974), pp. 61-113.

[72] Cfr. *Dialoghi*, I, p. 32a: «So. Si veggono molti che amano, e, avuto da le loro amate quello che desiderano degli atti corporei amorosi, non solamente cessa il loro il desiderio, ma ancora l'amore totalmente e qualche volta si converte in odio. Come fu quello d'Amone figliuolo di David: il quale con tanta efficacia amò Athamar sua sorella, che era venuto per quella infermo e in pericolo di morte; e, dipoi che Jonadab con inganno e violenza gli fece conseguire quello che da lei desiderava, incontinente gli venne tanto in odio che così, in forma di violata, la fece partire di mezzo dì di casa sua». L'argomento viene ripreso in effetti nel *Trionfo d'amore*; cfr. Franciscus Petrarcha, *ibid.*, III, vv. 46-48, ed. Pacca – Paolino cit., p. 144: «De l'altro, che 'n un punto ama e disama / vedi Thamàr ch'al suo frate Absalone / disdegnosa e dolente si richiama».

certezza e la chiarezza dimostrata dai sapienti ebrei, ma anche di rivendicare una funzione pedagogica di Israele nei confronti dei cristiani fondata sull'idea del primato sapienziale che gli era stato concesso per volere divino. Entrambi i modelli vengono adottati dagli intellettuali ebrei attivi in Italia. Essi sono presenti in particolare sia nell'opera di Isaac che in quella di Yohanan Alemanno, collaboratore di Giovanni Pico di Mirandola e figura di primo piano della cultura ebraica italiana della seconda metà del quindicesimo secolo. Secondo Alemanno, ad esempio, il saggio ebreo può rivendicare un accesso privilegiato alle più elevate verità metafisiche e farsi detentore di una conoscenza che i moderni filosofi non possono eguagliare; per Isaac, invece, questa stessa superiorità intellettuale si manifesta anche attraverso l'esercizio di una funzione educativa: Israele, in una prospettiva che potremo definire di tipo messianico, deve infatti incaricarsi di ammaestrare i sapienti cristiani, liberandoli dai loro inganni e dai loro dubbi[73].

Alla luce di queste osservazioni, la conversazione tra Filone e Sofia sembra riconnettersi ad un modello diverso da quelli fin qui presi in considerazione. Come conferma tra l'altro il titolo della versione ebraica seicentesca del testo (*Wikkuaḥ 'al ha-ahavah*), essi costituiscono non una semplice conversazione, né una convenzionale riproposizione del motivo dell'«amator sapientiae», quanto piuttosto una *Disputa sull'amore* tra due interlocutori che professano una fede diversa e possiedono una diversa autorità sa-

[73] Cfr. le seguenti parole di Alemanno riportate da A. M. LESLEY, *The Place of the* Dialoghi d'amore *in Contemporaneous Jewish Thought*, in *Essential Papers on Jewish Culture in Renaissance and Baroque Italy*, ed. by D. B. Ruderman, New York 1992, [pp. 171-188], p. 179: «The wisdom of the ancients, especially of the Ancient Hebrews, is not like the wisdom of modern men. For the ancient wisdom is about matters that are certain, is expressed in a few decisive words about the essence of being, principles and particulars of the sciences, without living the slightest doubt in the mind. (...) The knowledge of the modern nations is derived from examples, syllogism and proofs that remain dubious to people, because of the many arguments that support contrary interpretations». Secondo le parole di Isaac Abravanel, riportate in *Encyclopaedia Judaica*, s.v. *Galut* (Israel, CD-ROM Edition Version 1.0, 1997), Israele avrebbe invece il compito di condurre i gentili «under the wings of the Divine Presence», e «by its knowledge and wisdom (...) it would remove them from their false beliefs; Israel will act kindly toward its tormentors and will instruct its torturers». Sulla questione si veda anche: S. ROSENBERG, *Exile and Redemption in Jewish Thought in the Sixteenth Century*, ed. by B. D. Cooperman, Cambridge (Mass.) – London 1983, pp. 399-430.

pienziale[74]. Nella tradizione ebraica questo motivo trova il suo più autorevole esempio letterario nel confronto tra il re Salomone e la regina di Saba – donna straniera di grande sapienza – narrato nel primo *Libro dei Re* (*1Rg* [*3Rg*] 10, 1-13) e nel secondo delle *Cronache* (*2Par* [*2Cr*] 9, 1-12) e rielaborato poi dalla tradizione midrashica e dalla cultura popolare araba, etiope e latina: Salomone, al culmine del potere e del prestigio politico ed intellettuale riceve la regina di Saba, che, avendo sentito parlare della sua sapienza ed essendo dotata di conoscenze altrettanto straordinarie, intende metterlo alla prova sottoponendogli una serie di 'enigmi' (*ḥiddot*); egli li risolverà, suscitando così la sua ammirazione e confermando l'origine divina della sua sapienza. È quindi leggendo nei *Dialoghi* una riproposizione in chiave allegorica di quest'episodio, elaborata anche attraverso alcune mediazioni esegetiche legate anche al *Cantico dei Cantici*, che sarà possibile comprenderne appieno il significato e dare ragione della sua eccentricità rispetto ai modelli dialogici offerti dalla tradizione greca, latina ed ebraica.

6. Un rimando alla vicenda salomonica e all'episodio della visita della regina di Saba è contenuto già nei nomi stessi dei due protagonisti dei *Dialoghi*[75]: Filone, infatti, è la versione volgare dell'ebraico Yedidyah, appellativo assegnato nella Bibbia a Salomone in quanto «amico/amato di Dio» e poi ripreso da alcuni esegeti per designare lo stesso Salomone come autore del *Cantico dei Cantici*; a Sofia, d'altra parte, la traduzione ebraica dell'opera assegna il nome di Na'amah, moglie ammonita – e quindi non ebrea – di Salomone, ma anche demone femminile del folklore e della letteratura cabalistica, spesso associata alla regina di Saba[76].

[74] Il termine *wikkuaḥ* viene normalmente utilizzato dagli autori ebrei medievali per indicare le controversie religiose o filosofiche che coinvolgevano interlocutori di diverse opinioni o confessioni. Un esempio classico è l'*Epistola sul dibattito* (*Iggeret ha-Wikkuaḥ*) di Shem Tov ibn Falaquera, in cui un teologo ed un filosofo si confrontano per stabilire se le loro rispettive discipline possano trovare un accordo.

[75] Per questo aspetto dell'interpretazione rinvio all'analisi contenuta in A. Guidi, *La sagesse de Salomon et le savoir philosophique: matériaux pour une nouvelle interprétation des 'Dialogues d'amour' de Léon l'Hébreu*, in «Revue des Sciences Philosophiques et Théologiques», 91 (2007), pp. 241-264.

[76] Cfr. R. Patai, *The Hebrew Goddess*, New York 1967, p. 230.

Il confronto con la 'donna straniera' è una delle componenti essenziali del percorso spirituale di Salomone, così come la funzione pedagogica da lui esercitata nei confronti dei gentili; l'episodio del suo incontro con la regina di Saba mette bene in evidenza questi aspetti della sua personalità[77]. Esso ha dato luogo nella tarda antichità ad una serie di rivisitazioni popolari che integrarono e svilupparono elementi solo accennati nel testo biblico[78]. Il *Midrash* al libro dei *Proverbi*, il *Midrash ha-hefez*, il *Targum Sheni* al libro di Esther (secoli VII-VIII) e il cosiddetto *Alfabeto di Ben Sira* (secoli VIII-IX) offrono diverse versioni dell'incontro, tutte caratterizzate da un intento di tipo ideologico. Queste versioni tendono infatti ad affermare, mettendo in mostra l'abilità erotica o intellettuale di Salomone, la superiorità degli ebrei sugli altri popoli. Il tema degli enigmi e delle prove – considerati come problemi che un interlocutore sottopone ad un altro con l'intento di verificarne o addirittura minacciarne l'autorità – è del resto frequentemente associato, nella letteratura antica semitica e non, all'idea di una competizione per il potere[79]. L'ebraismo medievale leggeva quindi nella visita della regina il tentativo fallito di mettere in discussione l'autorevolezza sapienziale di Israele, ma anche l'occasione di una assimilazione della cultura straniera al mondo ebraico: di fronte agli insidiosi e paradossali quesiti che la donna gli sottoporrà, Salomone – direttamente ispirato da Dio –

[77] Per Shemaryah ben Elia Iqriti, medico alla corte angioina di Napoli, Salomone non può attingere la beatitudine prima di aver compiuto una missione di carattere pedagogico che consiste nell'insegnare e diffondere la sapienza presso gli altri popoli; l'esempio scritturale che viene riportato per chiarire questa caratteristica della personalità salomonica è proprio quello dell'incontro con la regina di Saba: cfr. G. VAJDA, *L'amour de Dieu dans la théologie juive du Moyen Âge*, Paris 1957, p. 245.

[78] Per una presentazione delle versioni *midrashiche* corredata delle relative traduzioni in inglese si veda J. LASSNER, *Demonizing the Queen of Sheba: Bounderies of Gender and Culture in Postbiblical Judaism and Medieval Islam*, Chicago – London 1993; per la tradizione ebraica si può consultare anche L. H. SILBERMAN, *The Queen of Sheba in Judaic Tradition*, in *Solomon and Sheba*, ed. by J. B. Pritchard, London 1974, pp. 65-84.

[79] Cfr. E. YASSIF, *The Hebrew Folktale: History, Genre, Meaning*, transl. from Hebrew by J. S. Teitelbaum, Bloomington 1999, p. 282; lo stesso Eli Yassif ha denominato questo tipo di narrazioni 'Wisdom questions': cfr. ID., *Pseudo Ben Sira and the 'Wisdom Questions' Tradition in the Middle Age*, in «Fabula: Zeitschrift für Erzählforschung / Journal of Folktale Studies / Revue d'Études sur les contes populaire», 23 (1982), pp. 48-63.

risponderà in modo da ristabilire l'ordine razionale, ripristinando una struttura gerarchica cui la sua stessa interlocutrice dovrà infine sottomettersi[80]. L'episodio entra anche a far parte dell'esegesi, soprattutto latina, del *Cantico dei Cantici*. La regina di Saba viene infatti spesso identificata con la «nigra (...) sed formosa» che compare all'inizio (*Ct* 1, 4)[81]. Concludendo la presente analisi, vorrei prendere in considerazione proprio la questione del possibile rapporto tra la tradizione esegetica del *Cantico* e la struttura dei *Dialoghi* fin qui messa in luce.

Si è più volte osservato come le domande di Sofia siano da lei stessa definite «dubbi» che attendono una «soluzione» da parte di Filone, e come queste due espressioni assumano nei *Dialoghi* un carattere quasi tecnico. Il metodo del dubbio che la cristiana Sofia utilizza – e a cui sottopone il povero Filone lungo tutta l'opera – la associa, come si è visto, alla figura del discepolo, ma anche all'immagine della filosofia come scienza umana, limitata, che, per quanto sproni alla ricerca della verità, rimane incapace di raggiungerla in modo autonomo. Vale tuttavia la pena riflettere ulteriormente sulla natura delle questioni formulate da Sofia e sul loro rapporto con quelle del racconto biblico che intendo proporre come modello dei *Dialoghi*. Da un punto di vista etimologico, infatti, i «dubbi» di Sofia non hanno alcun legame diretto con gli «enigmi» – *ḥiddot* in ebraico e *enigmata* nella traduzione di Gerolamo – del racconto biblico, tanto che, sotto questo aspetto, la connessione con le domande che la regina di Saba presenta a Sa-

[80] Nella letteratura ebraica esistono altri esempi che mettono in scena una situazione per alcuni aspetti simile; tuttavia, si tratta in questi casi di due interlocutori di sesso maschile, come nell'episodio di Alessandro il Grande che interroga i saggi di Negev (*Talmud babilonese*, Trattato *Tamid*, 316b) o delle questioni che i saggi di Atene pongono a Rabbi Yoshua Ben Hanania (*Talmud babilonese*, Trattato *Beḥorot*, 8b) o dello stesso *Alfabeto di Ben Sira*, che vede Ben Sira interrogato da Nabucodonosor e minacciato di morte nel caso in cui non riesca a rispondere: si osservi che anche in questi testi è lo straniero a porre domande, mentre l'ebreo è colui che viene messo alla prova e deve dare risposte; la stessa cosa avveniva del resto normalmente nelle dispute medievali tra rabbini e teologi cristiani, in cui il diritto di domandare era riservato a questi ultimi.

[81] Il collegamento tra la regina di Saba e la Sulamita del *Cantico* fa parte soprattutto della tradizione esegetica cristiana: cfr. A. CHASTEL, *La légende de la Reine de Saba*, in «Revue de l'histoire des religions», 120 (1939), pp. 160-174; e C. MUNIER, *La reine de Saba dans la littérature juive et chrétienne des premiers siècles*, in *Rois et Reines de la Bible au miroir des Pères*, Strasbourg 1999 (Cahiers de Biblia Patristica, 6), pp. 75-105.

lomone potrebbe apparire labile. Come si trasformano gli *enigmi* con cui la regina sfida Salomone nei *dubbi* che l'amata dei *Dialoghi* sottopone a Filone? Le elaborazioni ebraiche non sembrano aver suggerito a Leone una sfumatura del genere: più che esporre a Salomone le sue incertezze e le sue difficoltà, in queste versioni la donna mette in discussione la sapienza del re con quesiti di ardua soluzione. La regina è in questi testi figura dell'altro in molteplici sensi – donna, demone, pagana adoratrice di dei – che finisce per piegarsi all'autorità salomonica solo dopo avergli lanciato una vera e propria sfida.

L'idea che la regina, rappresentante del sapere greco e filosofico, si presenti a Gerusalemme esponendo dei *dubbi* che solo Salomone è in grado di *risolvere* si trova invece chiaramente espressa nell'*Expositio super Canticum* di Origene[82]. Nel suo commento Origene reinterpreta, infatti, l'episodio come allegoria della conversione della comunità pagana – la regina di Saba – alla verità del Cristo, rappresentato invece da Salomone. Questa esegesi viene esposta in relazione a *Ct* 1, 4 (1, 5 nella versione ebraica), e chiarisce l'identificazione operata dall'autore della donna «bruna ma bella» di cui parla lo stesso versetto con la regina di Saba. Secondo Origene, il *Cantico* rappresenterebbe la purificazione e la conversione alla vera fede della regina, di origine etiope e quindi «nigra», in seguito al suo incontro con Cristo/Salomone, nel quale risiede il *Logos*, la saggezza dello stesso Dio. Origene istituisce quindi un nesso diretto tra l'incontro narrato nel *Libro dei Re* e la condizione dell'amata nel *Cantico dei Cantici*: la filosofa straniera e peccatrice che arriva a Gerusalemme per sottoporre all'autorità salomonica i suoi quesiti viene trasformata nel *Cantico* – secondo il modello allegorico che egli propone – nella comunità dei cre-

[82] Origene godeva in quegli anni di una rinnovata popolarità in diversi ambienti intellettuali: cfr. E. Wind, *The Revival of Origen*, in *Studies in Art and Literature for Belle Da Costa Greene*, ed. D. Miner, Princeton 1954, pp. 412-424; come autore genericamente platonico era noto anche ad Alemanno, che lo considerava un allievo di Plotino: cfr. M. Idel, *The Magical and Neoplatonic Interpretations of Kabbalah in the Renaissance*, in *Jewish Thought in the Sixteenth Century*, cit. (alla nota 73), pp. 186-242, in partic. p. 239, nota 184. Il commento al *Cantico* di Origene, nella versione latina di Rufino, venne stampato per la prima volta nel 1513, ma già prima circolava ampiamente in forma manoscritta: cfr. H. Crouzel, *Pic de la Mirandole et Origène*, in «Bulletin de littérature ecclésiastique», 66 (1965), pp. 272-288.

denti e nell'anima individuale purificata[83]. Questo movimento esegetico tra i due testi biblici suggerisce già di per sé un rapporto con i *Dialoghi*, dove la *donna straniera* è sottoposta, attraverso l'amore, ad un processo di educazione e di progressiva trasformazione. Ancora più interessante è tuttavia l'espressione utilizzata da Origene per descrivere la natura del confronto tra Salomone e la regina e per definire i loro rispettivi ruoli. Come Filone fornisce infatti alla filosofa straniera Sofia la *solutione* dei suoi *dubbi*, così il Cristo/Salomone del commento al *Cantico* «absolvit» ciò che per lei e per i suoi «doctores gentiles» era rimasto sempre «incertum aut dubium»:

> Venit [*i. e.* la regina di Saba] ergo et haec, immo secundum figuram eius ecclesia venit ex gentibus audire sapientiam veri Salomonis et veri pacifici Domini nostri Jesu Christi. Venit et haec primo quidem tentans eum per *enigmata* et *questiones, quae ei prius insolubiles videbantur*: atque ab ipso de agnitione veri Dei, et de creaturis mundi vel de animae immortalitate et iudicio futuro, *quod apud eam et apud doctores eius, gentiles duntaxat philosophos, incertum semper aut dubium manebat, absolvitur*[84].

La visita della regina raffigura quindi nell'esegesi di Origene la sfida e la finale adesione della cultura filosofica pagana al cristianesimo: la sua conversazione con Cristo/Salomone consisterebbe di conseguenza nell'ammissione dell'inferiorità del sapere che essa può rivendicare, limitato all'indagine umana e colmo di perplessità ed incertezze. La situazione descritta da Origene è assai vicina, *mutatis mutandis*, a quella presentata nei *Dialoghi*. A cam-

[83] Che il *Cantico* narrasse allegoricamente la purificazione dell'anima attraverso la vicenda di una donna straniera prostituta e idolatra che si converte ad una vita casta fino a raggiungere l'unione con la divinità è un'interpretazione presente anche in altri Padri della Chiesa ed in particolare nel *Commento al Cantico* di Nilo d'Ancira: cfr. NILUS ANCYRANUS, *Commentarius in Canticum Canticorum*, ed. M.-G. Guérard, Paris 1994 (SC, 403), p. 123 e p. 153; una lettura simile si ritrova anche in uno dei commenti medievali più autorevoli, quello di Guglielmo da Saint-Thierry (1075-1148), secondo il quale l'amata del *Cantico* sarebbe da identificare con la figlia del Faraone presa in moglie da Salomone (*1Rg* [*3Rg*] 3, 1), a sua volta allegoria dell'anima individuale e del suo itinerario di purificazione verso Dio: cfr. GUILLELMUS A SANCTO THEODORICO, *Expositio super Cantica Canticorum*, ed. P. Verdeyen, in ID., *Opera Omnia*, II, Turnhout 1997 (CCCM, 87), pp. 23-24.

[84] ORIGENES ALEXANDRINUS, *In Canticum canticorum*, latina transl. Rufini, II, 1, PG 13, 106, ed. L. Brésard – H. Crouzel, 2 voll. (SC, 375-376), I, Paris 1991, p. 276.

biare è solo l'identità dei personaggi: per Leone, come è ovvio, Filone rappresenta non il Cristo, ma il sapiente ebreo iscritto nella tradizione salomonica, mentre Sofia è la comunità filosofica pagana – in questo caso cristiana – che lo interpella in quanto detentore di una sapienza originaria, di cui lui solo è il legittimo erede e che gli conferisce massima autorità sulle questioni di carattere metafisico e teologico. Leone potrebbe aver fatto ricorso al modello offerto dall'esegesi origeniana, utilizzando alcuni elementi e respingendone ovviamente altri, anche in ragione della marcata vena antigiudaica che distingue il testo di Origene[85]: con atteggiamento speculare a quello adottato da Pico, che cercava nella cabala ebraica le prove della verità cristiana, egli avrebbe quindi recuperato uno schema cristiano per volgerlo alla tesi del primato sapienziale ebraico[86].

Sofia, come la regina di Saba nell'interpretazione di Origene, partecipa quindi alla discussione munita degli strumenti che le sono stati forniti da un sapere comune, ottenuto dalla semplice esperienza e dall'insegnamento di altri uomini: dopo aver messo alla prova il suo interlocutore con questioni cui non aveva trovato riposta, e dubbi di cui non intravedeva soluzione, si lascia infine convincere, e ne riconosce l'autorità ed il primato; alla fine del dialogo ammette infatti il primato sapienziale del suo interlocutore:

> SO. Io non so già che bellezza possi essere questa mia, che tanto ti muove ad amarmi. *Tu mi hai mostrato che la vera bellezza è la sapientia, in me di questa non è altra parte che quella che tu mi porgi*, in te adunque è la vera bellezza e non in me (...). Così io non voglio negare che non t'ami e *desideri l'unione de la mente tua, non quella con la mia, ma la mia con quella come con più*

[85] Su questo aspetto del commento origeniano si veda E. A. CLARK, *Origen, the Jews and the Song of Songs; allegory and polemic in Christian Antiquity*, in *Perspectives on the Song of Songs*, ed. by A. C. Hagendorn, Berlin 2005, pp. 274-293; il procedimento di volgere dottrine sostenute dai padri della Chiesa a vantaggio del punto di vista ebraico sulla storia era attuato anche da Isaac Abravanel: cfr. J. GENOT-BISMUTH, *L'argument de l'histoire dans la tradition espagnole de polémique judéo-chrétienne d'Isidore de Seville à Isaac Abravanel, et Abraham Zacuto*, in *From Iberia to Diaspora. Studies in Sephardic History and Culture*, ed. by Y. K Stillmann – N. A. Stillmann, Leiden – Boston – Köln 1997, pp. 197-222.

[86] Per le motivazioni apologetiche come parte integrante degli interessi ebraistici di Giovanni Pico della Mirandola si veda F. LELLI, *Introduzione*, in ELIYYAH ḤAYYIM BEN BINYAMIN DA GENAZZANO, *La lettera preziosa*, a c. di F. Lelli, Firenze 2004, in partic. pp. 16-29.

> *perfetta* e di questo non puoi dubitare attento la sollecitudine mia a contemplare li concetti de la mente e a fruire la tua sapientia in che grandissima delettatione ricevo[87].

L'impegno educativo che Filone si assume nei suoi confronti è funzionale alla conferma della sua superiorità, ma esprime anche l'idea della necessità che il sapiente ebreo si confronti con il sapere filosofico, esercitando una funzione di guida rispetto a quest'ultimo, secondo un modello che Leone stesso esplicita nel corso dell'opera e che fa di Platone un allievo dei profeti[88]; d'altra parte, Sofia non è solo filosofa, ma anche cristiana: la sua formazione alla scuola dell'ebreo Filone, l'eliminazione delle sue incertezze corrisponde quindi ad un ritorno verso la matrice originale, l'*hebraica veritas* da cui le diverse tradizioni sapienziali sono derivate a cui devono, in un disegno vagamente messianico, essere progressivamente ricondotte.

Alla luce del percorso che si è qui proposto, i *Dialoghi d'amore* appaiono quindi un testo che utilizza gli strumenti e il vocabolario della cultura rinascimentale per mettere in scena uno dei temi fondamentali dell'ebraismo medievale: il rapporto di un intellettuale ebreo con la filosofia greca e con la cultura cristiana. Nel confronto tra Filone e Sofia si leggerà non una conversazione cortese sull'amore analoga a quella di altri trattati cinquecente-

[87] *Dialoghi*, III, pp. 151b - 154a.

[88] Secondo Leone, che riprende un'idea condivisa da molti altri autori ebrei medievali e rinascimentali e già elaborata in ambiente patristico, l'accordo tra la metafisica neoplatonica e la *Torah* sarebbe, infatti, il risultato dell'apprendistato teologico di Platone presso gli antichi ebrei, che determina anche la sua superiorità rispetto ad Aristotele. Cfr. *ibid.*, p. 125b: «PHI. (...) Aristotile, la cui vista ne le cose astratte fu alquanto più corta [di Platone], non avendo la mostratione de li nostri theologi antichi come Platone, negò quello ascoso che non ha possuto vedere, e gionse a la somma sapientia, prima bellezza, de la quale il suo intelletto satiato, senza vedere più oltre, affermò che quello fosse il primo principio incorporeo di tutte le cose. Ma Platone, avendo da li vecchi in Egitto imparato, poté più oltre sentire; se ben non valse a vedere l'ascoso principio de la somma sapientia o prima bellezza, e fece quella secondo principio dell'universo, dipendente dal sommo Dio, primo principio di tutte le cose. E se bene Platone fu tanti anni maestro d'Aristotile, pure in quelle cose divine esso Platone (essendo discepolo de li nostri vecchi) imparò da migliori maestri che Aristotele da lui». Il medesimo modello era adottato anche da Isaac Abravanel: cfr. IDEL, *Cabala e* prisca theologia cit. (alla nota 70), p. 78. Per la presenza di questo *tópos* presso gli autori ebrei medievali, si veda ora: A. MELAMED, *The Myth of the Jewish Origins of Science and Philosophy* [in ebraico], Jerusalem 2011, pp. 94-170.

schi, né una semplice ripresa di temi e situazioni già presenti nella letteratura filosofica medievale, quanto piuttosto una complessa allegoria sulla necessità di istituire un dialogo con la cultura 'altra' e di delimitarne le funzioni ed il ruolo. Filone, il maestro ebreo, si offre così come guida ad una filosofa cristiana allo scopo di liberarla dai suoi dubbi e di poterla infine conquistare o meglio, riconquistare: attraverso l'amore per Sofia egli intende recuperare i *disiecta membra* della originaria sapienza che Dio aveva concesso ad Israele, divenuta poi possesso dei greci e dei romani e trasformata in un sapere straniero che occorre pazientemente rigiudaizzare[89].

[89] Arthur Lesley, citato da Seymour Feldman, parla di *circoncisione* dei miti classici da parte di Leone: cfr. S. Feldman, *Platonic and Cosmological Themes in the 'Dialoghi d'amore' of Leone Ebreo (Judah Abravanel)*, in «Viator. Medieval and Renaissance Studies», 36 (2005), [pp. 557-582], p. 562.

SERGIO CARLETTO

«SCIMUS AUTEM, ALIUD EST INTELLIGERE, ALIUD CREDERE»

LA CRISI DEL PARADIGMA MEDIEVALE NEGLI *INITIA REFORMATIONIS*

1. *Lutero e Melantone: nuova concezione della fede e riconfigurazione del paradigma*

La tesi prevalente della storiografia cattolica e della riflessione teologica di matrice controversistica ha individuato da lungo tempo nell'avvento della Riforma, nella sua specifica versione luterana, che coincide con la «scoperta riformatrice» di Lutero, oggi per lo più collocata dagli interpreti in occasione della *Turmerlebnis* del 1518, l'evento decisivo di rottura del *paradigma medievale* del rapporto tra fede e ragione[1]. Il messaggio riformatore non è certo esaurito da Lutero e da chi affiancò il Riformatore a iniziare dai primi suoi anni a Wittenberg, come è il caso di Melantone, ma ciò non inficia il fatto che la dottrina del rapporto tra filosofia e conoscenza di fede proposta da Lutero sia stata sostanzialmente poi recepita dalle menti più sistematiche della seconda generazione della Riforma, a iniziare dal giovane Calvino. La tesi che cercheremo qui di argomentare a partire da testi e autori degli albori della Riforma consiste nella constatazione di come il cambiamento della definizione della fede, rispetto all'orizzonte della scolastica, comporti, come primo corollario, una riconfigurazione della correlazione tra fede e ragione e, come ulteriore

[1] Per le citazioni delle opere di Lutero si è fatto riferimento, come ormai invalso nella storiografia, a *D. Martin Luthers Werke: kritische Gesamtausgabe. Weimarer Ausgabe*, 70 voll., Weimar 1883 seqq., citata con la convenzionale abbreviazione WA seguita dal numero di volume, di pagina ed eventualmente di riga in cifre latine.

10.1484/M.NUTRIX-EB.1.101266

esito, una articolazione diversa, rispetto alla tradizione, del rapporto tra conoscenza naturale di Dio e conoscenza di fede[2].

La sottolineatura della cesura tra fede e ragione, e del conseguente esito fideistico della Riforma può essere attenuata alla luce del fatto che la crisi della visione sinfonica del rapporto fede/ragione inizia ben prima, almeno a partire dalla seconda metà del tredicesimo secolo con l'emergere dell'aristotelismo radicale di matrice averroistica e prosegue nel secolo successivo con il progressivo distacco tra teologia e filosofia nell'ambito di quella *via moderna* nella quale Lutero ricevette la sua giovanile formazione filosofica a Erfurt. La trasformazione del *paradigma medievale*, che ci sforzeremo ora di definire in breve, avviene quindi su un duplice registro, sul versante della ragione, e della fede[3]. Il 'paradigma' si potrebbe, in sintesi, ricondurre alla tesi secondo cui la fede, caratterizzata in termini di conoscenza fondata sull'assenso a verità alle quali si deve consentire in virtù dell'*auctoritas* di Dio stesso che le

[2] Se prendiamo quale riferimento THOMAS AQUINAS, *Summa Theologiae*, I^{a}, q. 2, a. 2, in ID., *Opera omnia iussu Leonis XIII edita*, t. I, Roma 1886, p. 28, tale articolazione tra due modalità conoscitive passa attraverso una distinzione, e una integrazione non dialettica come in Lutero, tra «ea quae sunt fidei» che conseguentemente non sono dimostrabili, anche in ossequio all'*auctoritas* biblica di *Heb* 11, 1, e i *preambula* agli articoli di fede. La fede presuppone una qualche conoscenza naturale, come la grazia la natura. Ciò non esclude che quanto è dimostrabile razionalmente possa essere anche ricevuto come credibile da Dio. Anche l'Aquinate si riferisce nella *Summa* al passo di *Rm* 1, 20, nel quale si afferma la conoscenza del creatore *per ea quae facta sunt*. I predicati delle realtà create possono essere attribuiti a Dio a partire dalla dimostrazione *ex effectibus* della sua esistenza. Tommaso, facendo metodologicamente precedere la conoscenza dell'esistenza di Dio al suo *quid*, riconosce che la conoscenza dell'esistenza di Dio è patrimonio di ogni uomo *naturaliter*, ma si tratta secondo il dettame dell'Apostolo, di una conoscenza affetta da una certa confusione. Ciò che qui interessa è tuttavia rimarcare il fatto che l'asserzione paolina viene, nonostante il riconoscimento dei limiti della conoscenza razionale di Dio, estrapolata dal suo contesto 'amartiologico' di ragione dell'inescusabilità del peccato dei Gentili nel quale ritrovava il suo senso originario. Se la ragione è ferita, quali saranno i limiti del suo sapere su Dio? Qui emerge, come vedremo, una differenza decisiva rispetto alla teologia luterana e riformata degli inizi. Non è qui oggetto di indagine il fatto se la conoscenza dei *preambula* esaurisca le possibilità della filosofia: la conoscenza naturale di Dio costituisce comunque il luogo privilegiato per verificare la configurazione del rapporto tra una tradizione religiosa rivelata e la ragione filosofica.

[3] Sulla problematizzazione del paradigma medievale, oltre i saggi raccolti nel presente volume e in particolare quello introduttivo di Giulio d'Onofrio, si tengano presenti gli altri studi dello stesso studioso, oggi raccolti nel volume G. D'ONOFRIO, Vera Philosophia. *Studies in Late Antique, Early Medieval, and Renaissance Thought*, Turnhout 2008 (Nutrix, 1).

rivela, offrirebbe alla riflessione razionale i suoi contenuti di verità, di cui la ragione stessa si approprierebbe dimostrandone, o palesandone *a posteriori*, la valenza veritativa in virtù di *rationes necessariae*. Pur escludendo la dimostrabilità ultima degli asserti del dogma sulla scia della tradizione agostiniana e dionisiana, e salvaguardando la dimensione apofatica della conoscenza di Dio, nell'ambito del *paradigma medievale* saremmo in presenza di un modello che conferisce importanza decisiva alla ragione dimostrativa sul versante epistemologico ridimensionandone tuttavia il ruolo sul versante dell'individuazione e definizione autonoma dei contenuti di verità o *inventio veri*. Ciò si spiega alla luce del fatto che la fede, o più correttamente gli articoli di fede rivelati da Dio all'uomo nelle Scritture vetero o neo-testamentarie, o comunque riconducibili alla tradizione ecclesiastica di origine apostolica, e la ragione, cioè quelle verità che sono accessibili all'intelletto o alla ragione discorsiva nel loro procedere, a prescindere dall'evidenza veritativa scaturente dalla rivelazione, anche se in essa contenuti, hanno un'origine e una matrice comune nel *verbum* divino. Nel contesto intellettuale designato da tale modello – che, nella sua forma più pura, ritroviamo nel dodicesimo secolo, e potremmo definire anselmiano (e che viene poi già posto in discussione dal riconoscimento della dimensione di fonte autonoma della conoscenza della ragione naturale, come avviene in Tommaso) – non è ancora evidentemente concepibile una distinzione reale tra filosofia e teologia, essendo la filosofia *in toto* quella riflessione critica e razionale che si esercita sul dato di fede che proviene dalla rivelazione ma che si rivela a posteriori coerente e congruente con il percorso della ragione *remota revelatione*.

Il tratto che qui più ci interessa evidenziare, in relazione alla Riforma, non è tuttavia anzitutto quello del progressivo autonomizzarsi della ragione nell'*inventio veri* in riferimento alla conoscenza del mondo fisico e umano, in parallelo a una progressiva autolimitazione delle proprie pretese in ordine alla dicibilità e conoscibilità di Dio per semplice ragione. Questo movimento si è sicuramente realizzato nella tarda Scolastica e nel passaggio alla prima modernità, con l'emanciparsi della filosofia nei confronti del sapere teologico, ma non costituisce una specifica acquisizione della Riforma delle origini, che intende all'opposto riaffermare il primato della teologia, ridefinita in chiave cristocentrica, sulla filosofia. La vera rivoluzione compiuta dal giovane Lutero, in riferimento alla conoscibilità di Dio, emerge piuttosto su un altro versante, che consiste precisamente nel porre radicalmente in discussione una concezione noetico-integrativa dell'atto di fede[4]. La fede è anzitutto una realtà creata nell'uomo («in nobis») dall'azione della parola di Dio (esteriore, «extra nos»), che veicola lo Spirito: essa è espressione di quella passività originaria in ordine alla salvezza, che corrisponde all'evento della giustificazione per fede dell'empio ad opera di Dio, in Cristo, con un atto di gratuita misericordia. La fede non è pertanto, in primo luogo, un'istan-

[4] A partire da alcuni celebri testi tomasiani (*Summa theologiae*, IIª IIªᵉ, q. 1, aa. 1-2, e q. 2, aa. 2-9, t. III, Roma 1886, pp. 25-27 e 42-53) il grande studioso cattolico di Tommaso D'Aquino, e di Lutero, Otto Herrmann Pesch, ha così espresso in forma sintetica la concezione 'cattolica' dell'atto di fede come un «assenso dell'intelletto alla rivelazione di Dio». Cfr. O. H. PESCH, *Martin Lutero. Introduzione storica e teologica*, tr. it. Brescia 2007 (ed. orig., *Hinführung zu Luther*, Mainz 2004), p. 186: tale atto «non viene ovviamente compiuto senza una spinta della volontà che, mossa dalla grazia, induce l'intelletto a dare il suo assenso a una verità che esso non vede nel suo contenuto oggettivo e che accoglie come verità soltanto sulla base dell'autorità di Dio che si rivela». Ciò è quanto abbiamo in precedenza qualificato come concezione noetico-integrativa dell'atto di fede; cfr. *ibidem*: «In questa visione la fede è un atto dell'intelletto (...) *un atto di conoscenza* di natura particolare e non, ad esempio, l'atto della *volontà* che lo condiziona e lo 'comanda'». La tesi di Pesch è che la concezione medievale dell'atto di fede come *fides caritate formata* derivi dall'incontro di due diverse letture di esso, conoscitiva e fiduciale, entrambe presenti in ambito neo-testamentario con l'antropologia delle facoltà di matrice aristotelica. Le virtù teologali non possono in tale schema che essere attribuite o all'intelletto o alla volontà, e non all'uomo che aderisce a Dio nella sua interezza. Se la fede pertiene all'intelletto, allora, per conferirle valore salvifico, occorre che la *caritas* la informi e la vivifichi. Ciò è precisamente quanto Lutero, e Melantone dopo di lui, rifiutano incondizionatamente. Cfr. ancora *ibid.*, p. 191: la fede è in tale prospettiva per Lutero «non anzitutto assenso a proposizioni dottrinali rivelate e proposte dalla chiesa, bensì è adesione incondizionata al Dio che ci salva incondizionatamente per amore di Gesù Cristo». La concezione luterana della fede emerge con chiarezza nelle *Theses de fide* discusse in occasione della promozione di Hyeronimus Weller e Nikolaus Medler l'11 settembre 1535; cfr. MARTINUS LUTHERUS, *Theses de fide*, in WA, XXXIX/I, pp. 44-45. Non solo la fede è dono dello Spirito Santo, ma (Tesi 2): «Si Paulus de fide acquisita seu Historica loqui intelligitur, in vanum totus laborat». Anche i Sofisti credono infatti che la fede storica non abbia efficacia giustificante se non è informata dalla carità. La fede vera non è quella condivisa dai demoni e dai dannati, ma quella «quae faciat Christum in nobis efficacem contra mortem, peccatum et legem». La differenza tra le due concezioni della fede, come sostiene anche il già citato Pesch, è quindi data dal *pro me* dall'efficacia specifica della morte e resurrezione di Cristo. Si veda la Tesi 18: «Sed vera fides dicit: Credo quidem filium Dei passum et resuscitatum, Sed hoc totum pro me, pro peccatis meis, de quo certus sum».

za, né tanto meno un'opera, legata alla dimensione della conoscenza di *notitiae*, o articoli di fede, riferiti a Dio o all'uomo, quanto piuttosto un affidarsi alla misericordia di Dio in Cristo, che assume la forma della «certitudo salutis»[5]. Colui che riceve, senza alcun merito previo e senza la cooperazione della sua libertà, il dono della fede è *ipso facto* sicuro della propria salvezza. Quest'ultima preoccupazione, cioè quella eminentemente pratica per la salvezza, e non la tensione verso la conoscenza degli arcani di Dio, è infatti quella esistenzialmente decisiva del giovane Lutero, ma anche di un'intera epoca; essa conduce il Riformatore alla riscoperta della *summa evangelii*, la dottrina della giustizia passiva, contenuta nell'epistola paolina ai Romani. Le verità centrali del dogma, a iniziare dalla dottrina trinitaria e dalla duplice

[5] Particolarmente perspicua, in tal senso, è la definizione della fede che offre Filippo Melantone, il più fedele discepolo e assistente di Lutero nell'*Argumentum* del suo Commento all'Epistola ai Romani del 1532; cfr. PHILIPPUS MELANCHTHONUS, *Commentarii ad Romanos*, Arg., ed. R. Stupperich in *Melanchthons Werke in Auswahl. Studienausgabe*, 7 voll., Gütersloh 1965,V, 2, p. 4b: «Fides significat fiduciam misericordiae. Nec est tantum notitia historiae, sed proprie significat assentiri promissionibus divinis seu velle et accipere promissam misericordiam. Et sic concipitur fides, cum corda perterrefacta agnito peccato audiunt evangelium, in quo offertur reconciliatio, et huic promissioni assentiuntur, volunt et accipiunt oblatam misericordiam et certo statuunt se iam habere Deum propitium». La fede è quindi la fiducia in una realtà esterna, cioè la misericordia promessaci in ragione di Cristo. La parola fede rimanda immediatamente all'oggetto con cui sta in relazione, cioè la promessa divina, che viene certo conosciuta, ma nella sua dimensione performativa. In tal senso la dimensione noetica di essa, la «notitia historiae» passa assolutamente in secondo piano. L'umanista svevo lo aveva già chiaramente affermato nei *Loci communes* del 1521 a proposito della *fides historica* che è propria non solo dei giusti ma anche degli empi; cfr. ID., *Loci communes theologici*, ed. K. G. Bretschneider, in *Corpus Reformatorum*, Ser. 1 (voll. I-XXVIII), *Melanchtons Werke*, I, Berlin – Leipzig, p. 160,28-32: «Satis constat vulgus sophistarum fidem vocare assensum eorum, quae scripturis prodita sunt, deinde eam esse fidem etiam impiorum. Credere etiam iniustos esseque otiosam in anima qualitatem comune impiis cum piis». Melantone rifiuta pertanto con forza la distinzione tommasiana tra la fede formata, cioè congiunta alla carità e la fede informe che sarebbe comune anche agli empi, e le ulteriori distinzioni tra fede infusa e acquisita, e tra fede generale e speciale, che costituiscono mere finzioni verbali. Non siamo qui in presenza di una semplice affermazione del fatto, constatato anche da Tommaso, che la volontà svolge un ruolo nella conoscenza di fede delle verità soprannaturali, quanto ad una chiara inclusione della dimensione conoscitiva dell'atto di fede all'interno di quella fiduciale. Credere significa primariamente affidarsi alla misericordia di Dio in Cristo, e non l'accesso a verità storiche o arcane riferite alla natura di Dio e del mondo. Solo se si pone in primo piano la dimensione conoscitiva, e quindi nuda, dell'atto di fede, emergerà la necessità di integrarlo successivamente con il ricorso alla dimensione dell'amore.

natura umana e divina di Cristo non vengono peraltro poste in discussione, ma non assumono in prima istanza un ruolo centrale nella gerarchia delle verità di fede.

La scoperta riformatrice della *iustitia ex fide* (*Rm* 1, 17), con i suoi tratti dialettici e paradossali, non poteva non produrre una risignificazione radicale dei luoghi della riflessione teologica tradizionale, a iniziare dal concetto di fede e dal tema dei rapporti tra filosofia e teologia, e da quello a esso connesso della controversa conoscibilità razionale di Dio, «ex creatura» (*Rm* 1, 20), riprendendo un adagio dell'Apostolo. La via di accesso che porta dalla conoscenza delle creature a quella del Creatore appare chiusa in concreto a causa del peccato di cui ogni uomo è e resta portatore, anche se giustificato, è il caso per Lutero dell'io di Paolo in *Rm* 7, e non a causa del venir meno del manifestarsi del Creatore nelle realtà create.

L'esito iniziale di tale ritorno a un paolinismo radicale è quello di una forte polemica contro il ricorso all'aristotelismo, e in misura minore contro lo stesso Platone, pur giudicato con maggiore indulgenza, in ambito teologico ed etico. Il cuore della polemica del Riformatore, nella *Disputatio contra scholasticam theologiam* del 4 settembre 1517 è rivolto certo contro il «facere quod in se est» della tradizione occamistica, tacciato di pelagianesimo, e contro una confusione della giustizia di Dio con quella umana insegnata da Aristotele. La critica tuttavia, nella misura in cui l'investigazione della ragione è pur sempre opera umana, finisce per investire in modo chiaro anche la ragione in quanto tale[6]. Non si tratta tuttavia di un dato irreversibile, né definitivo, nel periplo teologico del Riformatore. Con il tempo, emergerà infatti in Lutero, e ancor di più in coloro, come Melantone e Calvino, che

[6] Cfr. MARTINUS LUTHERUS, *Disputatio contra scholasticam theologiam*, in WA, I, pp. 224-228, e più in partic. p. 226. Si veda, per la polemica antiaristotelica, in particolare le Tesi 44 e 50: «Immo theologus non fit nisi id fiat sine Aristotele»; «Breviter, Totus Aristoteles ad theologiam est tenebrae ad lucem». La polemica investe anche Porfirio, con la dottrina degli universali (Tesi 52) e più in generale la teoria del sillogismo, strutturalmente inadatta alla conoscenza divina: «Nulla forma sillogistica tenet in terminis divinis» (Tesi 47). Viene condannata anche l'asserzione in base alla quale il teologo debba essere anche logico. Se così fosse, l'articolo di fede trinitaria sarebbe conosciuto, sulla base di un sillogismo, e non creduto. Qui emerge una netta condanna del ricorso dialettico e discorsivo alla *ratio* in teologia, innestata su una radicale contestazione, fondata sulla giustizia di Dio, della giustizia umana intesa aristotelicamente come *habitus*.

tenteranno una sistematizzazione delle acquisizioni teologiche della Riforma, un rapporto più disteso con la filosofia pagana, e il contrasto con Aristotele andrà incontro ad una significativa pacificazione. A esser posto in questione è infatti l'indebito ricorso ad Aristotele in teologia e non il pensiero dello Stagirita in quanto tale. Segno tangibile di tale distensione è il ritorno a Wittenberg alla pratica pubblica delle *disputationes* dopo il 1533. Non è affatto in questione la libertà dell'uomo nel foro civile, e pertanto neppure la legittimità di una conoscenza degli arcani della natura da parte di una ragione filosofica, intesa in senso lato – Melantone stesso si dedicherà alla stesura di trattati di *philosophia naturalis* come gli *Initia doctrinae physicae* – quanto la contaminazione tra la scienza sacra e quella profana, con l'affermazione della conoscibilità 'naturale' di Dio, impraticabile all'uomo anche giustificato ma che resta pur sempre «iustus et peccator», ma nondimeno praticata da quella che Lutero definisce, nella Disputa di Heidelberg del 1518, *theologia gloriae*[7].

A causa della corruzione cui è andato incontro l'uomo a causa del peccato, la conoscibilità naturale di Dio è stata infatti sottoposta a uno stravolgimento, che la rende falsa e confusiva: la conoscenza di Dio, nella sua natura e nelle sue proprietà, non può che muovere dall'umanità di Cristo e dalla radicale umiliazione che ha subito. Ma si tratta di una conoscenza paradossale di un Dio che rivela se stesso «sub contraria specie», in una forma che appare pura stoltezza agli occhi del mondo. Questo fatto assume una valenza criteriologica alla cui sola luce è possibile valutare la genuinità della conoscenza del Dio di Gesù Cristo. La sua maestà, quella del «Deus absconditus», resta a noi inaccessibile e preclusa, in quanto trascende la dimensione «agita» in cui Dio stesso ha inteso rivelarsi in Cristo. Come affermerà Melantone nella sezione iniziale dei *Loci Communes Theologici* (1521): «conoscere Cristo è conoscere i suoi benefici»[8].

[7] Cfr. ID., *Disputatio Heidelbergae habita*, in WA, I, p. 362.

[8] Cfr. PHILIPPHUS MELANCHTONUS, *Loci communes theologici*, ed. Bretschneider cit. (alla nota 5), p. 85,10-32: «Nam ex his proprie Christus cognoscitur, siquidem hoc est Christum cognoscere beneficia eius conoscere, non, quod isti docent, eius naturas, modos incarnationis contueri. Ni scias, in quem usum carnem induerit et cruci affixus est Christus». Cristo, che è visto come medico, va conosciuto in un altro modo di come avviene presso gli Scolastici che discettano dei misteri

In un certo senso, si potrebbe qui scorgere un ritorno all'assunto del *paradigma medievale* nel senso di una riaffermazione del primato della fede sulla ragione, l'oggetto/soggetto della rivelazione, il *fundamentum fidei* muove infatti in direzione della conoscenza umana, ma si tratta in realtà di una tesi che si scontra precisamente con la mutata funzione della fede che ne sottolinea maggiormente la dimensione fiduciale rispetto a quella conoscitiva. Ciò si spiega alla luce del fatto che è l'oggetto stesso della fede, inteso come l'azione efficace della misericordia divina in Cristo *pro me* ad essere concepito in una forma dinamica, e ad essere sottratto ad una affrettata cattura oggettivante nella forma di un insieme di «notitiae» o di «veritates». Se un modello di ascendenza medievale riemerge qui non è certo quello anselmiano, quanto quello assai più scettico e, a causa della forza persistente del peccato, oppositivo nei confronti della «sapientia mundana» dei cultori delle arti liberali praticata da Bernardo di Chiaravalle o da Ruperto di Deutz, pur nel contesto di un incondizionato rifiuto di una forma di mistica ascensionale e di forte diffidenza nei confronti dell'autoinganno di una ragione ferita.

Non è qui che la fede offre nuovi specifici contenuti alla riflessione sul mistero della ragione, che appare fatalmente esposta a una deriva sofistica, e trionfalistica a un tempo, quanto è piuttosto l'evento della manifestazione del Dio di misericordia in Cristo, e dell'appropriazione individuale di esso nella fede per il tramite della Parola e dello Spirito a qualificare la conoscenza di fede in un modo radicalmente nuovo rispetto al sapere filosofico: il linguaggio della teologia è 'ontologicamente transignificato' a opera dello Spirito rispetto a quello della «philosophia naturalis»[9].

della Trinità, del modo dell'incarnazione, della creazione attiva e passiva. La vera *cognitio cristiana* risalente all'Apostolo ha invece a che vedere con la legge, il vangelo e la consolazione della coscienza afflitta. Il rischio, previsto già dall'Apostolo, consiste nell'abbandonare i luoghi salutari e rivolgere l'animo «ad frigidas et alienas a Christo disputationes». Non è neppure sufficiente la ricerca di una dottrina dei vizi e delle virtù nelle Scritture se tale ricerca è condotta con un'attitudine filosofica. Le posizioni polemiche del giovane Melantone, che si riflettono nella struttura dei *Loci communes*, nei quali non compaiono sezioni specificamente dedicate alla dottrina trinitaria e alla cristologia, non verranno mai ritrattate, anche se nei decenni successivi subiranno un'attenuazione.

[9] Vorrei richiamare qui un testo particolarmente perspicuo sulla distinzione tra filosofia, intesa nell'accezione più vasta, e teologia, e sulla legittimità del ricorso in teologia alla ragione filosofica; cfr. MARTINUS LUTHERUS, *Theses de fide*, Prae-

In ciò, in una riqualificazione escatologica del linguaggio dell'ontologia classica, consiste il prodigio della glossolalia, come il riformatore sassone evidenzierà nella Disputa *Caro Verbum factum est*, su *Jo* 1, 14, dell'11 gennaio 1539[10]. In tal senso, se un nuovo oggetto è offerto alla conoscenza di fede, nell'atto di fede, questo è sicuramente, e paradossalmente, da riferirsi al Dio rivelatosi a noi sotto contraria specie.

2. *La conoscenza naturale di Dio in* Rm *1, 19-21: possibilità e limiti*

Ai fini di una ricognizione del tema del rapporto tra la conoscenza naturale di Dio e la verità rivelata, procederemo ora all'analisi di alcuni testi risalenti ad autori significativi delle prime due generazioni della Riforma. Il luogo scritturistico di riferimento, che finisce per svolgere un ruolo cruciale è sicuramente quello costituito da *Rm* 1, 19-21, che viene ermeneuticamente ricondotto dai riformatori al suo originario *Sitz im Leben* paolino, nel

fatio, in WA, XXXIX/II, p. 7,32-38: «Haec autem est propositio huius disputationis, quod idem non est verus in theologia et philosophia. *Scimus autem, aliud esse intelligere, aliud credere.* Distinguitur ergo philosophia et theologia, philosophiae est intelligere sua ratione, theologiae vero credibile supra omnem rationem. Fides non est regulis seu verbis philosophiae adscricta aut subiecta, sed est inde libera. Et sicut Deus multas sphaeras in coelo creavit, ita etiam in his facultatibus distinctae sunt» (il corsivo è mio). Come si vede il rischio evidenziato da Lutero è la sottomissione della fede alle esigenze della filosofia e un oscuramento della sua verità paradossale sull'uomo e su Dio. Si veda ancora la Tesi 40 dove, a partire da un riferimento alla glossolalia di Pentecoste, si evidenzia la specificità del linguaggio teologico rispetto a quello filosofico; cfr. *ibid.*, WA, XXXIX/I, p. 5,35-36: «Rectius ergo fecerimus, si dialectica seu philosophia in sua sphaera relictis discamus loqui novis linguis in regno fidei extra omnem sphaeram». Il rischio di uno snaturamento degli articoli di fede attraverso il ricorso all'intelletto filosofico, sul modello della Scolastica e dei *Parrhisienses theologi*, viene ribadito con forza alla Tesi 42; cfr. *ibid.*, WA, XXXIX/II, p. 5,39-40: «Affectus fidei exercendus est in articuli fidei, non intellectus philosophiae. Tum vere scietur, quid sit. Verbum caro factum est». Far ricorso alla dialettica in teologia sarebbe come mettere vino nuovo in otri vecchi (*Mt* 9, 17) e rovinare sia l'uno che le altre (Tesi 41). Siamo qui, in un testo niente affatto polemico del Lutero maturo, di fronte a un modello di relazione tra filosofia e teologia assolutamente antitetico a quello conciliativo del 'paradigma medievale'. Lutero ha qui reagito contro un impianto teologico e filosofico nel quale la fede cristiana rischiava di essere ridotta a elemento complementare, e da ultimo poco rilevante, di una imponente costruzione filosofica.

[10] Cfr. Id., *Die Disputation de sententia: Verbum caro factum est*, in WA, XXXIX/II, pp. 3-33.

quale non assume la valenza di una chiara e inequivocabile affermazione, in forma di *auctoritas*, della conoscibilità naturale di Dio a partire da quella delle realtà creaturali.

Partiamo quindi da un testo del giovane Lutero che risale a un periodo (1515-1516) che precede sia l'*Ablasstreit* con Roma (1517), quanto la data presuntiva della lungamente controversa 'scoperta riformatrice' del teologo wittenberghese (1518)[11]. Sarebbe certo necessaria una breve storia dell'esegesi medievale, e pre-riformatrice del passo paolino, che qui non è possibile svolgere se non sommariamente.

Il dato secondo cui tanto i pagani quanto gli ebrei furono all'inizio titolari della conoscenza della verità di Dio, andata poi perduta, si ritrova già in alcune glosse del *Commento a Romani*, in cui si afferma che la «notitia Dei» è stata dispersa a causa del dominio del peccato e dell'insensatezza. Le opere grandi che Dio ha compiuto sin dalla creazione lo renderebbero immediatamente e con facilità conoscibile agli uomini, come avveniva all'inizio. In conseguenza del peccato tuttavia, gli empi, che il Riformatore identifica con l'intera umanità e con tutti i popoli, sono caduti in una oscurità sempre più grande che non poteva che sfociare nell'idolatria, di cui sono stati vittima gli stessi Ebrei[12]. La verità di Dio è in un certo senso imprigionata dall'ingiustizia: del resto, la semplice conoscenza di Dio non è sufficiente se chi la possiede

[11] Disponiamo, come termine di confronto immediato, della *Römerbriefvorlesung* (1516) tenuta dal collega di Lutero a Wittenberg, l'agostiniano Johannes Lang, ritrovato nel ms. Città del Vaticano, Biblioteca Apostolica Vaticana, Pal. Lat. 132 e pubblicato da R. Weijenborg nel 1975. A proposito di *Rm* 1,19-20, cfr. in particolare JOHANNES LANG, *Epistola divi Pauli Apostoli ad Romanos*, ed. in R. WEIJENBORG, *Die Wittenberger Römerbriefvorlesung des Erfurter Augustiners Johannes Lang. Erstausgabe nach dem Vat. Pal. Lat. 132 mit Einleitung und Kommentar*, in «Antonianum», 51 (1976), [pp. 394-494], p. 423: «Licet Deus 'invisibilis' sit, tamen in mente racionali noticia Dei, 'quod' scilicet 'notum est Dei' per naturam possibilis, manifesta est, quia non solum naturalis racio ad hoc proficit, sed et deus per mundi creacionem et mirabilem administracionem 'manifestat' se». Come mostra l'editore moderno il passo è assai vicino al commento della *Glossa ordinaria* (PL 114, 472BC) nel sottolineare la necessità di un intervento costante di Dio, senza il quale la ragione naturale non giova a nulla. Gli attributi invisibili di Dio che sono manifestati da Dio *a creatura* (bontà, sapienza, onnipotenza, *potestas* e *divinitas*), sono visibili all'intelletto umano, per mezzo delle creature, come in uno specchio lucido. Ogni conoscenza di Dio è tuttavia inutile senza l'umiliazione della fede: senza di essa, come pena del peccato, l'occhio intellettuale è accecato, confuso e abbandonato.

[12] Cfr. MARTINUS LUTHERUS, *Divi Pauli apostoli ad Romanos epistula*, *Glosae*, gl. 28-29 e 30-31, in WA, LVI, pp. 11-12.

ascrive tale conoscenza a propria gloria e cessa pertanto di adorare e di amare quel Dio che pur riconosce a parole. Subentra allora la confusione delle creature con il Creatore, e delle opere con il loro Autore[13].

Ancora più chiaro e univoco il testo degli *Scolii* a *Rm* 1, 19-21 dello stesso *Commento a Romani*[14]. La conoscenza naturale di Dio fu possibile sin dalla creazione e resta, sul piano puramente teorico sempre possibile, in quanto riposa sul postulato dell'immutabilità della volontà di Dio. Si tratta tuttavia di una conoscenza adulterata dal peccato, come mostra l'idolatria, che conserva solo l'essenziale funzione di denunciare l'inescusabilità della loro colpa. Certo l'umanità resta pur sempre in grado di cogliere alcune delle perfezioni invisibili di Dio dall'invisibilità, all'eternità, alla potenza e alla sapienza, perché ciò è garantito dall'origine divina di tale rivelazione, che costituisce quasi la premessa maggiore di un sillogismo pratico[15]; l'errore consiste nella premessa minore,

[13] È interessante osservare, come Lutero assegni qui al termine greco κτίσις, tradotto dalla Vulgata in *Rm* 1, 20 con il latino *creatura*, il significato tradizionale, in consonanza con l'intera tradizione patristica. Erasmo nella *Parafrasi* all'Epistola ai Romani, pubblicata nel novembre 1517, a partire dalla traduzione *ex creatione mundi*, fa invece riferimento all'atto creativo divino come tratto rivelativo dell'invisibilità divina: cfr. ERASMUS ROTERODAMUS, *Paraphrasis in Epistolam ad Romanos*, in ID., *Opera Omnia*, VII, Lugduni Batavorum 1706 (repr. Hildesheim 1962), pp. 781. Nelle *Annotationes*, che egli venne integrando e modificando a più riprese tra il 1519 e il 1535, l'umanista rileva come il termine *creatura* sia una «ambigua vox»; cfr. ID., *Annotationes epistolam ad Romanos*, *ibid.*, VI, Lugduni Batavorum 1705 (repr. Hildesheim 1962), p. 563, *Scholium ad Romanos* 1, 19: «Ambigua vox est apud Graecos, ut quae vel creationem ipsam significare possit, hoc est, actum creandi sive condendi: vel creaturam ipsam, hoc est, rem creatam». Alcuni riferiscono, secondo l'umanista, l'espressione greca κτίσις alla creatura umana che può con l'animo cogliere ciò che resterebbe precluso agli occhi e il termine ποιήματα alle cose create. Egli però preferisce vedere nelle opere della creazione *in toto*, che costituiscono qui complessivamente un *instrumentum*, la traccia in cui è possibile vedere come in uno specchio gli *invisibilia* Dei (che non sono le sostanze separate di Origene, ma gli attributi di Dio stesso). Anche Erasmo sottolinea comunque l'accessibilità della *notitia* («quod de Deo cognosci potest» nella sua versione di *Rm* 1, 19, in luogo del «quod notum est Dei» della Vulgata e di Lutero) di Dio alla visione dell'intelletto umano, anche se tale conoscenza non può mai essere integrale e viene richiamata dall'Apostolo in funzione dell'inescusabilità del peccato dei Gentili.

[14] Cfr. MARTINUS LUTHERUS, *Divi Pauli apostoli ad Romanos epistula*, *Scholia*, in WA, *ibid.*, pp. 176-178.

[15] Cfr. *ibid.*, p. 177,29-31: «Hec maior syllogismi practici, hec syntheresis theologica est inobscurabilis in omnibus».

con la quale vengono attribuite tali caratteristiche a Giove o ad altri dei pagani. La rivelazione divina non è revocata: è la sua accessibilità a esser posta in dubbio.

In altri termini, il giovane Lutero del *Commento a Romani* non intende affatto negare la conoscibilità naturale di Dio sul piano puramente teorico: sul presupposto dell'operare di Dio nella creazione, e del riferimento di quest'ultima al Creatore, nell'uomo resta pur sempre traccia di un'idea di Dio e del divino, e delle sue perfezioni più elevate, ma tale via per accedere a Dio appare comunque oscurata e preclusa *de facto* a causa del peccato, qualora l'umanità non venga liberata dal potere del male. Lutero non afferma qui certo che gli Scolastici o i filosofi percorrano la stessa via degli idolatri, ma in un certo senso fustiga l'orgoglio di chi, in nome di un rapporto con Dio che si riduce a mera speculazione, finisce per cadere vittima dell'orgoglio e della superbia, e trasgredisce il primo comandamento. In tale senso l'agostiniano di Wittenberg denuncia l'esistenza di una forma più sofisticata e insidiosa di idolatria, quella che sostituisce, come oggetto di adorazione, al Dio vero il semplice prodotto dell'immaginazione umana. In conseguenza del peccato dell'uomo incurvato su se stesso, si realizza quindi, in senso agostiniano, un profondo stravolgimento della struttura antropologica e del rapporto gerarchico tra creatura e Creatore, che non coinvolge soltanto la sfera dell'etica e della libertà, ma investe anche la ragione dell'uomo nell'identificazione di quella realtà, che costituisce la sintesi di tutte le perfezioni, che sola deve essere fatta oggetto di adorazione[16].

Ancora più radicali e coerenti, sulla linea di una problematizzazione della conoscenza naturale di Dio, appaiono le enuncia-

[16] Si legga quanto ha scritto in forma pregnante a questo proposito il luterologo cattolico Brunero Gherardini; cfr. B. GHERARDINI, *Theologia crucis. L'eredità di Lutero nell'evoluzione teologica della Riforma*, Roma 1978, p. 41: «Nessun' indulgenza, dunque, alla ragione e alla natura; la rivelazione, la grazia, la salvezza son tutt'altro che la ragione e la natura, di un'alterità che discende da quella di Dio e che perciò non gode di alcuna evidenza. I mezzi con cui Dio l'esprime, sono rispetto a essa il suo contrario (...)». Occorre riconoscere che il Lutero del 1515/1516, ma anche quello successivo sino agli anni Trenta, non ha «un suo pensiero religioso, una sua filosofia, o almeno un punto di partenza filosofico chiaro e definito» perché costruisce «non il suo pensiero, ma la sua teologia, sulla base della sola rivelazione divina», strutturata a partire dalla presenza dell'azione divina «nel Cristo del presepio e della croce».

zioni contenute in alcune delle tesi (19-22) e nelle relative *probationes* della disputa di Heidelberg del 26 aprile 1518 per la promozione del giovane agostiniano Leonhard Beyer, presieduta dallo stesso Lutero[17]. Richiamo qui questo testo celeberrimo per mostrare come la teologia 'filosofica' assuma sempre più un significato fuorviante per chi, per usare espressioni care al Riformatore, muova alla ricerca di un Dio misericordioso, senza la consapevolezza di condividere la condizione di empietà comune all'intera umanità[18].

Non è affatto casuale che nella Tesi 19 venga esplicitamente citato il passo di *Rm* 1 cui si è fatto sopra e si farà ancora riferimento. La contrapposizione è qui tra i veri teologi che comprendono la natura di Dio nella sua visibilità in virtù delle sofferenze e della croce di Cristo e i fautori della *theologia gloriae* che considerano quella stessa natura divina come comprensibile a partire dalle opere della creazione. La ripresa del *Commento a Romani* è quasi letterale. Conoscere le perfezioni divine in forma astratta non rende gli uomini degni, né savi: di tale conoscenza, che gonfia e inorgoglisce, si è abusato da parte degli uomini. Contemplare Dio nella sua maestà e invisibilità è quindi divenuto inutile ai fini della salvezza, e conseguentemente anche sul versante di un'epistemologia teologica che conduca ad accedere al *fundamentum fidei*. La conoscenza genuina di Dio richiede pertanto il ricorso a una diversa modalità rivelativa che assume la forma dell'occultamento della maestà divina nella forma dell'umanità crocifissa del Cristo, che raggiunge ogni uomo in virtù della follia della predicazione attestata dall'Apostolo in *1Cor* 1, 21-25. Dio si mostra in Cristo crocifisso, che è la porta, in lui è la vera teologia. Egli si mostra però per così dire, seguendo un'immagine di *Ex* 33, 17, di spalle («posteriores Dei») e assumendo la for-

[17] Cfr. MARTINUS LUTHERUS, *Disputatio Heidelbergae habita*, in WA, I, pp. 353-374.

[18] Sulla inscindibilità e simultaneità della conoscenza del Dio che giustifica, e dell'uomo *reus et perditus,* si veda il passaggio classico di MARTINUS LUTHERUS, *Disputatio de Homine*, in WA, XL/II, p. 328, 17. Oggetto della conoscenza teologica non è quindi Dio in se stesso, ma 'quel' Dio che entra in relazione con l'uomo peccatore giustificandolo. Emerge qui un punto decisivo della sensibilità luterana, cioè l'individuazione di un originale luogo ermeneutico per la *cognitio Dei*. L'essere di Dio va pensato nel suo divenire e nel suo entrare in relazione con l'umanità concreta, ferita dal peccato, in Cristo.

ma del *Deus absconditus* che è pertanto il Dio che si rivela nella sua *absconditas sub contrario*, come il Riformatore meglio illustrerà in polemica con Erasmo da Rotterdam nel *De servo arbitrio*[19]. Che la sapienza che inorgoglisce sia anzitutto riconducibile all'influenza malsana della filosofia in ambito teologico, Lutero lo ribadisce con chiarezza alle Tesi 29-40, delle quali non sono pervenute le *probationes*, chiaramente rivolte alla contestazione della legittimità del ricorso alla ragione filosofica in teologia[20]. Si tratta certo di un anatema che colpisce anzitutto il versante della dottrina della grazia e il rapporto tra giustizia divina e umana, nella riaffermazione della giustificazione per sola fede (Tesi 25)[21]. La prima Tesi (la 29) è tuttavia inequivocabile nella sua nettezza: il ricorso al pensiero di Aristotele non è pericoloso unicamente per colui che è stato in precedenza reso folle in Cristo e che ha fatto propria la svolta epistemologica implicita nella *theologia crucis*. Lutero critica certo altri limiti del pensiero di Aristotele, al cui materialismo sarebbe senz'altro da preferirsi la dottrina delle idee di Platone e ancor più quella dell'infinità formale dell'essere di Anassagora, ma il punto centrale della polemica luterana non consiste certo nella scelta tra differenti opzioni filosofiche[22].

Come si vede, anche in questi testi non s'intende tanto negare la conoscibilità in teoria di Dio nella sua infinita perfezione, diremmo nella sua dimensione *ad intra*, quanto affermare che tale conoscenza di Dio può ritrovare il suo valore unicamente *a posteriori* per il peccatore giustificato, per colui che conosce Dio nella sua manifestazione visibile in Cristo, «per passiones et crucem». A ciò occorre tuttavia aggiungere una ulteriore precisazione che andrebbe documentata a partire dall'evoluzione successiva del pensiero luterano. La condizione del cristiano è quella di

[19] Lutero afferma, a partire da *Heb* 1, 11 che la fede ha a che vedere con le cose che non si vedono. Per questo la rivelazione di Dio si nasconde sotto un'apparenza contraria e assume una forma paradossale. Cfr. Id., *De servo arbitrio*, in WA, XVIII, p. 633 (cit. dall'ed. a c. di F. De Michelis Pintacuda, tr. it. di M. Sbrozi, Torino 1993, p. 121): «Dio nasconde così la sua eterna bontà e misericordia sotto la collera eterna, la giustizia sotto l'iniquità (...). Se potessi in qualche modo comprendere come possa essere misericordioso e giusto questo Dio che mostra tanta collera e iniquità, non avrei alcun bisogno della fede».

[20] Cfr. Id., *Disputatio Heidelbergae habita*, Theses 29-40, in WA, I, p. 355.

[21] Cfr. *ibid.*, Thesis 25, p. 354,1-2.

[22] Cfr. *ibid.*, Thesis 29, p. 355,29-39.

colui che non cessa, anche se in virtù della fede sperimenta l'efficacia salvifica dell'Evangelo, di lottare con il peccato che resta in lui vivo ed efficace, per l'intera durata della sua esistenza. Egli è giusto *coram Deo* nella misura in cui si affida alla misericordia di Cristo, ma resta in ogni momento sotto la minaccia di quel peccato che può assumere la forma della superbia intellettuale e della pretesa di fare a meno della mediazione, salvifica e conoscitiva, di Cristo in rapporto a Dio. Anche per questo motivo, cioè la concreta configurazione dialettica dell'antropologia luterana, lo statuto della ragione, e della conoscenza di Dio «per ea quae facta sunt» in teologia, resta comunque precario e problematico. Il vero nodo in entrambi i testi che abbiamo ricordato non è pertanto – il dato biblico infatti lo precluderebbe – la negazione del fatto che Dio si sia rivelato nella creazione e la presenza in ogni uomo, in forma confusa e sfigurata dal peccato, di «notiones» relative alla natura divina, quanto la ferita inferta all'uomo intero, inclusa la ragione, e all'intera umanità peccatrice (gentili, ebrei e gli stessi cristiani) dal peccato originale. La fede è in tal senso riferita all'opera salvifica di Cristo, e non alla rivelazione di Dio quale può essere colta dalla sapienza delle genti o è manifestata nella legge: i contenuti di tale rivelazione non sono negati nella loro origine divina, ma non hanno valore, in quanto opera dell'uomo, in merito alla salvezza[23].

Un commento ben più ampio di quello del maestro a *Rm* 1, 18-21 viene offerto nel 1532 dai *Commentarii* di Melantone, che costituiscono la tappa più matura di una ricerca incessante sul testo paolino, condotta sin dalla giovinezza dall'umanista di Bretten. Il *praeceptor Germaniae* ammette l'esistenza di una «naturalis notitia de Deo», cioè di una «lex naturae» che consisterebbe nella conoscenza dell'esistenza di Dio, della sua bontà, della sua giustizia, della sua natura di giusto retributore. Tale conoscenza naturale però attiene secondo Melantone alla sfera della legge e non a quella del Vangelo. In altri termini, come avviene per gli Ebrei in virtù di Mosè, a tutti gli uomini diverrebbe così nota la conoscenza del peccato. La conoscenza del Vangelo diventa invece accessibile unicamente con la rivelazione di esso: gli uomini conoscono il Dio giudice, ma non colui che rimette i peccati, anche i

[23] Cfr. *ibid.*, Theses 26-27, p. 354,31-34.

più immondi, con un atto di gratuita misericordia. La conoscenza di Dio, propria della ragione naturale contrasta aspramente («pugnat acerrime») con il Vangelo[24].

La prospettiva melantoniana è interessante nella misura in cui fa qui ricorso alla dialettica tra Legge e Vangelo. La conoscenza naturale è legittima e anzi necessaria, a livello penultimo, ma si limita a condurre l'uomo a riconoscere la propria strutturale peccaminosità, da un lato, e gli attributi di Dio che sono afferenti al suo essere in sé nella sua maestà, dall'altro. Si tratta di «notitiae» che sono insite per volontà di Dio nelle menti degli uomini, ma prive di ogni utilità nella comprensione dell'azione salvifica di Dio nei nostri confronti. Questa conoscenza, come già sosteneva Lutero, è in parte oscurata dal peccato originale, che conduce gli uomini a ritenere che Dio sia ozioso e indifferente alle vicende umane, come già sostennero nell'antichità i discepoli di Epicuro. Nella migliore delle ipotesi la conoscenza di Dio, attraverso i segni presenti nella natura assume il valore di una vuota prolessi. Il numero dei segni di Dio indicati da Melantone appare assai dilatato e apre il terreno a una valutazione positiva dell'intera enciclopedia dei saperi: le opere di Dio comprendono i movimenti fisici, gli eventi biologici come la nascita, la perspicacia della mente umana e l'acutezza d'ingegno, ma anche le *res publicae*, come la preservazione degli imperi di fronte agli sconvolgimenti delle vicende umane e l'esercizio della giustizia penale. A manifestare Dio è insomma tutto ciò che consente l'ordinato decorso, e conservazione, delle vicende naturali e storiche, ma non – e qui si registra una ripresa della polemica contro i tratti più astrusi del sapere scolastico – le 'speculazioni' relative all'essenza intima di Dio. La vera conoscenza (*notitia*) di Dio è infatti quella riferita all'azione di Dio nei confronti dell'uomo, alla sua legge e alla sua volontà verso di noi. Gli attributi tradizionali dell'essenza di Dio vanno pertanto reinterpretati alla luce del loro significato attivo e performativo: la sua potenza non è oziosa, ma è sinonimo di creazione, conservazione e governo del mondo. La sua divinità non ha nulla a che vedere con un'essenza arcana, che non è comunque oggetto di contemplazione, ma si risolve nella

[24] Cfr. PHILIPPUS MELANCHTHONUS, *Commentarii ad Romanos*, ed. Stupperich cit. (alla nota 5), V, 2, pp. 70-74.

sintesi degli attributi di Dio (sapienza, bontà, giustizia, governo del mondo, cura degli uomini, esaudimento e conservazione dei giusti, punizione degli ingiusti). A partire da tale conoscenza acquistano valore anche le dimostrazioni del fatto che Dio è prima causa del tutto, creatore del mondo e della mente dell'uomo. Melantone intende pertanto, sulla scia dell'apostolo Paolo, il concetto di «opera Dei» in un senso assai ampio, che include l'accezione del termine, come creazione, che abbiamo trovato in Erasmo, la cui versione egli conosce e utilizza, quanto quella passiva, che abbiamo trovato nel giovane Lutero[25]. Nonostante la prospettiva di Melantone appaia, a una prima impressione, più positiva in merito alla conoscenza naturale di Dio rispetto a quelle indicate in precedenza, la conclusione del commento a *Rm* 1 ci riporta bruscamente nel più ampio contesto in cui la conoscenza naturale di Dio viene richiamata in Paolo. Per l'Apostolo si tratta infatti pur sempre di fondare l'inescusabilità della condizione di peccato che attanaglia non solo gli Ebrei, depositari della legge mosaica, ma anche le genti, che hanno ricevuto il proprio *nómos* inscritto nella coscienza.

Un commento altrettanto ampio e meditato è quello offerto nel 1538 da Johannes Brenz (1499-1570) nella sua *Explicatio Epistolae Pauli ad Romanos*, che fu il risultato di una serie di prediche tenute nella comunità di Schwäbisch Hall tra l'autunno del 1538 e la primavera dell'anno successivo[26]. Dio, la cui natura è invisibile, si è mostrato in questo mondo e reso visibile nei processi della natura, come è attestato da innumerevoli passi biblici (*Ac* 14, 17; *Ac* 17, 26-28; *Ps* 18, 1; *Jb* 12, 7-8). In conseguenza di ciò,

[25] L'ampiezza del campo semantico è ribadita sinteticamente in conclusione; cfr. *ibid.*, V, p. 74,15: «Ita Paulus hic non de uno genere operum divinorum loquitur, sed de variis signis in tota rerum natura, in rebus publicis, in imperiis, in moribus hominum». Melantone ribadisce poi che tale conoscenza di Dio è oscurata dal peccato originale, ma anche dalla 'debolezza' («imbecillitas») della natura umana. Le passioni inoltre non obbediscono alla legge eterna, inscritta nell'animo umano, non hanno timor di Dio e non confidano in lui.

[26] Cfr. Johannes Brentius, *Dispositio Epistolae Pauli ad Romanos*, 1, 18-20, ed. S. Strohm, Bd. 1, Tübingen 1996, pp. 33-37. Brenz, originariamente discepolo del riformatore Ecolampadio, fu il massimo promotore della Riforma in Svevia e docente ad Heidelberg, difese con forza per tutta la sua esistenza le dottrine di Lutero sull'eucarestia nei confronti degli eredi di Zwingli. La sua interpretazione della Epistola ai Romani non riflette pertanto necessariamente la linea più ortodossa dei teologi di Wittenberg.

le *artes* che investigano la natura, e che fanno parte delle discipline fisiche e matematiche, svolgono un ruolo essenziale nella conoscenza naturale del creatore. Chi non vi si dedica tradisce la propria natura umana, rinunciando a far uso degli occhi capaci di contemplare i fenomeni celesti, optando per un'esistenza simile a quella del porco o della vacca. È innegabile che tale capacità di conoscere Dio sia stata offerta anche ai Gentili, che sono pertanto inescusabili come gli Ebrei per aver pervertito questa conoscenza, non tributando a Dio l'adorazione dovuta.

La gloria di Dio viene da essi ricondotta a una immagine mortale. Brenz procede quindi a specificare in una forma simile a quella melantoniana i tratti della conoscenza di Dio propria dei pagani: lo scorrere ordinato del tempo, i moti celesti, l'economia ordinata secondo la quale il mondo visibile è amministrato e governato. Ciò conduce al riconoscimento dell'esistenza di una *mens*, che determina quest'ordine e che prende il nome di Dio. Il modello è quello della mente umana che è anch'essa il prodotto dell'azione cosmica di Dio. I sacrifici dei pagani e la loro religiosità mostrano comunque che anche ad essi fu presente l'azione di un *numen*: perciò l'Apostolo afferma che si può conoscere per via naturale a partire da questo mondo non solo che Dio sia, ma cogliere altresì i suoi attributi più eminenti che di per sé ci resterebbero preclusi (la potenza, la sapienza in forma eminente e la severità). Ma, una volta riconosciuta la potenza di Dio, la conoscenza naturale supera i limiti puramente teoretici e si traduce in sapienza morale, con il riconoscimento dei comandamenti della prima e seconda tavola della legge mosaica e della massima aurea dell'amore del prossimo.

Se la conoscenza della *ratio naturalis* è così ampia, la Scrittura, e la stessa rivelazione cristologica, parrebbero dunque superflue. La risposta è che tale ampia conoscenza naturale delle cose divine è stata sottratta agli uomini a causa del peccato originale. Ne seguono una confusione e uno snaturamento di tale sapere, che fanno sì che gli uomini si sottraggano ai salutari moniti della ragione. Per questo, per dissipare le tenebre e l'oscurità post-lapsaria l'umanità ha bisogno delle Scritture: il Vangelo di Gesù Cristo inoltre, che non annuncia il rigore della Legge, ma la liberazione dal peccato e dalla morte, non era stato ancora promulgato al tempo del peccato dei progenitori, e non è pertanto accessibile, né a Israele, né alle genti, senza la predicazione verbale della parola di Dio e il testo scritturistico.

Come è possibile constatare, l'esegesi di Brenz non si discosta nel merito dall'impostazione melantoniana, con la valutazione positiva della predicazione della Legge, che non viene però espressamente menzionata: ancora più positiva, e amplificata in chiave umanistica, appare la valutazione del contributo offerto dalla ragione naturale e dalle scienze fisiche alla conoscenza dell'ordine del mondo posto in essere dall'intelligenza divina.

Agli ultimi mesi del primo soggiorno ginevrino (1538) e al successivo periodo basileese (1539) risale il giovanile, sintetico commento all'*Epistola ai Romani* di Giovanni Calvino, già noto a quel tempo per la pubblicazione nel 1536 della prima edizione della *Institutio christianae religionis*[27].

Secondo il giovane esule francese, la condizione dell'uomo descritta dall'Apostolo appare drammatica nella misura in cui la verità di Dio («vera Dei notitia») viene immediatamente soppressa o oscurata dalla ragione che si ritrovi a contenerla. Del resto ciò che a noi è lecito conoscere di Dio (il «quod notum est Dei» della *Vulgata*), che in sé è invisibile, è unicamente quanto ci consentirebbe di glorificarlo, se ne fossimo in grado. La nostra mente riesce a cogliere in minima parte l'estensione di un tal concetto, né tantomeno la sua essenza; volerla adeguare è segno di delirio. Quanto sappiamo di lui è il frutto dell'accondiscendenza divina, che, in vista della sua manifestazione ha creato l'uomo con il dono della vista, affinché fosse spettatore della compagine del mondo («machina mundi»), la cui bellezza rinvia al suo autore. Qui il giovane riformatore evoca l'affermazione di *Heb* 11, 3, secondo la quale i secoli sarebbero specchi, o manifestazioni visibili («spectacula») di realtà invisibili. La conoscenza naturale di Dio a partire dalle creature consente di cogliere l'eternità, la potenza e la divinità del creatore. L'inescusabilità del peccato dei Gentili si spiega quindi non in rapporto all'evidenza intrinseca della manifestazione di Dio nelle creature, quanto alla nostra cecità che ci consente certo di cogliere confusamente che Dio debba essere

[27] Cfr. IOHANNES CALVINI, *Commentarius in Epistolam Pauli ad Romanos*, ed. T. H. L. Parker, Leiden 1981 (Studies in the History of Christian Traditions, 22), in partic. pp. 29-30.

adorato, ma non di cogliere quale sia l'oggetto appropriato della nostra adorazione. Dio non avrebbe quindi (*Ac* 14, 17) lasciato i Greci nella loro ignoranza nelle passate generazioni, in quanto avrebbe continuato con la sua provvidenza a far piovere dal cielo e a manifestarsi in tal modo anche alle genti. La colpa della perversione del rapporto con Dio, e della sua inescusabilità, va quindi attribuita *in toto* al genere umano.

La specificità dell'approccio esegetico calviniano può essere individuata qui nella caratteristica sottolineatura dell'imperscrutabilità dell'intima natura di Dio: emerge da queste pagine un limite strutturale della conoscenza umana di Dio, che pare prescindere dagli effetti del peccato. A differenza di Melantone e Brenz egli non fa qui pertanto ricorso alla dialettica, squisitamente luterana, tra Legge e Vangelo, al fine di circoscrivere i limiti della conoscenza di Dio ad una dimensione astratta e generale. Il radicale cristocentrismo funzionale di Lutero del «sub contraria specie» lascia spazio a una forma più tradizionale di apofatismo.

Non siamo però di fronte all'ultima parola di Calvino, che torna in forma ampia e distesa a illustrare i limiti della conoscenza naturale di Dio, seguendo la falsariga di *Rm* 1, 19-21 nei primi otto capitoli del libro I dell'*Institutio christianae religionis*[28]. Il presupposto di tale ricostruzione che costituisce il momento di più matura sintesi sul tema nel contesto degli *initia reformationis* è tuttavia costituito dalla trattazione del peccato originale svolta nel primo capitolo del libro secondo e ancor più nella articolata antropologia teologica esposta dal riformatore nel capitolo successivo[29]. Calvino eredita da Lutero il compiuto superamento di un'antropologia dualistica nel contesto dell'esposizione di una dottrina della ragione post-lapsaria. Secondo il riformatore francese, la ragione e l'intelletto sono ferite dal peccato quanto e più delle parti materiali e corporee dell'uomo che eccitano le passioni sensibili. In particolare, per quanto concerne la conoscenza di Dio, senza l'intervento della grazia l'oscuramento dell'uomo è totale, a differenza di quanto avverrebbe nella conoscenza delle

[28] Cfr. ID, *Institutio christianae religionis*, I, 1-8, in ID., *Opera selecta*, ed. P. Barth, 3 voll., München 1926-1936, III, pp. 31-81. Come emerge chiaramente all'inizio del cap. 3, Calvino non intende affatto porre in discussione che una «notitia Dei» o un «quidam sensus divinitatis» sia presente nella mente dell'uomo.

[29] Cfr. *ibid.*, II, 1-2, pp. 228-271.

cose umane. Calvino dimostra, come già Melantone, grande apprezzamento per le scoperte della fisica e per le conoscenze dell'arte medica, e più in generale per la conoscenze filosofiche e per la loro utilità nell'ambito della vita quotidiana, inclusa la sfera della politica e dell'etica[30]. La consapevolezza del peso del peccato, e dell'impossibilità di ascrivere alle opere dell'uomo un ruolo positivo ai fini della salvezza è andata progressivamente attenuandosi nel percorso che conduce dai padri (Giovanni Crisostomo e Agostino), agli albori della scolastica (Pietro Lombardo), sino all'elaborazione tardo-scolastica della nefasta dottrina del «facere quod in se est». Da questo punto di vista l'influenza della filosofia greca eserciterebbe effetti negativi già nei padri, ma si approfondirebbe fatalmente in ambito scolastico.

3. *Conclusioni*

Si impone in sede conclusiva una breve ripresa dell'interrogativo legato al persistere o meno del *paradigma medievale* del rapporto tra fede e ragione nell'ambito dei primi decenni della Riforma, cui abbiamo cercato di offrire *in itinere* alcuni elementi di risposta, sottolineando che il paradigma non viene abbandonato, quanto piuttosto riconfigurato a partire da una diversa definizione della fede e dell'oggetto da essa intenzionato.

Se il paradigma ha semplicemente a che vedere con il ricorso alla ragione, intesa come riflessione e istanza critica a posteriori, che si esercita nei confronti di una tradizione rivelata, si dovrà allora affermare che in Lutero, e negli altri autori che abbiamo esaminato, si verifica una riproposizione incisiva della normatività di tale riferimento, sia *ex parte obiecti*, in quanto l'oggetto dell'atto di fede è il fondamento dinamico della fede, cioè il «Deus revelatus sub contraria specie» nella croce di Cristo, sia *ex parte subiecti*, poiché il soggetto di tale conoscenza è l'uomo peccatore (cristiano o

[30] Calvino, introducendo qui un elemento di distinguo rispetto a una conoscenza naturale di Dio in ambito generale, riconosce il ruolo della sinderesi, nella forma di una conoscenza a priori del bene e del male, in campo etico, ma ritiene che il peccato renda comunque impossibile a ogni singolo uomo il corretto svolgimento di un sillogismo morale. Rientriamo qui pienamente in una interpretazione di *Rm* 1, 19-21 che interpreta il ruolo della conoscenza di Dio «per ea quae facta sunt», come mera ragione dell'inescusabilità del peccato delle genti.

meno), la cui ragione è ferita in quanto segnata dalla condizione antropologica post-lapsaria.

La conoscenza di Dio in generale, non solo quella «ex creatura», ma anche quella «ex revelatione» va incontro a una duplice condizione di deficienza riconducibile certo all'inoggettivabilità, in ultima istanza, del suo oggetto divino, ma anche e soprattutto alla perversione intrinseca della ragione ferita, imputabile al peccato dell'uomo. La conoscenza del Dio di Gesù Cristo, da parte dell'uomo, non si realizza mai a partire da una condizione antropologica neutra, in cui la ragione non sia abbacinata o accecata. La fede invece, in quanto opera di Dio in noi, attraverso la mediazione della parola e dello Spirito, è strumento efficace della salvezza, e si sottrae alla presunzione, che è propria anche di una ragione 'autonoma', di contribuire alla salvezza dell'uomo. In tal senso, come si è visto, le incisive affermazioni di Lutero contro la ragione, e l'aristotelismo *in primis*, vanno riferite piuttosto all'indebita infiltrazione della ragione filosofica nell'ambito teologico, meglio ancora nel riservato dominio della conoscenza del Dio di misericordia dell'Evangelo, e non contro il ricorso alla ragione nell'ambito 'filosofico' della predicazione della Legge (fisica, etica, politica e arti liberali). Su tale ferita amartiologica di fondo riferita alla ragione non emergono, al di là di una diversa sottolineatura del tratto paradossale della rivelazione, significative discordanze tra Lutero, Melantone e Calvino.

Non siamo quindi affatto in presenza di una forma di antirazionalismo o di fideismo, quanto di una diversa relazione tra ragione e fede, che non viene più pensata nella forma della continuità, in base al modello tommasiano dei *preambula fidei*, quanto dell'antitesi dialettica, tra Legge ed Evangelo. Alla Legge, e quindi alla conoscenza naturale di Dio a essa omologata, non va riconosciuto alcun valore di salvezza: essa deve comunque essere predicata (*usus elenchticus legis*) per attestare lo scacco di ogni tentativo da parte dell'uomo di elevarsi da sé alla conoscenza del mistero di Dio.

A ciò occorre aggiungere che se l'oggetto della fede è pensato nella forma del fondamento attivo di essa (il Dio di misericordia), viene revocato in dubbio un concetto eminentemente noetico-integrativo o comunque conoscitivo dell'atto di fede (il credere come «cogitare cum assensione»), che pur facendo entrare in gioco *a posteriori* la volontà nell'atto dell'assenso, sottovaluta la dimensione fiduciale originaria di quest'ultimo, che ha come soggetto il «totus homo». Non è pertanto possibile non porre alla radice della svolta riformatrice di Lutero anche la correzione di una sostanziale equivocazione, e unilaterale traduzione in termini filosofici della *pistis* platonica, nell'interpretazione del concetto neotestamentario di fede. Se la fede è per un verso opera di Dio, e per altro è quella realtà che corrisponde in noi al manifestarsi di Dio nel «verbum crucis», è evidente che essa non potrà essere pensata in alcun modo, dualisticamente, come una facoltà che integra la conoscenza razionale, quanto piuttosto come quella realtà che riconfigura radicalmente la «cognitio Dei et hominis».

In tale prospettiva, la ragione si muove per un verso a posteriori sulla scia della fede, all'interno della *sacra doctrina*, e vive per altro verso una propria esistenza emancipata, e autonoma, nell'ambito filosofico della predicazione della legge. La fede e la ragione, anche teologica, restano comunque realtà diverse e distinte: «opus Dei» e «opus hominis». Esse non possono essere confuse o giustapposte. In questo senso, in quanto è l'istanza fondamentale di mediazione della salvezza, la fede non è contro la ragione, ma non può essere commisurata a quest'ultima e posta con essa in un rapporto di circolarità o di integrazione, pena un suo essenziale snaturamento e fraintendimento.

INDEX OF NAMES

by Maria Borriello and Luigi Catalani

References are given to the page numbers. An 'n' after a page number refers back to a footnote on that page. Numbers in italics indicate a substantial treatment of the item. Variant forms of names and original Latin names are given between parentheses. Surnames of modern authors are written according to the most commonly found spelling.

BIBLICAL INDEX

References to the Bible

Quotations from the Bible

NUTRIX

STUDIES
IN LATE ANTIQUE
MEDIEVAL AND
RENAISSANCE
THOUGHT

STUDI
SUL PENSIERO
TARDOANTICO
MEDIEVALE
E UMANISTICO

Nutrix is a series directed by Giulio d'Onofrio which aims at deepening critical knowledge of the history of philosophical, theological and scientific thought in the Late Ancient, Medieval, and Humanistic ages. Its scope embraces studies, monographs, editions and translations of texts with commentary, collections of articles (anthologies of collective or personal works, acts of conferences, etc.) on themes and problems connected with speculation in Europe and the Mediterranean – Latin, Greek, Arabic and Hebrew – during the chronological sweep between the works of the Council of Nicea (325) and those of the Council of Trent (1545-1563).

La collana *Nutrix*, diretta da Giulio d'Onofrio, ha lo scopo di approfondire la conoscenza critica della storia del pensiero filosofico, teologico e scientifico nell'età tardoantica, medievale e umanistica. È concepita per abbracciare saggi, monografie, edizioni e traduzioni di testi con commento, raccolte di articoli (antologie di studi personali o collettivi, atti di convegni, etc.) su argomenti e problemi collegati alla speculazione in area europea e nel bacino del Mediterraneo, con riferimento alle culture latina, greca, araba ed ebraica, nell'arco temporale che va dal Concilio di Nicea (325) a quello di Trento (1545-1563).

TITLES IN SERIES

TITOLI DELLA COLLANA

1. Giulio d'Onofrio, *Vera philosophia. Studies in Late Antique, Early Medieval and Renaissance Christian Thought* (English text by John Gavin)

2. Luigi Catalani, *I Porretani. Una scuola di pensiero tra alto e basso Medioevo*

3. Armando Bisogno, *Il metodo carolingio. Identità culturale e dibattito teologico nel secolo nono*

4. *The Medieval Paradigm. Religious Thought and Philosophy* Papers of the International Congress (Rome, 29 october - 1 november 2005), ed. by Giulio d'Onofrio

5. Luciano Cova, *Il* Liber de virtutibus *di Guido Vernani da Rimini. Una rivisitazione trecentesca dell'etica tomista* (con l'edizione del testo)

6. Cinzia Arruzza, *Les mésaventures de la Théodicée. Plotin, Origène, Grégoire de Nysse*